机器人自主智能导航

郭 迟 罗亚荣 左文炜 詹 骄 编著

科 学 出 版 社

北 京

内 容 简 介

本书面向培养导航工程、机器人工程和人工智能复合型创新人才的需求，以移动机器人等无人系统为对象，系统讲述自主智能导航的概念内涵、技术框架和研究方法。全书内容主要包括机器人自主导航框架、环境语义感知、状态估计、同步定位与建图、视觉语义融合、导航规划与决策以及认知导航、多足机器人导航等方面的代表性技术和最新研究成果。本书力求反映智能导航技术的最新理论成果和应用案例，突出深度学习等 AI 技术在导航中的应用，并在各章节安排了相关工程实践教程。

本书可作为导航工程、测绘工程、遥感工程、自动化、计算机、电子信息和人工智能等专业高年级本科生和研究生的教材，也可供具有一定测绘导航、机器学习基础的工程技术人员参考和使用。

图书在版编目（CIP）数据

机器人自主智能导航 / 郭迟等编著. —北京：科学出版社，2023.7

ISBN 978-7-03-076067-8

Ⅰ. ①机… Ⅱ. ①郭… Ⅲ. ①机器人—导航系统 Ⅳ. ①TP242

中国国家版本馆 CIP 数据核字（2023）第 135574 号

责任编辑：赵艳春 高慧元 / 责任校对：王萌萌
责任印制：赵 博 / 封面设计：蓝 正

科学出版社 出版
北京东黄城根北街 16 号
邮政编码：100717
http://www.sciencep.com
北京富资园科技发展有限公司印刷
科学出版社发行 各地新华书店经销
*
2023 年 7 月第 一 版 开本：720 × 1000 1/16
2024 年 3 月第二次印刷 印张：33 1/2
字数：675 000

定价：238.00 元

（如有印装质量问题，我社负责调换）

序 一

自然智能是自然界进化出来的全部生命体所拥有的为适应生存而改变自然界的能力。近年来，我和我的团队一直在思考如何从自然智能的角度去理解人工智能，继而研究将自然智能赋予机器、环境和人类自身的新技术。定位、导航和授时（Positioning，Navigation，and Timing，PNT）是一种传统的、当前也发展为依赖空天技术的时空位置技术，是信息服务基础设施，更是生物因生存而进化出的一种感知智能和认知智能。定位、导航、辨识方位、感受时间流逝是所有生命体因生存而进化出的本能，也是生物个体在成长过程中不断积累和学习出来的智能。深入理解这些 PNT 智能的特性、总结其模式并在工程应用中能适应环境和需求变化而不断演化的技术就是智能 PNT 技术，是当前测绘遥感、信息技术和控制科学最前沿也是最应该关注的方向之一。

机器人是最佳的智能 PNT 技术研究载体。机器人从诞生之初就是为了模仿人类继而替代人类去完成很多特定任务的。而横亘在这些任务前面的一个难题便是“导航”，它是完成其他上层任务的基础之一。一个无法感知时空位置、认知环境状态和自主做出行动决策的机器一定是没有智能的，因而也无法完成特定任务。“无人化”是机器人导航与传统导航最大的区别。以前大家研究地图、定位、路线规划都是为了让人能懂，而现在我们需要研究让机器懂的建图、定位和规划方法。这就涉及计算机、自动化、测绘导航等多个学科的知识，还要融合人工智能的诸多方法，学科跨度很大。因此，讲清楚机器人自主智能导航的内涵、范畴及与传统方法的区别和联系，归纳出一个完整的机器人导航技术谱系，引导多个不同专业背景的学生、工程技术人员和科研人员学习和思考智能 PNT 技术，在我国当前人工智能发展战略背景下非常有必要且具有价值。

该书有以下三个鲜明的特点。第一是内容全面，章节编排逻辑性强，体现了作者对导航学、机器人学的深入理解及其学术功底。传统导航学的教材和专业书籍都侧重于讲述定位技术和路线规划等内容。定位只是机器人“感知”的一部分，完整的导航还需要有对目标的感知、对环境的感知以及把感知变成认知。路线规划也仅仅是“导航规划”的一部分，如何预测动态目标的轨迹及避开障碍物对机器人导航而言更加重要。传统导航学一般不涉及“控制”的概念，但对机器人、无人系统而言，不能与控制衔接的规划是没有意义的。该书用了很大的篇幅讲述了建图、规划、避障等导航相关的内容，一定程度上弥补了传统导航学教材的不足。该书作者参考了400多篇经典文献，凝练了80余个代表性算法模型，讲清楚了“什么是机器人自主智能导航”。

第二是技术新颖，知识体系的时代感强，体现了作者多学科交叉的专业背景和前瞻性视野。人工智能技术在近10年突飞猛进，给国民经济多个领域带来了颠覆性的影响。在常说的测绘3S[①]技术方面，人工智能与遥感、地理信息系统已经深度融合，然而与定位导航技术的结合要慢一些。该书让我们看到了这方面最新的发展和趋势，包括利用深度神经网络开展的机器人定位、机器人语义SLAM、基于深度学习的导航规划以及基于强化学习的机器人认知导航等。每一个主题都有专门的章节讲述使用机器学习、深度学习的定位导航技术。这些研究是对传统导航理论与方法的继承和发展，更是实现PNT智能的关键。这些方法让传统测绘专业的人士阅读起来或许会很陌生以及感到有难度。但要知道，跨学科的融合交叉才是我们测绘学科得以长期发展并处于国际前列的根本原因。武汉大学从2020年开始将“机器学习”设置为工学、信息各专业统一的公共基础必修课。机器学习等智能技术需要被测绘专业人士所掌握。我很欣慰地看到该书将这么多人工智能导航的方法展现在读者面前，将有助于大家完善自己的专业知识结构，点亮更多交叉创新的思想火花。用作者的话说，“机器人智能导航需要使用到智能的方法”，我完全同意这个说法。

第三是理论与实践相结合，操作性强，体现了作者在实践教学方面的丰富经验。该书精心编排了十余个与理论部分对应的实验教程，涵盖机器人感知、规划和控制各方面，既有RTK定位、组合导航定位等传统实验，又有深度学习、认知导航等新实验。该书详细介绍了相关工程的软硬件环境、代码结构和实验步骤，给高年级本科生、硕士研究生提供了一个快速进入机器人导航领域的入口；给博士研究生和测绘专业人士提供了一个人工智能的、跨学科的新视角。对机器人相关专业的读者来说，该书也将全面展现测绘领域近几年来最新的研究成果；对于计算机、人工智能相关专业的读者，该书则提供了机器学习技术在机器人身上应用的技术方案。总之，该书做到了理论与实践相结合，能更好地引导读者学习掌握机器人智能导航技术。

该书的作者都是我的学生。团队在郭迟教授的带领下，从“十二五”期间就开始系统性地研究机器人自主智能导航技术。他们先后在国家重点研发计划项目“协同精密定位技术”、“基于视觉的机器人环境感知与定位导航”以及湖北省科技重大专项项目“智能PNT关键技术及其无人系统应用研究”等多个重要项目中开展对机器人智能感知、规划、决策、控制等问题的探索，取得了很多优秀的研究

① 3S是遥感（Remote Sensing，RS）、地理信息系统（Geography Information Systems，GIS）和全球卫星导航系统（Global Navigation Satellite System，GNSS）的统称。

成果。同时，这个团队不但善于从科研中发现和解决科学技术问题，还善于科教相长凝练教学问题。他们指导学生多次获得全国“互联网＋”、“挑战杯”、“研究生人工智能大赛”的金、银奖，研发的“融合北斗和AI的实验教学系统”获得了中国高等教育学会的教学金奖，在多个高校人工智能、导航工程实验室应用推广。该书既是他们科学研究的总结，也是教学心得的总结。

当前是我国人工智能发展战略的关键时期，随着“北斗三号”全球卫星导航系统的全面建成开通，智能技术与PNT技术的深度融合也必将带来机器人、无人系统、智能网联汽车等划时代的变革。该书很及时地对这一方向进行了较为系统的归纳总结，既着眼于机器人导航这个具体的工程技术问题，又勾勒出新一代导航学的研究范畴和研究范式。相信该书能吸引更多有兴趣的人员参与到机器人研究和实践中来，共同推进我国定位导航等空天技术和人工智能技术的发展。

刘经南

中国工程院院士

2023年3月10日

序　二

当前机器人已从传统的制造业进入人类工作生活的各个领域，其结构和形态的发展也呈现多样化，如物流机器人、农业机器人、医疗机器人、自动驾驶汽车等已经越来越普及。在当今以“机器人革命”为引领的全球第三次工业革命背景下，各国纷纷做出战略部署，抢占机器人产业发展的制高点。其中，机器人导航作为机器人智能的基础，是近年来机器人研究领域的前沿热门课题。相关技术与知识的更新非常快，而且学科交叉性强，不易掌握。我曾在《移动作业机器人感知、规划与控制》一书中从视觉感知、运动规划和精准控制等方面将机器人学科系统化，系统深入地介绍了移动作业机器人相关智能理论方法、算法及应用。郭迟教授这本《机器人自主智能导航》延续了我们的这个学科框架，从导航学的角度将机器人感知、规划、控制诸多经典和前沿技术展现在我们面前。该书一方面汇聚机器人智能导航领域的基础性、科学性与普遍性知识，保持了相关基础内容的相对稳定性；另一方面又紧跟当前相关技术的发展，尤其关注当前人工智能技术发展的前沿，具有很好的新颖性。对于传统机器人学科的学生和工程技术人员来说，通过该书系统了解测绘导航领域的技术发展，如我国北斗卫星导航系统和高精度协同精密定位等先进技术，将有助于加深学科融合、丰富和完善机器人研究的知识体系。此外，该书还详细介绍了多种技术方法的工程实践，是典型的最新理论知识和应用实践相结合的成果。

该书的作者来自武汉大学国家卫星导航定位系统工程技术研究中心，这是一个在我国导航领域享有盛名的科研机构。该书作者均是长期工作在一线的教学和科研人员，不仅具有丰富的教学经验和科研实践经验，还与国内外学术同行保持着广泛交流与合作，对相关领域发展有着深刻的认识和理解。他们的教学和研究成果同样深受广大学生欢迎。该书是他们长期辛勤工作的成果和智慧的结晶，将机器人感知、定位、建图、规划决策等方法汇集成册，结构严谨、概念描述准确、内容叙述科学规范，非常适用于机器人、计算机、测绘导航工程、车辆工程和人工智能等专业的本科生和研究生学习，也可供相关科技工作者参阅，希望能受到广大读者的欢迎。

王耀南

中国工程院院士

2023 年 3 月 20 日

前　言

机器人和无人系统导航是近年来大家研究的热点。2017年国务院发布《新一代人工智能发展规划》，将无人系统自主智能导航，尤其是服务机器人、空间机器人、海洋机器人、极地机器人和自动驾驶汽车等在复杂动态场景下的感知与理解、实时精准定位和适应性智能导航技术列为亟待发展的人工智能关键共性技术。近年来，我国在科技创新2030“新一代人工智能”重大项目，“智能机器人”、“地球观测与导航”等重点研发计划中多次布局相关研究任务。有关机器人导航的赛题也多次出现在RobCup机器人世界杯大赛、全国大学生智能车竞赛、世界机器人大会（赛）以及国家自然科学基金委员会组织的“共融机器人挑战赛”和军队有关部门组织的地下机器人挑战赛中。这些项目和比赛层次不同、对象不同、目标不同，但都希望引导人们突破机器人自主智能导航这个难题。在商业应用领域，即使在家用扫地机器人、餐厅服务机器人、物流送货机器人等随处可见的今天，自动驾驶汽车仍未商用和量产，一些更复杂和更困难的任务如机器人的城市地下管道巡检、灾害废墟搜救等需求被广泛提出，导航依旧是制约产业发展的核心难题。我们的一个合作伙伴——武汉京天电器有限公司是国内知名的机器人产品代理销售企业。他们曾做过一个统计，80%购买他们商品的客户无论身份如何、专业背景如何、购买目的如何，最后都会回到“定位导航”这个问题上，要么自己动手二次开发，要么寻求成熟的解决方案。可见，机器人自主智能导航已经成为一个行业共识性问题，既充满了学科交叉，又形成了自身的学术逻辑和技术体系。于是我们想挑战一下这个话题，用一本书阐述什么是机器人自主智能导航。我们主要考虑以下问题。

一是“何为导航”。导航有三个基本问题“我在哪”、“我要去哪”以及“如何去”。其中，对于第一个问题，测绘专业人士研究较多，但很多机器人从业者还不熟悉。在“我要去哪”的问题上，机器人要么能读懂有语义的地图，要么具有认知环境和人机交互的能力，这些都需要用到跨学科知识。在“如何去”的问题上，机器人要能规划出符合任务语义的路线，避开动态障碍物，并满足各种控制约束。所以机器人导航是一个“眼、脑、脚”并用的问题，是一个包含“感知、规划和控制”的问题，不能将内容局限在测绘或自动化一个学科的知识范畴内。

二是“何见智能”。我们在教学中经常发现学生的一些误解，如他们觉得只要装载了激光雷达、相机和GPS的机器人就很“智能”。但事实上，机器人导航的智能更应该体现在方法而不是传感器上。我们将以机器人无人操控、自主运动为目标，以人工建立的模型为驱动，具备初步机器智能的导航称为“自主导航”；将使用了人工智能方法，以数据驱动形成机器人自身对环境、任务和人的认知，能适应陌生复杂环境的导航称为“智能导航”。本书重点对这些方法进行了归纳和整理，突出人工智能最新研究成果与导航技术的结合。

三是“如何入门”。我们在最初搭建机器人智能导航研究平台的时候遇到过一个困难——找不到一个既能计算 GNSS / INS 组合定位、激光或视觉 SLAM，又有 GPU 能快速处理计算机视觉和强化学习的嵌入式工控设备。于是在相关国家重点研发计划支持下，我们自研了一款融合北斗和 AI 的实验教学系统，并通过这个软硬件系统指导学生掌握了大量经典开源代码、制作新作品以及参加各类机器人比赛。在本书中我们也将这些经验分享出来，希望能为各位读者提供帮助。

本书依托国家卫星定位系统工程技术研究中心、武汉大学人工智能研究院、湖北珞珈实验室平台，由郭迟构思、编排并统稿，其中左文炜参与了第 2 章、第 6 章的编写，詹骄参与了第 3 章的编写，罗亚荣参与了第 4、第 9 章的编写。在写作和研究过程中得到了同济大学刘春、吴杭彬教授，武汉大学宋伟伟、黄玉春、张全、闫利、楼益栋、郭文飞、崔竞松、牛小骥、邓辰龙、张沪寅等各位教授的指导与帮助。研究生刘阳、李飞、胡建朗、陈多闻、周宗锟、余佩林、孙凯丽、伍业军、罗宾汉、齐书峰、周康、卢飞等参与了资料搜集和图文整理工作。在此向各位老师和同学表示感谢。全书得到了湖北省科技重大专项项目“智能 PNT 关键技术及其无人系统应用研究”（2022AAA009）、国家重点研发计划项目“协同精密定位技术”（2016YFB0501800）、“基于视觉的机器人环境感知与定位导航”（2018YFB1305000）以及湖北省青年拔尖人才培养计划项目、武汉大学重点教材建设培育项目的支持。目前，机器人自主智能导航仍是一个充满挑战的前沿研究领域。本书仅代表我们团队当前的一些粗浅的理解和认识，疏漏和不当之处还望各位读者批评指正。

郭　迟

2023 年 3 月于武昌珞珈山

目　　录

第1章　机器人自主智能导航概述

导航学是一门古老的科学。导航能力源自生物的本能和人类对大自然的探索。最早人们通过山川河流、日月星辰来确定位置和方向。指南针的发明促进了大航海时代的兴盛。全球卫星导航系统（Global Navigation Satellite System，GNSS）的建成推动了现代导航工程的快速发展。围绕着导航的三个基本问题“我在哪”、“我要去哪”以及“如何去”，经过不断探索与实践，导航工程已经形成了较为完备的技术体系。而伴随着机器人、无人系统的快速发展，如何为机器人导航成为导航工程、机器人学以及人工智能等学科共同关注的热点。

机器人学（Robotic）是一门综合运用机械装置、传感器、驱动器以及计算设备来实现人类在某些方面能力的学科[1, 2]。该学科综合了力学、仿生学、自动控制、机械设计、传感器技术以及导航学等领域的知识，是一门研究机器认知理论与制造技术的综合性学科。早在机器人出现之前，Norbert Wiener 便发表了《控制论》一书，向人们介绍了反馈技术的应用和日常生活中的意义，普及了反馈控制的概念，为机器人学的产生和发展奠定了理论基础。自 20 世纪 60 年代第一台工业机器人问世以来，机器人在工业生产、国防建设、国民经济及人民生活等诸多领域扮演着越来越重要的角色。1972 年美国斯坦福国际研究所第一次在机器人中引入了人工智能技术，通过在机器人上搭载相机、测距仪等传感器研发出了能够对周围环境进行测量的移动机器人 Shakey[3]。尽管 Shakey 的实际表现并不理想，但它的出现是人工智能和机器人融合感知环境的一个重要里程碑。1980 年前后，美国斯坦福大学研制的 Stanford Cart 机器人利用机载摄像机实现了机器人在周围环境中的导航，这一成果首次将导航技术与机器人技术结合，促进了机器人学中导航分支的发展。作为机器人学的重要分支之一，导航技术可以为机器人提供位置信息、路线规划、环境感知等诸多服务，是机器人工作的基础。人工智能技术则为如何获取精确、可靠和智能的导航信息提供了新的方法和思路。

人工智能（Artificial Intelligence，AI）的概念于 1956 年在达特茅斯会议上被首次提出。由于受到基础理论、计算能力、工业水平等诸多因素的影响，人工智能技术的发展几经波折，呈现出螺旋式上升的态势。2010 年前后，随着计算硬件技术的快速发展，以深度学习（Deep Learning）为代表的人工智能迎来又一个爆发期。2018 年的 A.M.图灵奖（A.M. Turing Award）颁发给了 Yoshua Bengio、Geoffrey

Hinton 和 Yann LeCun 三位科学家，这是人工智能史上具有划时代意义的重要时刻，代表着机器的智能化趋势得到普遍认可。国务院 2017 年发布《新一代人工智能发展规划》中也明确提出，要重点突破自主无人系统计算架构、复杂动态场景感知与理解、实时精准定位、面向复杂环境的适应性智能导航等共性技术，为无人机、服务机器人、特种机器人、无人驾驶等提供核心技术，支撑整个无人系统应用和产业发展[4]。导航技术、机器人技术和人工智能三者已经紧密结合在一起。

1.1 技术的发展和趋势

机器人智能导航可以分为几何导航（Geometric Navigation）、自主导航（Autonomous Navigation）和智能导航（Intelligent navigation）几个阶段，并朝着超越生物导航、定位和授时（Positioning，Navigation，and Timing，PNT）智能的方向发展[5]，越来越精准、越来越可靠、越来越具有弹性（Resilience）[6]。机器人的“几何导航”是以获得空间几何信息为主要目标，通过搭载的测量传感器进行坐标化的度量和距离性规划，辅助人进行决策，不考虑无人化运行；“自主导航”以机器人无人操控、自主运动为目标，主要由各种人工建立的模型驱动（Model Driving），具备初步的机器智能；“智能导航”则在“自主导航”的基础上，在方法层面超越“人工植入的模型”，从感知向认知发展，实现模型和数据共同驱动（Model & Data Driving）。在功能层面则让机器人拥有或部分拥有生物导航的特性，能适应复杂而陌生的环境，理解高级的任务意图，见图 1.1。

以近几年来受到学术界、工业界和技术市场广泛关注的自动驾驶汽车（Autonomous Vehicle）为例，可以充分认识机器人智能导航技术的发展趋势。从导航角度看，自动驾驶汽车是一种典型的具有网络支持、集成多种服务的轮式机器人[7]。作为人工智能、汽车制造、自动控制、网络通信等多种先进技术集成的产物，自动驾驶汽车通过网络和车载传感器感知车辆周边环境，然后由智能驾驶系统进行路线规划与决策控制，实现车辆在道路上的自主智能行驶。国外早在 20 世纪中叶，便对自动驾驶技术进行了初步探索。进入 21 世纪后，自动驾驶技术迅速发展。2004 年美国国防部组织了著名的自动驾驶 DARPA 挑战赛，旨在推动自动驾驶技术的发展。自此以后，全球开始对自动驾驶技术投入大量研究。我国相比国外起步较晚，但发展速度很快。2008 年国家自然科学基金委员会发起“视听觉信息的认知计算”计划，对自动驾驶汽车研究项目进行资助，并连续十几年主办中国智能车未来挑战赛（Intelligent Vehicle Future Challenge，IVFC）。以百度为代表的新兴技术企业更是对自动驾驶投入全力，到 2015 年已经实现了城市复杂交通场景下最高速度 100km/h 的无人驾驶，2017 年向整个汽车行业提供了开放、统一的开发平台 Apollo[8]。在车辆智能化分级方面，目前工业界也主要采用美国的两套标准，一套是由美国国家公路交通安全管理局（National Highway Traffic Safety Administration，NHTSA）制定的，另一套是由美国汽车工程师学会（Society of Automotive Engineers，SAE）制定的。SAE 分级标准中的 L0 级表示无自动化，L1 级表示驾驶辅助，包含自适应巡航控制等辅助功能。L2 级表示部分自动化，包含紧急制动、避免碰撞等高级辅助功能。从 L3 级开始，实时环境感知的主体由人类驾驶员变为驾驶系统，车辆可以在相对简单的限定环境（如高速公路、封闭园区等）中自主行驶，但特殊情况下仍需人工干预。L4 级与 L5 级无须任何的人工干预，但 L4 级只能在有限的环境中运行，而 L5 级可以在任意环境下完全自动驾驶。目前全球都在积极研制具有 L4 级或 L5 级的自动驾驶汽车，其主要的挑战之一就是智能导航[9-11]。

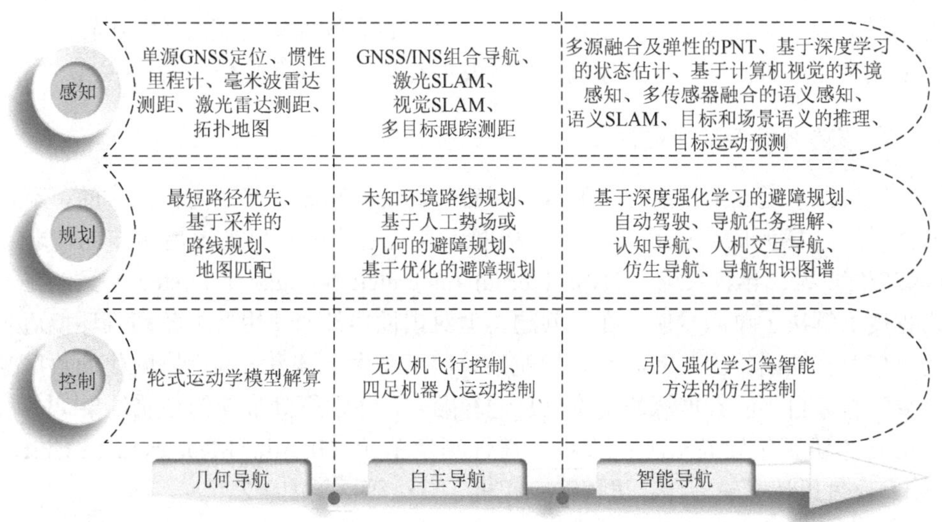

图 1.1　机器人自主智能导航的技术

移动机器人涉及感知、规划、控制三部分[12]。①感知包括对自身位姿的感知（这一问题通常被称为机器人状态估计（State Estimation for Robotic）[13]和对环境目标的感知。测量技术是感知的基础。智能导航要在测量的基础上开展对环境和目标的识别、预测以及推理，将感知发展为认知。②导航规划可以分为全局性的规划和局部性的规划，解决“如何去”的问题。最普通的全局规划是以距离为基础的导航路线规划。发展到智能阶段，则需要增加对除距离外的各种交通语义的理解，如路况、流量、通行成本等，让机器人思考如何在“盲环境”下开展路线规划。局部规划通常又被称为“决策”，如“如何避开障碍物”、“如何让机器人平稳舒适行驶”、“当前时刻是否应该切换车道”、“是否还应该往前继续搜索”等都属于决策的范畴，是最能体现机器人导航智能的部分。③控制本身是机器人学的重要内容。例如，一个串联的关节型机器人（机械臂），如果已知各个关节的状态去求机器人末端夹具的位姿，这个过程为正运动学（Forward Kinematic）。反之，如果知道末端的运动去求各个关节的状态，这个过程就是逆运动学（Inverse Kinematic）。机器人导航也有类似的概念。我们将机器人看作运动质点或刚体，计算出当前时刻它在各个方向的运动速度，是前述规划部分的任务。同样的，如将规划得到的各个方向的速度转化为轮式底盘、机器狗各关节、无人机各旋翼电机的转速与执行序列，则属于控制部分要考虑的事情。传统导航学认为导航不涉及控制。但具体到机器人导航，需要关注局部规划所做出的决策是否可行。如果因为电机功率等原因无法实现决策行为，或者机器人在控制约束下无法做出规划的动作，都说明导航规划是无效的。因此控制问题也要被包含在导航范畴下一起考虑[14]。至于更加底层的机电控制、材料及机械、硬件实现等问题，不在本书讨论范围内。机器人自主智能导航的技术发展趋势包括以下几个方面。

1. 多源传感器协同定位

定位技术是自主智能导航的重要基础。尽管 GNSS 带来了定位技术的革新，然而单一传感源的导航系统无论是精度还是适用范围都很难满足用户的需求。GNSS/INS 组合导航系统（GNSS/Inertial Integrated Navigation System）虽然在一定程度上解决了单源导航存在的问题，但对惯性器件的使用要求较高且环境适应性仍然存在缺陷。因此多源融合导航系统应运而生。该系统利用协同化的数据融合算法将来自不同数据源的定位信息进行融合，进而得到最佳的导航结果[15]。常见的传感器源包括 GNSS 接收机、惯性测量单元（Inertial Measurement Unit，IMU）、气压计、磁力计、里程计、相机、雷达等，见图 1.2。

多源传感器融合定位的重点不在于传感器源的数量和种类，而是融合方法与手段。因此多源融合又被称为协同精密定位（Precise Cooperative Real-Time Positioning），指多个用户通过信息交互和通信，共享位置服务技术和资源，融合各类定位手段以突破位置服务中的各种时空障碍与信息缺乏，协作完成各自或共同的高精度定位的一种技术①。当前最成熟的融合思路之一是基于卡尔曼滤波（Kalman Filter，KF）展开的。但是传统运动对象的动力学模型大多建立在欧几里得空间中，而大量研究和工程实践表明，机器人运动状态是在黎曼空间中的矩阵流形（Matrix Manifold）上变化的[16]，尤其是无人机、多足机器人等具有复杂动

① 协同精密定位技术引用于《中国大百科全书·测绘卷》（第三版）词条。

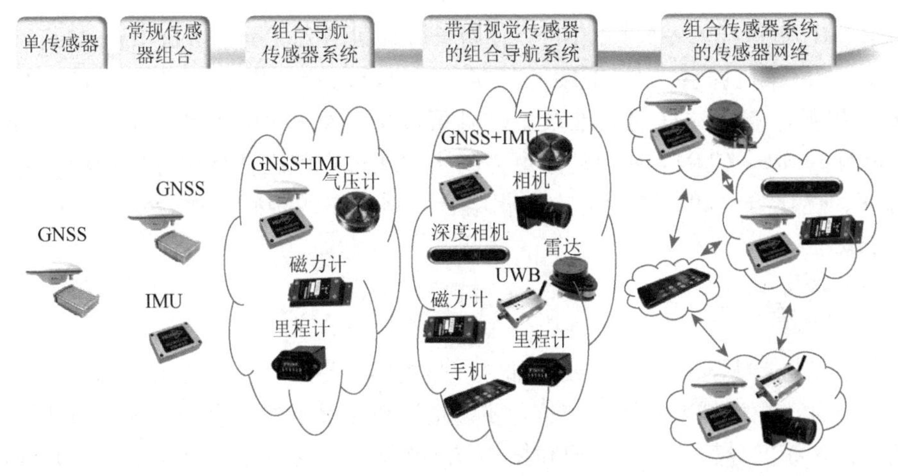

图 1.2　传感器融合模式的发展与变化[15]

力学特性的机器人。经典系统动力学方程无法自然地描述机器人在这些非欧氏空间中的系统动力学过程。矩阵流形作为一种以矩阵为元素、保持光滑可微属性的流形，非常适合对空间中非线性运动状态的建模。如机器人刚体连续旋转的特殊正交群 SO（3）、表示位姿（包含平移和旋转）的特殊欧几里得群 SE（3）和广泛应用于姿态表示的四元数群 S^3 都存在于矩阵流形上。因此针对机器人状态估计的滤波可以考虑在流形上设计，通过李群（Lie Group）和李代数理论将运算复杂度为 $O(n^2)$的矩阵运算转移到运算复杂度为 $O(n)$的向量空间，提升精度和降低复杂度[17]。

基于滤波的融合方法以迭代的形式处理时间序列数据，这对多源传感器之间的时空标定提出了极高要求。近几年来针对机器人等运动载体，因子图（Factor Graph）优化方法也被广泛应用[18]。该方法可以实现各个传感器的即插即用，不要求严格的时间同步，实现传感器之间外参的实时在线估计。最重要的是，因子图优化方法能同时处理多个时间窗口的数据，在提高状态估计的鲁棒性的基础上有效地对数据进行增量平滑，提高状态估计的精度。因子图优化方法将状态估计问题建模成贝叶斯推断问题，然后通过概率建模将多个状态的联合概率密度函数进行分解，最后进行因子图上的最大后验概率推断，目前已取得了非常优越的性能，但是其运算成本比滤波方法要高。

值得关注的是，随着人工神经网络（Artificial Neural Network，ANN）在高维数据特征提取中变得越来越有效，人们也开始使用深度神经网络处理多源传感器数据的状态估计问题。这一类方法不再考虑不精确的系统动力学模型，而是直接对传感器高维数据进行训练学习。人们利用深度神经网络强大的表示能力，通过大量数据训练来对复杂动力学系统模型进行模拟，从而实现机器人状态估计[19, 20]。对于像

GNSS、IMU 等这样的序列数据，可以使用长短时间记忆（Long Short-Term Memory，LSTM）网络来挖掘系统内在的数据逻辑并提供泛化能力强的状态估计算法；对于像图像和雷达点云这样的高维数据，则可以构建卷积神经网络（Convolutional Neural Network，CNN）或视觉注意力网络直接进行状态估计和深度估计。将滤波方法、优化方法和训练学习方法相结合，将是多源传感器融合定位的重要发展趋势。

2. 具有语义的地图

地图是机器人导航尤为重要的部分，是机器人感知环境的结果。地图本身可以作为一种“源”辅助机器人定位，更多情况下则是机器人全局规划和局部规划的依据。传统的导航地图由几何和拓扑方式构造[21]，因此在此基础上开展的规划也必然是几何性的。这样的地图只能告诉机器人哪里能走、哪里不能走，这对于自主智能导航而言远远不够。如我们要机器人“到冰箱去拿瓶水”，那么导航地图中应该清楚地标注哪一个物体是冰箱，以及当机器人发现身边出现“马桶”时，应该果断放弃在当前房间寻找冰箱的任务。又如扫地机器人在面对前方障碍物时，需要知道它们是容易清扫的纸团还是会缠住清扫刷的毛线团，才能正确做出“是否清扫”的决策。这就是导航地图中的语义（Semantic）。具体而言，又可以分为场景语义和目标语义两大类。场景语义告诉机器人当前环境所处的场景是什么，以及这个场景下的导航经验有哪些。目标语义则告诉机器人地图中各个对象是什么，它们之间有什么关联关系以及对路线规划、避障规划等有什么帮助或约束。在具有语义的地图上开展的导航，才可能是智能导航。几种地图的示意见图 1.3。

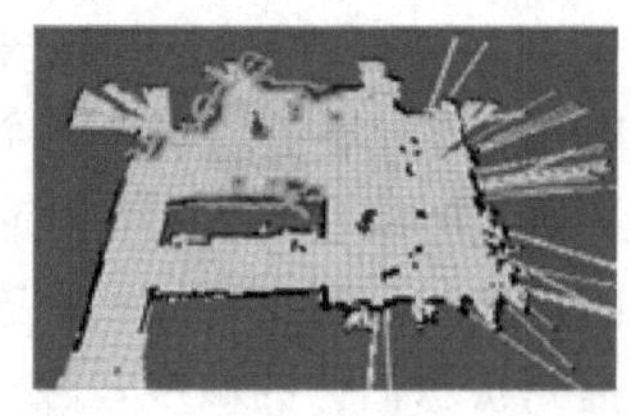
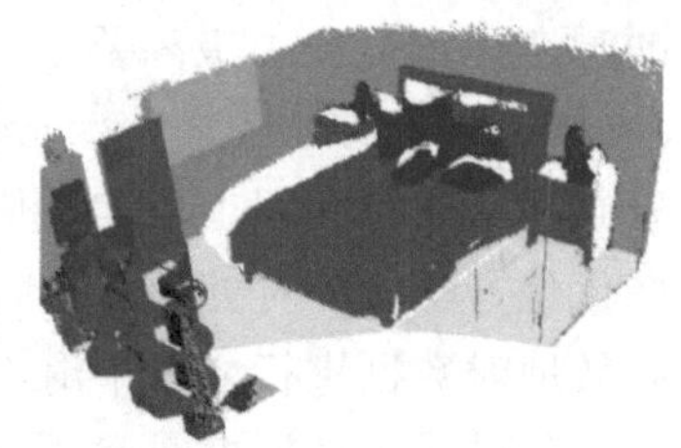

图 1.3　几何地图[22]、场景语义地图[23]和物体语义地图[24]

在机器人学中，构建地图的主流技术是同步定位与建图（Simultaneous Localization and Mapping，SLAM）技术，其发展方向之一便是将定位和建图的二元同步升级为语义获取、定位和建图三元同步，变为语义 SLAM。获取语义的核心手段是人工智能技术，如计算机视觉技术、语义推理技术等。语义不但能够支持导航，也可以反过来促进 SLAM 系统更加精准和鲁棒[25]。如视觉 SLAM 可以通过目标检测分割技术，更好地选取参考特征点，将那些位于移动目标上的特征点剔除，从而使自身位姿估计更加准确；又如像图书馆这种书架大小间隔一致、摆放整齐的场景，激光 SLAM 往往会难以区分而导致回环错误。如果结合视觉语义，则可以有效解决这一问题。

一种更为高级的语义地图是自动驾驶地图，又称为智能高精地图（Intelligent High-Precision Map），它由多层数据组合而成，其数据逻辑结构能准确反映道路环境，实现地图数据的多尺度标定和高效存储，支持定位、路线规划、决策控制的需求[26]。传统 1km 的几何、拓扑地图的数据量大概在 KB 级，而 1km 智能高精地图的数据量以 10MB 为单位。这就需要在存储计算的模式上采用云、边、端协同的边缘计算（Edge Computing）方式，在采集更新的模式上采用众包（Crowdsourcing）计算的方式。

3. 智能规划和决策

“智能规划”依然是相对于“几何规划”而言的，主要体现在对陌生环境的适应性、对动态目标的预见性以及通过学习形成规划经验的记忆等方面。

当前机器人自主导航大多在有图环境下开展，在 SLAM 测图阶段多以人工控制方式驱动机器人移动，得到精准地图后再让机器人自主导航。如果将机器人置于一个陌生、无人且无图的环境，一种解决思路就是用启发式的智能算法结合 SLAM 技术，让机器人边走边测绘，把环境以地图的方式记录下来。20 世纪 90 年代卡内基·梅隆机器人中心的 Stentz 等即在最短路线 A*算法基础上设计出了一种启发式的路径搜索算法 D*用于机器人探路，并成功应用到美国火星探测器中[27]。另一种思路则完全依靠机器人的经验和记忆，以目标驱动的方式在陌生环境中完成任务[28]。无论哪一种方式，都意味着陌生环境将是机器人智能导航面临的一大挑战。

“避障”是机器人局部规划中最重要的任务。传统的避障模型以获得障碍物和自身的相对位姿关系为依据，在局部地图下用几何建模或人工势场（Artificial Potential Field）建模的方法做出机器人的最优决策[29, 30]。这对于低速运行的无人系统非常有效。但当机器人处于高速运动、周边有多目标复杂环境时，缺乏预见性的规划就不够智能了。因此在智能导航中，障碍物的轨迹预测将成为研究的重点，需要对机器人智能体的行为、智能体之间的交互以及冲突多样性展开大规模数据训练学习。将感知与预测相结合的规划，也是机器人的感知能力发展为认知能力的一个重要标志。

此外，传统机器人导航中的规划都是即时规划，没有能够形成经验和记忆。随着人工智能技术的发展，机器人需要把每一次决策及后果都保存起来，用强化学习或者模仿学习训练一个高级的智能体，应对更多未曾见过的情况。

4. 理解环境、人和任务

导航本身就是一种机器人的“任务”。导航任务的主体是机器人自己，客体是空间环境，下达任务的是我们人类，让机器人导航到目的地是为了让它们完成其他上层的高级任务。因此智能导航需要机器人理解环境、理解人和理解任务语义，也称为认知导航（Cognitive Navigation）或具有人意识的导航（Human-Aware Navigation）[31]。能与作业环境、人和其他机器人自然交互、自主适应复杂动态环境并协同作业的机器人称为共融机器人（Coexisting-Cooperative-Cognitive Robots，Tri-Co Robots）[32]，认知导航则是共融机器人的必备能力。

机器人对环境的理解就是要将感知变成认知。如同步定位与建图是感知，加上计算机视觉等技术，就可以在地图上增加语义认知的结果。又如用激光雷达、毫米波雷达、双目视觉等测量周边目标的距离和位置是感知，加上对这些目标下一步行动的预测认知，就可以得到更优的规划结果。

对人的理解则是需要进行有效的“人机交互”。智能化导航的场景往往不是一次性和明确的，而是要在不断与人的交互中完成。此时的机器人需要听得懂人类的语言、看得清人类的手势、和人的动作保持协同甚至在人类也无法给出明确导航决定时能够启发人类。视觉对话导航就是一种典型的人机交互式导航[33]。

导航还需要理解上层任务的语义。如前面提到的“到冰箱去拿瓶水”，冰箱作为导航目标但不是最终的任务目标。2018 年本书作者参加了国家自然科学基金委员会组织的“共融机器人挑战赛”且取得了很好的成绩。当时比赛的任务是让机器人在一个迷宫中搜索煤气罐并将其搬出。在寻找煤气罐阶段我们希望导航路线越短越好，而在搬运煤气罐阶段则需要让导航路线越安全越好，这就需要做出不同的规划。又如一个搭载摄影测量设备的无人机要对某目标或空间开展无人机测绘，那么相应的导航规划既要使飞机接近目标，还要满足飞控动力学的要求，更要满足摄影测量任务下对载体速度、姿态、转向角度等各方面的要求。

5. 模仿生物的导航

定位、导航和辨识方位、感知时间消耗、认知环境和动作决策是所有生命体因生存需求而进化出的本能[5]。PNT 技术是人类从自然中感悟或受生物智能启发而研发出的技术，尤其以机器人为载体的导航，更应该具有生物导航的特性。机器人仿生导航的研究主要围绕仿生导航器件、仿生规划算法以及构造生物导航脑几个方面展开。

仿生导航传感器以生物对光线、运动、声波等相关感觉器官进行模仿，研制新型的复合材料及微电子器件去获取这些信号。目前受到广泛关注的仿生导航器件包括偏振光罗盘、磁罗盘、仿生声呐、复眼和事件相机等[34]。这些器件的加入，将扩大传统导航以 GNSS、IMU 为主的传感器源，从而推动更多融合导航方法的产生。此外，广域、低成本且高精度的授时器件还将为群体导航提供同步的“生物钟”[35]。

生物体给规划避障和群体智能算法也带来了启发。如生物学家在蝗虫体内发现了一种称为小叶大运动检测器（Lobula Giant Movement Detector，LGMD）的神经元。这类神经元能对视觉感知执行一种非线性的数学运算，让蝗虫以最小能量躲避眼前的动态目标。这种能让数以万计的虫群在快速移动过程中不发生相互碰撞的机理也被用于无人系统的研制之中，发明了仿 LGMD 的电子元器件[36]以及类 LGMD 的人工神经网络[37]。

用人工神经网络去模拟生物甚至是人类的“导航脑”，是仿生导航研究的另一个重点，也被称为“类脑导航”。生物学界已有研究表明，生物大脑的内嗅皮层中存在一种网格细胞（Grid Cell），是生物感知空间变化的主要细胞。2005 年挪威记忆生物学中心的 Moser 夫妇在白鼠上证实了该细胞的存在。他们与更早发现位置感知细胞的 John O’ Keefe 一起获得了 2014 年诺贝尔生理学或医学奖[38, 39]。2018 年 DeepMind 公司在 *Nature* 发表文章，用人工神经网络去模拟动物的网格细胞[40]。他们用一个带视觉辅助的神经网络开展训练，模仿哺乳动物在陌生环境中的运动定位，使其达到与动物一致的空间变化的感受能力。进而运用强化学习检验人工设计的“类网格细胞”的导航能力，分析这种训练后的神经网络能否使人工智能体找到达到目标的捷径。研究证实人工神经网络经过训练和强化后，与大自然亿万年生物进化所获得的导航能力高度一致。我国 2021 年“脑科学计划”也明确部署了“搞清认知地图的神经机制，建立基于脑科学原理的认知地图神经网络模型，提高智能体空间导航精度与效率”的研究任务[41]。使用人工神经网络去模拟生物对方向、姿态、运动的感知能力，去记忆生物对时间空间形成的导航经验，去像生物一样存储“地图”信息，建立一个类生物的“导航脑”，将使得机器人更像人一样去导航。这将是一个交叉、新颖、充满期待和挑战的研究方向[42]。

综上所述，智能导航是导航工程发展的趋势，是机器人导航必备的能力。智能导航方法是在几何和自主导航方法基础上，进一步与当前人工智能诸多方法论相结合，融合机器学习与数学物理建模，贯穿于机器人感知、规划（决策）、控制的各个阶段的新一代 PNT 技术。

1.2　迈向智能导航

1. 机器学习成为智能导航的核心方法

当前代表性的 AI 技术是机器学习（Machine Learning）技术。20 世纪 50 年代以来，机器学习的发展经历了多个阶段。第一阶段即 20 世纪 50 年代中期到 60 年代中期，最具代表性的研究是 Arthur Samuel 设计并实现了一个智能的西洋下棋程序，并以此提出了机器学习的最初的非正式定义为“在不直接针对问题进行编程的情况下，赋予计算机学习能力的技术”。第二阶段即 20 世纪 60 年代中期到 70 年代中期，该时期的最具代表性的研究是 Winston 的结构学习系统和 Hayes Roth 等提出的基于逻辑的归纳学习系统。第三个阶段即 20 世纪 70 年代中期到 80 年代中期，最具代表性的研究有 Simon 等 20 多位人工智能专家共同撰写的 *Machine Learning*，标志着这一时期机器学习的发展迅速。第四个阶段自 20 世纪 80 年代中期开始，属于机器学习的蓬勃发展阶段，尤其以统计学习为代表的方法大行其道。机器学习与人工智能的多个基础问题相联系并逐渐形成了统一性的理论依据和概念支撑[43-47]。

2010 年以来由机器学习引发而来的深度学习得到了学术界和工业界的广泛关注，成为一个新的发展阶段。深度学习相比机器学习具有更强大的表示能力和更高效的特征提取能力，在面对大规模数据时比传统机器学习的浅层模型更能够学习到全局和丰富的对目标有利的信息。深度学习较为主流的方法包括：卷积神经网络、循环神经网络（Recursive Neural Network，RNN）和强化学习（Reinforcement Learning，RL）。CNN 受人类视觉神经系统的启发，实现了将大量复杂数据进行降维并保留原有特征，在图像处理中取得了卓越的成绩。RNN 主要善于处理具有时间序列的数据类型，在文本、语音以及导航传感器数据处理中具有较强的性能表现。在机器学习中，大数据的观测样本构成样本空间，而其真实的值或类型构成标记空间，机器学习的核心目的就是寻求一个假设（Hypothesis），使得其逼近样本空间到标记空间的真实映射。这一类假设往往难以用解析式的、模型化的形式来表达，从而需要借助人工神经网络强大的逼近、拟合能力进行端对端（End to End）的学习训练。在机器人导航问题上，无论从传感器观测获得对环境目标的理解，还是估计出自身位姿状态，都存在大量难以用解析式的、模型化的形式来表达的映射关系，因此深度学习是智能导航的重要方法论。

强化学习在智能导航中也扮演着极其重要的角色。早期强化学习以三条相对独立的主线展开，即通过试错（Trial and Error）来学习的流派、通过值函数和动态规划（Dynamic Programming）完成最优控制的流派以及围绕时间差分方法（Temporal-Difference）的流派。20 世纪 80 年代后期 Chris Watkins 提出了 Q 学习（Q-Learning）算法，将时间差分和最优控制完全结合在一起，拓展了强化学习的应用。而深度强化学习（Deep RL，DRL）结合了深度学习的强化学习的特点，通过深度学习解决了强化学习中特征提取的困难，并缓解了强化学习中的过拟合、梯度消失等问题，在近十年取得了瞩目的成就。2015 年 Volodymyr Mnih 等创新性地将深度卷积神经网络与 Q 学习算法结合，提出了深度 Q 网络（Deep Q

Network，DQN）[48]。DQN 能够直接处理游戏 Atari 的原始图像并端到端地决策，达到了人类玩家的控制效果。2016 年，谷歌提出的基于深度强化学习的围棋人工智能机器人 AlphaGo 击败了人类顶尖职业棋手[49]。在机器人导航问题上，可以用强化学习来训练机器人建立更加优越的路线规划、避障决策以及动作决策，被认为是几何导航通往智能导航的重要手段。

综合来说，在机器人导航任务中，复杂多变的环境难以用单纯的数学模型表征。传统导航中大多以模型驱动的感知、规划和控制算法，其适用性受到了极大限制，而以数据驱动的深度学习方法则可以很好地作为补充，是本书智能导航重点关注的。当然与其他深度学习应用存在的困难和挑战一样，如何将监督学习（Supervised Learning）转变为半监督学习和无监督学习，以及如何提升模型对各种场景的泛化适应能力，是将深度学习思想用于导航过程中需要解决的难点。

2. 其他人工智能系统对智能导航的借鉴和启发

同时期，深度学习方法已被广泛应用于各大研究问题中，在自然语言处理（Natural Language Processing，NLP）、计算机视觉（Computer Vision，CV）和信息情报科学（Information Science）等领域形成了不少里程碑式的成果，值得智能导航借鉴和学习，见图 1.4。

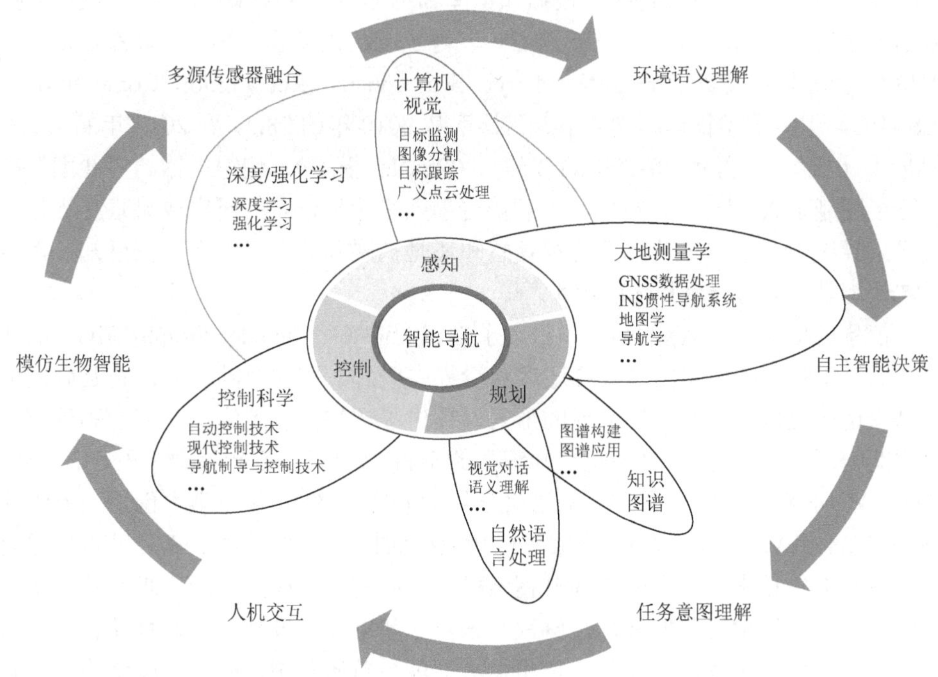

图 1.4　导航与人工智能的技术融合

NLP 旨在通过智能算法使得计算机能够像人类一样理解和处理自然语言，是一门“说”的学科。NLP 主要分为两大研究部件：自然语言的理解（Natural Language Understanding，NLU）和自然语言的生成（Natural Language Generation，NLG）。1956 年 Chomsky 提出了一种上下文无关语法，促使了自然语言处理中一系列基于规则和概率方法的衍生。该时期即为 NLP 的基础理论和探索阶段。1967 年美国心理学家 Neisser 将自然语言与人类认知相联系提出了认知心理学的概念，这一时期 NLP 取得了进一步的发展。20 世纪 70 年代以隐马尔可夫模型（Hidden Markov Model，HMM）为代表的统计模型在语音识别领域获得了巨大成功。随着计算机处理速度和存储性能的大幅提升，神经语言模型、词嵌入、序列到序列的模型以及注意力机制这些深度学习相关方法极大地促进了 NLP 研究向纵深化发展，已经使得机器在部分领域接近人类的语言和交流能力[50, 51]。在机器人智能导航研究中，这些 NLP 的研究成果能够很好地辅助机器人与人进行交流沟通，提升机器人对导航任务的理解能力，做到更好的人机交互。

CV 是一门研究如何让机器“看”的学科，更进一步地说，就是指用机器代替人眼完成目标识别、检测、跟踪和测量等视觉任务。CV 的发展最早可以追溯到 1966 年，著名的人工智能学家 Marvin Minsky 认为计算机视觉的任务就是把一个摄像头放在机器上，让机器描述看到了什么。早期的 CV 研究通过建立一个包含图像各类特征的先验知识库，根据知识库和物体特征匹配来使计算机理解图像。借助于深度学习的思想，近 10 年来 CV 取得了飞跃式发展。在国际知名 ImageNet 大型视觉识别挑战赛（ImageNet Large Scale Visual Recognition Competition，ILSVRC）中，千类物体识别 Top-5 错误率从 2010 年的 28.2%到 2012 年的 15.3%（AlexNet 模型），再到 2015 年的 3.57%（ResNet 模型），使得机器的“看图”能力已经超越了人类[52, 53]。在机器人智能导航研究中，CV 的研究成果直接支撑了机器人导航中的感知环节，无论视觉感知还是扩展开的广义点云数据感知，都可以被认为是 CV 的一个具体应用[54, 55]。

信息情报科学与 AI 的结合，推动了知识图谱（Knowledge Graph，KG）的快速发展。KG 以结构化的形式描述客观世界中概念、实体及其关系，将互联网的信息表达成更接近人类认知世界的形式，提供了一种更好地组织、管理和理解信息的能力，是让机器拥有“经验和知识”的学科。20 世纪 60 年代语义网（Semantic Network）的出现开始了关于人脑语义记忆的研究。1989 年科学家创造了万维网（World Wide Web，WWW），形成了链接数据的技术标准。2012 年谷歌首次提出了完备的 KG 技术，其目的是提升搜索引擎返回的答案质量和用户查询的效率。此后大量 KG 模型得到发展，在解决知识表示和推理上推动了推荐系统、问答系统、翻译系统等的蓬勃发展[56]。在机器人智能导航研究中，KG 以图结构的形式告诉机器人，导航场景中有哪些实体，以及它们之间的位置关系。进而机器人关于时空的记忆、规划的经验和对目标语义的理解推理，都可以借助 KG 这一手段来实现，是认知导航可以借鉴的工具。

需要注意的是，机器人智能导航不单从机器学习领域获取方法论、从其他人工智能系统借鉴研究成果，同时也会促进机器学习和人工智能本身的研究发展。如传统 CV 领域的图像分割（Segmentation）仅对平面像素进行处理。而当引入了导航测量领域的深度信息、位姿信息后，图像分割算法的能力将大为提升，并能有效应对光线不均匀、物体有遮挡等情景[57]。所以机器人智能导航作为人工智能研究的重要组成部分，必将与其他领域交叉融合，产生新的交叉成果[58]。

本书重点关注了上述领域的最新研究及其与机器人导航交叉融合的创新成果。我们认为机器人智能导航应该使用到智能的方法。这些智能方法的应用和智能系统的融合，是使机器人从“自主导航”走向“智能导航”的关键。

1.3　本书内容简介

第 2 章主要介绍机器人实现自主导航的基本框架和方法，也涉及机器人操作系统和主流传感器等软硬件基础。机器人通过传感器数据构建导航地图、计算自身的位姿、感知周围的环境信息、规划合理的行进路线并最终控制电机等硬件完成导航任务。

第 3 章介绍机器人环境语义感知的基础方法。机器人对环境感知的能力是其他高层动作决策的基础。实际应用中，机器人通过相机、雷达等传感器实时获取周边环境的图像数据与点云数据，运用深度学习算法从这些数据中获取不同层级的语义信息，增强机器人对周边环境的理解能力，使机器人从对周边环境的感知转变为对周边环境的认知，有助于机器人实现更高级、更智能的导航任务。

第 4 章介绍机器人状态估计的方法。状态估计包括对运动系统的位置、速度、姿态的估计，是机器人做出下一步决策的基础，也是导航中的核心问题。该章以多源传感器融合定位方法为主轴，重点介绍了基于卡尔曼滤波的方法、基于因子图的方法和基于深度学习的方法。读者尤其应该关注那些当前最前沿的与智能优化和深度神经网络相结合的状态估计方法，它们代表着本领域的研究方向。

第 5 章主要介绍机器人 SLAM 技术。目前 SLAM 技术也已被广泛应用于自动驾驶、机器人和增强/虚拟现实等领域。根据传感器类型，SLAM 方法主要分为基于激光雷达的 SLAM 和基于视觉传感器的 SLAM，并相互融合形成多种方案。其中的代表性经典方案是学习机器人导航必须掌握的。

第 6 章在视觉 SLAM 基础上，主要介绍其与视觉语义融合的方法。传统视觉 SLAM 算法采用的静态环境假设与低级视觉特征的智能化水平还不够，难以满足智能导航的需要。融入深度学习将语义信息与环境的几何特征联系起来，提供关于机器人周围环境的高层次描述，有利于增强机器人的环境感知、导航避障与任务规划能力，实现机器人智能导航。

第 7 章主要介绍机器人导航规划与决策方法。机器人根据地图和传感器数据自主规划出到达目的地的路线，并在行进过程中对每一步行动展开符合控制约束的决策。在全局规划方面主要介绍了经典的图搜索和采样规划等方法。在局部规划方面，重点介绍了动态目标行动预测和避障规划的相关技术，以及基于深度学习的感知规划端对端模型。

第 8 章介绍认知导航。这一类研究伴随着人工智能技术的发展，在近几年受到了广泛的关注，是机器人智能导航的重要组成部分。该章以深度强化学习为主要方法论，给出了一种认知导航的任务描述与建模过程，并讲述了目标驱动导航、视觉语言导航、视觉对话导航等经典认知导航任务，也对导航知识图谱及仿生导航展开了讨论。

第 9 章主要介绍足式机器人上的定位导航技术。足式机器人是一种当前快速发展的新型机器人，与轮式机器人相比在室内楼梯、荒野沙地、废墟灾区等特殊且复杂的环境更具有适应性。学习和研究机器人智能导航，需要关注这些新型载体，从而更好地适应复杂环境，解决实际工程需求。

参 考 文 献

[1] 蔡志兴. 机器人学[M]. 北京：清华大学出版社，2014.

[2] Craig J J. 机器人学导论[M]. 4 版. 负超，王伟，译. 北京：机械工业出版社，2018.

[3] Kurfess T R. Robotics and Automation Handbook[M]. Florida：CRC Press，2005.

[4] 国务院. 新一代人工智能发展规划[EB/OL]. http://www.gov.cn/xinwen/2017-07/20/content_5212064[2017-07-20].

[5] 刘经南，郭文飞，郭迟，等. 智能时代泛在测绘的再思考[J]. 测绘学报，2020，49（4）：403-414.

[6] 杨元喜，杨诚，任夏. PNT 智能服务[J]. 测绘学报，2021，50（8）：1006-1012.

[7] 李德毅，赵广立. 让汽车成为“交互轮式机器人”[N]. 中国科学报，2016-11-15（005）.DOI：10.28514/n.cnki.nkxsb.2016.000628.

[8] 百度公司. 百度 Apollo 智能交通白皮书：ACE 智能交通引擎 2.0[EB/OL]. https://apollo.auto/[2022-01-27].

[9] 李克强. 智能电动汽车的感知、决策与控制关键基础问题及对策研究[J]. 科技导报，2017，35（14）：85-88.

[10] Li L，Wang X，Wang K，et al. Parallel testing of vehicle intelligence via virtual-real interaction[J]. Science Robotics，2019，4（28）.

[11] 李必军. 现代测绘技术与智能驾驶[M]. 北京：科学出版社，2021.

[12] 王耀南，彭金柱，卢笑，等. 移动作业机器人感知规划与控制[M]. 北京：国防工业出版社，2020.

[13] Barfoot D. 机器人学中的状态估计[M]. 西安：西安交通大学出版社，2018.

[14] 杨元喜. 导航与定位若干注记[J]. 导航定位学报，2015，3（3）：1-4.

[15] Grejner-Brzezinska D A，Toth C K，Moore T，et al. Multisensor navigation systems：A remedy for GNSS vulnerabilities[J]. Proceedings of the IEEE，2016，104（6）：1339-1353.

[16] Barrau A，Bonnabel S. The invariant extended Kalman filter as a stable observer[J]. IEEE Transactions on Automatic Control，2016，62（4）：1797-1812.

[17] Luo Y，Guo C，Liu J. Equivariant filtering framework for inertial-integrated navigation[J]. Satellite Navigation，2021，2（30）.

[18] Dellaert F，Kaess M. Factor graphs for robot perception[J]. Foundations and Trends in Robotics，2017，6（1/2）：1-139.

[19] Wang S，Clark R，Wen H，et al. End-to-end，sequence-to-sequence probabilistic visual odometry through deep neural networks[J]. The International Journal of Robotics Research，2018，37（4/5）：513-542.

[20] Chen C，Rosa S，Miao Y，et al. Selective sensor fusion for neural visual-inertial odometry[C]. Proceedings of the IEEE/CVF Conference on Computer Vision and Pattern Recognition，Long Beach，2019：10542-10551.

[21] 王家耀.时空大数据时代的地图学[J].测绘学报，2017，46（10）：1226-1237.

[22] Hornung A，Wurm K M，Bennewitz M，et al. OctoMap：An efficient probabilistic 3D mapping framework based on octrees[J]. Autonomous Robots，2013，34（3）：189-206.

[23] 构建语义地图[EB/OL]. https://www.sohu.com/a/235594852_715708[2022-1-20].

[24] McCormac J，Handa A，Davison A，et al. Semanticfusion：Dense 3d semantic mapping with convolutional neural networks[C]. 2017 IEEE International Conference on Robotics and Automation（ICRA），Singapore，2017：4628-4635.

[25] Xia L，Cui J，Shen R，et al. A survey of image semantics-based visual simultaneous localization and mapping：Application-oriented solutions to autonomous navigation of mobile robots[J]. International Journal of Advanced Robotic Systems，2020，17（3）：1729881420919185.

[26] 刘经南，詹骄，郭迟，等. 智能高精地图数据逻辑结构与关键技术[J]. 测绘学报，2019，48（8）：939-953.

[27] Stentz A . Optimal and Efficient Path Planning for Partially Known Environments[M]. Boston：Springer，1997：203-220.

[28] Zhu Y，Mottaghi R，Kolve E，et al. Target-driven visual navigation in indoor scenes using deep reinforcement learning[C]. 2017 IEEE International Conference on Robotics and Automation（ICRA），Singapore，2017：3357-3364.

[29] 张宏宏，甘旭升，毛亿，等. 无人机避障算法综述[J]. 航空兵器，2021，28（5）：11.

[30] Yasin J N，Mohamed S，Haghbayan M H，et al. Unmanned aerial vehicles（UAVs）：Collision avoidance systems and approaches[J]. IEEE Access，2020，(99)：1.

[31] Möller R，Furnari A，Battiato S，et al. A survey on human-aware robot navigation[J]. Robotics and Autonomous Systems，2021，145：103837.

[32] 丁汉. 共融机器人的基础理论和关键技术[J]. 机器人产业，2016，(6)：12-17.

[33] Zhu Y，Zhu F，Zhan Z，et al. Vision-dialog navigation by exploring cross-modal memory [C]. Proceedings of the IEEE/CVF Conference on Computer Vision and Pattern Recognition，Seattle，2020：10730-10739.

[34] 胡小平，毛军，范晨，等. 仿生导航技术综述[J]. 导航定位与授时，2020，7（4）：10.

[35] Guo W F，Song W，Niu X，et al. Foundation and performance evaluation of real-time GNSS high-precision one-way timing system[J]. GPS Solutions，2019，23（1）.

[36] Jayachandran D，Oberoi A，Sebastian A，et al. A low-power biomimetic collision detector based on an in-memory molybdenum disulfide photodetector[J]. Nature Electronics，2020，3（10）：646-655.

[37] He L，Aouf N，Whidborne J F，et al. Integrated moment-based LGMD and deep reinforcement learning for UAV obstacle avoidance[C]. 2020 IEEE International Conference on Robotics and Automation（ICRA），Paris，2020：7491-7497.

[38] Boccara C N，Nardin M，Stella F，et al. The entorhinal cognitive map is attracted to goals[J]. Science，2019，

363（6434）：1443-1447.

[39] Butler W N，Hardc A T K，Giocomo L M. Remembered reward locations restructure entorhinal spatial maps[J]. Science，2019，363（6434）：1447-1452.

[40] Andera B，Caswell B，Benigno U，et al. Vector-based navigation using grid-like representations in artificial agents[J]. Nature，2018，557：429-433.

[41] 蒲慕明，徐波，谭铁牛. 脑科学与类脑研究概述[J]. 中国科学院院刊，2016，31（7）：714，725-736.

[42] 郭迟，罗宾汉，李飞，等. 类脑导航算法：综述与验证[J]. 武汉大学学报（信息科学版），2021，46（12）：1819-1831.

[43] 周志华. 机器学习[M]. 北京：清华大学出版社，2016.

[44] 邱锡鹏. 神经网络与深度学习[M]. 北京：机械工业出版社，2019.

[45] Ethem A. 机器学习导论[M]. 3 版. 范明，译. 北京：机械工业出版社，2016.

[46] 李航. 统计学习方法[M]. 2 版. 北京：清华大学出版社，2019.

[47] Goodfellow I，Bengio Y，Courville A. Deep Learning[M]. Cambridge：MIT Press，2016.

[48] Volodymyr M，Koray K，David S，et al. Human-level control through deep reinforcement learning[J]. Nature，2015，518：529-533.

[49] Silver D，Schrittwieser J，Simonyan K，et al. Mastering the game of go without human knowledge[J]. Nature，2017，550（7676）：354-359.

[50] Otter D W，Medina J R，Kalita J K. A survey of the usages of deep learning for natural language processing[J]. IEEE Transactions on Neural Networks and Learning Systems，2020，32（2）：604-624.

[51] Daniel J，James H M. 自然语言处理综论[M]. 2 版. 北京：电子工业出版社，2018.

[52] 张珂，冯晓晗，郭玉荣，等. 图像分类的深度卷积神经网络模型综述[J]. 中国图象图形学报，26（10）：2305-2325

[53] Liu L，Ouyang W，Wang X，et al. Deep learning for generic object detection：A survey[J]. International Journal of Computer Vision，2020，128（2）：261-318.

[54] Chen L，Lin S，Lu X，et al. Deep neural network based vehicle and pedestrian detection for autonomous driving：A survey[J]. IEEE Transactions on Intelligent Transportation Systems，2021，（99）：1-13.

[55] 杨必胜，梁福逊，黄荣刚. 三维激光扫描点云数据处理研究进展、挑战与趋势[J]. 测绘学报，2017，46（10）：1509-1516.

[56] 官赛萍，靳小龙，贾岩涛，等. 面向知识图谱的知识推理研究进展[J]. 软件学报，2018，29（10）：2966-2994.

[57] Zhao B，Feng J，Wu X，et al. A survey on deep learning-based fine-grained object classification and semantic segmentation[J]. International Journal of Automation and Computing，2017，14（2）：119-135.

[58] 刘经南，罗亚荣，郭迟，等. PNT 智能与智能 PNT[J]. 测绘学报，2022，51（6）：811-828.

第 2 章　机器人自主导航框架

本章主要介绍机器人实现自主导航的基本框架和方法，也涉及机器人操作系统和主流传感器等软硬件基础。机器人通过传感器数据构建导航地图、计算自身的位置、感知周围的环境信息、规划合理的行进路线并最终控制电机等硬件完成导航任务，是最基本的智能导航。

本章的主要内容包括：①机器人操作系统概述；②从地图、定位、全局路线规划、局部规划、控制等方面介绍机器人自主导航框架，同时介绍了与其相关的工程实践；③从传感器、电机、运动底盘三个方面介绍用于机器人导航的硬件。

2.1　机器人操作系统简介

机器人操作系统（Robot Operating System，ROS）是一个用于机器人开发的开源的软件框架，它集成了大量的工具、库、协议，能够提供一些标准操作系统服务，如硬件抽象、底层设备控制、常用功能实现、进程间消息通信以及数据包管理等，进而有效地传递、聚合、处理机器人的各种信息，保证不同机器人平台下导航任务的稳定执行。ROS 在学术界和工业界非常受欢迎，因此机器人智能导航的大部分工程实践都可以基于 ROS 进行编写和测试。

2.1.1　概述

自 20 世纪 70 年代以来，在计算机技术、传感器技术、电子技术等新技术发展的推动下，机器人进入了迅猛发展的黄金时期。这些技术的飞速发展在促进机器人领域快速发展和复杂化的同时，也对机器人系统的软件开发提出了巨大的挑战。为了应对这一挑战，全球各地的开发者与研究机构纷纷投入到机器人通用软件框架的研发工作中。近几年产生了多种优秀的机器人软件框架，为机器人软件开发工作提供了极大的便利。其中最为经典的软件框架就是 ROS[1-3]。

ROS 最初应用于斯坦福大学人工智能实验室与机器人技术公司 Willow Garage 合作的机器人项目（Personal Robots Program），2008 年后由 Willow Garage 维护。该项目研发的机器人 PR2 在 ROS 框架的基础上能够实现打台球、插插座、叠衣服、做早饭等功能，由此引起了越来越多的关注。2010 年，Willow Garage

正式以开放源码的形式发布了 ROS 框架，并很快在机器人研究领域掀起了 ROS 开发与应用的热潮。2017 年，ROS 2 的第一个正式版发布，相比于 ROS 1 更加接近工业化场景、更加稳定。

目前 ROS 仍在飞速地发展，各大机器人平台几乎都支持 ROS 框架，开源社区内 ROS 功能包呈指数级增长，设计领域包括轮式机器人、人形机器人、工业机器人、农业机器人等。国内的机器人开发者也普遍采用 ROS 开发机器人，不少科研院校和高新企业已经在 ROS 的集成方面取得了显著成果，并且不断反哺 ROS 社区，促进了开源社区的繁荣发展。

2.1.2　ROS 的基础概念与设计思想

ROS 1 和 ROS 2 的架构有较大的差别。ROS 1 更为基础，其从逻辑架构和系统实现两个角度可分为三个层次，见表 2.1。

表 2.1　ROS 1 的架构层次

分类角度	层级名称	描述
逻辑架构	底层操作系统层	ROS 无法直接运行在计算机硬件上，因此其运行需要依托 Linux 操作系统
	中间层	包含基于 TCPROS/UDPROS 的通信系统以及一系列可供应用层使用的库的层级
	应用层	包含了多个以节点为单位运行的功能模块，以及维持整个系统的管理器的层级
系统实现	文件系统级	描述 ROS 的文件资源组织和构建逻辑的层级
	计算图级	描述 ROS 程序运行机制的层级
	开源社区级	描述在互联网开源社区中 ROS 资源的分布式管理机制的层级

1. 文件系统级

文件系统级描述 ROS 的文件资源组织和构建逻辑，按照功能的不同，ROS 的文件资源有多种组织和构建方式，见表 2.2 和图 2.1。

表 2.2　ROS 的文件资源组织和构建

名称	描述
功能包（Package）	功能包是 ROS 软件中的基本单元，包含 ROS 节点、库、配置文件等
功能包清单（Package Manifest）	用于记录许可信息、依赖选项等关于功能包的基本信息，一个包的清单由一个名为 package.xml 的文件管理
综合功能包（Metapackage）	一种特殊的功能包，其主要作用是将多个功能包整合成一个用于某一目的的逻辑上独立的功能包，如一个用于导航的 ROS 综合功能包会包含定位、规划等多个功能包

续表

名称	描述
综合功能包清单（Metapackage Manifest）	类似于功能包清单，不同之处在于综合功能包清单中可能会包含运行时需要依赖的功能包或者声明一些引用的标签
消息类型（Message Type）	定义了 ROS 发布/订阅通信机制下节点之间信息传递的数据结构。ROS 软件开发者可以使用 ROS 框架提供的消息类型，也可以使用.msg 文件在功能包的 msg 文件夹下自定义所需要的消息类型
服务类型（Service Type）	定义了 ROS 客户端/服务器端通信机制下节点之间请求与应答的数据结构。ROS 软件开发者可以使用 ROS 框架提供的服务类型，也可以使用.srv 文件在功能包的 srv 文件夹下自定义所需的服务类型
代码（Code）	用来放置功能包节点源代码的文件夹

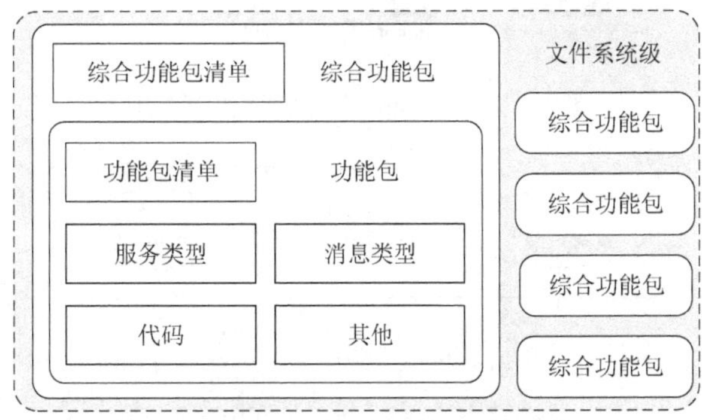

图 2.1　ROS 的文件系统级

ROS 及开源社区中有大量的综合功能包，各个综合功能包之间的实现逻辑各不相同，但基本是按照表 2.2 所述进行文件资源组织和构建的。以与机器人导航有关的 navigation 二维导航基础综合功能包为例，其内置文件见图 2.2，包含使用粒子滤波对机器人进行定位的 amcl 功能包、用于读取发布和保存地图数据的 map_server 功能包、用于规划全局路线的 global_planner 功能包、用于构建及更新代价地图的 costmap_2d 功能包等，共同实现基础的机器人自主导航功能。这些功能包作用各不相同，但是其文件结构基本相似，一般都包含了定义消息类型的 msg 文件夹、定义服务类型的 srv 文件夹、定义功能包清单的 package.xml 文件、放置源代码的 src 文件夹、include 文件夹及其他文件。

2. 计算图级

计算图级描述了 ROS 的运行机制，其基本概念关系见图 2.3。ROS 运行时会创建一个连接所有进程的网络，系统中任何节点都可以访问此网络，并通过该网络与其他节点交互，获取其他节点发布的消息，并将自身的信息发布到网络上。

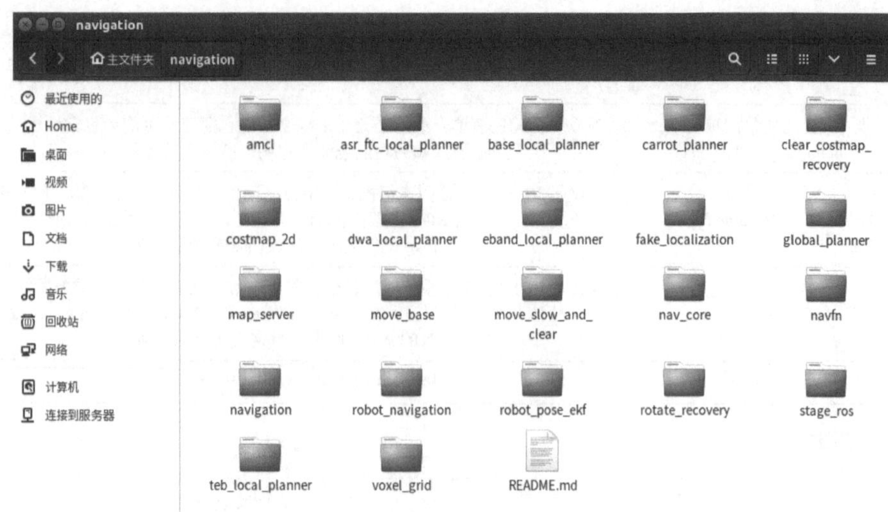

图 2.2　navigation 综合功能包内置文件

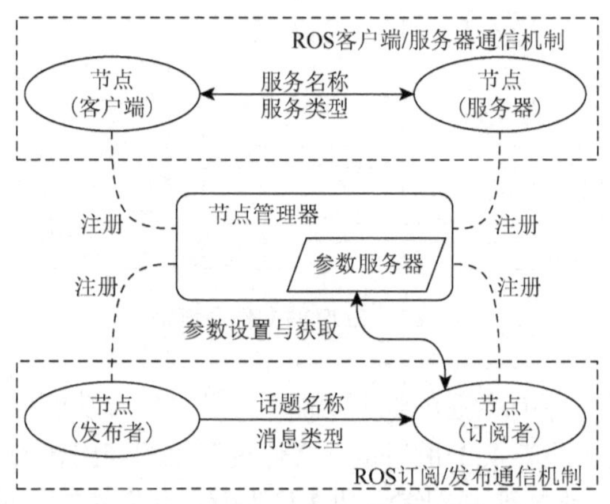

图 2.3　ROS 的计算图级各基本概念的关系

在这一层级中最基本的概念包括节点、节点管理器、消息、话题、服务、参数服务器、消息记录包，这些概念都以不同的方式向计算图级提供数据，相关描述见表 2.3。

表 2.3　ROS 的计算图级基本概念及相关描述

名称	描述
节点（Node）	执行计算任务的进程，也就是 ROS 软件系统的功能模块。若该节点需要与其他节点进行交互，则需要将该节点连接到 ROS 网络中。通常情况下，ROS 框架下包含了多个实现不同功能的节点，每个节点具有特定的单一功能
节点管理器（Node Master）	用于节点名称的注册和查找，并设置节点间的通信。需要注意的是，由于 ROS 本身就是一个分布式网络系统，用户可以在某一台计算机上运行节点管理器，在该管理器或其他计算机上运行节点

续表

名称	描述
消息（Message）	节点之间可以通过消息以多对多的方式进行交互。消息包含一个节点发送到其他节点的信息数据。ROS 中包含很多种标准类型的消息，同时用户也可以基于标准消息开发自定义类型的消息
话题（Topic）	ROS 的订阅/发布通信机制的组成部分之一。每个消息都必须发布到相应的话题。节点发送数据时，相当于向主题发布消息。节点可以通过订阅某个主题，接收来自其他节点的消息。一个节点可以订阅一个主题，而不需要该节点同时发布该消息，这使得消息的发布者和订阅者之间相互解耦。主题必须拥有唯一的名称
服务（Service）	ROS 的客户端/服务器通信机制的组成部分之一，它允许节点与节点之间如客户端和服务器一样直接进行请求和应答，并进行数据交换。服务也必须拥有唯一的名称。当一个节点提供某个服务时，所有的节点都可以通过使用 ROS 客户端库编写的代码与它通信
参数服务器（Parameter Server）	参数服务器是可通过网络访问的共享的多变量字典。它通过关键词将数据储存在系统的核心位置，通过使用参数，就能够在运行时配置节点或者改变节点的工作任务
消息记录包（Bag）	一种用于保存和回放 ROS 消息数据的文件格式，也是一种用于储存数据的重要机制，它能够获取并记录各种难以收集的传感器数据。用户可以借此反复获得实验数据，以进行开发和算法测试

计算图级的设计体现了 ROS 的模块化设计理念，即将机器人需要执行的复杂的任务拆分为若干个子任务节点，各个节点的实现逻辑不同，彼此之间相互独立。各个节点只需要实现相互约定的接口即可，如发布特定数据格式的消息。这样的设计显著提高了系统的拓展性，节省开发维护成本。

机器人的导航任务同样需要大量功能各异的节点，如传感器节点和路径规划节点。图 2.4 中 lidar 节点是传感器节点，包含激光雷达驱动等程序，能够在/scan 话题上发布 sensor_msgs 格式的激光雷达的数据。move_base 节点通过订阅/scan 话题获取传感器数据来进行路线规划。当机器人上的激光雷达被替换为相机时，开发人员只需要将 lidar 节点替换为同样能够发布 sensor_msgs 格式数据的包含相机驱动程序的 camera 节点即可，而不需要更改 move_base 节点的内部结构。

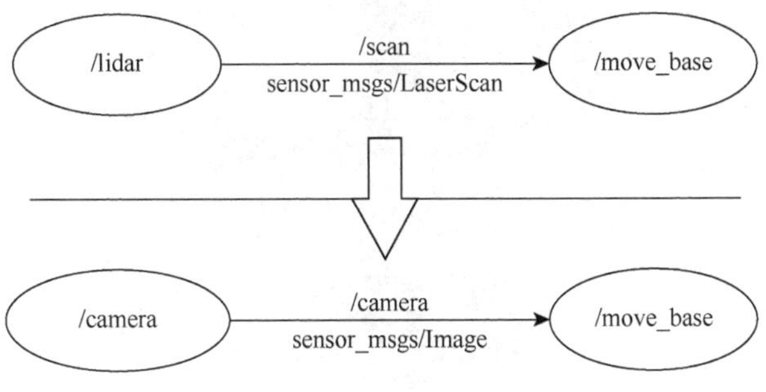

图 2.4　ROS 节点间通信示例

3. 开源社区级

开源社区级描述了在互联网的开源社区中 ROS 资源的分布式管理机制，用户可以通过独立的网络社区分享软件和知识，其中常用的资源见表 2.4。

表 2.4　ROS 的开源社区包含的常用资源

名称	描述
发行版（Distribution）	类似于 Linux 的发行版，ROS 发行版包括一系列带有版本号、可以直接安装的功能包，这使得 ROS 的软件管理和安装更加容易，而且可以通过软件集合来维护统一的版本号
软件源（Repository）	ROS 依赖于共享网络上的开源代码，不同的组织机构可以开发或者共享自己的机器人软件
ROS 维基（ROS Wiki）	记录 ROS 信息文档的主要论坛。所有人都可以注册、登录该论坛，并且上传自己的开发文档、进行更新、编写教程
Bug 提交系统（Bug Ticket System）	如果发现问题或者想提出一个新的功能，可以在该系统中提交申请
邮件列表（Mailing List）	ROS 邮件列表是交流 ROS 更新的主要渠道，同时也是交流 ROS 开发的各种疑问的论坛
ROS 问答（ROS Answer）	一个咨询 ROS 相关问题的网站，用户可以在该网站提交自己的问题并得到其他开发者的回答
博客（Blog）	发布 ROS 社区中的新闻、图片、视频

4. 坐标转换

坐标转换是机器人学中重要的基础概念。在机器人导航过程中，许多运动部件及功能模块要涉及多个不同的坐标系，见图 2.5，因此需要引入坐标转换和坐标系转换的概念。

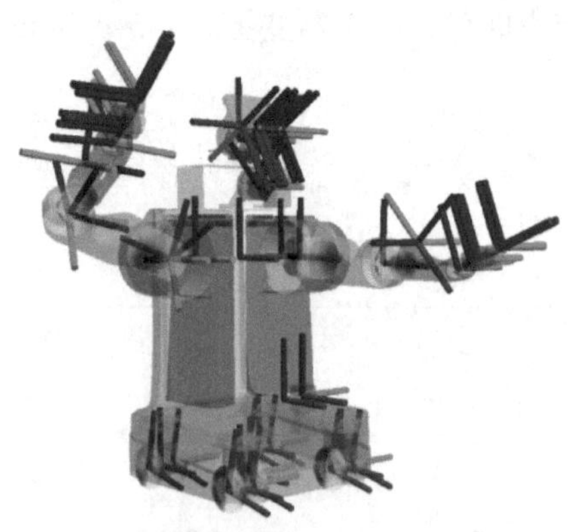

图 2.5　机器人各个部件的坐标系[4]

坐标转换用来计算同一个点在不同坐标系下的位姿，而坐标系转换指的是计算两个坐标系原点之间的转换关系，如图 2.6 所示。在获取两个坐标系原点之间的转换关系后，就可以将某一点在其中一个坐标系下的位姿转换为另一个坐标系下的位姿。如图 2.6 所示，若已知坐标系 O_m-$X_mY_mZ_m$ 和坐标系 O_n-$X_nY_nZ_n$ 原点的转换矩阵 $\boldsymbol{T}_n^m$，以及点 P 在坐标系 O_n-$X_nY_nZ_n$ 下的位姿 $\boldsymbol{T}_p^n$，则可以计算出点 P 在坐标系 O_m-$X_mY_mZ_m$ 的坐标 $\boldsymbol{T}_p^m$，如式（2-1）所示：

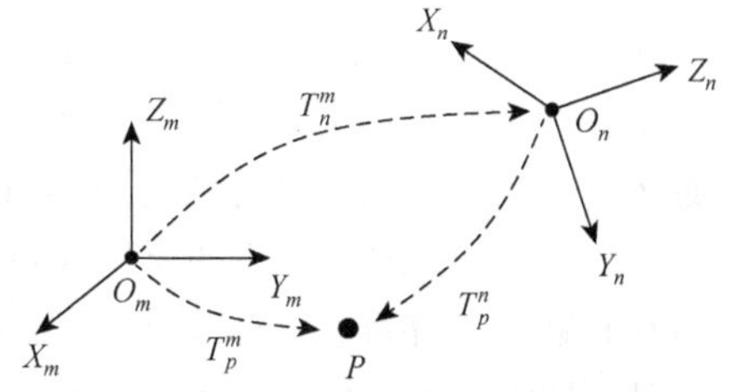

图 2.6　坐标转换和坐标系转换示意图

$$\boldsymbol{T}_p^m = \boldsymbol{T}_n^m \boldsymbol{T}_p^n \tag{2-1}$$

倘若由各个部件模块分别计算所需坐标系原点之间的转换关系，不仅不利于机器人内部的信息交换，还会降低计算效率，因此需要坐标系管理系统来对机器人涉及的坐标系进行统一追踪和管理。TF 功能包是坐标系管理系统在 ROS 中的具体实现，它能够追踪、计算并发布 ROS 中坐标系原点的转换关系，各个节点无须了解所有坐标系即可完成坐标转换。

TF 功能包的正常工作离不开 ROS 的订阅/发布通信机制，而使用 TF 功能包的节点会涉及以下两个步骤：

（1）发布 TF 变换，即节点将坐标系原点之间的转换关系以消息的形式发布到特定的话题，该话题名称通常为/tf；

（2）监听 TF 变换，即节点通过订阅/tf 话题获取发布的所有坐标系的转换数据，并从中查询所需的坐标系原点的转换关系。

在这个过程中，各个发布 TF 变换的节点只会发布部分坐标系原点的转换关系。为了将这些碎片的坐标系转换信息整合为完整的所有坐标系转换信息，TF 功能包定义了一种名为“TF 树”的树状数据结构（见图 2.7），即以多层多叉树的形

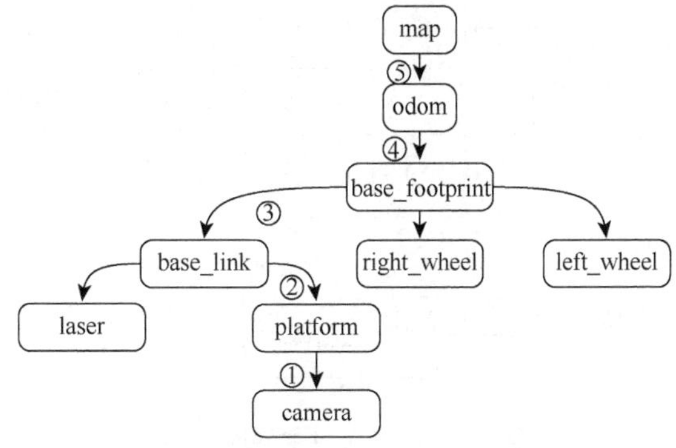

图 2.7　ROS 的简化 TF 树示例

式描述 ROS 中各个坐标系之间的关系，树中每一个节点都是一个坐标系，每个坐标系有一个父坐标系，有多个子坐标系，具有父子关系的两个坐标系使用箭头相连接，代表两个坐标系原点之间存在转换关系。

TF 功能包的工作本质是将不同节点发布的父子坐标系原点的转换关系集合到/tf 话题下，储存在 TF 树中。使用时节点通过订阅/tf 话题，获取整个 TF 树，并在树中搜索一条连接两个坐标系的连同的父子坐标系转换路径，根据这一路径计算出 TF 树中任意两个坐标系原点的转换关系。若节点需要计算 map 坐标系到 camera 坐标系的原点转换关系，则需要在 TF 树搜索“①—②—③—④—⑤”这一路径，根据这一路径上所有父子坐标系原点转换关系，计算出节点所需的坐标系原点转换关系。

2.2　自主导航框架

自主导航（Autonomous Navigation）是机器人智能导航的基础。当前绝大多数无人系统如无人配送机器人、无人搬运机器人、室内扫地机器人、自主巡逻机器人都具备一定的自主导航能力。一个经典的机器人自主导航过程包含以下基本步骤，具体框架见图 2.8。

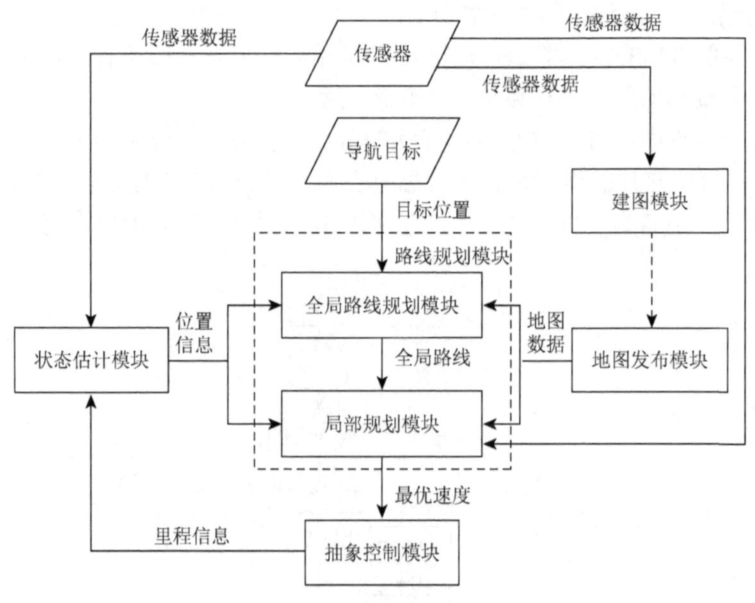

图 2.8　机器人自主导航框架

1. 导航准备阶段

（1）地图构建与发布。机器人通过建图模块处理激光或视觉传感器采集的环境数据，构建用于定位导航的地图，并通过地图发布模块发布地图数据。在此阶段机器人的行进大多以人工介入的非自主方式开展，也可以在已扫描到的不完整地图下通过启发式探路算法驱动[5]。

（2）全局路线规划。机器人在地图数据的基础上，规划出在全局地图中到达目标位置的导航路线。最优的导航路线往往是代价最小的，如单纯根据地图中的几何形态可以获得最短的全局路径。也可以在此基础上添加各类语义信息，形成最短时间达到、最平稳行驶到达等各种路径。全局规划多指路线规划，障碍物通过地图静态表达，与机器人自身位姿、速度等状态无关。此外，全局规划也可以是面向任务语义的规划，如扫地机器人就需要以覆盖整个房间作为全局规划目标，规划出行进路线。

尽管当前绝大多数机器人在执行任务前都需要开展上述几个方面的准备工作，但这不是机器人导航必需的。如第 8 章提及的认知导航机器人，就是根据训练好的视觉观测与行动的映射进行导航，不需要提前构建地图和计算全局路线。

2. 实时数据处理阶段

（1）实时定位和状态估计。定位传感器和里程计信息是机器人自主定位的主要数据源，主要任务是对机器人进行状态估计（State Estimation for Robotics）[6]。通常包括获取传感器测量值、构建测量模型以及设计数据融合算法等几个方面，且估计得到的位姿状态要被实时转换到地图坐标系下。

（2）局部导航规划。局部规划模块根据地图数据、机器人实时位姿、离散化的全局路径以及传感器实时环境感知数据，决策出机器人在当前时刻如何行动。这种决策通常将机器人看作任务空间中的一个质点或刚体，以当前时刻三维空间下各个方向的线速度、角速度形式给出。局部导航规划的一个核心任务是避障（Obstacle Avoidance），即实时计算障碍物与自身的碰撞风险并远离它们。这里的障碍物一般指动态出现的障碍物。需要注意的是，机器人自主导航需要依赖各类传感器，如 GNSS 接收机是用于实时定位的传感器；激光雷达既可用于实时定位也可用于避障，其数据将分享到不同的模块进行处理。

（3）控制与反馈。控制模块根据机器人的运动学模型，将任务空间中局部规划的结果转换为电机/关节空间的轨迹集合，生成控制指令发送给各个电机硬件。同时接收各个电机控制器的反馈信息，计算里程信息，为下一时刻的定位及后续计算作准备。此外，机器人的控制模块也会对规划起到反向约束作用，如无人机的局部规划就必须满足其飞行控制模型的约束。

将规划的速度转化为各个电机的转速这一过程是一个与机器人底盘形态有关而与具体的电机品牌类型无关的过程。对于自主导航来说，一般将此过程看作导航阶段的“控制”，是一种抽象控制或基础控制。得到电机转速、关节空间轨迹后，如何驱动具体的电机精准运转，如“比例-积分-微分（Proportional Integral Derivative，PID）控制”等，这部分的工作属于更为底层的机电控制，暂时不放在本书范畴内。

2.2.1 建图与地图发布模块

地图发布模块是机器人自主导航框架中提供地图数据信息的模块，它具有获取和发布地图数据的功能，进而辅助路线规划、定位等任务。在机器人领域，地图数据一般由 SLAM 技术完成，能够根据不同的目的生成不同的地图。常见的 SLAM 技术见表 2.5。需要注意的是，SLAM 生成的地图种类繁多、功能各异，有些用于机器人定位，有些则辅助机器人进行路线规划。常用的地图分类见表 2.6。

表 2.5 常见的 SLAM 技术分类

技术名称	描述	定位传感器	详细介绍
激光 SLAM 技术	通过激光雷达扫描数据，基于滤波或优化算法，估计机器人自身的位置和姿态，同时构建地图的技术	激光雷达	见 5.1 节
激光惯性 SLAM 技术	用惯性测量单元（Inertial Measurement Unit，IMU）辅助生成里程计信息的激光 SLAM 技术	激光雷达，IMU	见 5.4 节
视觉 SLAM 技术	通过视觉传感器数据，基于环境特征和多视几何等原理估计机器人自身的位置和姿态，同时构建地图的技术	视觉传感器	见 5.2 节
视觉惯性 SLAM 技术	融合视觉传感器和 IMU 数据，估计机器人自身的位置和姿态，同时构建地图的技术	视觉传感器，IMU	见 5.3 节

表 2.6 常用的地图分类

地图名称	描述	功能
稀疏点云地图	仅包含环境中的显著路标点的地图，见图 2.9	定位
稠密点云地图	包含环境中稠密点云的地图，见图 2.10	物体建模、场景三维重建、避障
占据地图	描述空间可通行性的地图，见图 2.11 和图 2.12	路线规划、避障
语义地图	描述环境几何信息及语义信息的地图，见图 2.13	机器人与环境的智能交互

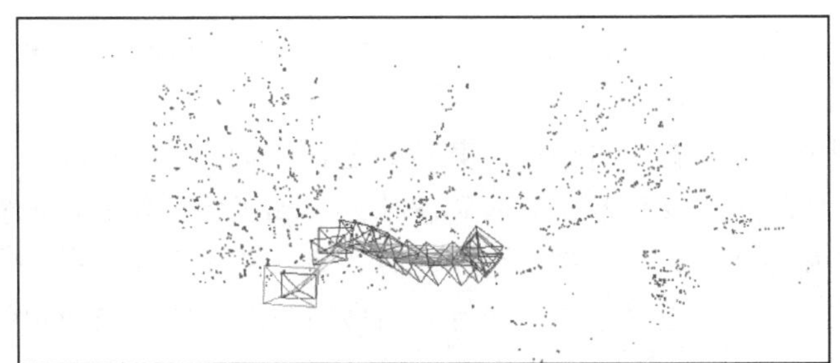

图 2.9　稀疏点云地图（视觉 SLAM 技术生成）

图 2.10　稠密点云地图（视觉 SLAM 技术生成）

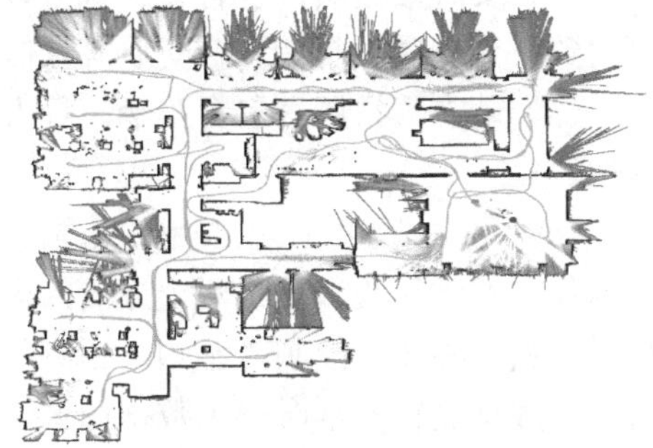

图 2.11　二维占据地图（激光 SLAM 技术生成）[7]

图 2.12　三维占据地图（八叉树地图）（视觉 SLAM 技术生成）[8]

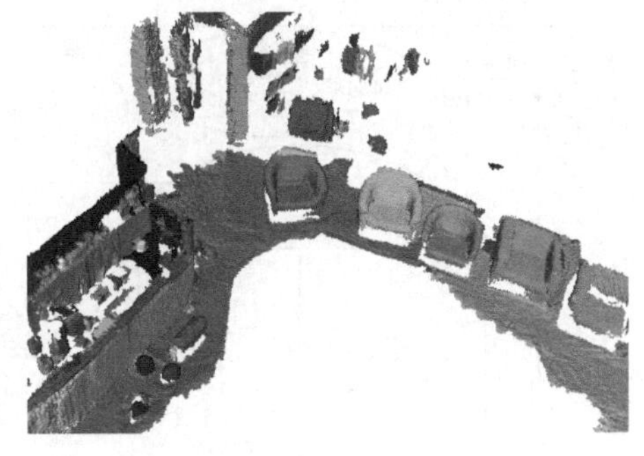

图 2.13　语义地图[9]

一种更典型的机器人导航地图是自动驾驶地图，又称为智能高精地图（Intelligent High-Precision Map）[10]。其绝对坐标精度应在 5～20cm，具有丰富的道路静态、动态环境信息，能够以云端协同、车路协同等方式实现信息加载，辅助车辆感知、定位、驾驶规划与决策控制，满足智能时代多种高层次的应用需求，如高级驾驶辅助系统（Advanced Driving Assistance System，ADAS）、自动驾驶（Automated Driving）等。

高精地图由多层数据组合而成，其数据逻辑结构应能准确反映道路环境，包含丰富且准确的场景语义信息、实时路况信息及驾驶经验信息，能实现地图数据的多尺度标定和高效存储，支持定位、路径规划、决策控制，并满足导航中基于空间索引的需求。基于上述要求，文献[10]将高精地图的数据逻辑结构划分为以下四层。

（1）静态地图层，主要目的在于精准刻画静态驾驶环境，提供丰富的道路语义信息约束与控制车辆行为。主要包含道路网、车道网、交通设施与定位图层。

（2）实时数据层，包含更新频率较高的实时路况信息，根据数据类型的差异可大致分为交通限制信息、交通流量信息及服务区信息。

（3）动态数据层，包含车辆、行人、交通信号灯等高度动态的信息，更新频率快。

（4）用户模型层，主要用于记录、分析与应用用户个性化信息。由驾驶记录数据集与驾驶经验数据集两个方面的内容构成。驾驶记录数据集是特定条件下用户对数据、界面、控制、感知、预测的所有操作记录；驾驶经验数据集则是对海量记录数据进行多维时空大数据挖掘、分析与处理后为用户提供的经验信息。结合轮式机器人经典"感知-规划决策-控制"的运行流程，图 2.14 从实际应用的角度介绍了高精地图数据逻辑结构在自动驾驶中的应用。图 2.14 中局部代价地图为

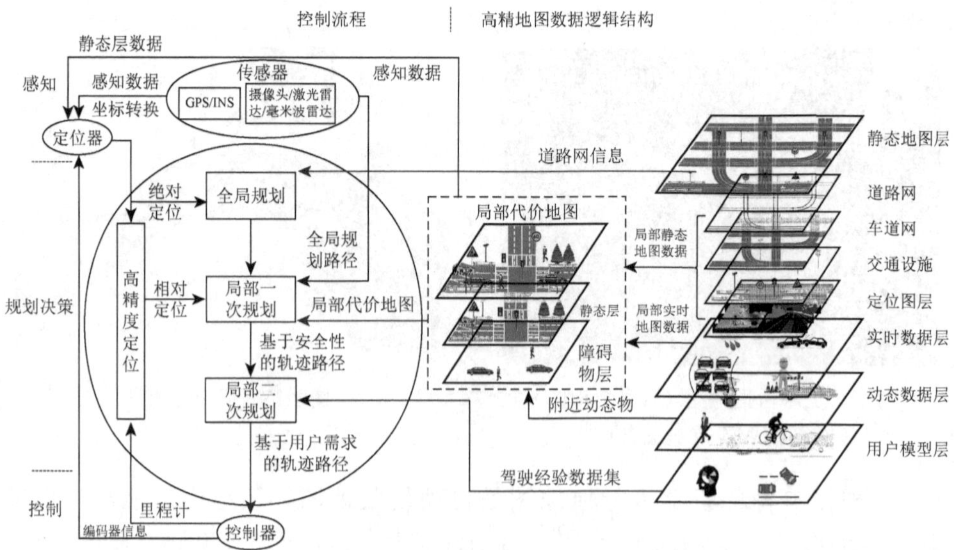

图 2.14　高精地图数据逻辑结构及应用[10]

局部范围内的静态地图层、实时数据层与动态数据层的组合，用以表征真实的周边环境，主要分为静态层与障碍物层。

2.2.2　状态估计模块

状态估计模块首先需要即时处理机器人各类运动坐标系的转换工作，见图 2.15，其中机器人坐标系原点是机器人质心坐标系原点在地面的投影，而传感器与机器人固连，可以通过标定得到相应坐标系的转换关系。因此本节主要涉及三个坐标系：地图坐标系、里程坐标系和机器人质心坐标系，相关坐标系描述见表 2.7。从坐标转化的角度上看，定位的实质就是计算地图坐标系-里程坐标系原点的转换关系，见图 2.16。

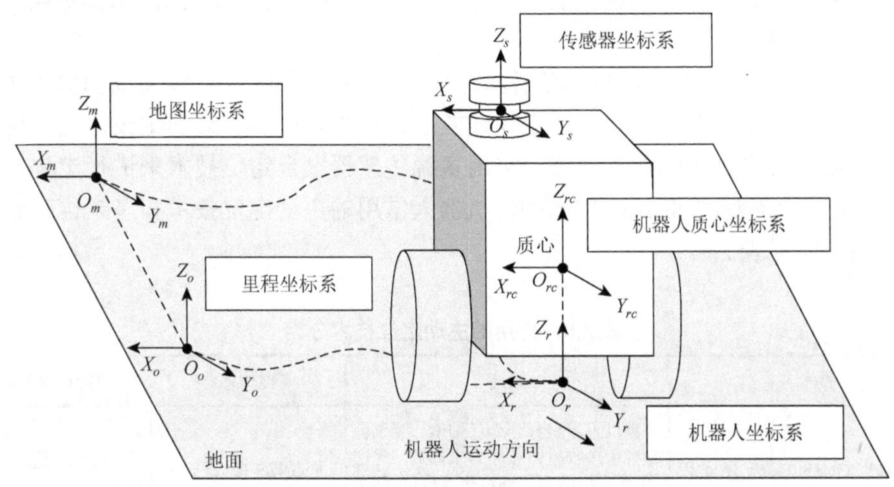

图 2.15　定位过程主要涉及的坐标系

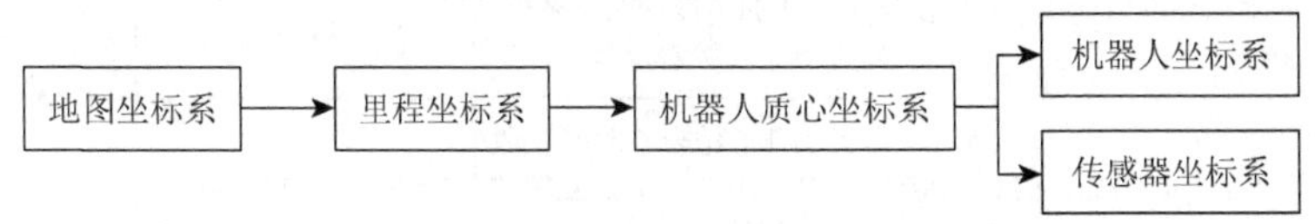

图 2.16　定位过程主要涉及的坐标系转换关系

表 2.7　相关坐标系描述

坐标系名称	符号表示	描述
地图坐标系	$O_mX_mY_mZ_m$	一个世界固定坐标系，在该坐标系下机器人的姿态不会随着时间的推移而发生漂移，但是其姿态不是连续的
里程坐标系	$O_oX_oY_oZ_o$	一个世界固定坐标系，在该坐标系下机器人的姿态是连续的，但是会随着时间的推移而发生漂移

续表

坐标系名称	符号表示	描述
机器人质心坐标系	$O_{rc}X_{rc}Y_{rc}Z_{rc}$	以机器人质心为原点，X 轴指向机器人正前方，Y 轴指向机器人正左方，Z 轴指向机器人正上方的坐标系
机器人坐标系	$O_rX_rY_rZ_r$	机器人坐标系是机器人质心坐标系在地面的投影
传感器坐标系	$O_sX_sY_sZ_s$	一般指的是以传感器质心为原点的坐标系

机器人最直接的定位源是里程计（Odometry）。里程信息由里程计通过硬件反馈得到。部分动力学运动模型相对简单的机器人可以通过航迹推算的方法估计出其在里程坐标系下的实时位姿，即里程坐标系与机器人质心坐标系原点间的转换关系。考虑到机器人实际运动情况，该方法计算的位姿会有较大的漂移（Drift），因此需要通过其他传感器进行辅助计算。其中最常见的方法是通过 IMU 实现机器人的主动位姿估计。

虽然基于 IMU 的主动位姿估计技术能够弥补里程计的不足，但是 IMU 在长时间使用的过程中会产生较大的累积误差，进而影响位姿计算的结果，因此机器人还需要结合多种传感器的数据，采用多源传感器融合定位技术来进行定位。除了 2.2.1 节中提到的 SLAM 技术外，机器人常用的主动定位技术和多源传感器融合定位技术见表 2.8。

表 2.8　常用的主动定位技术分类

技术名称	描述	定位传感器	详细介绍
高精度 GNSS 定位定姿技术	一种以卫星坐标作为已知值，接收机坐标和接收机钟差作为未知数，通过距离交会的方式确定接收机位置的定位技术	GNSS 接收机	见 4.1 节
基于 IMU 的主动姿态估计技术	一种以陀螺仪和加速度计为敏感器件的自主导航参数解算技术	IMU	见 4.2 节
GNSS/INS 组合导航定位技术	一种在同一平台下，结合 GNSS 接收机和 IMU，实施互补、互验、互校的导航技术	GNSS 接收机、IMU	见 4.6 节
基于因子图的多源传感器数据融合技术	一种以计算机为中心，将多个导航传感器的信息加以综合和最优化数学处理，综合输出导航结果的技术	GNSS 接收机、视觉传感器、IMU 等	见 4.7 节
基于深度学习的多源传感器数据融合技术	一种以计算机为中心，通过深度学习融合多个导航传感器的信息，综合输出导航结果的技术	视觉传感器、IMU	见 4.8 节

2.2.3　全局路线规划模块

全局路线规划模块涉及的算法可以分为两类：基于图搜索的算法、基于采样的算法。基于图搜索的算法是一种在几何地图上进行逐点搜索以求解最短（最优）路径的算法；基于采样的算法是在机器人运动规划的状态空间中采样，把搜索快速导向空白区域从而构建一条全局路线，具有较高的计算效率。此外，面向具体机器人任务，全局路线规划可以具有明确的语义信息。常用的全局路线规划算法见表 2.9。

表 2.9　全局路线规划算法分类

分类角度	算法名称	描述	详细介绍
基于图搜索	A*算法	一种借助启发函数引导节点扩展顺序进而显著提高搜索效率的算法	见 7.1.1 节
	D*算法	一种能够在需要实时探索地图或地图出现新障碍时利用已计算信息高效规划出新路线的算法	见 7.1.1 节
基于采样	RRT 算法	一种在状态空间中采样式地扩展树形图直到遇到终点并回溯得到路线的算法	见 7.1.2 节
面向任务	—	清洁机器人、农业机器人等制定的具有任务语义的路线规划，如 A-B 线规划等	见 7.1.3 节

2.2.4　局部规划模块

局部规划也被看作机器人自主导航中的“决策”。最简单的决策是得到机器人在三维空间各方向上的线速度和角速度（或角度），也称为速度决策。更为高级的决策则会带有“是否变更车道”等这一类语义。局部规划的首要任务是避障，既要考虑地图中已经标注的静态障碍物，更要考虑传感器实时感知到的动态障碍物。避障算法大体可分为基于模型的、基于优化的和基于学习的几类。其中基于模型的方法有几何模型和物理（力势场）模型几种，具有很直观的可解释性。基于优化的方法关键在于目标函数的构建，以及控制约束下最优化问题的求解技巧。基于学习的方法是目前最为热门的，具有感知规划一体化的优势，体现人工智能方法在这一领域的运用。其中常用的局部路线规划算法见表 2.10。

表 2.10　局部线路规划算法分类

方法	特点	优越性	局限性	详细介绍
基于几何	根据机器人与障碍物的相对位置和相对速度等几何信息来判断未来是否会产生碰撞	模型直观、便于计算	约束限制、目标不可达	见 7.3 节
基于势场	假设机器人处在一个虚拟的势场中，目标位置对其产生引力，障碍物对其产生排斥力，叠加所产生的合力最终使得机器人向目标位置运动同时避开障碍物	规划速度快，轨迹平滑	陷入局部最优、目标不可达	见 7.4 节
基于优化	首先对机器人建立一个时域数学模型或频域数学模型，然后选择一个容许的控制律，最后机器人在一系列约束条件下运行，并使得某一项性能指标达到最优	约束条件下的最优化问题	复杂环境下计算量较大	见 7.5 节
端到端	通过强化学习等方法构建和训练神经网络，由网络根据输入的传感器数据，端到端地输出避障策略	效果良好，可拓展性好	海量数据需求、可解释性差	见 7.6 节

2.2.5　抽象控制模块

我们借用计算机操作系统中的硬件抽象层（Hardware Abstraction Layer）的概念将与机器人自主导航密切相关的控制模块称为抽象控制模块。所谓抽象控制是指与具体的电机、硬件控制器无关的，具有共性意义的控制。

抽象控制器接收局部路线规划模块计算出的速度，根据机器人运动底盘的逆运动学模型，解算出机器人每个电机部件的转动速度，发送给各个运动部件的电机驱动。同时它还能读取各个运动部件的电机编码器的数据，并通过机器人运动底盘的正运动学模型，计算出机器人质心的速度和机器人里程信息。

在抽象控制模块中，机器人运动学模型至关重要。不同机器人运动底盘对应的运动学模型各不相同。以最简单的两轮差速（Differential Drive）机器人底盘为例，这是一种平面移动的机器人，通过放置在机器人主体两侧的两个独立轮子实现移动，通过两轮速度差实现转向，其运动学模型见图 2.17。

在单位时间 Δt 中，机器人中心的线速度 v 为左右驱动轮线速度 v_l 和 v_r 的平均值，见式（2-2）：

$$v = \frac{v_l + v_r}{2} \tag{2-2}$$

在此期间，机器人中心的转向角速度 ω 与机器人绕圆弧运动的角度 θ_1、机器人左右驱动轮线速度 v_l 和 v_r 及左右驱动轮的距离 d_{wb} 满足式（2-3）：

$$\omega = \frac{\theta_1}{\Delta t} \approx \frac{\sin \theta_1}{\Delta t} = \frac{v_r - v_l}{d_{wb}} \tag{2-3}$$

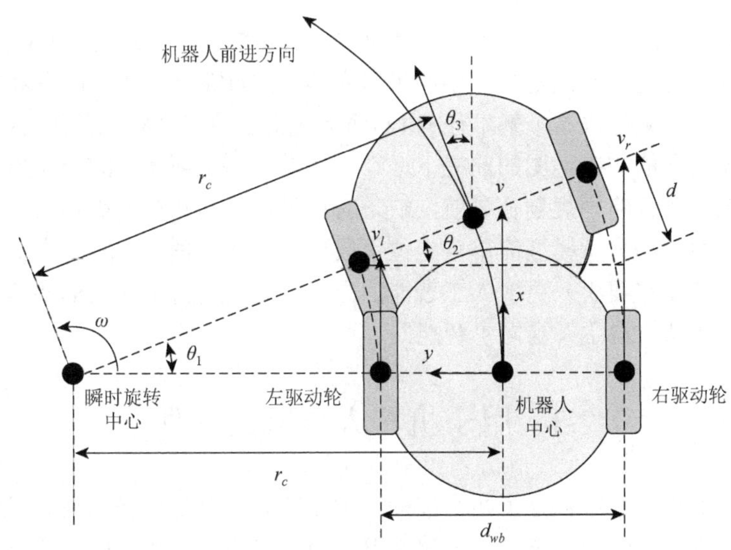

图 2.17　两轮差速机器人运动学模型

根据式（2-2）和式（2-3），可以通过机器人中心的线速度 v 和转向角速度 ω 计算出机器人左右驱动轮的线速度 v_l 和 v_r，见式（2-4）和式（2-5）：

$$v_l = \frac{2v - \omega d_{wb}}{2} = v - \frac{d_{wb}}{2}\omega \tag{2-4}$$

$$v_r = \frac{2v + \omega d_{wb}}{2} = v + \frac{d_{wb}}{2}\omega \tag{2-5}$$

将式（2-2）和式（2-3）写成矩阵形式即可得到两轮差速机器人的正运动学模型，见式（2-6）。抽象控制模块可以将 (v,ω) 反馈给定位模块计算机器人的实时位姿。

$$\begin{bmatrix} v \\ \omega \end{bmatrix} = \begin{bmatrix} \dfrac{v_l + v_r}{2} \\ \dfrac{v_r - v_l}{d_{wb}} \end{bmatrix} = \begin{bmatrix} \dfrac{1}{2} & \dfrac{1}{2} \\ -\dfrac{1}{d_{wb}} & \dfrac{1}{d_{wb}} \end{bmatrix} \begin{bmatrix} v_l \\ v_r \end{bmatrix} \tag{2-6}$$

将式（2-4）和式（2-5）写成矩阵形式即可得到两轮差速机器人的逆运动学模型，见式（2-7）。抽象控制模块可以结合左右驱动轮的半径将 (v_l,v_r) 转化为驱动轮电机的转速。

$$\begin{bmatrix} v_l \\ v_r \end{bmatrix} = \begin{bmatrix} v - \dfrac{d_{wb}}{2}\omega \\ v + \dfrac{d_{wb}}{2}\omega \end{bmatrix} = \begin{bmatrix} 1 - \dfrac{d_{wb}}{2} \\ 1 + \dfrac{d_{wb}}{2} \end{bmatrix} \begin{bmatrix} v \\ \omega \end{bmatrix} \tag{2-7}$$

除了两轮差速机器人底盘外，其他机器人底盘的详细介绍见 2.3.3 节。

自主导航的理论基础是测绘学和机器人学，通过精准测量、制图和机器人动力学建模完成自主行进这个基本任务。然而上述自主导航框架也存在明显的缺陷，如要求机器人只能在有地图的前提下运动，不具备陌生环境下的导航能力；只能在几何地图下进行路径规划及导航，缺乏对场景、目标和更高级别指令的认知推理能力；机器人动力学模型简单且定位手段单一，在处理多源融合定位中缺乏协同手段等，这就需要引入更多人工智能的方法，充实到自主导航框架的各个模块中，让机器人从“自主”走向“智能”。

2.3　用于机器人导航的硬件

机器人的物理组成包括了四个部分：①传感器，它是机器人联系现实世界的纽带，可分为主动性传感器（如光传感器、力传感器等）和以接收信号为主的被动性传感器（如北斗/GPS 定位传感器等）；②驱动器，它是机器人的动力源，电机是最常见的驱动器，主要包括步进电机、直流电机和伺服电机；③运动底盘，即机器人的搭载平台；④算法执行器，它是机器人的大脑。本节从这些方面介绍与机器人导航相关的硬件。

2.3.1　主动传感器

1. 相机

常用的相机分为单目相机、双目相机、深度相机和事件相机（见图 2.18）。

（1）单目相机（Mono）指仅具有一个摄像头的相机。单目相机结构简单、成本低、便于标定和识别。但由于通过单张图像无法确定一个物体的真实大小，需通过相机的运动形成视差测量物体相对深度。因此，单目 SLAM 估计的轨迹和地图与真实的轨迹和地图相差一个因子，也就是尺度（Scale），单凭图像无法确定这个真实尺度，即存在尺度不确定性。

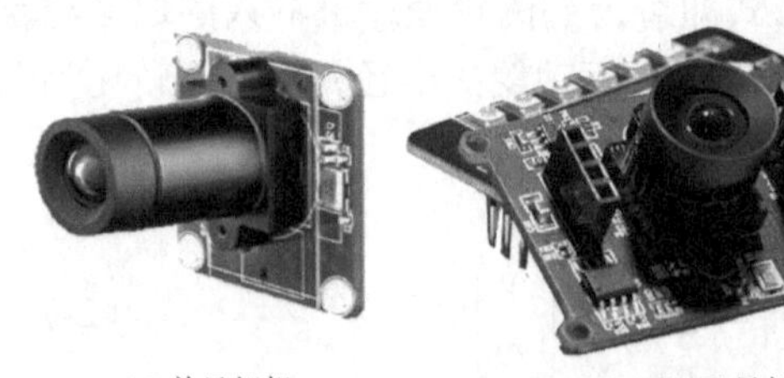

(a) 单目相机

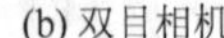

(b) 双目相机

(c) 事件相机

(d) 深度相机

图 2.18　常见的相机传感器

（2）双目相机（Stereo）由两个单目相机组成，相机间距离（基线）已知，通过两幅图像的视差计算来测距获得深度信息。相机间基线距离越大，能够测量的距离越远，因此它在室内外均适用。由于双目相机配置与标定较为复杂，深度量程和精度受到双目基线与分辨率限制。

（3）深度相机（RGB-D Camera）是近几年兴起的新相机。相比传统相机，其可以通过结构光或飞行时间（Time of Flight，ToF）技术测量相机与物体的距离作为深度信息。得到的深度信息可以辅助目标图像的分割、标记、识别和跟踪，从而更方便、准确地感知周围的环境变化。但由于深度相机存在测量范围窄、噪声大、视野小、易受日光干扰等问题，其主要用于室内。

（4）事件相机（Event Camera）与拍摄一幅完整图像的普通相机不同，它拍摄的是“事件”，可以简单理解为“像素亮度的变化”，其和普通相机输出图像的对比见图 2.19。以带黑点的逆时针旋转圆盘为例，普通相机的输出为恒定时间间隔的图像帧数据，而事件相机的输出为空间内的螺旋事件流数据（见图 2.20）。由于事件流的数据量远小于原始图像帧的数据量，所以事件相机能以极低的延迟输出观测数据。事件相机更擅长捕捉亮度变化，因此在较暗和强光场景下其也能输出有效数据。事件相机具有低延迟（<1μs）、高动态范围（140dB）、极低功耗（1mW）、无运动模糊等特性，适合在高速环境下的机器人规划算法。

(a) 没有相对运动产生时

(b) 有相对运动产生时

图 2.19　普通相机（左）与事件相机（右）的输出对比[①]

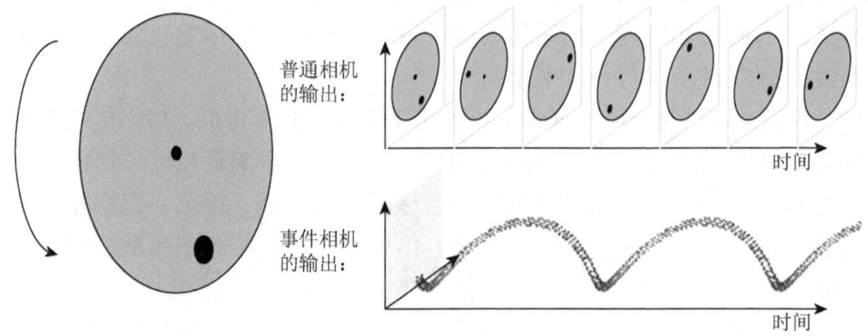

图 2.20　以旋转圆盘为例，普通相机与事件相机的输出对比

2. 激光雷达

激光（Laser）属于电磁波的一种，具有高方向性，其组成的光束可在一条直线上传播而不会扩散。激光雷达（Light Detection and Ranging，LiDAR）是一种向被测目标发射激光束，通过测量反射或散射信号的到达时间、强弱程度等参数，确定目标的距离、方位、运动状态及表面光学特性的雷达系统，具有角分辨率和距离分辨率高、抗干扰能力强、能获得目标多种图像信息等优点。

激光雷达按扫描方式分为机械激光雷达、混合固态激光雷达、纯固态激光雷达。机械激光雷达和固态激光雷达示例见图 2.21。

（1）机械激光雷达的发射和接收模块存在宏观意义上的转动，通过不断旋转发射模块，将速度更快、发射更准的激光从“线”变成“面”，并在竖直方向上排布多束激光，形成多个面，达到动态扫描并动态接收信息的目的。

① 图 2. 19 取自苏黎世大学 Robotics & Perception Group 发布的开源资源，关于事件相机的原理及更多内容，请参考：https://rpg.ifi.uzh.ch/research_dvs.html。

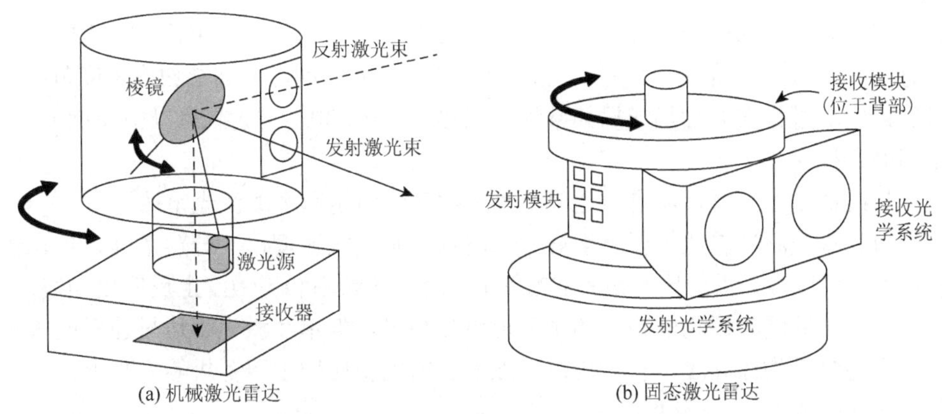

图 2.21　机械激光雷达和固态激光雷达示意图

（2）混合固态激光雷达用“微动”器件来代替宏观机械式扫描器，在微观尺度上实现雷达发射端的激光扫描。扫描器旋转幅度和体积的减小可有效提高雷达系统可靠性并降低成本。微机电系统（Micro-Electro-Mechanical System，MEMS）振镜激光雷达、旋转扫描镜激光雷达、楔形棱镜旋转激光雷达、二维扫描振镜激光雷达均为常见的混合固态激光雷达。

MEMS 振镜激光雷达在硅基芯片上集成了体积十分精巧的微振镜，由微振镜旋转来反射激光器的光线从而实现扫描。硅基 MEMS 微振镜可控性好，可实现快速扫描，其等效线束能高达 100～200 线，且可靠性高。

旋转扫描镜激光雷达的激光发射模块和接收模块是固定不动的，只有扫描镜在做机械旋转。激光单元发出激光至旋转扫描镜后被偏转向前发射（扫描角度 145°），反射后经光学系统被左下方的探测器接收。

楔形棱镜旋转激光雷达通过两个旋转的棱镜使激光从某个角度发射出去，反射后从原光路返回接收。与 MEMS LiDAR 相比，它可以做到很大的通光孔径，测量距离也较远。与机械旋转 LiDAR 相比，它极大地减少激光发射和接收的线数，降低对焦与标定的复杂度，大幅提升生产效率并降低成本。

二维扫描振镜激光雷达的核心元件是两个扫描器——多边形棱镜和垂直扫描振镜，分别负责水平和垂直方向上的扫描，特点是扫描速度快、精度高。

（3）纯固态激光雷达包括 Flash 激光雷达、光学相控阵激光雷达等。

Flash 激光雷达采用类似相机的工作模式，但感光元件与普通相机不同，其每个像素点可记录光子飞行时间。由于物体具有三维空间属性，照射到物体不同部位的光具有不同的飞行时间，被焦平面探测器阵列探测，输出为具有深度信息的“三维”图像。根据激光光源的不同，Flash 激光雷达可以分为脉冲式和连续式，脉冲式可实现远距离探测（100m 以上），连续式主要用于近距离探测（数十米）。

光学相控阵激光（Optical Phased Array，OPA）雷达运用相干原理，采用多个光源组成阵列，通过调节发射阵列中每个发射单元的相位差，来控制输出的激光束方向。OPA 雷达完全由电信号控制扫描方向，能够动态地调节扫描角度范围，对目标区域进行全局扫描或局部精细化扫描，一个 OPA 雷达就可以覆盖近/中/远距离的目标探测。

从线数角度来看，激光雷达可分为单线激光雷达和多线激光雷达。

（1）单线激光雷达主要用于规避障碍物，其扫描速度快、分辨率高、可靠性强。由于单线激光雷达比多线和 3D 激光雷达在角频率和灵敏度上反应更加快速，因此在测试周围障碍物的距离和精度上更加精确。但单线激光雷达只能平面式扫描，不能测量物体高度，有一定局限性。当前主要应用于服务机器人身上，如常见的扫地机器人。

（2）多线激光雷达相比单线激光雷达在维度提升和场景还原上有了质的改变，可以识别物体的高度信息。多线激光雷达常规是 2.5D，而且可以做到 3D。目前在国际市场上推出的主要有 4 线、8 线、16 线、32 线和 64 线激光雷达。

近几年，激光雷达的市场逐渐发展起来，在机器人领域常用的激光雷达产品来自美国的 Velodyne 公司和国内的 Robosense 公司。

3. 惯性 MEMS 传感器

惯性测量单元（IMU）指用来检测和测量物体三轴姿态角（或角速率）以及加速度的传感器，其主要元件包括陀螺仪和加速度计。加速度计测量物体在载体坐标系统中独立三轴的加速度，而陀螺仪测量载体相对于导航坐标系的航向和姿态角，IMU 以此解算出物体的姿态。因此，陀螺仪和加速度计的精度将直接影响惯性传感器的精度，其精度级别划分见表 2.11。此外，还可以组合磁传感器形成更复杂的惯性测量系统。

表 2.11　惯性 MEMS 传感器的主要参数

	精度级别	战略级	导航级	战术级	消费级
陀螺仪	零偏/(°/h)	0.0005～0.001	0.002～0.015	0.1～10	＞100
	比例因子/ppm①	＜1	5～50	200～500	—
	噪声 /(°/(h·$\sqrt{\mathrm{Hz}}$))	—	0.002～0.005	0.2～0.5	—
加速度计	零偏/μg	＜1	5～10	200～500	＞1200
	比例因子/ppm①	—	10～20	400～1000	—
	噪声 /(μg / $\sqrt{\mathrm{Hz}}$)	—	5～10	200～400	—
应用领域		洲际弹道导弹、潜艇	航空、高精度测绘、特种机器人	短时间应用（战术导弹）与 GPS 组合、机器人	车载导航、智能手机

① 1ppm 表示每隔 1million clock 会产生一个 clock 的偏移。

MEMS 是集微传感器、微执行器、微机械结构、微电源、微能源、信号处理和控制电路、高性能电子集成器件、接口、通信等于一体的微型器件或系统。MEMS 惯性传感器非常适合构建微型捷联惯性导航系统，因此在民用机器人领域得到了广泛应用。惯性 MEMS 传感器研发、制造商的情况见表 2.12。

表 2.12　惯性 MEMS 传感器研发、制造商一览表

	加速度传感器	陀螺仪、IMU、AHRS、VG
消费级	ADI、Invensense、ST、Freescale、MSI（ICSensor）、MEMSIC、VTI、Infline、Bosch	ADI、Knoix、Invensense、ST、Infine、Methes、Bosch、Murata、上海深迪半导体有限公司
工业级	ADI、Silicon design、Honeywell、MSI、VTI、Colibry、北陆电气有限公司、中星测控	ADI、BEI、EPSON、Microstrain、Crossbow、Sensonor、SSS、Bosch、Delphi、Honeywell、ADI、上海深迪
军工级 宇航级	Honeywell、Silicon design、Drapor、Colibry、中国电子科技集团公司第二十六研究所、中国航天科技集团公司九院 704 所	BEI、Drapor、Honeywell、Xsens、Sorsonor、SSS、西安中星测控有限公司、中国电子科技集团公司第二十六研究所、中国航天科技集团公司九院 704 所、中国航天科工三院三十三所、中国工业西安飞行自动控制研究所（618）

4. 其他主动传感器

除上述传感器以外，毫米波雷达（Millimeter Wave Radar，MMWR）、超声波雷达（Ultrasonic Radar）、红外相机（Infrared Camera）、夜视相机等硬件设备也被广泛应用在一些特种机器人上。

2.3.2　被动传感器

1. GNSS 接收机

GNSS 接收机是一种利用导航卫星获取自身位置的设备。其通过接收卫星发射的无线电信号，获取必要的导航定位信息，并经数据处理以完成各种导航、定位以及授时任务。GNSS 接收机根据用途可以分为以下 3 类。

（1）导航型接收机。主要用于运动载体的导航，能接收单个或两个卫星导航系统的单频信号，实时给出载体的位置和速度，定位精度达到 m 级。导航型接收机灵敏度高、启动速度快、功耗低、价格便宜且应用广泛。

（2）高精度接收机，也称为测量型接收机。主要采用载波相位观测值进行相对定位，能够接收多个系统多个频率的导航信号，具有复杂的硬件和算法，定位精度可达厘米级。这类接收机体积大、价格较贵、功耗高，在高精度无人系统上可以采用。

（3）授时型接收机。主要利用卫星提供的高精度时间标准进行授时，授时精度可达 ns 级。高精度的授时型接收机可以为机器人群体提供精准的时间同步[11, 12]。

一方面可以使得无人系统群去中心化，实现精准导航定位的群体智能[13]，另一方面高精度时间也可以用来避免多个机器人上的传感器（如激光雷达）相互干扰。因此高精度的授时型接收机在无人系统群体导航中扮演着重要角色。

除 GNSS 接收机整机外，GNSS 芯片、模块和板卡均可被集成到机器人系统中。以 GNSS 模块为例，国内厂商梦芯科技的 MXT901D、MXT906B、MXT902TL 和 MXT909U 分别为面向普通精度导航定位、厘米级高精度定位、精密授时以及 GNSS/INS 组合导航应用市场所推出的产品（见图 2.22）。除梦芯科技外，国内和芯星通、司南导航、华测导航等厂商也占据了一定的市场份额，国外知名厂商有瑞士 u-blox、瑞典 NovAtel、比利时 Septentrio 和美国 Trimble 等公司（见图 2.23）。

图 2.22　梦芯科技的几款 GNSS 模块

图 2.23　几个厂商的 GNSS 导航型模块

目前，自动驾驶和服务机器人等行业的发展不仅扩大了 GNSS 定位行业的市场规模，也推动着 GNSS 芯片、模块、板卡和接收机等产品向着低成本、低耗能、高精度和高可靠的方向发展。

2. 其他机会信号传感器

与 GNSS 类似，还有一些用于机器人定位的传感器也是被动传感器。这类传感器一般包括发射装置和接收装置两个部分。机器人仅携带的接收装置不主动向外发射信号，通过接收环境中部署的发射装置所发出的无线电信号来计算自己所在的位置。常见的用于室内机器人定位的被动传感器包括蓝牙定位传感器、超宽带（Ultra Wide Band，UWB）定位传感器（见图 2.24）。

(a) 蓝牙定位传感器　　(b) UWB定位传感器

图 2.24　蓝牙定位传感器和 UWB 定位传感器

1）蓝牙定位传感器

蓝牙定位传感器的主要硬件产品包括蓝牙网关、蓝牙基站、蓝牙定位标签等，其中蓝牙网关和蓝牙基站部署在环境中，蓝牙定位标签接收相关信号开展定位。基于蓝牙传感器的定位原理分为几何定位和匹配定位。几何定位的算法主要有到达时间（Time of Arrive，TOA）、到达时间差（Time Difference of Arrival，TDOA）、到达角度（Angle of Arrival，AOA）、发射角度（Angle of Discharge，AOD）等。匹配定位的原理是基于信号强度（Received Signal Strength Indication，RSSI）值，利用信号传播模型反算距离，利用至少与三个参考节点间的距离就可以求出待测点的坐标。

2）UWB 定位传感器

UWB 定位传感器的定位硬件产品主要包括定位引擎服务器、UWB 基站、UWB 终端模块等，其工作原理见 4.5 节。

这类传感器的关键是发射装置的部署。如果部署密度足够高，蓝牙定位能够实现室内几米的定位精度，UWB 能够实现厘米级高精度定位。在实际机器人导航中，这类传感器多在特定场所使用，难以大范围应用。

2.3.3　电机

机器人的驱动器一般分为液压驱动和电机驱动两种类型，其中又以电机驱动最为常见。电机，俗称“马达”，指依据电磁感应定律实现电能的转换或传递的一种电磁装置。它的主要作用是产生驱动转矩，作为机器人车轮、机械臂或螺旋桨的动力源，在电路中一般用字母“M”（旧标准用“D”）表示。机器人中常用的电机分为直流电机、步进电机和伺服电机。

（1）直流电机（Direct Current Machine），指输出或输入为直流电能的旋转电机，它能实现直流电能和机械能的互相转换。根据换向方式不同，直流电机又分为有刷直流电机和无刷直流电机。直流电机由于价格便宜、定位精度高，在中小型机器人（尺寸在 15～30cm）中最常作为驱动器。

（2）步进电机（Stepping Motor）是将电脉冲信号转变为角位移或线位移的开环控制元件。在非超载的情况下，电机的转速、停止的位置只取决于脉冲信号的频率和脉冲数，而不受负载变化的影响。当步进驱动器接收到一个脉冲信号时，它就驱动步进电机按设定的方向转动一个固定的角度，称为“步距角”，它的旋转是以固定的角度一步一步运行的。步进电机可以通过控制脉冲个数来控制角位移量，达到准确定位的目的。同时可以通过控制脉冲频率来控制电机转动的速度和加速度，达到调速的目的。

（3）伺服电机（Servo Motor），又称执行电机、舵机，在自动控制系统中，用作执行元件，把所收到的电信号转换成电动机轴上的角位移或角速度输出。其主要特点是，当信号电压为零时无自转现象，转速随着转矩的增加而匀速下降。伺服电机靠脉冲来定位，其接收到 1 个脉冲就会旋转 1 个脉冲对应的角度，从而实现位移。同时伺服电机本身具备发出脉冲的功能，每旋转一个角度都会发出对应数量的脉冲。这样就和其接收到的脉冲形成了呼应，也称为闭环。规划模块以此就可知道发了多少脉冲给伺服电机，同时又收了多少脉冲回来，实现精确控制，其控制精度可以达到 0.001mm。在机器人需要高精度作业、高精度状态估计的条件下，伺服电机是执行部件的最佳选择。韩国 Robits 公司的 Dynamixel 伺服数字电机因其扩展性和可靠性良好是目前搭建机器人关节最常用的舵机。

在速度、位置等控制领域，用步进电机来控制会变得非常简单，而伺服电机更适合用在以角度为参数的场景中，各电机参考示例见图 2.25。因此对于轮式机器人的运动驱动来说，一般可以选用直流电机或步进电机。而伺服电机一般用在机械臂、头部转动上，用来得到精确的旋转角度、轨迹规划。

(a) 直流电机　　(b) 步进电机　　(c) 伺服电机

图 2.25　常见的电机

2.3.4　常见的机器人底盘及运动模型

机器人底盘是开展机器人导航研究的基础。常见的机器人底盘分为两大类：

轮式机器人底盘和足式机器人底盘。其中轮式机器人底盘又根据轮子结构、本体结构的不同分为两轮差速机器人底盘、四轮驱动移动机器人底盘、履带式机器人底盘、麦克纳姆轮全向移动机器人底盘、全向轮移动机器人底盘和类车机器人（Car-Like Robot）底盘。本部分机器人运动底盘的相关内容参见文献[14]。

机器人底盘运动模型对导航至关重要。局部规划器一般将机器人看作运动质点，做出速度决策。通过机器人运动模型可以将规划好的质点（心）速度转换为各运动部件（如轮式机器人的各个车轮）的转速，从而驱动电机执行。这一过程称为逆运动学建模过程。同时通过电机反馈的结果，结合运动模型可以推算出机器人质点（心）的速度和位移，构成机器人最基本的里程计。这一过程称为正运动学建模过程。以上过程一般都在机器人抽象控制器模块中完成。本节主要介绍轮式机器人的运动学模型，足式机器人运动学相关内容见第 9 章。

1. 轮式机器人

（1）两轮差速机器人底盘。两轮差速机器人驱动构型是目前生活中服务机器人最常见的类型，如扫地机器人、餐饮服务机器人、迎宾机器人等。差速机器人左右两侧是驱动轮，分别由两个电机驱动。通过调节左右驱动轮的速度，控制机器人运动：若左右驱动轮的速度相同，则机器人直线运动；若左右驱动轮速度有差异，则机器人做圆周运动。该底盘机械结构简单、运动控制模型简洁、成本较低，且作为移动平台，又能满足一般功能需求。但其有越障能力偏弱、负载能力有限等缺点，因此多用于室内场景。

在进行运动学建模前，需要先约定机器人的坐标系以及速度方向等基本信息，默认约定见图 2.26。将机器人视为刚体，以机器人中心为原点，建立满足右手定则的机器人坐标系，即机器人前进方向为 x 轴正方向，与之垂直向左为 y 轴正方向，z 轴正方向垂直于地面向外。两轮差速机器人运动学模型见 2.2.5 节。

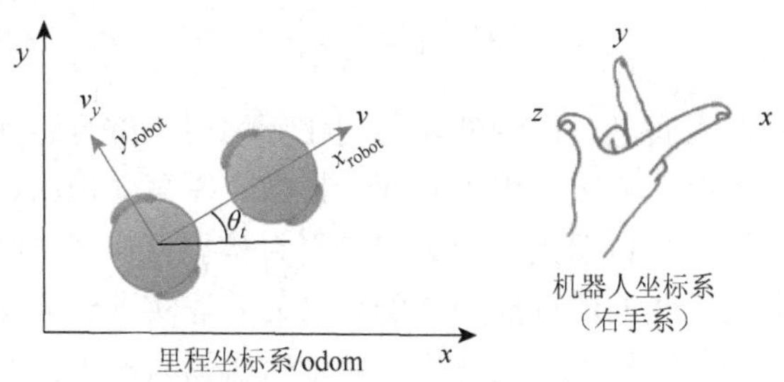

图 2.26　机器人坐标系符合右手定则

（2）四轮驱动移动机器人底盘，其轮子都是独立驱动。四轮驱动移动机器人主要分为两类：①滑动转向（Skid-Steer Drive），即四个轮子是普通轮胎；②麦克纳姆轮转向，即四个轮子采用麦克纳姆轮。本小节主要介绍前者，后者见麦克纳姆轮全向移动机器人底盘。采用滑动转向的四轮驱动机器人结构非常简单，由四个电机分别连接四个驱动轮组成。只需要控制这四个电机转动，就可使机器人灵活运动。若四个主动轮转速相同，则机器人做直线运动，若四个主动轮的转速不同，则会产生转向运动，其同侧两轮子转速应保持一致。四轮驱动机器人运动性能好，负载性能、越障性能要好于两轮差速驱动机器人和 Car-Like Robot。但其运动难以精确控制，因此多用于野外非结构化场景，最好为土质松软的地面（降低磨损），执行侦察、运输等任务。

四轮驱动移动机器人存在与两轮差速机器人类似的非全向约束，因此可以仅通过线速度和角速度来描述其运动，也可以通过虚拟的两轮差速等效模型来简化其运动学模型，其中两轮差速等效模型包含图 2.27 中左虚拟轮和右虚拟轮。下面介绍的是简化后的四轮驱动移动机器人运动学模型。与两轮差速机器人不同的是，建模中使用的是以机器人质心（而不是中心）为原点的机器人质心坐标系。

正运动学模型：已知左右两个虚拟轮的线速度 v_l 和 v_r，结合虚拟轮间距 d_{LR}，计算出机器人质心的线速度 v 和转向角速度 ω。正运动学模型见式（2-8）：

$$\begin{bmatrix} v \\ \omega \end{bmatrix} = \begin{bmatrix} \dfrac{1}{2} & \dfrac{1}{2} \\ \dfrac{1}{d_{\text{LR}}} & -\dfrac{1}{d_{\text{LR}}} \end{bmatrix} \begin{bmatrix} v_l \\ v_r \end{bmatrix} \tag{2-8}$$

逆运动学模型：已知机器人质心的线速度 v 和转向角速度 ω，根据虚拟轮间距 d_{LR}，计算出左右两个虚拟轮的线速度 v_l 和 v_r，再结合几何关系计算出四个驱动轮的线速度。逆运动学模型见式（2-9）：

$$\begin{bmatrix} v_r \\ v_l \end{bmatrix} = \begin{bmatrix} 1 & \dfrac{d_{\text{LR}}}{2} \\ 1 & -\dfrac{d_{\text{LR}}}{2} \end{bmatrix} \begin{bmatrix} v \\ \omega \end{bmatrix} \tag{2-9}$$

（3）履带式机器人底盘。在野外非结构化环境中，综合运动性能最强的非履带式机器人莫属，所以其常被应用于农业、搜救、军事、消防、林业、采矿和行星探索等领域[15]。履带式机器人由于其履带复合构型存在多种组合变换，因此构型种类较多。履带式机器人通过控制两侧履带的差速实现转向操作。履带与地面的接触面积更大且跨度较长，也就是说，履带对机器人的支撑面更大、对地面的压强较小。因此履带式机器人有运动平稳、越障能力强、爬坡能力强、负载能力强、不易打滑、不易倾翻以及不易陷入软质地面的优点。但是其也存在滑动转向阻力大、运动损耗大、运动难以精确控制、有严重的滑移情况等不足。

履带式机器人的基本运动原理与四轮驱动移动机器人相似，同样可以通过虚拟的两轮差速等效模型来简化其运动学模型，其中两轮差速等效模型包含图 2.28 中左虚拟轮和右虚拟轮。其简化后的运动学模型与简化后的四轮驱动移动机器人运动学模型相同。

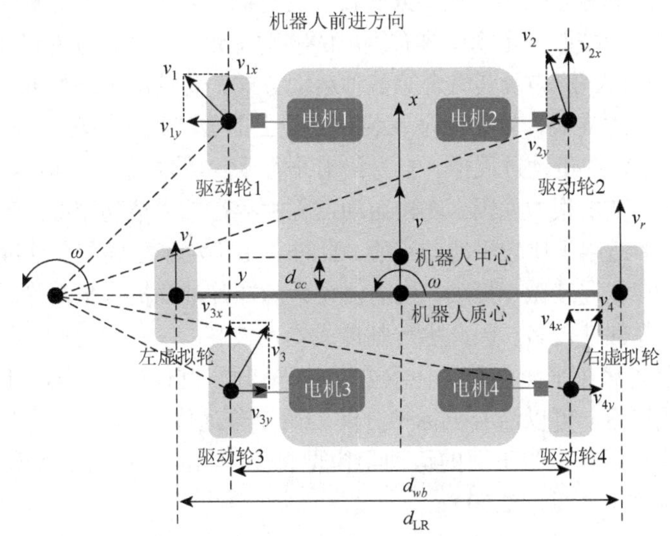

图 2.27　四轮驱动移动机器人运动学模型

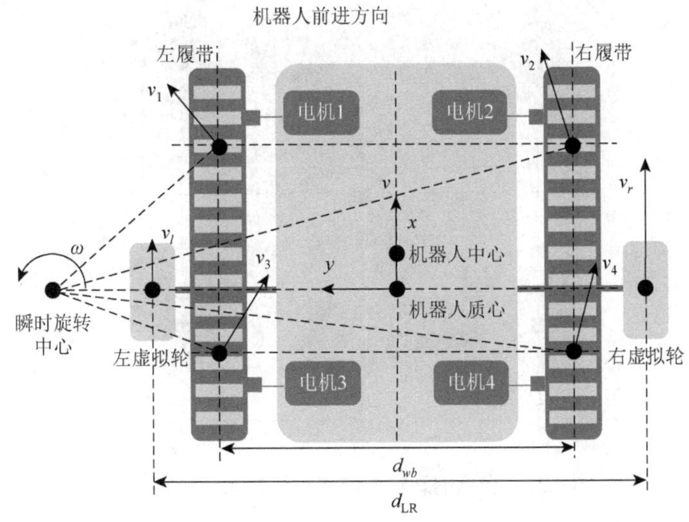

图 2.28　履带式机器人运动学模型

正运动学模型：已知左右两个虚拟轮的线速度 v_l 和 v_r，结合虚拟轮间距 d_{LR}，计算出机器人质心的线速度v和转向角速度ω。正运动学模型见式（2-8）。

逆运动学模型：已知机器人质心的线速度v和转向角速度ω，根据虚拟轮间距d_{LR}，计算出左右两个虚拟轮的线速度v_l和v_r，再结合几何关系计算出四个驱动轮的线速度。逆运动学模型见式（2-9）。

（4）麦克纳姆轮全向移动机器人底盘。麦克纳姆轮（下面简称麦轮）平台就是由四个麦克纳姆轮按照一定规律排布组成的移动平台。具有全方位移动性能，包括前行、横移、斜行、旋转及其组合等多种运动方式。麦轮由轮毂和辊子组成：轮毂是整个轮子的主体支架，辊子则是安装在轮毂上的鼓状物（小轮），两者组成一个完整的大轮。麦轮在运动过程中其自身沿着平行于轮毂轴线方向运动，这就是麦轮平台运动模式多变的根本原因。麦轮运动过程中存在较大滚动摩擦，辊子的磨损比较严重，因此多适用于比较平滑的路面。此外，由于辊子之间的非连续性，所以麦轮运动过程总存在连续微小振动，这需要设计悬挂等辅助机构来消除。由于麦轮结构较为复杂、零部件较多，因此生产制造成本也较高。

麦轮平台能够在平面内做出任意方向的平移同时自旋的动作，其机器人中心任意方向的线速度v可以沿着坐标轴分解为两个分速度v_x和v_y。由于麦轮平台运动依赖麦轮轮毂转速，故下面的运动学模型将介绍机器人中心速度和麦轮轮毂转速之间的转换关系（见图 2.29）。

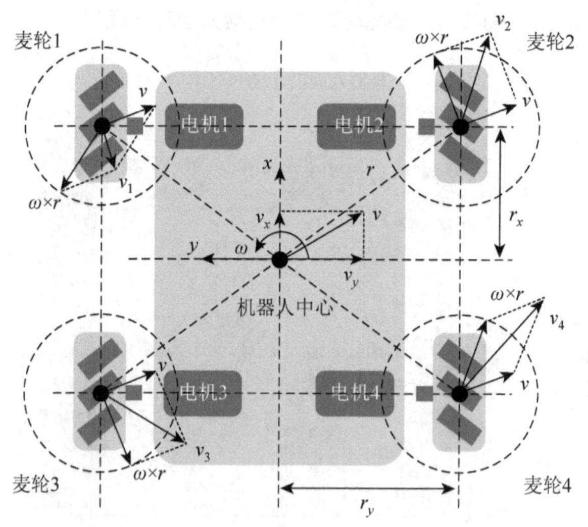

图 2.29　麦克纳姆轮全向移动机器人运动学模型

正运动学模型：已知四个麦轮的轮毂转速ω_1、ω_2、ω_3和ω_4，则可以通过麦轮的实际半径R、机器人中心到麦轮距离的x方向分量r_x和y方向分量r_y，计算出机器人中心的线速度v_x、v_y以及转向角速度ω。正运动学模型见式（2-10）：

$$\begin{bmatrix} v_x \\ v_y \\ \omega \end{bmatrix} = \frac{R}{4} \begin{bmatrix} +1 & +1 & +1 & +1 \\ -1 & +1 & -1 & +1 \\ \dfrac{-1}{r_x + r_y} & \dfrac{-1}{r_x + r_y} & \dfrac{1}{r_x + r_y} & \dfrac{1}{r_x + r_y} \end{bmatrix} \begin{bmatrix} \omega_1 \\ \omega_2 \\ \omega_3 \\ \omega_4 \end{bmatrix} \tag{2-10}$$

逆运动学模型：已知机器人中心的线速度 v_x、v_y 以及转向角速度 ω，则可以通过麦轮的实际半径 R、机器人中心到麦轮距离的 x 方向分量 r_x 和 y 方向分量 r_y，计算出四个麦轮的轮毂转速 ω_1、ω_2、ω_3 和 ω_4。逆运动学模型见式（2-11）：

$$\begin{bmatrix} \omega_1 \\ \omega_2 \\ \omega_3 \\ \omega_4 \end{bmatrix} = \frac{4}{R} \begin{bmatrix} 1 & -1 & -(r_x + r_y) \\ 1 & +1 & -(r_x + r_y) \\ 1 & -1 & +(r_x + r_y) \\ 1 & +1 & +(r_x + r_y) \end{bmatrix} \begin{bmatrix} v_x \\ v_y \\ \omega \end{bmatrix} \tag{2-11}$$

（5）全向轮移动机器人底盘。全向轮平台和麦轮平台一样也能实现前行、横移、斜行、旋转及其组合等多种运动方式，通过三或四个全向轮协同转动实现全向移动。麦轮的辊子轴线与轮毂轴线夹角一般成 45°，而全向轮的辊子轴线与轮毂轴线成 90°，这是最大的不同之处；而相同之处是两者的辊子都是被动轮，可以自由绕其轴线转动。麦轮可沿着斜向 45°滑动，而全向轮则可沿着横向 90°滑动。全向轮一般是有两层的，但不是完全对称的，每层的辊子之间存在较大间隙，两层辊子恰好“插空”间隙，以保证全向轮滚动过程中，至少有一个辊子与地面接触。将全向轮按照一定排布方式进行配置，就组合为经典的全向轮移动平台。

本节将以三轮全向轮平台为例介绍其运动学模型。和麦轮平台类似，全向轮平台能够在平面内做出任意方向的平移同时自旋的动作，因此其机器人中心任意方向的线速度 v 可以沿着坐标轴分解为两个分速度 v_x 和 v_y。全向轮平台运动同样依赖于全向轮轮毂转速，故下文的运动学模型将介绍机器人中心速度和全向轮轮毂转速之间的关系，其运动学模型见图 2.30。

正运动学模型：已知三个全向轮的轮毂转速 ω_1、ω_2 和 ω_3，则可以通过全向轮的实际半径 R 和机器人中心到全向轮之间的距离 r，计算出机器人中心的线速度 v_x 和 v_y 以及转向角速度 ω。正运动学模型见式（2-12）：

$$\begin{bmatrix} v_x \\ v_y \\ \omega \end{bmatrix} = R \begin{bmatrix} 0 & -\dfrac{\sqrt{3}}{3} & \dfrac{\sqrt{3}}{3} \\ \dfrac{2}{3} & -\dfrac{1}{3} & -\dfrac{1}{3} \\ \dfrac{1}{3r} & \dfrac{1}{3r} & \dfrac{1}{3r} \end{bmatrix} \begin{bmatrix} \omega_1 \\ \omega_2 \\ \omega_3 \end{bmatrix} \tag{2-12}$$

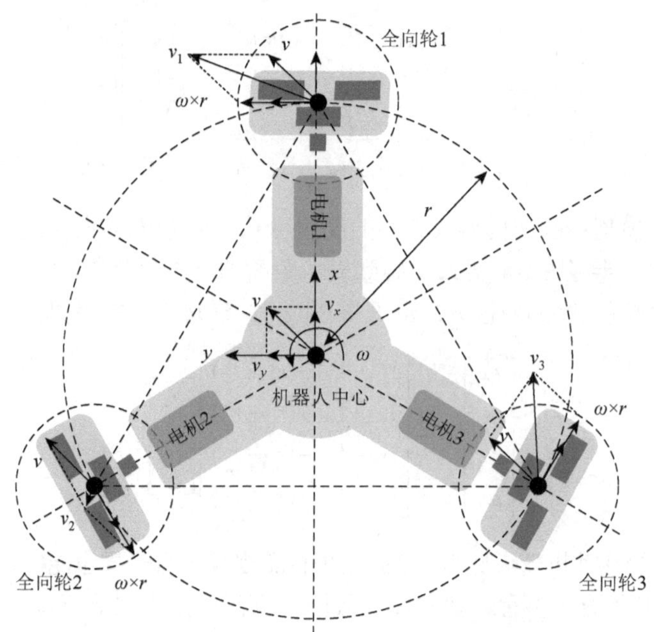

图 2.30　全向轮移动机器人运动学模型

逆运动学模型：已知机器人中心的线速度 v_x 和 v_y 以及转向角速度 ω，则可以通过全向轮的实际半径 R 和机器人中心到全向轮之间的距离 r，计算出三个全向轮的轮毂转速 ω_1 、 ω_2 和 ω_3。逆运动学模型见式（2-13）：

$$\begin{bmatrix}\omega_1\\ \omega_2\\ \omega_3\end{bmatrix}=\frac{1}{R}\begin{bmatrix}0 & 1 & r\\ -\dfrac{\sqrt{3}}{2} & -\dfrac{1}{2} & r\\ \dfrac{\sqrt{3}}{2} & -\dfrac{1}{2} & r\end{bmatrix}\begin{bmatrix}v_x\\ v_y\\ \omega\end{bmatrix} \tag{2-13}$$

（6）Car-Like Robot 底盘。Car-Like Robot 底盘指像车一样的机器人，和真实轿车外形相似度高、运动机理相近，但体积偏小、运动速度偏低，可自主运动，一般不载人。其运动机理的两大核心部件：①转向机构，控制前轮转向；②差速器，驱动后轮差速运动。其运动稳定性、负载性能及越障性能好，因此多应用于室外场景，能够轻松过减速带等障碍物，涵盖物流配送、农业耕种及教育等领域。Car-Like Robot 存在最小转弯半径限制，因此灵活性不如两轮差速驱动机器人。

Car-Like Robot 可以通过虚拟的等效自行车模型来简化其运动学模型，其中等效自行车模型包含图 2.31 中虚线部分由机器人主轴相连接的虚拟前轮和虚拟后轮，此时将假设机器人左右轮在任意时刻都拥有相同的转向角度和转速，故机器人的左右轮的运动可以合并为一个虚拟轮来描述。下面介绍的是用等效模型简化后的 Car-Like Robot 运动学模型。

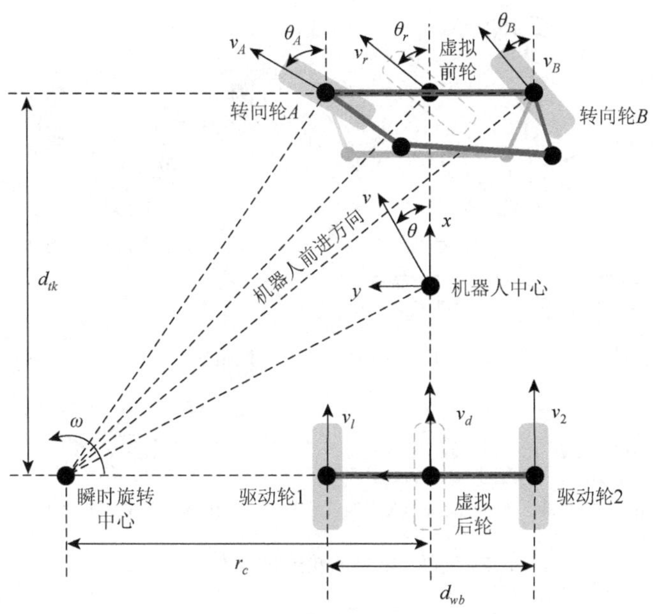

图 2.31　Car-Like Robot 运动学模型

正运动学模型：通过虚拟前轮转向角 θ_r 和虚拟后轮线速度 v_d，结合虚拟前后轮距离 d_{tk} 以及三角几何关系，分别计算出机器人中心的线速度 v、转向角速度 ω 以及线速度与机器人主轴的夹角 θ。正运动学模型见式（2-14）：

$$\begin{bmatrix} v \\ \theta \\ \omega \end{bmatrix} = \begin{cases} \begin{bmatrix} v_d \tan\theta_r \sqrt{\dfrac{1}{4} + \dfrac{1}{\tan^2\theta_r}} \\ \arctan(\tan\theta_r/2) \\ v_d \tan\theta_r / d_{tk} \end{bmatrix}, & \theta_r \neq 0 \\ \begin{bmatrix} v_d \\ 0 \\ 0 \end{bmatrix}, & \theta_r = 0 \end{cases} \tag{2-14}$$

逆运动学模型：通过机器人中心的线速度 v 和旋转角 θ，计算出虚拟前轮转向角 θ_r 和虚拟后轮线速度 v_d。逆运动学模型见式（2-15）：

$$\begin{bmatrix} \theta_r \\ v_d \end{bmatrix} = \begin{bmatrix} \arctan(2\tan\theta) \\ v\cos\theta \end{bmatrix} \tag{2-15}$$

图 2.32 展示了几种常见机器人底盘的示意图。

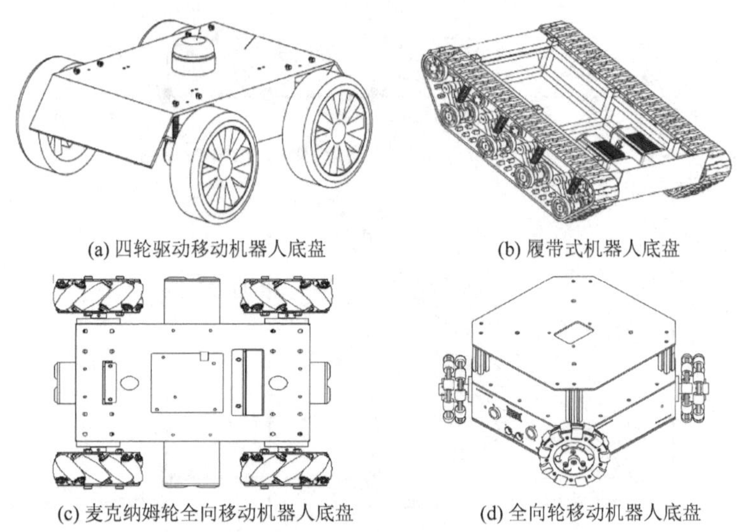

(a) 四轮驱动移动机器人底盘　(b) 履带式机器人底盘

(c) 麦克纳姆轮全向移动机器人底盘　(d) 全向轮移动机器人底盘

图 2.32　常见的轮式机器人底盘

2. 足式机器人

除了上述的轮式机器人，在日常生活和科学研究中，有人类形态并像人一样运动的“人形机器人”、有四足动物或昆虫的形态并像这些生物一样运动的“多足机器人”，也是当前最热门的机器人类型（见图 2.33）。这两种机器人统称为“足式机器人”，它们虽然形态不同，但是运动的驱动方式（液压系统或者电机）、控

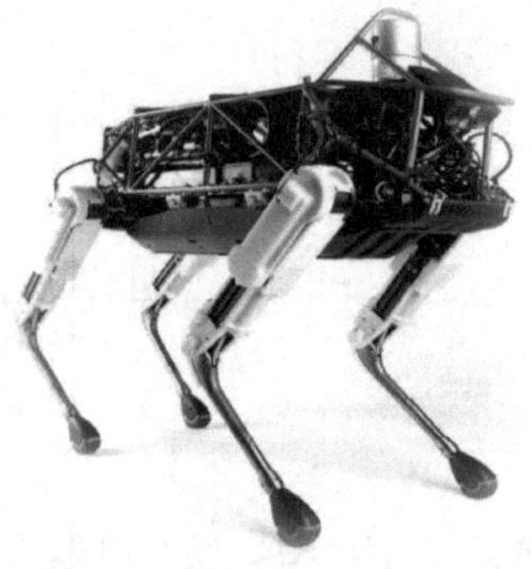

图 2.33　两足机器人平台与多足机器人平台

制建模的过程（都是在外力影响下的多刚体系统）都基本相同。相比于轮式机器人在起伏较大的自然地形上行驶效率低下甚至无法通行，足式机器人的优势就在于对多种地形的适应性强。

（1）两足机器人底盘。两足机器人底盘最大的特点是“为了像人”，是模拟人类用两条腿走路的机器人平台。两足机器人平台适于在凸凹不平或有障碍的地面行走作业，比一般移动机器人灵活性强、机动性好。人类行走是多关节配合的动作，因此大部分两足机器人底盘都是使用舵机模拟人类关节，用铝合金或其他轻型高硬度材料来制作其结构件，类似于人类的骨骼，从而来支撑机器人整体。用轻型、有强度的材料制作机器人的顶板和脚板，模拟人类的胯部和脚掌从而来支持机器人的行走与稳定。其中舵机由芯片控制，进而控制整个关节的活动，从而实现了对步伐的大小、快慢、幅度的调整。这其中既包括设计、材料等硬件问题，也包括算法等软件方面的制约。目前两足机器人平台的研发和应用还面临着巨大的挑战。国内具有实力的两足机器人科研团队除了相关院校还包括优必选科技等企业。

（2）多足机器人底盘。多足机器人底盘中以四足机器人底盘最为常见。2008 年，波士顿动力发布了最新的机器人“大狗”的视频，引起全球关注。中国北方车辆研究所等也研制了类似的军民两用产品，宇树科技、小米科技、云深处科技都有相关电驱动四足机器人产品。第 9 章将会对多足机器人发展应用以及导航方式进行详细介绍。

2.3.5　融合北斗和 AI 的实验教学系统

由于传统测绘学科和人工智能学科缺少融合性教学设备及定制化跨学科快速入门课程，亟须研制一种创新的复合型人才教学设备和教学模式，实现学科交叉，培养具备互联网基因的测绘导航学科人才。本书作者团队结合上述需求，将北斗高精度导航定位技术、人工智能深度学习技术、机器人控制技术等最新科研成果集成，从硬件、软件、教学三个方面入手，研制“融合北斗和 AI 的智能导航软硬件实验教学系统”，荣获 2021 年中国高等教育学会主办的全国高等学校教师自制实验教学仪器设备创新大赛金奖。该实验教学系统以机器人实验箱硬件搭配高精度北斗定位、语义建图、协同控制等实验教学软件，为广大机器人、导航、人工智能专业学生和工程技术人员开展感知、规划、控制一体化案例培训。

系统的核心硬件是团队研制的机器人感知规划核心控制智能终端（专利 ZL201810508465.6、ZL201820790147.9），见图 2.34。终端集成北斗/GPS 定位、视觉/雷达传感器、惯性传感器、GPU 深度学习运算、伺服电机控制器及 4G/5G 网络通信模块，是北斗导航＋AI 实验系统的核心。该终端能够适配前面所述的各类无人系统运动底盘和各类常用传感器及执行组件，方便学生开展一体化、系统化、集成化的实践实验。在该硬件基础上可以完成本书后续所介绍的全部工程实践内容，工程实践参考案例网址：https://naviai.zhiyuteam.com/。截至目前，与该终端直接适配的底盘包括：美国 Willow Garage 公司的 TurtleBot 系列，加拿大 Clearpath Robotics 公司全系列室外机器人，国内宇树科技公司的四足机器人底盘 Laikago、A1 等（见图 2.35）。

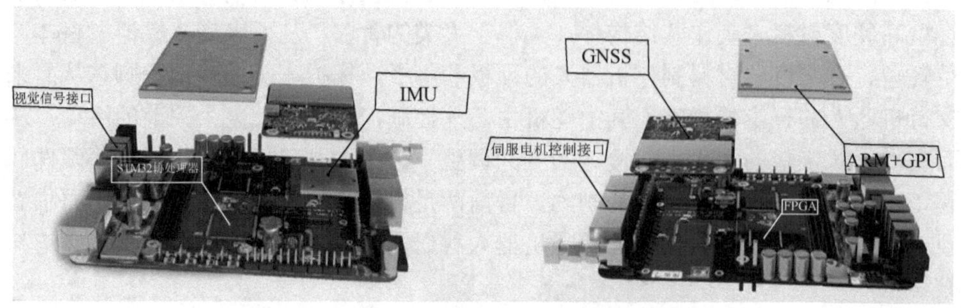

图 2.34　机器人感知规划核心控制智能终端

图 2.35　北斗导航＋AI 实验系统可适配的底盘

2.4　工程实践：差速轮机器人的远程操控

本节的工程实践以远程操控 CLEARPATH 公司的 Jackal 轮式机器人为例，具体介绍在 ROS 环境下实现节点与节点之间远程通信的方法。

2.4.1 环境配置与安装

为了方便调试、远程操控和后期扩展，采用个人计算机结合 2.3.4 节中讲述的实验教学系统的结构来处理数据。机器人感知规划核心控制智能终端（后面简称机器人终端）作为 Jackal 的主控机，也是 ROS 框架中的主机，个人计算机作为从机，接收来自主机的数据。

1. 主机和从机连入虚拟局域网

运行在 Jackal 上的机器人终端需要连入互联网，在本实例中，要远程操控在室外的 Jackal 机器人，让机器人终端通过热点上网，从机通过 Wi-Fi 连入互联网。主机和从机的系统配置一样，操作系统是 Ubuntu，版本为 18.04，ROS 版本为 Melodic。

需要预先搭好虚拟局域网（Virtual Private Network，VPN），设定网关地址为 10.8.0.1，并且需要在机器人终端上安装并配置证书，使其可以每次开机就会自动连入 VPN。进入机器人终端的界面，打开命令行窗口，执行操作 ping 10.8.0.1，如果能 ping 通并且有回显，证明机器人终端已经接入 VPN 了，并且与云服务器通信正常，从机上的操作同理。

2. 机器人终端和从机测试通信

第 1 步：在从机上打开命令行窗口，执行操作。

```
cd/home && touch remote-Jackal.sh
```

第 2 步：在 home 目录下新建一个 remote-Jackal.sh 文件，执行操作。

```
gedit remote-Jackal.sh
```

第 3 步：编辑该文件，在文件里写入下面两行指令。

```
export ROS_MASTER_URI = http://nvidia:11311 # Jackal's hostname
export ROS_IP = 10.8.0.54 # Your computer's IP address
```

第 4 步：保存并退出，执行操作。

```
sudo chmod a+x remote-Jackal.sh
```

第 5 步：给 remote-Jackal.sh 文件增加可执行权限。修改/etc/hosts 文件，在命令行窗口执行操作。

```
1. sudo gedit /etc/hosts
```

第 6 步：随后在打开的文件里面添加以下内容，前面是机器人终端在 VPN 下的地址，后面是用户名。

```
1. 10.8.0.58 nvidia
```

第 7 步：当准备和 Jackal 通信时，在命令行窗口执行操作。

```
1. source remote-Jackal.sh
```

现在，当再次执行 rostopic list、rostopic echo 等指令时，就可以看到主机上的活动节点，这样主机和从机就通信成功了。

3. 从机上修改并运行蓝牙节点

第 1 步：在主机上将蓝牙手柄的连接信息删除，然后将蓝牙手柄连接到从机上。在从机上修改蓝牙节点的参数，在从机上执行操作。

```
1. ls /dev/input
```

第 2 步：查看蓝牙手柄的设备文件名称，一般是 js0。执行操作。

```
1. roscd Jackal_control
```

第 3 步：进入 Jackal_control 文件夹，在该文件夹下找到路径为 Jackal_control/launch/teleop.launch 的文件，并且将＜arg name = "joy_dev"default = "/dev/input/ps4"/＞修改为＜arg name = "joy_dev"default = "/dev/input/js0"/＞。

第 4 步：在从机上执行操作。

```
1. roslaunch Jackal_control teleop.launch
```

即可启动蓝牙控制节点对 Jackal 进行远程控制。

2.4.2 代码解析

ROS 是一种分布式软件框架，节点和节点之间通过松耦合的方式进行组合，在很多应用场景下，一个运行中的 ROS 系统可以包含分布在多台计算机上的多个节点，节点与节点之间通过 topic 和 service 通信。但是 ROS 只允许一个主节点（Master）存在，Master 只能运行在一个机器上，这个机器为主机，其他机器为从机。

如果想要让主机和从机远程通信，就需要让两者处于同一个“局域网”下。考虑到距离的因素，可以在云服务器上搭建一个 VPN，让主机和从机通过互联网连入该 VPN，这样，它俩就可以通过云服务器进行通信了，通信示意图见图 2.36。

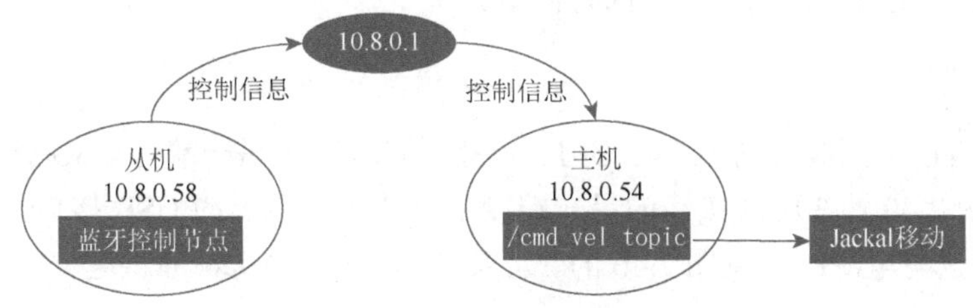

图 2.36　节点通信框架图

2.4.3　实验

1. 实机组装与操作

机器人终端和 Jackal 配置好的全貌，见图 2.37，从外观上看主要有 4 个大模块：Jackal 机器人本体、机器人终端、深度相机和激光雷达。

2. 机器人终端接线

机器人终端使用一块备用电池专门给终端供电（见图 2.38 中的 1），因为 Jackal 本身供电无法同时带动激光雷达和机器人终端，电池位于深度相机下面，是一个蓝色的电池包。一个 USB 转网线口（见图 2.38 中的 2）用来接收激光雷达的

图 2.37　Jackal 和机器人终端安装部署情况

图 2.38　机器人终端接线图

数据。一个 USB 转 micro-USB 的接口（见图 2.38 中的 3）用来与 Jackal 控制板通信。一个 USB3.0 接口（见图 2.38 中的 4）用来接收深度相机的数据。开机自启的时候需要从 USB 接口读取数据。天线用来增强 Wi-Fi 信号（见图 2.38 中的 5）。

3. 深度相机

深度相机的数据线（见图 2.39 中的 1）与机器人终端上的 USB3.0 接口连接（见图 2.38 中的 4）传输数据的同时供电。

4. 激光雷达

激光雷达与网线（见图 2.40 的 1）连接，同时网线另一端与 USB 转网线接口连接（见图 2.40 的 3），转接线的另一端接上机器人终端上的 USB 接口（见图 2.40 的 2）。雷达的电源线（见图 2.40 的 2）来自 Jackal，由 Jackal 供电。

图 2.39　相机接线图

图 2.40　激光雷达接线图

5. Jackal 指示灯

开机的时候先按电源键（见图 2.41 的 5），然后电机指示灯（见图 2.41 的 1）和电量指示灯（见图 2.41 的 4）就会亮起来。打开终端，如果 Jackal 和终端通信成功，那么连接指示灯（见图 2.41 的 2）就会亮起来。如果终端网络信号良好，Wi-Fi 指示灯（见图 2.41 的 3）就会亮起来。

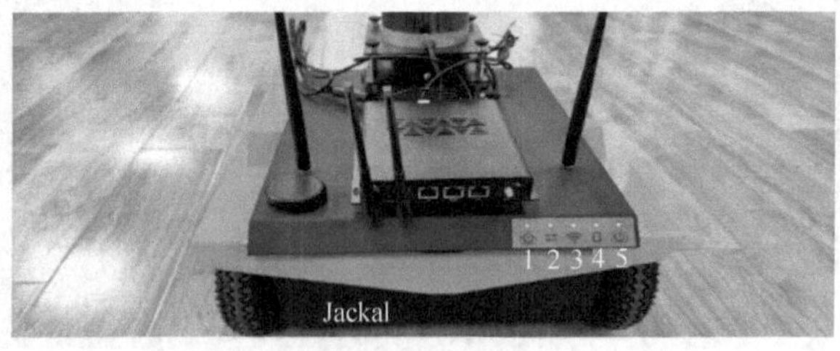

图 2.41　Jackal 指示灯

6. PS4 蓝牙手柄

利用 PS4 蓝牙手柄可以有两种方式控制 Jackal，第一种是蓝牙手柄直接连接机器人终端，近距离地操控 Jackal 机器人；第二种是蓝牙手柄连接从机，在从机上启动蓝牙控制节点，通过 VPN 传递控制消息，远程控制 Jackal 机器人移动。

同时按住 PS 键（见图 2.42（a）中的 1）和 share 键（见图 2.42（a）中的 2），PS4 蓝牙手柄的指示灯就会开始闪烁（见图 2.42（b）图中的 1），这时候蓝牙手柄就可以被其他设备搜索到，配对成功后，每次使用的时候只需要按一下 PS 键即可。

(a)

(b)

图 2.42　蓝牙手柄按键示意图

完成以上步骤，即可实现远程操控轮式机器人了，实际操作部分见图 2.43。

(a)

(b)

图 2.43　远程操控示意图

图（a）为 Jackal 机器人在室外停车场；图（b）为处于室内的操控者，操控者通过 Jackal 上的相机拍摄的画面来实现远程控制

2.5　工程实践：ROS::Movebase

本工程实践基于 ROS 框架和 TurtleBot3 机器人功能包，具体介绍 ROS 及 TurtleBot3 相关功能包的安装与配置，并以 TurtleBot3 为例介绍基于 ROS 的机器人自主导航框架如何控制机器人在仿真环境下进行导航。

2.5.1　环境配置与安装

本节工程实践基于 Ubuntu 18.04，对应的 ROS 版本为 ROS Melodic。请用户在官方网站（http://releases.ubuntu.com/18.04/）下载 Ubuntu 18.04 的系统镜像并自行安装。下面将介绍 ROS Melodic 和 TurtleBot3 机器人功能包的配置与安装。配置与安装可在 PC 和机器人感知规划核心控制智能终端上实现。

1. 安装 ROS Melodic

第 1 步：新建命令行窗口，输入以下指令设置 Ubuntu 系统的软件源，读者可以根据实际情况选择不同的软件源。

（1）国外软件源：

```
sudo sh-c 'echo "deb http://packages.ros.org/ros/ubuntu $(lsb_release \
-sc) main">/etc/apt/sources.list.d/ros-latest.list'
```

（2）国内软件源——中国科学技术大学软件源：

```
sudo sh-c './etc/lsb-release && echo "deb http://mirrors.ustc. edu.cn/ros/\
ubuntu/$DISTRIB_CODENAME main" > /etc/apt/sources.list. d/ros-latest.list'
```

（3）国内软件源——清华大学软件源：

```
sudo sh-c './etc/lsb-release && echo "deb http:// mirrors.tuna.tsinghua. \
edu.cn/ros/ubuntu/$DISTRIB_CODENAME  main" > /etc/apt/sources.list.d/\
ros-latest.list'
```

第 2 步：在命令行窗口中输入以下指令，添加密钥。

```
sudo apt-key adv--keyserver keyserver.ubuntu.com --recv-keys F42ED6FBAB17C654
```

第 3 步：输入以下指令，安装 ROS Melodic，注意其安装包体积较大，安装时间较长。

```
sudo apt-get update
sudo apt-get install ros-melodic-desktop-full
sudo apt-get install ros-melodic-rqt*
```

第 4 步：输入以下指令，解决软件包依赖问题。

```
sudo apt-get install python-rosdep
sudo pip install rosdep
sudo rosdep init
rosdep update
```

第 5 步：安装其他工具包。

```
sudo apt-get install python-rosinstall \
python-rosinstall-generator \
python-wstool \
build-essential \
```

第 6 步：设置并加载环境设置文件。

```
echo "source/opt/ros/melodic/setup.bash" >> ~/.bashrc
source ~ /.bashrc
```

第 7 步：创建并初始化工作目录。

```
mkdir-p ~/catkin_ws/src
cd ~/catkin_ws/src
catkin_init_workspace
cd ~/catkin_ws/ && catkin_make
echo "~/catkin_ws/devel/setup.bash" >> ~/.bashrc
```

第 8 步：安装网络工具。

```
sudo apt-get install net-tools
```

第 9 步：使用 ifconfig 命令查看计算机的 IP 地址，见图 2.44。

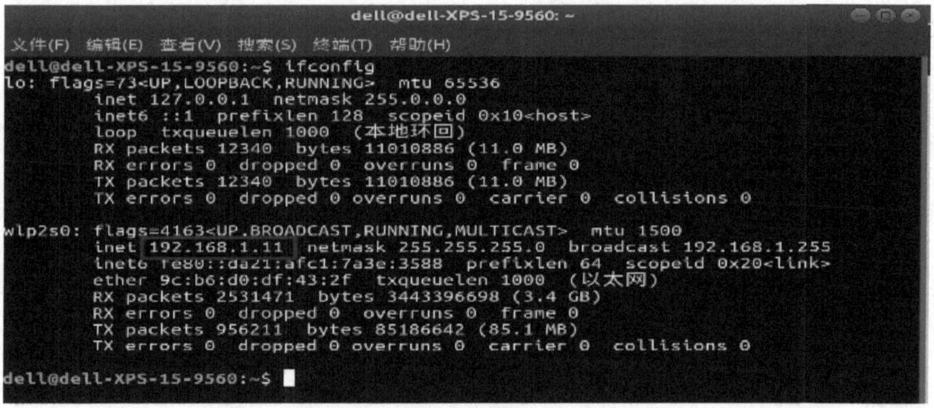

```
dell@dell-XPS-15-9560: ~
文件(F) 编辑(E) 查看(V) 搜索(S) 终端(T) 帮助(H)
dell@dell-XPS-15-9560:~$ ifconfig
lo: flags=73<UP,LOOPBACK,RUNNING>  mtu 65536
        inet 127.0.0.1  netmask 255.0.0.0
        inet6 ::1  prefixlen 128  scopeid 0x10<host>
        loop  txqueuelen 1000  (本地环回)
        RX packets 12340  bytes 11010886 (11.0 MB)
        RX errors 0  dropped 0  overruns 0  frame 0
        TX packets 12340  bytes 11010886 (11.0 MB)
        TX errors 0  dropped 0 overruns 0  carrier 0  collisions 0

wlp2s0: flags=4163<UP,BROADCAST,RUNNING,MULTICAST>  mtu 1500
        inet 192.168.1.11  netmask 255.255.255.0  broadcast 192.168.1.255
        inet6 fe80::da21:afc1:7a3e:3588  prefixlen 64  scopeid 0x20<link>
        ether 9c:b6:d0:df:43:2f  txqueuelen 1000  (以太网)
        RX packets 2531471  bytes 3443396698 (3.4 GB)
        RX errors 0  dropped 0  overruns 0  frame 0
        TX packets 956211  bytes 85186642 (85.1 MB)
        TX errors 0  dropped 0 overruns 0  carrier 0  collisions 0

dell@dell-XPS-15-9560:~$
```

图 2.44　使用 ifconfig 命令查看计算机 IP 地址

第 10 步：输入以下指令，在环境设置文件中将 ROS_HOSTNAME 设置为计算机 IP 地址。

```
echo "export ROS_HOSTNAME = 192.168.1.11" >> ~/.bashrc
echo "export ROS_MASTER_URI = http://${ROS_HOSTNAME}:11311" >> ~/.bashrc
source ~/.bashrc
```

2. 安装 TurtleBot3 相关功能包

第 1 步：新建命令行窗口，输入以下指令，安装 TurtleBot3 的相关依赖。

```
sudo apt-get install ros-melodic-joy ros-melodic-teleop-twist-joy \
ros-melodic-teleop-twist-keyboard ros-melodic-laser-proc \
ros-melodic-rgbd-launch ros-melodic-depthimage-to-laserscan \
```

```
ros-melodic-rosserial-arduino ros-melodic-rosserial-python \
ros-melodic-rosserial-server ros-melodic-rosserial-client \
ros-melodic-rosserial-msgs ros-melodic-amcl ros-melodic-map-server \
ros-melodic-move-base ros-melodic-urdf ros-melodic-xacro \
ros-melodic-compressed-image-transport ros-melodic-rqt* \
ros-melodic-gmapping ros-melodic-navigation ros-melodic-interactive-markers
```

第 2 步：安装 TurtleBot3 功能包。

```
sudo apt-get install ros-melodic-dynamixel-sdk
sudo apt-get install ros-melodic-turtlebot3-msgs
sudo apt-get install ros-melodic-turtlebot3
```

第 3 步：将 github 上的 TurtleBot3 及仿真项目复制到工作目录下，并进行编译。

```
cd ~/catkin_ws/src/
git clone https://github.com/ROBOTIS-GIT/turtlebot3.git
git clone https://github.com/ROBOTIS-GIT/turtlebot3_simulations.git
cd ~/catkin_ws && catkin_make
```

2.5.2　实验框图

在图 2.8 机器人自主导航框架的基础上，结合 ROS 具体的节点及话题名称，实验框图见图 2.45。该框架以 move_base 功能包为中心，包含 amcl、map_server 等多种功能包，包含建图、定位、路线规划、控制等功能，机器人只需要获取必要传感器的数据以及导航目标的位置，即可完成自主导航。

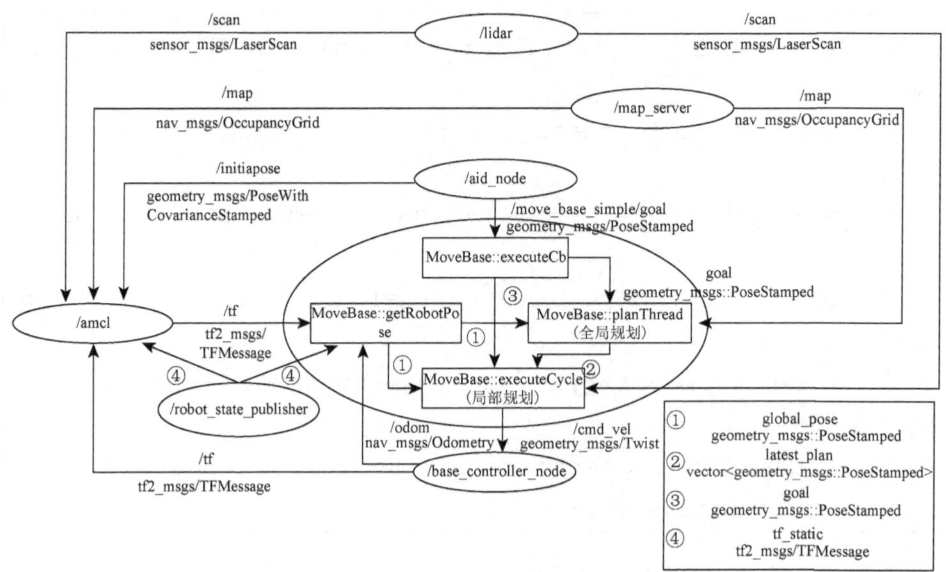

图 2.45　move_base 功能包的 ROS 节点图

各模块具体实现见表 2.13。

（1）地图构建与发布：机器人通过建图功能包 GMapping 处理激光雷达（/lidar）采集的环境数据，构建用于定位导航等目的的地图，并通过地图服务器（/map_server）发布地图数据。

（2）实时定位：机器人的自适应蒙特卡罗定位节点（/amcl）会获取激光雷达（/lidar）的数据，结合来自基控制器节点（/base_controller_node）的里程坐标系-机器人质心坐标系变换信息和参数服务器（/robot_state_publisher）发布的传感器标定参数，计算机器人在地图坐标系-里程坐标系的变换关系。

（3）全局路线规划：全局路线规划模块（MoveBase::planThread）获取辅助节点（/aid_node）发布的导航目标，在地图数据和坐标系变换关系的基础上，规划出在全局地图中运动到导航目标位置的全局路线。

（4）局部路线规划：局部路线规划模块（MoveBase::executeCycle）会根据地图数据、坐标系变换关系以及传感器实时环境数据，对机器人的全局路线进行动态调整，规划出机器人在地图局部行进的局部路线。本节实验中该模块采用 DWA_Local_Planner 算法。另外该模块可以替换为 TEB_Local_Planner 算法，详细介绍见 7.7 节。

（5）硬件控制与反馈：控制模块（/base_controller_node）根据机器人的运动学模型，从局部路线中解算出机器人每个运动部件的实际速度，并将其转换为指令，发送给各个硬件电机；同时接收各个硬件电机的电机编码器的反馈，计算里程信息，为下一时刻的定位及后续计算作准备。

表 2.13　move_base 功能包详细情况

模块	具体功能包	节点或程序函数名	描述
建图模块	gmapping	—	ROS 中获取传感器数据并用于构建地图的功能包
地图发布模块	map_server	/map_server	ROS 中用于读取、发布和保存地图数据的功能包
定位模块	amcl	/amcl	ROS 中使用自适应蒙特卡罗方法，处理激光雷达数据，计算机器人的位置的功能包
全局路线规划模块	global_planner（move_base）	MoveBase::planThread	ROS 中规划机器人在全局地图中行进路线的功能包，是 move_base 功能包的一部分
局部路线规划模块	dwa_local_planner（move_base）	MoveBase::executeCycle	ROS 中规划机器人在地图局部区域行进路线的功能包，是 move_base 功能包的一部分
控制模块	base_controller	/base_controller_node	ROS 中控制机器人硬件运动及读取硬件状态的功能包

2.5.3　仿真实验

第 1 步：新建命令行窗口输入以下命令，在打开文件中将“y_pos”的默认参数修改为“0.0”：

```
1. gedit ~/catkin_ws/src/turtlebot3_simulations/
turtlebot3_gazebo/launch/\
2. turtlebot3_world.launch
```

第 2 步：输入以下命令，在打开的文件中将“origin”修改为“[-8.000000，-10.000000，0.000000]”：

```
1. gedit $HOME/map.yaml
```

第 3 步：设置 TurtleBot3 机器人模型为 burger，启动 Gazebo 仿真程序。

```
1. export TURTLEBOT3_MODEL = burger
2. roslaunch turtlebot3_gazebo turtlebot3_world.launch
```

第 4 步：新建另一个命令行窗口，设置 TurtleBot3 机器人模型为 burger，启动导航程序，其中加载的地图为刚才构建并保存的地图文件 map.yaml。该程序会调用 ROS 自带的可视化程序 RViz，启动后效果见图 2.46。用户也可以点击 RViz 程序界面中的“2D Pose Estimate”按钮来调整机器人的初始位姿。

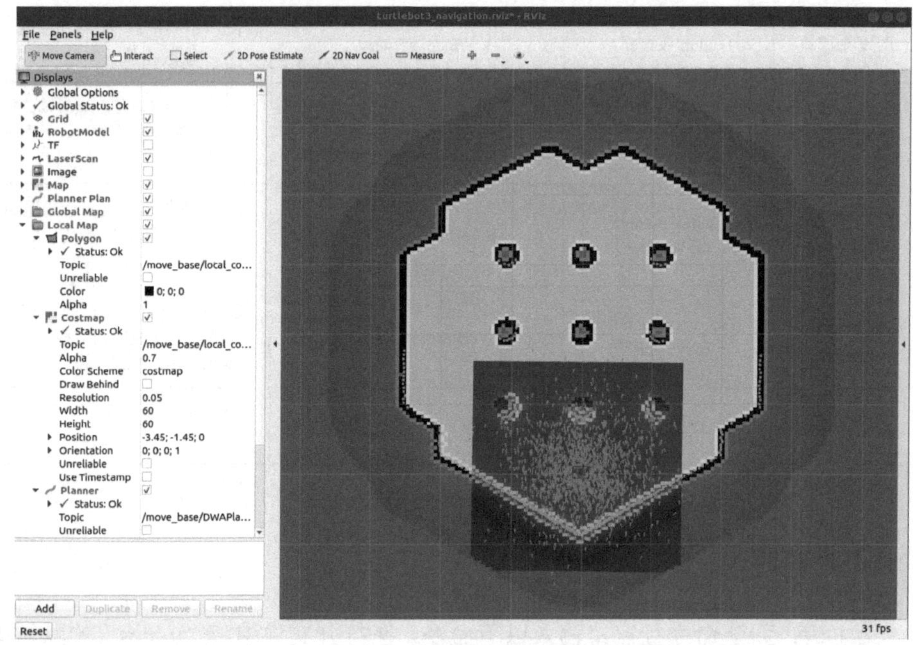

图 2.46　导航程序启动

```
export TURTLEBOT3_MODEL=burger
roslaunch turtlebot3_navigation turtlebot3_navigation.launch map_file:= \
$HOME/catkin_ws/src/turtlebot3/turtlebot3_navigation/maps/map.yaml
```

第 5 步：点击 RViz 程序界面中的“2D Nav Goal”按钮来指定机器人在地图上的导航目标，TurtleBot3 仿真程序会通过 ROS 自主导航框架对机器人进行导航，见图 2.47。

第 6 步：除了仿真外，读者也可以在机器人感知规划核心控制智能终端上配置与安装相关功能包，并参考 2.4 节将终端与机器人底盘相连接，将 ROS 的自主导航框架用于现实场景导航，完成测图、路线规划和实时导航避障的任务，见图 2.48。

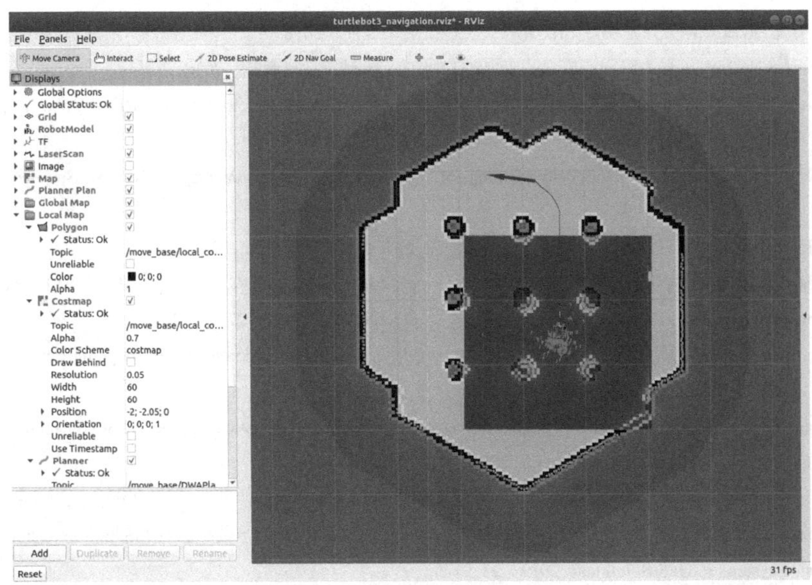

图 2.47　设置导航路线开始实验

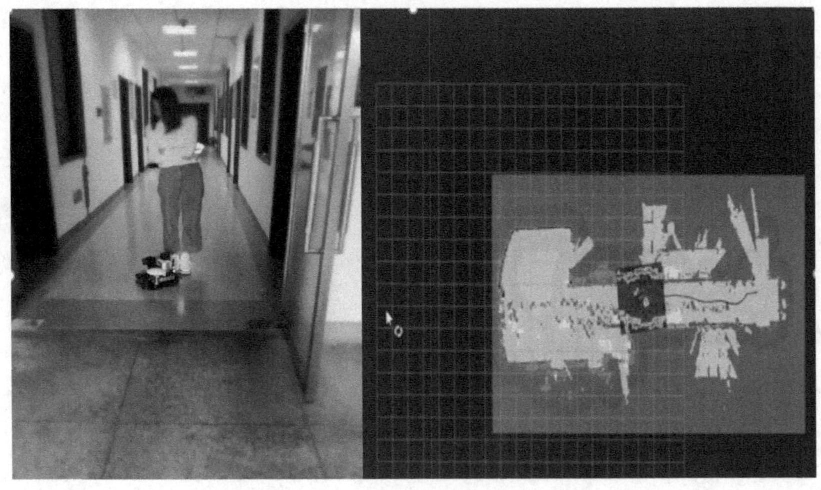

图 2.48　现实场景中的导航

参 考 文 献

[1] Quigley M，Conley K，Gerkey B，et al. ROS：An open-source robot operating system[C]. ICRA Workshop on Open Source Software，Kobe，2009：5.

[2] 胡春旭. ROS 机器人开发实践[M]. 北京：机械工业出版社，2018.

[3] Wyatt S N. ROS 机器人编程：原理与应用[M]. 北京：机械工业出版社，2019.

[4] Foote T. TF：The transform library[C]. 2013 IEEE Conference on Technologies for Practical Robot Applications（TePRA），Woburn，2013：1-6.

[5] Stentz A. Optimal and Efficient Path Planning for Partially Known Environments[M]. Boston：Springer，1997：203-220.

[6] Timothy D B. 机器人学中的状态估计[M]. 西安：西安交通大学出版社，2018.

[7] Hess W，Kohler D，Rapp H，et al. Real-time loop closure in 2D LIDAR SLAM[C]. 2016 IEEE International Conference on Robotics and Automation（ICRA），Stockholm，2016：1271-1278.

[8] Hornung A，Wurm K M，Bennewitz M，et al. OctoMap：An efficient probabilistic 3D mapping framework based on octrees[J]. Autonomous Robots，2013，34（3）：189-206.

[9] Grinvald M，Furrer F，Novkovic T，et al. Volumetric instance-aware semantic mapping and 3D object discovery[J]. IEEE Robotics and Automation Letters，2019，4（3）：3037-3044.

[10] 刘经南，詹骄，郭迟，等. 智能高精地图数据逻辑结构与关键技术[J]. 测绘学报，2019，48（8）：939-953.

[11] Guo W，Song W，Niu X，et al. Foundation and performance evaluation of real-time GNSS high-precision one-way timing system[J]. GPS Solutions，2019，23（1）.

[12] 施闯，张东，宋伟，等. 北斗广域高精度时间服务原型系统[J]. 测绘学报，2020，49（3）：269-277.

[13] Tang W，Li Y，Deng C，et al. Stability analysis of position datum for real-time GPS/BDS/INS positioning in a platform system with multiple moving devices[J]. Remote Sensing，2021，13（23）：4764-4784.

[14] 混沌无形，常见移动机器人运动学模型总结[EB/OL]. https://mp.weixin.qq.com/s/qPBFqa_-ay4WZG1jWUvEfw [2022-02-08].

[15] 王镓，吴伟仁，李剑，等. 基于视觉的嫦娥四号探测器着陆点定位[J]. 中国科学：技术科学，2020，(1)：13.

第 3 章　机器人环境语义感知

本章介绍机器人环境语义感知的基础方法。机器人对环境感知的能力是其他高层行动决策（如导航避障、路线规划）的基础。当前相机和激光雷达是最主流的环境感知传感器。机器人通过它们实时获取周边环境的图像数据与点云数据，然后利用深度学习算法从这些数据中提取不同层级的语义，可以增强对周边环境的理解，使环境感知转变为环境认知，从而完成更高级、更智能的导航任务。

根据传感器类型的不同，本章主要内容包括：①基于视觉图像的语义感知，涉及目标检测、图像分割、目标跟踪等，同时介绍了视觉注意力机制及相关工程实践；②基于 3D 点云的语义感知；③基于图像和点云融合的语义感知；④典型交通对象的语义感知。

3.1　目 标 检 测

3.1.1　概述

目标检测（Object Detection）是计算机视觉中最常见的任务，是解决图像分割、目标跟踪等更复杂、更高层视觉任务的基础。目标检测能对图像中的目标进行定位与分类。即给定一张图片，计算机要能确定图片中是否存在给定类别（如人、车、路灯）的目标实例，如果存在则返回每个目标实例的空间位置与覆盖范围，一般通过在该目标实例周围绘制一个边界框（Bounding Box）来表示，具体效果见图 3.1[1]。这将为机器人导航过程中的目标分析与路径规划提供支撑[2-4]。

传统的目标检测技术如方向梯度直方图（Histogram of Oriented Gradient，HOG）检测器，主要基于人工提取的特征，该方法的识别效果有效但计算量较大。2012 年 AlexNet 在 ImageNet 挑战赛上的出色表现，使得大众视野开始聚焦于深度神经网络[5]。深度神经网络能从数据中直接提取具有强大表征能力的深度特征，有效提高了检测精度与检测速度，极大促进了目标检测技术的发展。

主干网络（Backbone）是深度神经网络进行深度特征提取的基础，是目标检测的关键组成部分。经典的主干网络（见图 3.2）包括：文献[5]提出的 AlexNet 成为后续众多研究者进行主干网络研究的基础；VGG 证明了增加网络深度能在一定程度上影响网络的最终性能[6]，主要有 VGG-16 和 VGG-19 两种不同深度的结构；ResNet 提出用残差学习来解决深度神经网络的退化问题，是目前应用最广泛的主干网络，主要有 ResNet-34、ResNet-50 和 ResNet-101 三种不同深度的结构[7]；Inception 可以在增加网络深度和宽度的同时有效减少参数，提高模型运算效率[8-12]。此外，还有为了在移动端设备上使用而设计的轻量级主干网络，如 SqueezeNet[13]、MobileNet[14-16]和 ShuffleNet[17]等。

图 3.1　目标检测示意图[1]

人、车、路灯等分别用对应的边界框标出

基于深度学习的目标检测方法在计算过程中主要分为两类（见图 3.2）。

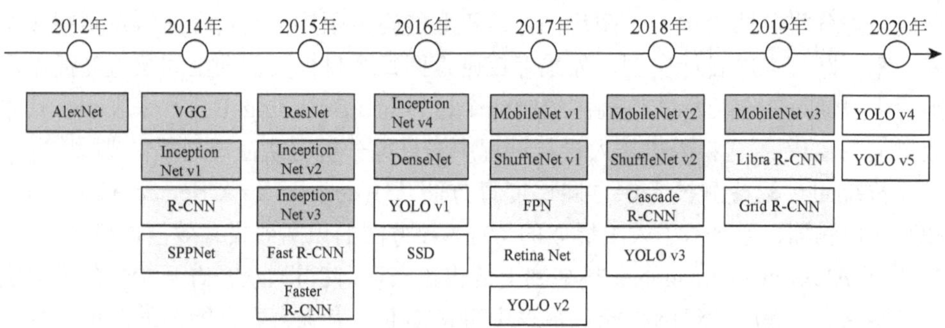

图 3.2　经典的主干网络及目标检测模型

图中深色部分为主干网络，灰色部分为二阶段的目标检测模型，白色部分为一阶段的目标检测模型。主干网络有：AlexNet[5]、VGG[6]、ResNet[7]、Inception 系列[8-11]，DenseNet[12]、MobileNet 系列[14-16]、ShuffleNet 系列等[17, 18]。二阶段目标检测模型有：R-CNN[19]、SPPNet[20]、Fast R-CNN[21]、Faster R-CNN[22]、FPN[23]、Cascade R-CNN[24]、Libra R-CNN[25]、Grid R-CNN[26]。一阶段目标检测模型有：YOLO 系列[27-29]、SSD[30]、RetinaNet[31]

（1）二阶段检测器（Two-Stage Detector），以 R-CNN 等区域候选（Region Proposal）类算法为代表，其处理过程分为两个阶段，先使用算法得到兴趣区域（Region of Interest，RoI），然后针对 RoI 进行类别预测与边界框回归。

（2）一阶段检测器（One-Stage Detector），以 YOLO 等算法为代表，不需要先寻找 RoI，直接产生目标实例的类别概率、空间位置与覆盖范围，模型简洁，运算速度更快。

目标检测的准确性与实时性是决定模型性能的关键因素，通常来说二阶段检测器的精度较高、效率较低，一阶段检测器的精度较低、效率较高。但是，目前部分一阶段检测器经过一些技巧（Trick）调整后，精度也能接近甚至超过二阶段检测器。

下面首先介绍目标检测任务中常用的数据集及评估指标，然后详细介绍经典的目标检测模型。

3.1.2　常用数据集及评估指标

目标检测的常用数据集包括 PASCAL VOC、MS COCO 等（见附录部分常用数据集）。目标检测模型评估指标包括交并比（Intersection over Union，IoU）、精确率（Precision）、平均精度均值（Mean Average Precision，MAP）和召回率（Recall）等。

1. IoU

见图 3.3，IoU 用于衡量两个区域的重叠程度，表示为两个区域重叠部分面积占二者总面积的比例。平均交并比（Mean Intersection over Union，MIoU）为所有类别的平均 IoU。

在计算机视觉任务里，IoU 指的是真值标注区域与预测区域的交集和并集之比，计算公式见式（3-1）。

$$\mathrm{IoU}=\frac{\text{真值标注区域与预测区域交集}}{\text{真值标注区域与预测区域并集}} \tag{3-1}$$

2. 精确率和召回率

TP（True Positive）：被判定为正样本，实际上是正样本的预测边界框的数量，即与真值 IoU≥threshold 的预测边界框数量。

FP（False Positive）：被判定为正样本，实际上是负样本的预测边界框的数量，即与真值 IoU＜threshold 的预测边界框数量。

FN（False Negative）：被判定为负样本，实际上是负样本的预测边界框的数量。

精确率表示预测为正的样本中有多少预测正确，计算公式见式（3-2）。

$$\text{Precision} = \frac{\text{TP}}{\text{TP}+\text{FP}} \tag{3-2}$$

召回率表示样本中的正例有多少被正确预测出来，计算公式见式（3-3）。

$$\text{Recall} = \frac{\text{TP}}{\text{TP}+\text{FN}} \tag{3-3}$$

3. F1 分数

召回率和精确率的组合，计算公式见式（3-4）。

$$\text{F1}-\text{score} = \frac{2\text{Precision}\times\text{Recall}}{\text{Precision}+\text{Recall}} \tag{3-4}$$

4. MAP

对于目标检测任务，精确率和召回率越高，模型的效果越好。但这两个指标会相互冲突，增大召回率可能会导致精确率降低。因此需要一种指标来综合评价任务结果。以Recall值为横轴，Precision值为纵轴，得到PR（Precision Recall）曲线，曲线上精确率与召回率相同的点为平衡点（Break-Even Point，BEP），见图3.4。

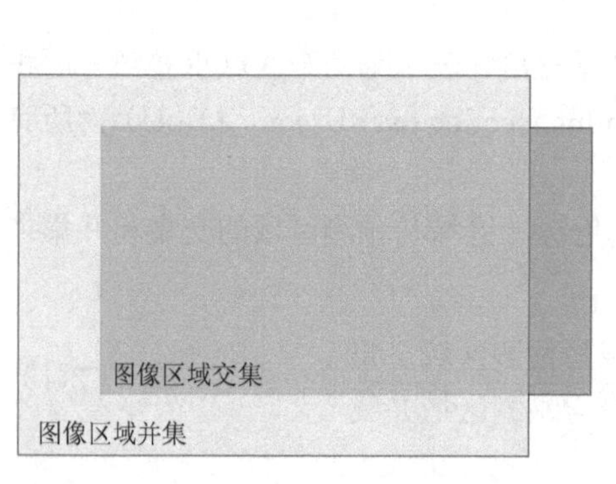

图 3.3　交并比示意图

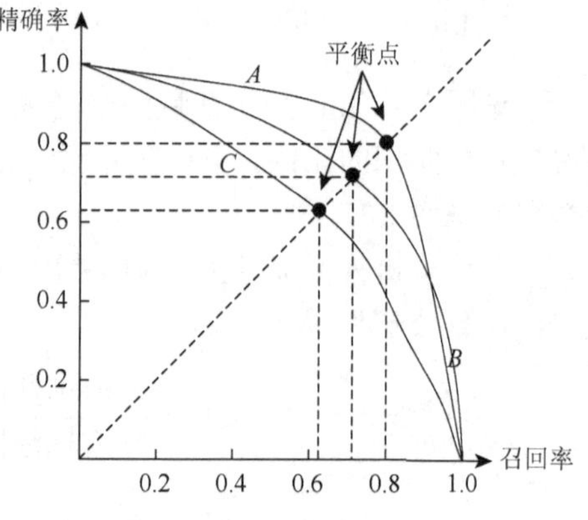

图 3.4　PR 曲线示意图

A、*B*、*C* 表示三种不同的方法

AP（Average Precision）表示平均精度，就是PR曲线下的面积，计算公式见式（3-5）。

$$\mathrm{AP}=\int_0^1 p(r)\mathrm{d}r \tag{3-5}$$

其中，r 是召回率；$p(r)$ 是召回率对应的精确率。

PR 曲线上平衡点的计算公式见式（3-6）。

$$p(r)=r \tag{3-6}$$

MAP 是所有类别 AP 的平均，计算公式见式（3-7）。

$$\mathrm{MAP}=\frac{\sum_{i=1}^{k}\mathrm{AP}_i}{k} \tag{3-7}$$

其中，k 是类别数。

3.1.3　二阶段目标检测模型

1. R-CNN

R-CNN 是二阶段目标检测的经典模型，其流程见图 3.5，R-CNN 利用选择性搜索（Selective Search）算法获得 RoI，然后对 RoI 进行归一化处理并输入至 AlexNet 中进行特征提取，最后利用多个支持向量机（Support Vector Machine，SVM）进行分类，利用线性回归微调边界框。

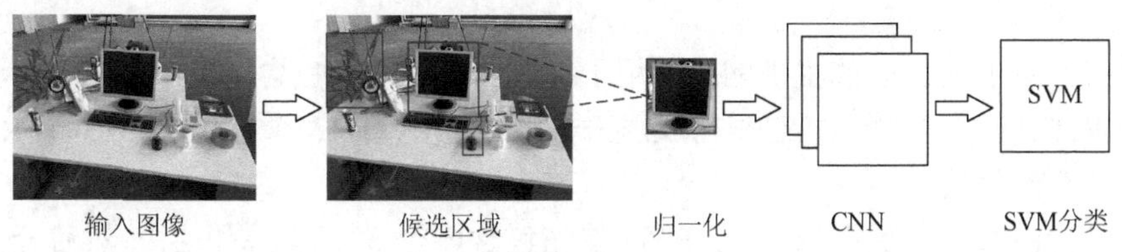

图 3.5　R-CNN 的工作流程

2. Fast R-CNN

Fast R-CNN[25]通过引入兴趣区域池化（Region of Interest Pooling，RoI Pooling）、使用 Softmax 替代 SVM 进行分类、使用 VGG-16 替代 AlexNet，提高了模型精度与运行效率。但该模型仍旧使用选择性搜索策略，限制了模型的检测速度。

3. Faster R-CNN

Faster R-CNN[26]是对 R-CNN 与 Fast R-CNN 的改进，提高了模型的检测速度

与精度。Faster R-CNN 使用区域候选网络（Region Proposal Network，RPN）替代了选择性搜索算法，使目标检测实现真正端到端的计算。

Faster R-CNN 主要分为以下四个部分（见图 3.6）。

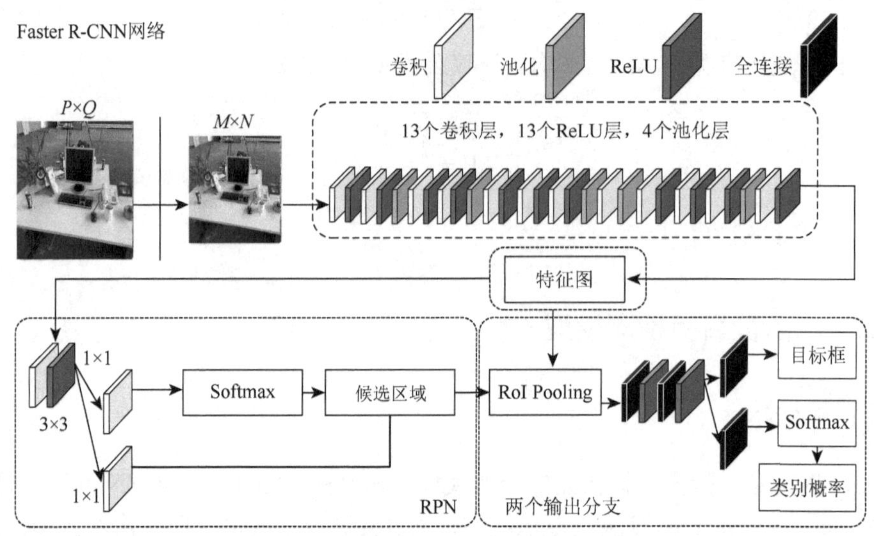

图 3.6　Faster R-CNN 的网络结构

主干网络为 VGG-16 的 Faster R-CNN 结构示意图，包括上方用于提取特征的 CNN，左下方为用于生成 RoI 的 RPN，右下方包括 RoI Pooling 和预测分支

（1）基于 CNN 的主干网络：用于提取图像特征。包含了多个卷积层、池化层和 ReLU 层。当选用 VGG-16 为主干网络时，共有 13 个卷积层、13 个 ReLU 层和 4 个池化层。

（2）RPN：用于生成 RoI。RPN 首先包含一个 3×3 的卷积层，然后分为两条不同分支，上分支通过 Softmax 对锚框（Anchor）进行二值分类，获得锚框的正负样本概率。下分支对锚框进行回归，输出相对于锚框的偏移量。最后的提议层（Proposal Layer）综合正样本锚框及对应的边界框偏移量，获得候选区域，即 RoI。其中，锚框是一种固定的参考框，其大小和长宽比都是人为事先设计的，每个参考框负责检测与其交并比大于阈值（通常设为 0.5 或 0.7）的目标，示例见图 3.7。

（3）RoI Pooling：用于生成候选特征图（Proposal Feature Map）。具体操作是：将 RoI 范围内的特征图划分为 $H \times W$ 大小的分块，对每一个分块做最大池化处理，获得一个特征向量，最后将所有特征向量组合为固定大小的候选特征图。

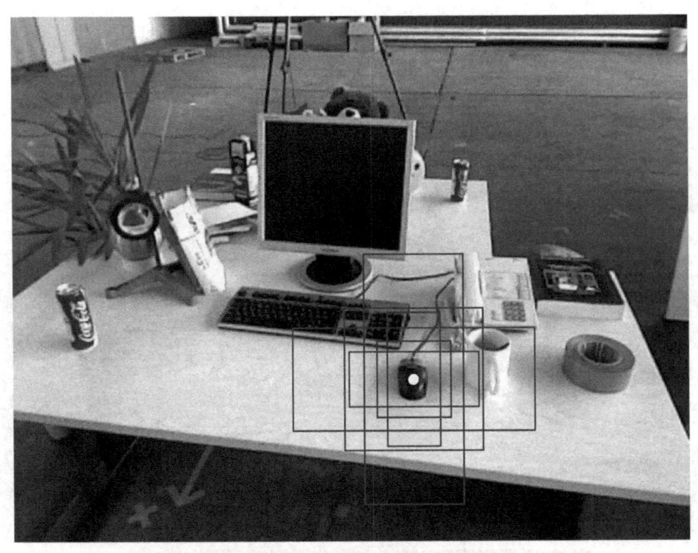

图 3.7　锚框示意图

锚框的大小与长宽比都是人为事先设计的，Faster R-CNN 设计有 9 种锚框

（4）预测分支：用于输出类别概率与边界框。由全连接层结合 ReLU 激活函数提取特征，通过全连接层与 Softmax 输出每个 RoI 的类别概率，通过另一个全连接层获取每个 RoI 的位置偏移量。

Faster R-CNN 的工作流程为以下几点。

（1）特征提取与锚框生成：原始图像输入模型，首先经过主干网络提取图像特征，得到特征图。然后对于特征图上的每个像素点生成 9 个锚框。

（2）RoI 生成：从特征图中提取锚框范围内的特征，输入至 RPN，获得 RoI。然后剔除太小和超出边界的 RoI，实现对目标的初步定位。

（3）RoI Pooling：通过 RoI Pooling，在主干网络输出的特征图上提取 RoI 相应位置的特征，然后将这些特征转换为相同大小的候选特征图。

（4）分类与回归：输入候选特征图，通过预测分支获取每个 RoI 的类别概率与位置偏移量，用于回归更精确的边界框位置，实现对目标的精确分类与定位。

Faster R-CNN 的训练损失函数包括：分类损失 L_{cls} 与回归损失 L_{reg} 。L_{cls} 采用交叉熵损失（Cross Entropy Loss）函数，L_{reg} 采用平滑 L_1 损失（Smooth L_1 Loss）函数。

Faster R-CNN 在 PASCAL VOC 2007 测试集上的检测结果见图 3.8。相较于之前的二阶段模型 R-CNN 和 Fast R-CNN，Faster R-CNN 将二阶段目标检测的四个基本步骤（包括特征提取与锚框生成、RoI 生成、RoI Pooling、分类与回归）统一到一个深度网络框架之内，在提高精度的同时提高了检测速度。当然两阶段模型的结构仍然较为复杂，训练流程较为烦琐。同时锚框的引入带来很多需要优化的超参数，如锚框的尺寸、比率、数量等，会耗费较大的计算资源，这些都是 Faster R-CNN 方法的不足之处。

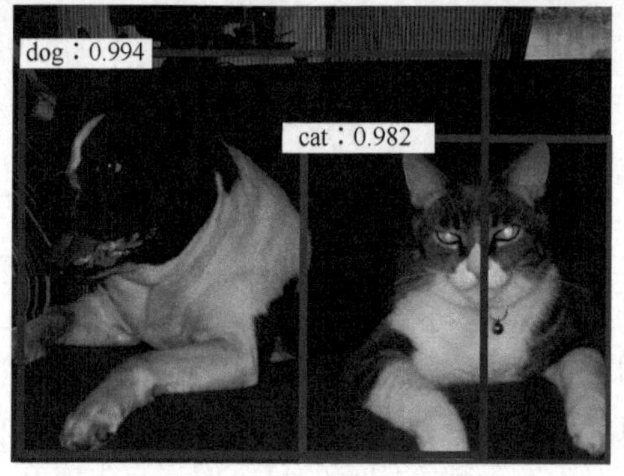

图 3.8　Faster R-CNN 在 PASCAL VOC 2007 测试上的检验结果[26]

3.1.4　一阶段目标检测模型

1. YOLO v1

YOLO（You Only Look Once）v1 是一阶段目标检测的经典模型[27]。YOLO v1 的核心思想是将目标检测问题转换为回归问题进行求解，通过一个端到端的网络，实现从图像输入到目标位置与类别输出的整个流程。相比于以 Faster R-CNN 为代表的二阶段目标检测模型，YOLO v1 不需要先寻找 RoI，而是直接预测出目标的边界框和类别概率，网络结构简单，检测速度更快，且具有不错的精度。

YOLO v1 主要包含 24 个卷积层和 2 个全连接层，见图 3.9。卷积层用于从图像中提取特征，最后的全连接层用于输出图像中所检测目标的边界框、类别概率及置信概率。

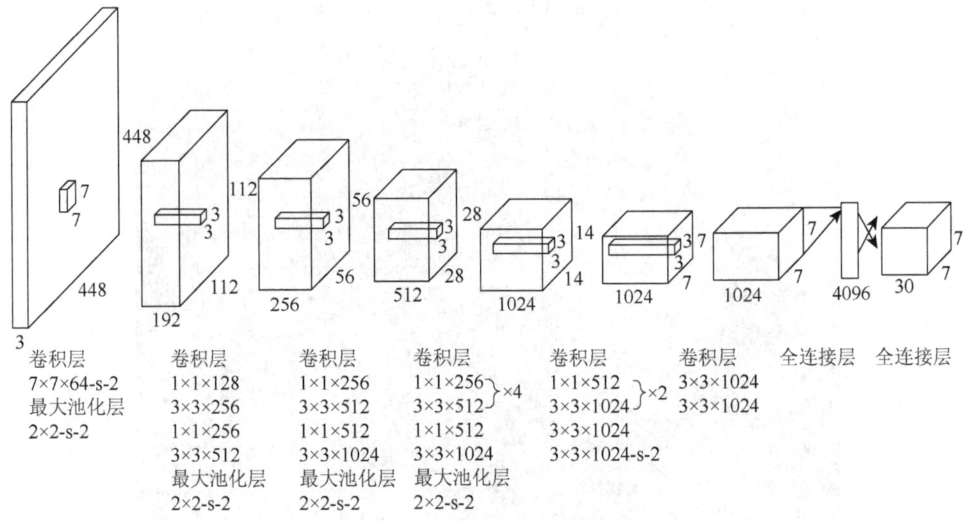

图 3.9 YOLO v1 的网络结构

YOLO v1 的工作流程见图 3.10。

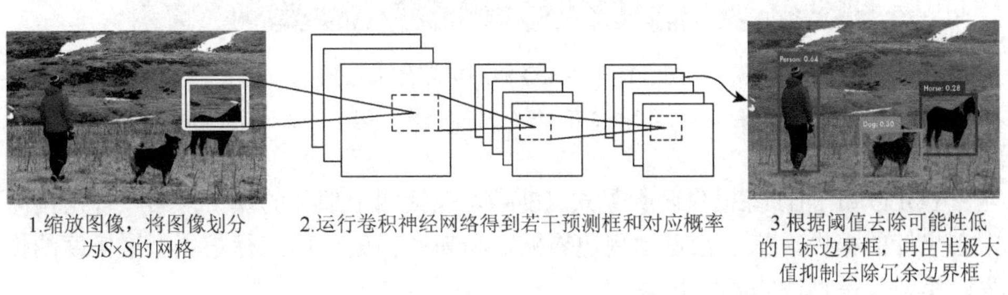

图 3.10 YOLO v1 的工作流程

（1）网格划分：输入原始图像进行缩放，然后将缩放后的图像划分为 $S \times S$ 个网格，每一行或每一列有 S 个网格，见图 3.11。如果目标中心落入某个网格中，该网格就负责检测该目标。

（2）模型预测：通过 YOLO v1 模型对每个网格预测 2 个边界框，每个边界框具有宽、高、边界框中心点的 2D 坐标和边界框的置信度共 5 个值。同时，每个网格还预测了此网格对应检测目标的类别概率，一共 20 个类别。

（3）边界框筛选：根据阈值去除可能性比较低的目标边界框，最后用非极大值抑制（Non-Maximum Suppression，NMS）去除冗余的边界框即可。

图 3.11　YOLO 的网格划分示意图

图中物体车的中心点（黑色原点）落入第 5 行、第 5 列的格子内，所以这个格子负责预测图像中的物体车

YOLO v1 的训练损失函数见式（3-8），包括四个部分的损失：第一行是预测中心坐标的损失，第二行是预测边界框宽和高的损失，第三行是预测置信度的损失，第四行是预测类别的损失。

$$
\begin{aligned}
\text{Loss} = & \lambda_{\text{coord}} \sum_{i=0}^{S^2} \sum_{j=0}^{B} \mathbb{1}_{ij}^{\text{obj}} \left((x_i - \hat{x}_i)^2 + (y_i - \hat{y}_i)^2 \right) \\
& + \lambda_{\text{coord}} \sum_{i=0}^{S^2} \sum_{j=0}^{B} \mathbb{1}_{ij}^{\text{obj}} \left(\left(\sqrt{w_i} - \sqrt{\hat{w}_i} \right)^2 + \left(\sqrt{h_i} - \sqrt{\hat{h}_i} \right)^2 \right) \\
& + \sum_{i=0}^{S^2} \sum_{j=0}^{B} \mathbb{1}_{ij}^{\text{obj}} \left(C_i - \hat{C}_i \right)^2 + \lambda_{\text{noobj}} \sum_{i=0}^{S^2} \sum_{j=0}^{B} \mathbb{1}_{ij}^{\text{noobj}} \left(C_i - \hat{C}_i \right)^2 \\
& + \sum_{i=0}^{S^2} \mathbb{1}_{i}^{\text{obj}} \sum_{c \in \text{classes}} \left(p_i(c) - \hat{p}_i(c) \right)^2
\end{aligned} \tag{3-8}
$$

其中，五个真值分别为：中心点横坐标 x_i 、中心点纵坐标 y_i 、边界框宽度 w_i 、边

界框高度 h_i、置信度 C_i 和类别真值 $p_i(c)$。五个预测值分别为：预测中心点横坐标 $\hat{x}_i$、预测中心点纵坐标 $\hat{y}_i$、预测边界框宽度 $\hat{w}_i$、预测边界框高度 $\hat{h}_i$、预测置信度 $\hat{C}_i$ 和类别预测概率 $\hat{p}_i(c)$。$\mathbb{1}_i^{\text{obj}}$、$\mathbb{1}_{ij}^{\text{obj}}$ 和 $\mathbb{1}_{ij}^{\text{noobj}}$ 的值为 1 或 0。$\mathbb{1}_i^{\text{obj}}=1$ 时，表示有目标中心落在网格 i 中，那么网格 i 就负责预测该目标的类别概率。$\mathbb{1}_{ij}^{\text{obj}}=1$ 时，表示有目标中心落入的网格 i 中第 j 个预测边界框（YOLO v1 取预测边界框中与真值边界框 IoU 最大的预测边界框）负责预测该目标的中心坐标、宽、高与置信度。$\mathbb{1}_{ij}^{\text{noobj}}=1$ 时，表示不负责预测任何目标的预测边界框，仅计算置信度。λ_{noobj} 与 λ_{coord} 是用来调整损失占比的超参数，有助于提高模型稳定性。

YOLO v1 的实验结果见图 3.12。

图 3.12　YOLO v1 的实验结果

YOLO v1 将目标检测作为回归问题进行求解，整个检测网络结构简单，检测速度快。但是对目标边界框的定位精准性差，同时存在召回率低的问题，尤其对于小目标。

2. YOLO v2

YOLO v1 的后续工作 YOLO v2[27]使用各种策略提升了模型的定位准确率和召回率，能够更好地检测小目标，同时也更好地权衡了检测准确率和检测速度。YOLO v2 相比于 YOLO v1 的提升主要有以下几点。

（1）添加批量归一化（Batch Normalization，BN）层：BN 是一种用于改善神经网络性能与稳定性的技术，有助于解决反向传播过程中梯度消失和梯度爆炸的问题，降低对学习率等超参数的敏感性，同时起到了一定正则化效果（YOLO v2 不再使用丢弃法（Dropout）），提高了模型的收敛速度。

（2）引入锚框：锚框的引入有助于提高模型的检测精度，简化目标检测问题。

YOLO v2 借鉴了 Faster R-CNN 的做法，网格划分后对每个网格设置一组不同大小和宽高比的锚框。但是区别于 Faster R-CNN 使用的是人工预设的锚框，YOLO v2 使用 *K*-均值聚类（*K*-Means Clustering）来选择锚框。

（3）检测细粒度特征：使用细粒度特征可以使模型对小目标检测更精准。YOLO v2 使用直接传递层（Passthrough Layer）来保留细节信息，具体流程为：在模型的最后一个池化层之前，将特征图进行拆分，直接传递至池化层后，与另一组经过池化层与卷积层的特征图相叠加，进而保留一定的细节信息。

（4）多尺度训练：提高模型对不同图像尺度的适应性。YOLO v2 采用多尺度输入训练策略，即在训练过程中，每隔一定的迭代次数后，改变输入图像的大小，以提升模型对不同尺度的训练数据的泛化能力。

此外，YOLO v2 使用 DarkNet-19 作为主干网络，并采用了一种在分类数据集和检测数据集上联合训练的机制，综合其他各种策略将目标检测的速度和精度刷新到新的高度。

3. YOLO v3 和 YOLO v4

YOLO v3[28]相比 YOLO v2 的模型更为复杂，允许改变模型结构的大小以满足不同的精度与速度需求。YOLO v3 主要改进有以下几点。

（1）引入特征金字塔网络（Feature Pyramid Network，FPN）[29]：对于深度神经网络，通常低层的特征图包含更多的细节信息，适合于定位；高层的特征图包含更多的特征语义信息，适合于分类。将两种信息结合，可以获得更加鲁棒的语义信息，提高目标检测的精度，尤其对于小目标检测。

FPN 基于上述思路，主要包括（见图 3.13）：一个自下向上的线路，其实就是主干网络的前向传播过程，逐渐降低特征图大小，提取更高层次的语义信息；一个自上向下的线路，通过上采样（Upsampling）增大特征图大小；一个横向连接（Lateral Connection）将上采样的结果与自下向上过程中生成的对应大小的特征图进行融合；最后通过一个 3×3 的卷积，消除上采样产生的混叠效应（Aliasing Effect），输出多个尺度的特征图。

YOLO v3 的锚框仍然使用 *K*-均值聚类生成，并根据锚框大小均分给不同尺度的特征图，实现多尺度预测，提升对小目标的检测效果。

（2）使用 DarkNet-53 主干网络：DarkNet-53 包含 53 个卷积层，与 ResNet-101 的准确率接近但速度更快。

（3）新的分类器与分类损失：YOLO v1 与 YOLO v2 中采用的 Softmax 分类器被多个 Logistic 分类器替代。分类损失采用二值交叉熵损失（Binary Cross-Entropy Loss）。

YOLO v3 的后续工作 YOLO v4[32]采用了多种优化技巧（Trick）来进一步提

升模型性能，如输入端采用马赛克数据增强（Mosaic Data Augmentation）；主干网络采用 CSPDarkNet-53 网络结构与 Mish 激活函数；颈部（Neck）采用空间金字塔池化（Spatial Pyramid Pooling，SPP）、FPN 以及路径聚合网络（Path Aggregation Network，PAN）。YOLO v4 的详细内容见文献[32]，工程实践见 3.8 节。

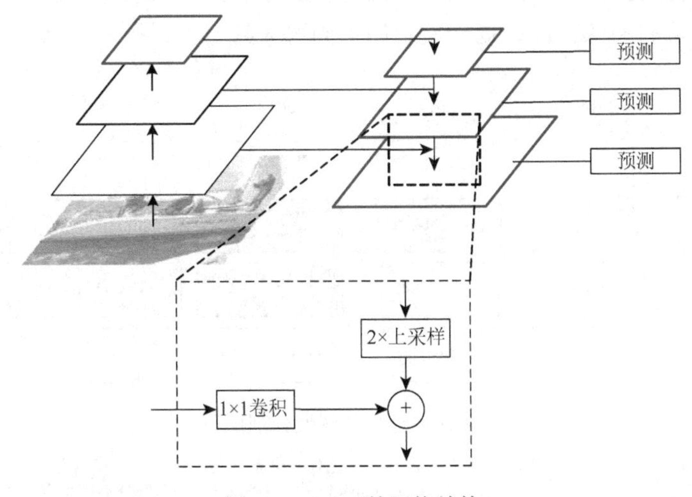

图 3.13　FPN 的网络结构

图中放大区域就是横向连接，1×1 卷积用于调整特征图的通道（Channel）数

总的来说，YOLO 系列作为一阶段目标检测模型的代表，将目标检测问题转换为回归问题进行求解。相比于以 Faster R-CNN 为代表的二阶段目标检测模型，YOLO 系列的网络结构简单、检测速度更快，通过各种策略调整后，能达到甚至超越部分二阶段目标检测模型的检测性能，具有更强的适用性。

3.2　图 像 分 割

3.2.1　概述

图像分割（Image Segmentation）指通过对图片中具有相同类别的像素赋予相同的语义标签，进而将图像划分为多个互不相交的区域，为解决机器人导航中的场景理解、图像描述、事件检测、活动识别以及语义建图等更复杂、更高层次的视觉任务提供支撑[33-35]。

传统的图像分割方法大多简单有效，经常作为图像的预处理手段，用以提取图像的典型特征信息（如边缘、角点），可分为基于阈值的图像分割方法、基于边缘的图像分割方法、基于聚类的图像分割方法、基于图论的图像分割方法等。但传统图像分割方法大多只利用图像的浅层信息，语义丰富程度以及在实际场景中的适用性都难以满足机器人自主智能导航的需求。

深度学习技术的发展极大促进了图像分割领域的发展。CNN 强大的特征提取能力可以充分发掘图像数据中的语义信息，实现机器人对周边环境的高层次理解。基于深度学习的图像分割根据分割目的不同可大致分为以下三类（见图 3.14）。

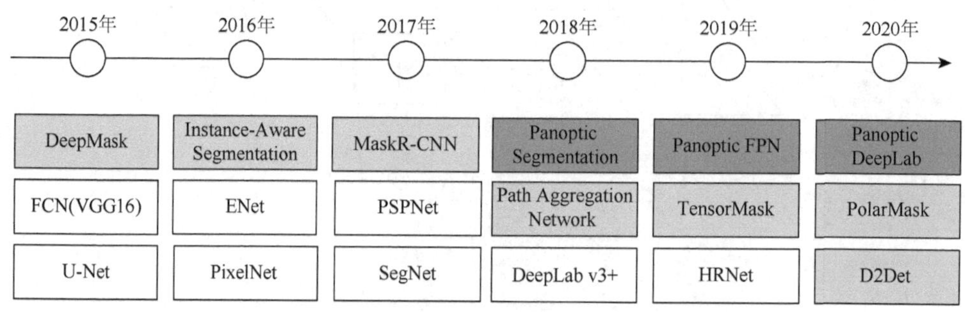

图 3.14 经典的图像分割模型

白色底色代表语义分割，浅灰底色代表实例分割，深灰底色代表全景分割。语义分割模型有：FCN[36]、U-Net[37]、ENet[38]、PixelNet[39]、SegNet[40]、PSPNet[41]、DeepLabV3 +[42]、HRNet[43]。实例分割模型有：DeepMask[44]、Instance-Aware Segmentation[45]、Mask R-CNN[46]、Path Aggregation Network[47]、TensorMask[48]、PolarMask[49]、D2Det[50]。全景分割模型有：Panoptic Segmentation[51]、Panoptic FPN[52]、Panoptic DeepLab[53]

（1）语义分割（Semantic Segmentation）。语义分割为图像中所有像素点分配一个类别标签，结果图中通常对相同类别的像素点赋予相同颜色，但语义分割并不区分同类物体的不同实例对象。FCN（Fully Convolutional Networks）[36]的提出是语义分割的一个里程碑，它创造性地提出了一种全新的端到端网络模型应用于语义分割中，输出了与原始图像大小一致的语义分割结果。文献[54]提出 ICNet，ICNet 通过多分辨率处理网络，对不同层次的特征进行不同深度的卷积处理，实现了实时且精度较高的图像语义分割。文献[55]、[42]、[56]、[57]提出的 DeepLab 系列采用空洞空间金字塔池化（Atrous Spatial Pyramid Pooling，ASPP），使得网络能够获得不同尺度大小的特征图，并增大了卷积感受野（Receptive Field）。文献[41]提出的 PSPNet 通过金字塔池化模型（Pyramid Pooling Module）有效聚合了不同区域的上下文信息，从而提高了网络模型获取全局信息的能力。

（2）实例分割（Instance Segmentation）。实例分割的主要任务是预测每个目标包含的像素区域，也就是目标检测与语义分割技术的结合。与目标检测相比，实例分割可精确至目标物体的边缘；与语义分割相比，实例分割需要标注出图中同类物体的不同实例。Mask R-CNN[46]在 Faster R-CNN 的基础上增加了一条并行的掩码（Mask）分支用于实例分割，并将 Faster R-CNN 的 RoI Pooling 层转换为 RoI Align 层，通过像素点的对齐实现简单高效的图像实例分割。区别于 Mask R-CNN 这种二阶段模型，单阶段的实例分割模型能在不使用 RoI 的前提下直接区分不同目标，YOLACT[58]模型是其中的代表，它将实例分割任务分解为两个并行的子任务，两者组合以形成最终的分割结果。

（3）全景分割（Panoptic Segmentation）。主要任务是为图像中每个像素点赋予类别标签与实例编码，构建全局的、统一的分割图像，也就是语义分割与实例分割的结合。文献[51]提出全景分割这一概念，统一了实例分割和图像语义分割，并给出全新评价指标。随后，文献[52]将 FPN 的结构和原有 Mask R-CNN 结合，提出图像全景分割框架 Panoptic FPN，Panoptic FPN 在实例分割准确率接近 Mask R-CNN 的同时，语义分割效果与 Deeplab V3 +[42]相当。

除了上述这些基于 RGB 图像的图像分割方法，一些研究者将机器人导航过程中获取的一些空间关系信息（如深度信息）引入分割任务，以提高图像分割的精度，可参考文献[57]～[59]。

下面首先介绍图像分割任务中常用的数据集及评估指标，然后详细介绍部分图像分割模型。

3.2.2 常用数据集及评估指标

图像分割的常用数据集包括 PASCAL VOC、MS COCO、ADE20K、NYUDv2、SUN RGBD、Cityscapes 和 Medical Segmentation Decathlon 等（见附录部分常用数据集）。目标检测中使用的评估指标绝大多数在图像分割中被沿用，如精确率（Precision）、召回率（Recall）、平均精度均值（MAP）和 IoU 等。除此之外，图像分割还可使用另外的指标，如像素准确率（Pixel Accuracy）、骰子系数（Dice Coefficient）等。接下来将具体介绍图像分割中经常使用的指标。

1. IoU

见 3.1.2 节评估指标部分。

2. 精确率和召回率

见 3.1.2 节评估指标部分。

3. F1 分数

见 3.1.2 节评估指标部分。

4. 像素准确率

像素准确率（Pixel Accuracy，PA）的计算方式为正确分类的像素除以像素总数。假设有 $K+1$ 个类，其中 K 个前景物体和 1 个背景，那么像素准确率的定义见式(3-9)。

$$\mathrm{PA}=\frac{\sum_{i=0}^{K}p_{ii}}{\sum_{i=0}^{K}\sum_{j=0}^{K}p_{ij}} \tag{3-9}$$

其中，p_{ij} 是类别 i 被预测为类别 j 的像素数目。MPA 是 PA 的扩展，以每个类的方式计算正确像素的比率，然后在类的总数上求平均值。

5. 骰子系数

骰子系数定义为预测图和真实图的重叠区域的两倍，然后除以两个图像中像素的总数，计算公式见式（3-10）。

$$\text{Dice Coefficient}=\frac{2\left|\text{真值标注与预测区域交集像素数目}\right|}{\left|\text{真值标注区域像素数目}\right|+\left|\text{预测的区域像素数目}\right|} \tag{3-10}$$

骰子系数与 IoU 类似，两者之间呈正相关。

6. 全景质量

文献[53]为全景分割任务提出了全景质量（Panoptic Quality，PQ）指标。PQ 指标计算时，将预测的分割结果和真值进行匹配。见图 3.15，对于真值标注为人类别的区域来说，真阳性（True Positives，TP）指预测类别为人，且与真值标注的 IoU 大于 0.5 的区域。假阴性（False Negatives，FN）指预测类别不为人，或者

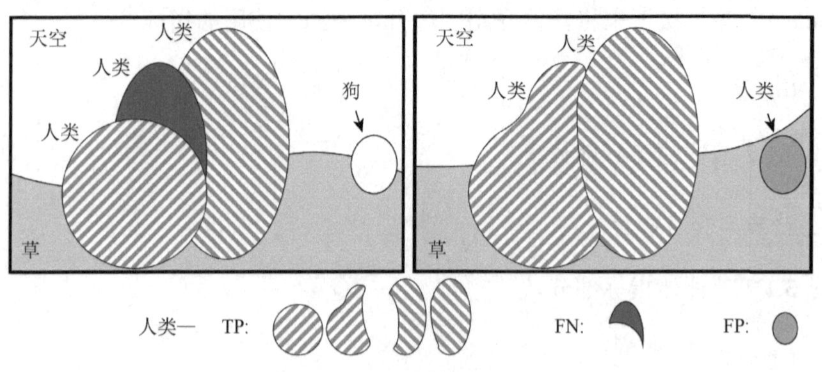

图 3.15　全景分割指标示意图[53]

给出人类 TP、FN、FP 的示例

类别为人但是 IoU 不到 0.5 的区域。假阳性（False Positives，FP）指的是标注类别不是人，但是预测类别为人的区域。

PQ 通过 TP、FN、FP 来计算，具体公式见式（3-11）。

$$\mathrm{PQ}=\frac{\sum_{(p,g)\in\mathrm{TP}}\mathrm{IoU}(p,g)}{|\mathrm{TP}|+\frac{1}{2}|\mathrm{FP}|+\frac{1}{2}|\mathrm{FN}|} \tag{3-11}$$

其中，p 指的是模型预测结果；g 指的是真值标注。可以将公式变换为式（3-12）。

$$\mathrm{PQ}=\frac{\sum_{(p,g)\in\mathrm{TP}}\mathrm{IoU}(p,g)}{|\mathrm{TP}|}\times\frac{|\mathrm{TP}|}{|\mathrm{TP}|+\frac{1}{2}|\mathrm{FP}|+\frac{1}{2}|\mathrm{FN}|} \tag{3-12}$$

用式（3-13）和式（3-14）定义SQ 、RQ 。

$$\mathrm{SQ}=\frac{\sum_{(p,g)\in\mathrm{TP}}\mathrm{IoU}(p,g)}{|\mathrm{TP}|} \tag{3-13}$$

$$\mathrm{RQ}=\frac{|\mathrm{TP}|}{|\mathrm{TP}|+\frac{1}{2}|\mathrm{FP}|+\frac{1}{2}|\mathrm{FN}|} \tag{3-14}$$

接下来可以用式（3-15）计算PQ 。

$$\mathrm{PQ}=\mathrm{SQ}\times\mathrm{RQ} \tag{3-15}$$

其中，SQ 为所有匹配的平均IoU ，即分割质量（Segmentation Quality）；RQ 本质上为 F1 分数，可以衡量识别质量（Recognition Quality）。实际 RQ 和 SQ 不是独立的，这样写只是为了更直观地表示出公式含义，让人容易理解。

3.2.3　语义分割

1. FCN

FCN 是最早提出的基于深度学习的图像语义分割模型[36]。FCN 创造性地提出了一种全新的端到端的网络应用于图像语义分割中，它使用卷积层取代图像分类网络的全连接层进行密集的像素预测，取得远超传统方法的像素准确率，成为后续图像语义分割领域众多优秀模型的基础框架。

FCN 是不含全连接层的全卷积网络，网络结构见图 3.16。

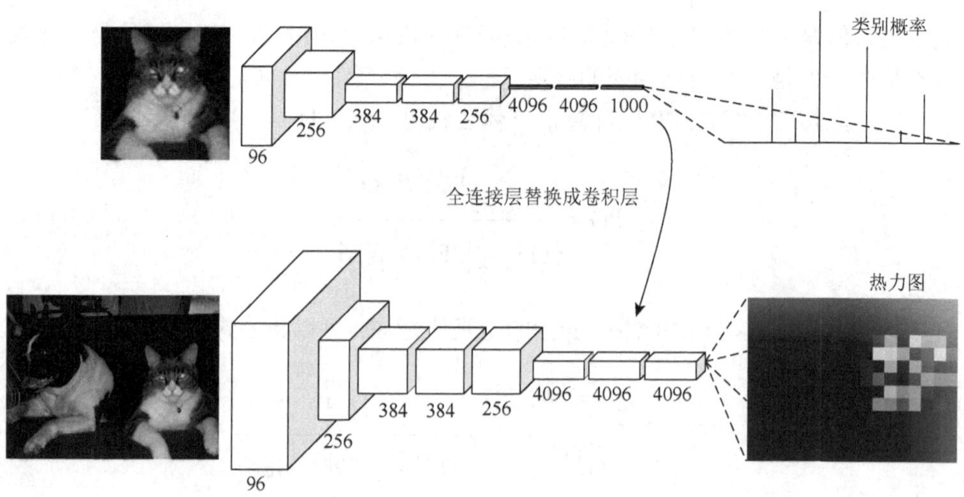

图 3.16　FCN 的网络结构[36]

图片上方的分类网络先利用卷积提取图片特征，再通过全连接层输出类别概率，下方的 FCN 使用卷积层取代分类网络中的全连接层进行密集的像素预测，输出热力图

FCN 的工作流程为以下几点（见图 3.17）。

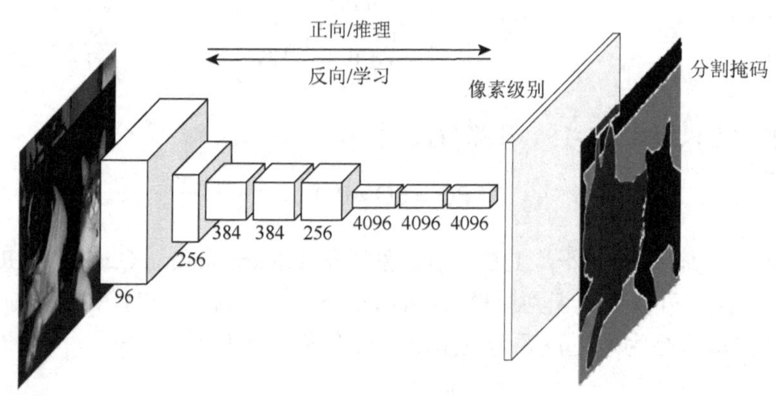

图 3.17　FCN 的工作流程[36]

（1）输入图像，首先通过多个卷积层提取特征，形成热力图（Heat Map）。

（2）利用转置卷积（Transpose Convolution），也称为反卷积（Deconvolution），对小尺寸的热力图进行上采样得到输入图像尺寸的特征图。

（3）对每个像素使用 Softmax 进行类别概率预测，输出语义分割掩码。

FCN 的训练损失函数见式（3-16）。

$$L(x)=\frac{1}{N}\sum_{i,j}l(X_{ij}) \tag{3-16}$$

其中，(i,j) 为像素点坐标；X_{ij} 为 FCN 在 (i,j) 处的输出；N 为像素点数量；$l(X_{ij})$ 为 (i,j) 处的损失，定义见式（3-17）。

$$l(X_{ij}) = -\sum_{c} \mathbb{1}^{\text{class}} \log(X_{cij}) \tag{3-17}$$

其中，c 为类别；X_{cij} 为 (i,j) 处不同通道的值，各通道的值分别对应不同类别的概率。当预测类别和真值一致时 $\mathbb{1}^{\text{class}} = 1$，反之为 0。

FCN 在 PASCAL 数据集上的语义分割结果见图 3.18。

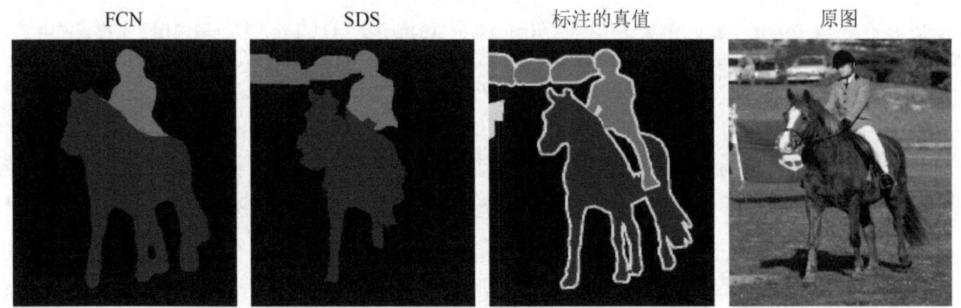

图 3.18　FCN 在 PASCAL 上的实验结果[36]

SDS 是 2014 ECCV 会议论文提出的一个模型，可同时做分割和检测任务

FCN 是后续图像语义分割领域众多优秀模型的基础框架，但 FCN 也存在语义分割结果不够精细、无法实时分割、没有有效地考虑全局上下文信息、对细节信息不够敏感等缺点。

2. SegNet

FCN 存在的语义分割结果不够精细（即无法准确地进行边界定位）的问题，主要是受池化等下采样操作的影响，使得特征图在降低分辨率以增大感受野的同时，会丢失许多适合于定位的细节信息，进而导致后续采用反卷积或插值等上采样操作将特征图恢复至原图大小后，无法准确定位边界。SegNet[40]采用了编码器-解码器结构，并提出了池化索引（Pooling Indices）来解决上述语义分割结果不够精细的问题。

SegNet 主要分为三个部分（见图 3.19）。

（1）编码器：SegNet 的编码器由 13 个卷积层组成，与 VGG-16 的前 13 层卷积相同，但移除了 VGG-16 中的全连接层，这样既降低了网络的参数量，使网络更易训练，也减少了信息的丢失。每个卷积层包含卷积操作、批量归一化 BN 以及 ReLU 激活函数。每次对特征图进行最大池化时，编码器会将特征图中每个池化窗口中的最大值的位置记录下来（即池化索引），以保存最重要的特征信息。

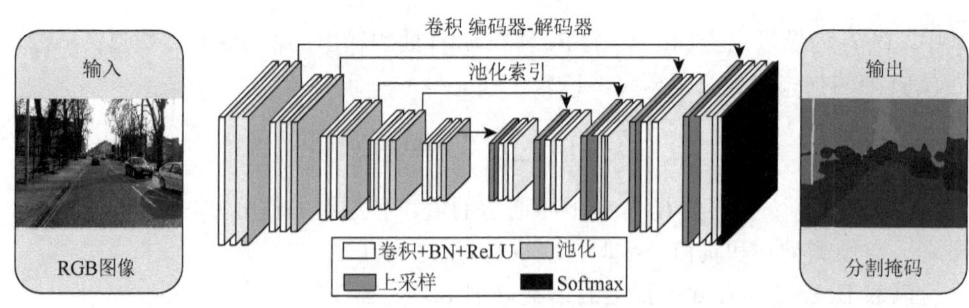

图 3.19　SegNet 的网络结构[40]

SegNet 是不含全连接层的全卷积网络。解码器根据编码器提供的池化索引对其输入特征图进行上采样，产生一个稀疏特征图。然后与可训练的滤波器组进行卷积，产生密集特征图。最终将密集特征图输入到 Softmax 进行像素级分类

（2）解码器：编码器中的每一层与解码器中的一一对应。解码器接收来自编码器的池化索引进行上采样。解码器的上采样过程为（见图 3.20）：首先根据池化索引对输入特征图进行上采样，池化索引处的值非 0，其余位置用 0 填充，得到稀疏特征图（Sparse Feature Map），然后对稀疏特征图执行卷积操作，产生密集特征图（Dense Feature Map）。

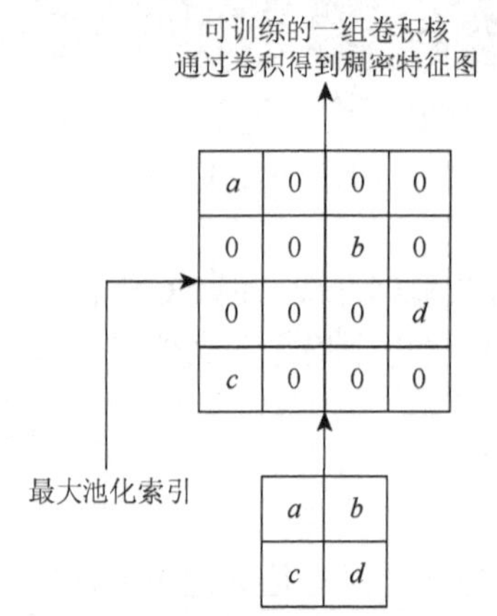

图 3.20　用池化索引进行上采样示意图[40]

a、b、c、d 是特征图中的值

（3）像素级分类层：像素级分类层和 FCN 保持一致，将解码器输出的特征图输入 Softmax 得到每个像素对应的类别概率。

SegNet 的工作流程为以下几点。

（1）原始图像输入编码器，通过卷积和最大池化产生低分辨率的特征图，并在最大池化操作时记录池化索引，送入解码器中。

（2）解码器获取低分辨率的特征图，通过池化索引和卷积进行上采样，将低分辨率特征图恢复至原始图像大小。

（3）将原始图像大小的特征图送入一个可训练的 Softmax 多分类器，得到每个像素的类别概率，经处理后得到最终的语义分割掩码图。

SegNet 采用交叉熵损失函数作为训练损失函数。SegNet 在 Camvid 道路数据集上达到了 90.4%的总体平均准确率，对道路类别的分割结果更是达到了 96.4%（见图 3.21）。

图 3.21　SegNet 在 Camvid 上的实验结果[40]

从上至下分别为 RGB 图像、真实标注和 SegNet 的结果

SegNet 通过池化索引来进行上采样，不仅保留了更多的细节信息，改善了目标物体边界的分割结果，而且相比于反卷积一类的上采样方法减少了参数，降低了计算量。此外，SegNet 提出的池化索引只需要简单修改即可放入其他编码器-解码器架构的模型中，具有不错的适用性。

3. DeepLab v1

DeepLab[44]是图像语义分割模型的代表。最早的 DeepLab v1 是在 VGG-16 的基础上进行修改的，通过在深度卷积神经网络（Deep Convolutional Neural Network，DCNN）末端级联一个全连接的条件随机场（Conditional Random Field，CRF），提高了模型获取细节信息的能力，优化了语义分割图的边界。DeepLab v1 引入了空洞卷积（Atrous Convolution），能在增大感受野的同时保持特征图大小不变，减少细节信息的损失，进而保留更多的语义信息，示意见图 3.22。

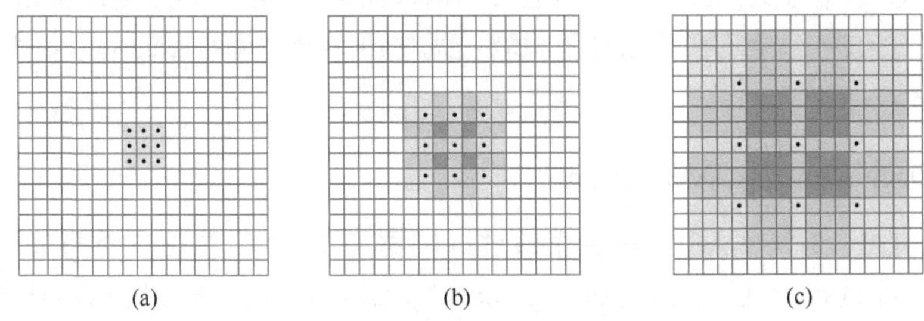

图 3.22　空洞卷积示意图

空洞卷积能够增大感受野但又不减小图像大小。采样频率根据比率（rate）参数而定，rate 为 1 时，卷积操作就是标准的卷积操作，如（a）所示；rate 为 2 时，就是在原图上每隔 1 像素采样，如（b）所示；rate 为 4 时，就是在原图上每隔 3 像素采样，如（c）所示

4. DeepLab v2

DeepLab v2[60]在 DeepLab v1 的基础上进行改进，引入了 ASPP，实现多尺度特征融合。ASPP 是空洞卷积（Atrous Convolution）与 SPP 的结合，它通过组合多个不同比率的空洞卷积来挖掘不同尺度的上下文信息，能在一定程度上最大化利用主干网络提取到的语义信息，示意见图 3.23。

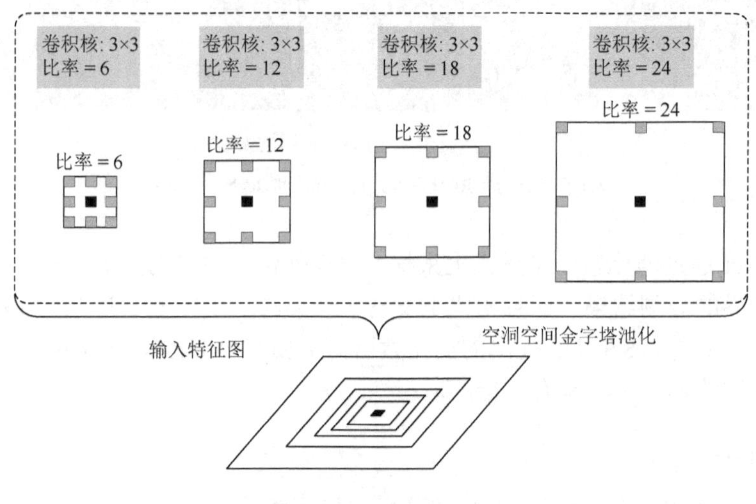

图 3.23　ASPP 示意图[60]

DeepLab v2 的工作流程为（见图 3.24）：

（1）图像输入编码器，经过 DCNN 提取特征之后，对特征图进行 ASPP（此处使用的是原始的 ASPP，不包含 1×1 卷积与全局平均池化分支）。然后将得到的特征图连接，经过 1×1 卷积后得到一个粗略分数图（Coarse Score Map）；

（2）将粗略分数图经双线性插值得到输入图像大小的语义分割掩码图；

（3）通过一个全连接的条件随机场，优化语义分割掩码图的边界，得到最终的分割结果。

5. DeepLab v3 与 DeepLab v3 +

DeepLab v3[61]对 ASPP 进行了改进，增添了 1×1 的卷积与全局平均池化，并使用了批量归一化。最新的 DeepLab v3 + 引入语义分割常用的编码器-解码器（Encoder-Decoder）结构（见图 3.25），以 DeepLab v3 作为编码器，并设计了高效的解码器。这种编解码器结构能够逐步重构空间信息来更好地定位目标边界。

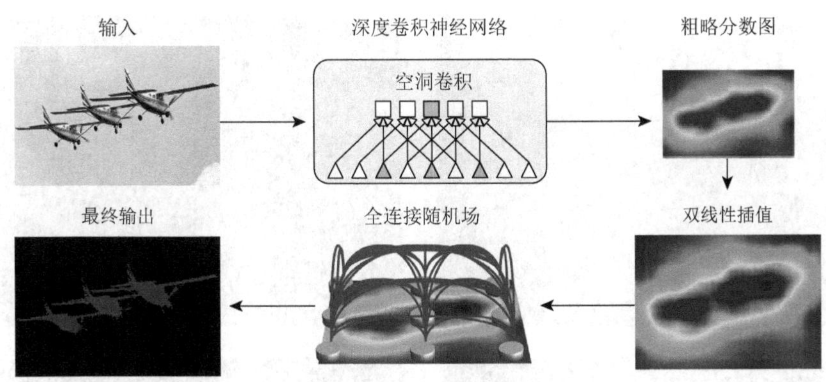

图 3.24　DeepLab v2 的工作流程[60]

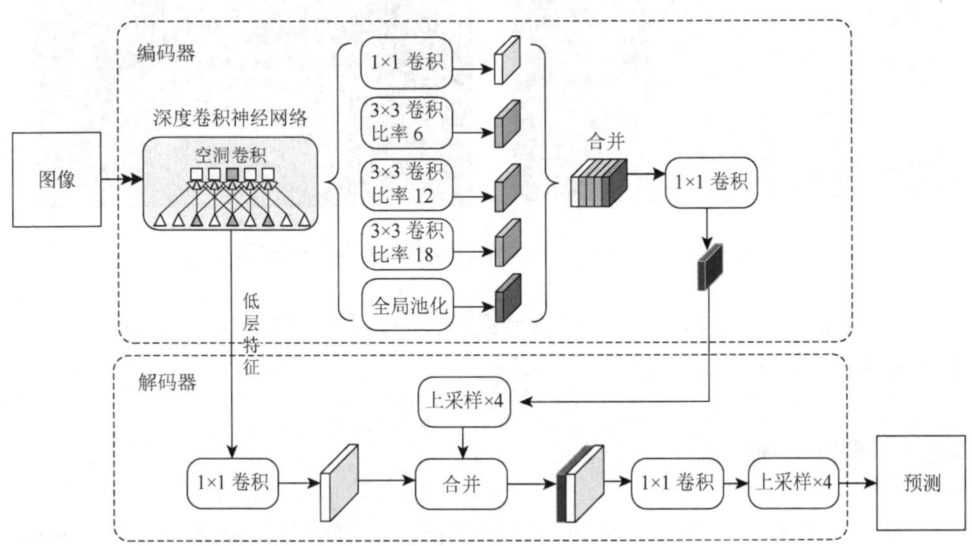

图 3.25　DeepLab v3 + 的网络结构[56]

DeepLab v3 +[56]的工作流程为：

（1）图像输入编码器，经过 DCNN 提取特征之后，对特征图进行 ASPP（此处使用的是改进的 ASPP，包含有 1×1 卷积与全局平均池化分支），然后将得到的特征图连接，经过 1×1 卷积后送入解码器；

（2）解码器将上述编码器输出的特征图 4 倍上采样，再和编码器提取到的相同尺寸的特征图相连接，实现对图像细节信息的恢复。最后经过 1×1 卷积和 4 倍上采样得到最终的语义分割掩码。

DeepLab 系列的训练损失函数与 FCN 一致。详见 FCN 的训练损失函数。

DeepLab v3 + 在 PASCAL 数据集上的语义分割结果见图 3.26。

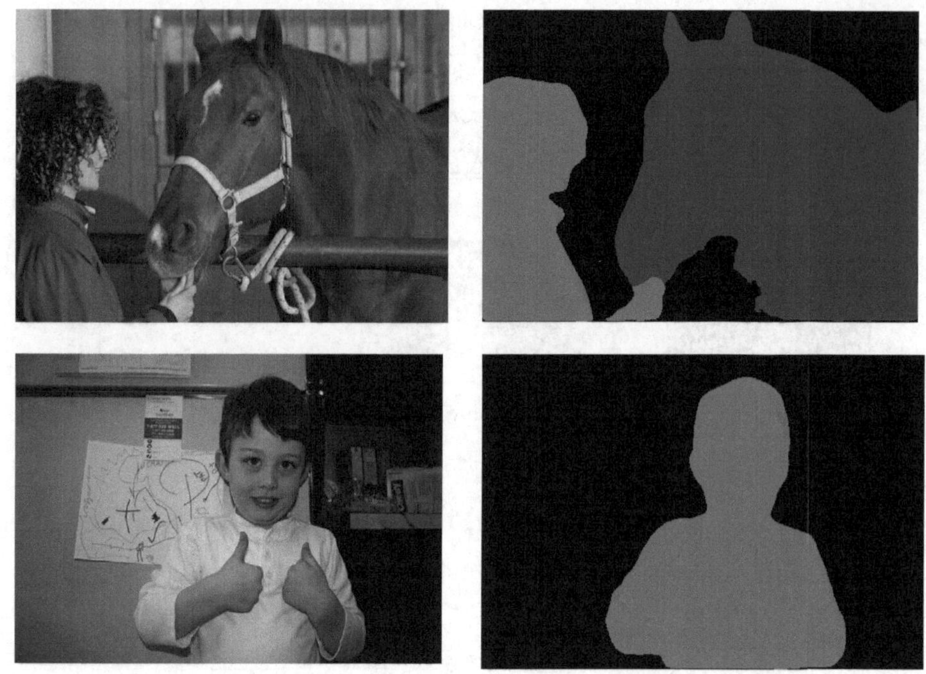

图 3.26　DeepLab v3 + 在 PASCAL 数据集上的实验结果[56]

DeepLab 系列是图像语义分割领域最经典的系列模型之一，分割效果出色，但计算量较大，无法实时运行。

3.2.4　实例分割

实例分割不仅要能准确识别出所有目标，还需要分割出单个实例。Mask R-CNN[51]是基于 Faster R-CNN 的改进，它将 RoI Pooling 替换为 RoI Align，并在 Faster R-CNN 的基础上添加了一个与分类和边界框回归分支并行的掩码预测分支来分割实例。

Mask R-CNN 由主干网络 ResNet-FPN、RPN 网络、RoIAlign 模块、类别和边界框生成分支、掩码生成分支组成。其中 RPN、边界框和类别输出分支来源于 Faster R-CNN，掩码生成分支的转置卷积来源于 FCN。下面主要对 FPN 和 RoIAlign 进行介绍。

Mask R-CNN 网络结构主要分为以下四个部分（见图 3.27）。

（1）基于 CNN 的主干网络：用于提取图像特征，由 ResNet 与 FPN 组成。FPN 可见 YOLO v3 中的介绍。

（2）RPN：用于生成 RoI。可见 Faster R-CNN 中的介绍。

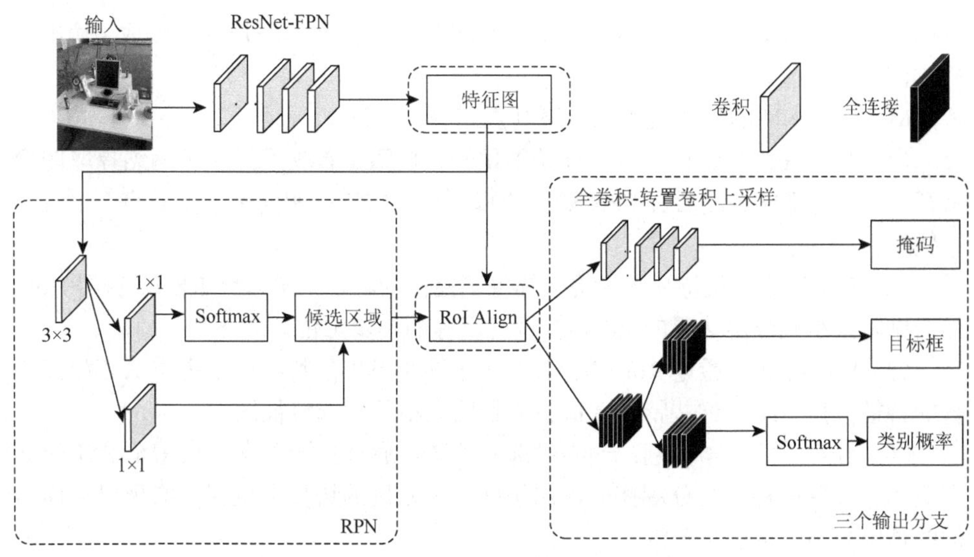

图 3.27　Mask R-CNN 的网络结构

（3）兴趣区域对齐（Region of Interest Align，RoI Align）：用于生成候选特征图，示意见图 3.28。RoI Pooling 会对边界框的坐标进行取整操作，导致边界框的位置出现偏差，而 RoI Align 直接保留浮点数坐标，消除了这一偏差。具体操作为：RoI Align 在对区域进行网格划分后，会在每个网格中选取四个固定采样点（通常这些采样点的坐标为浮点数），然后通过双线性插值获得采样点处的特征，最后在每个网格中进行最大值池化，生成固定大小的候选特征图。

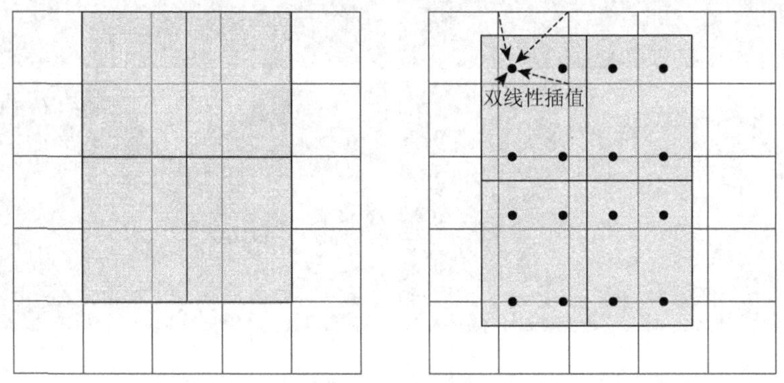

图 3.28　RoI Pooling 与 RoI Align 示意图

（4）预测分支：用于输出类别概率、边界框以及分割掩码。分类分支与边界框回归分支以及 Faster R-CNN 一致，掩码预测分支由卷积与反卷积组成，输出目标实例的分割掩码。

Mask R-CNN 的工作流程为以下几点。

（1）特征提取与锚框生成：原始图像输入模型，首先经过主干网络提取图像特征，得到特征图。然后在 FPN 输出的每个尺度的特征图的每个像素点，生成多个锚框。

（2）RoI 生成：从特征图中提取锚框范围内的特征，输入至 RPN，获得 RoI。然后剔除太小和超出边界的 RoI，实现对目标的初步定位。

（3）RoI Align：通过 RoI Align，在主干网络输出的特征图上提取 RoI 相应位置的特征，然后综合这些特征并调整为相同大小的候选特征图。

（4）分类、回归与分割：输入候选特征图，通过预测分支获取每个 RoI 的类别概率、位置偏移量与分割掩码，用于回归更精确的边界框位置，实现对目标实例的精确分类、定位与分割。

Mask R-CNN 的训练损失函数包括：分类损失 L_{cls}、边界框回归损失 L_{reg} 和掩码损失 L_{mask}。L_{cls} 采用交叉熵损失函数，L_{reg} 采用平滑 L_1 损失函数，L_{mask} 采用二值交叉熵损失函数。

Mask R-CNN 在 Cityscapes 数据集上的实例分割结果见图 3.29。

图 3.29　Mask R-CNN 在 Cityscapes 上的实验结果[51]

Mask R-CNN 性能出色，但是该模型的检测速度较慢，难以满足实时要求。同时实例分割还存在数据集标注成本高昂的问题。

3.2.5　全景分割

2019 年，文献[53]首次针对新的任务场景提出了全景分割（Panoptic Segmentation），统一了实例分割和图像语义分割，并且给出了 PQ 评估指标，将背景（Stuff）和目标（Thing）的评估纳入一个完整的框架下。

2019 年，文献[54]将 FPN 和 Mask R-CNN 相结合，提出了 Panoptic FPN，在语义分割、实例分割以及它们的共同任务（即全景分割）上均取得了出色的表现，该模型实例分割的准确率接近 Mask R-CNN，语义分割部分与 DeepLab v3 + 效果相当。

Panoptic FPN 主要分为以下三个部分（见图 3.30）。

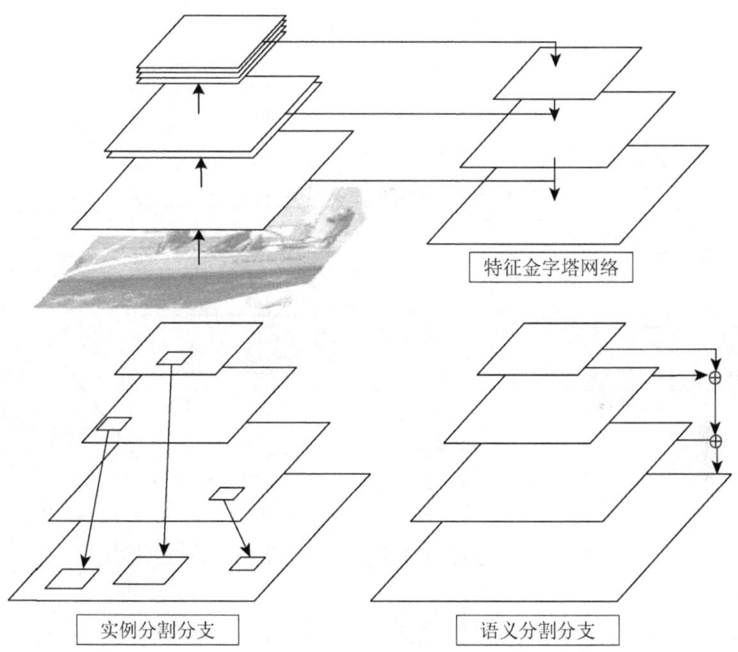

图 3.30　Panoptic FPN 的网络结构[54]

（1）基于 CNN 的主干网络：用于提取图像特征，由 ResNet 或 ResNeXt 与 FPN 组成。FPN 可见 YOLO v3 中的介绍。

（2）实例分割分支：用于输出目标实例的分割掩码，分支结构与 Mask R-CNN 的预测分支一致。

（3）语义分割分支：用于输出语义分割掩码。为了从 FPN 特征中生成语义分割掩码，首先将来自 FPN 的不同尺度的特征进行合并（见图 3.31），从最小的特征图（1/32）开始，通过 3 个上采样生成 1/4 比例的特征图，然后对 1/16 与 1/8 比例的特征图同样上采样至 1/4 比例的特征图，而对于本身即为 1/4 比例的特征图仅通过卷积降低通道数。将这些 1/4 比例的特征图按位求和后，经过 1×1 卷积、4 倍双线性上采样和 Softmax，最终生成输入图像尺寸下的每个像素的类别标签。

Panoptic FPN 的工作流程为：

（1）输入图像，先通过主干网络提取多尺度特征；

（2）通过实例分割分支与语义分割分支，获得实例分割与语义分割输出；

（3）根据两个分支存在的重叠情况，对其进行后处理，包括：不同实例间重叠时，基于它们的置信度进行选择；实例分割输出与语义分割输出重叠时，优先考虑实例分割输出；删除标记为“其他”或在给定阈值以下的 Stuff 区域。

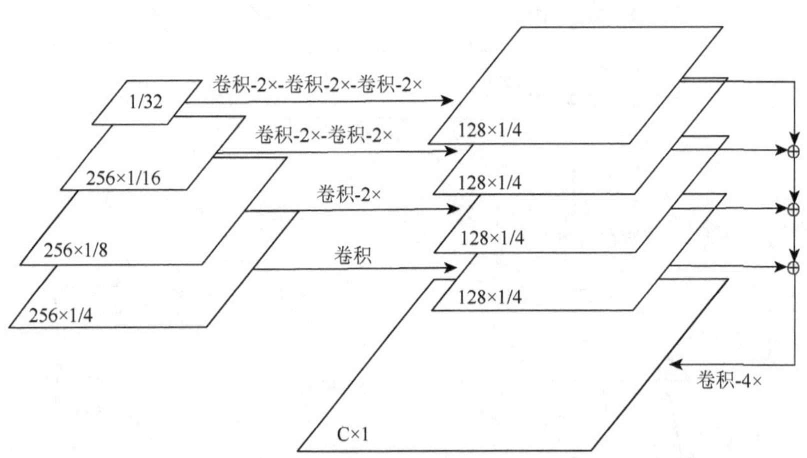

图 3.31　Panoptic FPN 语义分割分支的网络结构[54]

Panoptic FPN 的训练损失函数见式（3-18）和式（3-19）。

$$\text{Loss} = \lambda_i L_i + \lambda_s L_s \tag{3-18}$$

$$L_i = L_c + L_b + L_m \tag{3-19}$$

Panoptic FPN 的损失函数 Loss 为实例分割损失 L_i 和语义分割损失 L_s 的组合。其中，实例分割损失 L_i 包括分类损失 L_c、边界框损失 L_b 和掩码损失 L_m，计算方式和 Mask R-CNN 一致。λ_i 和 λ_s 是用来调整损失占比的超参数。语义分割损失 L_s 和 FCN 一致。

Panoptic FPN 在 Cityscapes 数据集上的全景分割结果见图 3.32。

图 3.32　Panoptic FPN 在 Cityscapes 上的实验结果[54]

图片中的所有的像素点根据实例的类别都被赋予了不同的像素值，同一类别的不同实例之间也有着明显的分割边缘作为边界区分

Panoptic FPN 在语义分割和实例分割任务上都取得了有竞争力的结果，为后续的全景分割研究提供了一个很好的基准。

3.2.6　融合深度信息的分割

图像的检测、分割技术为机器人感知环境语义提供了支撑，是机器人智能导航的基础技术。随着计算机视觉和导航学的交叉融合，机器人在定位建图过程中获得的测量信息、空间结构等几何信息反过来也促进了计算机视觉技术的发展。如融合深度信息的图像分割就能获得比单纯 2D 图像分割更好的结果。深度信息通常从深度相机获得，并以深度图（Depth Image）的形式表示。与 2D 图像对应，深度图中每个像素的值为深度相机到该像素所代表的真实物体之间的距离，因此深度图也被称为距离影像，示意见图 3.33。

(a)

(b)

图 3.33　深度示意图[62]

图（a）为 RGB 图像；图（b）为深度图像；越近的地方，深度图的像素值越小，看起来也越黑

深度信息和 RGB 图像信息模态不同，将两者结合的任务为双模态融合任务。该任务可以充分利用两种不同的模态信息实现互补互促，有助于提高语义分割的精度。这是因为 RGB 图像的语义分割对光照条件敏感，光照条件不好会给分割带来较大影响。同时，当 RGB 图像中目标比较相似（如颜色相近）时，也会给分割带来较大影响。深度信息的引入可以帮助解决上述问题，进而提高语义分割的精度。

众多研究者对这种融合了深度信息的分割任务进行了研究，其中文献[57]提出了 RGB 图像信息和深度信息融合过程中的两个主要问题。

（1）信息间的差异性。RGB 图像信息和深度信息模态之间存在明显差异，如何有效地识别两者间的差异，提取两者间的共性，并将两者统一为语义分割的有效表示，仍是一个挑战。

（2）深度测量的不确定性。现有基准所提供的深度数据主要是由飞行时间（Time of Flight，ToF）相机或结构光（Structure Light）相机捕获的，由于场景中不同的物体材料和相机有限的测量范围，深度测量通常是有噪声的，室外相比室内更加明显。

针对上述问题，文献[57]提出了一个统一的跨模态引导模型（见图 3.34）。该模型是一种带有分离-聚合门（Separation-and-Aggregation Gate，SA-Gate）单元的双向多步传播（Bi-Direction Multi-Step Propagation，BMP）模型，能将两种模态信息进行传播和融合的同时，保持其各自的特异性。

模型输入为 RGB 图像和 HHA 图像。RGB 图像通道数为 3，深度图通道数为 1。为了通道对齐，可以将深度图重新编码为三通道图像，三通道分别是水平视差（Horizontal Disparity）、高于地面的高度（Height above Ground）、像素的局部表面法线与推理的重力方向的倾角（Angle the Pixel's Local Surface Normal Makes with the Inferred Gravity Direction），这种编码方式称为 HHA。然后把 HHA 编码得到的 3 通道数据线性转换至 0～255，就能得到跟 RGB 图像对齐的 HHA 图像，有利于后续更好地融合信息。模型为双支路结构，包括 RGB 图分支与深度分支，其工作流程为以下几点（见图 3.34）。

（1）一组 RGB 图像和 HHA 图像分别通过主干网 ResNet-50 提取特征。

（2）将 ResNet-50 每个阶段输出的一组特征图送入 SA-Gate（见图 3.35）单元进行信息校准和融合，得到融合特征图，并与输入至该 SA-Gate 中的特征图相加求均值，再送入下个阶段。

（3）最后的 SA-Gate 的输出与第一个 SA-Gate 的输出送入解码器（主要使用的是 DeepLab v3 +），得到最后的掩码。

SA-Gate 是该模型的关键。SA-Gate 单元包含两个过程，分别是特征分离（Feature Separation）和特征聚合（Feature Aggregation）。

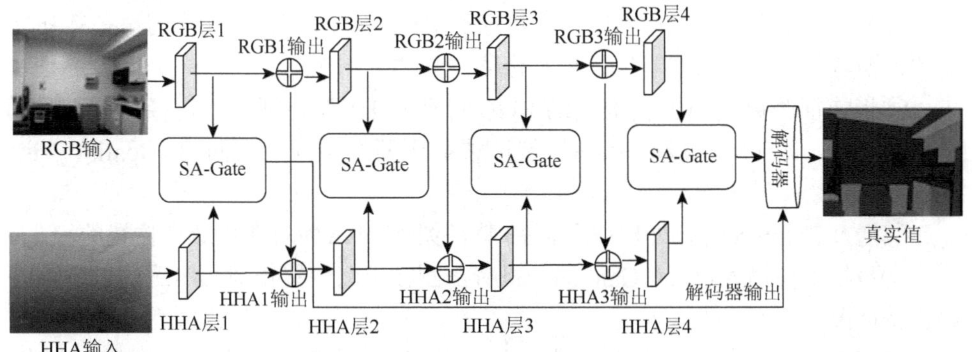

图 3.34　融合深度的分割模型的网络结构[57]

上面为 RGB 图分支；下面为深度图分支

（1）特征分离主要进行特征的校准。深度图在靠近物体边界或者深度传感器范围之外时会出现空洞和缺失。如果将深度信息直接用于信息融合会导致分割结果变差。特征分离通过通道注意力分配与求和操作，使 RGB 图像信息与 HHA 图像信息互相校准，去除噪声影响。具体见图 3.35。

①把一组 RGB 特征图和 HHA 特征图进行拼接，再做全局平均池化获得特征向量 I 。

②将 I 分别经过两个多层感知机（Multi-Layer Perceptron，MLP）后，再通过 Sigmoid 函数进行归一化，得到一组注意力向量。

③将该组注意力向量分别与 HHA 特征图和 RGB 特征图按通道相乘，得到用于校准的偏移特征。

④将偏移特征与输入特征相加，得到校准后的特征。

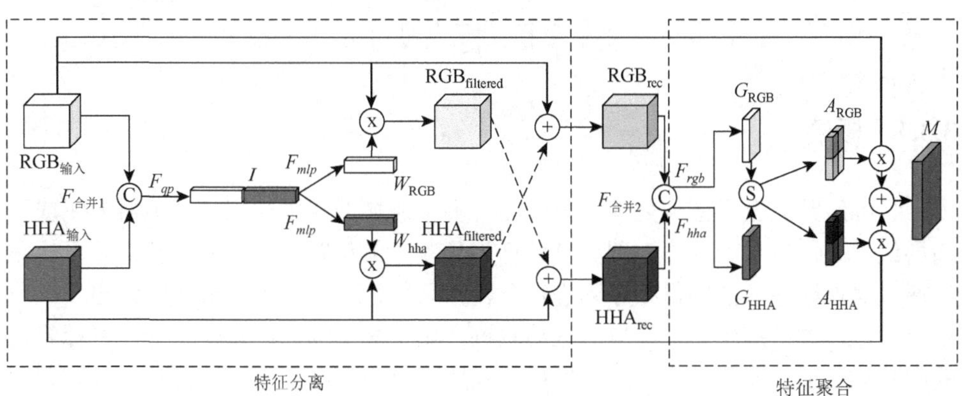

图 3.35　SA-Gate 的网络结构[57]

（2）特征聚合主要进行不同模态特征的融合。RGB 图像和深度图像是互补互促的，两者的信息融合更有助于分割任务。具体见图 3.35。

①将特征分离输出的校准过的 RGB 特征和 HHA 特征进行拼接，再利用两个映射函数（即 1×1 卷积）将高维特征映射到两个不同的空间门（Spatial-Wise Gate）。

②通过 Softmax 进行处理得到 RGB 特征图和 HHA 特征图中每个位置的权重。

③将权重与输入该 SA-Gate 的一组特征图按空间位置相乘，然后相加后输出融合特征图。

该模型有效融合了 RGB 图像信息和深度信息，提高了语义分割的精度。该模型在 Cityscapes 数据集上取得 82.8%的 mIoU 成绩。由于 Cityscapes 数据集的深度图有很多噪声，之前的大多基于 RGB-D 的模型比单纯基于 RGB 图像的效果更差。而该模型能有效地去除这些噪声并提取其中的有效信息，提高了模型的性能，相比单纯基于 RGB 图像的效果更好，效果见图 3.36。

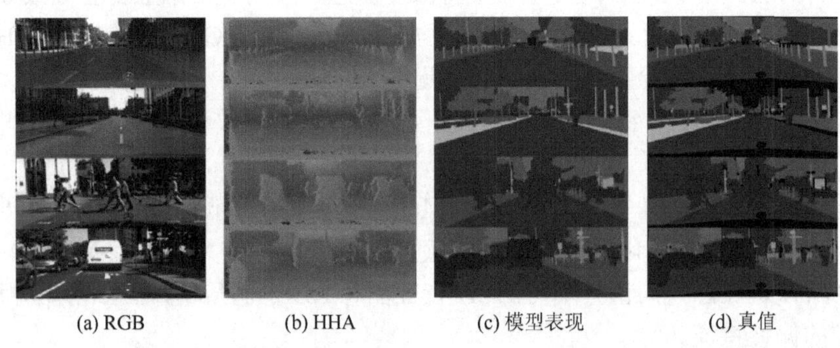

图 3.36　融合深度的分割模型在 Cityscape 上的实验结果[57]

3.3　目 标 跟 踪

3.3.1　概述

目标跟踪融合了图像处理、最优化等多个领域的相关知识，是机器人完成更高层级导航任务（如动作识别、目标行为预测、最优路径规划）的基础。目标跟踪通过对连续输入的图像帧序列进行分析，采用矩形边界框的形式定位出一个或多个对象，进而产生它们各自的运动轨迹。由于真实场景的复杂多变，目标容易受到外观变形、光照变化、运动模糊、尺度变化及遮挡等情况的影响，导致跟踪失败。为了解决这些实际问题，近些年来越来越多的跟踪算法被提出，以提高目标跟踪算法在复杂场景中的适用性[63-65]。

目标跟踪方法主要分为基于生成模型的跟踪和基于判别模型的跟踪。基于生成模型的跟踪是在当前帧对目标区域进行建模，然后在下一帧中寻找与模型最相似的区域，常用的方法主要有粒子滤波、光流法等；基于判别模型的跟踪是将跟踪问题转化为一个前景和背景的二分类问题，通常以目标区域为正样本、背景为负样本来训练分类器，然后使用分类器在图像帧中检测目标，经典的方法主要有基于支持向量机、随机森林等经典分类器的跟踪算法。相比基于生成模型的跟踪算法，基于判别模型的跟踪算法具有更高的鲁棒性与适用性，是当前视觉目标跟踪领域的主流。

基于判别模型的跟踪算法又可分为相关滤波跟踪和深度学习跟踪两大流派（见图 3.37）。

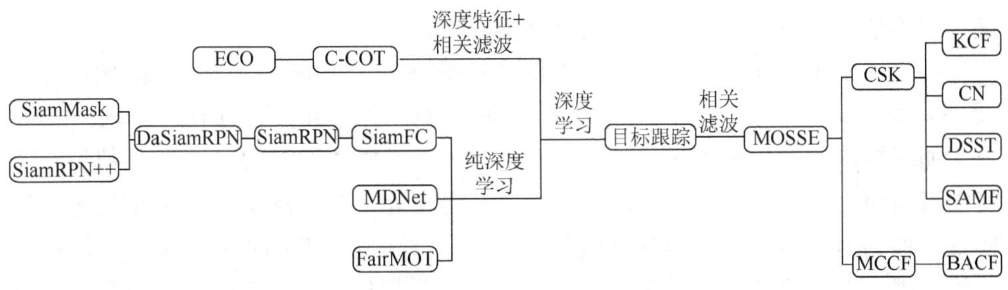

图 3.37　经典的目标跟踪模型

MOSSE[66]，CSK[67]，KCF[68]，CN[69]，DSST[70]，SAMF[71]，MCCF[72]，BACF[73]，C-COT[74]，ECO[75]，SiamFC[76]，SiamRPN[77]，DaSiamRPN[78]，SiamMask[79]，SiamRPN++[80]，MDNet[81]，FairMOT[82]

1. 相关滤波跟踪

相关滤波最早应用于信号处理领域，用来描述两个信号之间的相关性。相关滤波跟踪算法基于相关性理论，通过构建相关滤波器作为分类器，在目标区域进行前景与背景分类，进而实现目标的定位跟踪。文献[66]将相关滤波正式引入目标跟踪领域，设计了一种新的相关滤波器——误差最小平方和（Minimum Output Sum of Squared Error，MOSSE）滤波器。通过初始化图像序列的第一帧，就可以生成稳定的相关滤波器，并对光照、尺度变化等具有较好的鲁棒性，同时还保持着很高的跟踪速度。MOSSE 体现了相关滤波跟踪方法的基本思路：首先需要对初始帧内的目标模板进行特征提取，并将特征映射到傅里叶频域来初始化一个相关滤波器（为了得到快速跟踪器，通常将滤波过程转换至频域进行）；然后在跟踪时，对当前帧进行特征提取生成特征图，并通过快速傅里叶变换（Fast Fourier Transform，FFT）将特征图转换至傅里叶频域内，将相关滤波器与特征图进行相关计算，结果图响应值最大的位置即为当前帧的跟踪结果；最后将该结果图进行二值化处理（目标位置记为 1，其他全部记为 0），并作为训练数据在傅里叶频域内训练和更新滤波器。

MOSSE 是一种非常简单的目标跟踪方法，但准确率较低。在 MOSSE 的基础上，文献[68]提出了核相关滤波算法（Kernel Correlation Filter，KCF），无论在跟踪效果还是跟踪速度上，都取得了十分出色的表现。KCF 的跟踪流程与 MOSSE 基本相似，主要不同在于 KCF 采用了带核函数的岭回归来训练滤波器。假设训练样本为$(x_1, y_1), (x_2, y_2), \cdots, (x_n, y_n)$，训练滤波器的本质就是找到一个函数$f(\boldsymbol{x}_i)=\boldsymbol{w}^{\mathrm{T}}\boldsymbol{x}_i$，使得$f(x_i)$与$y_i$的平方误差最小，并引入一个 L2 正则项来保证泛化性。为了降低计算复杂度，并获得更鲁棒的非线性滤波器，KCF 采用了核函数技巧：首先使用非线性映射函数将样本映射到高维空间从而将非线性运算转换为线性运算，然后使用核函数进行隐式处理以避免求解非线性映射函数，最后通过最小二乘法求解目标函数从而获得滤波器。

在训练中求解滤波器时，需要对图像矩阵进行求逆操作，当面对图像矩阵较大、样本较多等情况时，耗时较长。为了解决该问题，同时增加训练样本数，KCF 使用循环矩阵对图像样本进行循环采样：一方面，KCF 利用循环矩阵在傅里叶空间中可对角化的性质（即循环矩阵可以与离散傅里叶矩阵相乘得到对角矩阵），将样本转换为对角矩阵从而简化滤波器的求解公式，将复杂的矩阵求逆运算转换为矩阵点乘，有效降低了运算量；另一方面，循环采样的方法在减少计算量的同时显著增加了训练样本数，进一步提升了 KCF 的目标跟踪性能。

KCF 在跟踪的精度与速度上都有出色表现，但容易受到尺度变化、目标遮挡等问题的影响，从而导致跟踪失败。

2. 深度学习跟踪

深度学习跟踪是基于深度学习技术提取的深度特征进行目标跟踪，相比于相关滤波跟踪通常具有更好的鲁棒性。这是因为深度学习网络提取的深度特征往往具有更强的表示能力，不容易受到环境变化的影响。根据跟踪目标数目的不同，深度学习跟踪又可以分为单目标跟踪和多目标跟踪。

单目标跟踪方法主要可分为两类：一类是将深度特征与相关滤波结合的跟踪方法，如 C-COT[74]和其后续工作 ECO[75]，它们在相关滤波算法的框架上，采用 DCNN 提取图像深度特征，并将传统特征和深度特征进行融合，进一步提升了跟踪的准确率和鲁棒性；另一类是基于端到端的深度神经网络的目标跟踪方法，其中基于孪生网络（Siamese Network）的方法在精度和实时性上有较好表现，如 SiamFC[76]，采用了融入全卷积的孪生网络实现端对端跟踪；SiamRPN[77]采用 RPN 改善了目标尺度变化带来的鲁棒性降低问题；SiamRPN++[80]采用新的采样方法，使得深层的网络模型得以应用于跟踪任务中，进一步提升了模型精度和鲁棒性。

然而，在实际应用场景中，机器人往往需要同时对多个目标进行跟踪以保证安全高效的规划与决策，单目标跟踪方法的适用性会受到极大限制。

区别于单目标跟踪仅需要区分前后景，多目标跟踪不仅要识别出目标，还需要对目标的身份进行标识，因而具有更高的实际应用价值。其方法主要可分为两类。

一类是两阶段跟踪（Two-Shot Tracker），通常先通过目标检测得到目标，然后采用重识别（Re-Identification，Re-ID）模型获取身份特征，最后将所有目标与过往帧的对应目标进行匹配，从而实现目标跟踪，如 POI 算法[83]使用经典的目标检测方法 Faster R-CNN 来获取目标的边界框，并使用一个预先训练好的深度神经网络（类似于 GoogLeNet）来获取边界框的身份特征，以此来进行数据关联；DeepSORT 算法[84]同样使用了 Faster R-CNN 获取目标的边界框，然后在大规模的 Re-ID 数据集上预训练一个深度网络来提取身份特征，最后使用卡尔曼滤波和匈牙利算法进行目标和轨迹的关联。然而，两阶段方法速度较慢，难以实现实时跟踪。

另一类是单阶段跟踪（One-Shot Tracker），同时对图像帧进行目标检测和身份重识别，使得目标检测和身份重识别任务之间可以共享网络参数，降低计算量，提高实时性，如 JDE 算法[85]，利用了目标检测的网络，同时联合检测和嵌入式学习，实现了一个实时的单阶段多目标跟踪算法；FairMOT 算法[82]使用了无锚框的目标检测网络结构，更好地解决了单阶段目标跟踪方法中检测结果和身份嵌入不统一的问题，提升了单阶段跟踪的精度。

下面首先介绍了目标跟踪任务中常用的数据集与评估指标，然后详细介绍了部分基于深度学习的单目标跟踪和多目标跟踪方法。

3.3.2　常用数据集与评估指标

目标跟踪的常用数据集包括 OTB、VOT 和 MOT 等（见附录部分常用数据集）。

1. OTB 数据集的评估指标

在 OTB 数据集中，使用精度图和成功率图来定量分析。

1）精度图（Precision Plot）

计算跟踪目标的预测边界框与真实边界框中心之间的欧氏距离作为中心位置误差。设置不同的阈值，计算中心位置误差不超过阈值的帧占总帧数的比例作为曲线图的点，最终绘制成曲线图，示例见图 3.38。

OTB 中采用了 20 个阈值来获得精度图。OTB 使用精度图曲线下的面积（Area Under Curve，AUC）作为衡量算法的指标。

2）成功率图（Success Plot）

重叠分数（Overlap Score，OS）的计算公式见式（3-20）。

$$\mathrm{OS}=\frac{|r_t \cap r_a|}{|r_t \cup r_a|} \tag{3-20}$$

其中，r_t表示跟踪目标的预测边界框；r_a表示跟踪目标的真实边界框。设置阈值t_o，若当前帧OS＞t_o，则认为该帧跟踪成功，将t_o从0到1变化，得到不同阈值下跟踪成功的帧的比例，绘制成曲线图，见图3.39。

OTB 使用成功率图的 AUC 作为衡量算法的指标。

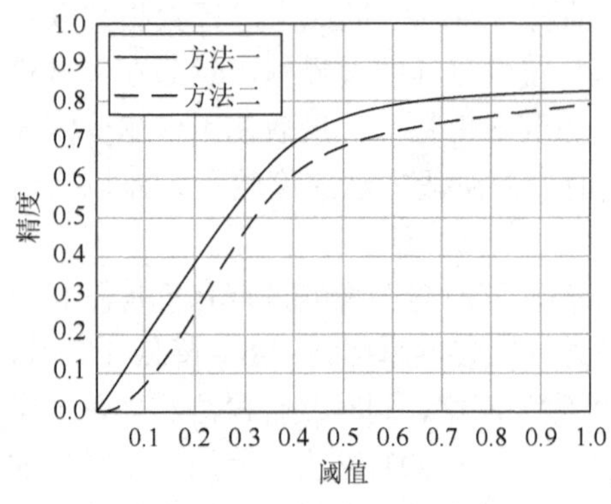

图 3.38　精度图示意图

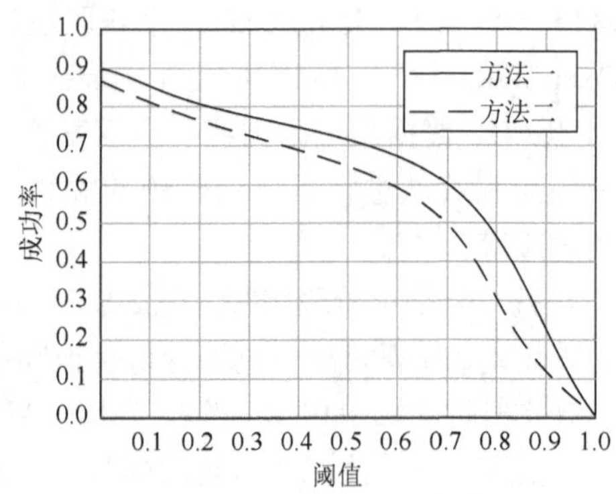

图 3.39　成功率图示意图

2. VOT 数据集的评估指标

在 VOT 数据集中，使用准确率、鲁棒性和等效滤波操作（Equivalent Filter Operations，EFO）进行定量分析。

1）准确率（Accuracy）

使用 IoU 作为准确率，其计算见式（3-21）。

$$\phi_t=\frac{A_t^G \cap A_t^P}{A_t^G \cup A_t^P} \tag{3-21}$$

其中，A_t^G、A_t^P分别表示第t帧的真实边界框和预测边界框。将算法i在同一个序列上重复运行N次，在第t帧上进行的第k次重复跟踪准确率记为$\Phi_t(i,k)$，计算该算法在第t帧的平均准确率，计算公式见式（3-22）。

$$\Phi_t(i)=\frac{1}{N}\sum_k^N \Phi_t(i,k) \tag{3-22}$$

则该算法在序列上的平均准确率计算见式（3-23）：

$$\rho_A(i) = \frac{1}{N_{\text{valid}}} \sum_{j}^{N_{\text{valid}}} \Phi_j(i) \tag{3-23}$$

其中，N_{valid} 是有效帧的数量。

2）鲁棒性（Robustness）

基于跟踪失败的帧数进行评价。当预测框和真实框的交并比为 0 时则跟踪失败，跟踪失败后需要重新初始化。类似于准确率的定义，鲁棒性的计算见式(3-24)。

$$\rho_R(i) = \frac{1}{N} \sum_{k}^{N} F(i,k) \tag{3-24}$$

其中，$F(i,k)$ 是第 i 个算法在第 k 次重复实验中跟踪失败的帧数。总的来说，就是算法在序列上重复执行 N 次的平均跟踪失败的帧数。

3）EFO

用于衡量算法速度的指标。首先使用 30×30 窗口大小的滤波器在 600×600 的图像上进行滤波操作，得到衡量机器性能的基准值，然后运行跟踪算法得到处理每帧图像的时间，再除以基准值，得到归一化的运行速率值。

3. MOT 数据集的评估指标

MOT 数据集提供了多种评估指标，在此介绍较为常用的一些评估指标。

1）多目标跟踪准确率（Multiple Object Tracking Accuracy，MOTA）

综合了三个错误匹配评估指标（FN 是假阴性数量，FP 是假阳性数量，IDs 是身份标识切换次数）来评估跟踪的准确率，见式（3-25）。

$$\text{MOTA} = 1 - \frac{\sum(\text{FN} + \text{FP} + \text{ID}s)}{\sum \text{GT}} \tag{3-25}$$

其中，GT 是真值数量。

2）身份标识的 F1 分数（ID F1 Score，IDF1）

计算公式见式（3-26）。

$$\text{IDF1} = \frac{2\text{IDTP}}{2\text{IDTP} + \text{IDFP} + \text{IDFN}} \tag{3-26}$$

其中，IDTP 是身份识别的真阳性数量；IDFP 是身份识别的假阳性数量；IDFN 是身份识别的假阴性数量。

3）跟踪质量比例

根据每个目标真值被跟踪的时长占真值总时长的比例来评估每个目标的跟踪质量，若大于 80%，则对该目标的跟踪质量视为“大部分跟踪的”（Mostly Tracked，MT），否则为“大部分丢失的”（Mostly Lost，ML）。所有 MT 目标占所有目标的比例作为 MT 评估指标，同理定义 ML 评估指标。

4）身份标识切换次数（ID Switch，IDS）

一条轨迹中，改变身份标识的次数。

5）赫兹（Hz）

算法的频率，用以衡量算法的速率。

3.3.3 单目标跟踪

1. C-COT 与 ECO

在采用深度学习提取图像特征再结合相关滤波进行目标跟踪的方法中，较有代表性的工作是 C-COT 算法[74]及其后续工作 ECO 算法[75]。

CNN 的输出结果，在浅层有更加丰富的细节信息，便于定位，深层特征具有高层次语义，便于分类。通过融合多层神经网络输出的结果，就可以减轻尺度变化带来的扰动，得到更加鲁棒的图像特征，其工作流程见图 3.40。

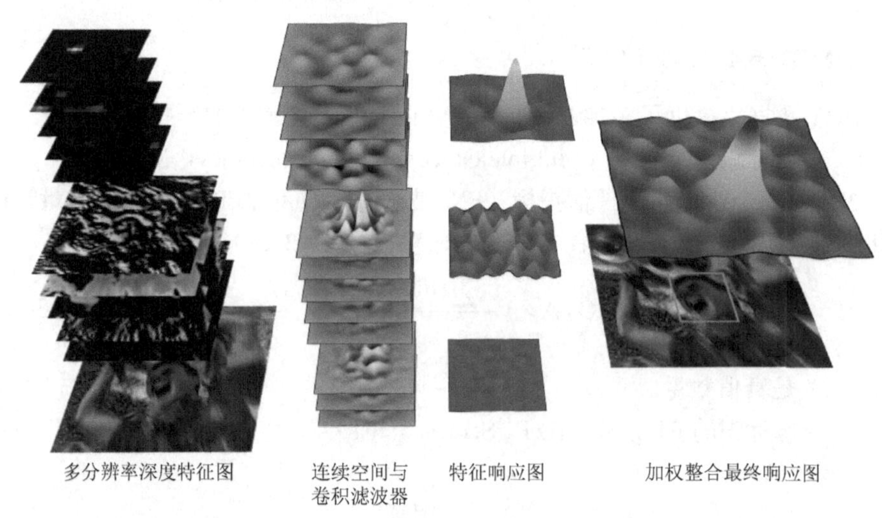

图 3.40　C-COT 的工作流程[74]

第一列为多分辨率深度特征图，底层为原始 RGB 图像、中间 5 层为神经网络第一个卷积层输出的特征图、上面 5 层为神经网络的最后一个卷积层输出的特征图；第二列为学习得到的连续空间域卷积滤波器；第三列为将卷积滤波器作用于深度特征图上得到的响应图；第四列为响应图加权计算得到的最终响应图

C-COT 基于上述思路进行设计，主要处理流程为以下几点。

（1）提取图像特征：首先对原图像进行缩放获得 5 种不同分辨率的图像，再采用深度神经网络 VGG 来提取图像特征。

（2）获取响应图：将三组特征图（原始 RGB 图像、5 种不同分辨率的图像在神经网络第一个卷积层以及最后一个卷积层的输出）组合成多分辨率深度特征图。接着为了融合这些多分辨率特征，C-COT 设计了一种由训练得到的连续空间域卷积滤波器，多分辨率深度特征图的每个通道对应一个滤波器（原始图像有三个通道，因此对应 3 个滤波器）。最后将滤波器作用于多分辨率深度特征图，得到三组响应图（置信度图），对这些响应图进行加权平均，便得到了最终的响应图。响应图中响应值最大的区域便是目标所在区域，定位结果可以达到亚像素级别的精度。

对于连续空间域卷积滤波器的训练，C-COT 的训练损失函数见式（3-27）。

$$E(f)=\sum_{j=1}^{m}\alpha_j\|S_f\{x_j\}-y_j\|^2+\sum_{d=1}^{D}\|wf^d\|^2 \tag{3-27}$$

其中，S_f 表示一组卷积操作，S_f 包括卷积滤波器 $f=(f^1,f^2,\cdots,f^D)$；D 表示响应图的通道数；f^d 表示通道 d 对应的卷积滤波器，因此 $S_f\{x_j\}$ 是图像 x_j 输出的响应图；y_j 是期望的响应图；$\sum_{d=1}^{D}\|wf^d\|^2$ 是正则项；w 是正则化系数；α_j 是样本的权重。

C-COT 将响应图转换到频域进行快速操作，因此最终的损失函数见式（3-28）。

$$E(f)=\sum_{j=1}^{m}\alpha_j\left\|\sum_{d=1}^{D}\hat{f}^d X_j^d\hat{b}_d-y_j\right\|^2+\sum_{d=1}^{D}\|wf^d\|^2 \tag{3-28}$$

其中，X_j^d 表示 x_j 的 d 通道的离散傅里叶变换；$\hat{b}_d$ 是作用于 d 通道的插值函数 b_d 的傅里叶系数；$\hat{f}^d$ 是 f^d 的傅里叶系数。

C-COT 在多个数据集上都取得了不错的效果，相较于之前的算法在准确率和鲁棒性方面都有显著提升。C-COT 的后续工作 ECO[75]继承了 C-COT 对多分辨率特征融合的操作，然后从模型大小、训练集大小和模型更新策略三个方面入手提高实时性。

（1）优化模型大小：C-COT 通过插值运算将特征图转换到连续的空间域后能够得到一个 D 维的特征图，针对每一维就需要一个卷积滤波器。通过分析，发现其中大部分滤波器的能量很小，因此 ECO 只选择其中贡献较多的 C 个滤波器，ECO 通过一个 $D\times C$ 的压缩矩阵 P 将 D 维压缩到 C 维，减少了模型参数。压缩矩阵 P 通过初始帧学习得到，在后续跟踪中保持不变。

（2）简化训练集：在 C-COT 的训练集中，每更新一帧就加一个样本进来，那么连续的数帧后，训练集里面的样本都是高度相似的，即容易对最近的数帧样本过拟合。而 ECO 采用高斯混合模型（Gaussian Mixture Model，GMM）来生成不同的组，每一组基本就对应一组比较相似的样本，不同组之间存在较大差异。这样就使得训练集具有了多样性，简化前后的训练集对比见图 3.41。

（3）改进模型更新策略：之前的相关滤波跟踪算法通常对于每一帧都会训练

更新滤波器，为了减小计算量，可以优化为每过 N 帧更新一次。除了减小计算量之外，还能够减小目标遮挡丢失等造成模型漂移带来的影响。

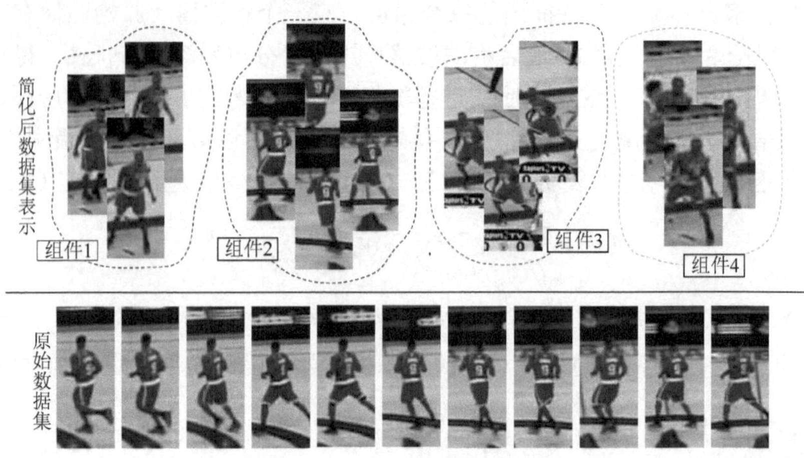

图 3.41　训练集对比示意图[75]

第一行为 ECO 中简化后的数据集；第二行为原始数据集

通过上述改进，ECO 在保证准确度下降在可接受范围内的同时，大幅提高了运行速度，在 VOT2016 数据集上，EFO 指标达到了 4.53。ECO 与 C-COT 的实验对比见图 3.42。

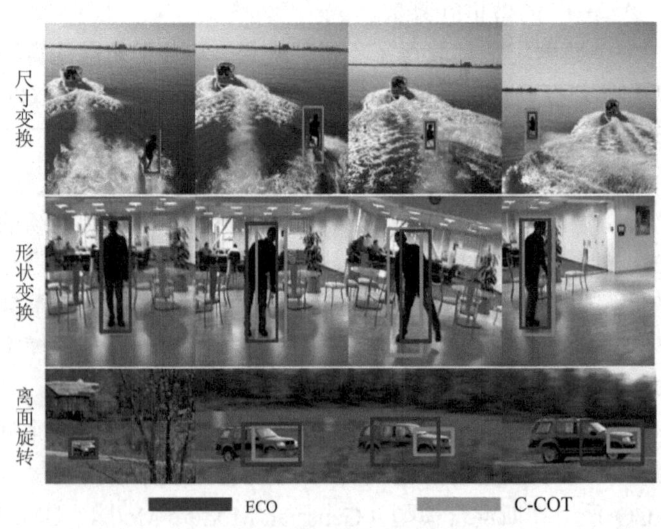

图 3.42　ECO 与 C-COT 的实验结果对比[75]

ECO 和 C-COT 在三个序列上的对比。在尺寸变换（Scale Variation）、形状变换（Deformations）和离面旋转（Out-of-Plane Rotations）三个例子中，C-COT 对目标的特定区域有严重的过拟合，影响了目标跟踪的效果。ECO 解决了过拟合问题，实现了 20 倍的加速

2. SiamFC

区别于上述方法，基于端到端的深度神经网络的目标跟踪方法，不需要结合相关滤波来实现目标跟踪。在基于端到端的深度神经网络的目标跟踪方法中，基于孪生网络构建的模型在精度和实时性上有着较好的平衡。

SiamFC[76]开创了孪生网络进行目标跟踪的先河。SiamFC 的主要思想是通过一个度量函数 $f(z,x)$ 来比较模板帧 z（通常为第一帧目标边界框中的图像）与当前帧 x 的相似度，来寻找模板帧在当前帧上的位置，从而实现单目标跟踪，其主要结构见图 3.43。

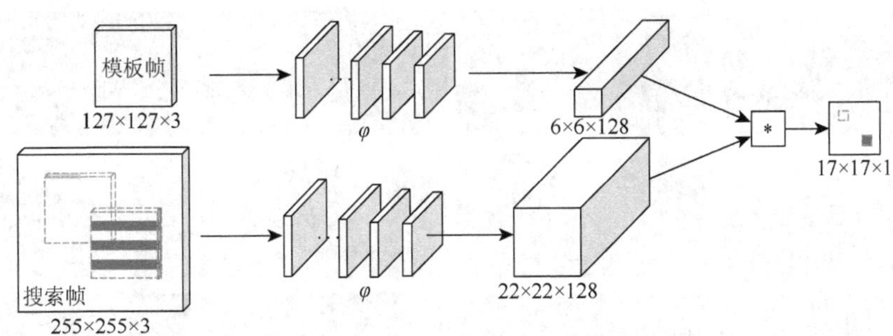

图 3.43　SiamFC 的网络结构[76]

SiamFC 的跟踪流程如下。

（1）获得模板帧和当前帧的特征表示：通过孪生网络结构，将相同变换 φ（即特征提取器，SiamFC 采用的是 AlexNet）应用于模板帧和当前帧，获得二者的特征表示。

（2）生成响应图：将上一步得到的输出送入度量函数 $f(z,x)$ 进行互相关操作（即求卷积），生成响应图，其中响应值最大的位置就对应着跟踪目标（即模板帧）可能的位置。

（3）恢复响应图分辨率：最后将响应图进行双三次插值（Bicubic Interpolation）恢复到和输入图像一致的分辨率，从而最终确定目标的位置。

SiamFC 的训练损失函数为交叉熵损失函数。对于响应图中每个点，损失函数见式（3-29）。

$$l(y,v)=\log_2(1+\exp(-yv)) \tag{3-29}$$

其中，$y\in\{+1,-1\}$ 表示该点的真值标签；v 表示该点的响应值。

总体损失函数的定义见式（3-30）。

$$L(y,v)=\frac{1}{|D|}\sum_{u\in D}l(y[u],v[u]) \tag{3-30}$$

其中，D表示响应图；u表示响应图上的一个位置；$y[u]\in\{-1,+1\}$表示位置u的真值标签；$v[u]$表示位置u的响应值。

SiamFC 方法不需要当前帧与模板帧具有相同尺寸，因此可以为网络提供更大的图像作为输入。在 VOT2016 数据集上，EFO 指标达到了 5.444，实验效果见图 3.44。相比于之前的模型，SiamFC 在提升实时性的同时，保证了精度，是具有里程碑意义的方法。但是，由于 SiamFC 只能得到目标的中心位置，无法获得当前帧中目标的尺寸，当尺度发生变化时，检测框的准确率会明显下降。

图 3.44　SiamFC 在 VOT2016 数据集上的实验结果[76]

所有序列来自 VOT-15 数据集，都具有一定的挑战性。第一、三、四行序列存在巨大形变，第二行序列存在运动模糊，第五行序列存在场景混乱，第六行存在光照条件差与尺寸变换

3. SiamRPN

SiamRPN[77]通过引入 RPN（Region Proposal Network）获得了更为精确的目

标边界框，进一步提高了基于孪生网络进行目标跟踪的精度和实时性。SiamRPN 将跟踪问题抽象成单样本检测问题，即通过设计一个算法，使其能够仅使用第一帧的信息初始化一个局部检测器，然后在后续帧中检测对应目标。为此，SiamRPN 结合了目标跟踪中的孪生网络和目标检测中的 RPN：孪生网络实现对跟踪目标的特征提取，让算法可以利用跟踪目标的信息，完成检测器的初始化；RPN 可以让算法对边界框的位置和大小进行更精准的预测。

SiamRPN 的结构见图 3.45，主要由两个部分组成，即孪生网络部分（用于提取图像特征）和 RPN 部分（包括分类分支与回归分支，分别用于目标分类与边界框回归）。

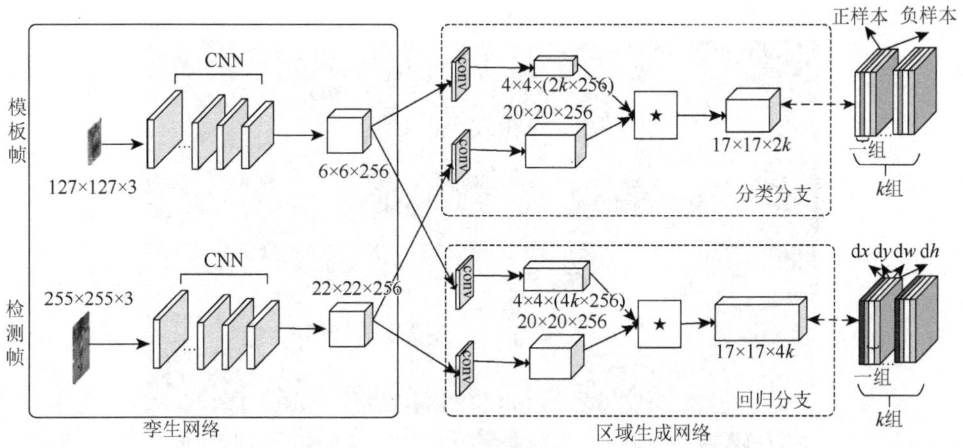

图 3.45　SiamRPN 的网络结构[77]

k 为 RPN 中设置的锚框数。模板帧通过孪生网络提取特征后，再输入至 RPN 中，分类分支输出的特征图有 2*k* 个通道，对应 *k* 个锚框的前景和背景，回归分支输出的特征图有 4*k* 个通道，对应 4 个坐标，用于对 *k* 个锚框进行细化。★表示相关性操作

SiamRPN 在进行目标跟踪时的流程主要为：

（1）使用模板帧初始化跟踪器：模板帧（以第一帧目标边界框的中心位置作为中心点，截取 $A \times A$ 的区域，其中，$A^2 = (w+p)\times(h+p)$，$p = \dfrac{w+h}{2}$，(w, h) 为目标边界框的尺寸。然后调整为 127×127 的区域，并作为模板帧，通过孪生网络提取特征后，再通过 RPN 得到分类权重和回归权重。在后续跟踪时由模板帧产生的分类权重与回归权重不会更新；

（2）对后续帧进行跟踪：当前帧（以上一帧目标边界框的中心位置作为中心点，采用与模板帧一样的裁切方法，截取 $2A \times 2A$ 大小的区域，然后调整为 255×255 的区域，并作为当前帧）通过孪生网络提取特征后，再通过 RPN 获得分类和回归

输出，然后分别与模板帧的分类权重与回归权重进行相关性操作（即卷积操作），输出相对于锚框的位置偏移量与类别概率（类别分为前景与背景）。最后通过后处理获得当前帧的跟踪目标边界框，实现对目标的跟踪。

SiamRPN 的训练损失函数见式（3-31），包括分类损失和回归损失两部分。

$$\text{Loss} = L_{\text{cls}} + \lambda L_{\text{reg}} \tag{3-31}$$

其中，分类损失 L_{cls} 采用交叉熵损失函数；回归损失 L_{reg} 采用平滑 L_1 损失函数；λ 是用来调整两个损失占比的超参数。

SiamRPN 在 VOT2016 数据集上，准确率达到了 0.56，鲁棒性达到了 1.08，EFO 指标也提升到了 23.3，显著超越了 SiamFC。

SiamRPN 的实验效果见图 3.46。

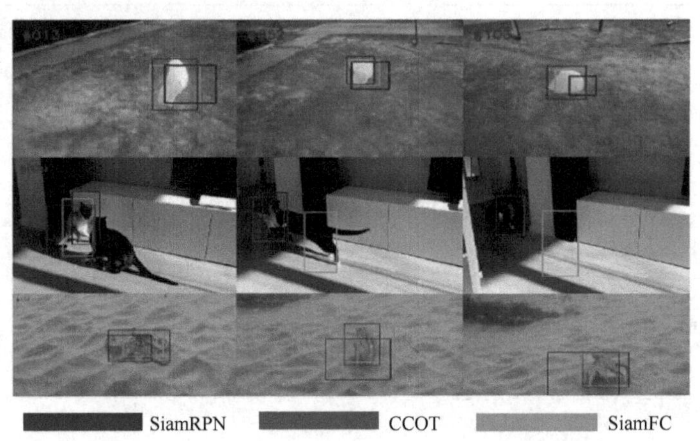

图 3.46　SiamRPN 在 VOT2016 数据集上的实验结果[77]

与另外两个先进的模型对比，当目标严重形变时，SiamRPN 能够更精确地预测形状

SiamRPN 使用层数较少的孪生网络提取特征，再通过 RPN 快速地生成目标的边界框，具有非常高的实时性和不错的精度。由于 SiamRPN 的模板帧机制，在跟踪时由模板产生的分类权重与回归权重不会更新，当目标被遮挡后再次出现时，有较大的几率能够重新捕获目标，继续完成跟踪任务。但是孪生网络使用的是较为浅层的、修改过的 AlexNet 作为特征提取网络，没有利用深层网络来获取更高层次的特征。

4. SiamRPN++

SiamRPN 的后续之作 SiamRPN++[80]对当前的跟踪算法进行了分析，证明了无法使用深度神经网络的原因是它们不存在严格的平移不变性。因此，该网络提出了一种简单而有效的采样策略：以均匀分布的采样方式让正样本（即跟踪目标的边界框）在其中心点附近进行偏移，而不是将正样本放在中心。这样的采样策略成功缓解了平移不变性给模型带来的影响，使得将深度神经网络应用于目标跟踪成为可能。

SiamRPN++的网络结构见图 3.47，其修改了 ResNet-50 的结构，并采用了空洞卷积，提升了模型的感受野。此外，模型还使用了深度互相关操作（即深度可分离卷积），不仅减少了模型的参数量，还使得训练变得更稳定。

SiamRPN++的训练损失函数遵循 SiamRPN 的训练损失函数的定义。

SiamRPN++在多个数据集上进行了实验，都取得了非常好的效果，跟前面相比，减少了参数量的同时，也提高了算法性能。但是，在实际应用场景中，机器人往往需要同时对多个目标进行跟踪以保证安全高效的规划与决策，C-COT、ECO、SiamFC、SiamRPN 和 SiamRPN++一类的单目标跟踪方法的适用性会受到极大限制。

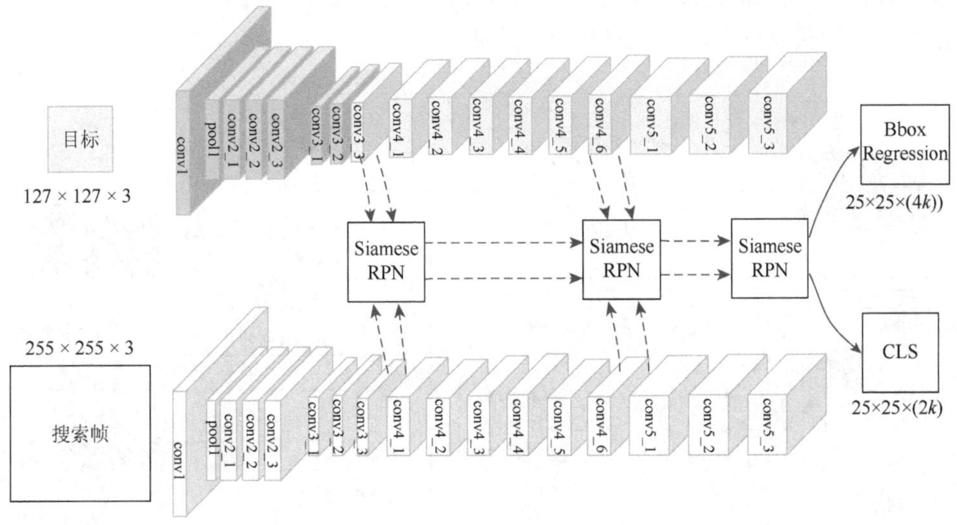

图 3.47　SiamRPN++的网络结构[80]

给定模板帧和当前帧，网络将融合多个 Siamese RPN 块的输出来得到稠密的预测。孪生网络采用 ResNet-50，但去掉了最后两个块的步长（Stride），同时采用了空洞卷积来替换普通卷积。右侧是每个 Siamese RPN 块的结构，从 ResNet-50 不同部分输出的特征先通过一层卷积提取非孪生特征，再使用深度互相关操作获得模板帧和当前帧的相关结果，最后通过回归头和分类头中的 1×1 卷积，得到最终的分类与回归结果。不同 Siamese RPN 块之间的结果采用线性加权进行融合

3.3.4　多目标跟踪

区别于单目标跟踪仅需要区分前后景，多目标跟踪不仅要识别出目标，还需要进行目标的身份标识，因而具有更高的实际应用价值。FairMOT[82]是单阶段多目标跟踪算法的一个代表，通过研究发现，单阶段跟踪算法中采用的锚框不仅用

于目标检测还要负责学习重识别（Re-IDentification，Re-ID）特征，然而图像中的不同锚框可能负责着同一个目标，导致在学习 Re-ID 特征时出现锚框和特征不对齐的情况，从而严重影响跟踪精度。因此，不同于大多数的单阶段多目标跟踪算法，FairMOT 采用了无锚框的目标检测网络作为方法主体。

FairMOT 网络结构见图 3.48，主要可以分为以下两点。

（1）主干网络：采用 ResNet-34，并在此基础上使用了深层聚合（Deep Layer Aggregation，DLA）方法，增加了低层和高层之间的跳跃连接。其中，上采样使用的是可变形卷积，可以根据目标尺寸和位置动态改变感受野，这些改进缓解了 Re-ID 不对齐的问题。

（2）两个并行的预测分支：检测分支，用于预测目标边界框的相关信息，输出热力图、目标中心偏移值和边界框尺寸，热力图负责估计目标中心的位置，中心偏移值用于获得更加精确的位置，边界框尺寸规定目标边界框的大小；Re-ID 分支，用于获取每个位置上的 Re-ID 特征。

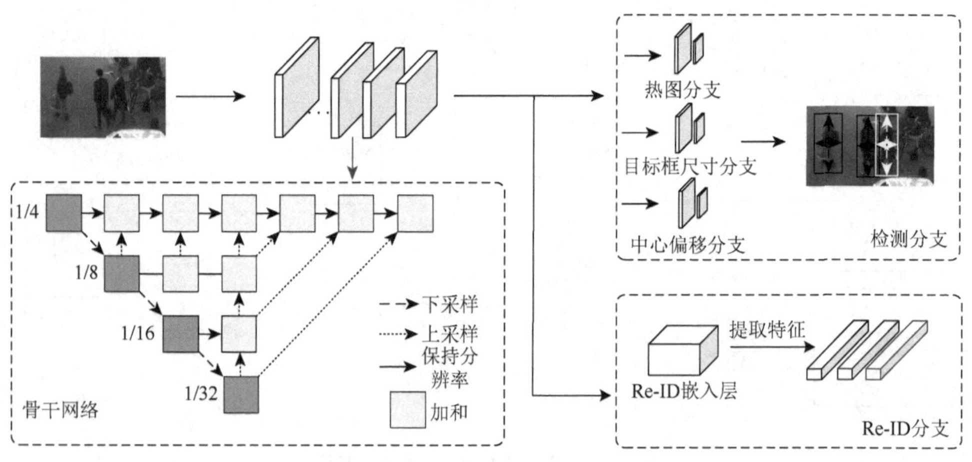

图 3.48　FairMOT 的网络结构[82]

FairMOT 的跟踪流程主要为以下两点。

（1）对初始帧进行初始化：输入第一帧图像进入主干网络实现特征提取，然后通过两个并行的预测分支输出初始帧中目标的边界框及其 Re-ID 特征。

（2）对后续帧进行跟踪：在后续帧中，通过网络输出边界框及其 Re-ID 特征，然后计算它们与前面帧中目标的边界框的 IOU 和 Re-ID 特征的距离，从而将当前帧的边界框和先前的目标轨迹相连接。同时，使用卡尔曼滤波来预测目标在当前帧的位置，若相连接的位置和预测位置距离太远，则将代价设置为无穷大，然后通过模型训练进行调整，避免大的位置偏差。

FairMOT 在训练时针对不同的任务采用了不同的损失函数：对于热力图分支，采用了焦点损失（Focal Loss）函数；对于边界框尺寸和中心偏移分支，采用了 L_1 损失函数；对于 Re-ID 分支，采用了 Softmax 损失函数。

FairMOT 的实验效果见图 3.49。

图 3.49　FairMOT 在 MOT 上的实验结果[82]

FairMOT 在多个数据集上的精度和实时性都超越了之前的模型，是单阶段多目标跟踪方法的一个代表。

3.4　视觉注意力

3.4.1　概述

1. Attention

注意力机制（Attention Mechanism）源于人类视觉注意力。它模拟人类大脑在处理图像时，能够迅速找到需要重点关注的图像区域的特点，获取人们常说的注意力焦点。人类大脑可以对焦点区域投入更多的关注以捕获细节信息，抑制其他无用信息。对于机器人而言，通过注意力机制，也有助于节省计算资源，快速聚焦重要信息，对机器人智能导航的纵深化发展起着重要的推动作用[86-88]。

深度学习中的 Attention 同样模拟人类视觉注意力的处理过程，从本质而言与人类的选择性视觉注意力类似。主要目的同样是从众多信息中筛选出对当前目标任务更相关的信息，以便提高信息处理的效率和预测的准确性。那么，Attention 与目前较为主流的 CNN 和递归神经网络（Recursive Neural Network，RNN）有哪些不同以及具有何种优势？

CNN 和 RNN 及其变体模型如 LSTM 网络等在计算机视觉和自然语言处理领域

已经取得了较好的成绩，但仍存在以下两个问题：计算能力的限制和优化算法的限制。主要体现在如 RNN 等网络模型无法通过并行计算来提高训练与预测效率。而 Attention 模拟人脑处理信息时筛选重要信息、忽略无用信息的处理方式，使得计算机能合理分配计算资源，对重要信息分配更多的资源，在一定程度上缓解了计算能力的限制。同时，Attention 的计算无须考虑输入信息的序列与元素间距离的长短，能够覆盖信息中的每个元素，建立元素间长距离的依赖关系。输入的信息也可并行计算，以提高训练与预测效率。因此，相比于 RNN 及其变体模型，Attention 不但做到了并行化计算还可以获得之前或之后任意长距离间的“信息”特征，有助于构建预测速度更快、预测精度更准的网络模型。

在 Attention 机制中，“信息”一般称为值向量（Value）并拥有相应的权重（Weight）。Attention 的核心思想便是对所有的 Value 分配不同的 Weight，Weight 越大表示该 Value 越重要，计算机将分配更多的资源，也就是模型越关注该 Value。一部分 Attention 的计算还会引入查询向量（Query）和键向量（Key）。具体计算过程见图 3.50。

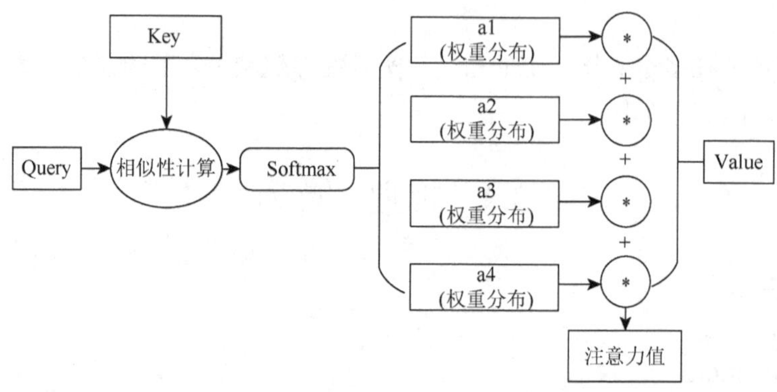

图 3.50　Attention 的工作流程

如图 3.50 所示，首先，Attention 可以使用不同的计算方法来计算 Query 和 Key 间的相似性，如两者间的向量点积、余弦相似性或者通过 MLP，具体计算公式见式（3-32）～式（3-34）。

$$S(\text{Query},\text{Key}) = \text{Query}\cdot\text{Key} \tag{3-32}$$

$$S(\text{Query},\text{Key}) = \frac{\text{Query}\cdot\text{Key}}{\|\text{Query}\|\cdot\|\text{Key}\|} \tag{3-33}$$

$$S(\text{Query}\cdot\text{Key}) = \text{MLP}(\text{Query},\text{Key}) \tag{3-34}$$

计算后得到的浮点数记为 sim 。然后，引入如 Softmax 函数将 sim 转换至一定数值范围内，α_i 为 Value 对应的权重系数，即前面内容所述的 Weight。最后，

将 α_i 与 Value 进行加权求和得到 Attention 关系分布，具体计算公式见式（3-35）和式（3-36）。

$$\alpha_i = \text{Softmax}(\text{sim}) = \frac{\mathrm{e}^{\text{sim}_i}}{\sum_{\mathrm{i}} \mathrm{e}^{\text{sim}_i}} \tag{3-35}$$

$$\text{Attention}(\text{Query}, \text{Value}) = \sum_i \alpha_i \cdot \text{Value}_i \tag{3-36}$$

在计算机视觉的各种任务中，Attention 确实发挥了其强大的注意力关注和计算资源合理分配的作用。如文献[89]受早期机器翻译中 Attention 的启发，将 Attention 应用到图像描述（Image Caption）中，从此打开了 Attention 在图像领域应用的先河。Image Caption 得益于 CNN 和 RNN 的提出取得了较好的发展，然而仅基于 CNN 网络提取的图像特征会丢失许多有用的低层次视觉信息，这些信息将有助于生成更加丰富的图像描述。因此，文献[89]向 Image Caption 任务中引入 Attention，使其能有效提取低层次的图像特征，进而提高图像描述的丰富程度，其工作流程见图 3.51。该模型的主要组成部分有 CNN、RNN 和 Attention。与之前所提出的模型相比，其将 Attention 附加到 RNN 中，以此实现低层次图像信息的获取。结果可视化见图 3.52。

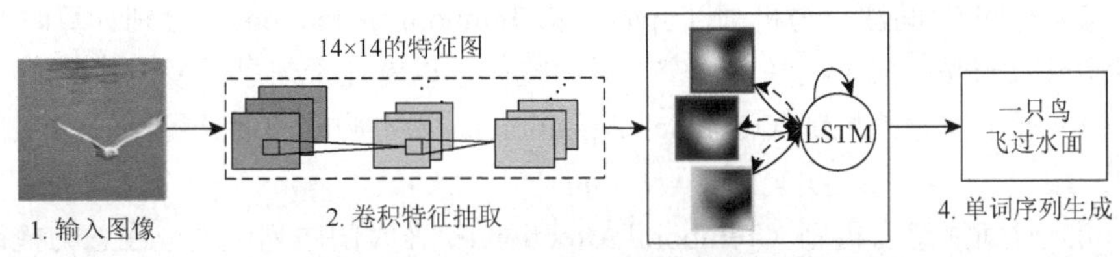

图 3.51　Image Caption 的工作流程[89]

图 3.52　引入 Attention 关注重要对象的可视化结果[89]

展示了在不同的图像中，引入 Attention 之后确实实现了如人类一样的注意力关注，白色区域为关注的区域即该区域的 Attention 相比其他区域权重较大，下划线表示着重强调的单词

2. Attention 分类

由于Attention在各领域的广泛应用，研究学者对Attention进行了不同的分类。本书中将按照 Attention 的发展（见图 3.53）以及在计算机视觉中的应用将其分为以下八种注意力机制。

（1）注意力机制（Attention）：注意力机制起源于机器翻译任务中，通过对文本中各个单词分配不同的权重，以表示其对目标函数的不同重要性。

（2）空间注意力机制（Spatial Attention）：跨空间域生成注意力掩码并使用它来选择重要的空间区域或直接预测最相关的空间位置。

（3）分支注意力机制（Branch Attention）：在不同的分支上生成注意力掩码，并使用它来选择重要的分支。

（4）自注意力机制（Self-Attention）：对注意力机制进一步优化，即更加注重自身内部特征之间的注意力分配。

（5）通道-空间注意力机制（Channel & Spatial Attention）：分别预测通道和空间注意掩码或直接生成联合 3D 通道、高度、宽度注意掩码，并使用它来选择重要特征。

（6）空间-时间注意力机制（Spatial & Temporal Attention）：分别计算时间和空间注意力掩码，或生成联合时空注意力掩码，以专注于信息区域。

（7）通道注意力机制（Channel Attention）：为不同的通道分配不同的注意力权重。

（8）时间注意力机制（Temporal Attention）：在时间序列中生成注意力掩码，并用它来选择关键帧。

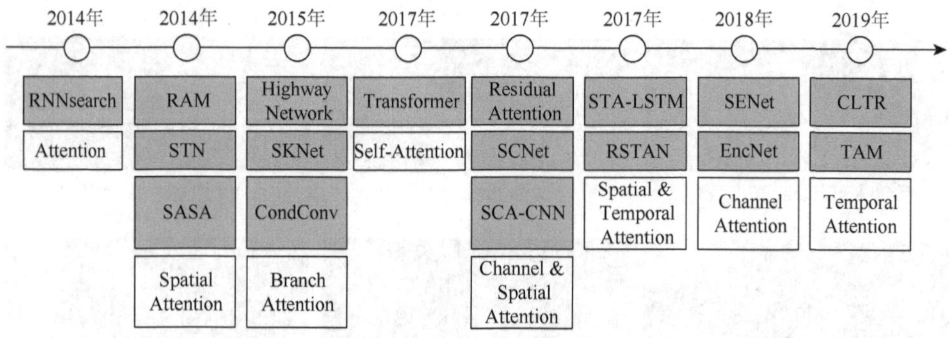

图 3.53　经典的 Attention 模型

图中浅灰色为各类代表性注意力机制名称，深灰色为其对应的模型架构。2014 年 Attention 对应的模型从上到下依次为[90]，2014 年 Spatial Attention 对应的模型从上到下依次为[91-93]，2015 年 Branch Attention 对应的模型从上到下依次为[94-96]，2017 年 Self-Attention 对应的模型从上到下依次为[97]，2017 年 Channel & Spatial Attention 对应的模型从上到下依次为[98-100]，2017 年 Spatial & Temporal Attention 对应的模型从上到下依次为[101, 102]，2018 年 Channel Attention 对应的模型从上到下依次为[103, 104]，2019 年 Temporal Attention 对应的模型从上到下依次为[105, 106]

3. Self-Attention

自注意力机制（Self-Attention）是注意力机制的一种高级变体，它更加关注数据本身和内部特征的相关性，相比 Attention 减少了对外部信息的依赖，主要体现在 Self-Attention 的 Query、Key 和 Value 均是来自自身的输入变换，而其他形式的 Attention、Key 和 Value 是来自外部的。Self-Attention 的具体计算流程为：首先，对输入信息序列 X 通过三个不同的线性变换分别得到 Query 向量，Key 向量和 Value 向量；然后，为了网络训练的梯度稳定，对 Query 向量与 Key 向量的矩阵相乘结果进行缩放处理；最后经过 Softmax 获得权重系数，并与 Value 进行加权求和得到 Attention 关系分布。具体计算公式见式（3-37）～式（3-40）。

$$Q = W_Q X \tag{3-37}$$

$$K = W_K X \tag{3-38}$$

$$V = W_V X \tag{3-39}$$

$$\text{Attention}(Q,K,V) = \text{Softmax}\left(\frac{QK^{\mathrm{T}}}{\sqrt{d_k}}\right)V \tag{3-40}$$

其中，Q 表示 Query 向量；K 表示 Key 向量；V 表示 Value 向量；W_Q、W_K 与 W_V 分别表示作用于输入信息序列 X 的三个不同的线性变换的权重；d_k 表示 Key 向量的维度。

4. Transformer

文献[97]抛弃了 CNN 和 RNN 框架，提出了一个完全基于 Self-Attention 的深度学习计算模型 Transformer。Transformer 的提出在一定程度上解决了 RNN 存在的一些缺陷，如无法实现并行、难以建立长时间或远距离信息之间的依赖关系。Transformer 仅基于 Self-Attention 而设计，不考虑输入序列的顺序和距离长短，能将任意两个位置之间的距离用一个常量（通常为相似度）表示，建立任意两个位置间的依赖关系。Transformer 的整体架构见图 3.54。

Transformer 本质上是一个编码器-解码器结构。文献[97]将 Transformer 设置为 6 个编码器和 6 个解码器（即 $N=6$）。编码器的输出为解码器的输入，示意见图 3.54，左边为编码器，右边为解码器。编码器的主要部件包括以下三个。

（1）多头注意力（Multi-Head Attention），也可称为多头自注意力（Multi-Head Self-Attention），是由多个 Self-Attention 组成。输入序列首先进行多次 Self-Attention 计算，然后对其结果进行拼接，经线性映射后输出多头注意力的计算结果，见图 3.55。

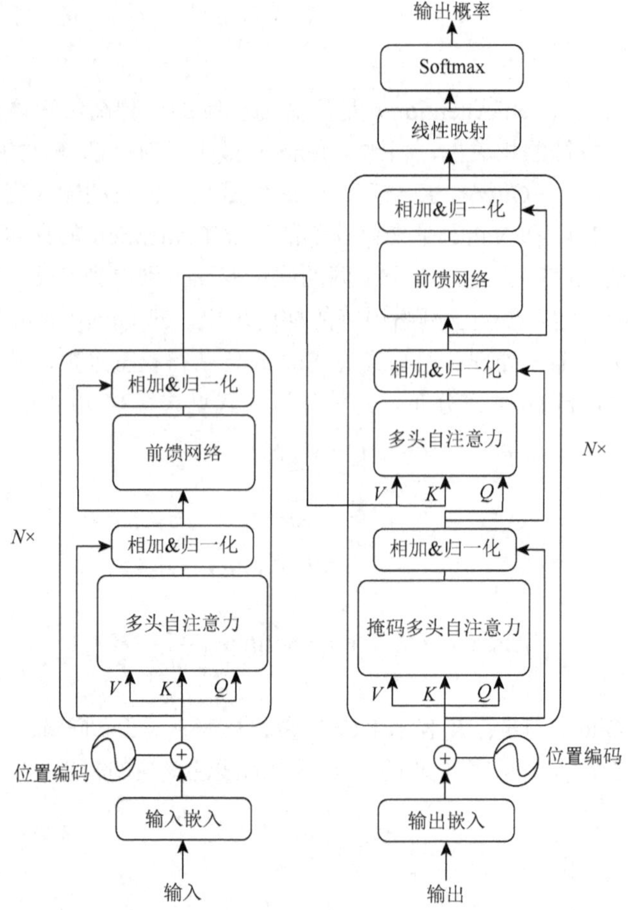

图 3.54　Transformer 的网络结构[97]

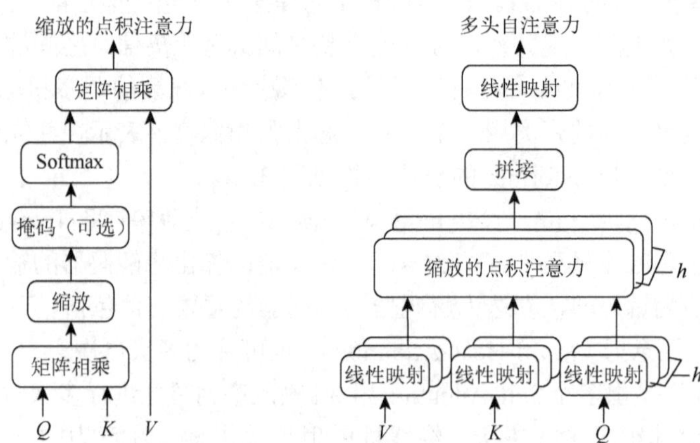

图 3.55　Multi-Head Attention 的网络结构[97]

（2）前馈网络（Feed Forward Network，FFN），为编码器引入非线性变换，增强了模型的非线性拟合能力。

（3）残差连接（Residual Connection）与层归一化（Layer Normalization，LN）。残差连接为了解决网络退化的问题，使得模型层数较深时仍能得到较好的训练效果。层归一化是为了规范优化空间，加速模型收敛。

解码器相比编码器多了一个掩码多头注意力（Masked Multi-Head Attention）模块，使其在解码时将所有的注意力关注在当前位置之前的所有序列信息，对当前位置之后的序列信息进行掩盖，使其在参数更新时不产生效果。掩码多头注意力的具体细节见文献[97]及其对应的代码。

多头自注意力与 FFN 的具体计算公式见式（3-41）～（3-43）。

$$\text{MultiHead}(Q,K,V)=\text{Concat}(\text{head}_1,\cdots,\text{head}_h)W^O \tag{3-41}$$

$$\text{where head}_i=\text{Attention}(QW_i^Q,KW_i^K,VW_i^V) \tag{3-42}$$

$$\text{FFN}(M)=\max(0,MW_1+b_1)W_2+b_2 \tag{3-43}$$

其中，$W^O\in\mathbb{R}^{d_v h\times d_{\text{model}}}$，$W_i^Q\in\mathbb{R}^{d_{\text{model}}\times d_k}$，$W_i^K\in\mathbb{R}^{d_{\text{model}}\times d_k}$，$W_i^V\in\mathbb{R}^{d_{\text{model}}\times d_v}$是可训练参数；$h$表示多头自注意力的头数；$\sqrt{d_k}$即为图 3.55 左图中的缩放操作，其计算为$d_k=d_v=d_{\text{model}}/h$；$d_{\text{model}}$为网络模型中输入该多头自注意力的特征维度。如$d_{\text{model}}=512$，$h=8$，那么$d_k=d_v=\dfrac{512}{8}=64$。

Transformer 最开始应用于自然语言处理（Natural Language Processing，NLP）领域的机器翻译等任务，随后被引入计算机视觉领域，并在各种视觉任务（如图像识别、目标检测、语义分割、动作识别、图像生成等）上取得了很好的效果。具体如下。

（1）在目标检测任务上，Transformer 通常以下面三种方式被应用：将 Transformer 作为特征提取的主干网络；CNN 作为特征提取的主干网络，Transformer 作为目标检测的解码器；完全基于 Transformer 的一个端到端的目标检测模型。其中，具有代表的研究工作有：文献[107]提出一个以 Transformer 为主干网络的目标检测模型 DETR，它将目标检测看作一组预测任务，即给定一组图像特征预测出一组目标边界框。DETR 确实达到了与 Faster R-CNN 相当的目标检测效果，且相较于 Faster R-CNN 其模型设计更为简单。文献[108]将可变形的注意力模块引入到 DETR 中提出了一个优化的 DETR 模型 Deformable DETR，该模型解决了 DETR 中无法很好检测的小目标对象和难以收敛的问题。

（2）在图像分割任务上，Transformer 同样取得了一些创新性的研究成果，如文献[109]提出了一个基于 ViT[110]的语义分割模型。文献[111]提出了一个基于

Transformer 的，含有分层 ViT 作为编码器以及一个基于 MLP 的解码器的分割模型。文献[112]使用 ViT 编码器来提取图像特征，并使用 Mask Transformer 作为解码器来预测分割掩码，以此实现更好的分割性能。

（3）在目标跟踪领域，Transformer 同样也获得了出色的表现。文献[113]提出一种基于 Transformer 的跟踪架构，将目标跟踪任务视为帧到帧的预测问题，并引入 TrackFormer 模块实现了较优的目标跟踪性能。文献[114]提出一种基于 Transformer 的特征融合方法，通过建立非线性语义融合与挖掘远距离的特征关联特性以获得目标和区域的全局信息，从而提高了单目标跟踪的效果。

下面对部分基于 Transformer 的环境语义感知方法进行详细介绍。

3.4.2 基于 Transformer 的目标检测

DETR 是将 Transformer 运用到目标检测领域的最早尝试。目前大多数目标检测器通过定义一些锚框 RoI 等，把目标检测问题视为一个分类和回归问题来间接完成该任务。而 DETR 将目标检测任务直接视为无序集合预测任务，构造了一个完全端到端的目标检测框架，简化了检测步骤，去除了以往算法对人工先验知识的依赖，并取得了不错的结果。

DETR 通过将常见的 CNN 和 Transformer 架构相结合，直接预测最终检测目标的集合。DETR 可以分为四个部分：主干网络 CNN、基于 Transformer 架构的编码器、基于 Transformer 架构的解码器和由共享参数的 FFN 组成的预测头部。DETR 的网络结构示意见图 3.56 和图 3.57。

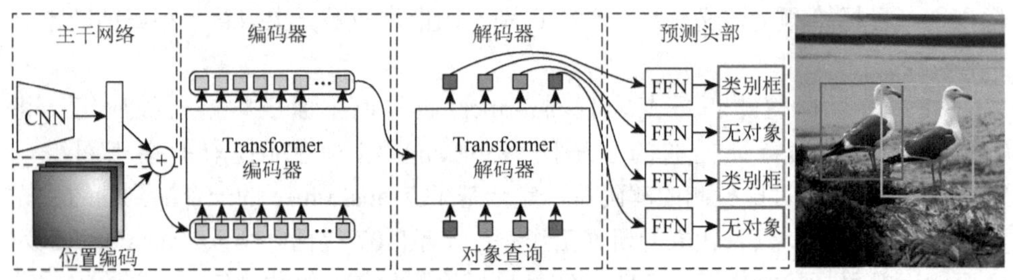

图 3.56 DETR 的网络结构 1[107]

DETR 的工作流程为以下几点。

（1）输入图片（$3\times H_0\times W_0$）经过 CNN 提取图像特征，得到分辨率较低的特征图（$C\times H\times W$）。在输入到 Transformer 编码器前，需要对这些特征图进行预处理。首先采用1×1卷积将特征图的通道数由 C 压缩至 d，得到降维后的特征图

（$d \times H \times W$），然后将空间的维度（宽与高）压缩为一个维度，得到特征图（$HW \times d$）。因为 Transformer 编码器不包含用于进行目标定位的绝对位置信息，因此需要给 HW 上的每个位置添加空间位置编码。随后，将得到的特征向量与空间位置编码相结合，再输入到 Transformer 编码器中。

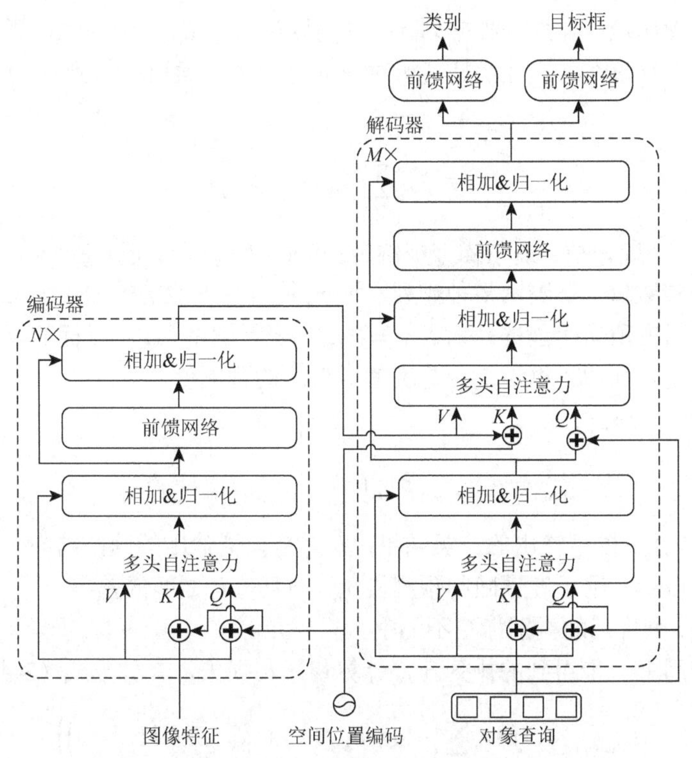

图 3.57　DETR 的网络结构 2[107]

（2）Transformer 编码器接收上一步的输出，并建立特征图（$HW \times d$）中所有特征向量（特征向量的通道数为 d）两两之间的依赖关系。每个 Transformer 编码器层都包含一个多头自注意力模块和一个前馈网络。

（3）Transformer 解码器的输入为 Transformer 编码器输出的特征图、空间位置编码以及对象查询（Object Queries）。对象查询大小为（$n \times d$），其中 n 是一个事先设定的、远大于图像中的目标个数的一个整数，对象查询矩阵内部可通过学习建立 n 个对象之间的关联关系。解码器部分和标准 Transformer 大体上是一样的，不过这里是并行处理 n 个对象，而不像原始 Transformer 一样是序列化处理。

（4）将 Transformer 解码器输出的 n 个通道数为 d 的特征向量，输入至前馈网络中得到最终的预测目标（类和边界框）或“无对象”结果。

DETR 为了对模型进行有效训练，使用了经典的双边匹配算法（匈牙利算法）来寻找与每个真值对应的预测值，进而将目标检测问题转化为了无序集合预测问题。因此，DETR 的训练损失函数取名为匈牙利损失（Hungarian Loss），具体解读如下。

（1）为了计算模型损失，DETR 使用匈牙利算法来寻找与每个真值对应的预测值。具体操作是：寻找一种排列 $\hat{\sigma}$，使得匹配代价 L_{match} 最小化，那么这时对于图片中的第 i 个真值，$\hat{\sigma}(i)$ 就是其所对应的预测值的索引。排列 $\hat{\sigma}$ 的计算公式见式（3-44）。

$$\hat{\sigma} = \underset{\sigma \in \mathfrak{S}_n}{\operatorname{argmin}} \sum_{i}^{n} L_{\text{match}}(y_i, \hat{y}_{\hat{\sigma}(i)}) \tag{3-44}$$

其中，n 是一个固定值，表示模型训练时一张图片输出的预测值数量，n 远大于图中目标的真实数量。σ 表示某种排列，而 $\mathfrak{S}_n$ 是所有可能的排列，代表从真值索引到预测值索引的所有可能的映射。$y_i = (c_i, b_i)$ 表示图中第 i 个目标的真值，c_i 是类别标签，b_i 是目标边界框，$\hat{y}_{\hat{\sigma}(i)}$ 是真值 y_i 对应的预测值。

L_{match} 见式（3-45）。

$$L_{\text{match}} = -\mathbb{1}_{\{c_i \neq \varnothing\}} \hat{p}_{\hat{\sigma}(i)}(c_i) + \mathbb{1}_{\{c_i \neq \varnothing\}} L_{\text{box}}(b_i, \hat{b}_{\hat{\sigma}(i)}) \tag{3-45}$$

其中，$\hat{p}_{\hat{\sigma}(i)}(c_i)$ 是模型输出的分类结果；$\hat{b}_{\hat{\sigma}(i)}$ 是模型输出的回归结果；L_{box} 是方框损失（Box Loss）用于度量回归预测值 $\hat{b}_{\hat{\sigma}(i)}$ 与真值 b_i 之间的差异。$\mathbb{1}_{\{c_i \neq \varnothing\}} = 1$ 时，表示图中第 i 个目标的类别标签不为空。

（2）使用上一步得到的排列 $\hat{\sigma}$，计算匈牙利损失，具体见式（3-46）。

$$L_{\text{Hungarian}}(y, \hat{y}) = \sum_{i=1}^{n} \left(-\log_2 \hat{p}_{\hat{\sigma}(i)}(c_i) + \mathbb{1}_{c_i \neq \varnothing} L_{\text{box}}\left(b_i, \hat{b}_{\hat{\sigma}(i)}\right) \right) \tag{3-46}$$

其中，y 表示图中目标的真值集；$\hat{y}$ 表示预测值的集合。

方框损失 L_{box} 包括两部分损失，第一部分是 IoU 损失 L_{iou}，第二部分是 L_1 损失 $\|\cdot\|_1$，具体见式（3-47）。

$$L_{\text{box}}\left(b, \hat{b}_{\hat{\sigma}(i)}\right) = \lambda_{\text{iou}} L_{\text{iou}}\left(b, \hat{b}_{\hat{\sigma}(i)}\right) + \lambda_{L1} \| b - \hat{b}_{\hat{\sigma}(i)} \|_1, \lambda_{\text{iou}}, \lambda_{L1} \in \mathbb{R} \tag{3-47}$$

其中，λ_{iou} 与 λ_{L1} 是超参数。

DETR 在相当的计算量下，相比 Faster R-CNN 取得了更高的精度，且推理速度接近。缺点是训练时间长，小目标精度不如 Faster R-CNN。实验结果见图 3.58。

DETR 和上述基于 CNN 的一阶段二阶段的预测方式不同，训练过程中标注 k 个符合类别的目标，$n-k$ 个“无对象类别”的目标，预测阶段也预测 n 个目标，将目标检测任务变成了一个无序的集合预测任务。

图 3.58　DETR 在 COCO 上的实验结果[107]

3.4.3　基于 Transformer 的图像分割

在 Transformer 引入语义分割之前，基于编解码结构（如 FCN、UNet）的 CNN 模型是语义分割领域的主流。Transformer 被引入语义分割后，进一步促进了语义分割的发展。SEgmentation TRansformer（SETR）是一种基于 ViT 的语义分割模型，通过以纯 Transformer 结构的编码器来代替 CNN 编码器，改变了现有语义分割模型的主体架构。

SETR 的整体模型结构见图 3.59。核心架构仍然是编解码结构，但是相比于以 CNN 为主导的编解码结构，SETR 仅使用 Transformer 来构建编码器。SETR 的

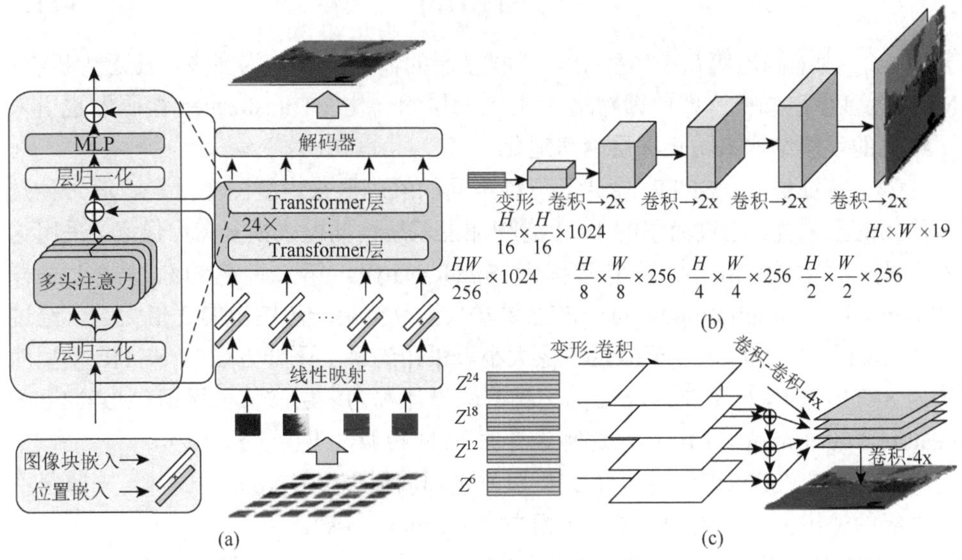

图 3.59　SETR 的网络结构[109]

编码器流程跟 ViT 较为一致，首先对输入图像进行分块，然后对每个图像分块做线性变换后加上空间位置编码得到特征向量，最后输入至 Transformer 编码器中。在解码阶段，SETR 设计了三种不同的解码器来恢复图像像素。

SETR 的工作流程具体如下。

（1）图像分块与降维：首先将（$C \times H \times W$）的图片转换为（$n \times P^2C$）的形式，其中 $n = HW / P^2$，表示大小为 P^2、通道数为 C 的图像块的数量。然后将图像块进行线性变换（即全连接层），将通道数压缩为 D。

（2）空间位置编码：图像经过分块与降维后，需要空间位置编码维持图像的空间位置信息，否则会影响模型性能。空间位置编码是一个可学习的嵌入向量，采用 x_{class} 进行表示。式（3-48）是图像分块和空间位置编码的数学表示：

$$z_0 = \left[x_{\text{class}}; x_p^1 E; x_p^2 E; \cdots; x_p^n E\right] + E_{\text{pos}}, \quad E \in \mathbb{R}^{(P^2 \cdot C) \times D}, E_{\text{pos}} \in \mathbb{R}^{(n+1) \times D} \tag{3-48}$$

其中，x_i 是第 i 块的输入，经过投影 E 变换成为 D 维向量，同时 x_{class} 标志放在输入第一位作为可学习的参数变量，加上位置编码；E_{pos} 是位置编码，用以添加序列的位置信息。

（3）特征编码：SETR 的 Transformer 编码器与原始 Transformer 一致，由多头自注意力模块与多层感知机组成。特征编码的过程见式（3-49）～（3-51）。

$$z_l' = \text{MSA}(\text{LN}(z_{l-1})) + z_{l-1}, \quad l = 1, \cdots, L \tag{3-49}$$

$$z_l = \text{MLP}(\text{LN}(z_l')) + z_l', \quad l = 1, \cdots, L \tag{3-50}$$

$$y = \text{LN}\left(z_l^0\right) \tag{3-51}$$

其中，z_{l-1} 为编码器第 l 层的输入；z_l 为第 l 层的输出；MSA 为多头自注意力机制；MLP 为多层感知机（即前馈网络）；LN 为层归一化。Transformer 编码器也引入了经典的残差结构来防止深层网络退化。

（4）特征解码：SETR 设计了三种不同的解码器来恢复图像像素。第一种是最原始的上采样，通过简单的 1×1 卷积加上双线性插值来恢复图像像素。采用这种上采样方法的 SETR 模型简称为 SETR-Naive。第二种称为渐进式上采样（Progressive Upsampling），每一次上采样只恢复至上一步图像的 2 倍大小，经过 4 次上采样后就可以恢复至原始图像大小。采用这种上采样方法的 SETR 模型简称为 SETR-PUP，见图 3.59（b）。第三种解码设计称为多层次特征累积（Multi-Level Feature Aggregation，MLA），这种设计跟 FPN 相似，见图 3.59（c）。

SETR 同 PSPNet[41]一样，SETR 引入了辅助损失（Auxiliary Loss）来监督不同层级的输出。主损失为 Softmax 损失（Softmax Loss）。

SETR 在主流语义分割数据集（如 Cityscapes、ADE20K 和 PASCAL Context 等）上进行了大量实验，都取得了很好的结果。但是，跟 ViT 一样，SETR 要取得好的结果，对预训练模型和数据集大小都有较大依赖。在 Cityscape 数据集上的分割结果见图 3.60。

图 3.60　SETR 在 Cityscape 数据集上的实验结果[109]

3.4.4　基于 Transformer 的目标跟踪

TrackFormer 是采用 Transformer 进行多目标跟踪的一个代表算法。常见的基于检测的多目标跟踪方法在进行帧间数据关联时，需要通过 CNN 获得目标的身份特征从而计算相似度，而 TrackFormer 提出了一个新的跟踪范式：基于注意力的跟踪，将多目标跟踪任务构建为一个帧到帧的集合预测问题。TrackFormer 获得图像特征后，在编码器阶段，对来自 CNN 的特征进行编码，在解码器阶段，通过新的跟踪查询，以自回归的方式在图像序列中获得跟踪目标，并解码为边界框及其身份标识。

TrackFormer 主要由一个 CNN 和一个 Transformer 组成，其中 CNN 负责提取图像特征，Transformer 完成目标跟踪任务。Transformer 部分的结构见图 3.61，基本遵循 DETR 的网络结构，不同点在于解码器端对于查询向量的处理。

解码器端的查询向量包含两种：目标查询向量（Object Queries）和跟踪查询向量（Track Queries）。目标查询向量用于帮助网络在任意帧初始化跟踪目标，跟踪查询向量中含有目标的身份特征，用于负责帧间目标跟踪。跟踪查询向量在和目标查询向量融合前，先通过一个多头自注意力层进行预处理，将上一帧获得的跟踪查询向量变换到当前帧，从而更好地与当前帧的目标查询向量融合。

（1）通过 CNN 提取图像特征。

（2）对于初始帧，进行跟踪初始化：初始帧的图像特征经过 Transformer 编码器获得特征编码，解码器使用 N_{object} 个目标查询来解码，得到新的目标类别与位置的预测。同时，解码器输出的向量用以初始化跟踪查询。

（3）对于后续帧，进行目标跟踪：上一帧获得的跟踪查询向量进入网络，和目标查询向量融合后，进行解码，得到当前帧的目标位置和类别，并以此来保持、移除或新增跟踪查询向量，完成对目标的跟踪。

TrackFormer 使用了类似 DETR 的集合预测损失函数，不同点在于对真值的分配策略，TrackFormer 中先处理跟踪查询再处理目标查询，若当前帧中存在跟踪查询所包含的目标 ID，就将该 ID 对应的目标真值分配给该跟踪查询，否则以背景类别分配给跟踪查询，表示该目标未出现过。在后续帧跟踪过程中出现的新目标，则遵循 DETR 的分配方式，处理后分配给目标查询。

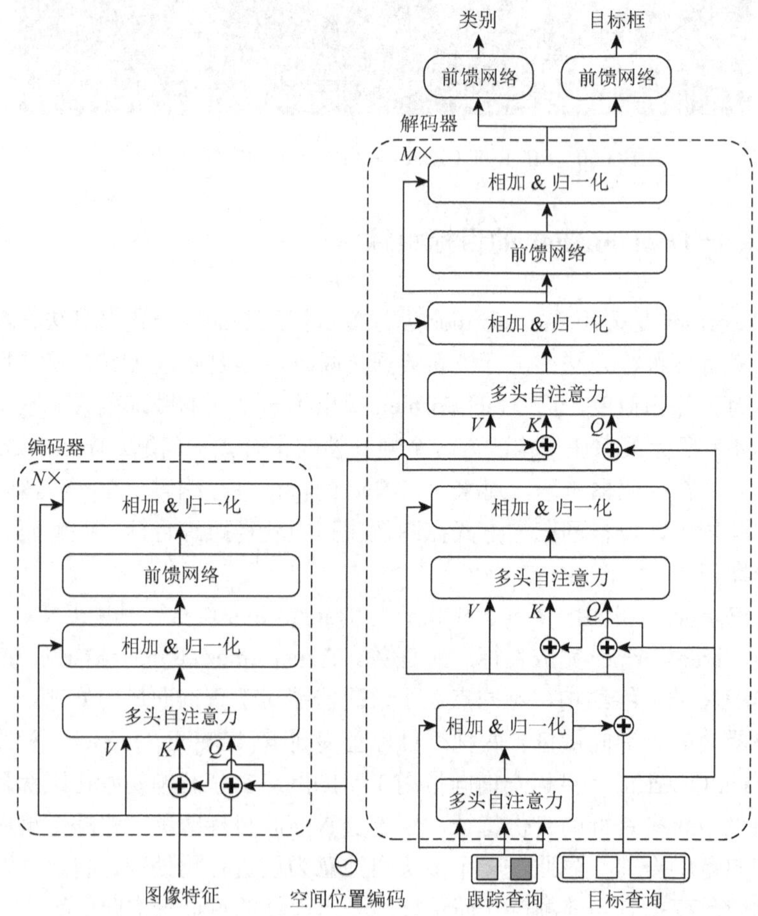

图 3.61　TrackFormer 的网络结构[113]

TrackFormer 的工作流程见图 3.62，具体如下。

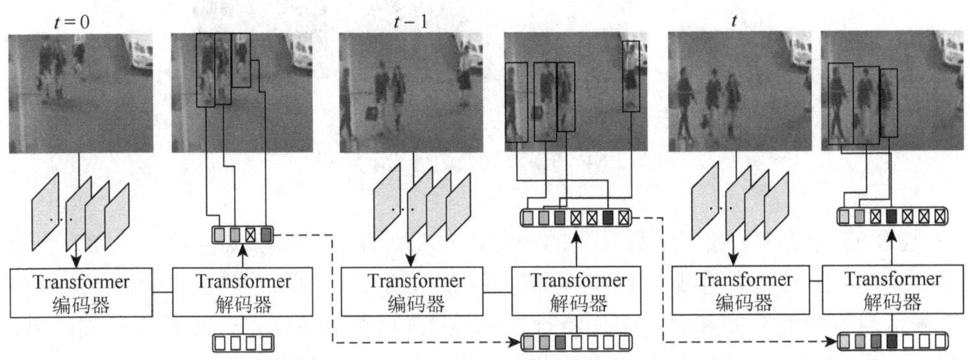

图 3.62　TrackFormer 的工作流程[113]

TrackFormer 通过使用 Transformer 架构，省略了传统多目标跟踪方法中获取身份标识和匹配的过程，在公开数据集上有着不错的表现。实验结果见图 3.63。

图 3.63　TrackFormer 在 MOTS20 上的实验结果[113]

上面为 Track R-CNN 的结果，下面为 TrackFormer 的结果

3.5　基于深度学习的 3D 点云语义感知

3.5.1　概述

除上述基于 2D 图像数据的深度学习方法之外，随着 3D 采集技术与传感器（如激光雷达、RGB-D 相机）的发展，基于 3D 数据（如点云）的深度学习也同样获得了众多关注，且在许多领域得到了广泛应用，如计算机视觉、自动驾驶与机器人导航。复杂性是 3D 数据与 2D 数据的最大区别，区别于视觉图像这种可以直接表示为 2D 矩阵的数据形式，3D 数据有着不同的表达形式（见图 3.64），主要包括点云、网格、体素和 RGB 深度图四种。

图 3.64　3D 数据表达形式示意图

3D 点云是 3D 数据中最常见的一种，也是近年来的研究热点之一。3D 点云主要是由 3D 激光雷达或 RGB-D 相机扫描获得的 3D 数据，是在同一空间参考系下表达目标空间分布和目标表面特性的海量 3D 点集合。3D 点云的表达形式简单，且在 3D 空间中保留了原始的几何信息，不需要进行任何离散化处理，有利于充分挖掘数据中的深层信息，提高导航过程中机器人对周边环境的理解能力。

近年来，3D 点云的深度学习成为 3D 点云研究领域的热点。3D 点云的深度学习面临三个主要挑战[115]：首先，非结构化的排列，即点云是一系列不均匀的采样点，使得点云中各点之间的相关性很难被深度神经网络进行特征提取；其次，无序化的排列，即点云的排列方式无特定的顺序，在几何上，点的顺序不影响它在底层矩阵结构中的表示方式，使得点云特征提取的算法都必须不受输入点云排列次序的影响；最后，点云数量的不确定性，即点云数量的大小因不同的传感器而不同。研究者提出了众多方法来应对这些挑战，并且可以根据任务形式大致划分为：3D 点云形状分类、3D 点云目标检测和跟踪、3D 点云分割，详细分类见图 3.65，任务示意见图 3.66。

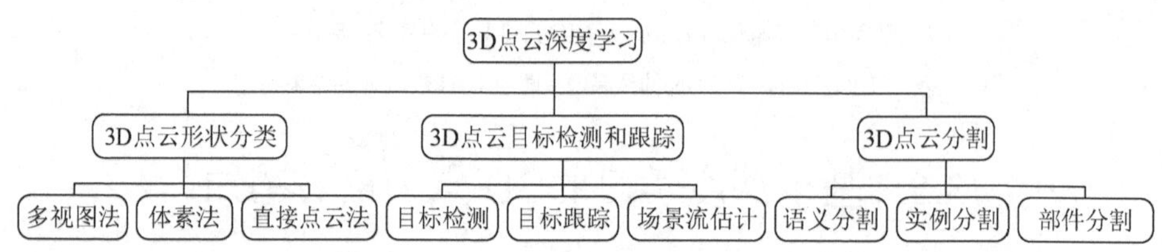

图 3.65　3D 点云深度学习方法分类[115]

（1）3D 点云形状分类。主要任务是提取一个具有高度判别能力的形状描述子，也可称为全局形状嵌入（Global Shape Embedding），通常为一个高维特征向量。然后输入至全连接层中实现 3D 形状分类。根据神经网络输入数据的类型，大致可分为如下几点。

①多视图法，通过将非结构化的点云投影至多个 2D 平面视图中，然后提取特征并融合，以实现准确的形状分类。如 MVCNN[116]将点云投影至多视图中并通

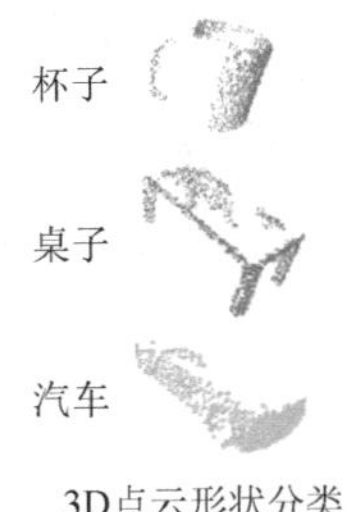

3D点云形状分类

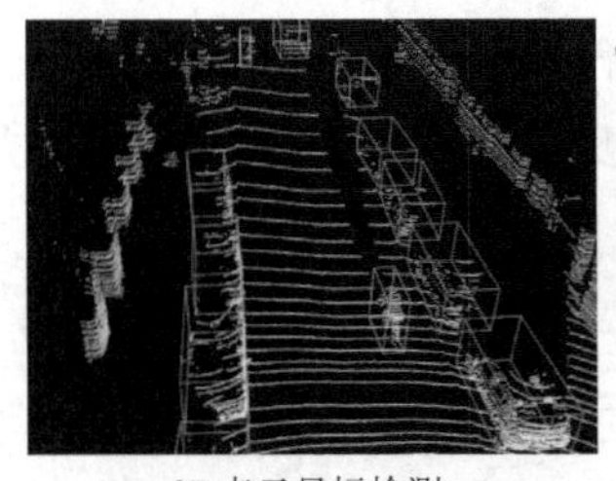
3D点云目标检测

3D点云分割

图 3.66　3D 点云任务示意图[118, 120]

过 CNN 提取特征，然后使用最大池化组成一个全局的形状描述子，最后使用 SVM 实现分类。

②体素法，通过将非结构化的点云体素化为 3D 网格的形式，然后通过 3DCNN 实现分类。如 PointGrid[117]集成了点云与网格表示形式，以实现高效的点云处理。

③直接点云法，该类方法通过直接处理原始点云数据从而减少了信息损失。如 PointNet[118]直接以点云作为输入，通过多个多层感知机层独立地学习每个点的特征，并使用最大池化来提取全局特征。

（2）3D 点云目标检测和跟踪。3D 点云目标检测的主要任务是基于输入的场景点云，在所有被检测物体的周围构建一个有方向的 3D 包围盒，实现对目标的准确定位。与图像中的目标检测方法类似，3D 点云目标检测方法也可分为以下两类。

①二阶段目标检测方法，也可称为基于 RoI 的目标检测方法，处理过程分为两个阶段，先使用算法得到 RoI，然后提取区域特征以获得类别标签。如 PV-R-CNN[119]在处理过程中首先使用 RPN 获得了 RoI，然后对 RoI 进行后期操作。

②一阶段目标检测方法，使用单阶段网络直接对检测目标进行类别概率预测与 3D 边界框回归，不需要先寻找 RoI，检测速度更快。如 VoxelNet[120]构建了一种端到端的 3D 点云目标检测网络，不产生 RoI，也不对 RoI 进行后期操作。

3D 点云目标跟踪的主要任务是给定被检测目标在初始帧中的位置，并在随后各帧中估计其状态。相比于 2D 目标跟踪，3D 点云目标跟踪可以利用 3D 点云中丰富的几何信息与空间位置信息，有助于解决 2D 目标跟踪中所面临的遮挡、尺度变化、光照变化等问题。如文献[121]提出了一种基于形状补全网络和孪生网络的单目标跟踪模型，性能优于当时大多数 2D 目标跟踪方法。

（3）3D 点云分割的任务是了解全局几何结构以及每个点的细粒度细节，将点云中的每个点分配到相应的类别。根据分割粒度的不同，点云分割方法可以分为语义分割、实例分割和部件分割（Part Segmentation）。如用于 3D 点云语义分割的 DGCNN[122]、用于 3D 点云实例分割的 GSPN[123]、用于 3D 点云部件分割的 VoxSegNet[124]。

下面选择了部分经典模型进行详细介绍。因为3D点云目标检测、3D点云目标跟踪和3D点云分割任务中，包含了3D点云分类任务，所以下面将不再单独介绍3D点云形状分类的模型。

3.5.2 常用数据集与评估指标

常用数据集包括ModelNet、KITTI、S3DIS等（见附录部分常用数据集）。

1. 3D形状分类任务评估指标

3D形状分类任务的代表性评估指标主要有总体精度（Overall Accuracy，OA）和平均分类精度（Mean Class Accuracy，mAcc）。

1）OA

OA代表所有测试实例的平均精度，计算公式见式（3-52）。

$$\text{OA}=\frac{\text{TP}+\text{TN}}{\text{TP}+\text{FN}+\text{FP}+\text{TN}} \tag{3-52}$$

其中，TP表示被模型预测为正类的正样本；TN表示被模型预测为负类的正样本；FN表示被模型预测为负类的负样本；FP表示被模型预测为正类的负样本。

2）mAcc

mAcc代表每类准确度的平均值，当每个类别数据量相同时，OA = mAcc。

2. 3D目标检测任务评估指标

3D目标检测的代表性评估指标主要有AP、精确率和召回率。

3. 3D点云分割任务评估指标

3D点云分割任务的评估指标主要有OA、mAcc、MAP和mIoU。

3.5.3 3D点云目标检测

1. PV-R-CNN

基于体素的方法，计算效率更高，但是存在信息丢失的问题，会降低定位精度；而基于点云的方法，保留了准确的位置信息，但是有着更高的计算成本。基于此，文献[119]提出了一种融合体素和点云的目标检测模型PV-R-CNN，该模型通过结合基于体素和基于点云的方法的优点，在保证定位精度的同时计算效率也更高。

PV-R-CNN 是基于 RoI 的二阶段目标检测方法，在处理过程中首先使用 RPN 获得了 RoI，然后对 RoI 进行后期操作。

PV-R-CNN 主要由三部分构成：3D 体素 CNN，用于特征编码以及生成 RoI；体素到关键点的场景编码，用于将点云抽象为一些关键点，让这些具有多尺度语义特征的关键点集合代表完整的点云；关键点到网格的特征抽象，用于完善 RoI。

PV-R-CNN 的处理流程（见图 3.67）主要可以分为以下三个阶段。

（1）特征编码及 RoI 生成：输入原始点云进入体素 CNN，通过 3D 稀疏卷积分别得到 1×、2×、4×、8×降采样的特征图，实现特征提取。然后将 8×降采样特征图投影至 2D 鸟瞰视角上，经过 RPN 生成 3D RoI。

（2）体素到关键点的场景编码：通过最远点采样（Furtherest Point Sampling，FPS）获取可以代表整个场景的一小组关键点，然后通过体素集抽象（Voxel Set Abstraction，VSA）模块，根据 3D CNN 编码的体素特征对关键点的多尺度特征进行编码。

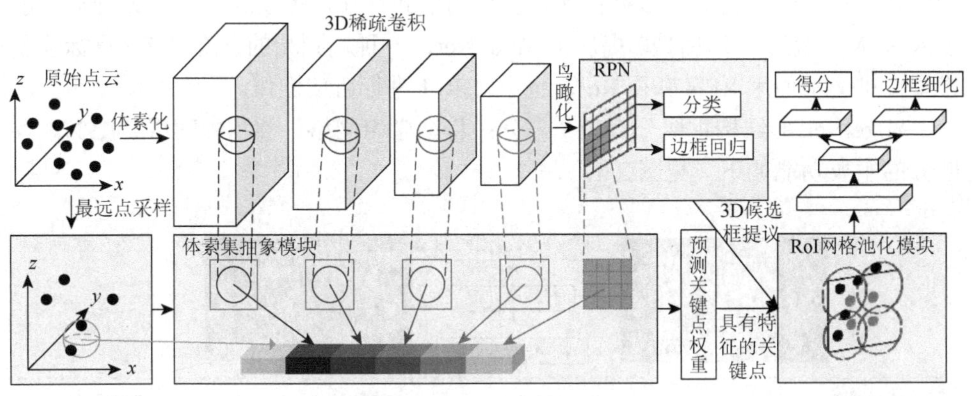

图 3.67　PV-R-CNN 的网络结构[119]

（3）关键点到 RoI 网格的特征抽象：在生成 3D RoI 后，需要对 RoI 进行细化操作。为此，PV-R-CNN 设计了将具有多尺度语义特征的关键点聚合到 RoI 网格点的 RoI 网格池化模块（RoI-Grid Pooling Module），以实现 RoI 的细化，具体见图 3.68。

在每个 3D RoI 中采样一系列网格点，对每一个网格点可以在其球体范围内找到相邻的关键点，然后使用 PointNet 模块聚合这些关键点特征作为该网格点的特征。最后，将 3D RoI 内的所有点的特征向量化，并使用两层 MLP 处理后得到最终特征，使用该特征预测边界框和置信度，就得到了最终的检测结果。

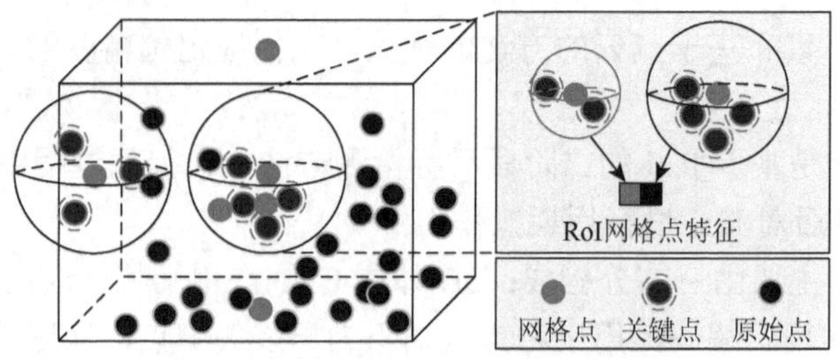

图 3.68　RoI 网格池化模块示意图[119]

PV-R-CNN 的训练损失函数包括：区域候选损失 L_{rpn} 、关键点分割损失 L_{seg} 和候选细化损失 L_{rcnn} 。

文献[119]在 KITTI 数据集和 Waymo Open 数据集上进行了大量实验，实验结果显示 PV-RCNN 仅使用点云就很好地超越了当时最新的 3D 目标检测方法。

2. VoxelNet

RPN 是一种高效的目标检测算法，然而这种方法要求数据密集并且组织成多维向量结构。一般的点云数据稀疏且以点的形式存在，需要人工进行处理后才能输入 RPN。为此，文献[120]提出了 VoxelNet，一种端到端的一阶段 3D 目标检测模型，中间不使用 RPN 获得 RoI，也不对 RoI 进行后期操作。

VoxelNet 的结构主要分为三个部分：特征学习网络、卷积中间层、RPN。各部分的主要功能如下（见图 3.69）。

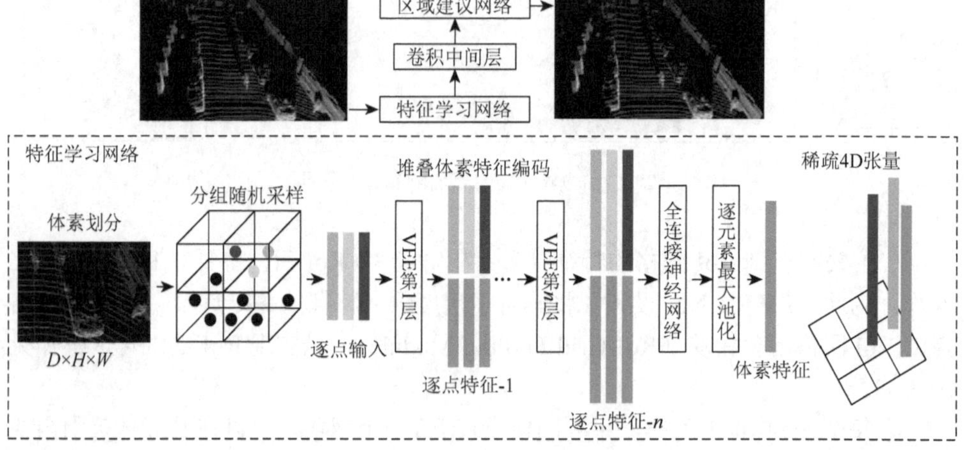

图 3.69　VoxelNet 的网络结构[120]

（1）特征学习网络。在特征学习网络中，3D 点云被划分为一定数量的体素，经过点的随机采样和归一化后，对每一个非空的体素使用若干个体素特征编码（Voxel Feature Encoding，VFE）层级联进行局部特征提取。

VFE 层的结构见图 3.70。对于每一个非空体素中的点，首先通过全连接层转换到特征空间，得到每个点的特征表示。然后对这些点特征进行最大池化聚合得到代表这个体素的局部特征，该特征随后与各点的特征进行拼接，使其具有体素内其他点的特征信息。

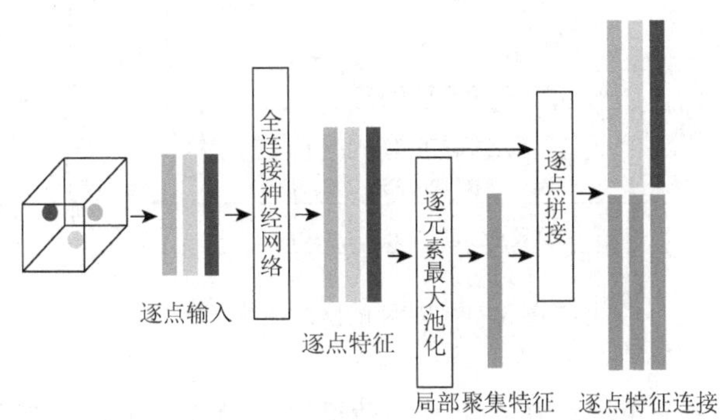

图 3.70　VFE 层的网络结构[120]

在特征学习网络的最后，非空体素特征表示为稀疏张量，这是因为将点云划分为体素后，绝大多数的体素都是空的，这样显著降低了反向传播期间的内存使用和计算成本。

（2）卷积中间层。特征学习网络向卷积中间层输出一个 4D 的特征张量，卷积中间层将每个体素的特征聚合，进一步抽象特征。卷积中间层在到 RPN 层之前，会将当前 4D 张量转成一个 3D 张量，目的是扩充深度信息，因为卷积操作是针对深度和体素个数的维度做卷积，在卷积之后深度信息太少。

（3）RPN。RPN 对目标进行检测和位置回归。如图 3.71 所示，RPN 网络有三个卷积块，每块通过步长为 2 的卷积将体素特征进行下采样处理，然后对其进行步长为 1 的卷积。同时，每一个经过卷积的结果都经过反卷积上采样为 256 维的特征向量，然后拼接，以构建高分辨率的特征图。最终，通过卷积分别输出概率评分图和回归图，得到最终检测结果。

VoxelNet 的训练损失函数见式（3-53）：

$$L=\alpha\frac{1}{N_{\text{pos}}}\sum_{i}L_{\text{cls}}\left(p_i^{\text{pos}},1\right)+\beta\frac{1}{N_{\text{neg}}}\sum_{j}L_{\text{cls}}\left(p_j^{\text{neg}},0\right)+\frac{1}{N_{\text{pos}}}\sum_{i}L_{\text{reg}}\left(\boldsymbol{u}_i,\boldsymbol{u}_i^*\right) \tag{3-53}$$

其中，前两项是归一化判别损失；p_i^{pos} 和 p_j^{neg} 分别表示 Softmax 层对正锚框（Positive Anchor）和负锚框（Negative Anchor）的分数；L_{cls} 代表二值交叉熵损失；

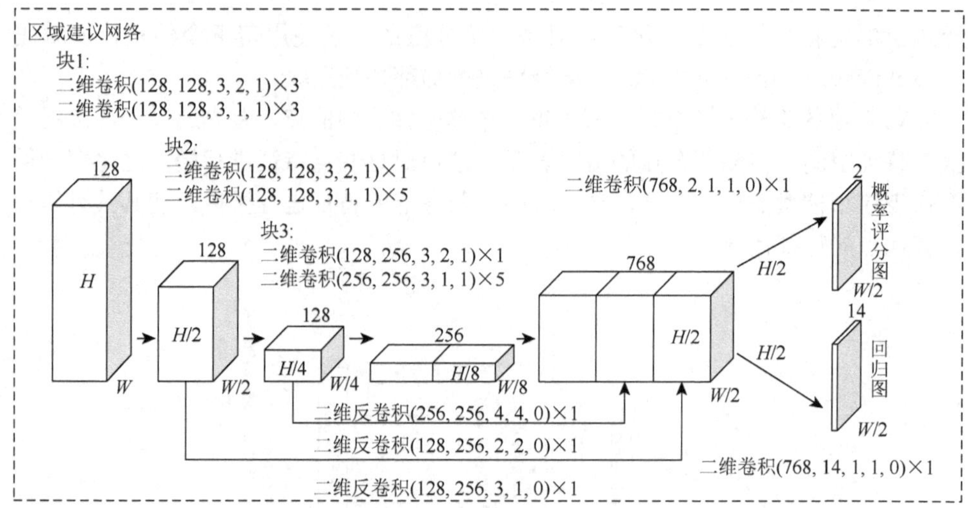

图 3.71　RPN 的网络结构[120]

N_{pos} 和 N_{neg} 分别表示正锚框和负锚框的数量；α 和 β 为正定平衡系数；L_{reg} 为回归损失；$\boldsymbol{u}_i$ 和 $\boldsymbol{u}_i^*$ 分别对应着正锚框的回归输出和真值。

VoxelNet 在 KITTI 3D 目标检测数据集（见附录）上取得了出色的效果。

3.5.4　3D 点云分割

1. PointNet

点云是一种非结构化数据，具有无序性、旋转性等特性，在直接利用点云特征进行分类分割的方法出现之前，用深度学习方法处理点云数据时，往往先将其投影到 2D 栅格中获取鸟瞰图、前视图等，然后将这些不同视角的数据相结合，实现对点云数据的认知。又或是将点云数据体素化后作为深度网络模型的输入，以方便进行卷积操作，但这会导致数据变得异常庞大，同时该方法的精度依赖于 3D 空间的分割细腻度，3D 卷积运算的复杂度也较高。基于此，文献[118]提出了一种处理点云数据的深度学习模型——PointNet，开创了直接利用点云进行分类分割的先河。

PointNet 的深度学习模型分为分类网络和分割网络（见图 3.72）：分类网络以 n 个点的点云数据为输入，经过 T-Net 对齐后通过 MLP 提取特征，而后用最大池化聚合特征，最终输出 k 个待选类别的分数；分割网络在分类网络的基础上进行扩展，将点云的局部特征与全局特征拼接，输出 n 个点相对于 m 个类别的得分。

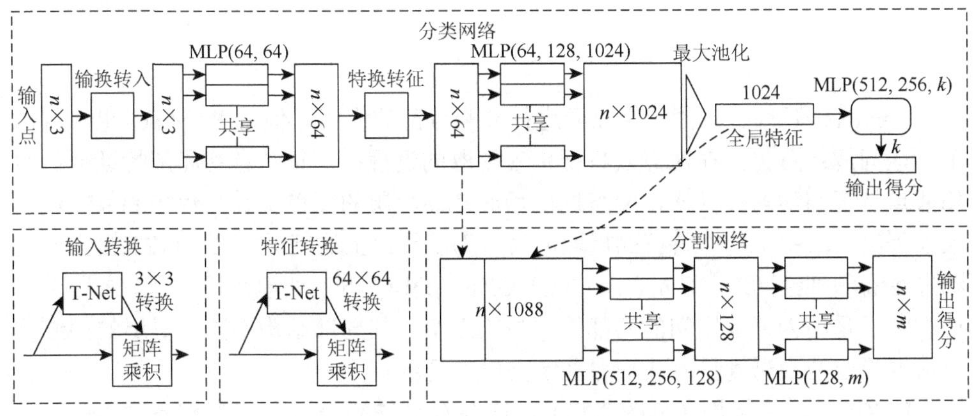

图 3.72　PointNet 的网络结构[118]

PointNet 主要解决了欧氏空间中点云的三个问题：一是点云是无序集合，对于一个特定点集而言，输入点集的顺序不影响最终分类和分割的能力；二是点与点之间不是孤立的，模型应具备提取点与相邻点之间的局部特征的能力；三是对点云的几何变换不能影响模型对点云的分类和分割。对于这三个问题，PointNet 使用以下解决策略。

（1）使点云输入的无序性对模型的输出结果不产生影响有三个解决方案，分别是：方案一，将输入点云进行规范化的排序；方案二，将所有可能的顺序进行排列，训练出一个输出结果相同的模型；方案三，用对称函数保证排列不变。方案一无法找到一种高维下稳定的排序，而方案二很难扩展到大数量的点云上。PointNet 选择了方案三作为解决方法，见式（3-54），x 代表点云中某个点，h 代表特征提取层，PointNet 中用 MLP 学习得到 h，$\circ$ 表示先执行 g，再执行 γ，g 代表对称方法，是单变量函数与最大池化的组合，γ 代表更高维的特征提取，最终提取的每一维都选取 n 个点中对应的最大特征值或特征值之和，这样就通过 g 解决了无序问题。

$$f\left(x_1, x_2, \cdots, x_n\right) = \gamma \circ g\left(h(x_1), \cdots, h(x_n)\right) \tag{3-54}$$

（2）为了利用局部特征和全局特征，PointNet 在分割网络中将每个点的 64 维局部特征与 1024 维的全局特征拼接形成 1088 维特征，在此基础上再学习得到的新的点特征就同时包含了局部特征与全局特征。

（3）对于几何变换的问题，PointNet 应用了轻量级网络 T-Net 学习一个仿射变换，将点云调整到最有利于网络进行分类和分割的角度。在 PointNet 中一共进行了两次转换（见图 3.72），第一次转换是对输入空间中的点云进行调整，即将点云旋转到一个利于分类和分割的角度；第二次转换是将点云提取出的 64 维特征进行对齐，是在特征层面的转换。

2. DGCNN

PointNet 开创了直接利用点云进行分类分割的先河，但是 PointNet 也暴露出了一些问题：首先，在对点云特征单独提取的过程中，每个点的局部特征缺乏对相邻点特征的学习；其次，网络结构仍然是卷积层的简单堆叠，网络层数较浅，很大程度上限制了网络特征的提取能力。为了解决上述问题，文献[122]提出使用动态图卷积神经网络（Dynamic Graph CNN，DGCNN）处理点云问题。之所以是动态的，是因为特征空间的局部结构与输入空间的局部结构不同，每层的图结构会根据设定的距离度量方式动态地定义局部区域。

DGCNN 网络架构（见图 3.73）与图 3.72 中 PointNet 网络架构高度相似，就是在 PointNet 的基础上将特征提取层换成了边卷积（EdgeConv）模块，并去掉了用于特征空间对齐的 T-Net，但保留输入空间对齐的 T-Net。EdgeConv 模块实现了对相邻点特征的整合，并且能保持点云的排列不变性。

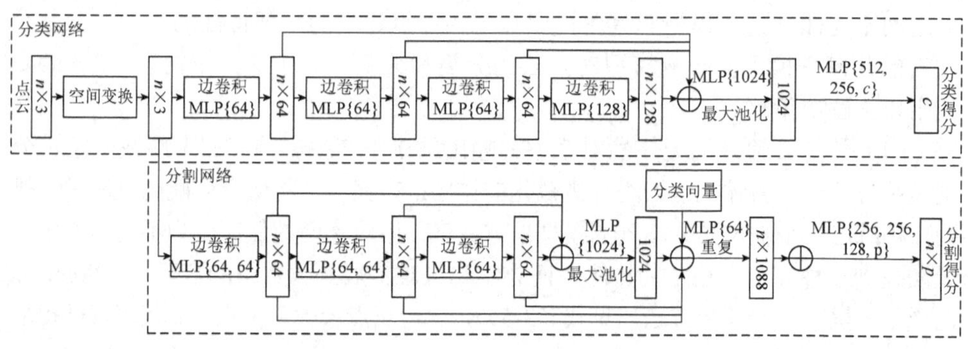

图 3.73　DGCNN 的网络结构[122]

DGCNN 网络的最大创新之处在于 EdgeConv 模块，其通过在网络的每一层上动态构建图结构，将每一点作为中心点表征该点与各个相邻点的边特征，再将这些特征聚合从而获得该点的新特征。将多个 EdgeConv 模块串联叠加，DGCNN 也就获得了多层次特征。

如图 3.74 所示，与传统图像卷积利用卷积核尺寸定义局部区域不同的是，EdgeConv 内使用 k 近邻方式定义中心点附近的 k 个点为该点的邻近区域。同时为了使边特征能融合各点之间的局部信息和全局信息，将中心点的特征与每个邻近点的特征求差后串联并输入 MLP。在获得 k 个边特征之后，EdgeConv 进行最大池化得到该局部区域的单一特征。

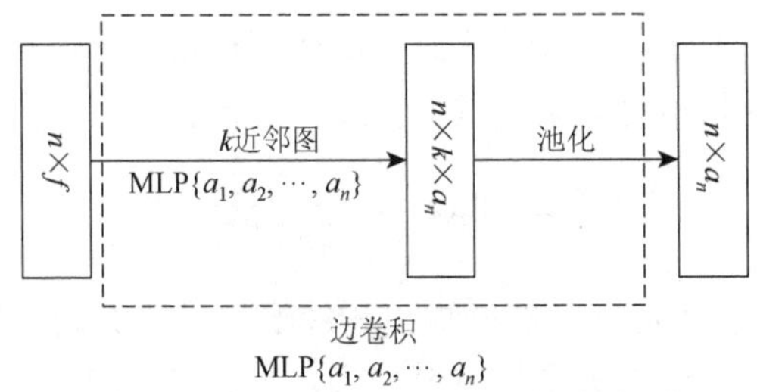

图 3.74　EdgeConv 模块的网络结构[122]

3.5.5　3D 点云目标跟踪

文献[121]提出了一种基于形状补全网络以及孪生网络的单目标跟踪器，它是第一个应用于点云的 3D 孪生跟踪器。

整体网络架构（见图 3.75）可分为两部分：自编码器网络和孪生网络。自编码器网络在对输入编码再解码的过程中将形状补全的损失加入，得到形状更加丰富的点云，能更好地应用于孪生网络匹配。孪生网络输入模板点云和候选点云，并通过相同的编码器网络编码为特征向量，然后输出这两个特征向量的相似度。最后基于相似度，对点云进行跟踪。

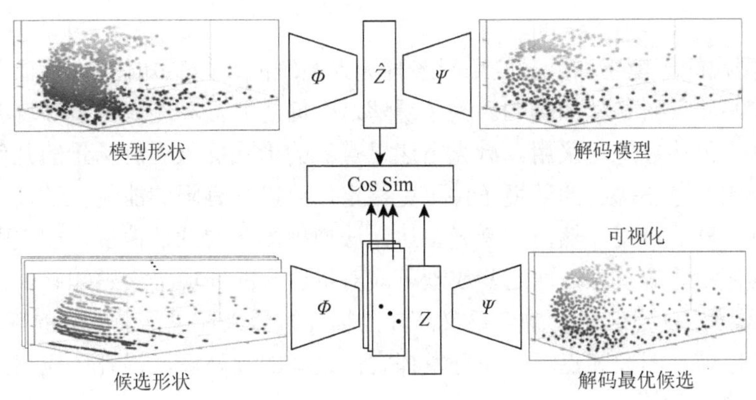

图 3.75　3D Siamese Tracker 的网络结构[121]

为了使自编码器网络具有能够补全输入点云形状的能力，需要在训练阶段通过监督纠正网络学习的结果，达到形状补全的目的。为此，该模型引入一个形状补全损失函数，使模型具有形状补全的能力，见式（3-55）。

$$L_{\text{comp}} = \sum_{\hat{\boldsymbol{x}}_i \in \hat{\boldsymbol{x}}} \min_{\hat{\boldsymbol{x}}_j \in \tilde{\boldsymbol{x}}} \left\| \hat{\boldsymbol{x}}_i - \tilde{\boldsymbol{x}}_j \right\|_2^2 + \sum_{\hat{\boldsymbol{x}}_j \in \hat{\boldsymbol{x}}} \min_{\hat{\boldsymbol{x}}_i \in \tilde{\boldsymbol{x}}} \left\| \hat{\boldsymbol{x}}_i - \tilde{\boldsymbol{x}}_j \right\|_2^2 \tag{3-55}$$

其中，$\hat{\boldsymbol{x}}$为初始模型形状；$\tilde{\boldsymbol{x}}$为编解码后的模型形状。

两个向量的余弦相似度可以用式（3-56）进行计算。

$$\text{CosSim}(\boldsymbol{z},\hat{\boldsymbol{z}})=\frac{\boldsymbol{z}^{\mathrm{T}}\hat{\boldsymbol{z}}}{\|\boldsymbol{z}\|_2\|\hat{\boldsymbol{z}}\|_2} \tag{3-56}$$

其中，$\boldsymbol{z}$和$\hat{\boldsymbol{z}}$分别代表候选点云和模板点云经孪生网络编码的向量。

孪生网络对应的跟踪损失是均方差损失，见式（3-57）。

$$L_{\text{tr}}=\frac{1}{n}\sum_{\boldsymbol{x}}(\text{CosSim}\left(\phi(\boldsymbol{x}),\phi(\hat{\boldsymbol{x}})\right)-\rho(d(\boldsymbol{x},\hat{\boldsymbol{x}})))^2 \tag{3-57}$$

其中，$\phi(x)$用于对点云进行编码；$\boldsymbol{x}$表示当前搜索点云；$\hat{\boldsymbol{x}}$为模板点云；函数$d(\cdot,\cdot)$用于获取两个点云之间的距离；函数$\rho(\cdot)$的作用是使两个点云之间的距离更平滑。

总体的损失由相似度损失和形状补全损失的加权求和构成，见式（3-58）。

$$L=L_{\text{tr}}+\lambda_{\text{comp}}L_{\text{comp}} \tag{3-58}$$

其中，λ_{comp}是用于调整两个损失占比的超参数。

3.6　图像和点云的融合语义感知

3.6.1　概述

2D 图像的环境感知广泛应用于各种无人系统的智能感知任务，然而图像容易受光照和不同气候条件的影响。为了缓解这个问题并提高无人系统环境感知的鲁棒性，激光雷达被广泛采用。激光雷达以点云的形式提供观测场景的几何信息。与相机相比，它在恶劣的环境条件下更稳定，可以在有限的能见度条件下（如夜间）提供可靠的数据。然而，激光雷达无法捕捉场景的细节信息，如视野内建筑物或者其他物体的纹理，而这些纹理可能对机器人的环境语义感知有很大帮助。将 2D 图像和 3D 点云进行融合语义感知是提高机器人环境语义感知的直观方法。如何有效地结合图像和点云，充分发挥它们之间的互补性，提升环境感知能力是当前研究的重点[125]。

要实现两者信息的融合，首先要做的是时间同步和空间同步。由于各个传感器之间采集数据的频率不一样，需要把不同时间采集的数据进行时间坐标的同步，当前通用的方法是利用 ROS 中的时间同步模块实现统一的时间同步。同时，根据相机和激光雷达之间的外参标定将激光雷达观测到的数据投影到相机所在坐标系。时间和空间同步后，真正开始两者信息的融合，其本质上是一种多模态融合任务。

当前主要存在着两种激光雷达和相机融合的方法[126]：第一种方法称为前期融

合（Early Fusion），即融合原始数据（像素和点云）；第二种方法称为后期融合（Late Fusion），即融合激光雷达和相机的预测边界框。

3.6.2 前期融合

前期融合一般是指融合原始数据，最容易并且最普遍的方式是将 3D 点云投影到 2D 图像，然后检查点云是否属于图像中预测的 2D 边界框。流程见图 3.76，主要分为如下三步。

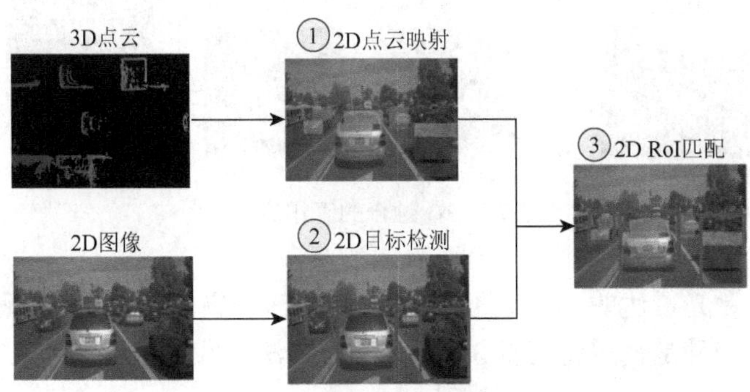

图 3.76 前期融合的工作流程[126]

（1）3D 点云投影到 2D 图像。首先将 3D 激光雷达点云转换为齐次坐标，然后根据相机和激光雷达的外参将点云变换到相机坐标系，最后通过相机投影模型以及相机内参将相机坐标系中的点云投影到像素坐标系。

（2）2D 图像目标检测。一般使用目标检测算法（如 YOLO）检测 2D 图像中的目标。

（3）RoI 匹配（Region of Interest Matching）。用于融合目标边界框内的数据。

对于每个 2D 图像边界框，目标检测分类算法提供了分类结果，而激光点云包含了非常准确的深度信息，最终融合目标语义类别和空间几何信息实现目标检测。针对图像边界框往往比真实目标大一些，目标边界框内投影点可能不属于真实目标的问题，一般采用图像分割的方法来更加准确地匹配投影点和像素。典型的前期融合方法，如 3D-CVF[127]提出了一种融合图像和激光雷达点云数据进行 3D 目标检测的网络，在 KITTI 数据集的目标检测任务中取得了当时 SOTA 的效果。

3.6.3 后期融合

后期融合是融合各个传感器的检测结果，后期融合的思路主要有两种：第一种是 2D 融合，即图像进行 2D 检测，点云进行 3D 检测后投影至图像生成 2D 检测，然后融合；第二种是 3D 融合，即图像进行 3D 检测，点云进行 3D 检测，然后融合。

下面重点介绍 3D 融合的思路，其流程图见图 3.77，主要分为以下四步。

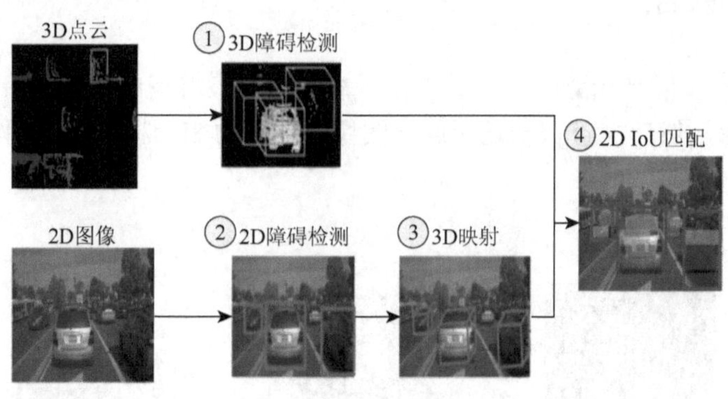

图 3.77　3D 融合的工作流程[126]

（1）基于激光雷达的 3D 障碍物检测。使用激光雷达进行 3D 障碍物检测主要有两种方法，一种是使用无监督 3D 机器学习方法，另一种是使用 RANDLA-NET 等深度学习方法。

（2）基于相机的 2D 障碍物检测。

（3）2D 障碍物检测结果映射至 3D，实现基于相机的 3D 障碍物检测。使用相机进行 3D 障碍物检测需要准确地知道相机的内参以及外参矩阵，并使用深度学习算法实现。

（4）IoU 匹配。空间上的 IoU 匹配相当简单：如果在 2D 或 3D 中，相机和激光雷达获得的边界框重叠，则认为该障碍物是相同的，以此将空间中的物体关联起来，从而在不同的传感器之间进行关联。而时间上的 IoU 匹配则需要跟踪帧与帧之间的目标甚至预测下一帧中目标的位置。

因此，后期融合方法可以应用于时间和空间上的目标检测、跟踪甚至预测，有效地提升机器人对环境的语义感知能力。后期融合方法也是多模态位置识别中最常用的方法。如文献[128]中使用 PointNetVLAD 架构获得一个点云描述子，利用 ResNet50 获得一个图像描述子，最后使用全连接层对两个单模描述子进行融合从而产生多模描述子。

3.7　典型交通对象的语义感知

前面介绍了部分目标检测、分割与跟踪方法，然而实际应用于机器人导航时，尤其是面向室外道路环境的巡逻机器人、物流机器人以及自动驾驶汽车等的自主智能导航，为了保证机器人环境语义感知的速度与精度以支持机器人做出有效的规划决策，通常需要专门针对一些典型的道路交通对象（如车道线、交通标牌、行人、车辆）进行方法研究，如车道线检测、行人与车辆检测、交通标牌检测与识别。

车道线检测任务就是对当前行驶道路的车道线进行检测，以获取车道线的位置、曲率以及车道宽度等信息，是机器人室外道路环境导航的核心研究内容，示例见图 3.78。传统的车道线检测方法主要是通过边缘检测滤波器（如 Canny、Sobel）等方式分割出车道线区域，然后结合霍夫变换（Hough Transform）、随机抽样一致（Random Sample Consensus，RANSAC）等算法进行车道线检测。这些方法需要人工调整滤波算子，工作量大且鲁棒性不佳。而基于深度学习的车道线检测方法由于具有较高的精度与鲁棒性，成为了目前的主流方式，如文献[129]提出了一种基于输入图像网格划分的车道线检测方法 UFAST，基于特征图行分类实现了实时车道线检测；文献[130]提出了一种基于锚框的车道线检测方法 LaneATT，在达到较高检测精度的同时检测速度也达到了 250 帧；文献[131]提出一种通过使用二元分割掩码和逐像素亲和力场（Per-Pixel Affinity Field）来进行车道线检测和实例分割的方法-LaneAF，结构简单，精度较高。

图 3.78　车道线检测示意图[130]

行人与车辆检测对于机器人导航十分重要，是机器人进行路径规划与决策控制的基础。只有协调好机器人与周围行人、车辆之间的位置关系，才能保证机器人的安全行驶。目前许多基于深度学习的目标检测方法（如 Faster R-CNN、SSD）对于行人与车辆的检测都表现出了良好的性能，有效支撑了机器人导航。关于行人与车辆检测的详细内容可见文献[132]。

在机器人导航中，交通标牌的检测与识别也是一个备受关注的研究内容。交通标牌包含有关行驶安全的必要信息，如禁止与允许一些驾驶行为和驾驶路线、提示道路信息与危险信息，支持机器人进行路径规划与决策控制。目前许多基于深度学习的目标检测与分割方法（如 Mask R-CNN）对于交通标牌的检测与识别也表现出了良好的性能，有效保证了机器人的行驶安全。关于交通标牌的检测与识别的详细内容可见文献[133]、[134]。

3.8 工程实践：YOLO v4

本节的工程实践具体介绍 YOLOv4 的配置、训练与测试的内容。

3.8.1 环境配置与安装

配置与安装可在 PC 和机器人感知规划核心控制智能终端上实现。

1. 环境依赖

① 操作系统：建议使用 Ubuntu16.04 或者 Ubuntu18.04
② CMake＞＝3.18
源地址：https://cmake.org/download/
③ CUDA＞＝10.2
源地址：https://developer.nvidia.com/cuda-toolkit-archive
④ OpenCV＞＝2.4
源地址：https://opencv.org/releases/
⑤ cuDNN＞＝8.0.2
源地址：https://developer.nvidia.com/rdp/cudnn-archive

2. 下载源代码及编译

第 1 步：通过以下命令下载源代码。

```
1. git clone https://github.com/AlexeyAB/darknet
```

第 2 步：出现“接收对象中：100%...完成”等字样表示下载完成，命令行窗口执行。

```
gedit ./darknet/Makefile
```

第 3 步：用 gedit 打开 darknet/Makefile，进行修改，见图 3.79，之后保存关闭。

打开(O) ▾　　*Makefile　~/tempgongcheng/darknet　　保存(S)

```
GPU=1
CUDNN=1
CUDNN_HALF=1
OPENCV=1
AVX=0
OPENMP=0
LIBSO=0
ZED_CAMERA=0
ZED_CAMERA_v2_8=0
```

图 3.79　Makefile 文件修改示意图

第 4 步：下面进行编译，执行。

```
cd darknet
make clean & make
```

第 5 步：开始编译，如果编译过程中出现下述内容。

```
Makefile: 185: recipe for target ‘obj/network-kernels.’
o failed
```

第 6 步：需要打开根目录 src/network_kernels.cu 文件，见图 3.80，Ctrl + F 搜索 cudaStreamCaptureModeGlobal，删除 cudaStreamCaptureModeGlobal 以及前面的逗号，保存并关闭。

第 7 步：命令行重新编译。

```
make clean & make
```

出现图 3.81 所示结果表示编译成功。

打开(O) ▾ network_kernels.cu ~/tempgongcheng/darknet/src 保存(S)

```
    static cudaGraphExec_t instance;

    if ((*net.cuda_graph_ready) == 0) {
        static cudaGraph_t graph;
        if (net.use_cuda_graph == 1) {
            int i;
            for (i = 0; i < 16; ++i) switch_stream(i);

            cudaStream_t stream0 = switch_stream(0);
            CHECK_CUDA(cudaDeviceSynchronize());
            printf("Try to capture graph... \n");
            //cudaGraph_t graph = (cudaGraph_t)net.cuda_graph;
            CHECK_CUDA(cudaStreamBeginCapture(stream0, cudaStreamCaptureModeGlobal));
        }

        cuda_push_array(state.input, net.input_pinned_cpu, size);
        forward_network_gpu(net, state);

        if (net.use_cuda_graph == 1) {
            cudaStream_t stream0 = switch_stream(0);
            CHECK_CUDA(cudaStreamEndCapture(stream0, &graph));
            CHECK_CUDA(cudaGraphInstantiate(&instance, graph, NULL, NULL, 0));
            (*net.cuda_graph_ready) = 1;
            printf(" graph is captured... \n");
            CHECK_CUDA(cudaDeviceSynchronize());
        }
        CHECK_CUDA(cudaStreamSynchronize(get_cuda_stream()));
```

CUDA ▾ 制表符宽度：4 ▾ 第721行，第83列 ▾ 插入

图 3.80 network_kernels.cu 文件修改示意图

cxh@cxh-LinkSpider: ~/tempgongcheng/darknet

文件(F) 编辑(E) 查看(V) 搜索(S) 终端(T) 帮助(H)

```
'cuda/include/ -DCUDNN -DCUDNN_HALF -Wall -Wfatal-errors -Wno-unused-result -Wno
-unknown-pragmas -fPIC -Ofast -DOPENCV -DGPU -DCUDNN -I/usr/local/cudnn/include
-DCUDNN_HALF obj/image_opencv.o obj/http_stream.o obj/gemm.o obj/utils.o obj/dar
k_cuda.o obj/convolutional_layer.o obj/list.o obj/image.o obj/activations.o obj/
im2col.o obj/col2im.o obj/blas.o obj/crop_layer.o obj/dropout_layer.o obj/maxpoo
l_layer.o obj/softmax_layer.o obj/data.o obj/matrix.o obj/network.o obj/connecte
d_layer.o obj/cost_layer.o obj/parser.o obj/option_list.o obj/darknet.o obj/dete
ction_layer.o obj/captcha.o obj/route_layer.o obj/writing.o obj/box.o obj/nightm
are.o obj/normalization_layer.o obj/avgpool_layer.o obj/coco.o obj/dice.o obj/yo
lo.o obj/detector.o obj/layer.o obj/compare.o obj/classifier.o obj/local_layer.o
 obj/swag.o obj/shortcut_layer.o obj/representation_layer.o obj/activation_layer
.o obj/rnn_layer.o obj/gru_layer.o obj/rnn.o obj/rnn_vid.o obj/crnn_layer.o obj/
demo.o obj/tag.o obj/cifar.o obj/go.o obj/batchnorm_layer.o obj/art.o obj/region
_layer.o obj/reorg_layer.o obj/reorg_old_layer.o obj/super.o obj/voxel.o obj/tre
e.o obj/yolo_layer.o obj/gaussian_yolo_layer.o obj/upsample_layer.o obj/lstm_lay
er.o obj/conv_lstm_layer.o obj/scale_channels_layer.o obj/sam_layer.o obj/convol
utional_kernels.o obj/activation_kernels.o obj/im2col_kernels.o obj/col2im_kerne
ls.o obj/blas_kernels.o obj/crop_layer_kernels.o obj/dropout_layer_kernels.o obj
/maxpool_layer_kernels.o obj/network_kernels.o obj/avgpool_layer_kernels.o -o da
rknet -lm -pthread `pkg-config --libs opencv4 2> /dev/null || pkg-config --libs
opencv` -L/usr/local/cuda/lib64 -lcuda -lcudart -lcublas -lcurand -L/usr/local/c
udnn/lib64 -lcudnn -lstdc++
[1]+  已完成                  make clean
(base) cxh@cxh-LinkSpider:~/tempgongcheng/darknet$
```

图 3.81 编译成功提示示意图

3.8.2　代码解析

1. 文件结构

图 3.82 为 YOLOv4 源文件包结构示意图，其中：

（1）3rdparty：存放所用到的第三方库；

（2）build：存放编译结果；

（3）cfg：存放模型配置文件；

（4）data：存放数据集及其配置；

（5）results：存放推理结果；

（6）src：存放模型源码。

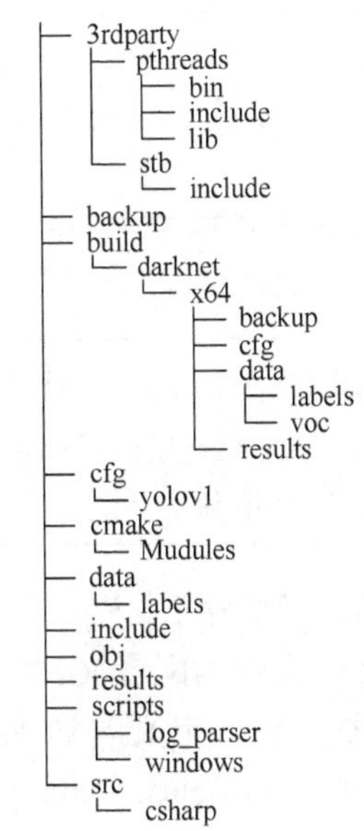

图 3.82　YOLOv4 源文件的包结构

2. 代码结构

图 3.83 为 YOLOv4 代码结构解析，分为模型入口、数据处理、模型骨干、网络构建、权重更新等几部分。

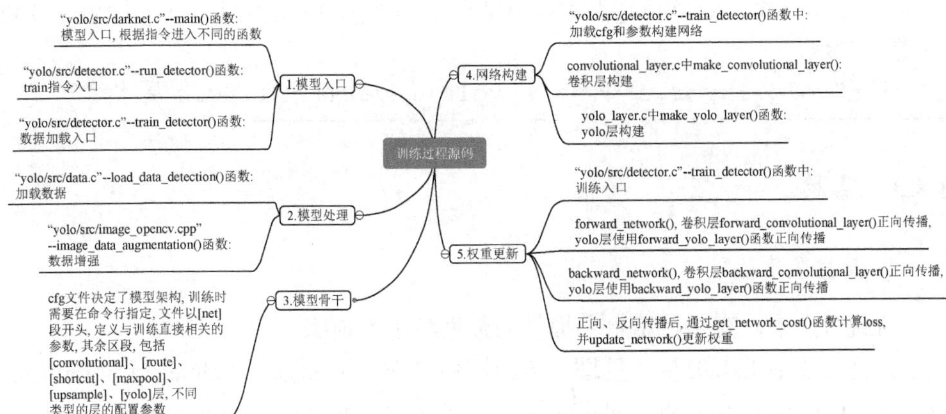

图 3.83　YOLOv4 的代码结构

1）模型入口

```
1. "yolo/src/darknet.c"—main()函数:模型入口，根据指令进入不同的函数
```

```
    2. "yolo/src/detector.c"--run_detector()函数:训练指令入口
    3. "yolo/src/detector.c"--train_detector()函数:数据加载
入口
```

2）数据处理

```
    1. "yolo/src/data.c"--load_data_detection()函数:加载数据
    2. "yolo/src/image_opencv.cpp"--image_data_augmentation()
函数:数据增强
```

3）模型骨干

cfg 文件为配置文件，决定了模型架构，训练时需要在命令行指定，文件以[net]段开头，定义与训练直接相关的参数，其余区段，包括[convolutional]、[route]、[shortcut]、[maxpool]、[upsample]、[yolo]层，分别为不同类型的层的配置参数。

4）网络构建

```
    1. "yolo/src/detector.c"--train_detector()函数中:加载 cfg
和参数构建网络
    2. "convolutional_layer.c"中 make_convolutional_layer():
卷积层构建
    3. "yolo_layer.c"中 make_yolo_layer()函数:yolo 层构建
```

3.8.3 实验

1. 数据集准备

可跳过此步，直接使用本书提供的数据集进行训练。

标注工具：LabelMe（见图 3.84），用法参考：http://labelme2.csail.mit.edu/Release3.0/browserTools/php/LabelMeHelp.php，安装地址：https://github.com/ wkentaro/labelme。

统一准备 RGB 格式的图片，后缀名统一为 png 或 jpg 其中一种。标注前要修改 predefined_classes.txt 中要标注的类别。打开 labelme，打开存放图片文件夹，点击 w 键即可进行框选。

```
    1. ├── VOCdevkit
```

```
|    └─── VOC2007
|          ├─── Annotations<----存放 xml 文件
|          ├─── JPEGImages<----存放标注的图像
```

将标注好的文件按结构存放至 darknet 目录下，在 VOC2007 目录下运行本书提供的转换脚本 voc2yolo.py，生成 2007_train.txt 和 2007_test.txt，分别为训练图片和测试图片的路径。

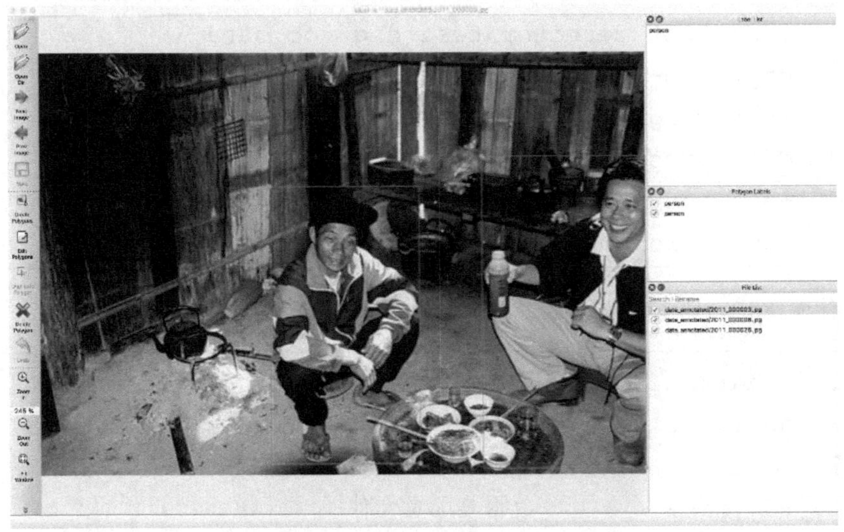

图 3.84　LabelMe 标注工具示意图

2. 模型训练

第 1 步：将本书提供的测试数据集 VOCdevkit 和预训练模型 yolov4.conv.137 放到 darknet 根目录下。将 darknet/voc.data 里 train 和 valid 的值分别改为对应 VOCdevkit/train.txt 和 test.txt 的绝对路径。

第 2 步：打开 darknet/cfg/yolo-custom.cfg，在文件 CTRL + F 搜索 yolo，修改下面的 classes 为类别数量 20，filters 修改为（类别数量 + 5）×3，也就是 75。

第 3 步：打开命令行窗口开始训练。

```
./darknet detector train cfg/voc.data cfg/yolo-custom.cfg yolov4.conv.137
```

训练结束，模型权重.weights 格式文件会存放在 darknet/backup 中。

3. 模型测试

第 1 步：评估模型性能测试命令。

```
./darknet detector map cfg/voc.data cfg/yolo-custom.cfg xxxx.weights
```

第 2 步：对图片进行测试。

```
./darknet detector test cfg/voc.data \
cfg/yolo-custom.cfg \
xxxx.weights \
data/pics/xx.jpg \
-ext_output \
-out_filename xx_detect.jpg
```

命令分析。

```
./darknet        可执行文件
detector         要进行推理
test             对图片进行推理
voc.data         数据集配置文件
cfg              模型配置文件
weights          模型权重文件
eagle.jpg        推理的输入图片
-ext_output      输出检测框的坐标
-out_filename    保存目标检测的结果到文件
```

第 3 步：对视频进行测试。

```
./darknet detector demo cfg/voc.data \
cfg/yolo-custom.cfg \
xxxx.weights \
data/video/xx.mp4 \
-ext_output \
-out_filename output.mp4
```

命令分析。

```
./darknet         可执行文件
detector          要进行推理
demo              对视频进行推理
voc.data          数据集配置文件
cfg               模型配置文件
weights           模型权重文件
2.mp4             推理的输入视频
-ext_output       输出检测框的坐标
-out_filename     保存目标检测的结果到文件
```

3.9　工程实践：DeepLab v3 +

本节的工程实践具体介绍 DeepLabv3 + 的配置、训练与测试的内容。

3.9.1　环境配置与安装

配置与安装可在 PC 和机器人感知规划核心控制智能终端上实现。

1. 创建环境

```
conda env create -f ~/tempgongcheng/deeplab.yaml
```

通过 conda 创建 deeplab 所需环境，deeplab.yaml 配置文件由本书提供，创建完成激活环境。

```
conda activate deeplab
```

2. 下载源代码并配置

第 1 步：通过以下命令下载源代码。

```
mkdir models
cd models
git init #初始化
git remote add origin  https: //github.com/tensorflow/
```

```
models.git # 增加远端的仓库地址
git config core.sparsecheckout true
echo "research/deeplab">>.git/info/sparse-checkout #选择 deeplab 文件夹
echo "research/slim">>.git/info/sparse-checkout # 选择 slim 文件夹
git pull--depth 1 origin mastervate deeplab #下载两部分源码
```

第 2 步：首先创建文件目录，之后下载 deeplab 源码和 slim 库的源码，完成之后目录见图 3.85。

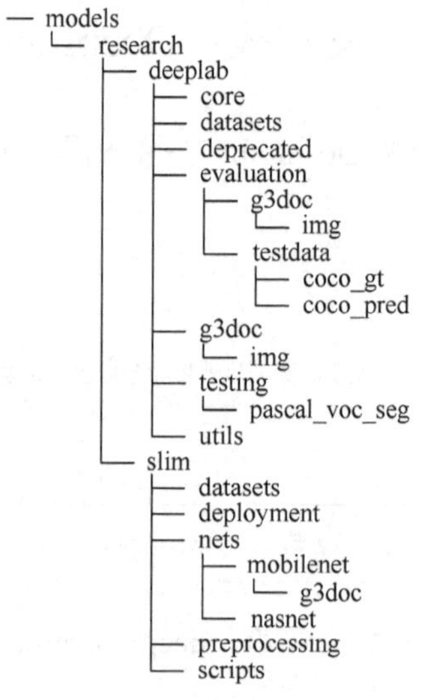

图 3.85　源码的目录结构

第 3 步：下载完之后开始测试。

```
cd  models/research
python deeplab/model_test.py
```

第 4 步：如果出现如图 3.86 所示提示，在 models/research/目录下输入。

```
export PYTHONPATH = $PYTHONPATH: `pwd`:`pwd`/slim
```

第 5 步：后续，如果出现同样错误，在同目录下输入同样内容。

```
------
(base) cxh@cxh-LinkSpider:~/tempgongcheng/models/research/deeplab$ python model_
test.py
2021-12-27 20:43:39.232518: I tensorflow/stream_executor/platform/default/dso_lo
ader.cc:48] Successfully opened dynamic library libcudart.so.10.1
Traceback (most recent call last):
  File "model_test.py", line 21, in <module>
    from deeplab import common
ModuleNotFoundError: No module named 'deeplab'
```

图 3.86　找不到 deeplab 提示示意图

第 6 步：重新运行 model_test.py，如果出现如图 3.87 所示内容，则说明环境配置完成。

```
2021-12-27 20:57:48.216669: W tensorflow/compiler/jit/mark_for_compilation_pass.c
=--tf_xla_cpu_global_jit was not set.  If you want XLA:CPU, either set that envva
ass --vmodule=xla_compilation_cache=1 (as a proper command-line flag, not via TF_
[       OK ] DeeplabModelTest.testForwardpassDeepLabv3plus
[ RUN      ] DeeplabModelTest.testWrongDeepLabVariant
[       OK ] DeeplabModelTest.testWrongDeepLabVariant
[ RUN      ] DeeplabModelTest.test_session
[  SKIPPED ] DeeplabModelTest.test_session
----------------------------------------------------------------------
Ran 5 tests in 32.496s

OK (skipped=1)
```

图 3.87　环境配置完成示意图

3.9.2　代码解析

图 3.88 为 DeepLabv3 + 代码结构解析，包括数据集读取、网络架构、并行计算、训练更新、评估模型、保存模型等部分。

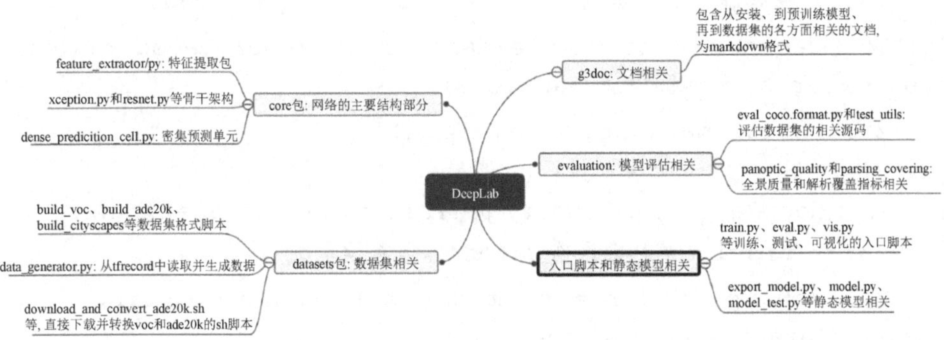

图 3.88　DeepLabv3+的代码结构

其中训练过程中的主要函数如下：

```
main()
# 配置 GPU
conifg = slim.deployment.model_deploy.DeploymentConfig(xxx)
# 获取 slim 数据集实例
dataset = deeplab.datasets.segmentation_dataset.get_dataset(xxx)#
# 得到数据
samples = input_generator.get(dataset, xxx)
inputs_queue = prefetch_queue.prefetch_queue(samples, capacity = 128 * config.num_clones)
clones = Clone(_build_deeplab(inputs_queue , xxx) , scope, device
learning_rate = train_utils.get_model_learning_rate(xxx)
slim.learning.train(xxx)

deeplab.datasets.segmentation_dataset.get_dataset(dataset_name, split_name, dataset_dir):
# 将 example 反序列化成存储之前的格式。由 tf 完成
keys_to_features
# 将反序列化的数据组装成更高级的格式。由 slim 完成
items_to_handlers
# 解码器，进行解码
decoder = tfexample_decoder.TFExampleDecoder(keys_to_features, items_to_handlers)
return dataset.Dataset(xxx)

deeplab.utils.input_generator.get(dataset, xxx)
# provider 对象根据 dataset 信息读取数据
data_provider = slim.dataset_data_provider.DatasetDataProvider(dataset, xxx)
# 获取数据，获取到的数据是单个数据，还需要对数据进行预处理，组合数据
```

```
image, height, width = data_provider.get([common.IMAGE, common.HEIGHT, common.WIDTH])
original_image, image, label = input_preprocess.preprocess_image_and_label(xxx)
return tf.train.batch(xxx)
_build_deeplab(inputs_queue, outputs_to_num_classes, ignore_label)
# 获取数据
samples = inputs_queue.dequeue()
model_options = common.ModelOptions(xxx)
# 构建模型
outputs_to_scales_to_logits = model.multi_scale_logits(xxx)
```

3.9.3 实验

1. 数据集准备

第 1 步：首先创建存放数据集的文件夹。

```
mkdir deeplab/datasets/seg
```

第 2 步：根据图 3.89 创建对应目录，分别用于：

```
+ JPEGImages                  # 存放 jpeg 格式的原图
+ SegmentationClassPNG        # 存放 png 格式的 label 图
+ index                       # 存放用于训练和测试的名单
-train.txt                    # 用于训练的图片名单（一行一个，
                                不加后缀名）
-val.txt                      # 用于测试的图片名单（同上）
+ tfrecord                    # 新建的文件夹，用于存放接下来
                                生成的 tfrecord
```

其中，JPEGImages 为 jpg 或者 png 格式的原图，SegmentationClassPNG 存放由 LabelMe 产生的 json 标注文件转换得到的灰度真值标注图。

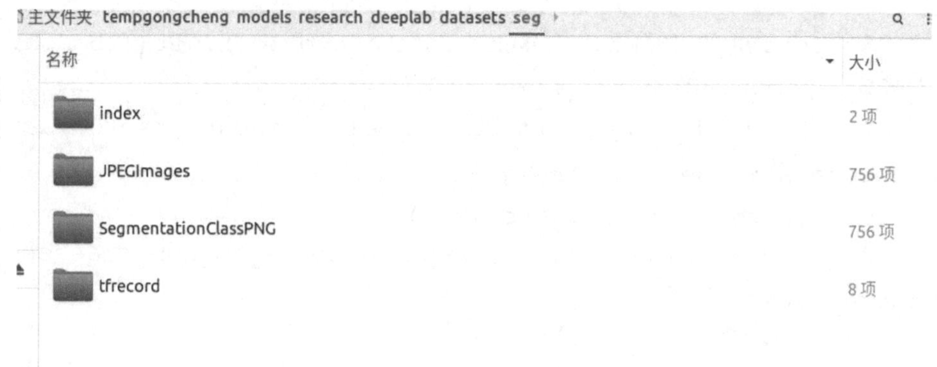

图 3.89　数据集的存放目录

第 3 步：运行以下命令将 jpg 和标注灰度图转化为对应的 tfrecord 数据集文件，tfrecord 文件是 DeepLabv3 + 训练和测试所用的数据集格式。在执行时将对应命令替换为自己的路径。

```
python deeplab/datasets/build_voc2012_data.py \
--image_folder = '/home/cxh/tempgongcheng/models/research/deeplab/datasets/seg/JPEGImages' \
--semantic_segmentation_folder = '/home/cxh/tempgongcheng/models/research/deeplab/datasets/seg/SegmentationClassPNG' \
--list_folder = '/home/cxh/tempgongcheng/models/research/deeplab/datasets/seg/index' \
--image_format = 'jpg' \
--output_dir = '/home/cxh/tempgongcheng/models/research/deeplab/datasets/seg/tfrecord'
```

第 4 步：运行本书提供的 genTrain_txt.py，生成 train.txt 和 val.txt。

```
python ~/tempgongcheng/genTrain_txt.py
```

第 5 步：运行前需要对 genTrain_txt.py 的内容进行对照修改，见图 3.90。

第 6 步：在生成了 index 和 tfrecord 文件夹下的内容后，数据集已经基本准备完成，但是要想程序能够识别，还需要在代码中注册数据集。

第 7 步：见图 3.91，在/models/research/deeplab/datasets/data_generator.py 大概 93 行的位置，增加对应内容来对数据集进行注册。至此，数据集的准备完成。

```
#coding:utf-8
import os
import random

trainval_percent = 1  #训练验证数据集的百分比
train_percent = 0.9          #训练集的百分比
filepath = '/home/cxh/tempgongcheng/models/research/deeplab/datasets/seg/JPEGImages'
total_img = os.listdir(filepath)
num=len(total_img)                   #列表的长度
list=range(num)
tv=int(num*trainval_percent)  #训练验证集的图片个数
tr=int(tv*train_percent)      #训练集的图片个数 # sample(seq, n) 从序列seq中选择n个随机且独立的元素;
trainval= random.sample(list,tv)
train=random.sample(trainval,tr)
#创建文件trainval.txt,test.txt,train.txt,val.txt
ftrain = open('/home/cxh/tempgongcheng/models/research/deeplab/datasets/seg/index/train.txt', 'w')
fval = open('/home/cxh/tempgongcheng/models/research/deeplab/datasets/seg/index/val.txt', 'w')
for i  in list:
    name=total_img[i][:-4]+'\n'
    if i in train:
        ftrain.write(name)
    else:
        fval.write(name)
ftrain.close()
fval.close()
```

图 3.90　修改 genTrain_txt.py 的路径等参数示意图

```
EscSeg = DatasetDescriptor(
    splits_to_sizes={
        'train': 680,  # num of samples in images/training
        'val': 76,  # num of samples in images/validation
    },
    num_classes=2,
    ignore_label=255,
)

_DATASETS_INFORMATION = {
    'cityscapes': _CITYSCAPES_INFORMATION,
    'pascal_voc_seg': _PASCAL_VOC_SEG_INFORMATION,
    'my_data':EscSeg,
}
```

图 3.91　修改 data_generator.py 注册数据集示意图

2. 模型训练

第 1 步：从 http://download.tensorflow.org/models/deeplabv3_pascal_train_aug_2018_01_04.tar.gz 下载并解压预训练模型置于程序目录下，命令行窗口运行下面命令开始训练。

```
python deeplab/train.py \
-logtostderr \
--training_number_of_steps = 40000 \
```

```
--model_variant = 'xception_65' \
--train_split = "train" \
--atrous_rates = 6 \
--atrous_rates = 12 \
--atrous_rates = 18 \
--output_stride = 16 \
--decoder_output_stride = 4 \
--train_crop_size = 321, 321 \
--train_batch_size = 4 \
--dataset = 'my_data' \
--train_logdir = '/home/cxh/Desktop/logs' \
--dataset_dir = '/home/cxh/tempgongcheng/models/research/deeplab/datasets/seg/tfrecord' \
--tf_initial_checkpoint = /home/cxh/tempgongcheng/models/research/deeplab/deeplabv3_pascal_train_aug/model.ckpt
```

其中各参数的含义如下：

```
--training_number_of_steps
#总的训练步数
--train_crop_size = 321, 321
#训练中从图像随机裁剪大小训练
--train_batch_size
#一次训练抓取的样本数量
--dataset = 'my_data'
#数据集名称，和上文注册内容保持一致
--train_logdir = '/home/cxh/Desktop/logs'
#训练权重的保存地址
--dataset_dir
#训练用数据集 tfrecord 位置
--tf_initial_checkpoint
#预训练模型位置
```

如果执行命令出错，见图 3.92。

```
I1227 21:32:42.554498 139976728106816 learning.py:754] Starting Session.
INFO:tensorflow:Saving checkpoint to path /home/cxh/Desktop/logs/model.ckpt
I1227 21:32:42.710590 139967103756032 supervisor.py:1117] Saving checkpoint to path /home/cxh/Desktop/logs/model.ckpt
INFO:tensorflow:Starting Queues.
I1227 21:32:42.710736 139976728106816 learning.py:768] Starting Queues.
2021-12-27 21:32:44.968411: I tensorflow/stream_executor/platform/default/dso_loader.cc:42] Successfully opened dynamic library libcudnn.so.7
2021-12-27 21:32:45.530918: E tensorflow/stream_executor/cuda/cuda_dnn.cc:329] Could not create cudnn handle: CUDNN_STATUS_INTERNAL_ERROR
2021-12-27 21:32:45.534033: E tensorflow/stream_executor/cuda/cuda_dnn.cc:329] Could not create cudnn handle: CUDNN_STATUS_INTERNAL_ERROR
INFO:tensorflow:Error reported to Coordinator: 2 root error(s) found.
```

图 3.92　训练可能遇到的错误示意图

第 2 步：在 train.py 文件中增加下列代码，和图 3.93 保持一致。

```
import os
os.environ['CUDA_VISIBLE_DEVICES'] = '/gpu: 0'
```

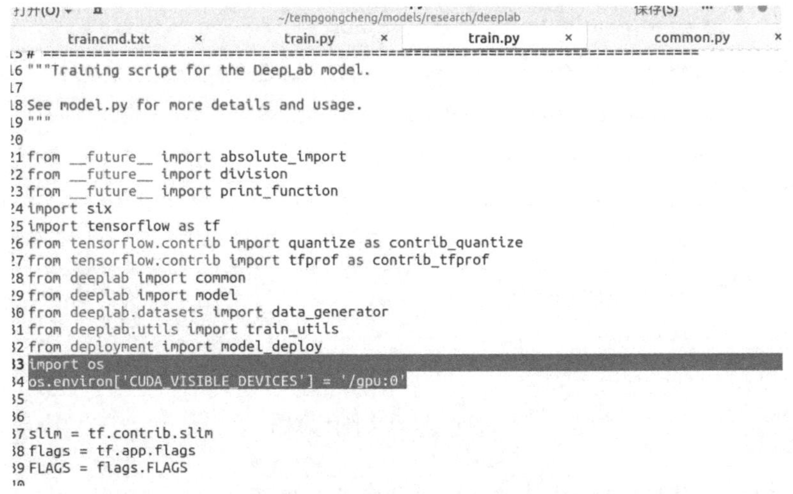

```
"""Training script for the DeepLab model.

See model.py for more details and usage.
"""

from __future__ import absolute_import
from __future__ import division
from __future__ import print_function
import six
import tensorflow as tf
from tensorflow.contrib import quantize as contrib_quantize
from tensorflow.contrib import tfprof as contrib_tfprof
from deeplab import common
from deeplab import model
from deeplab.datasets import data_generator
from deeplab.utils import train_utils
from deployment import model_deploy
import os
os.environ['CUDA_VISIBLE_DEVICES'] = '/gpu:0'


slim = tf.contrib.slim
flags = tf.app.flags
FLAGS = flags.FLAGS
```

图 3.93　解决错误的方式示意图

第 3 步：重新执行命令，如图 3.94 所示。

```
W1227 21:56:36.329951 140291905836864 deprecation.py:323] From /home/cxh/miniconda3/envs/deeplab/lib/python3
 get_checkpoint_mtimes (from tensorflow.python.training.checkpoint_management) is deprecated and will be rem
Instructions for updating:
Use standard file utilities to get mtimes.
INFO:tensorflow:Running local_init_op.
I1227 21:56:36.333502 140291905836864 session_manager.py:500] Running local_init_op.
INFO:tensorflow:Done running local_init_op.
I1227 21:56:36.481360 140291905836864 session_manager.py:502] Done running local_init_op.
INFO:tensorflow:Starting Session.
I1227 21:56:40.944629 140291905836864 learning.py:754] Starting Session.
INFO:tensorflow:Saving checkpoint to path /home/cxh/Desktop/logs/model.ckpt
I1227 21:56:41.098710 140284360910592 supervisor.py:1117] Saving checkpoint to path /home/cxh/Desktop/logs/m
INFO:tensorflow:Starting Queues.
I1227 21:56:41.099151 140291905836864 learning.py:768] Starting Queues.
INFO:tensorflow:global_step/sec: 0
I1227 21:56:42.516245 140284352517888 supervisor.py:1099] global_step/sec: 0
INFO:tensorflow:Recording summary at step 1370.
I1227 21:56:43.958933 140284344125184 supervisor.py:1050] Recording summary at step 1370.
INFO:tensorflow:global step 1380: loss = 0.3181 (3.949 sec/step)
I1227 21:57:24.523055 140291905836864 learning.py:507] global step 1380: loss = 0.3181 (3.949 sec/step)
```

图 3.94　训练成功开始示意图

第 4 步：训练结束后，权重文件会保存在命令指定的路径。权重文件示例见图 3.95。

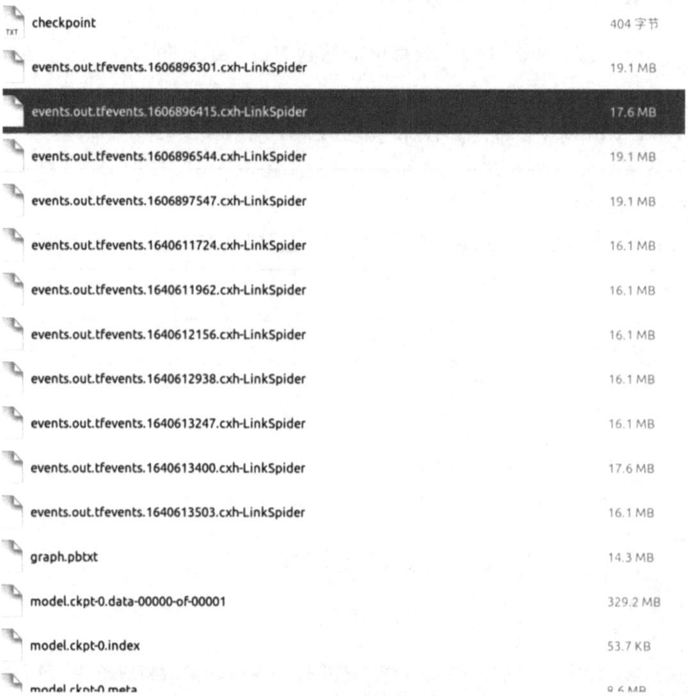

checkpoint	404 字节
events.out.tfevents.1606896301.cxh-LinkSpider	19.1 MB
events.out.tfevents.1606896415.cxh-LinkSpider	17.6 MB
events.out.tfevents.1606896544.cxh-LinkSpider	19.1 MB
events.out.tfevents.1606897547.cxh-LinkSpider	19.1 MB
events.out.tfevents.1640611724.cxh-LinkSpider	16.1 MB
events.out.tfevents.1640611962.cxh-LinkSpider	16.1 MB
events.out.tfevents.1640612156.cxh-LinkSpider	16.1 MB
events.out.tfevents.1640612938.cxh-LinkSpider	16.1 MB
events.out.tfevents.1640613247.cxh-LinkSpider	16.1 MB
events.out.tfevents.1640613400.cxh-LinkSpider	17.6 MB
events.out.tfevents.1640613503.cxh-LinkSpider	16.1 MB
graph.pbtxt	14.3 MB
model.ckpt-0.data-00000-of-00001	329.2 MB
model.ckpt-0.index	53.7 KB

图 3.95　权重文件示意图

第 5 步：可用记事本打开 checkpoint 文件，见图 3.96，可以修改权重路径，将想用的权重用于后续的测试。

```
model_checkpoint_path: "/home/cxh/Desktop/logs/model.ckpt-1370"
all_model_checkpoint_paths: "/home/cxh/Desktop/logs/model.ckpt-0"
all_model_checkpoint_paths: "/home/cxh/Desktop/logs/model.ckpt-691"
all_model_checkpoint_paths: "/home/cxh/Desktop/logs/model.ckpt-692"
all_model_checkpoint_paths: "/home/cxh/Desktop/logs/model.ckpt-1369"
all_model_checkpoint_paths: "/home/cxh/Desktop/logs/model.ckpt-1370"
```

图 3.96　checkpoint 文件示意图

3. 模型测试

第 1 步：模型结果可视化。

```
1. python deeplab/vis.py \
```

```
--logtostderr--vis_split = "val"  \
--model_variant = "xception_65" \
--atrous_rates = 6 \
--atrous_rates = 12 \
--atrous_rates = 18 \
--outout_stride = 16  \
--decoder_output_stride = 4 \
--vis_crop_size = "513, 513" \
--dataset = 'my_data'\
--colormap_type = "pascal"  \
--checkpoint_dir = '/home/cxh/Desktop/logs'\
--vis_logdir = '/home/cxh/Desktop' \
--dataset_dir  =  '/home/cxh/tempgongcheng/models/research/deeplab/datasets/seg/tfrecord'
```

运行后结果保存在结果目录下，里面包含测试集图片和预测出的结果，见图 3.97。

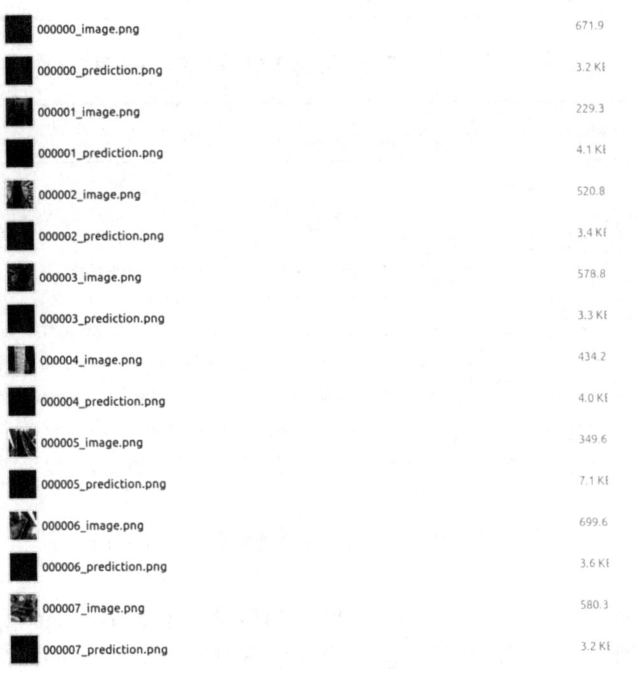

图 3.97　结果可视化示意图

第 2 步：模型精度检测，在终端运行以下命令输出所选权重文件在测试集上的 mIoU 精度数值。

```
python deeplab/eval.py \
--logtostderr \
--eval_split = "val" \
--model_variant = "xception_65" \
--atrous_rates = 6 \
--atrous_rates = 12 \
--atrous_rates = 18 \
--output_stride = 16 \
--decoder_output_stride = 4 \
--eval_crop_size = '321, 321' \
--dataset = "my_data" \
--checkpoint_dir = "/home/cxh/Desktop/logs"  \
--eval_logdir = '/home/cxh/Desktop' \
--dataset_dir  =  '/home/cxh/tempgongcheng/models/research/deeplab/datasets/seg/tfrecord'
```

第 3 步：运行命令可能出现如图 3.98 所示错误，终端执行下面命令安装。

```
pip install tf_slim
```

```
Traceback (most recent call last):
  File "deeplab/train.py", line 29, in <module>
    from deeplab import model
  File "/home/cxh/tempgongcheng/models/research/deeplab/model.py", line 58, in <module>
    from deeplab.core import feature_extractor
  File "/home/cxh/tempgongcheng/models/research/deeplab/core/feature_extractor.py", line 24, in <module>
    from deeplab.core import nas_network
  File "/home/cxh/tempgongcheng/models/research/deeplab/core/nas_network.py", line 44, in <module>
    from deeplab.core import nas_genotypes
  File "/home/cxh/tempgongcheng/models/research/deeplab/core/nas_genotypes.py", line 23, in <module>
    from deeplab.core import nas_cell
  File "/home/cxh/tempgongcheng/models/research/deeplab/core/nas_cell.py", line 29, in <module>
    from deeplab.core import xception as xception_utils
  File "/home/cxh/tempgongcheng/models/research/deeplab/core/xception.py", line 58, in <module>
    from nets.mobilenet import conv_blocks as mobilenet_v3_ops
  File "/home/cxh/tempgongcheng/models/research/slim/nets/mobilenet/conv_blocks.py", line 20, in <module>
    import tf_slim as slim
ModuleNotFoundError: No module named 'tf_slim'
```

图 3.98　执行 eval.py 可能遇到的错误示意图 1

第 4 步：还有可能出现如图 3.99 所示错误，需要打开 deeplab/input_preprocess.py 文件，找到如图 3.100 所示位置，增加 else 代码，如图 3.101 所示，保存重新运行即可。

```
    return self._sess.run(*args, **kwargs)
  File "/home/cxh/miniconda3/envs/deeplab/lib/python3.6/site-packages/tensorflow/python/training/monitored_session.py", line 1411, in run
    run_metadata=run_metadata)
  File "/home/cxh/miniconda3/envs/deeplab/lib/python3.6/site-packages/tensorflow/python/training/monitored_session.py", line 1169, in run
    return self._sess.run(*args, **kwargs)
  File "/home/cxh/miniconda3/envs/deeplab/lib/python3.6/site-packages/tensorflow/python/client/session.py", line 950, in run
    run_metadata_ptr)
  File "/home/cxh/miniconda3/envs/deeplab/lib/python3.6/site-packages/tensorflow/python/client/session.py", line 1173, in _run
    feed_dict_tensor, options, run_metadata)
  File "/home/cxh/miniconda3/envs/deeplab/lib/python3.6/site-packages/tensorflow/python/client/session.py", line 1350, in _do_run
    run_metadata)
  File "/home/cxh/miniconda3/envs/deeplab/lib/python3.6/site-packages/tensorflow/python/client/session.py", line 1370, in _do_call
    raise type(e)(node_def, op, message)
tensorflow.python.framework.errors_impl.InvalidArgumentError: assertion failed: [`labels` out of bound] [Condition x < y did not hold element-wise:] [
x (mean_iou/confusion_matrix/control_dependency:0) = ] [0 0 0...] [y (mean_iou/Cast_1:0) = ] [2]
         [[node mean_iou/confusion_matrix/assert_less/Assert/AssertGuard/Assert (defined at deeplab/eval.py:163) ]]
```

图 3.99　执行 eval.py 可能遇到的错误示意图 2

```
  mean_pixel = tf.reshape(
      feature_extractor.mean_pixel(model_variant), [1, 1, 3])
  processed_image = preprocess_utils.pad_to_bounding_box(
      processed_image, 0, 0, target_height, target_width, mean_pixel)

  if label is not None:
    label = preprocess_utils.pad_to_bounding_box(
        label, 0, 0, target_height, target_width, ignore_label)

  # Randomly crop the image and label.
  if is_training and label is not None:
    processed_image, label = preprocess_utils.random_crop(
        [processed_image, label], crop_height, crop_width)

  processed_image.set_shape([crop_height, crop_width, 3])

  if label is not None:
    label.set_shape([crop_height, crop_width, 1])

```

图 3.100　修改 input_preprocess.py 前的示意图

```
  # Randomly crop the image and label.
  if is_training and label is not None:
    processed_image, label = preprocess_utils.random_crop(
        [processed_image, label], crop_height, crop_width)
  else:
    rr = tf.minimum(tf.cast(crop_height,tf.float32)/tf.cast(image_height,tf.float32),\
           tf.cast(crop_width,tf.float32)/tf.cast(image_width,tf.float32))
    newh = tf.cast(tf.cast(image_height, tf.float32)*rr, tf.int32)
    neww = tf.cast((tf.cast(image_width, tf.float32)*rr), tf.int32)
    processed_image = tf.image.resize_images(
       processed_image, (newh, neww), method=tf.image.ResizeMethod.BILINEAR,
align_corners=True)
    processed_image = preprocess_utils.pad_to_bounding_box(
                      processed_image, 0, 0, crop_height, crop_width, mean_pixel)
  processed_image.set_shape([crop_height, crop_width, 3])
```

图 3.101　修改 input_preprocess.py 后的示意图

3.10　工程实践：SiamRPN

本节的工程实践具体介绍 SiamRPN 的配置、训练与测试的内容。

3.10.1　环境配置

配置与安装可在 PC 和机器人感知规划核心控制智能终端上实现。

1. 环境依赖

系统环境表如表 3.1 所示。

表 3.1　系统环境表

操作系统	Ubuntu16.04 或 Ubuntu18.04
硬件需求	Nvidia GPU
软件需求	CUDA、cuDNN
Python 版本	Python 3.7
Python 依赖库	PyTorch 0.4.1
	yacs
	pyyaml
	matplotlib
	tqdm
	opencv-python

2. 环境配置

第 1 步：使用 conda 创建虚拟环境。

```
1. conda create--name pysot python = 3.7
2. conda activate pysot
```

第 2 步：安装 Python 依赖项。

```
1. conda install pytorch = 0.4.1 torchvision cuda90-c pytorch
2. pip install opencv-python pyyaml yacs tqdm colorama matplotlib cython tensorboardX
```

第 3 步：下载源码并进入到源码根目录。

```
1. git clone https: //github.com/STVIR/pysot.git
2. cd pysot
```

第 4 步：编译扩展。

```
1. python setup.py build_ext --inplace
```

第 5 步：将 PySOT 加入到 Python 的依赖搜索路径。

```
1. vim ~/.bashrc
2. # 将下述语句添加到~/.bashrc 的末尾
3. export PYTHONPATH = /path/to/pysot: $PYTHONPATH
4. # 保存并退出
5. source ~/.bashrc
```

注意，通常执行了最后一句后，conda 环境会恢复到默认的 base 环境，因此需要重新激活在第 1 步中创建的虚拟环境。

3.10.2　代码解析

PySOT 库的目录结构见图 3.102，本小节将对该库的组织和构成进行简要的介绍。

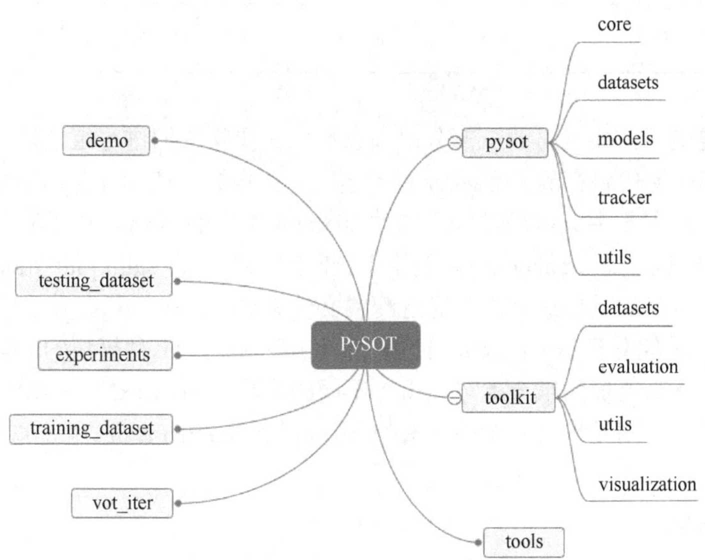

图 3.102　PySOT 库的文件结构

其中的 demo、testing_dataset、experiments、training_dataset 主要是用于存放示例文件、数据集文件和模型文件等非代码文件的目录，在后续的实验部分将会涉及。vot_iter 是用于存放处理 vot 数据集的工具的目录，toolkit 中主要是关于数据集处理、算法评估以及可视化处理的代码，tools 目录中主要存放了用于启动训练、测试、评估、应用的脚本文件。本小节将主要介绍 pysot 目录下的代码文件，与模型定义有关的代码文件主要存放于此。

PySOT 库将多种单目标跟踪的算法模型都划分为了主干网络（Backbone）、首部（Head）和颈部（Neck），通过将不同的组件进行组合，就可以得到不同的模型，这三个部分的代码都存放于 pysot/models 中，表 3.2 中所示即为各个组件的相关信息。

表 3.2　PySOT 的网络组件

组件	文件名	备注
主干网络	alexnet.py	AlexNet 的实现
	mobile_v2.py	MobileNetV2 的实现
	resnet_atrous.py	带空洞卷积的 ResNet 的实现
首部	mask.py	用于产生掩码的首部，主要用于 SiamMASK
	rpn.py	区域生成网络
颈部	neck.py	主要是为了更好地衔接主干网络和首部

分别定义了组成网络的三部分组件以后，需要将它们进行组装以构成具体的模型，这部分的代码存放于 tracker 目录下，主要根据方法和任务的不同，实现了三种跟踪器：用于生成掩码进行跟踪的 siammask_trakcer.py、用于利用区域生成进行跟踪的 siamrpn_tracker.py 以及用于长时跟踪任务的 siamrpnlt_trakcer.py，而主干网络和首部的具体选择，则通过配置文件来进行。

配置文件存放于 experiments 目录下，作者提供了 11 种模型的配置文件，不同的主干网络和首部的组合就可以得到不同的模型，如 AlexNet + RPN 可以得到 SiamRPN，带空洞卷积的 ResNet + RPN 可以得到 SiamRPN++。

3.10.3　实验

1. 训练

第 1 步：进入数据集目录，运行脚本下载数据集。

库中的 training_dataset 中准备了 COCO、DET、YoutubeBB、VID 数据集的下载和处理方式，本节采用 COCO 数据集作为示例。

```
# 进入数据集目录
cd training_dataset/coco

# 下载数据集
wget http://images.cocodataset.org/zips/train2017.zip
wget http://images.cocodataset.org/zips/val2017.zip
wget http://images.cocodataset.org/annotations/annotations_trainval2017.zip

# 解压文件
unzip ./train2017.zip
unzip ./val2017.zip
unzip ./annotations_trainval2017.zip

# 生成数据信息
cd pycocotools && make && cd ..
#python par_crop.py [crop_size] [num_threads]
python par_crop.py 511 12
python gen_json.py
```

第 2 步：进入网站：https://drive.google.com/drive/folders/1DuXVWVYIeynAcvt9uxtkuleV6bs6e3T，下载主干网络的预训练模型，并将其放入 pretrained_models 目录下。

第 3 步：进入模型目录，并修改配置文件（注意，只有末尾带 gpu 的目录才是训练配置文件的目录）。

```
cd experiments/siamrpn_alex_dwxcorr_16gpu
vim config.yaml
# 修改使用的数据集(第 67 行),仅保留 COCO
DATASET:
    NAMES:
- 'COCO'
```

```
# 保存修改并退出
```

第 4 步：开启训练。

```
# 设置使用的 GPU
CUDA_VISIBLE_DEVICES = 0, 1
# 启动单机器下的多 GPU 分布训练
python -m torch.distributed.launch \
--nproc_per_node = 8 \
--master_port = 2333 \
../../tools/train.py --cfg config.yaml
```

参数说明：

（1）--cfg：指定配置文件。

（2）--nproc_per_node：PyTorch 中 GPU 分布式训练的参数，在每个机器节点中运行的进程数，一般指定为机器中使用的 GPU 的数量。

（3）--master_port：PyTorch 中 GPU 分布式训练的参数，必须是排行为 0 的机器中的空闲端口号（使用单个机器时，则为本机的空闲端口号）。

2. 测试和评估

当完成模型的训练后，需要对模型进行测试和评估以判断模型的优劣。

第 1 步：下载测试数据集到 testing_dataset 目录中（本节以 OTB100 为例）。

第 2 步：下载数据集的 json 文件（https://pan.baidu.com/s/1js0Qhykqqur7_lNRtle1tA# list/path = %2FSOT_eval）至数据集目录下，该目录的结构如下。

```
|--OTB100/
      |--Basketball
      |   ......
      |--Woman
      |--VOT2018.json
```

使用官方提供的 json 文件时，需要复制 Human4 目录命名为 Human4-2、Jogging 为 Jogging-1 和 Jogging-2、Skating2 为 Skating2-1 和 Skating2-2。

第 3 步：进入存放了模型文件的目录下，使用数据集进行测试。

```
# 进入模型目录
```

```
cd experiments/siamrpn_alex_dwxcorr_16gpu
# 执行测试
python -u ../../tools/test.py --snapshot model.pth --dataset OTB100 --config config.yaml
```

测试的结果将会存放在当前目录下的 results/数据集名称/model 目录下（如此处为 results/OTB100/model），结果供后续评估使用。

3. 评估模型：

```
python ../../tools/eval.py   \
--tracker_path ./results      # 测试结果存放的目录 \
--dataset OTB100              # 数据集的名称  \
--num 4                       # 线程数 \
--tracker_prefix 'model'      # 跟踪器的名称
```

见图 3.103，将会输出模型在该数据集下的评估结果。

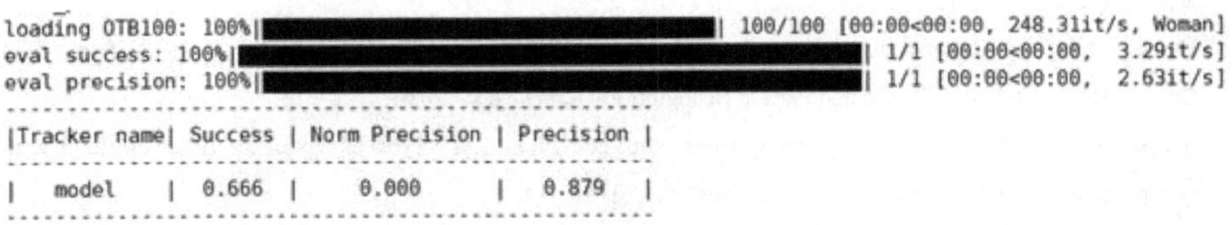

```
loading OTB100: 100%|████████████████████| 100/100 [00:00<00:00, 248.31it/s, Woman]
eval success: 100%|██████████████████████| 1/1 [00:00<00:00,  3.29it/s]
eval precision: 100%|████████████████████| 1/1 [00:00<00:00,  2.63it/s]
-------------------------------------------------------
|Tracker name| Success | Norm Precision | Precision |
-------------------------------------------------------
|   model    |  0.666  |     0.000      |   0.879   |
-------------------------------------------------------
```

图 3.103　模型的评估结果

4. 应用示例

可以使用模型文件对视频文件或摄像头画面中的目标进行跟踪，本节采用原作者提供的模型文件（siamrpn_alex_dwxcorr）作为示例。

第 1 步：进入网站 https://github.com/STVIR/pysot/blob/master/MODEL_ZOO.md 下载模型文件，并放入对应的目录下（如下载 siamrpn_alex_dwxcorr，则放入 experiments/siamrpn_alex_dwxcorr），模型文件的名称为“model.pth”。

第 2 步：启动跟踪程序。

```
python tools/demo.py \
--config experiments/siamrpn_alex_dwxcorr/config. yaml \
--snapshot experiments/siamrpn_alex_dwxcorr/model. pth  \
```

```
4. #--video demo/bag.avi # 若要对视频文件进行跟踪，则取消该行注释，并指定视频文件路径
```

第 3 步：程序正确启动后，会弹出窗口显示第一帧图像，需要手动使用鼠标框选跟踪的目标，选定后，按下“回车”或“空格”键，即可看见跟踪的效果。

参 考 文 献

[1] Alexey A B. Yolo v4，v3 and v2 for Windows and Linux[EB/OL]. https://github.com/AlexeyAB/darknet [2022-1-20].

[2] Liu L，Ouyang W，Wang X，et al. Deep learning for generic object detection：A survey[J]. International Journal of Computer Vision，2020，128（2）：261-318.

[3] Wu X，Sahoo D，Hoi S C H. Recent advances in deep learning for object detection[J]. Neurocomputing，2020，396：39-64.

[4] Oksuz K，Cam B C，Kalkan S，et al. Imbalance problems in object detection：A review[J]. IEEE Transactions on Pattern Analysis and Machine Intelligence，2020：3388-3415.

[5] Krizhevsky A，Sutskever I，Hinton G E. Imagenet classification with deep convolutional neural networks[J]. Advances in Neural Information Processing Systems，2012，25：1097-1105.

[6] Simonyan K，Zisserman A. Very deep convolutional networks for large-scale image recognition[J]. arXiv preprint arXiv：1409.1556，2014.

[7] He K，Zhang X，Ren S，et al. Deep residual learning for image recognition[C]. Proceedings of the IEEE Conference on Computer Vision and Pattern Recognition，Las Vegas，2016：770-778.

[8] Szegedy C，Liu W，Jia Y，et al. Going deeper with convolutions[C]. Proceedings of the IEEE Conference on Computer Vision and Pattern Recognition，Boston，2015：1-9.

[9] Ioffe S，Szegedy C. Batch normalization：Accelerating deep network training by reducing internal covariate shift[C]. International Conference on Machine Learning，Lille，2015：448-456.

[10] Szegedy C，Vanhoucke V，Ioffe S，et al. Rethinking the inception architecture for computer vision[C]. Proceedings of the IEEE Conference on Computer Vision and Pattern Recognition，Las Vegas，2016：2818-2826.

[11] Szegedy C，Ioffe S，Vanhoucke V，et al. Inception-v4，inception-resnet and the impact of residual connections on learning[C]. Thirty-first AAAI Conference on Artificial Intelligence，California，2017.

[12] Huang G，Liu Z，van der Maaten L，et al. Densely connected convolutional networks[C]. Proceedings of the IEEE Conference on Computer Vision and Pattern Recognition，Honolulu，2017：4700-4708.

[13] Iandola F N，Han S，Moskewicz M W，et al. SqueezeNet：AlexNet-level accuracy with 50x fewer parameters and< 0.5 MB model size[J]. arXiv preprint arXiv：1602.07360，2016.

[14] Howard A G，Zhu M，Chen B，et al. Mobilenets：Efficient convolutional neural networks for mobile vision applications[J]. arXiv preprint arXiv：1704.04861，2017.

[15] Sandler M，Howard A，Zhu M，et al. Mobilenetv2：Inverted residuals and linear bottlenecks[C]. Proceedings of the IEEE Conference on Computer Vision and Pattern Recognition，2018：4510-4520.

[16] Howard A，Sandler M，Chu G，et al. Searching for mobilenetv3[C]. Proceedings of the IEEE/CVF International Conference on Computer Vision，Seoul，2019：1314-1324.

[17] Zhang X，Zhou X，Lin M，et al. Shufflenet：An extremely efficient convolutional neural network for mobile devices[C]. Proceedings of the IEEE Conference on Computer Vision and Pattern Recognition，Salt Lake City，2018：6848-6856.

[18] Ma N，Zhang X，Zheng H T，et al. Shufflenet v2：Practical guidelines for efficient cnn architecture design[C]. Proceedings of the European Conference on Computer Vision（ECCV），2018：116-131.

[19] Girshick R，Donahue J，Darrell T，et al. Rich feature hierarchies for accurate object detection and semantic segmentation[C]. Proceedings of the IEEE Conference on Computer Vision and Pattern Recognition，Columbus，2014：580-587.

[20] He K，Zhang X，Ren S，et al. Spatial pyramid pooling in deep convolutional networks for visual recognition[J]. IEEE Transactions on Pattern Analysis and Machine Intelligence，2015，37（9）：1904-1916.

[21] Girshick R. Fast r-cnn[C]. Proceedings of the IEEE International Conference on Computer Vision，Santiago，2015：1440-1448.

[22] Ren S，He K，Girshick R，et al. Faster r-cnn：Towards real-time object detection with region proposal networks[J]. Advances in Neural Information Processing Systems，2015，28：91-99.

[23] Lin T Y，Dollár P，Girshick R，et al. Feature pyramid networks for object detection[C]. Proceedings of the IEEE Conference on Computer Vision and Pattern Recognition，Honolulu，2017：2117-2125.

[24] Cai Z，Vasconcelos N. Cascade r-cnn：Delving into high quality object detection[C]. Proceedings of the IEEE Conference on Computer Vision and Pattern Recognition，Salt Lake City，2018：6154-6162.

[25] Pang J，Chen K，Shi J，et al. Libra r-cnn：Towards balanced learning for object detection[C]. Proceedings of the IEEE/CVF Conference on Computer Vision and Pattern Recognition，Long Beach，2019：821-830.

[26] Lu X，Li B，Yue Y，et al. Grid r-cnn[C]. Proceedings of the IEEE/CVF Conference on Computer Vision and Pattern Recognition，Long Beach，2019：7363-7372.

[27] Redmon J，Divvala S，Girshick R，et al. You only look once：Unified，real-time object detection[C]. Proceedings of the IEEE Conference on Computer Vision and Pattern Recognition，Las Vegas，2016：779-788.

[28] Redmon J，Farhadi A. YOLO9000：better，faster，stronger[C]. Proceedings of the IEEE Conference on Computer Vision and Pattern Recognition，Honolulu，2017：7263-7271.

[29] Redmon J，Farhadi A. Yolov3：An incremental improvement[J]. arXiv preprint arXiv：1804.02767，2018.

[30] Liu W，Anguelov D，Erhan D，et al. Ssd：Single shot multibox detector[C]. European Conference on Computer Vision，Cham，2016：21-37.

[31] Lin T Y，Goyal P，Girshick R，et al. Focal loss for dense object detection[C]. Proceedings of the IEEE International Conference on Computer Vision，Venice，2017：2980-2988.

[32] Bochkovskiy A，Wang C Y，Liao H Y M. Yolov4：Optimal speed and accuracy of object detection[J]. arXiv preprint arXiv：2004.10934，2020.

[33] Zhao B，Feng J，Wu X，et al. A survey on deep learning-based fine-grained object classification and semantic segmentation[J]. International Journal of Automation and Computing，2017，14（2）：119-135.

[34] Ghosh S，Das N，Das I，et al. Understanding deep learning techniques for image segmentation[J]. ACM Computing Surveys（CSUR），2019，52（4）：1-35.

[35] Taghanaki S A，Abhishek K，Cohen J P，et al. Deep semantic segmentation of natural and medical images：A review[J]. Artificial Intelligence Review，2021，54（1）：137-178.

[36] Long J，Shelhamer E，Darrell T. Fully convolutional networks for semantic segmentation[C]. Proceedings of the IEEE Conference on Computer Vision and Pattern Recognition，Boston，2015：3431-3440.

[37] Ronneberger O，Fischer P，Brox T. U-net：Convolutional networks for biomedical image segmentation[C]. International Conference on Medical Image Computing and Computer-assisted Intervention，Cham，2015：234-241.

[38] Paszke A，Chaurasia A，Kim S，et al. Enet：A deep neural network architecture for real-time semantic segmentation[J]. arXiv preprint arXiv：1606.02147，2016.

[39] Bansal A，Chen X，Russell B，et al. Pixelnet：Representation of the pixels，by the pixels，and for the pixels[J]. arXiv preprint arXiv：1702.06506，2017.

[40] Badrinarayanan V，Kendall A，Cipolla R. Segnet：A deep convolutional encoder-decoder architecture for image segmentation[J]. IEEE Transactions on Pattern Analysis and Machine Intelligence，2017，39（12）：2481-2495.

[41] Zhao H，Shi J，Qi X，et al. Pyramid scene parsing network[C]. Proceedings of the IEEE Conference on Computer Vision and Pattern Recognition，Honolulu，2017：2881-2890.

[42] Chen L C，Zhu Y，Papandreou G，et al. Encoder-decoder with atrous separable convolution for semantic image segmentation[C]. Proceedings of the European Conference on Computer Vision（ECCV），Munich，2018：801-818.

[43] Sun K，Xiao B，Liu D，et al. Deep high-resolution representation learning for human pose estimation[C]. Proceedings of the IEEE/CVF Conference on Computer Vision and Pattern Recognition，2019：5693-5703.

[44] Pinheiro P O，Collobert R，Dollár P. Learning to segment object candidates[J]. arXiv preprint arXiv：1506.06204，2015.

[45] Dai J，He K，Sun J. Instance-aware semantic segmentation via multi-task network cascades[C]. Proceedings of the IEEE Conference on Computer Vision and Pattern Recognition，Las Vegas，2016：3150-3158.

[46] He K，Gkioxari G，Dollár P，et al. Mask r-cnn[C]. Proceedings of the IEEE International Conference on Computer Vision，Venice，2017：2961-2969.

[47] Liu S，Qi L，Qin H，et al. Path aggregation network for instance segmentation[C]. Proceedings of the IEEE Conference on Computer Vision and Pattern Recognition，Salt Lake City，2018：8759-8768.

[48] Chen X，Girshick R，He K，et al. Tensormask：A foundation for dense object segmentation[C]. Proceedings of the IEEE/CVF International Conference on Computer Vision，Seoul，2019：2061-2069.

[49] Xie E，Sun P，Song X，et al. Polarmask：Single shot instance segmentation with polar representation[C]. Proceedings of the IEEE/CVF Conference on Computer Vision and Pattern Recognition，Seattle，2020：12193-12202.

[50] Cao J，Cholakkal H，Anwer R M，et al. D2det：Towards high quality object detection and instance segmentation[C]. Proceedings of the IEEE/CVF Conference on Computer Vision and Pattern Recognition，2020：11485-11494.

[51] Kirillov A，He K，Girshick R，et al. Panoptic segmentation[C]. Proceedings of the IEEE/CVF Conference on Computer Vision and Pattern Recognition，Long Beach，2019：9404-9413.

[52] Kirillov A，Girshick R，He K，et al. Panoptic feature pyramid networks[C]. Proceedings of the IEEE/CVF Conference on Computer Vision and Pattern Recognition，Long Beach，2019：6399-6408.

[53] Cheng B，Collins M D，Zhu Y，et al. Panoptic-deeplab[J]. arXiv preprint arXiv：1910.04751，2019.

[54] Zhao H，Qi X，Shen X，et al. Icnet for real-time semantic segmentation on high-resolution images[C]. Proceedings of the European Conference on Computer Vision（ECCV），Munich，2018：405-420.

[55] Chen L C，Papandreou G，Kokkinos I，et al. Semantic image segmentation with deep convolutional nets and fully connected crfs[J]. arXiv preprint arXiv：1412.7062，2014.

[56] Chen L C，Papandreou G，Kokkinos I，et al. Deeplab：Semantic image segmentation with deep convolutional nets，

atrous convolution, and fully connected crfs[J]. IEEE Transactions on Pattern Analysis and Machine Intelligence, 2017, 40（4）：834-848.

[57] Chen L C, Papandreou G, Schroff F, et al. Rethinking atrous convolution for semantic image segmentation[J]. arXiv preprint arXiv：1706.05587, 2017.

[58] Bolya D, Zhou C, Xiao F, et al. Yolact：Real-time instance segmentation[C]. Proceedings of the IEEE/CVF International Conference on Computer Vision, Seoul, 2019：9157-9166.

[59] Chen X, Lin K Y, Wang J, et al. Bi-directional cross-modality feature propagation with separation-and-aggregation gate for RGB-D semantic segmentation[C]. Proceedings of Computer Vision–ECCV 2020：16th European Conference, Glasgow, 2020：561-577.

[60] Chen L Z, Lin Z, Wang Z, et al. Spatial information guided convolution for real-time RGBD semantic segmentation[J]. IEEE Transactions on Image Processing, 2021, 30：2313-2324.

[61] Hu X, Yang K, Fei L, et al. Acnet：Attention based network to exploit complementary features for rgbd semantic segmentation[C]. 2019 IEEE International Conference on Image Processing（ICIP）, Taipei, 2019：1440-1444.

[62] Wikipedia. Depth map[EB/OL]. https://wikipedia.org/wiki/Depth_map[2022-01-20].

[63] 李玺，查宇飞，张天柱，等. 深度学习的目标跟踪算法综述[J]. 中国图象图形学报，2019，24（12）：2057-2080.

[64] 孟琭，杨旭. 目标跟踪算法综述[J]. 自动化学报，2019，45（7）：1244-1260.

[65] Luo W, Xing J, Milan A, et al. Multiple object tracking：A literature review[J]. Artificial Intelligence, 2021, 293：103448.

[66] Bolme D S, Beveridge J R, Draper B A, et al. Visual object tracking using adaptive correlation filters[C]. 2010 IEEE Computer Society Conference on Computer Vision and Pattern Recognition, California, 2010：2544-2550.

[67] Henriques J F, Caseiro R, Martins P, et al. Exploiting the circulant structure of tracking-by-detection with kernels[C]. European Conference on Computer Vision, Heidelberg, 2012：702-715.

[68] Henriques J F, Caseiro R, Martins P, et al. High-speed tracking with kernelized correlation filters[J]. IEEE Transactions on Pattern Analysis and Machine Intelligence, 2014, 37（3）：583-596.

[69] Danelljan M, Shahbaz K F, Felsberg M, et al. Adaptive color attributes for real-time visual tracking[C]. Proceedings of the IEEE Conference on Computer Vision and Pattern Recognition, Columbus, 2014：1090-1097.

[70] Danelljan M, Häger G, Khan F, et al. Accurate scale estimation for robust visual tracking[C]. British Machine Vision Conference, Nottingham, 2014.

[71] Li Y, Zhu J. A scale adaptive kernel correlation filter tracker with feature integration[C]. European Conference on Computer Vision, Cham, 2014：254-265.

[72] Galoogahi H K, Sim T, Lucey S. Multi-channel correlation filters[C]. Proceedings of the IEEE International Conference on Computer Vision, Sydney, 2013：3072-3079.

[73] Kiani G H, Fagg A, Lucey S. Learning background-aware correlation filters for visual tracking[C]. Proceedings of the IEEE International Conference on Computer Vision, Venice, 2017：1135-1143.

[74] Danelljan M, Robinson A, Khan F S, et al. Beyond correlation filters：Learning continuous convolution operators for visual tracking[C]. European Conference on Computer Vision, Cham, 2016：472-488.

[75] Danelljan M, Bhat G, Shahbaz K F, et al. Eco：Efficient convolution operators for tracking[C]. Proceedings of the IEEE Conference on Computer Vision and Pattern Recognition, Honolulu, 2017：6638-6646.

[76] Bertinetto L, Valmadre J, Henriques J F, et al. Fully-convolutional siamese networks for object tracking[C]. European Conference on Computer Vision, Cham, 2016：850-865.

[77] Li B, Yan J, Wu W, et al. High performance visual tracking with siamese region proposal network[C]. Proceedings

of the IEEE Conference on Computer Vision and Pattern Recognition，2018：8971-8980.

[78] Zhu Z，Wang Q，Li B，et al. Distractor-aware siamese networks for visual object tracking[C]. Proceedings of the European Conference on Computer Vision（ECCV），Munich，2018：101-117.

[79] Wang Q，Zhang L，Bertinetto L，et al. Fast online object tracking and segmentation：A unifying approach[C]. Proceedings of the IEEE/CVF Conference on Computer Vision and Pattern Recognition，Long Beach，2019：1328-1338.

[80] Li B，Wu W，Wang Q，et al. Siamrpn++：Evolution of siamese visual tracking with very deep networks[C]. Proceedings of the IEEE/CVF Conference on Computer Vision and Pattern Recognition，Long Beach，2019：4282-4291.

[81] Nam H，Han B. Learning multi-domain convolutional neural networks for visual tracking[C]. Proceedings of the IEEE Conference on Computer Vision and Pattern Recognition，Las Vegas，2016：4293-4302.

[82] Zhang Y，Wang C，Wang X，et al. Fairmot：On the fairness of detection and re-identification in multiple object tracking[J]. International Journal of Computer Vision，2021，129（11）：3069-3087.

[83] Yu F，Li W，Li Q，et al. Poi：Multiple object tracking with high performance detection and appearance feature[C]. European Conference on Computer Vision，Cham，2016：36-42.

[84] Wojke N，Bewley A，Paulus D. Simple online and realtime tracking with a deep association metric[C]. 2017 IEEE International Conference on Image Processing（ICIP），Beijing，2017：3645-3649.

[85] Wang Z，Zheng L，Liu Y，et al. Towards real-time multi-object tracking[C]. Computer Vision–ECCV 2020：16th European Conference，Glasgow，2020.

[86] Begum M，Karray F. Visual attention for robotic cognition：A survey[J]. IEEE Transactions on Autonomous Mental Development，2010，3（1）：92-105.

[87] 王文冠，沈建冰，贾云得.视觉注意力检测综述[J].软件学报，2019，30（2）：416-439.

[88] Guo M H，Xu T X，Liu J J，et al. Attention mechanisms in computer vision：A survey[J]. arXiv preprint arXiv：2111.07624，2021.

[89] Xu K，Ba J，Kiros R，et al. Show，attend and tell：Neural image caption generation with visual attention[C]. International Conference on Machine Learning，Lille，2015：2048-2057.

[90] Bahdanau D，Cho K，Bengio Y. Neural machine translation by jointly learning to align and translate[J]. arXiv preprint arXiv：1409.0473，2014.

[91] Mnih V，Heess N，Graves A. Recurrent models of visual attention[C]. Advances in Neural Information Processing Systems，Montreal，2014：2204-2212.

[92] Jaderberg M，Simonyan K，Zisserman A. Spatial transformer networks[J]. Advances in Neural Information Processing Systems，2015，28：2017-2025.

[93] Ramachandran P，Parmar N，Vaswani A，et al. Stand-alone self-attention in vision models[J]. arXiv preprint arXiv：1906.05909，2019.

[94] Srivastava R K，Greff K，Schmidhuber J. Training very deep networks[J]. arXiv preprint arXiv：1507.06228，2015.

[95] Li X，Wang W，Hu X，et al. Selective kernel networks[C]. Proceedings of the IEEE/CVF Conference on Computer Vision and Pattern Recognition，Long Beach，2019：510-519.

[96] Yang B，Bender G，Le Q V，et al. Condconv：Conditionally parameterized convolutions for efficient inference[J]. arXiv preprint arXiv：1904.04971，2019.

[97] Vaswani A，Shazeer N，Parmar N，et al. Attention is all you need[C]. Advances in Neural Information Processing Systems，Long Beach，2017：5998-6008.

[98] Wang F，Jiang M，Qian C，et al. Residual attention network for image classification[C]. Proceedings of the IEEE Conference on Computer Vision and Pattern Recognition，2017：3156-3164.

[99] Liu J J，Hou Q，Cheng M M，et al. Improving convolutional networks with self-calibrated convolutions[C]. Proceedings of the IEEE/CVF Conference on Computer Vision and Pattern Recognition，Seattle，2020：10096-10105.

[100] Chen L，Zhang H，Xiao J，et al. Sca-cnn：Spatial and channel-wise attention in convolutional networks for image captioning[C]. Proceedings of the IEEE Conference on Computer Vision and Pattern Recognition，Honolulu，2017：5659-5667.

[101] Song S，Lan C，Xing J，et al. An end-to-end spatio-temporal attention model for human action recognition from skeleton data[C]. Proceedings of the AAAI Conference on Artificial Intelligence，San Francisco，2017.

[102] Du W，Wang Y，Qiao Y. Recurrent spatial-temporal attention network for action recognition in videos[J]. IEEE Transactions on Image Processing，2017，27（3）：1347-1360.

[103] Hu J，Shen L，Sun G. Squeeze-and-excitation networks[C]. Proceedings of the IEEE Conference on Computer Vision and Pattern Recognition，Salt Lake City，2018：7132-7141.

[104] Zhang H，Dana K，Shi J，et al. Context encoding for semantic segmentation[C]. Proceedings of the IEEE Conference on Computer Vision and Pattern Recognition，Salt Lake City，2018：7151-7160.

[105] Li J，Wang J，Tian Q，et al. Global-local temporal representations for video person re-identification[C]. Proceedings of the IEEE/CVF International Conference on Computer Vision，Long Beach，2019：3958-3967.

[106] Liu Z，Wang L，Wu W，et al. Tam：Temporal adaptive module for video recognition[C]. Proceedings of the IEEE/CVF International Conference on Computer Vision，2021：13708-13718.

[107] Carion N，Massa F，Synnaeve G，et al. End-to-end object detection with transformers[C]. European Conference on Computer Vision，Cham，2020：213-229.

[108] Zhu X，Su W，Lu L，et al. Deformable detr：Deformable transformers for end-to-end object detection[J]. arXiv preprint arXiv：2010.04159，2020.

[109] Zheng S，Lu J，Zhao H，et al. Rethinking semantic segmentation from a sequence-to-sequence perspective with transformers[C]. Proceedings of the IEEE/CVF Conference on Computer Vision and Pattern Recognition，2021：6881-6890.

[110] Dosovitskiy A，Beyer L，Kolesnikov A，et al. An image is worth 16x16 words：Transformers for image recognition at scale[J]. arXiv preprint arXiv：2010.11929，2020.

[111] Xie E，Wang W，Yu Z，et al. SegFormer：Simple and efficient design for semantic segmentation with transformers[J]. arXiv preprint arXiv：2105.15203，2021.

[112] Strudel R，Garcia R，Laptev I，et al. Segmenter：Transformer for semantic segmentation[J]. arXiv preprint arXiv：2105.05633，2021.

[113] Meinhardt T，Kirillov A，Leal-Taixe L，et al. Trackformer：Multi-object tracking with transformers[J]. arXiv preprint arXiv：2101.02702，2021.

[114] Chen X，Yan B，Zhu J，et al. Transformer tracking[C]. Proceedings of the IEEE/CVF Conference on Computer Vision and Pattern Recognition，2021：8126-8135.

[115] Guo Y，Wang H，Hu Q，et al. Deep learning for 3d point clouds：A survey[J]. IEEE Transactions on Pattern Analysis and Machine Intelligence，2020.

[116] Su H，Maji S，Kalogerakis E，et al. Multi-view convolutional neural networks for 3d shape recognition[C]. Proceedings of the IEEE International Conference on Computer Vision，Santiago，2015：945-953.

[117] Le T，Duan Y. Pointgrid：A deep network for 3d shape understanding[C]. Proceedings of the IEEE Conference on Computer Vision and Pattern Recognition，Salt Lake City，2018：9204-9214.

[118] Qi C R，Su H，Mo K，et al. Pointnet：Deep learning on point sets for 3d classification and segmentation[C]. Proceedings of the IEEE Conference on Computer Vision and Pattern Recognition，Honolulu，2017：652-660.

[119] Shi S，Guo C，Jiang L，et al. Pv-rcnn：Point-voxel feature set abstraction for 3d object detection[C]. Proceedings of the IEEE/CVF Conference on Computer Vision and Pattern Recognition，Seattle，2020：10529-10538.

[120] Zhou Y，Tuzel O. Voxelnet：End-to-end learning for point cloud based 3d object detection[C]. Proceedings of the IEEE Conference on Computer Vision and Pattern Recognition，Salt Lake City，2018：4490-4499.

[121] Giancola S，Zarzar J，Ghanem B. Leveraging shape completion for 3d siamese tracking[C]. Proceedings of the IEEE/CVF Conference on Computer Vision and Pattern Recognition，Long Beach，2019：1359-1368.

[122] Wang Y，Sun Y，Liu Z，et al. Dynamic graph cnn for learning on point clouds[J]. Acm Transactions on Graphics，2019，38（5）：1-12.

[123] Yi L，Zhao W，Wang H，et al. Gspn：Generative shape proposal network for 3d instance segmentation in point cloud[C]. Proceedings of the IEEE/CVF Conference on Computer Vision and Pattern Recognition，Long Beach，2019：3947-3956.

[124] Wang Z，Lu F. Voxsegnet：Volumetric cnns for semantic part segmentation of 3d shapes[J]. IEEE Transactions on Visualization and Computer Graphics，2019，26（9）：2919-2930.

[125] Cui Y，Chen R，Chu W，et al. Deep learning for image and point cloud fusion in autonomous driving：A review[J]. IEEE Transactions on Intelligent Transportation Systems，2021.

[126] Cohen J. LiDAR and camera sensor fusion in self-driving cars[EB/OL]. https://www.thinkautonomous.ai/blog/lidar-and-camera-sensor-fusion-in-self-driving-cars/[2022-01-20].

[127] Yoo J H，Kim Y，Kim J，et al. 3d-cvf：Generating joint camera and lidar features using cross-view spatial feature fusion for 3d object detection[C]. European Conference on Computer Vision，Cham，2020：720-736.

[128] Xie S，Pan C，Peng Y，et al. Large-scale place recognition based on camera-lidar fused descriptor[J]. Sensors，2020，20（10）：2870.

[129] Qin Z，Wang H，Li X. Ultra fast structure-aware deep lane detection[C]. European Conference on Computer Vision，Cham，2020：276-291.

[130] Tabelini L，Berriel R，Paixao T M，et al. Keep your eyes on the lane：Real-time attention-guided lane detection[C]. Proceedings of the IEEE/CVF Conference on Computer Vision and Pattern Recognition，2021：294-302.

[131] Abualsaud H，Liu S，Lu D B，et al. Laneaf：Robust multi-lane detection with affinity fields[J]. IEEE Robotics and Automation Letters，2021，6（4）：7477-7484.

[132] Chen L，Lin S，Lu X，et al. Deep neural network based vehicle and pedestrian detection for autonomous driving：A survey[J]. IEEE Transactions on Intelligent Transportation Systems，2021，22（6）：3234-3246.

[133] Tabernik D，Skočaj D. Deep learning for large-scale traffic-sign detection and recognition[J]. IEEE Transactions on Intelligent Transportation Systems，2019，21（4）：1427-1440.

[134] Liu C，Li S，Chang F，et al. Machine vision based traffic sign detection methods：review，analyses and perspectives[J]. IEEE Access，2019，7：86578-86596.

第4章 机器人状态估计

本章介绍机器人状态估计的方法。状态估计包括对运动系统位置、速度、姿态的估计，是机器人做出下一步决策的基础，也是导航中的核心问题。本章内容涵盖了多种利用单源或多源传感器进行状态估计的技术，其中，使用单源传感器的技术包括基于 GNSS 的定位技术、基于 IMU 的位姿估计技术、基于激光雷达的定位技术、基于视觉传感器的定位技术；使用多源传感器的技术包括 GNSS/INS 组合导航定位技术、视觉惯性里程计等方法。本章内容的重点在于多源传感器数据融合的方法，包括基于卡尔曼滤波的方法、基于因子图的方法和基于深度学习的方法。

本章主要内容包括：①单源传感器进行状态估计的经典方法；②经典组合导航定位方法；③基于因子图和深度学习的多源传感器数据融合方法及相关工程实践。

4.1 GNSS 高精度定位定姿技术

4.1.1 全球卫星导航系统

1. 概述

全球卫星导航系统（Global Navigation Satellite System，GNSS）是一种无线电定位系统，GNSS 定位可以在室外开阔环境下快速获取机器人在地心地固坐标系（见 4.2.1 节）下的坐标，其实时定位精度可以达到米级。在卫星导航增强系统和相关高精度定位算法的支持下，实时定位精度可以达到分米至厘米级。对机器人导航而言，GNSS 定位是一种廉价、方便的位置获取方式。

卫星导航系统分为全球系统和区域系统。全球系统目前只有四个，分别为美国全球定位系统（Global Positioning System，GPS）、俄罗斯格洛纳斯卫星导航系统（俄语：GLObalnaya NAvigatsionnaya Sputnikova ya Sistema，GLONASS）、欧盟伽利略卫星导航系统（Galileo Satellite Navigation System，Galileo）和中国北斗卫星导航系统（BeiDou Navigation Satellite System，BDS）。区域系统有日本的准天顶卫星系统（Quasi-Zenith Satellite System，QZSS）和印度区域导航卫星系统（Indian Regional Navigation Satellite System，IRNSS）[1, 2]。我国自 20 世纪 80 年

代开始探索自己的卫星导航系统发展道路，形成了“三步走”战略：至 2000 年底，建成北斗一号系统，向中国区域提供服务；2012 年底，建成北斗二号系统，向亚太区域提供服务；2020 年 7 月 31 日北斗三号系统正式建成开通，向全球提供服务。

卫星导航增强系统是实现高精度卫星定位的重要基础设施。增强系统通过增加性能相似的卫星或地面参考站提高卫星导航系统导航精度和完好性，分为星基增强系统（Satellite-Based Augmentation System，SBAS）和地基增强系统（Ground-Based Augmentation System，GBAS）。星基增强系统主要有美国的 WAAS、俄罗斯的 SDCM、欧盟的 EGNOS、中国的 BDSBAS、日本的 MSAS 和印度的 GAGAN 等。地陆基增强系统主要有美国的 MDGPS 和 LAAS、澳大利亚的 GRAS、中国的北斗地基增强系统等。此外，以千寻位置为代表的一些商业公司也提供星基增强和地基增强服务。

GNSS 通常由三部分组成：空间部分、地面监控部分和用户部分（见图 4.1）。空间部分主要由分布在空间轨道中运行的一定数量的卫星组成，其主要功能是向地球持续发射导航信号，使得地球上任意一点在任意时刻都能观察到足够多的卫星。地面监控部分负责整个系统的平稳运行，它通常包括主控站、注入站和监测站。地面监控部分的功能主要是通过监测站跟踪卫星并检测其状态，并将跟踪检测数据传输给主控站，主控站利用获得的数据计算卫星导航电文中包含的各项参数，并通过注入站将更新的卫星导航电文和其他控制命令播发给卫星，保证系统的平稳运行。用户部分包括卫星导航系统的芯片、模块、天线等基础产品以及终

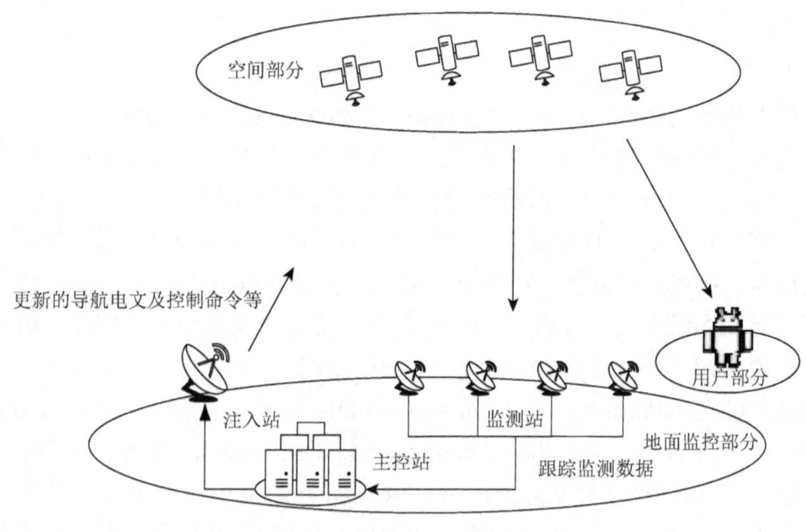

图 4.1　GNSS 系统构成图

端产品（如 GNSS 接收机、机器人等）、应用系统和应用服务等，其基本功能是接收 GNSS 卫星导航信号并提供相应的定位服务。

2. GNSS 定位的基本原理

GNSS 定位是利用多颗已知位置的卫星，以及 GNSS 接收机自身到卫星的距离，通过距离交会的方法测定接收机在地心地固坐标系中的三维坐标。假设 GNSS 接收机测得其自身到卫星的距离为 ρ ，当卫星的位置已知时，则有式（4-1）：

$$\rho=\sqrt{(x^s-x_r)^2+(y^s-y_r)^2+(z^s-z_r)^2}+cV_{t_r} \tag{4-1}$$

其中，(x_r, y_r, z_r) 为要求解的接收机位置；(x^s, y^s, z^s) 为卫星的位置；c 为光速；V_{t_r} 为接收机钟差。同一参考时刻下接收机和卫星的时钟通常难以精准同步，其中卫星的时钟与标准 GNSS 时间之差可以通过星历获取，而接收机时钟和标准 GNSS 时间之差（接收机钟差）则需在计算时作为未知量进行求解。因此，如果接收机想要确定自身的位置，至少需要同时观测 4 颗卫星才能进行定位（见图 4.2）。

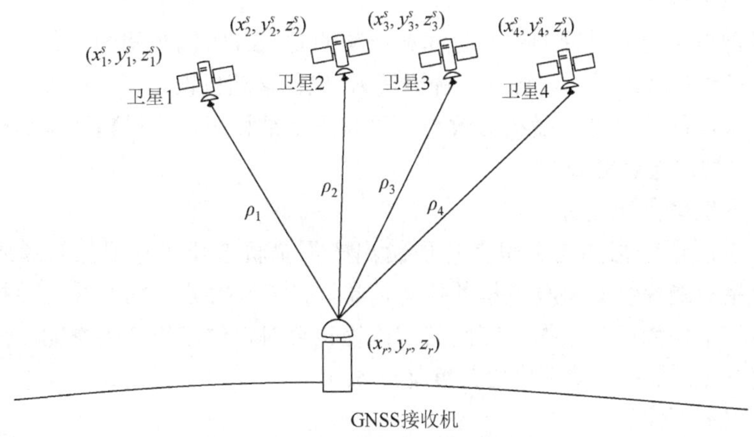

图 4.2　GNSS 定位的基本原理示意图

3. GNSS 定位中的误差来源

由于观测环境和仪器的影响，GNSS 接收机获得的距离观测值不可避免地含有误差。根据误差来源可将误差分为三类：与 GNSS 卫星有关的误差、与信号传播有关的误差、与接收机有关的误差（见图 4.3）。除此之外，还包含一些其他误差，例如，地球固体潮误差、海洋潮汐误差、大气负荷误差、地球自转改正等。这些误差是影响定位精度的主要原因[2, 3]。

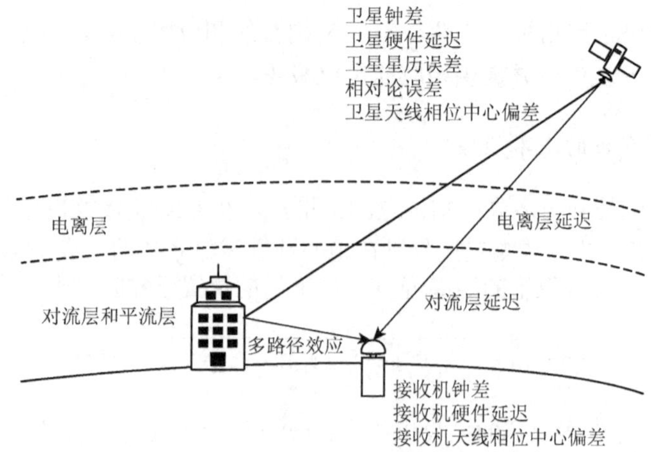

图 4.3　GNSS 定位中的误差来源示意图

与卫星有关的误差主要包括卫星钟差、卫星星历误差、卫星硬件延迟、相对论误差、卫星天线相位中心偏差等。

（1）卫星钟差 V_{t^s}。

卫星钟差是指卫星钟的钟面时间和标准的 GNSS 时间之间的差异。卫星钟差既包含系统误差（如钟差、钟速、钟漂等），也包含随机误差。卫星钟差本身在几百微秒量级，但是通过广播星历改正后可减少至纳秒级，通过精密星历改正后可减小至 0.1 纳秒甚至更低。

（2）卫星星历误差 $\delta\rho$。

卫星星历误差指的是卫星星历所给出的卫星轨道和实际卫星轨道之间的差异。卫星星历能提供 GNSS 卫星的位置信息，是 GNSS 定位所必需的数据信息，在导航定位中作为已知数据，因此其准确性也会对定位结果产生影响。一般广播星历精度在 1m 左右，精密星历精度优于 5cm。

（3）卫星硬件延迟。

卫星硬件延迟是指信号在卫星内部进行传输时受卫星硬件影响产生的信号延迟时间差。不同卫星、不同频率信号所产生的卫星硬件延迟量大小不同。卫星硬件延迟通常以卫星器件群波延时校正量（Timing Group Delay，TGD）的形式由导航系统加以测定并通过卫星星历公布，供用户改正。

（4）相对论效应。

GNSS 测量中的相对论效应是由卫星钟和接收机钟所处的运动速度和所处的地球引力位不同引起的，在这种情况下，两台钟运行速度不同，从而产生相对钟误差。为了减弱相对论效应造成的误差，通常会对卫星钟的出厂频率进行调整，调整后的误差仅在米级。

（5）卫星天线相位中心偏差。

GNSS 接收机测量的是其自身到卫星的距离，对应的卫星端是卫星天线的相位中心。广播星历给出的卫星位置是卫星的天线相位中心，精密星历给出的卫星位置是卫星质心的坐标，因此当使用精密星历计算卫星位置时，应考虑该误差。以 GPS 卫星为例，其天线相位中心偏差可达米级。

与信号传播有关的误差主要包括电离层延迟、对流层延迟、多路径误差等。

（1）电离层延迟 V_{ion}。

电离层是指距地面 60km 以上的大气层电离区域。当卫星信号穿过电离层时，其传播速度和传播路径都会发生变化，使得卫星信号的传播时间乘以光速不等于卫星到接收机的真实距离。电离层误差在天顶方向有十几米，在卫星高度角较小时可达几十米。

（2）对流层延迟 V_{trop}。

对流层是指地球大气层中最靠近地球表面的一层。卫星信号在对流层中传播时，会受到气温、气压和相对湿度等因素的影响，使得其传播速度和传播路径发生改变，进而产生测距误差。对流层延迟可分为干部分和湿部分，在海平面高度上，前者在天顶方向上约为 2.3m，后者则有几十厘米[4]。

（3）多路径误差 $\delta\rho_{\text{mul}}$。

多路径误差是指由卫星信号的多路径效应引起的测距误差。多路径效应是指在传播过程中受到物体的反射，传播方向和相位等发生改变的信号，与通过直射路径到达接收机的信号产生叠加的现象。多路径误差在伪距测量值中不会大于 1 个码元宽度，在载波相位观测值中不会大于波长的 1/4。

与接收机有关的误差主要包括接收机钟差、接收机硬件延迟、接收机天线相位中心偏差等。

（1）接收机钟差 V_{t_r}。

接收机钟差是指由于接收机钟的钟面时间和标准的 GNSS 时间之间的差异。接收机钟通常为石英钟，其精度和稳定性远不及卫星的原子钟，因此会产生更大、更不稳定的钟差。一般会通过调整接收机使得接收机钟差保持在 1ms 以内。

（2）接收机硬件延迟。

与卫星硬件延迟类似，卫星信号在接收机内部因接收机硬件产生的延迟称为接收机硬件延迟。消除或削弱接收机硬件延迟通常采用厂家标定、差分消除和参数估计等方法。由于接收机振荡器的不稳定性，接收机硬件延迟通常会发生很大的变化。

（3）接收机天线相位中心偏差。

接收机天线相位中心偏差是指接收机天线相位中心与接收机天线参考点之间的偏差。接收机天线相位中心随卫星信号的频率、入射角和强度的变化而变化，在实际定位过程中需要予以考虑。接收机天线相位中心偏差可达十几厘米。

GNSS 定位中的误差对测距的影响有的可达数十米，甚至上百米，因此，在 GNSS 定位中必须设法加以消除或削弱。

4. GNSS 观测值

在不同的 GNSS 系统中，卫星播发的信号可能具有不同的多址机制和调制方式，但是都至少包括载波、测距码（或称伪码）和导航电文数据码三部分。载波是一种没有任何标记的余弦波，用于调制测距码和导航电文数据码。测距码是看起来如同随机噪声的一种数字编码，其主要功能有两个：一是允许不同卫星在同一载波频率上播发信号而又互不干扰（GLONASS 系统除外）；二是获取接收机到卫星的距离。导航电文数据码则是用来播发包含卫星时钟和位置信息的导航电文，接收机可以通过接收到的导航电文计算出卫星在某一时刻的位置。

由 GNSS 定位的基本原理可知，在定位时，一般将导航卫星的位置作为已知值，接收机的位置作为待求参数，接收机到卫星之间的距离通过观测得到。其中基本的观测值类型包括伪距观测值、载波相位观测值和多普勒频移观测值。由于多普勒频移观测值通常用于解算接收机的速度而非位置，因此下文将主要介绍伪距观测值和载波相位观测值。

1）伪距观测值

伪距观测值是指通过伪码测得的接收机与卫星之间距离的观测值。其生成过程为：在某一时刻，卫星在卫星钟的控制下生成伪码，与此同时，接收机在接收机钟的控制下产生完全相同的伪码。卫星播发的伪码经过一段时间后被接收机接收，接收机接收到信号后通过码环不断地调整延迟时间将其与自身产生的伪码相位对齐（见图 4.4）。接收机调整的延迟时间认为是卫星信号在空间中传播的时间，该时间乘以光速，即为伪距观测值。

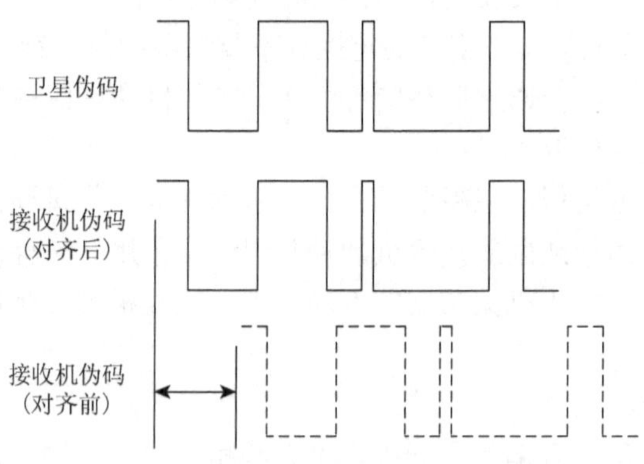

图 4.4　伪距观测值的产生示意图

伪码测量的距离是信号发射时刻的卫星位置到信号接收时刻接收机位置的几何距离，该距离受钟差及大气传播误差等影响，不等于卫星到接收机之间的真实距离，所以称为伪距。因此，伪距观测值的表达式可以写为式（4-2）：

$$\rho=\sqrt{(x^s-x_r)^2+(y^s-y_r)^2+(z^s-z_r)^2}-cV_{t_r}+cV_{t^s}-V_{\text{ion}}+V_{\text{trop}}+\delta\rho+\delta\rho_{\text{mul}}+\varepsilon \tag{4-2}$$

其中，ρ 为伪距观测值，单位为 m；ε 为接收机噪声和其他未模型化的误差。

2）载波相位观测值

载波相位观测值是通过载波相位得到的接收机与卫星之间距离的观测值。载波相位观测值的获取过程为：卫星在卫星钟的控制下产生载波，接收机在接收机钟的控制下产生频率和初相相同的载波。如果卫星钟和接收机钟严格同步，那么两者在同一时刻的载波相位是完全相同的。在接收时刻，接收机将自身产生的载波相位和接收到的卫星的载波相位进行比对，得到两者的相位差（包含不足一周的小数部分和整周波段数），即为载波相位观测值。载波相位观测值实际上是某一瞬间卫星信号在接收机处的相位 ϕ^s 和在卫星处的相位 ϕ_r 之差，其与接收机到卫星距离的关系见式（4-3）：

$$\lambda(\phi^s-\phi_r)=\sqrt{(x^s-x_r)^2+(y^s-y_r)^2+(z^s-z_r)^2} \tag{4-3}$$

其中，λ 为载波的波长。

由于载波是一种不带任何标记的纯余弦波，且波长很短，所以接收机无法得知量测的是第几周的信号。因此在跟踪到卫星信号后进行的首次载波相位测量时，GNSS 接收机实际量测的是不足一整周的部分（见图 4.5），而相位差的整周部分（整周模糊度）是未知的，只有得到整周部分后，才能得到接收机与卫星之间的距离。

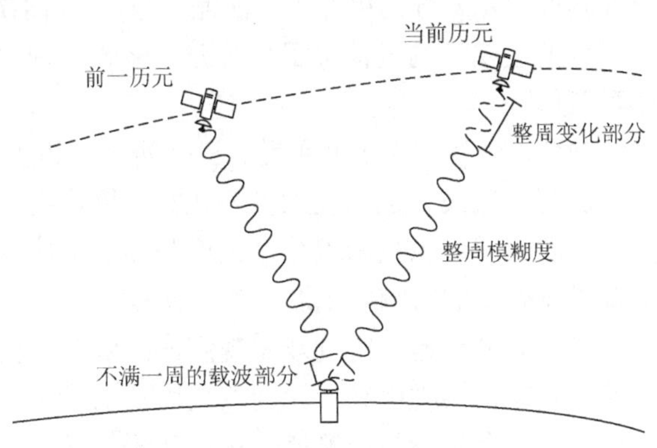

图 4.5　整周模糊度的产生示意图

当接收机锁定卫星后，安装在接收机的多普勒计数器开始记录载波相位的整周变化。因此，只要保证接收机在观测时不失锁，整周模糊度就不会发生变化；如果观测出现失锁，在信号重新锁定时，将会产生一个新的整周模糊度，表现在载波相位观测值上就是整周数发生了跳变，这种现象称为周跳。出现周跳后，需要进行周跳修复或重新解算整周模糊度。

除整周模糊度外，载波相位观测值和伪距观测值类似，同样受到卫星钟差、接收机钟差、电离层延迟误差、对流层延迟误差、卫星的星历误差、多路径误差以及其他相关误差的影响，其观测值表达式可以写为式（4-4）：

$$\begin{aligned}\lambda\phi=&\sqrt{(x^s-x_r)^2+(y^s-y_r)^2+(z^s-z_r)^2}-cV_{t_r}\\&+cV_{t^s}-\lambda N+V_{\mathrm{ion}}+V_{\mathrm{trop}}+\delta\rho+\delta\rho_{\mathrm{mul}}+\varepsilon\end{aligned} \tag{4-4}$$

其中，ϕ为载波相位观测值，单位为周；N为整周模糊度。与式（4-2）相比可以看出，载波相位观测值和伪距观测值的电离层延迟误差大小相同，符号相反。

3）组合观测值

在 GNSS 中，每个系统都在固定的频点上播发信号。如 GPS 系统可以在频率为 1575.42MHz 的 L1 频点上播发信号，此外还有 L2、L5 频点等。北斗三号系统可以在 B1I、B1C、B2a、B2b、B3I 五个频点上播发信号。因此在 GNSS 定位中，除了采用原始观测值进行位置解算外，还会将不同类型或不同频率的观测值进行组合来进行误差的削弱或消除、辅助定位、模糊度的解算、周跳的探测和修复等工作。观测值的组合方式通常有同类型观测值的线性组合和不同类型观测值的线性组合[5]。

同类型观测值的线性组合分为相同频率观测值的线性组合和不同频率观测值的线性组合。同类型相同频率观测值的线性组合通常是指观测值差分，其构造的观测值又称为差分观测值。差分分为单差（一次差）、双差（两次差）和三差（三次差）三种类型。差分的主要目的是消除卫星钟差、接收机钟差及整周模糊度等误差，进而简化计算工作。

单差是最基本的差分，分为接收机间单差、卫星间单差和历元（即观测时刻）间单差三种类型。由伪距和载波相位的观测值表达式可以看出，接收机间单差消除或削弱了与卫星有关的误差，卫星间差分消除或削弱了与接收机有关的误差，历元间差分消除了整周模糊度的影响并削弱了部分误差。

在单差观测值的基础上继续差分得到双差观测值。双差观测值一共有三种，分别是接收机和卫星间双差、接收机和历元间双差以及卫星和历元间双差。在双差观测值的基础上继续差分得到三差观测值，三差观测值只有一种，即接收机、卫星和历元间三差。

同类型不同频率观测值的线性组合可以用来进行周跳的探测与修复、整周模糊度的确定以及粗差的探测。常用的线性组合观测值有宽巷观测值、窄巷观测值、几何无关组合观测值和无电离层延迟组合观测值等。不同类型观测值的线性组合主要是指伪距与载波相位观测值之间的线性组合，常用的线性组合观测值有 H-M-W（Hatch-Melbourne-Wübbena）组合观测值。

4）周跳探测和修复

周跳是指在使用载波相位观测值进行高精度定位时，由于卫星信号失锁而产生的整周模糊度跳变的现象[3]。周跳的探测与修复是 GNSS 数据处理中的一个重要问题，对解算结果的精度会产生显著的影响。因此，在载波相位观测值参与解算之前，必须要对可能存在的周跳进行探测和修复。目前已提出了多种探测周跳的方法，其共同之处都是利用载波相位观测值在没有周跳时应该是一个连续的平滑序列这一性质。此外，周跳还具有继承性。从周跳发生的历元开始，以后所有历元的载波相位观测值都受该周跳的影响。因此在修复时，应该对周跳发生后的所有历元进行修复。

5）整周模糊度的获取

正确、快速地确定整周模糊度是使用 GNSS 载波相位观测值进行高精度定位的关键问题。在 GNSS 接收机观测过程中，只要对卫星的跟踪不中断，整周模糊度将一直为常量。一旦正确确定了整周模糊度，就相当于得到了毫米级精度的“伪距观测值”，否则将会使载波相位观测值产生系统性粗差，从而严重损害定位的精度和可靠性。

模糊度问题一般有下列三种解决方法。

（1）用伪距观测值确定。

GNSS 接收机在给出载波相位观测值的同时还会给出伪距观测值。通过伪距观测值计算得到接收机到卫星之间的距离，从而推算出载波相位观测值中的整周模糊度。这种方法与同步观测的卫星数量无关，但是需要比较精确的伪距观测值和电离层延迟修正方法。

由于伪距观测值的精度较低，因此仅用一个历元的伪距观测值一般难以准确地确定出整周模糊度。在不存在周跳或周跳已被修复的情况下，连续观测历元的整周模糊度是相同的，所以可以通过多个历元求得的整周模糊度平均值作为最终值。需要注意的是，对伪距观测值和载波相位观测值产生不同影响的误差要在确定模糊度时予以考虑。

（2）用较精确的卫星星历和接收机初始坐标确定。

如果获得的接收机初始坐标和卫星星历的精度较高，就可能通过精确的星地几何距离确定整周模糊度。考虑接收机钟差的影响，这种方法需要两颗以上的卫星数，且需要确保根据卫星星历和接收机初始坐标计算较为精确的卫地距。

（3）基于观测方程进行参数估计。

当没有精确的伪距观测值和精确的接收机初始坐标时，可以将整周模糊度当作一组待定的未知参数和接收机的位置等一起参与解算。当整周模糊度参数取整数时，所求得的接收机位置解称为整数解，也称固定解；当模糊度参数取实数时，所求得的接收机位置解称为实数解，也称浮点解。在整周模糊度被正确固定后，所得到的接收机位置可达厘米级甚至毫米级精度，但如何正确、高效地固定模糊度仍是个挑战[6, 7]。

4.1.2 GNSS 快速定位

机器人导航的一个典型场景是室内外连接工作。如物流机器人要能在仓库和货场之间移动，自动驾驶汽车要能从室外顺利停进地下车库。一般把这种场景下的定位称为"无缝定位"。机器人经常会从室内其他定位方式切换到室外 GNSS 定位，这就对 GNSS 的定位速度提出了很高的要求。

GNSS 定位需要两种基本信息，即卫星星历和卫星观测值。为了从卫星中频信号中解调出卫星星历信息，GNSS 接收机除了对卫星信号进行捕获和跟踪外，还需要锁定信号足够长的时间，以保证获取到必要的导航电文数据码。此外，GNSS 接收机还会将可见卫星的星历信息进行保存，在下一次启动时利用历史信息计算卫星位置，以便能够快速获得定位结果。因此卫星历史信息的有无以及有效性决定了 GNSS 接收机计算定位结果的速度。当 GNSS 接收机初次使用或卫星历史信息丢失时，GNSS 接收机的开机启动为冷启动，通常要花费几分钟才能完成定位；当 GNSS 接收机的启动距离上次定位时间超过 2 个小时，GNSS 接收机中存储的卫星历史信息已不再匹配当前可见卫星，这时的启动称为温启动，也需要一定时间补充信息后才能完成定位；当 GNSS 接收机的启动距离上次定位时间小于 2 个小时，且位置没有发生过多变化时，GNSS 接收机通常可以比较快速地获取定位结果，这种启动方式为热启动。

当机器人在室内停留较久后，如何提高室外 GNSS 定位的效率是一个关键问题。目前成熟的解决方案是采用辅助 GNSS（Assiting-GNSS，A-GNSS）技术。A-GNSS 技术利用移动通信网络向用户传送卫星星历、可见卫星序列等辅助信息，协助 GNSS 接收机对卫星信号的搜索、捕获和跟踪，从而实现快速定位（见图 4.6）。目前，A-GNSS 技术在第五代移动通信（5th Generation Mobile Communication，5G）中已经得到广泛应用[8]。

此外，GNSS 相关高精度定位算法也存在快速定位的问题，这部分将在后续章节讲述。

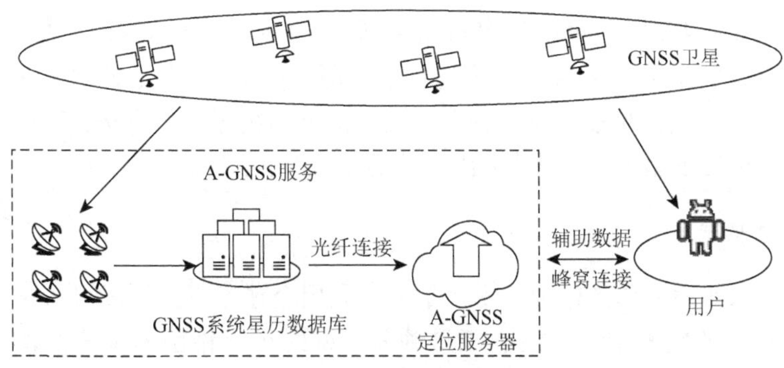

图 4.6 A-GNSS 技术示意图

4.1.3 GNSS 高精度定位方法

GNSS 定位方法主要分为绝对定位和相对定位两种，两种方法均可实现高精度定位。

绝对定位又称单点定位，是根据卫星星历所给出的观测瞬间卫星的空间位置和卫星钟差，以及由一台 GNSS 接收机所测定的卫星到接收机间的距离，通过距离交会来独立测定该接收机在地球坐标系中三维坐标的方法。根据定位精度及应用领域的不同，绝对定位分为标准单点定位（Standard Point Positioning，SPP）和精密单点定位（Precise Point Positioning，PPP）。

相对定位又称差分定位，是指使用两台及以上的 GNSS 接收机同步观测相同的 GNSS 卫星，获取 GNSS 接收机之间相对位置（坐标差）的定位方法。两个接收机之间的相对位置可以用一条基线向量来表示。在相对定位中，至少选择一个接收机作为基准站，其坐标通常设定为已知值，坐标未知的 GNSS 接收机则称为流动站。定位时，一般将基准站和流动站之间的基线向量作为待求参数，并通过计算出来的差分改正信息对流动站的初始位置进行改正，从而得到流动站的坐标。

标准单点定位技术是利用卫星广播星历给出的卫星轨道钟差以及伪距观测值进行的单点定位技术，其精度一般在米级到 10 米级。在标准单点定位的伪距观测方程中一般忽略卫星星历误差 $\delta\rho$、多路径误差 $\delta\rho_{mul}$ 以及观测噪声 ε。电离层延迟误差 V_{ion} 一般采用克罗布歇（Klobuchar）模型进行改正或通过双频组合观测值消除电离层一阶项影响，对流层延迟误差 V_{trop} 一般采用经验模型进行改正，卫星钟差 V_{t^s} 通过广播星历进行改正。在电离层延迟、对流层延迟等模型化误差被改正后，标准单点定位的观测方程与式（4-1）一致。

标准单点定位具有速度快、数据处理简单等优点，主要用于飞机、船舶和地面车辆的导航，是普通精度定位的标准作业模式。同时在机器人导航中使用 GNSS

双频定位也非常普遍。以同时使用 GPS 系统的 L1 和 L5 频点为例，两个频率的观测值组合不仅能消除电离层延迟误差V_{ion}，还能在一定程度上抑制多路径误差，实现 3m 左右的定位精度，是一种非常便利的准高精度定位方法。在此基础上目前主流的高精度卫星定位技术包括以下几点。

1. PPP 技术

PPP 技术即精密单点定位技术，是一种利用全球若干地面跟踪站的 GNSS 观测数据计算出的精密卫星轨道和卫星钟差，同时进行精密的误差处理，对单台 GNSS 接收机采集的载波相位观测值进行解算，获得高精度单点定位结果的定位方法。目前，根据地面跟踪站一天的观测值解算的 GNSS 接收机位置的平面精度可达 1～3cm，高程精度可达 2～4cm，实时定位的精度可达分米级。

在精密单点定位中，对电离层延迟V_{ion}的处理一般通过双频无电离层组合观测值予以消除，卫星星历误差$\delta\rho$和卫星钟差V_{t^s}则通过精密星历进行改正，此外还需要对固体潮误差、海洋负荷潮误差、天线相位中心偏差等误差进行修正。精密单点定位的未知参数包含 GNSS 接收机的坐标、钟差、对流层延迟和整周模糊度，其载波相位观测方程可简化为式（4-5）：

$$\lambda\phi = \sqrt{(x^s - x_r)^2 + (y^s - y_r)^2 + (z^s - z_r)^2} - cV_{t_r} - \lambda N + V_{\text{trop}} \tag{4-5}$$

精密单点定位需要较长的初始收敛时间才能使整周模糊度收敛到较准确的值，从而达到较好的定位精度。整周模糊度的快速收敛和固定决定了精密单点定位的定位速度和精度，这也是目前的一个主流研究方向。精密单点定位技术只需要一台 GNSS 接收机就可以进行高精度定位，灵活性强，可广泛应用于机器人等载体。

2. RTK 技术

RTK（Real Time Kinematic）是一种利用 GNSS 载波相位观测值进行实时动态相对定位的技术。进行 RTK 定位时，位于基准站（具有良好的 GNSS 观测条件）上的 GNSS 接收机通过数据通信链实时地把载波相位观测值以及已知的站点坐标等信息播发给附近工作的流动站用户，用户综合利用基准站及自身采集的载波相位观测值进行实时相对定位。RTK 技术使得终端用户可以快速获得厘米级定位精度，是 GNSS 定位的里程碑，广泛应用于精密测量和精准定位。

RTK 技术使用的是接收机间和卫星间双差载波相位差分观测值，观测方程见式（4-6）：

$$\lambda\nabla\Delta\phi = (\rho_{r1}^{s1} - \rho_{r1}^{s0} - \rho_{r0}^{s1} + \rho_{r0}^{s0}) - \lambda\nabla\Delta N + \nabla\Delta V_{\text{ion}} + \nabla\Delta V_{\text{trop}} - \nabla\Delta\delta\rho + \Sigma\delta \tag{4-6}$$

其中，$\nabla\Delta$ 表示在接收机间和卫星间求双差，ρ_{r1}^{s1}、ρ_{r1}^{s0}、ρ_{r0}^{s1}、ρ_{r0}^{s0}分别表示流动

站到非参考卫星的距离、流动站到参考卫星的距离、基准站到非参考卫星的距离和基准站到参考卫星的距离。可见，在式（4-6）中，卫星钟差 V_{t^s} 和接收机钟差 V_{t_r} 已经消除。此外，当基准站到流动站之间的距离很短时，卫星星历误差 $\delta\rho$ 、对流层延迟误差 V_{trop} 和电离层延迟误差 V_{ion} 对基准站和流动站同步观测结果的影响具有一定的相关性，这些误差对载波相位双差观测值的影响可以忽略不计。

RTK 通常由三部分组成：两台或两台以上的 GNSS 接收机、数据通信链和 RTK 解算软件。使用 RTK 技术时，通常将一台 GNSS 接收机安装在基准站上，另一台或多台接收机作为流动站在基准站附近进行观测和定位（见图 4.7）。数据通信链的作用是把基准站上采集的载波相位观测值及站点坐标等信息实时地传递给流动站用户。RTK 软件的作用则是根据基准站及流动站采集的载波相位观测值，快速准确地确定整周模糊度，实时解算出定位结果，并对解算结果进行质量分析和精度评定[9]。

由于单基准站 RTK 覆盖的范围较小（一般小于 10km），而误差的相关性随着与基准站的距离增大而快速降低，因此在一个较大的范围内相对较为稀疏地（一般可超过 50km）、均匀地布设多个基准站，构成基准站网，更有利于提高 RTK 服务的范围[10]。将基准站网的所有数据联合解算，并播发相应的差分改正信息，用户根据收到的差分改正信息实时计算流动站的位置，也就是网络实时动态（Network Real Time Kinematic，Network RTK）定位技术，又称网络 RTK 技术。

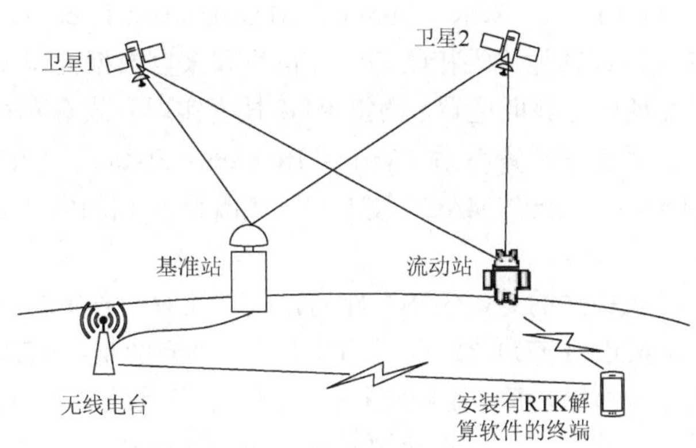

图 4.7 RTK 定位的原理示意图

网络 RTK 通常是由基准站网、数据处理与播发中心、数据通信链路以及用户等部分组成（见图 4.8）。

基准站网是由三个及以上的基准站构成，基准站的数量由覆盖范围的大小、要求的定位精度以及所在环境来决定，其坐标应精确已知，且具有良好的观测环

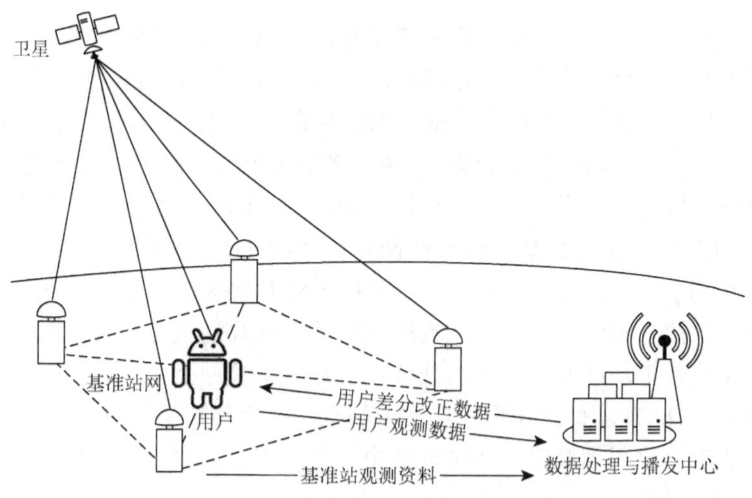

图 4.8　网络 RTK 定位的原理示意图

境。数据处理与播发中心主要负责对基准站的观测数据进行处理分析，通过统一解算实时估计出基准站网内各种系统性的残余误差，建立相应的误差模型并形成差分改正信息播发给用户。数据通信链路的作用是负责基准站和数据处理与播发中心、数据处理与播发中心和用户之间的通信。网络 RTK 的数据通信方式可以是地面通信网络、星基通信网络等，通常采用 Ntrip（Networked Transport of RTCM Via Internet Protocol）协议传输各种格式 RTK 数据，如 RTCM（Radio Technical Commission for Maritime）、CMR（Compact Measurement Record）等[11]。用户主要使用 GNSS 接收机或其他终端接收 GNSS 信号和来自数据处理和播发中心的信息，并通过数据处理软件获取位置。网络 RTK 技术实现方式有多种，目前根据差分改正信息不同主要有虚拟参考站（Virtual Reference Station，VRS）技术、主辅站（Master Auxiliary Concept，MAC）技术和区域改正数（德语：Flächen Korrektur Parameter，FKP）技术等。

值得机器人导航关注的是，GNSS 相对定位中还有一种实时动态码相位差分（Real Time Differential，RTD）技术。与 RTK 技术不同的是，RTD 技术通常以单频伪距观测值为差分对象，而不是载波相位观测值，其观测方程与式（4-6）类似。RTD 技术对用户到基准站之间的距离要求低，解算过程简单，可实现亚米级的相对定位，满足大部分机器人的导航需求。

3. PPP-RTK 技术

PPP 技术存在收敛速度慢的缺点，RTK 技术存在服务覆盖范围有限的缺点[12]，因此若要为机器人提供大范围瞬时高精度的定位服务仅依赖其中任何一种技术均无法实现。随着网络无线通信技术的发展，网络 RTK 应运而生。该技术在一定程度上解决了大范围瞬时高精度定位难的问题，但是却过分依赖于密集基准站资源，当多个 CORS 站间存在覆盖盲区时难以提供连续服务，另外该技术对通信带宽具有较高的要求，难以满足星基广播式增强服务的需求。融合 PPP 和 RTK 两种技术的优势，文献[13]在 2005 年第一次正式提出了 PPP-RTK 的概念，通过 CORS 网数据对 GNSS 相关误差进行建模，然后利用非差 PPP 导航算法实现与 RTK 相当的定位效果。这一方面的研究目前还在进行中，相关成果显示 PPP-RTK 技术可以为用户提供厘米级高精度定位，并将 PPP 的收敛速度提高了几倍甚至几十倍[14, 15]。

4.1.4 GNSS 测向定姿

除了获取位置以外，GNSS 也可以用于估计机器人的朝向和姿态。GNSS 测向定姿方法基于载波相位信号干涉测量原理，通过配置至少两个接收天线，构成基线矢量，利用载波相位差分观测值确定基线矢量在地心地固坐标系下的值，并结合天线在载体坐标系（见 4.1.1 节）下的安装关系，进而确定出载体在导航坐标系（见 4.1.1 节）中的姿态[16]。

载波相位信号干涉测量的原理见图 4.9，分别以 A、B 为相位中心的两天线同时接收 GNSS 信号，并构成一条基线。由于机器人到 GNSS 卫星间的距离远大于 A、B 之间的距离，因此 A、B 到同一颗卫星的单位方向矢量 $\boldsymbol{s}_i$ 可近似认为是相同的，其观测值中的各类误差也可认为是相同的。当 A、B 两天线在同一时刻观测同一卫星时，可得载波相位信号干涉测量方程：

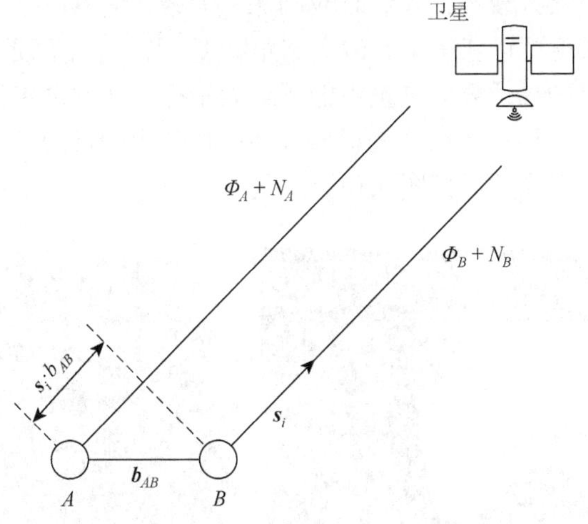

图 4.9　载波相位信号干涉测量原理示意图

$$\lambda(\phi_A - \phi_B) + \lambda(N_A - N_B) = \boldsymbol{s}_i \cdot \boldsymbol{b}_{AB} \tag{4-7}$$

其中，ϕ_A 和 ϕ_B 为从 A、B 两天线获取到的载波相位观测值；λ 为载波相位观测值的波长，单位为 m；N_A 和 N_B 为 ϕ_A 和 ϕ_B 的整周模糊度，可以采用 4.1.1 节中介绍的方法进行确定；$\boldsymbol{b}_{AB}$ 为由 A 点指向 B 点的未知基线矢量。

在式（4-7）中，未知的基线矢量 $\boldsymbol{b}_{AB}$ 位于地心地固坐标系下，包含坐标轴三个方向上的分量，因此将同一个历元内三颗及以上卫星的载波相位信号干涉测量方程联立，就可解算出 $\boldsymbol{b}_{AB}$。得到 $\boldsymbol{b}_{AB}$ 后，通过式（4-8）将其转换到导航坐标系下即可得到 GNSS 测向结果：

$$\begin{bmatrix} e_{AB} \\ n_{AB} \\ u_{AB} \end{bmatrix} = \begin{bmatrix} -\sin(\text{lon}) & \cos(\text{lon}) & 0 \\ -\sin(\text{lat})\cos(\text{lon}) & -\sin(\text{lat})\sin(\text{lon}) & \cos(\text{lat}) \\ \cos(\text{lat})\cos(\text{lon}) & \cos(\text{lat})\sin(\text{lon}) & \sin(\text{lat}) \end{bmatrix} \cdot \begin{bmatrix} x_{AB} \\ y_{AB} \\ z_{AB} \end{bmatrix} \tag{4-8}$$

其中，(x_{AB}, y_{AB}, z_{AB}) 为 $\boldsymbol{b}_{AB}$ 在地心地固坐标系下的投影值；(e_{AB}, n_{AB}, u_{AB}) 为 $\boldsymbol{b}_{AB}$ 在导航坐标系下的投影值；lat 和 lon 分别为 A 点的纬度和经度，可通过坐标解算获得。

在基线矢量确定后，利用其在载体坐标系中的参考值（通常在天线安装时标定），得到基线向量在载体坐标系与导航坐标系之间的相对转换关系，从而实现 GNSS 定姿。使用两个接收天线时，根据基线矢量可得到载体在载体坐标系下的航向角和俯仰角；当使用三个及以上个数的接收天线时，需要两两天线对之间非共线，根据两个或多个非共线基线矢量，利用矢量定姿算法便可确定载体的航向角、俯仰角和横滚角。

GNSS 测向定姿技术具有低成本、高精度、无漂移等优势，且一般不受定位精度的影响。在机器人载体上安装时应确保双天线之间具有一定的基线长度。一般在 2m 的基线长度下可获得 0.1°的姿态角精度[17]。但当基线长度过长时，基线两端到同一颗卫星的单位方向矢量不能近似为平行，从而产生系统误差，造成测向定姿精度降低[18]。该技术已成为机器人状态估计中的常用技术，在物流、配送等场景中得到了广泛应用，见图 4.10。

图 4.10　使用双天线 GNSS 测向定姿技术的机器人示意图

4.2　基于 IMU 的主动姿态估计

惯性导航系统（Inertial Navigation System，INS）作为一种自主导航系统，具有抗干扰能力强、短时间精度高等特点，对机器人在复杂环境下高精度自主导航具有重要意义。惯性导航算法在机器人自主导航框架中的作用见图 4.11。

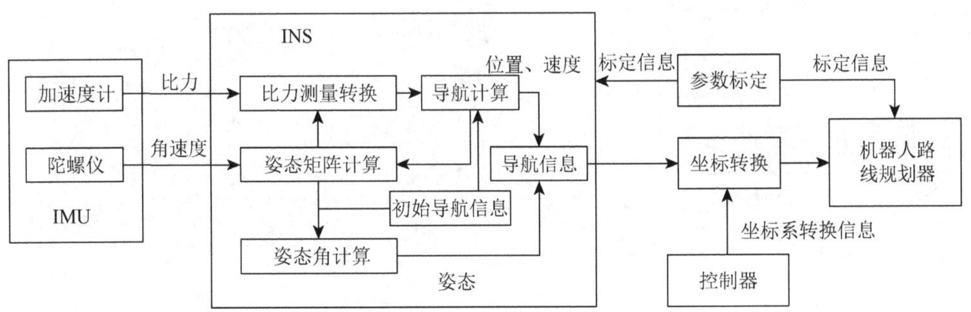

图 4.11　惯性导航系统在机器人自主导航框架中的作用示意图

在图 4.11 中，惯性导航系统的作用是利用惯性测量单元（Inertial Measurement Unit，IMU）输出的比力、角速度信息以及给定的初始导航信息通过计算得到机器人在导航坐标系（见 4.2.1 节）下的位置、速度及姿态信息。输出的导航信息利用标定得到的标定信息和控制器提供的坐标转换信息可将其转换到地图坐标系下，用于机器人的路线规划。

惯性导航系统算法的基本原理是三大牛顿力学定理，属于宏观运动物体状态估计的经典算法。目前成熟的惯性导航算法一般分为两类：平台惯性导航算法（Platform Inertial Navigation Algorithm）和捷联惯性导航算法（Strapdown Inertial Navigation Algorithm，SINS），前者用高昂的成本维持一个与导航坐标系重合的物理平台，后者为降低成本直接在导航坐标系下进行算法设计。平台惯性导航算法最大的优点是精度高、解算简单、算法直观，但其缺点是成本高、使用的传感器体积大。而捷联惯性导航算法最大的优点是成本低、体积小、运用广泛。目前除了战略级惯导（见 2.3.1 节）使用平台式以外，其他等级惯导多数使用捷联式。由于捷联惯导在机器人智能导航中的使用较为广泛，因此本节仅针对捷联惯性导航算法进行介绍，关于 IMU 传感器的信息已在 2.3.1 节中介绍，本节不再赘述。

4.2.1　捷联惯性导航涉及的坐标系

因为运动存在相对性，所以在惯性导航算法中选择不同的坐标系会严重影响算法推导的难易程度和算法的计算量。因此在机器人智能导航算法中，坐标系是十分重要的要素之一，常用坐标系包括惯性坐标系、地心地固坐标系、导航坐标系、地图坐标系、里程坐标系、机器人坐标系、机器人质心坐标系、传感器坐标系等。各坐标系的表示方式及相互之间的关系见图 4.12。

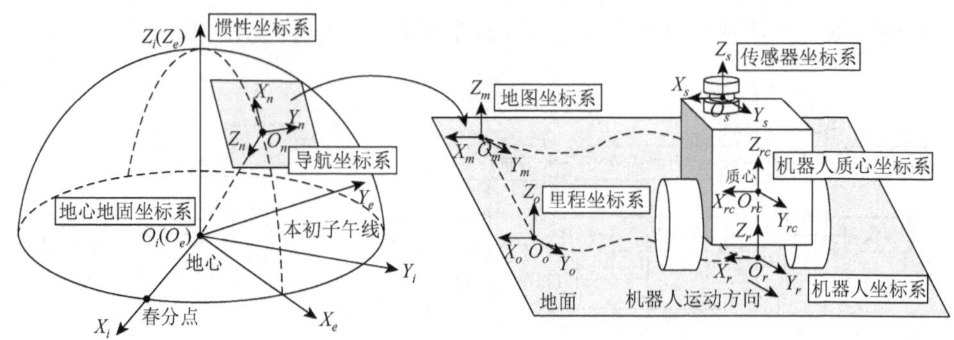

图 4.12　坐标系的表示方式及相互关系示意图

图 4.12 中的坐标系均为右手直角坐标系，且可通过平移和旋转实现相互转换。右边部分涉及的坐标系已在 2.2.2 节中介绍，但是传感器坐标系在本节特指载体坐标系，需重新介绍，另外本节还将对左边用于 GNSS 导航系统和惯性导航系统的坐标系进行简要介绍。

1. 惯性坐标系

地心惯性坐标系（Earth-Center Inertial Frame）也称为惯性坐标系，简称惯性系（i 系）。地心惯性坐标系以地球质心为坐标原点，X_i 轴从原点出发并指向春分点，Z_i 轴从原点出发指向地球北极极点，Y_i 轴垂直于 XZ 平面并满足右手坐标系原则，见图 4.12 中的 $O_iX_iY_iZ_i$ 坐标系。

2. 地心地固坐标系

地心地固坐标系（Earth-Centered & Earth-Fixed Frame）也称为地球坐标系，简称地固系（e 系）。对应于图 4.12 中的 $O_eX_eY_eZ_e$ 坐标系，它以地球质心为原点，X_e 轴从原点出发并指向本初子午线与赤道的交点，Z_e 轴与 i 系的 Z_i 轴重合，Y_e 轴垂直于 XZ 平面并满足右手坐标系原则。地固系的坐标轴是与地球固连的，假设地球自转的角速度大小为 ω，则可计算 e 系相对于 i 系旋转的角速度向量为 $\boldsymbol{\omega}_{ie}^{i}=[0\ 0\ \omega]^{\mathrm{T}}$。$e$ 系作为一个重要的坐标系统，在卫星导航、GNSS/SINS 组合导航以及惯性大地测量等问题中多有涉及，我国坐标系统 CGCS2000 系统也采用 e 系。

3. 导航坐标系

导航坐标系（Navigation Frame，简称 n 系）是一种当地地理坐标系，是捷联惯性导航系统解算的重要参考系。导航坐标系的构造有很多种，最常用的是：东北天(East-North-Up Frame，ENU Frame)坐标系和北东地(North-East-Down Frame，NED Frame）坐标系（见图 4.12 中的 $O_nX_nY_nZ_n$ 坐标系），两种坐标系可通过绕坐标轴旋转相互变换。东北天坐标系是指：原点在运动载体质心，X_n 轴水平指向地球正东方向，Y_n 轴水平指向地球正北方向，Z_n 轴垂直于 XY 平面竖直向上指向天空的坐标系。北东地坐标系是指：原点在运动载体质心，X_n 轴水平指向地球正北方向，Y_n 轴水平指向地球正东方向，Z_n 轴垂直于 XY 平面竖直向下指向地球的坐标系。本章在涉及 INS 公式推导时采用北东地导航坐标系。

4. 载体坐标系

载体坐标系（Body Frame，简称 b 系），是一个原点在载体质心，用于直观描述载体本身状态的一种坐标系。在惯性导航系统中一般以 IMU 传感器的测量中心为载体坐标系的原点，所以对应于图 4.12 中的载体坐标系为 $O_bX_bY_bZ_b$ 坐标系。对于载体坐标系的规定，为了更加直观和方便，一般根据不同的导航坐标系来确定，如果选择“东北天”的导航坐标系，那么一般规定的载体坐标系为“右前上”：即 X_b 轴指向载体正右方，Y_b 轴指向载体正前方，Z_b 轴垂直于 XY 平面指向载体正上方。如果选择“北东地”的导航坐标系，那么一般规定的载体坐标系为“前右下”：即 X_b 轴指向载体正前方，Y_b 轴指向载体正右方，Z_b 轴垂直于 XY 平面指向载体正下方。值得注意的是：载体坐标系是时刻与载体固联的，会随着载体姿态的不断变化而变化。对于本章而言，载体坐标系是指以搭载在机器人上的 IMU 传感器质心为原点的“前右下”坐标系，“北东地”导航坐标系与“前右下”载体坐标系具有一致性，使得姿态矩阵转换为姿态角刚好与欧拉角对应，这对于地球表面的导航应用十分直观，同时也对导航初始姿态角的设置十分便捷。

4.2.2　捷联惯性导航中 IMU 传感器误差建模

不同等级的惯性传感器输出存在不同大小的测量误差，因此需要对多传感器相关误差进行必要的标定及补偿。IMU 的陀螺仪和加速度计在进行数据的采集过程中会受多种误差的影响，每种误差又可以由系统误差和随机误差构成[19]。

首先考虑传感器的测量模型，其中陀螺仪的测量模型如式（4-9）所示：

$$\boldsymbol{I}_{\omega} = \boldsymbol{\omega} + \boldsymbol{b}_{\omega} + \boldsymbol{S}\boldsymbol{\omega} + \boldsymbol{N}\boldsymbol{\omega} + \boldsymbol{\varepsilon}_{\omega} \tag{4-9}$$

其中，$\boldsymbol{I}_{\omega}$是陀螺仪测量值；$\boldsymbol{\omega}$是真实的角速度；$\boldsymbol{b}_{\omega}$是陀螺仪零偏；$\boldsymbol{S}$是陀螺仪比例因子矩阵；$\boldsymbol{N}$是陀螺仪交轴耦合矩阵；$\boldsymbol{\varepsilon}_{\omega}$是陀螺仪传感器噪声。

而加速度计的测量模型如式（4-10）所示：

$$\boldsymbol{I}_{f} = \boldsymbol{f} + \boldsymbol{b}_{f} + \boldsymbol{S}_1\boldsymbol{f} + \boldsymbol{S}_2\boldsymbol{f}^2 + \boldsymbol{N}\boldsymbol{f} + \delta\boldsymbol{g} + \boldsymbol{\varepsilon}_{f} \tag{4-10}$$

其中，$\boldsymbol{I}_{f}$是加速度计测量值；$\boldsymbol{f}$是真实比力；$\boldsymbol{b}_{f}$是加速度计零偏；$\boldsymbol{S}_1$是加速度计线性比例因子矩阵；$\boldsymbol{S}_2$是非线性比例因子矩阵；$\boldsymbol{N}$是加速度计交轴耦合矩阵；$\delta\boldsymbol{g}$是重力异常；$\boldsymbol{\varepsilon}_{f}$是加速度计传感器噪声。

接下来，本节将介绍陀螺仪和加速度计测量模型中所涉及的设备噪声。

1. 零偏

零偏（Bias）是指IMU在静止无输入的情况下存在的输出。零偏误差会导致INS导航系统的解算结果产生较大的漂移。记陀螺仪和加速度计的零偏分别为$\boldsymbol{b}_{\omega}$和$\boldsymbol{b}_{f}$，则其三轴分量见式（4-11）和式（4-12）：

$$\boldsymbol{b}_{\omega} = \begin{bmatrix} b_{\omega_x} & b_{\omega_y} & b_{\omega_z} \end{bmatrix}^{\mathrm{T}} \tag{4-11}$$

$$\boldsymbol{b}_{f} = \begin{bmatrix} b_{f_x} & b_{f_y} & b_{f_z} \end{bmatrix}^{\mathrm{T}} \tag{4-12}$$

IMU 的零偏通常会在一定范围内波动。将 IMU 水平静止时的平均输出称为常值零偏，随时间进行缓慢波动的部分称为零偏稳定性（Bias Stability）。

在实际解算中，常将IMU的零偏建模为常值零偏和随机部分，其中常值零偏可通过静态输出平均值获得，随机部分可建模成随机常数、随机游走或者一阶高斯-马尔可夫过程等不同随机过程。常值零偏即IMU的零偏在解算过程中保持不变。若建模为一阶高斯-马尔可夫过程，则陀螺仪和加速度计零偏的误差方程见式（4-13）和式（4-14）：

$$\dot{\boldsymbol{b}}_{\omega} = -\frac{1}{\tau_{\omega}}\boldsymbol{b}_{\omega} + \boldsymbol{w}_{\boldsymbol{b}_{\omega}} \tag{4-13}$$

$$\dot{\boldsymbol{b}}_{f} = -\frac{1}{\tau_{f}}\boldsymbol{b}_{f} + \boldsymbol{w}_{\boldsymbol{b}_{f}} \tag{4-14}$$

其中，τ_{ω}和τ_{f}为一阶高斯-马尔可夫模型相关时间；$\boldsymbol{w}_{\boldsymbol{b}_{\omega}}$和$\boldsymbol{w}_{\boldsymbol{b}_{f}}$为一阶高斯-马尔可夫模型驱动白噪声。

2. 比例因子误差

比例因子（Scale Factor）误差是指输出信号的变化与被测输入信号的变化之间的比值的误差，常用百万分之几表示。陀螺仪和加速度计的比例因子矩阵都可以用式（4-15）表示：

$$\boldsymbol{S}=\begin{bmatrix} S_x & 0 & 0 \\ 0 & S_y & 0 \\ 0 & 0 & S_z \end{bmatrix} \tag{4-15}$$

其中，$\boldsymbol{S}$ 为比例因子矩阵；S_x、S_y、S_z 为其在三轴的分量。

3. 交轴耦合误差

交轴耦合（Cross-Axis）误差是指陀螺仪或加速度计敏感垂直于输入轴的角速率或加速度而导致的输出误差，这种误差由陀螺仪或加速度计轴线的非正交性造成。陀螺仪和加速度计的交轴耦合矩阵都可以用式（4-16）表示：

$$\boldsymbol{N}=\begin{bmatrix} 0 & N_{xy} & N_{xz} \\ N_{yx} & 0 & N_{yz} \\ N_{zx} & N_{zy} & 0 \end{bmatrix} \tag{4-16}$$

其中，$\boldsymbol{N}$ 为交轴耦合矩阵；$N_{ij}(i \neq j)$ 表示 i、j 轴的耦合分量。

随机误差由一些不确定的干扰因素引起。IMU 的随机误差一般包括零偏不稳定性、角度/速度随机游走等。

INS 进行导航解算时需要对 IMU 输出的角速度和比力进行积分，积分运算中包含对白噪声的积分，而白噪声的积分就是随机游走。角速度/加速度中的白噪声积分会产生相应的角度和速度误差，称其为角度/速度随机游走，其单位是 $°/\sqrt{\mathrm{h}}$ 和 $\mathrm{m}/(\mathrm{s}\cdot\sqrt{\mathrm{h}})$。角度/速度随机游走是评价 IMU 输出白噪声的一项性能指标。

4.2.3　捷联惯性导航姿态表示方法

在捷联惯导中，描述物体旋转的方式主要有欧拉角、方向余弦矩阵、四元数和等效旋转矢量，下面将详细介绍这几种方式的表达形式。

1. 欧拉角

欧拉角描述物体的旋转运动的最大优点是直观易懂。根据前面 n 系和 b 系的定义，可以定义载体的姿态为：将 n 系先后绕其 ZYX 轴依次旋转 ψ、θ、ϕ 角度，可以与 b 系重合，即称用欧拉角表示的向量 (ψ,θ,ϕ) 为载体的姿态，ψ、θ、ϕ 依次称为航向角、俯仰角和横滚角，这样便可以使用直观的角度描述的方式表达物体的旋转运动。

2. 方向余弦矩阵

通常可以使用一个单位正交矩阵 $\boldsymbol{C}_a^b$ 表示一个方向余弦矩阵，它表示 a 坐标系到 b 坐标系的旋转，所以描述 b 系到 n 系的旋转可以用符号 $\boldsymbol{C}_b^n$ 表示，对于从前右下载体坐标系到北东地导航坐标系的旋转，方向余弦矩阵与欧拉角可通过式（4-17）进行转换[20]。

$$\boldsymbol{C}_b^n=\begin{bmatrix}\cos\theta\cos\psi & \sin\phi\sin\theta\cos\psi-\cos\phi\sin\psi & \cos\phi\sin\theta\cos\psi+\sin\phi\sin\psi\\ \cos\theta\sin\psi & \sin\phi\sin\theta\sin\psi+\cos\phi\cos\psi & \cos\phi\sin\theta\sin\psi-\sin\phi\cos\psi\\ -\sin\theta & \sin\phi\cos\theta & \cos\phi\cos\theta\end{bmatrix}\tag{4-17}$$

3. 四元数

四元数（Quaternions）的表达与复数的表达形式一致，由一个实部 q_0 和三个虚部 $q_1\mathrm{i}$、$q_2\mathrm{j}$、$q_3\mathrm{k}$ 组成，通常写为式（4-18）：

$$\boldsymbol{q}=q_0+q_1\mathrm{i}+q_2\mathrm{j}+q_3\mathrm{k}\tag{4-18}$$

将式（4-18）用向量形式表达可得式（4-19）：

$$\boldsymbol{q}=\left[q_0\ q_1\ q_2\ q_3\right]^{\mathrm{T}}\tag{4-19}$$

实际上，表达物体旋转的四元数还需要满足归一化的条件：$q_0^2+q_1^2+q_2^2+q_3^2=1$。虽然用四元数表示旋转比较晦涩抽象，但四元数的表达中只使用了四个元素，比用九个元素表达的方向余弦矩阵更加简洁。同样，四元数与方向余弦矩阵也存在相互转化关系，见式（4-20）：

$$\boldsymbol{C}_b^n=\begin{bmatrix}q_0^2+q_1^2-q_2^2-q_3^2 & 2(q_1q_2+q_0q_3) & 2(q_1q_3+q_0q_2)\\ 2(q_1q_2+q_0q_3) & q_0^2-q_1^2+q_2^2-q_3^2 & 2(q_2q_3-q_0q_1)\\ 2(q_1q_3-q_0q_2) & 2(q_2q_3+q_0q_1) & q_0^2-q_1^2-q_2^2+q_3^2\end{bmatrix}\tag{4-20}$$

4. 等效旋转矢量

等效旋转矢量形式上跟普通向量一样，在使用向量来表示旋转时，通常写为 $\boldsymbol{\phi}$：向量的模值 $\|\boldsymbol{\phi}\|$ 代表旋转角度的大小，向量的方向代表物体旋转的方向[21]。用等效旋转矢量表示物体的旋转运动十分简单，而且在这种表示方法下，姿态的微分方程十分简洁，且易于计算。但是，由于物体旋转存在不可交换性，物体连续两次及以上不同旋转轴的运动无法直接通过每次的等效旋转矢量相加来获得最终的等效旋转矢量，所以在使用等效旋转矢量法求取微分方程时，物体的旋转角

度不宜过大，应保持在一个小角度范围，这样才能获得精度足够的解。等效旋转向量和方向余弦矩阵可通过式（4-21）实现互相转化。

$$\boldsymbol{C}_b^n = I + \frac{\sin\|\boldsymbol{\phi}\|}{\|\boldsymbol{\phi}\|}(\boldsymbol{\phi}\times) + \frac{1-\cos\|\boldsymbol{\phi}\|}{\|\boldsymbol{\phi}\|^2}(\boldsymbol{\phi}\times)^2 \tag{4-21}$$

4.2.4　捷联惯导算法中的微分方程及其解算更新

对于捷联惯导算法，可以选取与机器人运动状态有关的位置、速度和姿态作为系统的状态变量，然后建立状态的微分方程用于描述系统的变化，通过求解状态变量的微分方程，便可以解算获得机器人准确的运动状态。在捷联惯性导航系统中，这个过程通常被称为机械编排，针对本节而言，通过机械编排过程便可由惯性测量单元的原始数据求解机器人的运动状态，包括机器人的位置、速度、姿态等信息。

本节中分别介绍了 n 系（NED）和 e 系下的状态微分方程及其更新过程。

1. *姿态微分方程及其更新算法*

1）n 系下的姿态微分方程及其更新算法

当在 n 系下进行导航系统解算时，一般选取 $\boldsymbol{C}_b^n$（即 b 系到 n 系的旋转矩阵）作为载体的姿态矩阵，其微分方程见式（4-22）：

$$\dot{\boldsymbol{C}}_b^n = \boldsymbol{C}_b^n(\boldsymbol{\omega}_{ib}^b\times) - (\boldsymbol{\omega}_{in}^n\times)\boldsymbol{C}_b^n \tag{4-22}$$

其中，符号×表示求向量的反对称矩阵，使用 Peano-Baker 逼近法求解后，进行离散更新可得到式（4-23）：

$$\boldsymbol{C}_b^n(t_k) = \boldsymbol{C}_b^n(t_{k-1})\left[I + \frac{\sin\|\Delta\boldsymbol{\theta}\|}{\|\Delta\boldsymbol{\theta}\|}(\Delta\boldsymbol{\theta}\times) + \frac{1-\cos\|\Delta\boldsymbol{\theta}\|}{\|\Delta\boldsymbol{\theta}\|^2}(\Delta\boldsymbol{\theta}\times)^2\right] \tag{4-23}$$

虽然理论上可以使用以上方法对载体姿态进行更新，但是使用方向余弦矩阵进行姿态更新的精度会受到两个因素的影响：一是使用 Peano-Baker 逼近法求解时，离散更新方程级数展开的阶数；二是式（4-23）中使用的角增量精度。如果载体在更新时间间隔内不是绕固定轴旋转的，那么在进行姿态更新时就需要考虑转动的不可交换性。但式（4-23）并没有考虑到这一特性，所以在运用中需要寻找更好的姿态更新方法。

等效旋转矢量微分方程（也称为 Bortz 方程）能够很好地解决上述问题。完整的 Bortz 方程见式（4-24）：

$$\dot{\boldsymbol{\phi}} = \boldsymbol{\omega} + \frac{1}{2}\boldsymbol{\phi} \times \boldsymbol{\omega} + \frac{1}{\|\boldsymbol{\phi}\|^2}\left(1 - \frac{\|\boldsymbol{\phi}\|\sin\|\boldsymbol{\phi}\|}{2\left(1-\cos\|\boldsymbol{\phi}\|\right)}\right)\boldsymbol{\phi} \times (\boldsymbol{\phi} \times \boldsymbol{\omega}) \tag{4-24}$$

其中，$\boldsymbol{\phi}$ 表示相邻时刻 b 系姿态变化的等效旋转矢量。对式（4-24）简化后得到式（4-25）：

$$\dot{\boldsymbol{\phi}} \approx \boldsymbol{\omega} + \frac{1}{2}\boldsymbol{\phi} \times \boldsymbol{\omega} \tag{4-25}$$

现假设在相邻的积分区间内，载体的旋转角速度呈线性变化，则可以使用“双子样”的方式获得以式（4-25）为基础的离散更新过程，即式（4-26）。

$$\boldsymbol{\phi}_k = \Delta\boldsymbol{\theta}_k + \frac{1}{12}\Delta\boldsymbol{\theta}_{k-1} \times \Delta\boldsymbol{\theta}_k \tag{4-26}$$

其中，$\Delta\boldsymbol{\theta}_{k-1}$ 和 $\Delta\boldsymbol{\theta}_k$ 为前一时刻和当前时刻的角度增量。通过式（4-26）便可求得当前时刻相对于上一时刻 b 系的等效旋转矢量 $\boldsymbol{\phi}_k$，将其转换为姿态四元数的表达式（4-27）：

$$\boldsymbol{q}_{b(k)}^{b(k-1)} = \begin{bmatrix} \cos 0.5\|\boldsymbol{\phi}_k\| \\ \dfrac{\sin 0.5\|\boldsymbol{\phi}_k\|}{0.5\|\boldsymbol{\phi}_k\|}0.5\boldsymbol{\phi}_k \end{bmatrix} \tag{4-27}$$

然后根据姿态转换的链式法则便可更新获得载体的姿态，见式（4-28）：

$$\boldsymbol{q}_{b(k)}^{n(k)} = \boldsymbol{q}_{n(k-1)}^{n(k)}\boldsymbol{q}_{b(k-1)}^{n(k-1)}\boldsymbol{q}_{b(k)}^{b(k-1)} \tag{4-28}$$

其中，$\boldsymbol{q}_{b(k-1)}^{n(k-1)}$ 是前一时刻的姿态四元数；$\boldsymbol{q}_{n(k-1)}^{n(k)}$ 满足式（4-29）：

$$\begin{cases} \boldsymbol{\zeta}_k = \left(\boldsymbol{\omega}_{\mathrm{en},k-\frac{1}{2}}^n + \boldsymbol{\omega}_{\mathrm{ie},k-\frac{1}{2}}^n\right)(t_k - t_{k-1}) \\ \boldsymbol{q}_{n(k-1)}^{n(k)} = \begin{bmatrix} \cos 0.5\|\boldsymbol{\zeta}_k\| \\ -\dfrac{\sin 0.5\|\boldsymbol{\zeta}_k\|}{0.5\|\boldsymbol{\zeta}_k\|}0.5\boldsymbol{\zeta}_k \end{bmatrix} \end{cases} \tag{4-29}$$

其中，下标 $k-\frac{1}{2}$ 指 $k-1$ 和 k 的中间时刻，其值可通过插值得到。

使用 Bortz 方程更新姿态可以分离出有限旋转中的不可交换误差，并极大地缩短算法的计算时间。

2）e 系下的姿态微分方程及其更新算法

在 e 系下选择 $\boldsymbol{C}_b^e$（即 b 系到 e 系的旋转矩阵）作为载体姿态，无论选取哪两个坐标系之间的旋转作为载体姿态，由于姿态的微分方程形式是一样的，所以其离散更新方式也一样。采用与 n 系下相同的方式建立姿态的等效旋转矢量微分方程，可得在 e 系下姿态的更新为式（4-30）：

$$q_{b(k)}^{e(k)} = q_{e(k-1)}^{e(k)} q_{b(k-1)}^{e(k-1)} q_{b(k)}^{b(k-1)} \tag{4-30}$$

其中，$q_{b(k)}^{b(k-1)}$ 可以通过式（4-27）获取；$q_{b(k-1)}^{e(k-1)}$ 是前一时刻的姿态四元数；$q_{e(k-1)}^{e(k)}$ 是在更新时间内由于地球自转导致的 e 系的姿态变化四元数；求取 $q_{e(k-1)}^{e(k)}$ 的方法见式（4-31）：

$$\begin{cases} \xi_k = \omega_{\mathrm{ie}}^e (t_k - t_{k-1}) \\ q_{e(k-1)}^{e(k)} = \begin{bmatrix} \cos 0.5 \| \zeta_k \| \\ -\dfrac{\sin 0.5 \| \zeta_k \|}{0.5 \| \zeta_k \|} 0.5 \zeta_k \end{bmatrix} \end{cases} \tag{4-31}$$

无论在 n 系还是 e 系下对于姿态进行更新计算，最后得到的姿态四元数都可能会因为计算机的数值误差导致四元数不再是一个能表示姿态的单位四元数，所以为了保证算法的稳定性和可靠性，在更新完成后都需要先对四元数进行归一化处理。另外，由于无法直接求解姿态微分方程，所以所有的更新都是近似更新，而姿态更新属于整个惯性导航系统的核心部分，它与速度和位置的更新耦合，姿态更新不准确会导致位置和速度更新不准确，因此对于姿态的更新需要尽可能地提高其精度。为了获得更好的姿态更新效果，通常会提高姿态微分方程解的阶数，但这样带来的收益往往没有计算成本大。另一种提高更新精度的方式是将更新时间间隔内的陀螺仪角增量和加速度计速度增量看作随时间变化的线性关系，这样便可以使用“一个周期内多次采样”的方法构造单子样、双子样和多子样算法来提高姿态更新的精度。需要说明的是，虽然提高子样数在一定程度上可以提高姿态更新算法的精度，但是对于低精度的微电子机械系统（Micro-Electro-Mechanical System，MEMS）级别的惯性测量单元来说，一味地提高子样并不能带来很好的效果[22]。大量的实践证明：针对低级别的 MEMS 惯导设备，双子样算法相比于单子样算法在不增加过多的计算成本条件下能有效提高姿态更新精度。

2. 速度微分方程及其更新算法

1）n 系下的速度微分方程及其更新算法

通常，b 系相对于 e 系的速度 v_{eb} 被称为地速，它在 n 系中的表现记为 v_{eb}^n，简记为 v^n，其微分方程见式（4-32）：

$$\dot{v}^n = C_b^n f^b - (2\omega_{ie}^n + \omega_{en}^n) \times v^n + g^n \tag{4-32}$$

其中，f^b 为比力；ω_{ie}^n 为 e 系相对于 i 系的旋转速度在 n 系中的投影；ω_{en}^n 为载体运动引起的 n 系相对于 e 系旋转速度在 n 系中的投影；g^n 为当地重力在 n 系中的投影。求解该微分方程并采用“单子样＋前一周期子样”进行离散化更新，可得式（4-33）：

$$
\begin{cases}
\boldsymbol{v}_k^n = \boldsymbol{v}_{k-1}^n + \Delta\boldsymbol{v}_{f,k}^n + \Delta\boldsymbol{v}_{g/\mathrm{cor},k}^n \\
\Delta\boldsymbol{v}_{g/\mathrm{cor},k}^n = (\boldsymbol{g}_l^n - (2\boldsymbol{\omega}_{ie}^n + \boldsymbol{\omega}_{en}^n)\times\boldsymbol{v}^n)_{t_{k-1/2}} \cdot (t_k - t_{k-1}) \\
\Delta\boldsymbol{v}_{f,k}^n = (\boldsymbol{I} - (0.5\boldsymbol{\zeta}_{k-1,k}\times))\boldsymbol{C}_{b(k-1)}^{n(k-1)}\Delta\boldsymbol{v}_{f,k}^{b(k-1)} \\
\Delta\boldsymbol{v}_{f,k}^{b(k-1)} = \Delta\boldsymbol{v}_k + \dfrac{1}{2}\Delta\boldsymbol{\theta}_k\times\Delta\boldsymbol{v}_k + \dfrac{1}{12}(\Delta\boldsymbol{\theta}_{k-1}\times\Delta\boldsymbol{v}_k + \Delta\boldsymbol{v}_{k-1}\times\Delta\boldsymbol{\theta}_k)
\end{cases}
\tag{4-33}
$$

其中，$\Delta\boldsymbol{\theta}_{k-1}$、$\Delta\boldsymbol{\theta}_k$、$\Delta\boldsymbol{v}_{k-1}$、$\Delta\boldsymbol{v}_k$ 分别为 $k-1$ 和 k 时刻陀螺仪角增量、加速度计速度增量；$t_{k-1/2}$ 表示 $k-1$ 和 k 的中间时刻；$\boldsymbol{\zeta}_{k-1,k}$ 由式（4-31）获得。

2）e 系下的速度微分方程及其更新算法

在 e 系下，可以选择地速 $\boldsymbol{v}_{eb}^e$（简记为 $\boldsymbol{v}^e$）作为状态，其微分方程见式（4-34）：

$$
\dot{\boldsymbol{v}}^e = \boldsymbol{C}_b^e\boldsymbol{f}^b - 2\boldsymbol{\omega}_{ie}^e\times\boldsymbol{v}^e + \boldsymbol{g}^e
\tag{4-34}
$$

求解微分方程离散化更新可得式（4-35）：

$$
\begin{cases}
\boldsymbol{v}_k^e = \boldsymbol{v}_{k-1}^e + \Delta\boldsymbol{v}_{f,k}^e + \Delta\boldsymbol{v}_{g/\mathrm{cor},k}^e \\
\Delta\boldsymbol{v}_{g/\mathrm{cor},k}^n = (\boldsymbol{g}_l^e - 2\boldsymbol{\omega}_{ie}^e\times\boldsymbol{v}^e)_{t_{k-1/2}} \cdot (t_k - t_{k-1}) \\
\Delta\boldsymbol{v}_{f,k}^n = (\boldsymbol{I} - (\boldsymbol{\omega}_{ie}^e(t_k - t_{k-1})))\times\boldsymbol{C}_{b(k-1)}^{e(k-1)}\Delta\boldsymbol{v}_{f,k}^{e(k-1)} \\
\Delta\boldsymbol{v}_{f,k}^{e(k-1)} = \Delta\boldsymbol{v}_k + \dfrac{1}{2}\Delta\boldsymbol{\theta}_k\times\Delta\boldsymbol{v}_k + \dfrac{1}{12}(\Delta\boldsymbol{\theta}_{k-1}\times\Delta\boldsymbol{v}_k + \Delta\boldsymbol{v}_{k-1}\times\Delta\boldsymbol{\theta}_k)
\end{cases}
\tag{4-35}
$$

其中，$\boldsymbol{g}_l^e$ 表示当地重力在 e 系中的表现。

3. 位置微分方程及其更新算法

1）n 系下的位置微分方程及其更新算法

在 n 系下，位置 $\boldsymbol{r}_{eb}^n$（简记为 $\boldsymbol{r}^n$）的微分方程见式（4-36）：

$$
\dot{\boldsymbol{r}}^n = -\boldsymbol{\omega}_{en}^n\times\boldsymbol{r}^n + \boldsymbol{v}^n
\tag{4-36}
$$

但是，为了直观，通常位置向量都是以经纬高的表示形式出现，所以本节不直接求解式（4-36）进行离散更新，而是对经纬高表示的位置进行微分后求解进行离散更新，见式（4-37）：

$$
\dot{\boldsymbol{r}}^n = \begin{bmatrix}\dot{\varphi}\\ \dot{\lambda}\\ \dot{h}\end{bmatrix} = \begin{bmatrix}\dfrac{1}{R_M + h} & 0 & 0 \\ 0 & \dfrac{1}{(R_N + h)\cos\varphi} & 0 \\ 0 & 0 & -1\end{bmatrix}\begin{bmatrix}v_N\\ v_E\\ v_D\end{bmatrix}
\tag{4-37}
$$

其中，R_N 和 R_M 分别表示子午圈主曲率半径和卯酉圈主曲率半径；v_N、v_E、v_D 分别为 n 系中北向、东向和地向速度。位置更新方程见式（4-38）：

$$\begin{cases} \varphi(t_k)=\varphi(t_{k-1})+\dfrac{1}{2}\dfrac{v_N(t_k)+v_N(t_{k-1})}{R_M(t_{k-1})+h}(t_k-t_{k-1}) \\ \lambda(t_k)=\lambda(t_{k-1})+\dfrac{1}{2}\dfrac{v_E(t_k)+v_E(t_{k-1})}{(R_N(t_{k-1})+h)\cos(\overline{\varphi})}(t_k-t_{k-1}) \\ h(t_k)=h(t_{k-1})-\dfrac{1}{2}(v_D(t_k)+v_D(t_{k-1}))(t_k-t_{k-1}) \end{cases} \tag{4-38}$$

2）e 系下的位置微分方程及其更新算法

在 e 系下表示的位置向量 $\boldsymbol{r}_{eb}^e$（简写为 $\boldsymbol{r}^e$）没有 n 系下那么清楚直观，但是其微分方程却很简洁，见式（4-39）：

$$\dot{\boldsymbol{r}}^e=\boldsymbol{v}^e \tag{4-39}$$

因此，对于 e 系下位置的更新也很简单，见式（4-40）：

$$\boldsymbol{r}_k^e=\boldsymbol{r}_{k-1}^e+\frac{1}{2}(\boldsymbol{v}_{k-1}^e+\boldsymbol{v}_k^e)(t_k-t_{k-1}) \tag{4-40}$$

虽然本节介绍了捷联惯性导航系统中 n 系和 e 系这两种坐标系下的状态估计算法，但是两者从本质上都是一样的。之所以构建不同的捷联惯性导航解算算法，是因为在做组合导航算法时，选取了不同的运动变量作为状态变量，这就需要捷联惯性导航系统能提供不同坐标系下的运动状态，为了方便，需要在不同坐标系中构建捷联惯性导航算法。

4.2.5　捷联惯导的误差微分方程

在 4.2.4 节中推导了理想条件下捷联惯导的微分方程及其解算更新过程，但是在实际使用中，惯性测量单元获取的数据往往带有各种误差扰动，这些扰动会影响整个 SINS 的稳定性。另外，在以卡尔曼滤波为基础的 GNSS/SINS 组合导航系统中，直接选取导航对象的姿态、速度、位置等作为滤波状态变量会给整个系统带来较强的非线性误差，而选择以姿态误差、速度误差和位置误差作为卡尔曼滤波器的状态变量则可以减少非线性问题。因此，为了研究传感器扰动对导航结果的影响以及如何消除卡尔曼滤波器的非线性误差，需要建立和分析捷联惯导的误差微分方程。

1. 姿态误差微分方程

将理想的载体坐标系（b 系）相对于导航坐标系（n 系）的导航姿态矩阵表示为 $\boldsymbol{C}_b^n$，但是由于计算误差和 IMU 测量误差的存在，计算机计算给出的姿态矩阵并不完全符合理想的姿态矩阵 $\boldsymbol{C}_b^n$，而是存在一定偏差，将计算的姿态矩阵记为 $\hat{\boldsymbol{C}}_b^n$。同时，将 $\hat{\boldsymbol{C}}_b^n$ 所对应的导航坐标系称为计算导航坐标系（记为 $\hat{n}$ 系），理想导航坐标系同计算导航坐标系之间的偏差可写为$\boldsymbol{C}_n^{\hat{n}}$。因此，$\boldsymbol{C}_b^n$、$\boldsymbol{C}_n^{\hat{n}}$和$\hat{\boldsymbol{C}}_b^n$之间满足式（4-41）：

$$\hat{\boldsymbol{C}}_b^n = \boldsymbol{C}_b^{\hat{n}} = \boldsymbol{C}_n^{\hat{n}}\boldsymbol{C}_b^n \tag{4-41}$$

假设n系与$\hat{n}$系之间的等效旋转矢量为$\boldsymbol{\phi}$。因为$\boldsymbol{C}_n^{\hat{n}}$是小量，所以$\boldsymbol{C}_n^{\hat{n}}$与$\boldsymbol{\phi}$应当满足式（4-42）：

$$\boldsymbol{C}_{\boldsymbol{n}}^{\hat{n}} \approx \boldsymbol{I} - \boldsymbol{\phi}\times \tag{4-42}$$

将式（4-42）代入式（4-41）并重写为式（4-43）：

$$\hat{\boldsymbol{C}}_b^n = (\boldsymbol{I} - \boldsymbol{\phi}\times)\boldsymbol{C}_b^n \tag{4-43}$$

由于理想姿态微分方程为式（4-44）：

$$\dot{\boldsymbol{C}}_b^n = \boldsymbol{C}_b^n\left(\boldsymbol{\omega}_{ib}^b\times\right) - \left(\boldsymbol{\omega}_{in}^n\times\right)\boldsymbol{C}_b^n \tag{4-44}$$

对式（4-44）进行误差扰动得

$$\begin{aligned}
\dot{\hat{\boldsymbol{C}}}_b^n &= \hat{\boldsymbol{C}}_b^n\left(\hat{\boldsymbol{\omega}}_{ib}^b\times\right) - \left(\hat{\boldsymbol{\omega}}_{in}^n\times\right)\hat{\boldsymbol{C}}_b^n \\
&= (\boldsymbol{I} - \boldsymbol{\phi}\times)\boldsymbol{C}_b^n\left(\left(\boldsymbol{\omega}_{ib}^b + \delta\boldsymbol{\omega}_{ib}^b\right)\times\right) - \left(\left(\boldsymbol{\omega}_{in}^n + \delta\boldsymbol{\omega}_{in}^n\right)\times\right)(\boldsymbol{I} - \boldsymbol{\phi}\times)\boldsymbol{C}_b^n \\
&\approx \boldsymbol{C}_b^n\left(\boldsymbol{\omega}_{ib}^b\times\right) - \left(\boldsymbol{\omega}_{in}^n\times\right)\boldsymbol{C}_b^n - (\boldsymbol{\phi}\times)\boldsymbol{C}_b^n\left(\boldsymbol{\omega}_{ib}^b\times\right) \\
&\quad + \mathbf{C}_{\mathbf{b}}^{\mathbf{n}}\left(\delta\boldsymbol{\omega}_{ib}^b\times\right) + \left(\boldsymbol{\omega}_{in}^n\times\right)(\boldsymbol{\phi}\times)\boldsymbol{C}_b^n - \left(\delta\boldsymbol{\omega}_{in}^n\times\right)\boldsymbol{C}_b^n
\end{aligned} \tag{4-45}$$

式（4-45）中省略了二阶小项$-(\boldsymbol{\phi}\times)\boldsymbol{C}_b^n\left(\delta\boldsymbol{\omega}_{ib}^b\times\right)$和$\left(\delta\boldsymbol{\omega}_{in}^n\times\right)(\boldsymbol{\phi}\times)\boldsymbol{C}_b^n$，因为计算导航系包含了误差项，所以式（4-43）右边的微分应该等于式（4-45）的右边，于是可以得到式（4-46）：

$$\begin{aligned}
&\boldsymbol{C}_b^n\left(\boldsymbol{\omega}_{ib}^b\times\right) - \left(\boldsymbol{\omega}_{in}^n\times\right)\boldsymbol{C}_b^n - (\boldsymbol{\phi}\times)\boldsymbol{C}_b^n\left(\boldsymbol{\omega}_{ib}^b\times\right) \\
&\quad + \boldsymbol{C}_b^n\left(\delta\boldsymbol{\omega}_{ib}^b\times\right) + \left(\boldsymbol{\omega}_{in}^n\times\right)(\boldsymbol{\phi}\times)\boldsymbol{C}_b^n - \left(\delta\boldsymbol{\omega}_{in}^n\times\right)\boldsymbol{C}_b^n \\
&= (-\dot{\boldsymbol{\phi}}\times)\boldsymbol{C}_b^n + \left(\boldsymbol{I} - \boldsymbol{\phi}\times\right)\dot{\boldsymbol{C}}_b^n \\
&= -(\dot{\boldsymbol{\phi}}\times)\boldsymbol{C}_b^n + \boldsymbol{C}_b^n\left(\boldsymbol{\omega}_{ib}^b\times\right) - \left(\boldsymbol{\omega}_{in}^n\times\right)\boldsymbol{C}_b^n - (\boldsymbol{\phi}\times)\boldsymbol{C}_b^n\left(\boldsymbol{\omega}_{ib}^b\times\right) + (\boldsymbol{\phi}\times)\left(\boldsymbol{\omega}_{in}^n\times\right)\boldsymbol{C}_b^n
\end{aligned} \tag{4-46}$$

将式（4-46）两边同时乘以$\boldsymbol{C}_n^b$，并只保留一阶误差项，并重写为等效旋转矢量的形式整理得式（4-47）：

$$\dot{\boldsymbol{\phi}} = \boldsymbol{\phi}\times\boldsymbol{\omega}_{in}^n - \boldsymbol{C}_b^n\delta\boldsymbol{\omega}_{ib}^b + \delta\boldsymbol{\omega}_{in}^n = -\boldsymbol{\omega}_{in}^n\times\boldsymbol{\phi} - \boldsymbol{C}_b^n\delta\boldsymbol{\omega}_{ib}^b + \delta\boldsymbol{\omega}_{in}^n \tag{4-47}$$

将式（4-47）称为SINS的姿态误差微分方程，该方程反映了理想姿态与计算姿态的变化关系，通过对该方程的求解，可以将计算导航系中的姿态进行误差修正从而获得导航系中的真实姿态。

2. 速度误差微分方程

同姿态误差微分方程一样，速度误差微分方程也是用于描述计算导航系和真实导航系之间的速度误差变化规律的，同样可以通过解算速度误差微分方程来获取修正计算导航系中的速度，从而获取真实导航系中的速度。

定义速度误差为式（4-48）：

$$\delta \boldsymbol{v}^n = \hat{\boldsymbol{v}}^n - \boldsymbol{v}^n \tag{4-48}$$

将式（4-48）两边微分 $\delta \dot{\boldsymbol{v}}^n = \dot{\hat{\boldsymbol{v}}}^n - \dot{\boldsymbol{v}}^n$，然后对比力方程进行误差扰动后代入可得式（4-49）：

$$\delta \dot{\boldsymbol{v}}^n \approx \boldsymbol{C}_b^n \delta \boldsymbol{f}^b + \boldsymbol{C}_b^n \boldsymbol{f}^b \times \boldsymbol{\phi} - \left(2\boldsymbol{\omega}_{ie}^n + \boldsymbol{\omega}_{en}^n\right) \times \delta \boldsymbol{v}^n + \boldsymbol{v}^n \times \left(2\delta \boldsymbol{\omega}_{ie}^n + \delta \boldsymbol{\omega}_{en}^n\right) + \delta \boldsymbol{g}^n \tag{4-49}$$

其中，$\delta \boldsymbol{f}^b$ 为加速度计测量误差；$\delta \boldsymbol{\omega}_{ie}^n$ 为地球自转角速度误差；$\delta \boldsymbol{\omega}_{en}^n$ 为导航系旋转角速度误差；$\delta \boldsymbol{g}^n$ 为重力矢量计算值的综合误差。

3. 位置误差微分方程

已知位置微分方程，见式（4-50）：

$$\begin{cases} \dot{\varphi} = \dfrac{v_N^n}{R_M + h} \\ \dot{\lambda} = \dfrac{v_E^n}{(R_N + h)\cos\varphi} \\ \dot{h} = -v_D^n \end{cases} \tag{4-50}$$

对位置微分方程（经纬高表示，单位为 rad/rad/m）各项进行扰动分析可得式（4-51）：

$$\begin{cases} \delta\dot{\varphi} = \dfrac{-v_N^n}{(R_M + h)^2}\delta h + \dfrac{1}{R_M + h}\delta v_N^n \\ \delta\dot{\lambda} = \dfrac{v_E^n \tan\varphi}{(R_N + h)\cos\varphi}\delta\varphi - \dfrac{v_E^n}{(R_N + h)^2\cos\varphi}\delta h + \dfrac{1}{(R_N + h)\cos\varphi}\delta v_E^n \\ \delta\dot{h} = -\delta v_D^n \end{cases} \tag{4-51}$$

其中，v_N^n、v_E^n 和 v_D^n 为导航对象的速度在 n 系中的北东地方向分量。在 NED 导航坐标系中，位置（单位为 m/m/m）误差微分方程还可以写为式（4-52）：

$$\begin{cases} \delta\dot{\boldsymbol{r}}_N^n = \dfrac{-v_D^n}{R_M + h}\delta\boldsymbol{r}_N^n + \dfrac{v_N^n}{R_M + h}\delta\boldsymbol{r}_D^n + \delta v_N^n \\ \delta\dot{\boldsymbol{r}}_E^n = \dfrac{v_E^n \tan\varphi}{R_M + h}\delta\boldsymbol{r}_N^n - \dfrac{v_D^n + v_N^n \tan\varphi}{R_M + h}\delta\boldsymbol{r}_E^n + \dfrac{v_E^n}{R_N + h}\boldsymbol{r}_D^n + \delta v_E^n \\ \delta\dot{\boldsymbol{r}}_D^n = \delta v_D^n \end{cases} \tag{4-52}$$

通常，在后续进行组合导航时，滤波更新中更频繁地使用式（4-52）而非式（4-51），但是在最后输出导航结果的时候，为了直观地表达载体位置，将 NED 系下的位置转换为经纬高进行输出。

4.3　基于激光雷达的定位

激光雷达通过向被测目标发射探测信号（激光束），确定目标的距离、方位等信息，因此可以用来定位。但不同于 GNSS 能够直接得到地球表面的绝对坐标，也不同于 IMU 和里程计通过积分获得位姿数据，激光雷达需要对连续扫描的点云进行配准得到相邻时刻位姿转换关系，再通过递归估计或者全局优化实现全局的状态估计。

激光雷达定位的代表性技术是激光同步定位与建图技术，也即人们常说的 SLAM 技术。本书在 5.1 节中对该技术框架和经典算法进行详细介绍。

4.4　基于视觉的定位

视觉是人类感知环境的主要方式，也是导航定位的重要依据。基于 IMU/GNSS 等传感器的主动位姿推算方法不包含环境感知的功能，而视觉定位方法将环境感知和定位任务相结合，在定位的同时还能够捕捉纹理、色彩等其他丰富的环境信息，利用计算机视觉算法、多视几何等理论将这些信息用于定位，同时完成对环境的重建，具有较好的相对定位精度，其所需传感器的成本也较为低廉。

随着计算机视觉技术的发展，机器人导航领域中开始出现越来越多基于视觉的定位方法，其中最重要的技术之一是视觉同步定位与建图（Visual Simultaneous Localization And Mapping，VSLAM）。本书在 5.2 节中对该技术框架以及经典算法进行详细介绍。

4.5　基于机会信号的定位

在机器人导航定位中，激光雷达向被测目标主动发射探测信号，是一种主动定位方法。而 GNSS 定位则无须 GNSS 接收机发射任何信号，只通过接收 GNSS 卫星信号实现定位，是一种被动定位方法。除了卫星信号，还有一些无线电信号可以被用来实施被动定位，这些信号统称为机会信号（Signal of Opportunity，SOP）。这些潜在的无线电信号具有机会存在性、机会可利用性和机会组合性的特点。常见的机会信号包括 WiFi 信号、蓝牙信号、蜂窝信号、ZigBee 信号、射频识别（Radio Frequency Identification，RFID）信号、超宽带（Ultra-WideBand，UWB）信号等，其定位技术的比较如表 4.1 所示。

表 4.1　几种机会信号定位技术的比较

机会信号	典型定位精度	典型定位方式
WiFi	米级到十米级	匹配定位
蜂窝	米级到百米级	几何定位、匹配定位
RFID	米级	近场感知
ZigBee	米级	几何定位
蓝牙	米级	几何定位、匹配定位
UWB	厘米级	几何定位

对于机器人等无人系统而言，定位精度至少需要亚米级，因此以信号指纹形式匹配定位的相关算法不太适用。而 UWB 技术因其具有定位精准、功耗低及抗多径能力强等优点逐渐成为常见的机器人室内定位手段。

UWB 技术是近年来新兴的一种无载波通信技术，利用纳秒级的非正弦波窄脉冲传输数据，因此又称为脉冲无线电技术。UWB 信号为相对带宽（信号带宽与中心频率之比）大于 0.2，或在传输的任何时刻绝对带宽不小于 500MHz 的脉冲信号。由于带宽较大，可以在一定程度上穿透混凝土、玻璃和木材等建筑材料，非常有利于室内定位[23]。与 GNSS 定位类似，UWB 定位需要依靠已经布设好的 UWB 基站播发无线电信号，机器人上搭载的 UWB 接收机接收到信号后通过几何定位确定自身位置（见图 4.13）。

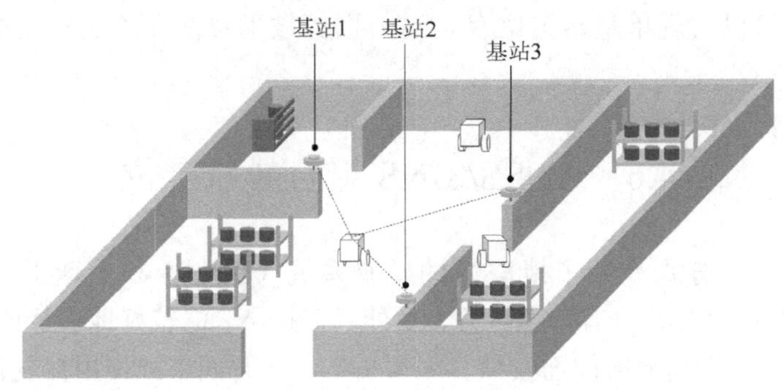

图 4.13　UWB 定位技术应用场景示意图

UWB 定位常用到达时间差（Time Difference of Arrival，TDOA）观测值来实现高精度定位。TDOA 定位算法的基本原理是先测得待测移动目标信号（信号源信号）到每个已知基站之间的到达时间差，再乘以电磁波传播速度得到距离差，利用距离差构建双曲线方程。具体过程可描述为：首先选定一个基站作为参考，然后以其他基站与参考基站为焦点，以待测目标到两基站之间的距离差为双曲线上点到焦点的距离差构建双曲线方程，多条双曲线的交点即为待测目标的位置坐标。TDOA 定位算法观测值的构建过程与 GNSS 定位中的卫星间单差观测值类似，首先是将两个基站到 UWB 接收机的原始到达时间（Time of Arrival，TOA）做一次差，得到 UWB 接收机与基站 i 和基站 j 之间的到达时间差 $T_{i,j}$：

$$T_{i,j} = (t_i - t_j) + (n_i - n_j) \tag{4-53}$$

其中，t_i 和 t_j 分别为基站 i 和基站 j 到 UWB 接收机的原始到达时间；n_i 和 n_j 分别为 t_i 和 t_j 的观测噪声。到达时间差乘以电磁波传播速度 c 可得到基站 i 和基站 j 到 UWB 接收机的距离差 $d_{i,j}$：

$$d_{i,j} = c \cdot T_{i,j} = c(t_i - t_j) + c(n_i - n_j) \tag{4-54}$$

基于距离差 $d_{i,j}$ 和基站坐标构建的双曲线方程为

$$d_{i,j} = \sqrt{(X_i - x)^2 + (Y_i - y)^2 + (Z_i - z)^2} - \sqrt{(X_j - x)^2 + (Y_j - y)^2 + (Z_j - z)^2} \tag{4-55}$$

其中，X_i、Y_i、Z_i 和 X_j、Y_j、Z_j 分别为基站 i 和基站 j 的已知三维坐标；x、y、z 为装载 UWB 接收器的机器人坐标。得到式（4-55）后需对其进行线性化，常用的线性化方法有 Chan 算法[24]、约束加权最小二乘算法[25]等。由式（4-55）可知，两个基站可构建一个双曲线方程，因此若要求解待测移动目标的二维空间坐标，需要三个基站参与定位；而若要求解待测移动目标的三维空间坐标，需要四个基站参与定位。

最新的蓝牙定位和 UWB 定位技术还提供了角度测量的方法，通过在基站上使用阵列天线可以获取天线与目标之间的角度观测值。角度观测值和距离观测值组合，可以实现单基站定位[23]，这方面的技术目前在工业界已得到较为广泛的应用。

4.6 GNSS/SINS 组合导航定位

在前面已经分别介绍了捷联惯性导航系统（SINS）和全球卫星导航系统（GNSS）。其中，SINS 具有自主性好、受外界干扰小、能较好地估计姿态等优点，但是其导航结果会随着时间而发散。如果机器人长时间单独使用捷联惯性导航系统，所产生的累计误差将使整个导航系统崩溃，而惯性导航系统并不能自我消除这一误差。GNSS 导航系统则不具有时间累计误差，该系统每次的导航定位结果都是独立的。但是，GNSS 系统对机器人姿态的估计不如 SINS 系统及时和精准，且其信号易受外界环境干扰，不利于对机器人姿态、速度的描述及在复杂环境下的导航。

事实上，GNSS 和 SINS 具有非常好的互补性质，因而使用 GNSS/SINS 的组合导航方式能够达到“1 + 1＞2”的效果。目前，已经实现或正在研究的 GNSS/SINS

组合导航算法有：松组合、紧组合和深组合。松组合、紧组合通常利用卡尔曼滤波器将 SINS 导航结果同 GNSS 提供的信息进行数据融合，然后把融合后的修正量反馈给 SINS 进行误差修正，GNSS 在组合导航系统中起辅助 SINS 的作用[26]。在紧组合中使用了 GNSS 的原始观测信息，增加了状态变量，而松组合没有。深组合算法除了利用 GNSS 提供的信息去辅助 SINS 外，还将 SINS 中的短时高精度状态信息（速度、加速度）直接反馈至 GNSS 接收机回路，从而辅助提高 GNSS 接收机的灵敏度、减小多路径误差、消除接收机的环路动态特性影响等[27]。通过这种“双向辅助”的信息融合方法，深组合实现的导航精度在挑战环境下普遍优于松组合和紧组合。

利用上述三种组合导航算法既可以为机器人提供精确稳定的位置、速度和姿态信息，同时又能提高机器人在复杂环境下导航的抗干扰能力。本节将简要介绍在机器人导航中常用的 GNSS/SINS 松组合与紧组合算法，读者如有兴趣可以继续查阅相关资料深入学习和理解深组合导航算法的原理和应用。GNSS/SINS 松组合、紧组合算法在机器人自主导航框架中的作用见图 4.14。

在图 4.14 中，GNSS/SINS 松组合算法首先需要对 IMU 输出的量测信息进行机械编排解算、对 GNSS 接收机输出的观测信息进行位置和速度计算，然后将机械编排解算的位置和速度结果与 GNSS 解算的结果做差形成组合观测值，最后利用卡尔曼滤波算法实现对机器人导航信息的滤波解算。GNSS/SINS 紧组合算法首先

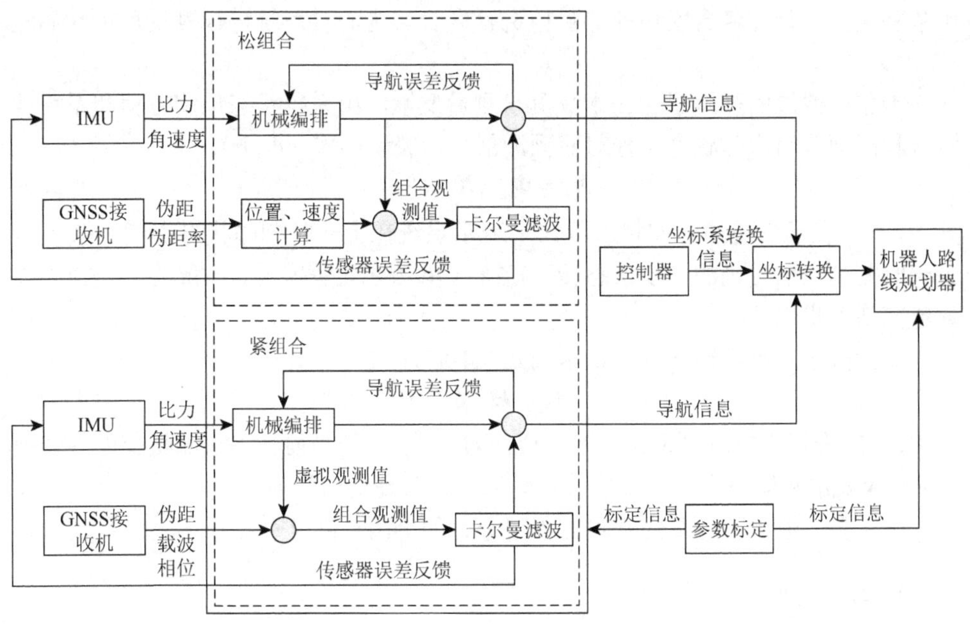

图 4.14　GNSS/SINS 松组合、紧组合算法在机器人自主导航框架中的作用

需要对 IMU 输出的量测信息进行机械编排解算，然后利用机械编排的结果构建 GNSS 虚拟观测值，将 GNSS 虚拟观测值与接收机实测值做差构建组合观测值，最后利用卡尔曼滤波算法实现对机器人导航信息的滤波解算。利用标定得到的标定信息和控制器提供的坐标转换信息，可将两种算法输出的导航信息转换到地图坐标系下，用于机器人的路线规划。

4.6.1 卡尔曼滤波用于数据融合

作为 GNSS/SINS 松组合、紧组合最常用的数据融合算法，卡尔曼滤波自 1960 年被 Kalman 提出以来，一直被用于各种数据的融合，尤其是近些年随着传感器技术的不断发展，卡尔曼滤波在多传感器数据融合中的应用越来越广泛。机器人智能导航系统正是一个具有代表性的多传感器数据融合的组合导航系统。通过对激光雷达、GNSS、IMU 以及相机等传感器的数据进行融合，实现对机器人精确、可靠的导航与定位。因此，作为机器人智能导航系统中实现各种传感器数据合理、高效融合的算法之一，卡尔曼滤波已经成为机器人智能导航框架中用于数据融合的重要节点。

卡尔曼滤波是一种线性、无偏、以均方误差最小作为估计准则的现代最优估计理论[28, 29]。卡尔曼滤波模型的基本思想是预测结合测量反馈，将随机系统建模为离散时间马尔可夫过程进行预测（先验估计）[28]，然后运用最大似然估计（MLE）函数将先验估计和包含噪声的测量值进行联合，进而对系统进行测量反馈（后验估计）。

卡尔曼滤波的基本思想在于预测与测量反馈，由系统状态预测方程和系统观测方程两部分组成，状态方程对应预测部分，表示如式（4-56）：

$$\boldsymbol{X}_k = \boldsymbol{\varPhi}_{k|k-1}\boldsymbol{X}_{k-1} + \boldsymbol{w} \tag{4-56}$$

其中，$\boldsymbol{X}_k$ 表示系统的当前状态；$\boldsymbol{X}_{k-1}$ 表示系统在上一时刻的状态；$\boldsymbol{\varPhi}_{k|k-1}$ 表示从上一时刻到当前时刻的一步状态转移矩阵；$\boldsymbol{w}$ 表示过程噪声，一般将其建模为零均值高斯白噪声。

观测方程对应反馈部分，表示如式（4-57）：

$$\boldsymbol{Z}_k = \boldsymbol{H}_k\boldsymbol{X}_k + \boldsymbol{v} \tag{4-57}$$

其中，$\boldsymbol{Z}_k$ 表示当前时刻系统的测量值；$\boldsymbol{H}_k$ 表示系统当前状态与测量值间的转换矩阵；$\boldsymbol{v}$ 表示测量噪声，一般将其建模为零均值高斯白噪声。

卡尔曼滤波用于计算的基本方程可分为如下两个部分[22]。

1. 时间更新

假设上一时刻系统状态量的最优估值为 $\hat{\boldsymbol{X}}_{k-1}$，则由卡尔曼滤波的状态方程可以得到系统状态量在当前时刻的预测值 $\tilde{\boldsymbol{X}}_{k/k-1}$ 为式（4-58）：

$$\tilde{\boldsymbol{X}}_{k/k-1}=\boldsymbol{\Phi}_{k/k-1}\hat{\boldsymbol{X}}_{k-1} \tag{4-58}$$

一步预测后系统状态量的方差协方差矩阵 $\boldsymbol{P}_{k/k-1}$ 可表示为式（4-59）：

$$\boldsymbol{P}_{k/k-1}=\boldsymbol{\Phi}_{k/k-1}\boldsymbol{P}_{k-1}\boldsymbol{\Phi}_{k/k-1}^{\mathrm{T}}+\boldsymbol{Q} \tag{4-59}$$

式（4-59）中，$\boldsymbol{Q}$ 为过程噪声的协方差矩阵。

2. 量测更新

由于状态方程和观测方程中分别存在不可测的过程噪声和测量噪声，因此当前时刻系统状态量的预测值 $\tilde{\boldsymbol{X}}_{k/k-1}$ 和系统的观测值 $\boldsymbol{Z}_k$ 均是不准确的。但是预测值 $\tilde{\boldsymbol{X}}_{k/k-1}$ 和观测值 $\boldsymbol{Z}_k$ 均与当前时刻系统状态量存在函数关系，因此可通过函数关系求得预测值和观测值之间的差异，然后对预测值 $\tilde{\boldsymbol{X}}_{k/k-1}$ 进行修正，进而获得系统状态量在当前时刻的最优估值 $\hat{\boldsymbol{X}}_k$，见式（4-60）：

$$\hat{\boldsymbol{X}}_k=\hat{\boldsymbol{X}}_{k/k-1}+\boldsymbol{K}_k(\boldsymbol{Z}_k-\boldsymbol{H}_k\hat{\boldsymbol{X}}_{k/k-1}) \tag{4-60}$$

式中，$\boldsymbol{K}_k$ 为系统在当前时刻的卡尔曼滤波增益矩阵，可表示如式（4-61）：

$$\boldsymbol{K}_k=\boldsymbol{P}_{k/k-1}\boldsymbol{H}_k^{\mathrm{T}}(\boldsymbol{H}_k\boldsymbol{P}_{k/k-1}\boldsymbol{H}_k^{\mathrm{T}}+\boldsymbol{R})^{-1} \tag{4-61}$$

其中，$\boldsymbol{R}$ 为测量噪声的协方差矩阵。最后，利用求得的增益矩阵 $\boldsymbol{K}_k$ 计算后验估计误差的方差协方差矩阵 $\boldsymbol{P}_k$，见式（4-62）：

$$\boldsymbol{P}_k=(\boldsymbol{I}-\boldsymbol{K}_k\boldsymbol{H}_k)\boldsymbol{P}_{k/k-1}=(\boldsymbol{I}-\boldsymbol{K}_k\boldsymbol{H}_k)\boldsymbol{P}_{k/k-1}(\boldsymbol{I}-\boldsymbol{K}_k\boldsymbol{H}_k)^{\mathrm{T}}+\boldsymbol{K}_k\boldsymbol{R}_k\boldsymbol{K}_k^{\mathrm{T}} \tag{4-62}$$

其中，$\boldsymbol{I}$ 为单位阵。等式最右边称为 Joseph 形式的协方差矩阵更新方程，该式可以保证 $\boldsymbol{P}_k$ 阵在计算机有舍入误差的情况下仍然保证它的对称性。

由于卡尔曼滤波模型对信息预测、修正的处理方式以及它对信息的估计具有无偏优化估计的特点，它在信息融合领域得到了广泛的应用。对于机器人这种运动形式较为复杂的载体而言，很难构建定量的状态方程，一般都是采用近似的方式来描述其运动状态。在这种近似情况下，如何实现对测量误差的处理和多传感器数据的融合尤为重要，运用卡尔曼滤波算法能够补偿系统的动态测量误差和计算误差，同时能够对多传感器数据进行合理、高效的融合，实现优势互补，最终完成对机器人的精确定位[22]。

卡尔曼滤波在多传感器组合导航中最具有代表性的应用便是后面将要详细介绍的 GNSS/SINS 松组合和紧组合，通过对 GNSS 信息和 IMU 量测数据的有效融合，实现了卫星导航系统和惯性导航系统的优势互补，得到了较为理想的导航定位结果。随着传感器技术的快速发展，目前可用于导航定位的传感器种类越来越多，用于组合和导航的传感器种类也在一步步扩展，与此同时，卡尔曼滤波在其中所扮演的角色也越来越关键。特别是当某一个传感器观测条件不理想或数据丢失时，利用卡尔曼滤波对其他传感器数据的融合可以在一定时间内提供较高精度的导航定位服务。例如，文献[30]将 GNSS 接收机、IMU 以及单目相机搭载在同一载体上，在 GNSS 观测条件较差的环境下进行定位实验，对实验采集的数据利用扩展卡尔曼滤波进行融合，GNSS 的定位模式为单频多系统 RTK 定位方法，组合方式为紧组合。

4.6.2 GNSS/SINS 松组合

1. GNSS/SINS 松组合系统状态方程

在 4.2 节已分别给出惯导误差微分方程以及 IMU 设备误差建模，此处定义状态向量见式（4-63），分别表示惯导输出的三轴位置、速度、姿态误差，以及陀螺仪和加速度计的零偏误差：

$$\delta \boldsymbol{X} = [\delta \boldsymbol{r}^n \quad \delta \boldsymbol{v}^n \quad \boldsymbol{\phi} \quad \delta \boldsymbol{\omega}_{ib}^b \quad \delta \boldsymbol{f}^b]^{\mathrm{T}} \tag{4-63}$$

根据 4.3.1 节卡尔曼滤波公式的推导以及式（4-63）中误差状态向量的选取，此处状态方程见式（4-64）：

$$\delta \dot{\boldsymbol{X}}(t) = \boldsymbol{F}(t) \cdot \delta \boldsymbol{X}(t) + \boldsymbol{G}(t) \cdot \boldsymbol{w}(t) \tag{4-64}$$

其中，$\boldsymbol{F}(t)$ 表示状态转移矩阵；$\boldsymbol{G}(t)$ 表示系统噪声驱动阵；$\boldsymbol{w}(t)$ 表示系统噪声向量。上述三个量展开可得式（4-65）：

$$\begin{bmatrix} \delta \dot{\boldsymbol{r}} \\ \delta \dot{\boldsymbol{v}} \\ \dot{\boldsymbol{\phi}} \\ \delta \dot{\boldsymbol{\omega}}_{ib}^b \\ \delta \dot{\boldsymbol{f}}^b \end{bmatrix} = \begin{bmatrix} \boldsymbol{F}_{rr} & \boldsymbol{I} & \boldsymbol{0} & \boldsymbol{0} & \boldsymbol{0} \\ \boldsymbol{F}_{vr} & \boldsymbol{F}_{vv} & (\boldsymbol{C}_b^n \boldsymbol{f}^b)\times & \boldsymbol{0} & \boldsymbol{C}_b^n \\ \boldsymbol{F}_{\phi r} & \boldsymbol{F}_{\phi v} & -\left(\boldsymbol{\omega}_{in}^n\right)\times & -\boldsymbol{C}_b^n & \boldsymbol{0} \\ \boldsymbol{0} & \boldsymbol{0} & \boldsymbol{0} & -1/\tau_g \boldsymbol{I} & \boldsymbol{0} \\ \boldsymbol{0} & \boldsymbol{0} & \boldsymbol{0} & \boldsymbol{0} & -1/\tau_a \boldsymbol{I} \end{bmatrix} \begin{bmatrix} \delta \boldsymbol{r} \\ \delta \boldsymbol{v} \\ \boldsymbol{\phi} \\ \delta \boldsymbol{\omega}_{ib}^b \\ \delta \boldsymbol{f}^b \end{bmatrix} + \begin{bmatrix} \boldsymbol{0} & \boldsymbol{0} & \boldsymbol{0} & \boldsymbol{0} \\ \boldsymbol{C}_b^n & \boldsymbol{0} & \boldsymbol{0} & \boldsymbol{0} \\ \boldsymbol{0} & -\boldsymbol{C}_b^n & \boldsymbol{0} & \boldsymbol{0} \\ \boldsymbol{0} & \boldsymbol{0} & \boldsymbol{I} & \boldsymbol{0} \\ \boldsymbol{0} & \boldsymbol{0} & \boldsymbol{0} & \boldsymbol{I} \end{bmatrix} \begin{bmatrix} \boldsymbol{w}_g \\ \boldsymbol{w}_a \\ \boldsymbol{w}_{b_g} \\ \boldsymbol{w}_{b_a} \end{bmatrix} \tag{4-65}$$

其中，$\boldsymbol{F}(t)$ 中的各个量由 4.2.5 节的惯导误差微分方程得出，具体见式（4-66）～式（4-70）：

$$\boldsymbol{F}_{rr} = \begin{bmatrix} -\dfrac{v_D}{R_M + h} & 0 & \dfrac{v_N}{R_M + h} \\ -\dfrac{v_E \tan\varphi}{R_N + h} & -\dfrac{v_D + v_N \tan\varphi}{R_N + h} & \dfrac{v_E}{R_N + h} \\ 0 & 0 & 0 \end{bmatrix} \tag{4-66}$$

$$
\boldsymbol{F}_{vr}=\begin{bmatrix}
-\dfrac{2v_E\omega_e\cos\varphi}{R_M+h}-\dfrac{v_E^2\sec^2\varphi}{(R_N+h)(R_M+h)} & 0 & \dfrac{v_N v_D}{(R_M+h)^2}-\dfrac{v_E^2\tan\varphi}{(R_N+h)^2} \\
\dfrac{2\omega_e(v_N\cos\varphi-v_D\sin\varphi)}{R_M+h}+\dfrac{v_N v_E\sec^2\varphi}{(R_N+h)(R_M+h)} & 0 & \dfrac{v_E v_D}{(R_M+h)^2}+\dfrac{v_N v_E\tan\varphi}{(R_N+h)^2} \\
\dfrac{2v_E\omega_e\sin\varphi}{R_M+h} & 0 & -\dfrac{v_E^2}{(R_N+h)^2}-\dfrac{v_N^2}{(R_M+h)^2}+\dfrac{2\boldsymbol{g}}{\sqrt{R_M R_N}+h}
\end{bmatrix} \tag{4-67}
$$

$$
\boldsymbol{F}_{vv}=\begin{bmatrix}
\dfrac{v_D}{R_M+h} & -2\omega_e\sin\varphi-\dfrac{2v_E\tan\varphi}{R_N+h} & \dfrac{v_N}{R_M+h} \\
2\omega_e\sin\varphi+\dfrac{v_E\tan\varphi}{R_N+h} & \dfrac{v_D+v_E\tan\varphi}{R_N+h} & 2\omega_e\cos\varphi+\dfrac{v_E}{R_N+h} \\
-\dfrac{2v_N}{R_M+h} & -2\omega_e\cos\varphi-\dfrac{2v_E}{R_N+h} & 0
\end{bmatrix} \tag{4-68}
$$

$$
\boldsymbol{F}_{\phi r}=\begin{bmatrix}
\dfrac{-\omega_e\sin\varphi}{R_M+h} & 0 & \dfrac{v_E}{(R_N+h)^2} \\
0 & 0 & -\dfrac{v_N}{(R_M+h)^2} \\
-\dfrac{\omega_e\cos\varphi}{R_M+h}-\dfrac{v_E}{(R_N+h)(R_M+h)\cos^2\varphi} & 0 & -\dfrac{v_E\tan\varphi}{(R_N+h)^2}
\end{bmatrix} \tag{4-69}
$$

$$
\boldsymbol{F}_{\phi v}=\begin{bmatrix}
0 & \dfrac{1}{R_N+h} & 0 \\
-\dfrac{1}{R_M+h} & 0 & 0 \\
0 & -\dfrac{\tan\varphi}{R_N+h} & 0
\end{bmatrix} \tag{4-70}
$$

2. GNSS/SINS 松组合系统观测方程

在实际的机器人导航应用中，可以通过 GNSS 系统获取机器人的位置和速度作为观测量，由于滤波器是建立在误差微分方程基础上的，所以可以将 RTK 求解的高精度位置 $\boldsymbol{r}_{\mathrm{GNSS}}$ 和速度 $\boldsymbol{v}_{\mathrm{GNSS}}$ 信息与 SINS 给出的位置 $\boldsymbol{r}_{\mathrm{SINS}}$、速度 $\boldsymbol{v}_{\mathrm{SINS}}$ 信息做差来得到满足滤波器的观测量。值得注意的是，GNSS 系统所给出的是以 GNSS 天线相位中心建立的导航坐标系的位置和速度，而 SINS 给出的是以载体坐标系（IMU 中心）为中心建立的导航坐标系的位置和速度。两者之间存在空间不一致性，通常将其称为杆臂。所以在求取观测方程中，必须对该不一致性进行补偿，即杆臂补偿。

由于 GNSS 系统天线和 IMU 都是固定在载体上的，所以两者的空间位置相对于载体坐标系（b 系）来说是固定的，将 b 系原点指向 GNSS 天线相位中心原点的向量在 b 系中的表示记为 $\boldsymbol{l}_{\mathrm{GNSS}}^{b}$。假设 GNSS 天线相位中心的位置为 $\boldsymbol{r}_{\mathrm{GNSS}}^{n}=[\varphi_{\mathrm{GNSS}}\quad \lambda_{\mathrm{GNSS}}\quad h_{\mathrm{GNSS}}]^{\mathrm{T}}$，SINS 中 IMU 的测量中心位置为 $\boldsymbol{r}_{\mathrm{SINS}}^{n}=[\varphi_{\mathrm{SINS}}\quad \lambda_{\mathrm{SINS}}\quad h_{\mathrm{SINS}}]^{\mathrm{T}}$，则 $\boldsymbol{l}_{\mathrm{GNSS}}^{b}$、$\boldsymbol{r}_{\mathrm{GNSS}}^{n}$、$\boldsymbol{r}_{\mathrm{SINS}}^{n}$ 存在如式（4-71）的关系[31]：

$$\boldsymbol{r}_{\mathrm{GNSS}}^{n}=\boldsymbol{r}_{\mathrm{SINS}}^{n}+\boldsymbol{M}\boldsymbol{C}_{b}^{n}\boldsymbol{l}_{\mathrm{GNSS}}^{b} \tag{4-71}$$

其中，$\boldsymbol{M}=\begin{bmatrix}\dfrac{1}{R_M+h} & 0 & 0\\ 0 & \dfrac{1}{(R_N+h)\cos\varphi} & 0\\ 0 & 0 & -1\end{bmatrix}$。

由式（4-71）在已知杆臂的状态下，不考虑 $\boldsymbol{M}$ 与 $\boldsymbol{l}_{\mathrm{GNSS}}^{b}$ 的误差扰动，可以使用 INS 导航结果推测获取 GNSS 相位中心的位置见式（4-72）：

$$\hat{\boldsymbol{r}}_{\mathrm{GNSS}}^{n}=\boldsymbol{r}_{\mathrm{GNSS}}^{n}+\boldsymbol{M}\delta\boldsymbol{r}_{\mathrm{SINS}}^{n}+\boldsymbol{M}\left(\boldsymbol{C}_{b}^{n}\boldsymbol{l}_{\mathrm{GNSS}}^{b}\right)\times\boldsymbol{\phi} \tag{4-72}$$

对于 GNSS 系统的位置观测值有式（4-73）：

$$\tilde{\boldsymbol{r}}_{\mathrm{GNSS}}^{n}=\boldsymbol{r}_{\mathrm{GNSS}}^{n}+\boldsymbol{n}_{\mathrm{GNSS}}^{r} \tag{4-73}$$

其中，$\boldsymbol{r}_{\mathrm{GNSS}}^{n}$ 表示 GNSS 相位中心的位置真实值（经纬高）；$\boldsymbol{n}_{\mathrm{GNSS}}^{r}$ 表示 GNSS 位置量测误差，建模为零均值高斯白噪声。

定义位置观测向量为 $\boldsymbol{Z}_{r\mathrm{GNSS}}=\boldsymbol{M}^{-1}\left(\hat{\boldsymbol{r}}_{\mathrm{GNSS}}^{n}-\tilde{\boldsymbol{r}}_{\mathrm{GNSS}}^{n}\right)$，则有式（4-74）：

$$\boldsymbol{Z}_{r\mathrm{GNSS}}=\delta\boldsymbol{r}_{\mathrm{SINS}}^{n}+\left(\boldsymbol{C}_{b}^{n}\boldsymbol{l}_{\mathrm{GNSS}}^{b}\times\right)\boldsymbol{\phi}-\boldsymbol{M}^{-1}\boldsymbol{n}_{\mathrm{GNSS}}^{r} \tag{4-74}$$

注意，$\boldsymbol{Z}_{r\mathrm{GNSS}}=\boldsymbol{M}^{-1}\left(\hat{\boldsymbol{r}}_{\mathrm{GNSS}}^{n}-\tilde{\boldsymbol{r}}_{\mathrm{GNSS}}^{n}\right)$ 中的 $\hat{\boldsymbol{r}}_{\mathrm{GNSS}}^{n}$ 与 $\tilde{\boldsymbol{r}}_{\mathrm{GNSS}}^{n}$ 分别用经纬高表示，而 $\delta\boldsymbol{r}_{\mathrm{SINS}}^{n}$ 在 NED 表示，以“米”为单位，$-\boldsymbol{M}^{-1}\boldsymbol{n}_{\mathrm{GNSS}}^{r}$ 也是一个满足零均值高斯白噪声分布的误差扰动项。

和位置观测一样，使用 SINS 解算速度结合杆臂可以获得 GNSS 天线相位中心速度，见式（4-75）：

$$\boldsymbol{v}_{\mathrm{GNSS}}^{n}=\boldsymbol{v}_{\mathrm{SINS}}^{n}-\left(\boldsymbol{\omega}_{ie}^{n}\times+\boldsymbol{\omega}_{en}^{n}\times\right)\boldsymbol{C}_{b}^{n}\boldsymbol{l}_{\mathrm{GNSS}}^{b}+\boldsymbol{C}_{b}^{n}\boldsymbol{\omega}_{ib}^{b}\times\boldsymbol{l}_{\mathrm{GNSS}}^{b} \tag{4-75}$$

因为 $\boldsymbol{\omega}_{ie}^{n}$ 与 $\boldsymbol{\omega}_{en}^{n}$ 相关的误差项很小，故忽略两者的误差，对式（4-75）进行扰动分析，可以由 SINS 得到 GNSS 相位中心的速度，见式（4-76）：

$$\begin{aligned}\hat{\boldsymbol{v}}_{\mathrm{GNSS}}^{n}\approx{}&\boldsymbol{v}_{\mathrm{GNSS}}^{n}+\delta\boldsymbol{v}_{\mathrm{SINS}}^{n}-\boldsymbol{\omega}_{in}^{n}\times\left(\boldsymbol{C}_{b}^{n}\boldsymbol{l}_{\mathrm{GNSS}}^{b}\right)\times\boldsymbol{\phi}\\&-\boldsymbol{C}_{b}^{n}\left(\boldsymbol{l}_{\mathrm{GNSS}}^{b}\times\boldsymbol{\omega}_{ib}^{b}\right)\times\boldsymbol{\phi}-\boldsymbol{C}_{b}^{n}\left(\boldsymbol{l}_{\mathrm{GNSS}}^{b}\times\right)\delta\boldsymbol{\omega}_{ib}^{b}\end{aligned} \tag{4-76}$$

对于 GNSS 系统的速度观测值见式（4-77）：

$$\tilde{\boldsymbol{v}}_{\mathrm{GNSS}}^{n}=\boldsymbol{v}_{\mathrm{GNSS}}^{n}+\boldsymbol{n}_{\mathrm{GNSS}}^{v} \tag{4-77}$$

其中，$\boldsymbol{v}_{\mathrm{GNSS}}^{n}$ 为 GNSS 相位中心速度真实值；$\boldsymbol{n}_{\mathrm{GNSS}}^{v}$ 建模为零均值高斯白噪声。

定义速度观测向量为 $\boldsymbol{Z}_{v\mathrm{GNSS}}=\hat{\boldsymbol{v}}_{\mathrm{GNSS}}^{n}-\tilde{\boldsymbol{v}}_{\mathrm{GNSS}}^{n}$，则有式（4-78）：

$$\begin{aligned}\boldsymbol{Z}_{v\mathrm{GNSS}}=&\delta\boldsymbol{v}_{\mathrm{SINS}}^{n}-\boldsymbol{\omega}_{in}^{n}\times\left(\boldsymbol{C}_{b}^{n}\boldsymbol{l}_{\mathrm{GNSS}}^{b}\right)\times\boldsymbol{\phi}-\boldsymbol{C}_{b}^{n}\left(\boldsymbol{l}_{\mathrm{GNSS}}^{b}\times\boldsymbol{\omega}_{ib}^{b}\right)\times\boldsymbol{\phi}\\&-\boldsymbol{C}_{b}^{n}\left(\boldsymbol{l}_{\mathrm{GNSS}}^{b}\times\right)\delta\boldsymbol{\omega}_{ib}^{b}-\boldsymbol{n}_{\mathrm{GNSS}}^{v}\end{aligned} \tag{4-78}$$

假设滤波器选取的滤波状态为

$$\delta\boldsymbol{x}=[\delta\boldsymbol{r}^{n}\quad\delta\boldsymbol{v}^{n}\quad\boldsymbol{\phi}\quad\delta\boldsymbol{\omega}_{ib}^{b}\quad\delta\boldsymbol{f}^{b}]^{\mathrm{T}} \tag{4-79}$$

则位置和速度量测矩阵可以写成式（4-80）：

$$\boldsymbol{H}=\begin{bmatrix}\boldsymbol{I}&\boldsymbol{0}&\boldsymbol{C}_{b}^{n}\boldsymbol{l}_{\mathrm{GNSS}}^{b}\times&\boldsymbol{0}&\boldsymbol{0}\\\boldsymbol{0}&\boldsymbol{I}&-\boldsymbol{\omega}_{in}^{n}\times\left(\boldsymbol{C}_{b}^{n}\boldsymbol{l}_{\mathrm{GNSS}}^{b}\right)\times-\boldsymbol{C}_{b}^{n}\left(\boldsymbol{l}_{\mathrm{GNSS}}^{b}\times\boldsymbol{\omega}_{ib}^{b}\right)\times&-\boldsymbol{C}_{b}^{n}\left(\boldsymbol{l}_{\mathrm{GNSS}}^{b}\times\right)&\boldsymbol{0}\end{bmatrix} \tag{4-80}$$

4.6.3 RTK/SINS 紧组合

1. RTK/SINS 紧组合系统状态方程

紧组合直接利用卫星原始观测进行组合定位，状态向量的选取与松组合相比，除了有常见的 15 维惯导状态误差，还需要考虑卫星引入的误差。随着 RTK 技术的成熟及普及，本节重点介绍基于 RTK 的紧组合。考虑到载波相位测量计算时存在模糊度固定的问题，根据模糊度解算时间，相关研究可粗略分为滤波前解算以及把模糊度增广到系统状态中两大类[32, 33]。此处介绍模糊度增广到系统状态的方法，模糊度独立解算的算法不作为本节重点，读者可另见文献[32]。

在 4.3.2 节的松组合基础上将状态向量的定义增加双差模糊度误差向量，即

$$\delta\boldsymbol{X}(t)=[\delta\boldsymbol{r}\quad\delta\boldsymbol{v}\quad\boldsymbol{\phi}\quad\delta\boldsymbol{\omega}_{ib}^{b}\quad\delta\boldsymbol{f}^{b}\quad\nabla\Delta N] \tag{4-81}$$

其中，$\nabla\Delta N$ 是双差模糊度误差向量，其他参数与松组合状态向量相同。没有周跳时模糊度参数不随时间变化，将双差模糊度建模为随机常数模型，即 $\nabla\Delta\dot{N}=0$。

因此，将式（4-81）增广至松组合状态方程，见式（4-82）：

$$\begin{bmatrix}\delta\dot{\boldsymbol{r}}\\\delta\dot{\boldsymbol{v}}\\\dot{\boldsymbol{\phi}}\\\delta\dot{\boldsymbol{\omega}}_{ib}^{b}\\\delta\dot{\boldsymbol{f}}^{b}\\\nabla\Delta\dot{N}\end{bmatrix}=\begin{bmatrix}\boldsymbol{F}_{rr}&\boldsymbol{I}&\boldsymbol{0}&\boldsymbol{0}&\boldsymbol{0}&\boldsymbol{0}\\\boldsymbol{F}_{vr}&\boldsymbol{F}_{vv}&\left(\boldsymbol{C}_{b}^{n}\boldsymbol{f}^{b}\right)\times&\boldsymbol{0}&\boldsymbol{C}_{b}^{n}&\boldsymbol{0}\\\boldsymbol{F}_{\phi r}&\boldsymbol{F}_{\phi v}&-\left(\boldsymbol{\omega}_{in}^{n}\right)\times&-\boldsymbol{C}_{b}^{n}&\boldsymbol{0}&\boldsymbol{0}\\\boldsymbol{0}&\boldsymbol{0}&\boldsymbol{0}&-1/\tau_{g}\boldsymbol{I}&\boldsymbol{0}&\boldsymbol{0}\\\boldsymbol{0}&\boldsymbol{0}&\boldsymbol{0}&\boldsymbol{0}&-1/\tau_{a}\boldsymbol{I}&\boldsymbol{0}\\\boldsymbol{0}&\boldsymbol{0}&\boldsymbol{0}&\boldsymbol{0}&\boldsymbol{0}&\boldsymbol{0}\end{bmatrix}\begin{bmatrix}\delta\boldsymbol{r}\\\delta\boldsymbol{v}\\\boldsymbol{\phi}\\\delta\boldsymbol{\omega}_{ib}^{b}\\\delta\boldsymbol{f}^{b}\\\nabla\Delta N\end{bmatrix}+\begin{bmatrix}\boldsymbol{0}&\boldsymbol{0}&\boldsymbol{0}&\boldsymbol{0}\\\boldsymbol{C}_{b}^{n}&\boldsymbol{0}&\boldsymbol{0}&\boldsymbol{0}\\\boldsymbol{0}&-\boldsymbol{C}_{b}^{n}&\boldsymbol{0}&\boldsymbol{0}\\\boldsymbol{0}&\boldsymbol{0}&\boldsymbol{I}&\boldsymbol{0}\\\boldsymbol{0}&\boldsymbol{0}&\boldsymbol{0}&\boldsymbol{I}\\\boldsymbol{0}&\boldsymbol{0}&\boldsymbol{0}&\boldsymbol{0}\end{bmatrix}\begin{bmatrix}\boldsymbol{w}_{g}\\\boldsymbol{w}_{a}\\\boldsymbol{w}_{b_g}\\\boldsymbol{w}_{b_a}\end{bmatrix} \tag{4-82}$$

2. RTK/SINS 紧组合系统观测方程

RTK/SINS 紧组合的观测值由 SINS 推算的双差观测值与 GNSS 的站星双差作差，即

$$\boldsymbol{Z}(t)=\left[\nabla\Delta\hat{\rho}_{\text{SINS}}-\lambda\nabla\Delta\varphi_{\text{GNSS}}\right] \tag{4-83}$$

在 4.1 节已推导过 GNSS 载波的站星双差观测值，短基线情形下电离层延迟、对流层延迟等的双差误差可被消除，故式（4.6）可简写为式（4-84）：

$$\lambda\nabla\Delta\phi_{\text{GNSS}}=\left(\rho_{r1}^{s1}-\rho_{r1}^{s0}-\rho_{r0}^{s1}+\rho_{r0}^{s0}\right)-\lambda\nabla\Delta N \tag{4-84}$$

SINS 推算的双差观测值可表达为式（4-85）：

$$\nabla\Delta\hat{\rho}_{\text{SINS}}=\left(e_x^{s1}-e_x^{s0}\right)\delta x+\left(e_y^{s1}-e_y^{s0}\right)\delta y+\left(e_z^{s1}-e_z^{s0}\right)\delta z+\rho_{r1}^{s1}-\rho_{r1}^{s0}-\rho_{r0}^{s1}+\rho_{r0}^{s0} \tag{4-85}$$

其中，e_x^{s1}、e_y^{s1}、e_z^{s1} 表示流动站到卫星的方向向量分别在 x、y、z 三个方向上的分量；e_x^{s0}、e_y^{s0}、e_z^{s0} 表示基准站到卫星的方向向量分别在 x、y、z 三个方向上的分量。

将式（4-85）和式（4-84）作差，得到量测方程见式（4-86）：

$$\boldsymbol{Z}(t)=\left(e_x^{s1}-e_x^{s0}\right)\delta x+\left(e_y^{s1}-e_y^{s0}\right)\delta y+\left(e_z^{s1}-e_z^{s0}\right)\delta z-\lambda\nabla\Delta N \tag{4-86}$$

假设在某一时刻有 $k+1$ 颗可观测卫星，其中参考卫星选择第一颗，则式(4-86)可展开写成式（4-87）：

$$\boldsymbol{Z}(t)=\begin{bmatrix}\nabla\Delta\rho_{\text{SINS}}^{21}-\lambda\nabla\Delta\varphi_{\text{GNSS}}^{21}\\ \nabla\Delta\rho_{\text{SINS}}^{31}-\lambda\nabla\Delta\varphi_{\text{GNSS}}^{31}\\ \vdots\\ \nabla\Delta\rho_{\text{SINS}}^{k1}-\lambda\nabla\Delta\varphi_{\text{GNSS}}^{k1}\end{bmatrix}=\boldsymbol{H}(t)\boldsymbol{X}(t)+\boldsymbol{V}(t) \tag{4-87}$$

其中，$\nabla\Delta\rho_{\text{SINS}}^{n1}\,(n=1,2,\cdots,k)$是 SINS 推算的双差观测值；$\nabla\Delta\varphi_{\text{GNSS}}^{n1}\,(n=1,2,\cdots,k)$是 GNSS 载波相位的双差观测值；$\boldsymbol{H}(t)$是状态量 $\boldsymbol{X}(t)$前的系数；$\boldsymbol{V}(t)$是观测噪声向量[34]。

4.7 因子图用于数据融合

虽然基于滤波的数据融合方法被广泛地应用于 GNSS/SINS 组合导航（见 4.3 节）、视觉惯性里程计（见 5.3 节）和雷达惯性里程计（见 5.4 节）等多源数据融合的机器人状态估计问题中，但在处理多源传感器数据融合时，仍然会存在以下两个问题：其一，如果存在异步及量测时延问题时，滤波类方法主要采用外推

或者内插的方式实现时间同步，这可能增加计算量并引入误差；其二，当存在传感器加入或者失效的时候，可能需要改变系统的状态空间模型，导致滤波器性能降低甚至失效。

最近提出的因子图优化方法是机器人领域流行的多源传感器数据融合方法[35]，能有效解决 KF 在数据融合中的这些问题。因子图是概率图模型的一种。概率图模型通过挖掘多变量联合概率密度函数内部的结构，提供一种紧凑的表征方式。在机器人多源数据融合问题中，多变量的高维概率密度函数通常被分解为多个因子的乘积，然后给每个因子指定一个概率密度函数。由于状态估计问题主要是根据观测数据来估计系统本身的状态，一般被建模为后验概率密度推断问题，根据贝叶斯原则，最大后验概率的推断可以转换为似然概率与先验概率的乘积。通过将因子图分解为各个变量的函数，最大后验推断问题就转换成非线性最小二乘问题。

机器人状态估计中因子图优化方法的基本思路是根据不同时刻机器人位姿和观测量的关系建立无向图。该图中的节点（node）表示待估计的位姿，节点之间的边（edge）便是观测对位姿的约束。因子图建立之后，可以通过优化的方法找到一组最优节点，该组节点能够最好地满足观测边的约束。优化过程就是寻找最优的全局节点配置来尽可能多地匹配所有边的约束。本质上因子图优化的是一个非线性最小二乘问题，可以采用高斯-牛顿法、Levernberg-Marquardt（LM）方法或者 Dogleg 信赖域方法，开源的优化库包括 Ceres、G2O 和 GTSAM 等。

因子图算法具有很强的鲁棒性和灵活性，能够实现传感器的即插即用，在处理多传感器信息融合问题中具有较大的优势，可以解决多源传感器组合导航系统中不同导航传感器信息更新频率不同步以及可用性动态改变问题。

在多源信息数据融合的因子图优化框架中，各传感器的因子节点在因子图模型中是相互独立、互不影响的。以 GNSS 的有效性改变为例，当 GNSS 突然失效时，只需要抑制 GNSS 因子节点的继续添加，便转换为新的因子图模型；而当 GNSS 变为有效时，只需要重新添加 GNSS 因子节点，便可恢复 GNSS 因子图模型。

定义观测量模型 $h_i(\cdot)$，可以根据给定的状态估计来预测传感器的观测信息。预测的量测信息和实际量测信息的差值就是观测误差，从而建立相应的损失函数进行优化。基于高斯白噪声模型假设，一个量测因子节点可以如式（4-88）所示：

$$f_i(\boldsymbol{X}_i) = d(\boldsymbol{z}_i - h_i(\boldsymbol{X}_i)) \tag{4-88}$$

其中，$h_i(\cdot)$ 表示量测模型；$\boldsymbol{z}_i$ 表示实际的观测信息；$d(\cdot)$ 表示代价函数。

一个典型的因子图结构见图 4.15，其中包括 IMU 预积分因子节点、GNSS 观测因子节点、视觉观测因子节点和闭环因子节点。

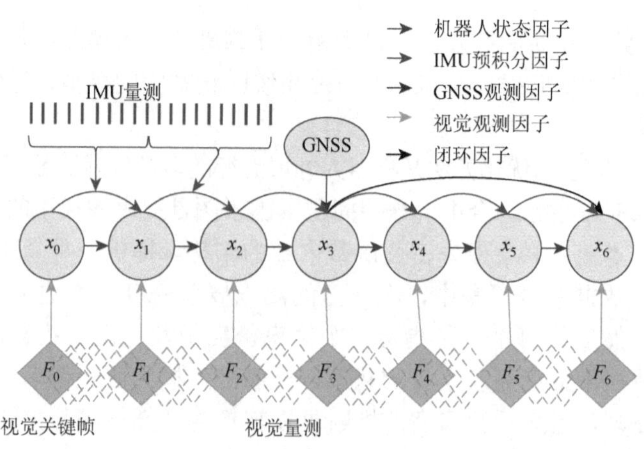

图 4.15　一个典型的因子图结构示意图

1. IMU 因子节点

在多源传感器融合中，惯性传感器输入通常包含在两个时刻的导航状态传递过程中，因此因子图中都会包含由 IMU 带来的相邻位姿的双边约束。

接收来自 IMU 的观测信息后，IMU 因子节点 f^{IMU} 连接不同时刻 t_k 和 t_{k+1} 两个变量节点边缘，即导航状态 $\boldsymbol{x}_k$ 和 $\boldsymbol{x}_{k+1}$。根据系统的状态方程进行状态更新和节点扩展。IMU 因子节点代价函数可以表示为式（4-89）：

$$f^{\text{IMU}}(\boldsymbol{x}_k,\boldsymbol{x}_{k+1},\boldsymbol{b}_k)=d\left(\boldsymbol{x}_{k+1}-h\left(\boldsymbol{x}_k,\boldsymbol{b}_k,\boldsymbol{z}_k^{\text{IMU}}\right)\right)=d(\boldsymbol{x}_{k+1}-\hat{\boldsymbol{x}}_{k+1}) \tag{4-89}$$

其中，$\boldsymbol{x}_k$ 表示 t_k 时刻机器人导航状态变量；$\boldsymbol{b}_k$ 表示 t_k 时刻 IMU 的零偏参数，用于修正 IMU 输出的数据；$\boldsymbol{z}_k^{\text{IMU}}$ 表示 t_k 时刻 IMU 输出的陀螺和加速度计的数据；$\hat{\boldsymbol{x}}_{k+1}$ 是根据当前时刻状态 $\boldsymbol{x}_k$ 和 IMU 量测信息 $\boldsymbol{z}_k^{\text{IMU}}$，结合导航状态更新方程 $h\left(\boldsymbol{x}_k,\boldsymbol{b}_k,\boldsymbol{z}_k^{\text{IMU}}\right)$ 预测得到的下一时刻导航状态。

同理，零偏（bias）的因子节点连接不同时刻 t_k 和 t_{k+1} 时导航状态的变量节点 $\boldsymbol{b}_k$ 和 $\boldsymbol{b}_{k+1}$，用下面的代价函数式（4-90）表示：

$$f^{\text{bias}}(\boldsymbol{b}_k,\boldsymbol{b}_{k+1})\triangleq d(\boldsymbol{b}_{k+1}-h(\boldsymbol{b}_k)) \tag{4-90}$$

其中，$h(\cdot)$ 根据零偏的建模来确定，零偏一般建模为随机游走或一阶高斯马尔科夫过程。

IMU 因子节点的主要形式之一是构建预积分项（见 5.3.3 节），而预积分项是天然存在于惯导机械编排过程中的。由于表征 IMU 导航状态中姿态有四元数和姿态旋转矩阵两种，这两种方法构建的预积分理论在数学上是等价的。同时，可以证明当前的预积分都是在地心地固坐标系下构建的，大多数并未考虑地球自转以及非定轴转动，这在低成本惯导以及小尺度范围内的应用是合理的。然而，对于较高等级的惯导以及大尺度范围内的组合导航系统，一方面需要考虑地球自转，另一方面应该考虑非定轴转动的圆锥误差补偿，针对不同等级的惯导可以采用不同的多子样算法。

2. DVL 因子节点

多普勒测速仪（Doppler Velocity Log，DVL）量测方程可以表示为式（4-91）：

$$\boldsymbol{z}_k^{\text{DVL}} = h^{\text{DVL}}(\boldsymbol{x}_k) + \boldsymbol{n}^{\text{DVL}} \tag{4-91}$$

其中，$\boldsymbol{n}^{\text{DVL}}$ 是量测噪声；$h^{\text{DVL}}(\cdot)$ 是量测函数。

在 t_k 时刻接收到 DVL 量测信息后，添加新的因子节点 f_k^{DVL}。DVL 因子节点只与变量节点 x_k，即 t_k 时刻的导航状态相关。因此，可以将因子节点定义为一个一元边因子，见式（4-92）：

$$f^{\text{DVL}}(\boldsymbol{x}_k) \triangleq d\left(\boldsymbol{z}_k^{\text{DVL}} - h^{\text{DVL}}(x_k)\right) \tag{4-92}$$

3. GNSS 因子节点

在 t_k 时刻接收 GNSS 的观测信息后，定义因子节点 f_k^{GNSS}，该节点与 t_k 时刻的状态变量节点 $\boldsymbol{x}_k$ 相连接。GNSS 的量测方程表示如式（4-93）：

$$\boldsymbol{z}_k^{\text{GNSS}} = h_k^{\text{GNSS}}(\boldsymbol{x}_k) + \boldsymbol{n}_k^{\text{GNSS}} \tag{4-93}$$

其中，$\boldsymbol{z}_k^{\text{GNSS}}$ 是 GNSS 的观测信息；$h_k^{\text{GNSS}}(\cdot)$ 是观测函数；$\boldsymbol{n}_k^{\text{GNSS}}$ 是观测噪声。

因此，GNSS 因子节点可以表示为式（4-94）：

$$f_k^{\text{GNSS}}(\boldsymbol{x}_k) \triangleq d\left(\boldsymbol{z}_k^{\text{GNSS}} - h_k^{\text{GNSS}}(\boldsymbol{x}_k)\right) \tag{4-94}$$

具体来说，GNSS 可以提供载体的位置及速度信息，因此，GNSS 主要作为全局传感器使用。为了便于优化，首先将 GNSS 数据转换为 TUM 坐标，然后将每个 GNSS 数据与位姿节点相关联，位姿节点与 GNSS 数据的时间戳对齐，则 GNSS 位置即可作为先验位置信息，成为位姿节点的一元边。在不考虑杆臂误差的情况下其测量方程见式（4-95）和式（4-96）：

$$\boldsymbol{p}_k^{\text{GNSS}} = \boldsymbol{p}_k + \boldsymbol{n}_p^{\text{GNSS}} \tag{4-95}$$

$$\boldsymbol{v}_k^{\text{GNSS}} = \boldsymbol{v}_k + \boldsymbol{n}_v^{\text{GNSS}} \tag{4-96}$$

其中，$\boldsymbol{p}_k^{\text{GNSS}}$、$\boldsymbol{v}_k^{\text{GNSS}}$ 分别表示 GNSS 的位置和速度测量值；$\boldsymbol{n}_p^{\text{GNSS}}$、$\boldsymbol{n}_v^{\text{GNSS}}$ 分别表示位置和速度测量的噪声。因此可以得到 GNSS 因子节点，见式（4-97）和式（4-98）：

$$f_k^{p_{\text{GNSS}}}(\boldsymbol{p}_k) \triangleq d\left(\boldsymbol{p}_k^{\text{GNSS}} - \boldsymbol{p}_k\right) \tag{4-97}$$

$$f_k^{v_{\text{GNSS}}}(\boldsymbol{v}_k) \triangleq d\left(\boldsymbol{v}_k^{\text{GNSS}} - \boldsymbol{v}_k\right) \tag{4-98}$$

GNSS 因子节点只与变量节点 $\boldsymbol{x}_k$，即 t_k 时刻的导航状态相关，因此 t_k 时刻更新的 GNSS 因子节点 $f_k^{p_{\text{GNSS}}}(\boldsymbol{p}_k)$ 和 $f_k^{v_{\text{GNSS}}}(\boldsymbol{v}_k)$ 连接 t_k 时刻的状态变量节点 $\boldsymbol{x}_k$。

4. OD 因子节点

车载里程计（ODometry，OD）采用脉冲计数的方式测量采样时间间隔内载体的里程增量，可以提供载体的前向速度信息，脉冲数经刻度因子转换为速度测量值，记为 v^{OD} 。车载里程计一般结合非完整性约束使用，即对于在地面行驶的车辆，假设不存在侧滑、不离开地面，因此载体在载体坐标系中侧向速度和垂直方向速度为零[36]。因此，在前右下载体坐标系下，可以得到 OD 对载体的速度测量值为 $\boldsymbol{v}^{\mathrm{OD}}=[v^{\mathrm{OD}}\ \ 0\ \ 0]^{\mathrm{T}}$ 。

令 $\boldsymbol{n}^{\mathrm{OD}}$ 表示 OD 测量噪声，则 OD 测量方程可以表示为式（4-99）：

$$\boldsymbol{v}_k^{\mathrm{OD}}=\boldsymbol{v}_k+\boldsymbol{n}^{\mathrm{OD}} \tag{4-99}$$

从而得到 OD 因子节点，见式（4-100）：

$$f_k^{\mathrm{OD}}(\boldsymbol{v}_k)\triangleq d\left(\boldsymbol{v}_k^{\mathrm{OD}}-\boldsymbol{v}_k\right) \tag{4-100}$$

t_k 时刻更新的 OD 因子节点 $f_k^{\mathrm{OD}}(\boldsymbol{v}_k)$ 连接 t_k 时刻的状态变量节点 $\boldsymbol{x}_k$ 。

5. 磁力计因子节点

磁力计主要用来测量磁场方向和强度，可以帮助确定机器人在世界坐标系下的方向：假设该区域的磁场强度为 $\boldsymbol{B}^w$ 而且是不变的，将磁力计测量得到的磁场强度 $\boldsymbol{B}_k^m$ 的方向与其匹配对齐可以得到载体的方向。因此，磁力计是作为全局传感器使用的。磁力计因子可以表示为式（4-101）：

$$\boldsymbol{z}_k^m-h_k^m(\boldsymbol{x}_k)=\frac{\boldsymbol{B}_k^m}{\left\|\boldsymbol{B}_k^m\right\|}-\boldsymbol{q}_b^k\boldsymbol{q}_t^{w-1}\frac{\boldsymbol{B}^w}{\left\|\boldsymbol{B}^w\right\|} \tag{4-101}$$

6. OSL 因子节点

我们将基于摄像机或激光雷达的机器人自定位称为 Onboard Self Localization（OSL），OSL 系统工作原理与里程计相似，提供传感器在相邻时刻的相对位姿测量，并且将这些相对测量相对初始时刻的坐标系进行集成。因此，OSL 的量测模型可以定义成式（4-102）和式（4-103）：

$$\hat{\boldsymbol{q}}_{k+1}=\hat{\boldsymbol{q}}_k\otimes\left(\Delta\boldsymbol{q}_k\otimes\varepsilon(\boldsymbol{\phi}_k)\right) \tag{4-102}$$

$$\hat{\boldsymbol{p}}_{k+1}=\hat{\boldsymbol{p}}_k+\boldsymbol{R}(\hat{\boldsymbol{q}}_k)(\Delta\boldsymbol{p}_k+\boldsymbol{d}_k) \tag{4-103}$$

其中，$\varepsilon(\boldsymbol{\phi}_k)$ 和 $\boldsymbol{d}_k$ 分别是姿态误差和位置误差；$\Delta\boldsymbol{q}_k$ 和 $\Delta\boldsymbol{p}_k$ 分别是 t_k 时刻和 t_{k+1} 时刻之间相对的旋转和位置。在不考虑误差的情况下，相对位姿可以定义为式（4-104）和式（4-105）：

$$\Delta\hat{\boldsymbol{q}}_k \triangleq \hat{\boldsymbol{q}}_k^{-1} \otimes \hat{\boldsymbol{q}}_{k+1} = \Delta\boldsymbol{q}_k \otimes \varepsilon(\boldsymbol{\phi}_k) \tag{4-104}$$

$$\Delta\hat{\boldsymbol{p}}_k \triangleq R(\hat{\boldsymbol{q}}_k)^{-1}(\hat{\boldsymbol{p}}_{k+1} - \hat{\boldsymbol{p}}_k) = \Delta\boldsymbol{p}_k + \boldsymbol{d}_k \tag{4-105}$$

因此 OSL 因子节点定义为式（4-106）：

$$f^{\mathrm{OSL}} \triangleq d\left(\Delta\boldsymbol{q}_k^{-1} \otimes \Delta\hat{\boldsymbol{q}}_k\right) + d\left(\Delta\hat{\boldsymbol{p}}_k - \Delta\boldsymbol{p}_k\right) \tag{4-106}$$

随着时间的推移，根据不同传感器的量测方程以及利用相应的代价函数进行变量节点的递推和更新。当传感器可用性发生改变时，只需在因子图模型中删除或加入因子节点，便可以实现机器人状态估计系统工作模式的无缝切换，在一定程度上维持了系统的稳定性，增强了鲁棒性[37, 38]。

由于可以证明在高斯分布假设下，迭代扩展卡尔曼滤波等价于高斯-牛顿法，同时，由于普通的机械编排过程中也包含所谓的预积分过程[39]，因此从惯导的角度来看，基于因子优化的算法相比于基于滤波的算法在精度上提升有限。同时大量实验也表明，基于因子图优化的方法其优势主要体现在支持多源传感器的异步时间处理以及即插即用性能上，以批量处理模式进行大规模优化时有着巨大优势。

4.8　深度神经网络用于数据融合

近年来随着深度学习的发展，很多研究者开始把深度学习的方法应用在导航领域上，并取得了一定的成效。对于纯惯性导航，深度学习方法得到的结果既可以用来辅助传统的 INS，也可以直接作为里程计估计系统的位姿；对于纯视觉导航，现阶段基于学习的单目视觉里程计方法可以分为监督学习和无监督学习（自监督学习）两大类，其区别在于前者需要工程师提供真值作为监督信息来训练模型，后者则可以通过几何约束等关系自行生成监督信息实现自我训练。并且，深度学习还能用于将惯性数据、视觉数据进行融合，实现机器人的状态估计。

4.8.1　非端到端学习下的惯导定位方法

惯性基组合导航中主要有两种问题可以借助深度学习解决，一种是噪声矩阵的自适应估计，一种是惯性传感器测量模型的精确构建。通过非端到端学习可以极大提高惯性基组合导航的准确性和鲁棒性。AI-IMU 是将非端到端学习方法应用在惯性基组合导航上的典型代表[40]，该方法将速度约束作为不变扩展卡尔曼滤波的观测量，使用 CNN 自适应估计速度约束过程中的量测噪声，从而提高定位精度。

其系统框图见图 4.16，AI-IMU 主要分为四个部分。

（1）噪声适配器。噪声适配器为一个神经网络模型，该模型由两个卷积层、一个 32×2 的全连接层构成。每个卷积层上有 32 个一维卷积核，每个卷积核的长度为 5。并且在第二个卷积层上还采用了空洞卷积，其 dilation 系数为 3。

（2）惯导解算。利用加速度计、陀螺仪数据对位置、速度、姿态等状态信息进行时间递归更新，是 4.2.4 节捷联惯导算法的简化版。

（3）速度约束。速度约束的基本假设是：汽车在运动的过程中不发生水平侧移和垂直位移，那么速度在汽车坐标系下的水平分量、垂直分量均为零，见式（4-107）：

$$\boldsymbol{v}_c^n = \begin{bmatrix} v_n^{\text{for}} \\ v_n^{\text{lat}} \\ v_n^{\text{up}} \end{bmatrix} = \begin{bmatrix} v_n^{\text{for}} \\ 0 \\ 0 \end{bmatrix} \tag{4-107}$$

（4）不变扩展卡尔曼滤波器（Invarian EKF，IEKF）。对运动系统建立系统误差状态微分方程，并基于速度约束建立观测方程，计算量测误差并完成量测更新，对惯导解算的结果进行修正。

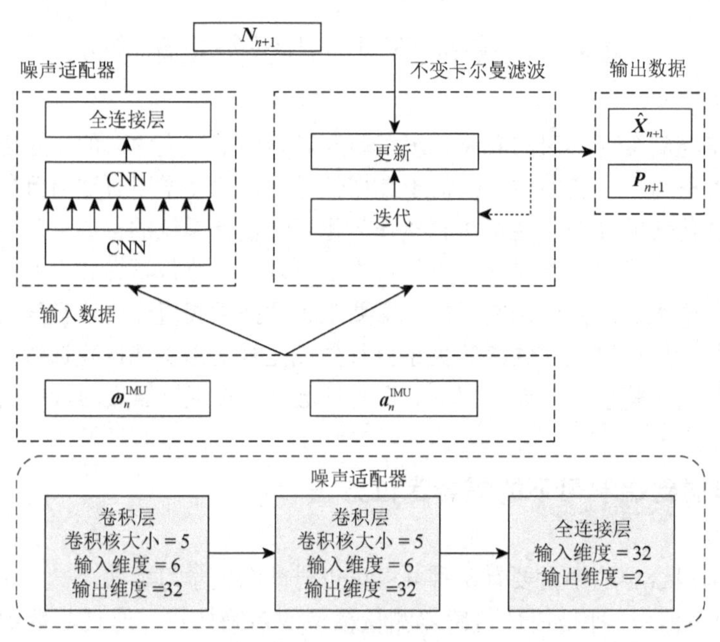

图 4.16　AI-IMU 系统框图

AI-IMU 运行流程主要分为以下三个步骤。

（1）建立观测方程。在惯导解算的过程中，基于速度约束建立观测方程，见式（4-108）：

$$\boldsymbol{y}_n=\begin{bmatrix} y_n^{\text{lat}} \\ y_n^{\text{up}} \end{bmatrix}=\begin{bmatrix} h^{\text{lat}}(x_n)+n_n^{\text{lat}} \\ h^{\text{up}}(x_n)+n_n^{\text{up}} \end{bmatrix}=\begin{bmatrix} v_n^{\text{lat}} \\ v_n^{\text{up}} \end{bmatrix}+\boldsymbol{n}_n \tag{4-108}$$

其中，y_n^{lat} 和 y_n^{up} 为观测量；$\boldsymbol{n}_n=\left[n_n^{\text{lat}}, n_n^{\text{up}}\right]^{\text{T}}$ 为量测噪声，一般将噪声建模为零均值高斯白噪声，其方差矩阵为 $\boldsymbol{N}_n \in \mathbb{R}^{2\times 2}$。在滤波工作过程中，基于水平分量、垂直分量在理想条件下为零的假设，y_n^{lat}、y_n^{up} 均会被置为零。

（2）估计量测噪声。将大小为 $N\times 6$ 的惯性传感器数据输入到噪声适配器，最终会得到 $N\times 2$ 的矩阵（N 为 IMU 数据的帧数）。记全连接层第 n 帧输出的向量为 σ_{lat} 和 σ_{up}，则第 $n+1$ 帧的量测噪声矩阵见式（4-109）：

$$\boldsymbol{N}_{n+1}=\operatorname{diag}\left(\sigma_{\text{lat}}^2 10^{\beta\tanh\left(z_n^{\text{lat}}\right)}, \sigma_{\text{up}}^2 10^{\beta\tanh\left(z_n^{\text{up}}\right)}\right) \tag{4-109}$$

其中，$\beta\in\mathbb{R}^+$，在训练、测试过程中其值为 3。

（3）状态估计。将估计的量测噪声代入卡尔曼滤波过程的增益计算方程和协方差更新方程，计算出滤波增益和协方差矩阵，从而得到误差状态估计量，并据此对惯导解算得到的状态进行反馈修正，得到新的位置、速度、姿态，完成导航定位。

在损失函数的构建方面，考虑到量测噪声并没有监督值，为了对该网络做有监督训练，将神经网络输出的量测噪声代入惯导解算和 IEKF 中，计算得出每一时刻的位置、速度、姿态，并计算每帧间的相对位移，对其构造损失函数进行训练。该损失函数为均方差，其计算式见式（4-110）：

$$\operatorname{Loss}(\hat{y},y)=\frac{1}{m}\sum_{i=1}^{m}(\hat{y}_i-y_i)^2 \tag{4-110}$$

其中，m 为数据的长度；$\hat{y}$、y 为相对位移的估计值和真值。

AI-IMU 使用 KITTI 数据集（见附录）中的 IMU 数据（频率为 100Hz）进行评估，对原始的轨迹数据进行划分，分别得到训练集和测试集，用于训练与测试。在训练完成后，将 AI-IMU 与 IMLS、ORB-SLAM2、IMU 等三种方法进行了比对，其中 IMU 为不使用卡尔曼滤波的纯惯性解算，IMLS、ORB-SLAM2 则分别是基于雷达、基于视觉的经典 SLAM 方法。这四种方法的效果对比见图 4.17。

经过多次对比实验发现[40]，AI-IMU 比 IMU（纯惯性推算）要高很多，比 IMLS、ORB-SLAM2 精度略低但十分接近。但要注意的是 IMLS、ORB-SLAM2 分别是基于雷达信息、视觉信息运行的，而 AI-IMU 仅基于惯性传感器数据就能几乎达到这两种方法的精度。也就是说，通过神经网络自适应估计速度约束过程中的量测噪声矩阵，可以让 IEKF 有效抑制惯性系统的发散，明显提高惯性导航的精度。这也意味着，在导航过程中，深度学习的方法更充分地挖掘 IMU 惯性传感器数据中的信息，无论是对系统间的耦合，还是对系统本身的稳定，都有深远的意义。

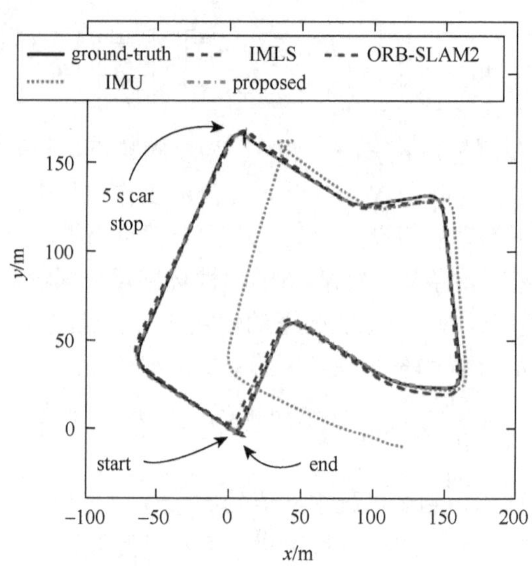

图 4.17　AI-IMU 及其他方法在 KITTI 数据集 07 序列上的测试效果对比图[40]

由于惯性导航中主要误差还是在于陀螺仪和加速度计的器件误差，因此文献[41]提出使用一个 RNN（Recurrent Neural Network，循环神经网络）来处理原始加速度计和陀螺仪数据，减少原始输出数据中包含的任何模型误差，使得惯导的机械编排不会快速发散。为了保证系统的通用性，使用 RNN 对 IMU 原始数据进行训练，而不是像大多数方法那样采用端到端的方法直接回归姿态和速度[41]。该方法的系统框图见图 4.18。

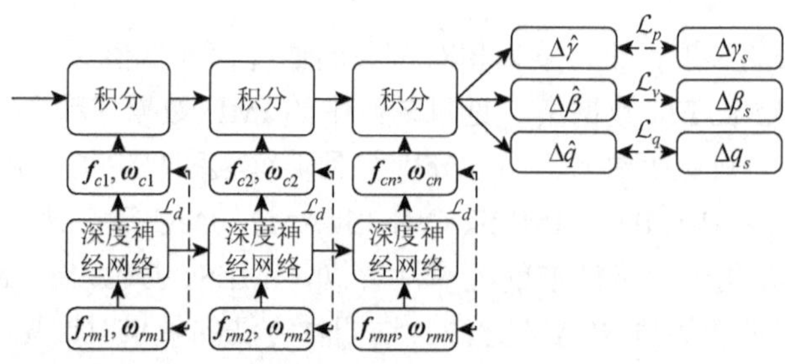

图 4.18　基于深度神经网络的 IMU 量测数据补偿模型系统框图[41]

由于学习的是 IMU 的量测数据补偿模型，因此神经网络输出的数据可以认为已经去除了零偏误差和噪声等影响。由于不能直接获得 IMU 量测数据的真值，因此在训练阶段不能直接使用跟 IMU 量测数据相关的损失函数。而量测数据直接应用于机械编排中预积分量的计算，因此间接地根据预积分量定义损失函数，见式（4-111）～式（4-113）：

$$\mathcal{L}_q = \left|\mathrm{Log}(\Delta \boldsymbol{q}_s \otimes \Delta \hat{\boldsymbol{q}}^{-1})\right|_h \tag{4-111}$$

$$\mathcal{L}_v = \left|\Delta \beta_s - \Delta \hat{\beta}\right|_h \tag{4-112}$$

$$\mathcal{L}_p = \left|\Delta \gamma_s - \Delta \hat{\gamma}\right|_h \tag{4-113}$$

其中，$\mathcal{L}_q$ 是跟姿态预积分量相关的损失函数；$\mathcal{L}_v$ 是跟速度预积分量相关的损失函数；$\mathcal{L}_p$ 是跟位置预积分量相关的损失函数；a_s 和 $\hat{a}$ 分别表示预积分量 a 的真值以及根据深度神经网络输出的 IMU 量测值计算出的预积分值；$|\cdot|_h$ 表示 Huber 损失函数；$\otimes$ 表示四元数乘法；Log 表示矩阵对数映射。值得注意的是，训练集真值可以由高精度传感器算法得到的，也可以由多源传感器数据融合得到，而 Huber 函数能提高训练的鲁棒性，能够系统地处理训练集真值中可能出现的误差和异常值。

因为原始的 IMU 量测数据受多个误差源的影响，所以直接对 IMU 量测值进行积分会导致位姿的精度降低。因此，根据神经网络处理后的量测值可以对原始 IMU 输出值设计一个如式（4-114）的正则化损失函数：

$$\mathcal{L}_d = \max\left(\left|\boldsymbol{u}_m - \hat{\boldsymbol{u}}\right| - \lambda, 0\right) \tag{4-114}$$

其中，$\boldsymbol{u}_m$ 是原始 IMU 量测值；$\hat{\boldsymbol{u}}$ 是神经网络处理后的量测值；λ 是一个控制参数。该项只是在神经网络对 IMU 原始量测数据的修正量超过一个阈值时对其进行惩罚，以确保网络快速收敛。此外，这一项还确保神经网络不会对 IMU 原始量测值进行无限制的修正。

4.8.2　端到端学习下的惯导定位方法

RoNIN 是一种仅运用神经网络，基于手机端消费级 IMU 数据来完成室内定位的方法[42]。该方法包含三种结构的网络模型：RoNIN ResNet、RoNIN LSTM、RoNIN TCN。它们接收手机端 IMU 数据作为输入，最终可以以端到端的方式估计出对应的速度或方向，用于导航定位。值得注意的是，虽然该方法是用于手机端纯惯导定位，但是该方法体现了端到端的深度学习方法在基于低成本惯性 IMU 传感器的位姿估计问题上的潜力。

传统基于 IMU 数据的导航定位方法有很大的局限性，如零速修正要求 IMU 须附着在脚上，以方便进行零速检测；行人轨迹推算方法则要求行人处于前进的状态；基于 MEMS 级别 IMU 的定位方法发散很快。

基于上述问题，RoNIN 分别构建了两种任务类型的网络，一种是估计行人的二维速度，一种是估计行人的身体朝向，两种网络都是以 IMU 数据作为输入。RoNIN 构建了三种不同结构的模型（RoNIN ResNet、RoNIN LSTM、RoNIN TCN），并同时用三种模型进行速度估计，用 RoNIN LSTM 进行方向估计[42]。

RoNIN ResNet 结构见图 4.19，它由一维的 ResNet-18 和一个 512×2 的全连接层构成，每接收 200 帧 IMU 数据，它会回归出一个二维向量作为预测的速度。即当模型工作在第 i 帧时，它会将第 $i-200$ 帧到第 i 帧的 IMU 数据作为输入，并估计出第 i 帧的速度向量。

RoNIN LSTM 结构见图 4.20，它主要由双线性层、LSTM 层、全连接层构成。其中双线性层的输出神经元个数为 24，LSTM 层由 3 个单向的 LSTM 单元堆叠而成，每个 LSTM 单元中隐含层神经元个数为 100，全连接层的输出神经元个数为 2。在工作时，IMU 数据会首先进入到双线性层中，双线性层的输出会与原 IMU

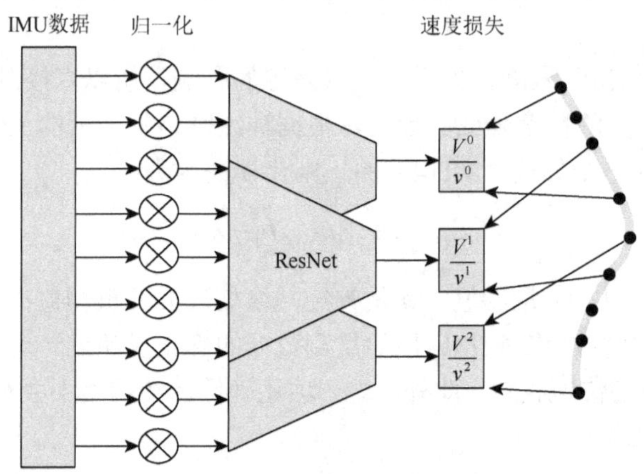

图 4.19　RoNIN ResNet 的结构图

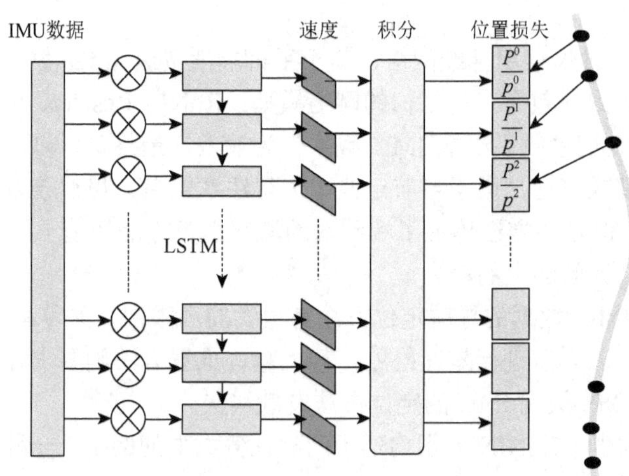

图 4.20　RoNIN LSTM 的结构图

数据拼接在一起，并进入 LSTM 层中，LSTM 层的每帧输出均会进入全连接层中，最终回归出一个二维向量。因此，对于进入到 RoNIN LSTM 的 N 帧数据，模型会对每一帧估计出一个速度或者方向。

RoNIN TCN 结构见图 4.21，它是一个时序卷积模型，它由 6 个残差连接的时序卷积层构成，每层的空洞卷积系数 dilation 分别为 1、2、4、8、16、32，这些卷积层上的卷积核都是一维卷积核，每个卷积核的大小均为 3，每个卷积层上卷积核的个数依次为 16、32、64、128、72、36。最后的输出会进入到一个输出通道数为 2 的一维卷积层中，用于回归出每一帧的二维速度。由于 RoNIN TCN 所有卷积过程采用的都是有填充的卷积操作，因此该模型的输出与原始 IMU 数据在时间维度上长度相同，也就是说它会对每一帧的速度进行估计。

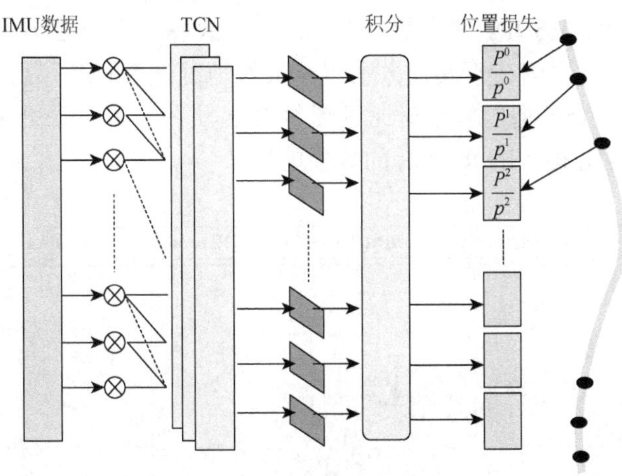

图 4.21　RoNIN TCN 的结构图

在对速度模型进行训练时，三种模型的损失函数都使用的均方差函数，但并不是直接对速度构造损失函数，而是利用数据集中保存的时间戳计算出帧间的时间间隔，再将模型估计的速度转化成帧间位移，最终利用位置的真值计算损失，其计算式为式（4-115）：

$$\text{Loss}_{\text{vel}} = \frac{1}{N}\sum_{i=1}^{N}(\boldsymbol{p}_{i+1} - \boldsymbol{p}_i - \hat{\boldsymbol{v}}_i t_i)^2 \tag{4-115}$$

其中，N 为输入数据在时间维度上的长度；i 为帧索引；$\boldsymbol{p}$ 为位置；$\hat{\boldsymbol{v}}$ 为模型估计出的速度；t 为时间间隔。但要注意的是，对于 RoNIN ResNet，$\hat{\boldsymbol{v}}_i$ 始终为同一个值，这是因为该模型对于进入到模型的 N 帧数据，仅输出一个向量，并将其视为这 N 帧的平均速度；而 RoNIN LSTM、RoNIN TCN 对进入模型的 N 帧数据，会输出 N 个向量作为每一帧估计的速度。

在训练 RoNIN LSTM 的方向预测模型时，并非直接对方向进行估计，而是与速度模型一样，输出一个长度为 2 的向量，代表正弦值、余弦值。在构造损失函数时，该模型同样用的均方差函数，同时还添加了一个归一化损失函数以确保模型预测出有效的三角函数值。于是损失函数的计算见式（4-116）：

$$\text{Loss}_{\text{heading}}=\frac{1}{N}\sum_{i=1}^{N}(\hat{x}_i-\sin\alpha_i)^2+(\hat{y}_i-\cos\alpha_i)^2+\|1-\hat{x}_i^{\ 2}-\hat{y}_i^{\ 2}\| \tag{4-116}$$

其中，N 为输入数据在时间维度上的长度；i 为帧索引；α 为人体朝向的真值；$\hat{x}$、$\hat{y}$ 为模型估计的正弦值、余弦值。

在进行实验时，首先在三个数据集（RIDI Dataset、OXIOD Dataset、RoNIN Dataset）上对速度模型进行评估，并与其他方法进行了比较，这些方法包括 NDI（朴素双重积分）、PDR（行人航迹推算）以及两种深度学习方法 RIDI、IONet。可以发现在 RIDI、RoNIN 两个数据集上，RoNIN 表现得要更好一些，尤其是在 RoNIN 数据集上，原因在于其他方法不能很好地处理 RoNIN 数据集中的复杂运动。RoNIN 中三个模型的效果对比见图 4.22。从图中可以看出 RoNIN TCN、RoNIN LSTM 要比 RoNIN ResNet 的效果更好。

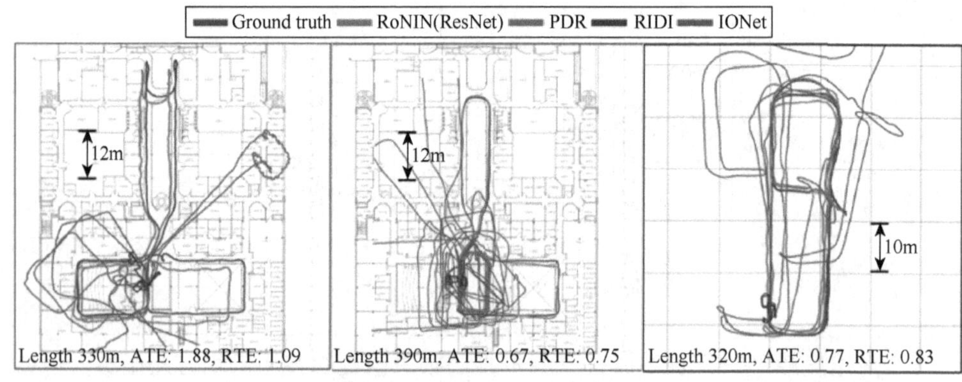

图 4.22　三种模型在 RoNIN 上的测试效果对比图[42]

当在 RoNIN 数据集上对方向模型进行评估时，对于一些复杂的运动情况，RoNIN LSTM 的误差会明显变得更大（高达 20°），但通常情况下误差都会小于 12°。而参照方法效果很差是因为它没有考虑设备与身体之间的方向差异（即安装角）。

综上，本节将深度学习方法应用在惯性导航上最大的优点在于其鲁棒性好，即对于不同的运动情况，深度学习方法均能很好地完成定位任务，这恰是传统方法所欠缺的。尽管训练模型需要大量的数据集，但它解决了传统方法在基于手机 IMU 进行定位时易受干扰、有局限性的难题，对基于手机 IMU 的室内定位发展有很大的意义。

4.8.3　监督学习下的视觉定位方法

端到端、序列对序列的概率视觉里程计（End-to-End，Sequence-to-Sequence Probabilistic Visual Odometry，ESP-VO）是一种基于监督学习的单目视觉里程计方法，可以以端到端的方式从一段单目 RGB 图像序列中估计相机的帧间相对位姿（Relative Pose）以及不确定度（Uncertainty），并最终输出相机相对于初始坐标系的全局位姿（Global Pose）[43]。

神经网络架构图见图 4.23 和图 4.24，ESP-VO 主要分为四个部分。

（1）卷积神经网络。卷积网络部分包含 9 个卷积层，能够同时对两张连续时刻的单目 RGB 图像进行特征提取，其中除了最后一个卷积层外，其余所有卷积层均包含一个线性整流单元（ReLU）作为激活函数。该部分网络能够根据相机运动估计的需要，从图像中自动提取足够多的高度抽象的特征。

（2）循环神经网络。循环神经网络是一种具有记忆能力的神经网络，它能够找出序列中当前输入和历史输入之间的关联，从而更好地实现对相机运动的估计。在该部分设置了 2 个 LSTM 层，每层包含 1024 个隐状态（Hidden State）。该部分以卷积网络提取的抽象特征作为输入，融合历史信息，其输出的特征向量隐含地包含相机的运动信息。

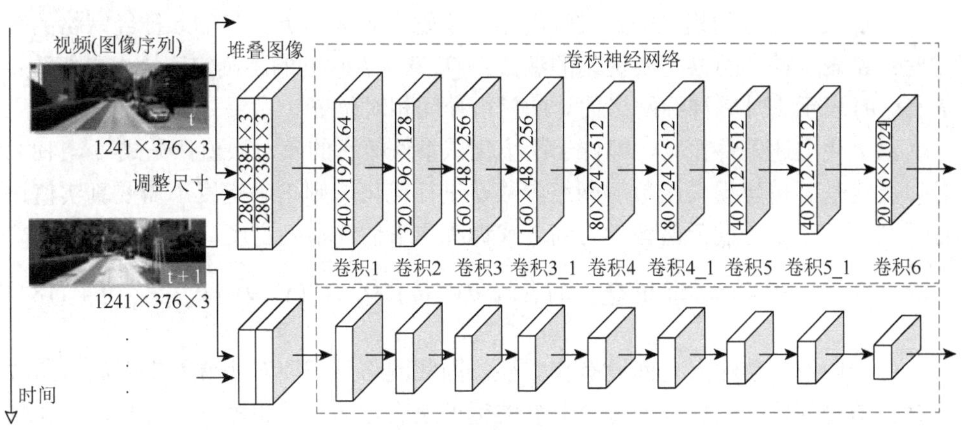

图 4.23　卷积神经网络的架构图[43]

（3）全连接层。用于回归出相机的帧间相对位姿以及不确定度。

（4）SE（3）组合层。无优化参数的 SE（3）组合层主要是将相机上一个时刻相对于初始坐标系的全局位姿和当前时刻的帧间相对位姿进行组合，输出相机当前时刻相对于初始坐标系的全局位姿。

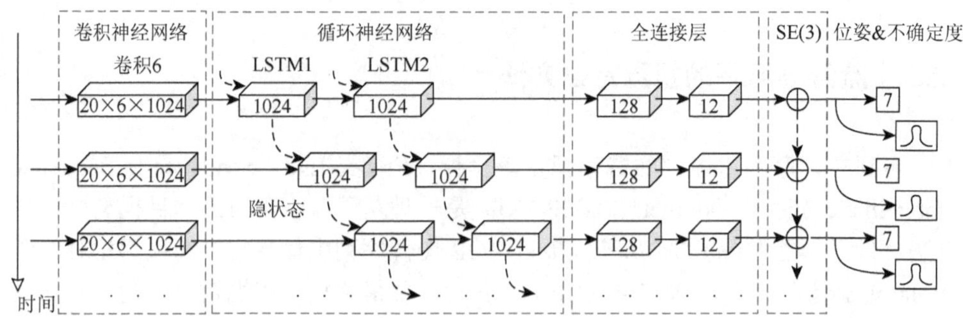

图 4.24　卷积神经网络、循环神经网络、全连接层和 SE（3）组合层的架构图[43]

计算神经网络输出值的不确定度是一个具有挑战性的问题。一方面是因为大部分神经网络输出的是平均值，另一方面是因为目前没有设备能够直接测量出神经网络输出值不确定度的真实值。因此 ESP-VO 采取由神经网络自行估计不确定度的策略，通过无监督学习的方式训练神经网络估计不确定度。

ESP-VO 将相机帧间相对位姿和不确定度一起参数化为一个符合高斯分布的条件概率，见式（4-117）：

$$p(\boldsymbol{u}_k \mid \boldsymbol{x}_k;\boldsymbol{\theta}) = \frac{1}{\sqrt{(2\pi)^6 \left|\boldsymbol{Q}_k\right|}} \exp\left(-\frac{1}{2}(F_k(\boldsymbol{x}_k;\boldsymbol{\theta}) - \boldsymbol{u}_k)^{\mathrm{T}} \boldsymbol{Q}_k^{-1} (F_k(\boldsymbol{x}_k;\boldsymbol{\theta}) - \boldsymbol{u}_k)\right) \tag{4-117}$$

其中，$\boldsymbol{u}_k$ 表示 k 时刻相机的真实帧间相对位姿；$\boldsymbol{x}_k$ 表示 k 时刻输入神经网络的图像对；$\boldsymbol{\theta}$ 表示神经网络需要优化的参数；$\boldsymbol{Q}_k$ 表示 k 时刻的不确定度协方差矩阵；$F_k(\boldsymbol{x}_k;\boldsymbol{\theta})$ 表示 k 时刻神经网络估计的相机帧间相对位姿。

最大化上述条件概率，等价于最小化该条件概率的负对数值，见式（4-118）。若以此为基础构建损失函数对网络参数 $\boldsymbol{\theta}$ 进行优化，则不确定度不需要真实值进行监督，即可以通过无监督学习的方式训练网络估计不确定度。

$$\boldsymbol{\theta}^* = \underset{\boldsymbol{\theta}}{\operatorname{argmin}} \ln\left|\boldsymbol{Q}_k\right| + (F_k(\boldsymbol{x}_k;\boldsymbol{\theta}) - \boldsymbol{u}_k)^{\mathrm{T}} \boldsymbol{Q}_k^{-1} (F_k(\boldsymbol{x}_k;\boldsymbol{\theta}) - \boldsymbol{u}_k) \tag{4-118}$$

由于假设运动输入之间没有相关性，因此网络只需要对协方差矩阵的对角线元素，即对相机帧间位姿的每个分量的标准差进行估计。也就是说，只需要在网络最后一层全连接层中添加对标准差的估计。

在损失函数的构建方面，由于 ESP-VO 能够输出相机帧间相对运动位姿以及不确定度，也能够输出相机全局位姿，因此从这两个方面出发，分别构建损失函数，使其协同优化网络参数。

在相机全局位姿估计方面，以相机真实全局位姿和网络估计的全局位姿的欧氏距离作为误差项来构建损失函数，见式（4-119）：

$$L_1 = \frac{1}{t}\sum_{k=1}^{t}\left\|\hat{\boldsymbol{p}}_k - \boldsymbol{p}_k\right\|_2^2 + \kappa\left\|\hat{\boldsymbol{\Phi}}_k - \boldsymbol{\Phi}_k\right\|_2^2 \tag{4-119}$$

其中，$\hat{\boldsymbol{p}}_k$ 和 $\hat{\boldsymbol{\Phi}}_k$ 分别表示网络在 t 时刻估计的相机全局位姿的平移量和旋转量；$\boldsymbol{p}_k$ 和 $\boldsymbol{\Phi}_k$ 分别表示 t 时刻相机真实的全局位姿的平移量和旋转量；κ 是权重参数，用于平衡平移量误差和旋转量误差的权重。

在相机帧间相对位姿和不确定度估计方面，可以得到式（4-120）的损失函数：

$$L_2 = \frac{1}{t}\sum_{k=1}^{t}\ln\left|\hat{\boldsymbol{Q}}_k\right| + (\hat{\boldsymbol{u}}_k - \boldsymbol{u}_k)^{\mathrm{T}}\hat{\boldsymbol{Q}}_k^{-1}(\hat{\boldsymbol{u}}_k - \boldsymbol{u}_k) \tag{4-120}$$

其中，$\hat{\boldsymbol{u}}_k$ 表示网络在 t 时刻估计的相机帧间相对位姿；$\boldsymbol{u}_k$ 表示 t 时刻相机真实的帧间相对位姿；$\hat{\boldsymbol{Q}}_k$ 表示网络在 t 时刻估计的不确定度协方差矩阵。

为了验证 ESP-VO 方法的有效性，在 KITTI 数据集（见附录部分常用数据集）的序列 00、01、02、08 和 09 上对模型进行训练，然后在序列 07 上对模型进行了测试，并与基于单目视觉的 VISO2-M 和 ORB-SLAM[44]方法，以及基于双目视觉的 VISO2-S 方法进行对比，轨迹对比见图 4.25。在平移量方面，ESP-VO 的平移量平均均方根误差为 3.52%，要优于 VISO2-M 的 23.61%以及 ORB-SLAM 的 24.53%，然而该误差值要高于 VISO2-S 的 1.85%。在旋转量方面，比较旋转量平均均方根误差，ESP-VO 的误差为 1.71°，要低于 VISO2-M 的 4.12°以及 ORB-SLAM 的 10.83°，然而要高于 VISO2-S 的 0.78°。

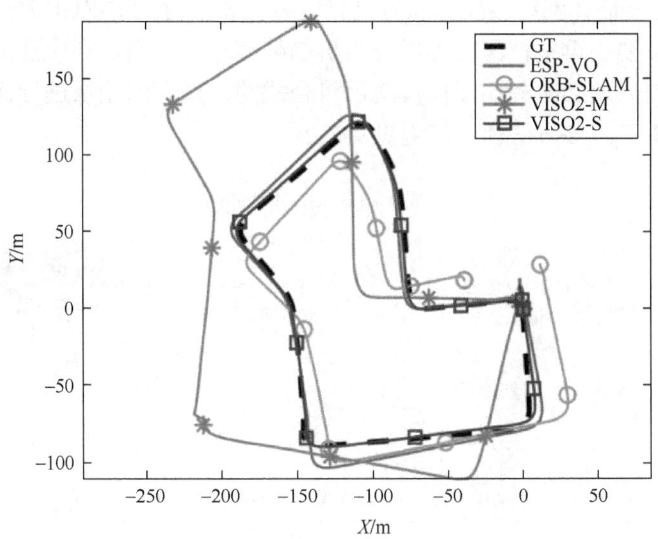

图 4.25　ESP-VO 与其他视觉里程计方法在 KITTI 数据集 07 序列上的测试效果对比图[43]

根据轨迹对比图和实验结果可知，ESP-VO 模型效果要优于参与对比的单目视觉里程计方法，稍差于双目视觉里程计方法；与其他基于几何的单目视觉里程计方法不同，基于学习的 ESP-VO 模型不需要对真实尺度进行对准也能够自动恢复尺度。

总之，本小节的方法主要有四个要点：一是 ESP-VO 网络主要由卷积网络部分、循环网络部分和全连接层组成，能够从图像中估计相机帧间相对位姿和不确定度，并通过 SE（3）组合层输出相机全局位姿；二是将相机帧间相对位姿和不确定度一起参数化为一个符合高斯分布的条件概率，通过最小化该条件概率实现通过无监督学习的方式训练网络估计不确定度；三是从相机全局位姿估计、相机帧间相对位姿及不确定度估计两方面出发，分别构建损失函数，使其协同优化网络参数；四是基于学习的 ESP-VO 模型根据训练过程学习到的知识自动恢复尺度，这是它与其他基于几何的单目视觉里程计方法的主要区别之一。

4.8.4　无监督学习下的视觉定位方法

SfMLearner 方法是采用无监督学习的视觉导航经典方法，该方法使用单目视觉深度-相机位姿联合估计，以端到端的方式从一段单目 RGB 图像序列中估计深度和相机位姿[45]。

首先由单目深度估计网络根据当前时刻的 RGB 图像，估计当前时刻的深度图；由相机位姿估计网络根据当前时刻以及前后相邻时刻的 RGB 图像，估计相机的帧间相对位姿；再根据深度图以及相机的帧间相对位姿，利用当前时刻图像像素，合成出前后相邻时刻的图像；最后将合成的图像和原图像进行比对，实现网络的自监督学习。该方法训练流程见图 4.26。

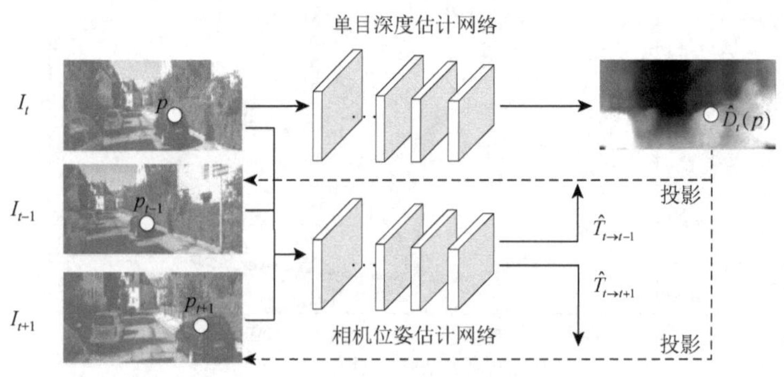

图 4.26　自监督训练系统框图[45]

SfMLearner 利用深度图以及相机帧间相对位姿进行图像合成的方法是视图合

成（View Synthesis），即给定相机拍摄某一个场景的视图，根据几何空间关系，合成出相机在另一个位姿下拍摄该场景的视图。用于训练的数据集中相机的位姿在随时间变化而发生变化，故相机不同时刻拍摄的图像可以视为不同的视图。

视图合成包括像素坐标投影（Project）和变形（Warp）两个步骤，见图 4.27，图中，I_t 表示目标视图；I_s 表示原视图；$\hat{I}_s$ 表示合成的视图；$\boldsymbol{p}_t$ 表示目标视图的像素坐标；$\boldsymbol{p}_s$ 表示原视图的像素坐标。

像素坐标投影即计算目标视图和原视图每个像素之间的像素坐标转换关系，见式（4-121）：

$$\boldsymbol{p}_s \sim \boldsymbol{K}\hat{\boldsymbol{T}}_{t\to s}\hat{D}_t(\boldsymbol{p}_t)\boldsymbol{K}^{-1}\boldsymbol{p}_t \tag{4-121}$$

其中，$\boldsymbol{K}$ 表示相机内参矩阵；$\boldsymbol{p}_t$ 表示目标视图的齐次像素坐标；$\boldsymbol{p}_s$ 表示原视图的齐次像素坐标；$\hat{\boldsymbol{T}}_{t\to s}$ 表示位姿网络估计的目标视图到原视图的相机相对位姿；$\hat{D}_t$ 表示深度网络估计的目标视图的深度图；由于该公式左边需要乘以原视图的深度才与公式右边相等，此处使用符号“～”表示公式左边和公式右边的相关关系。

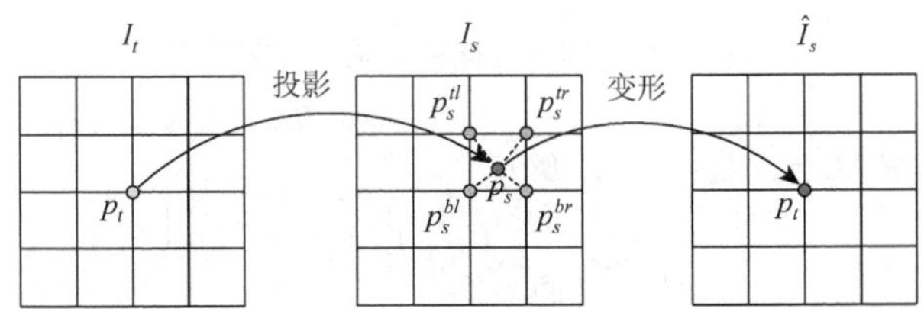

图 4.27　视图合成示意图[45]

变形即根据原视图和目标视图的像素坐标关系，将原视图像素映射到目标视图中，实现对目标视图的合成。若通过式（4-121）计算出的像素坐标值是浮点数，则通过双线性插值的方式，先根据相邻四个像素的像素值插值出新的像素值，再将该像素值投影到目标视图中，见式（4-122）：

$$\hat{I}_s(\boldsymbol{p}_t) = I_s(\boldsymbol{p}_s) = \sum_{i\in\{t,b\},\, j\in\{l,r\}} w^{ij} I_s\left(\boldsymbol{p}_s^{ij}\right) \tag{4-122}$$

其中，$\hat{I}_s$ 表示合成的目标图像，其像素值来自原视图 I_s 或由原视图像素插值而来；$\boldsymbol{p}_s^{ij}$ 表示像素坐标转换公式计算的原视图像素坐标 $\boldsymbol{p}_s$ 周围的四个像素的像素坐标值（分别是左上角像素坐标 $\boldsymbol{p}_s^{tl}$、右上角像素坐标 $\boldsymbol{p}_s^{tr}$、左下角像素坐标 $\boldsymbol{p}_s^{bl}$、右下角像素坐标 $\boldsymbol{p}_s^{br}$）；w^{ij} 表示这四个像素的像素值权重。

将合成的目标视图 $\hat{I}_s$ 和原本的目标视图 I_t 进行比对，构建损失函数。若我们用 $<I_1,\cdots,I_N>$ 表示训练集中视频序列的每一帧图像，并从中选择一张图像作为目标视图 I_t，其他图像作为原视图 $I_s(1\leqslant s\leqslant N, s\neq t)$，则损失函数见式（4-123）：

$$L_{vs}=\sum_{s}\sum_{p}\left|I_{t}(p)-\hat{I}_{s}(p)\right| \tag{4-123}$$

使用视图合成方法进行无监督学习有三个前提条件：首先是场景中不能有移动的物体；其次目标视图和原视图之间没有遮挡；最后场景物体表面必须都是朗伯表面（Lambertian Surface），即理想的漫反射表面。而实际上，目标视图中并不是每一个像素都满足以上三个条件，若采用不满足条件的像素对网络进行训练，则会使网络学习到错误的知识。因此文献[45]设计了一种解释性掩模（Explainability Mask），用于筛选目标视图中满足条件的可用于训练的像素。效果见图 4.28，可以看出，解释性掩模有效地将目标视图中行人的像素筛选出来。

(a) 目标视图

(b) 解释性掩模

(c) 原视图

图 4.28　解释性掩模效果示意图[45]

考虑解释性掩模后，损失函数变为

$$L_{vs}=\sum_{<I_1,\cdots,I_N>\in\mathcal{S}}\sum_{p}\hat{E}_{s}(p)\left|I_{t}(p)-\hat{I}_{s}(p)\right| \tag{4-124}$$

其中，$\hat{E}_s$ 表示网络输出的解释性掩模；$\mathcal{S}$ 表示训练集。

SfMLearner 涉及的网络结构见图 4.29，图中每一个矩形块的宽度和高度分别代表对应层输出的特征图的通道数和尺寸，其宽度增大意味着特征图的通道数变

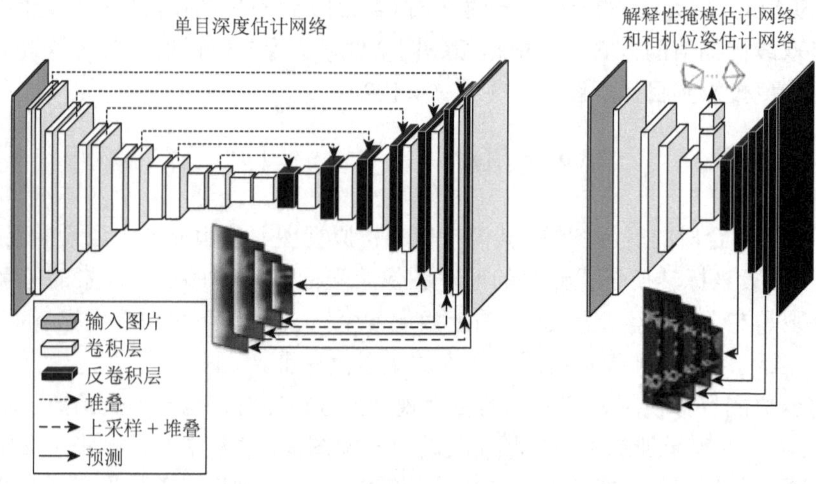

图 4.29　单目深度估计网络、解释性掩模估计网络和相机位姿估计的网络架构[45]

为原来的 2 倍，高度增大意味着特征图的尺寸变为原来的 2 倍，减小同理。其网络主要包含三个子网络。

（1）单目深度估计网络。它是一个编解码结构网络，能够输出多个尺度的深度图，其网络结构主要包括卷积层和转置卷积层。其中前四个卷积层的卷积核尺寸分别为 7、7、5、5，其余卷积层的卷积核尺寸均为 3，第一个卷积层输出的特征图通道数为 32。输出深度图时，卷积层的激活函数是 Sigmoid 函数，深度图输出公式见式（4-125），其余卷积层的激活函数均为线性整流单元（ReLU）。

$$D = \frac{1}{10 \times \text{Sigmoid}(x) + 0.1} \tag{4-125}$$

其中，D 表示网络输出的深度图；x 表示卷积层输出的特征图。

（2）解释性掩模估计网络。它也是一个编解码结构网络，能够输出多个尺度的解释性掩模。前 2 个卷积层的卷积核尺寸分别为 7 和 5，最后 2 个转置卷积层的卷积核尺寸分别为 5 和 7，其余卷积核尺寸均为 3，第一个卷积层输出的特征图通道数为 16。除了最后一个转置卷积层没有激活函数外，其余卷积层的激活函数均为线性整流单元（ReLU）。最后输出的特征图通道数为 2，并使用 Softmax 函数进行归一化生成解释性掩模。

（3）相机位姿估计网络。它和解释性掩模估计网络共同使用网络前 5 个卷积层，输出位姿分支堆叠了 3 个卷积层，其中前 2 个卷积层的激活函数是线性整流单元（ReLU），最后 1 个卷积层无激活函数，卷积核尺寸为 1，输出的特征图通道数为 6，对应位姿中 3 个平移量和 3 个旋转量。最后对输出的特征图采用全局平均池化操作得到相机位姿。

在损失函数的构建方面，除了式（4-124）提到的损失函数外，还需要加入平滑损失和正则损失。其中平滑损失是为了解决孔径问题（Aperture Problem），正则损失则是为了鼓励神经网络输出更加准确的解释性掩模。综上所述，最终的损失函数见式（4-126）：

$$L_{\text{final}} = \sum_l \left(L_{vs}^l + \lambda_s L_{\text{smooth}}^l + \lambda_e \sum_s \left(\hat{E}_s^l\right)\right) \tag{4-126}$$

其中，l 表示尺度；s 表示原视图在训练集中的索引值；λ_s 和 λ_e 是权重值；$\hat{E}_s^l$ 是网络估计的解释性掩模；$\sum_s \left(\hat{E}_s^l\right)$ 是正则损失；L_{smooth}^l 是平滑损失。

为了验证该方法的有效性，SfMLearner 用 KITTI 数据集（见附录）的序列 00-08 训练模型，用序列 09 和序列 10 测试模型效果。测试时，每次输入 5 张视频帧到 SfMLearner 模型中，对相机位姿进行估计。还可以将该模型的测试结果与 ORB-SLAM 系统的结果进行对比。为了进一步分析效果，根据处理视频帧数量的不同将 ORB-SLAM 的测试结果分为两组。第一组测试结果与 SfMLearner 模型相同，每次输入 5 张视频帧到 ORB-SLAM，基于此进行相机位姿估计，该结果记为 ORB-SLAM（short）。第二组测试结果则是 ORB-SLAM 通过重定位和回环检测等手段，使用所有视频帧进行相机位姿估计得到的结果，该结果记为 ORB-SLAM（full）。为了避免尺度模糊性的问题，首先对每种方法预测的尺度因子进行优化，使其对齐真实值，再计算绝对轨迹误差。测试结果如表 4.2 所示。

表 4.2　SfMLearner 在 KITTI 数据集中的测试结果[45]

方法	序列 09	序列 10
ORB-SLAM（full）	0.014±0.008	0.012±0.011
ORB-SLAM（short）	0.064±0.141	0.064±0.130
Mean Odom	0.032±0.026	0.028±0.023
SfMLearner	0.021±0.017	0.020±0.015

根据实验结果可知，在单次处理相同数量的视频帧的情况下，SfMLearner 模型的效果要优于 ORB-SLAM，但是比使用重定位和回环检测等手段的 ORB-SLAM 效果要差。

基于以上内容，本小节介绍的方法主要有三个要点：一是 SfMLearner 自监督学习架构的核心方法是视图合成，包括像素坐标投影和变形两个步骤；二是 SfMLearner 方法包含单目深度估计网络、解释性掩模估计网络和相机位姿估计网络三个网络，网络均为编解码结构网络，主要由卷积层和转置卷积层组成；三是训练 SfMLearner 模型需要使用多尺度学习，并在损失函数中添加平滑深度图的平滑损失和限制解释性掩模输出值的正则损失。

4.8.5　惯性传感器与视觉传感器的数据融合

VINet 是基于深度学习，以端到端的神经网络融合惯性、视觉数据用于导航的典型方法[46]。该模型接收连续的图像序列、IMU 数据，并通过数据融合进行估计对应的位移、姿态四元数。

该方法输出一个长为 7 的向量，该向量为对应的线速度、角速度，之后它与时间、上一时刻的状态一起计算便可以得到对应的位移、姿态四元数（表示机器人从序列开始时姿态的变化），见式（4-127）：

$$\mathrm{VIO}:\left\{(R^{W\times H},R^{6})_{1:N}\right\}\rightarrow\left\{\{R^{7}\}_{1:N}\right\} \tag{4-127}$$

其中，W、H 分别表示输入图像的宽度、高度；$1:N$ 表示 IMU 数据序列的时间戳。

其架构图见图 4.30，VINet 主要分为三个部分。

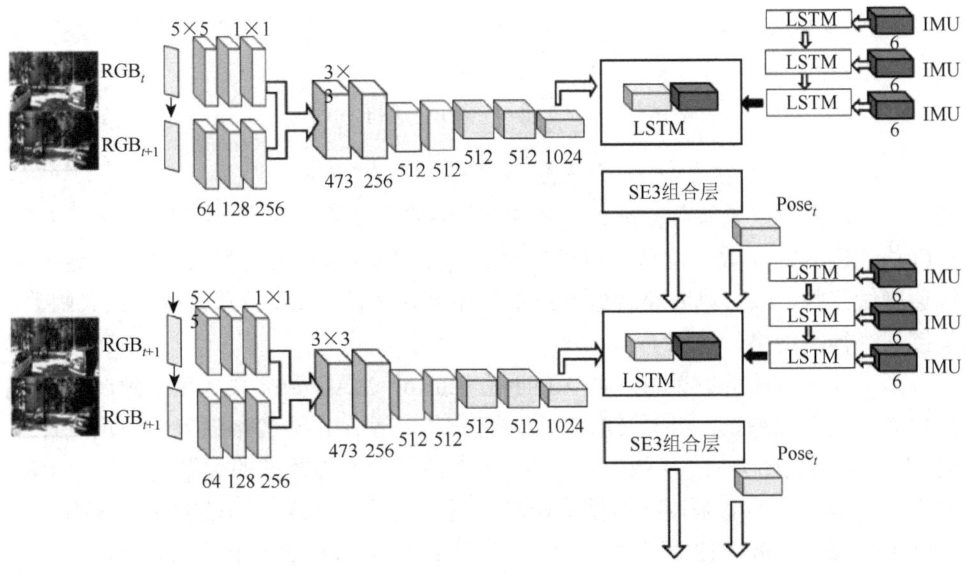

图 4.30　VINet 的架构图[46]

（1）卷积层。VINet 中的卷积层用于处理 RGB 图像，它接收两个连续的图像作为输入来预测对应的光流。

（2）IMU-LSTM。使用 LSTM 处理输入的惯性数据，能够有效挖掘时间序列数据中的特征，并且解决 IMU 采样频率快于视觉数据频率的问题。

（3）core-LSTM。使用 LSTM 融合从视觉数据和惯性数据中提取的特征，提取的特征将用于获取运动系统的位姿。

VINet 的运行流程主要分为三个步骤。

（1）视觉数据处理。对于某个时刻 t，模型会先用 3 个卷积层依次对 t、$t+1$ 时刻的图像进行处理，这三个卷积层的输出通道数分别为 64、128、256，卷积核的大小依次为 5×5、5×5、1×1。之后，t、$t+1$ 时刻得到的特征映射会被堆叠在一起，输入进 7 个卷积层中进行处理，这 7 个卷积层的输出通道数依次为 473、256、512、512、512、512、1024，卷积核大小均为 3×3。最终，该部分输出一个 1024×6×20 的张量，表示 t 到 $t+1$ 时刻图像的光流特征。

（2）惯性数据处理。VINet 将相邻图像间采集到的所有 IMU 数据输入到 IMU-LSTM 中，并将最后一刻的输出作为 IMU 数据的特征映射。

（3）数据融合。对于时刻 t，模型会将处理图像得到的光流特征和处理 IMU 数据得到的特征映射融合为一个张量，作为 core-LSTM 在 t 时刻的输入并与上一时刻的隐含层输出进入 t 时刻的 LSTM 循环中进行预测，得到 t 时刻的隐含层输出。

在训练 VINet 时，需要构建两个损失函数，它们的计算式见式（4-128）和式（4-129）：

$$L_{\mathrm{se}(3)}=\alpha\sum\|\boldsymbol{\omega}-\hat{\boldsymbol{\omega}}\|+\beta\|\boldsymbol{v}-\hat{\boldsymbol{v}}\| \tag{4-128}$$

$$L_{\mathrm{SE}(3)}=\alpha\sum\|\boldsymbol{q}-\hat{\boldsymbol{q}}\|+\beta\|\boldsymbol{T}-\hat{\boldsymbol{T}}\| \tag{4-129}$$

其中，α、β 为权重系数；$\boldsymbol{\omega}$、$\boldsymbol{v}$ 为神经网络估计出的角速度、线速度；$\boldsymbol{q}$、$\boldsymbol{T}$ 为 VIO 估计出的四元数、位移。可以看出，$L_{\mathrm{se}(3)}$ 是直接对神经网络估计的角速度、线速度做监督，$L_{\mathrm{SE}(3)}$ 则是将神经网络的输出转化为四元数、位移来构造损失函数，间接训练神经网络。

为了验证方法的有效性，将 VINet 在 EuRoc MAC 数据集（见附录部分常用数据集）上训练测试，并与 OK-VIS 进行比较，使用不同校准误差的数据进行评估，其效果图见图 4.31。从图中可以看出，在使用未增强校准的数据训练时，VINet 能更有效地减少其受未校准数据的影响。通过实验还发现：当校准误差较高（如达到 15°）时，OK-VIS 便不能正常工作，而即便 VINet 使用未增强数据训练，它也能较好地工作；当使用增强的数据对 VINet 进行训练时，它能够有效缓解校准误差变大带来的影响；VINet 能够减少时间同步误差带来的影响，这也是传统方法所缺少的。

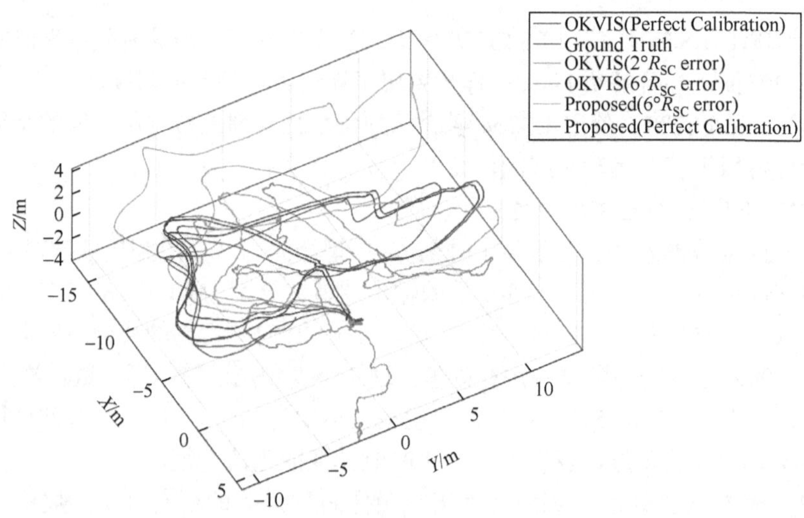

图 4.31　不同校准误差下的 OKVIS、VINet 效果对比图[46]

综上，通过用深度学习方法对视觉、惯性数据融合，其不仅能够正确估计出运动系统的位姿状态，还有较强的鲁棒性。与传统方法相比，它的关键优势就在于：一是能够通过学习、训练的过程使模型能够准确地估计出运动系统的位姿，达到理想的定位效果；二是比单一传感器下的导航容错性更强，使视觉定位与惯性定位形成互补；三是模型有着更强的抗干扰能力，受校准误差的影响更小，让视觉惯性里程计能够更稳定地工作。

本节介绍了几种深度学习在导航领域上的应用典型方法，分别是：深度学习辅助下的惯性导航方法（AI-IMU）、端到端学习下的惯性导航方法（RoNIN）、监督学习下视觉导航方法（ESP-VO）、无监督学习下的视觉导航方法（SfMLearner）以及深度学习用于多源异构数据融合方法（VINet）。可以看出，深度学习方法在一定程度上解决了传统导航方法遇到的难题，但目前来看其还是一个新兴的研究方向，并不能够完全取代传统的方法，原因在于其需要大量的数据用于训练、学习，且神经网络的拟合能力有限，一些步骤仍要靠传统方法进行计算，如惯性导航中的机械编排过程。而深度学习方法最大的优势在于，能够去估计我们无法直接获取或者不易计算的信息或参数，并且它能够增强导航系统的鲁棒性，能实现多源传感器异构数据的深度融合。因此，将深度学习与传统导航方法相结合，使其发挥各自的优势形成互补，会是未来机器人状态估计的主要研究趋势。

4.9 工程实践：利用网络 RTK 技术定位机器人

网络 RTK 技术作为目前最常用的 GNSS 高精度定位技术，已经被广泛地用于测绘、导航和国土资源调查等行业。此处以四足机器人为例，通过千寻位置网络[①]RTK 账号获取机器人的实时动态坐标。

4.9.1 实验准备

本实验的准备包括一个网络 RTK 服务账号、一个支持网络 RTK 定位的 GNSS 定位终端、一个 GNSS 扼流圈天线和一个可以显示定位结果的终端。除此之外，还需要一个可以移动的载体搭载着 GNSS 定位终端，这个载体我们选择使用四足机器人。

网络 RTK 服务账号可以从 CORS 服务提供商那里购买获取，目前国内提供商有千寻位置、中国移动等。在购买网络 RTK 服务账号前，需要首先确定终端需要定位的位置是否在服务商的服务范围内，当确认无误后，再选择是否购买。在已经获取到网络 RTK 服务账号后，需要记录下所定位服务的域名/IP 地址、端口号、挂载点、用户账号和密码，这些是配置网络 RTK 服务的关键信息。以千寻位置的厘米级网络 RTK 定位服务为例，其域名/IP 地址、端口号和挂载点如表 4.3 所示。

---

① 千寻位置官方网站：https://www.qxwz.com/

表 4.3　千寻位置厘米级网络 RTK 服务配置信息

域名	挂载点	端口	端口对应坐标系
rtk.ntrip.qxwz.com	RTCM32_GGB	8001	ITRF2008 参考历元 2016.0
		8002	WGS84 参考历元 2005.0
		8003	CGCS2000 参考历元 2000.0

本实验选择的 GNSS 定位终端为北斗 ROS 智能终端，该终端支持网络 RTK 定位，并配套有 APP 可以实时查看定位结果。

4.9.2　GNSS 数据格式

在网络 RTK 服务开启后，服务商以 RTCM 的传输格式向用户提供差分数据，用户利用差分数据实现高精度的相对定位。下面将对 RTCM 格式进行介绍。

RTCM-SC-104 传输格式是由国际海运事业无线电技术委员会于 1983 年 11 月提出的 GNSS 差分数据格式。RTCM-SC-104 是指无线电技术委员会第 104 专门委员会，该委员会为差分 GNSS 制定和提供数据传输的标准[11]。RTCM-SC-104 传输格式已经经历了多次版本的更新。最初版本为 RTCM v1.0，该版本当时并不支持 RTK 数据的传输，之后在 1990 年被 RTCM v2.0 所取代。1994 年开始采用 RTCM v2.1 版本，这一版本加入了载波相位观测数据，从而使流动站有解算整周模糊度的可能。为了提高使传输格式更高效、更容易使用和适应新的情况，RTCM v3 版本被制定了出来。RTCM v3 版本中的信息通过了有效性和互操作性测试，并支持网络 RTK 的数据传输。目前，最新版本为 RTCM v3.3。

RTCM 格式与 GNSS 导航电文的格式非常类似，均采用有利于实时处理的二进制形式。在 RTCM 格式中，每一条数据都记录了许多不同类型的消息，每条消息均由报头信息和报文数据组成。报头信息记录了消息的类型、参考时间和报文长度等，报文数据则记录了消息内容。在 RTCM v3.2 中，消息包括 8bit 的序文，10bit 的报文长度标识符以及保留用于将来备用的额外 6bit。报文数据区域的最大长度为 1024B，紧接着 24bit 的周期冗余核对。RTCM v3.2 的报文框架在其传输层被定义，其框架结构如表 4.4 所示。

表 4.4　RTCM v3.2 的报文框架结构

序文	保留字	报文长度	报文数据	周期冗余核对
8bit	6bit	10bit	可变长度	24bit
11010011	000000	以 B 为单位	0-1023B	CRC-24Q 校验

RTCM 格式将消息类型分了许多组，每种消息都属于一个组并有一个相应的编号。用户在接收到 RTCM 数据后，可以根据 RTCM 中的消息编号得到差分改正数据，对流动站的观测值或初始位置进行改正，得到定位结果。在 RTCM v3.2 中主要的消息类型如表 4.5 所示。

表 4.5　RTCM v3.2 的主要信息内容

组名	子组名	编号
观测数据	GPS 多信号消息	1071-1077
	GLONASS 多信号消息	1081-1087
	Galileo 多信号消息	1091-1097
	BDS 多信号消息	1121-1127
测站坐标		1005、1006、1032
网络 RTK 改正数	网络 RTK 辅站数据信息	1014
	GPS 电离层差分改正	1015
	GPS 几何差分改正	1016
	GPS 网络 RTK 残差信息	1030
	GPS 区域改正参数梯度信息	1034
辅助操作信息	系统参数	1013
	卫星星历数据	1019、1020、1045
状态空间表示参数	GPS 轨道改正	1057
	GPS 时钟改正	1058
	GPS 码偏差	1059
	GPS 用户测距精度	1061
专有信息		4001-4095

4.9.3　实验

第 1 步：检查实验器材，使用 GNSS 数据传输将 GNSS 扼流圈天线与北斗 ROS 智能终端相连接，将连接后的北斗 ROS 智能终端和 GNSS 扼流圈天线固定到四足机器人上（见图 4.32）。

第 2 步：启动北斗 ROS 智能终端和北斗 ROS 智能终端手机 APP，将两者连接在同一局域网下，然后在北斗 ROS 智能终端手机 APP 中点击“发现设备”，搜索北斗 ROS 智能终端（见图 4.33）。

图 4.32　实验器材图

图 4.33　同一局域网下的北斗 ROS 智能终端系统和手机 APP

第 3 步：打开 RTK 相关文件的下载路径查看文件是否存在（见图 4.34）。

第 4 步：将网络 RTK 账号的 IP 和端口信息（图 4.35 网络 RTK 信息配置中第三行的 path 信息）在 rtklocal.conf 配置文件中更新。

第 5 步：在终端输入命令./gnss_list，开启北斗 ROS 智能终端中的卫星定位模块（见图 4.36）。

第 6 步：在终端输入./zhiyu_channel_server 命令，即可开启网络 RTK 服务（见图 4.37）。

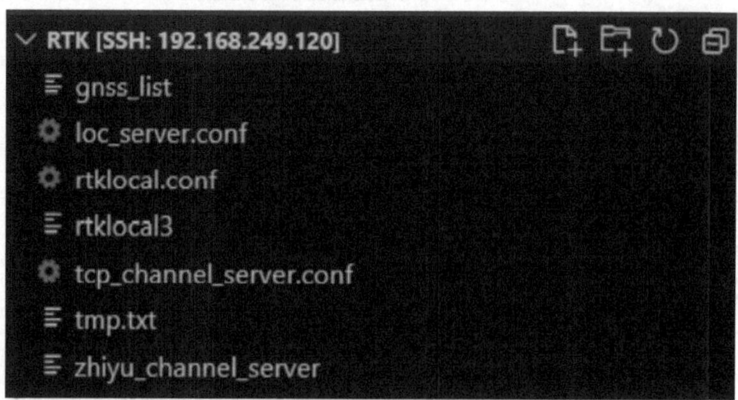

图 4.34　RTK 文件夹中的文件

```
[ntrip]
type = 7
path = username:password@60.205.8.49:8002/RTCM30_GG
[com]
type = 1
path = ttyTHS1:115200:8:n:1:off
[tcpcli]
type = 4
path = 127.0.0.1:7201
[tcpcli2]
type = 4
path = 127.0.0.1:7202
[log]
logtype = 1
```

图 4.35　网络 RTK 信息配置

```
nvidia@tegra-ubuntu:~/Downloads/rtk$ ./gnss_list
create_epoll ok
create_udp_server r ok
addr_serv.sin_port = 8889
addr_serv.sin_addr = 0
start udp listen ok =4
add epoll listen sock_fd =4
 run epoll :get a log
recvfrom  buf : gps_found���
client IP is 192.168.249.229
sendto success!
```

图 4.36　开启北斗 ROS 智能终端中的卫星定位模块

nvidia@tegra-ubuntu:~/Downloads/rtk$ ./zhiyu_channel_server
./gnss list
./zhiyu_cha...

图 4.37　开启网络 RTK 服务器

第 7 步：输入命令./rtklocal3，开启北斗定位终端的网络 RTK 定位模式（见图 4.38）。

第 8 步：操作载体使其运动，然后在北斗 ROS 智能终端手机 APP 上查看移动轨迹（见图 4.39）。

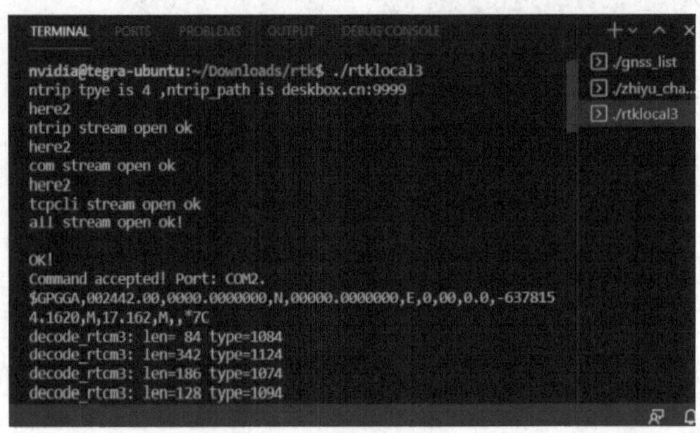

图 4.38 开启北斗定位终端的网络 RTK 定位模式

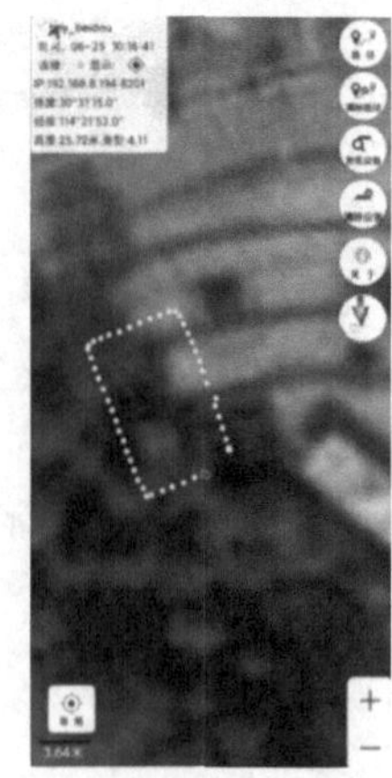

图 4.39 网络 RTK 定位轨迹

4.10 工程实践：GNSS/INS 松组合导航定位

松组合是 GNSS/INS 组合导航中原理最简单、实现起来也最容易的一种组合方法，该方法能够在一定程度上融合 GNSS 和 INS 各自的优势，得到更加稳定的导航结果。此处用于工程实践的程序和数据来自于 Gonzalez 等在 GitHub 上发布的基于 MATLAB 开发的 NaveGo 工具集[47]，工具集中包含了机械编排、GNSS/INS 松组合、GNSS/INS/MAG（磁力计）松组合、惯导及 GNSS 数据仿真等功能。该工具集的网址为 https://github.com/rodralez/NaveGo，感兴趣的读者可自行下载。

4.10.1 数据集介绍

Gonzalez 等开源的数据集采集时间为 2017 年 10 月 2 日，采集地点为意大利的都灵市。汽车车顶搭载了一个 Ekinox-D IMU，一个 MPU-600 IMU，一个 Ekinox-D GNSS 接收机以及一个 U-blox M8T GNSS 接收机。本节仅使用 Ekinox-D IMU 和 Ekinox-D GNSS 接收机采集的数据进行松组合实验，传感器的具体参数如表 4.6 所示（相关参数未特殊标明均表示在前-右-下载体坐标系）。

表 4.6 实验所使用器件的相关参数

传感器	参数	数值
Ekinox-D	采样频率/Hz	200
	角度随机游走/(°/sqrt(h))	[0.5414, 0.5511, 0.6205]
	速度随机游走/(m/s/sqrt(h))	[0.0114, 0.0113, 0.0116]

续表

传感器	参数	数值
Ekinox-D	陀螺零偏/(°/h)	[1.6703, 1.4649, 2.0311]
	加表零偏/mGal	[8.372, 6.734, 7.378]
	初始姿态/(°)	[0.3919, −2.3938, 70.0727]
	初始姿态误差/(°)	[0.5000, 0.5000, 1.000]
Ekinox-D GNSS	采样频率/Hz	5
	天线杆臂/m	[0, 0, −0.2190]
	初始位置(纬-经-高)/(°，°，m)	[45.0631, 7.6547, 304.4355]
	初始位置误差(纬-经-高)/(°，°，m)	$[1.570\times10^{-7}, 2.215\times10^{-7}, 3]$
	初始速度(北-东-地)/(m/s)	[0.8267, 2.9280, 0.0451]
	初始速度误差(北-东-地)/(m/s)	[0.05, 0.05, 0.05]

上述传感器在汽车上的安装布局[47]如图 4.40 所示，其中黑色箭头为汽车的运动方向，即前向。

本次采样的数据时长为 1259s，采样距离 6213.14m，完整轨迹见图 4.41。图中对 GNSS 数据进行了剔除处理，用以模拟组合导航中 GNSS 信号中断的情况，本节设置的中断时间为 50s。

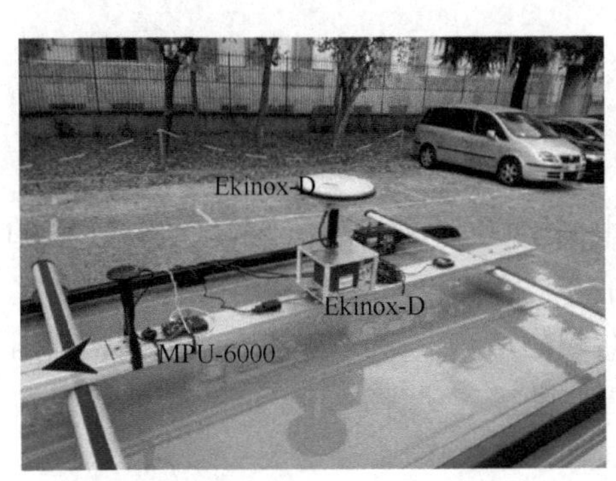

图 4.40　传感器在汽车上的安装布局[47]

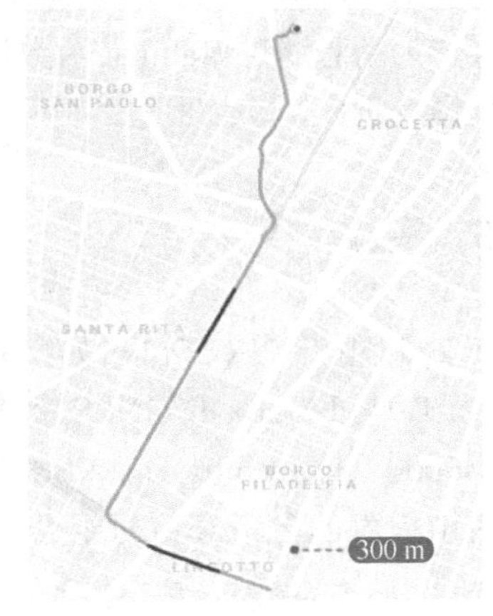

图 4.41　汽车采样完整轨迹[47]

4.10.2　代码解析

工具集 NaveGo 中 GNSS/INS 松组合程序的整体结构见图 4.42。

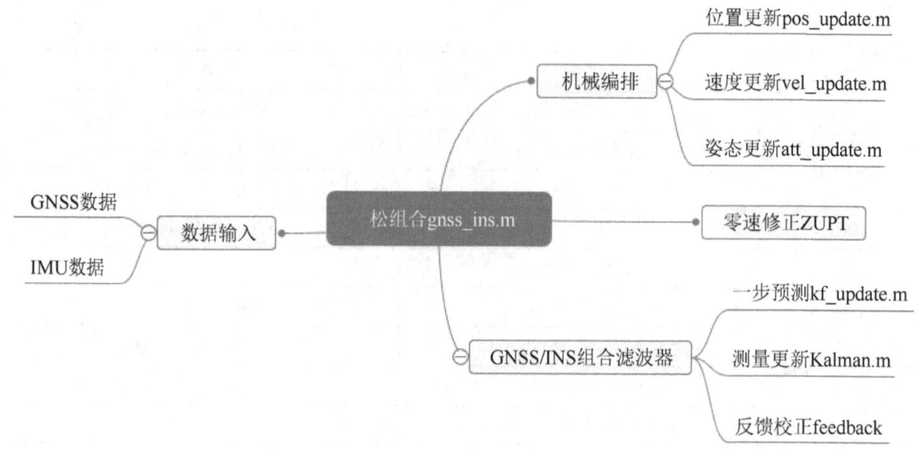

图 4.42 NaveGo 中 GNSS/INS 松组合程序整体结构

图 4.42 中的 gnss_ins 函数包含机械编排、零速修正以及 GNSS/INS 组合滤波器三个部分，输入为 GNSS 和 IMU 数据，输出为松组合滤波后的位置、速度、姿态等信息。在 gnss_ins 函数中首先需要对滤波器进行初始化，然后利用上一历元数据通过 kf_update 函数进行一步预测，之后利用 att_updata 函数、vel_update 函数、pos_update 函数分别实现姿态、速度和位置的更新，接着进行零速修正，修正后利用 GNSS 计算得到的位置和速度与 INS 递推得到的位置和速度做差，做差的结果作为新息通过 Kalman 函数进行测量更新，最后利用滤波得到的结果对 INS 进行反馈校正。

4.10.3 实验

此处利用开源数据集做了两组松组合实验，第一组利用导航级 IMU（Ekinox-D）与 Ekinox-D GNSS 接收机进行松组合；第二组利用 MEMS 级别 IMU（MPU-6000）与 Ekinox-D GNSS 接收机进行松组合。松组合计算完成后，利用数据集中提供的参考真值对组合导航的结果进行对比评估。实验的具体操作流程如下。

1. 读取数据

将数据集和工具集的文件路径加载到 MATLAB 的包含文件夹中，然后在命令行窗口输入如下命令：

```
1.load ekinox_imu
```

```
2.load ekinox_gnss
```

通过上述三个命令可实现两组 IMU 数据和一组 GNSS 数据的读取。其中，ekinox_imu 数据为 Ekinox-D 型号的 IMU 数据，ekinox_gnss 数据为利用 Ekinox-D GNSS 接收机观测数据计算得到的位置和速度信息。

2. 松组合计算

完成数据读取后，首先需要设置 GNSS 信号中断的时间，命令行为：

```
1.gnss=gnss_outage(ekinox_gnss, times_out)
```

其中，time_out 是一个记录中断时间的数组。接着，在命令行窗口中输入如下命令实现 INS/GNSS 组合导航计算：

```
2.nav_ekinox=ins_gnss(ekinox_imu,ekinox_gnss,att_mode)
3.nav_outage_ekinox=ins_gnss(ekinox_imu,gnss,att_mode)
```

利用上述两行命令便可实现两组 GNSS/INS 松组合导航的计算，其中 nav_outage_ekinox 为不含 GNSS 信号中断的松组合结果，nav_outage_mpu6000 为包含两段 GNSS 信号中断的松组合结果。att_mode 为姿态的表示形式，包括 quaternion（四元数）和 dcm（方向余弦矩阵）两种模型，此处选择的是四元数模型。

3. 结果分析

松组合计算结束后，将参考真值与两组松组合结果、纯 GNSS 定位结果对比可得到运动轨迹在二维空间和三维空间的对比图。

从图 4.43 中可以发现存在 GNSS 信号中断的松组合运动轨迹在二维空间上产生了较大的偏差，而不含 GNSS 信号中断的松组合运动轨迹和纯 GNSS 的运动轨迹与真值的差异较小。从图 4.44 中可以发现通过 GNSS/INS 组合导航方式获得的定位结果更加接近参考真值，且运动轨迹更加平滑，尤其在 GNSS 定位精度较差的地方能够在一定程度上改善其结果。

为了更加具体地分析松组合的定位效果，本节对上述两组实验及纯 GNSS 定位结果的均方根误差（RMSE）进行了统计，统计结果见表 4.7。

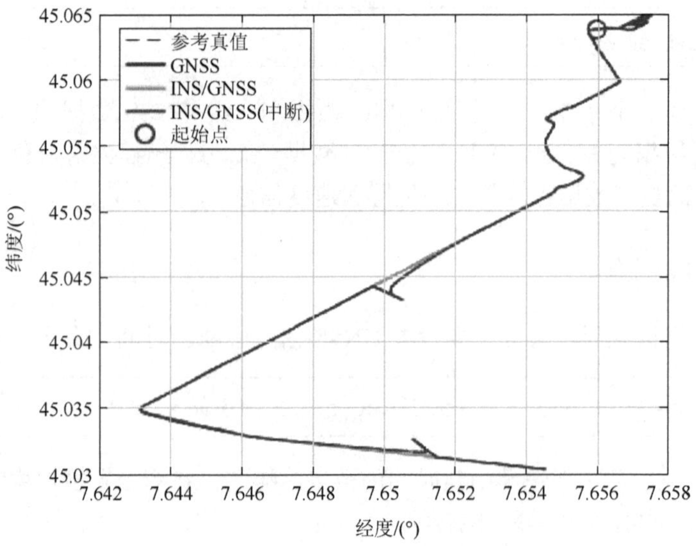

图 4.43　实验结果在二维空间的轨迹对比

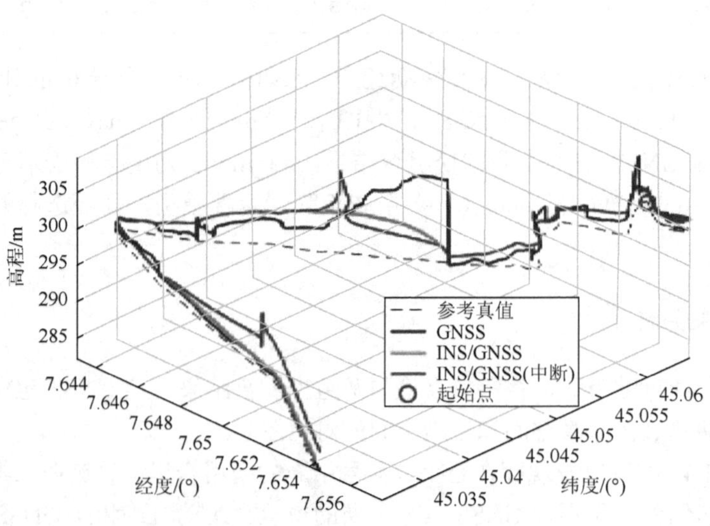

图 4.44　实验结果在三维空间的轨迹对比

表 4.7　松组合实验结果及纯 GNSS 定位结果的 RMSE

实验数据	纬度/m	经度/m	高程/m
Ekinox-D GNSS + Ekinox-D IMU	1.9337	1.3015	2.6202
Ekinox-D GNSS（两次中断） + MPU6000 IMU	16.389	6.9063	2.7771
GNSS	1.0619	1.0631	3.0448

表 4.7 中的统计结果与由图 4.43 和图 4.44 得出的结论基本一致，即 GNSS/INS 松组合在 GNSS 信号较好的情况下能够得到比纯 GNSS 和纯惯导更加稳健的定位结果。另外，当 GNSS 信号出现中断时，能够在较短时间内较准确地描述载体的运动状态，但是随着时间的延长会出现快速的位置发散。

4.11 工程实践：RoNIN

此工程的目的是实现端到端学习下的惯性导航，用于基于手机 IMU 的室内定位[42]。利用此工程代码可以进行 RoNIN ResNet、RoNIN LSTM、RoNIN TCN 三种神经网络模型的训练，以及测试三种模型的位置估计效果。

4.11.1 环境配置

RoNIN 的代码由 python 编写，其网络模型基于 pytorch 框架构建，本节将介绍如何在 ubuntu 系统下运行该工程代码。

首先在官网（https://www.anaconda.com/products/individual）下载安装 anaconda，用于安装 python 以及安装相关依赖。

第 1 步：利用 conda 创建 python 虚拟环境，版本选择 3.8。

```
1. conda create-n ronin python=3.8
```

第 2 步：激活 conda 虚拟环境。

```
1. conda activate ronin
```

第 3 步：安装深度学习框架 pytorch。

```
1. conda install pytorch torchvision torchaudio cudatoolkit=
10.2-c pytorch
```

第 4 步：安装深度学习 GPU 加速库 cudnn。

```
2. conda install cudnn
```

第 5 步：利用 pip 安装矩阵运算、四元数计算等相关依赖。

```
1. pip install numpy scipy pandas h5py numpy-quaternion
```

```
numba plyfile tqdm scikit-learn
```

第 6 步：安装绘图相关依赖包。

```
1. conda install matplotlib tensorboardX
```

下载训练测试用的 RoNIN 数据集（https://www.dropbox.com/sh/wbfr1sl69i4npnn/AAADN9WorG3yYYnTIIK7iJWWa？dl＝0）并保存到本地。

4.11.2 代码解析

图 4.45 为 RoNIN 源文件包结构示意图，主要包括 baseline 对照试验、数据处理、计算套件、模型构建、训练与测试五个部分。本节将对这些代码中的内容进行介绍与解析。

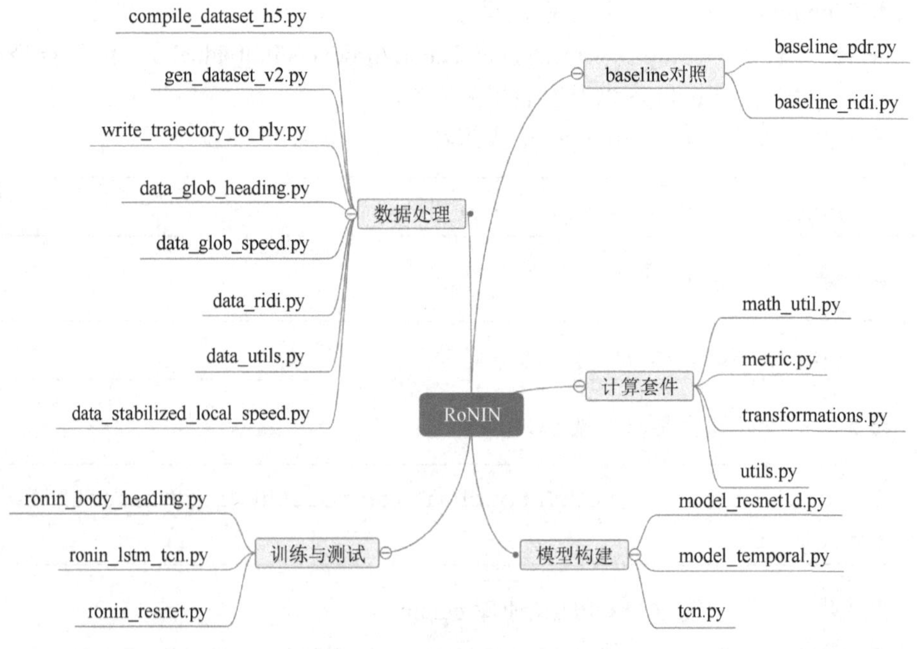

图 4.45　RoNIN 源代码结构图

baseline_pdr.py：RoNIN 提到的 PDR 行人航迹推算的算法实现。包括对脚点、步长、方向的计算，并基于这些中间量对位置估计，同时根据结果计算精度和绘图。

baseline_ridi.py：RoNIN 提到的 ridi 算法的实现。数据集的载入、SVR 模型的构建与训练测试。

data_stabilized_local_speed.py：数据预处理，在 RoNIN 数据集中计算出稳定的局部速度值。

write_trajectory_to_ply.py：将轨迹的点云数据保存为 ply 文件。

gen_dataset_v2.py：将位置、速度、姿态等信息通过插值与输出时间戳对齐。

compile_dataset_h5.py：将时间戳、陀螺仪、加速度以及位置、速度、姿态的真值等信息保存为 hdf5 文件，以训练、测试过程中对读取数据集的速度。

data_utils.py：用于读取数据的函数。load_cached_sequences 函数用于载入缓存的序列数据，若序列数据的各个维度均合法，载入后返回用于训练、测试的特征、真值。select_orientation_source 用于确定方向信息的数据源。

data_glob_heading.py：从 h5py 文件中读取数据，构建用于训练方向估计模型的数据集类，该类中有陀螺仪、加速度计、方向真值、时间戳等信息。并且该模块中通过带有随机偏移的滑动窗口将大文件切割为用于训练的小样本。

data_glob_speed.py：与 data_glob_heading.py 结构类似，从 h5py 文件中读取数据，构建用于训练速度估计模型的数据集类。

data_ridi.py：读取 ridi 相关文件并生成对应的数据集类，保存 ridi 数据集中的时间戳、加速度计、陀螺仪、位置真值、方向真值、速度真值等信息。

math_util.py：用于数学计算的函数库。这些函数的主要功能有：对角度进行调整，使相邻帧间的角度差绝对值在 π 以内；将四元数转换为角度；四元数相关运算；陀螺仪插值；四元数插值；计算点云间的转换矩阵；根据重力向量消除掉某向量的俯仰角、横滚角。

metric.py：用于评估的度量函数。包括：计算轨迹的绝对误差、相对误差，计算方向角误差。

transformations.py：用于给原始数据施加噪声，增强训练模型的鲁棒性。

model_resnet1d.py：基于 torch 构建 RoNIN ResNet 网络模型，该代码包含三个用于构建 RoNIN ResNet 的子模块类（BasicBlock1D、Bottleneck1D 两个由卷积层、bn 层构建的模块类，由池化层、全连接层构建的输出模块类 GlobAvgOutputModule）、RoNIN ResNet 的模型主类 ResNet1D。这些模块定义了包含的各个层以及输入数据的传播过程。

model_temporal.py：基于 torch 构建 RoNIN LSTM、RoNIN TCN 网络模型，该代码包含三个类：由 LSTM、一般线性层构建的网络模型类 LSTMSeqNetwork；由双线性层、LSTM、全连接层构建的网络模型类 BilinearLSTMSeqNetwork；时序卷积网络 TCNSeqNetwork。其中，BilinearLSTMSeqNetwork 即为 RoNIN 提出的 RoNIN LSTM 模型，它比 LSTMSeqNetwork 增加了双线性层用于处理模型输入

的数据；TCNSeqNetwork 即为 RoNIN 提出的 RoNIN TCN 模型。

utils.py：用于计算位置均方差的 MSEAverageMeter 类；用于载入网络模型配置文件的 load_config 类。

ronin_resnet.py：训练测试 RoNIN ResNet 的核心代码，通过传递参数，可以设置运行模式（训练或测试）、挑选数据集序列、设置网络参数、进行评估和绘图。

ronin_lstm_tcn.py：训练测试用于位置估计任务的 RoNIN LSTM、RoNIN TCN 网络的核心代码，与 ronin_resnet.py 相比，该模块需要通过传递参数，设定网络模型的类型。

ronin_body_heading.py：训练测试用于方向估计任务的 RoNIN LSTM 网络模型。

4.11.3 实验

本小节介绍如何进行模型的训练与测试，请注意下文中<path-to-dataset-folder>为数据集路径，<path-to-output-folder>为结果保存路径，<path-to-model-checkpoint>为网络模型路径，需根据实际情况进行替换。

进入 RoNIN 源代码根目录。

```
1. cd ~/ronin/source
```

在～/ronin/lists/list_train.txt 指定用于训练的序列，输入以下命令开始训练 RoNIN ResNet 网络模型。

```
1. python ronin_resnet.py --mode train --train_list ~/
ronin/lists/list_train.txt\
2. --root_dir <path-to-dataset-folder> --out_dir <path-
to-output-folder>
```

训练 RoNIN ResNet 完成后，在～/ronin/lists/list_test.txt 指定用于测试的序列，测试训练好的 RoNIN ResNet 网络模型。

```
1. python ronin_resnet.py --mode test --test_list ~ /
ronin/ lists/list_val.txt \
2. --root_dir <path-to-dataset-folder> --out_dir <path-to-
output-folder> \
3. --model_path <path-to-model-checkpoint>
```

在～/ronin/config/temporal_model_defaults.json 设置 RoNIN TCN 模型的参数，并在～/ronin/lists/list_train.txt 指定用于训练的序列，开始训练 RoNIN TCN 网络模型。

```
python ronin_lstm_tcn.py train --type tcn --train_list \
~/ronin/lists/list_train.txt  -config \
~/ronin/config/temporal_model_defaults.json --out_dir \
<path-to-output-folder> --data_dir <path-to-dataset-folder>
```

训练 RoNIN TCN 完成后，在～/ronin/lists/list_test.txt 指定用于测试的序列，测试训练好的 RoNIN TCN 网络模型。

```
python ronin_lstm_tcn.py test --type tcn --test_list \
~/ronin/lists/list_val.txt --data_dir <path-to-dataset-folder> \
--out_dir <path-to-output-folder> \
--model_path <path-to-model-checkpoint>
```

在～/ronin/config/temporal_model_defaults.json 设置 RoNIN LSTM 模型的参数，并在～/ronin/lists/list_train.txt 指定用于训练的序列，开始训练 RoNIN LSTM 网络模型（位置估计）。

```
python ronin_lstm_tcn.py train --type lstm--train_list \
~/ronin/lists/list_train.txt  -config \
~/ronin/config/temporal_model_defaults.json --out_ dir \
<path-to-output-folder> --data_dir <path-to-dataset-folder>
```

训练 RoNIN LSTM 完成后，在～/ronin/lists/list_test.txt 指定用于测试的序列，测试训练好的 RoNIN LSTM 网络模型（位置估计）。

```
python ronin_lstm_tcn.py test --type lstm --test_list \
~ /ronin/lists/list_val.txt --data_dir<path-to-dataset-folder>\
--out_dir <path-to-output-folder>\
```

```
4. --model_path <path-to-model-checkpoint>
```

在～/ronin/config/temporal_model_defaults.json 设置 RoNIN LSTM 模型的参数，并在～/ronin/lists/list_train.txt 指定用于训练的序列，开始训练 RoNIN LSTM 网络模型（方向估计）。

```
1. python ronin_body_heading.py train --config \
2. ~/ronin/config/heading_model_defaults.json \
3. --out_dir <path-to-output-folder> --weights 1.0, 0.2 \
4. --data_dir <path-to-dataset-folder> \
5. --train_list ~/ronin/lists/list_train.txt
```

训练 RoNIN LSTM 完成后，在～/ronin/lists/list_test.txt 指定用于测试的序列，测试训练好的 RoNIN LSTM 网络模型（方向估计）。

```
1. python ronin_body_heading.py test --config \
2. ~/ronin/config/heading_model_defaults.json --test_list \
3. ~/ronin/lists/list_val.txt --out_dir <path-to-output-folder> \
4. --model_path <path-to-model-checkpoint> \
5. --data_dir <path-to-dataset-folder>
```

参考文献

[1] Feng Y，Li B. A benefit of multiple carrier GNSS signals：Regional scale network-based RTK with doubled inter-station distances[J]. Journal of Spatial Science，2008，53（2）：135-147.

[2] 李征航，黄劲松. GPS 测量与数据处理[M]. 3 版. 武汉：武汉大学出版社，2016.

[3] 黄丁发，张琴，张小红，等. 卫星导航定位原理[M]. 武汉：武汉大学出版社，2015.

[4] 葛茂荣，刘经南. GPS 定位中对流层折射估计研究[J]. 测绘学报，1996，（4）：46-52.

[5] Teunissen P J G. On the GPS widelane and its decorrelating property[J]. Journal of Geodesy，1997，71（9）：577-587.

[6] 李博峰，沈云中，周泽波. 中长基线三频 GNSS 模糊度的快速算法[J]. 测绘学报，2009，38（4）：296-301.

[7] Teunissen P J G，Joosten P，Tiberius C. Geometry-free ambiguity success rates in case of partial fixing[C]. Proceedings of the 1999 National Technical Meeting of the Institute of Navigation，1999：201-207.

[8] 3GPP TS 38.171. NR; Requirements for support of assisted global navigation satellite system（A-GNSS）[EB/OL]. https://www.3gpp.org/DynaReport/SpecReleaseMatrix.htm[2022-01-11].

[9] 唐卫明，刘经南，施闯，等. 三步法确定网络 RTK 基准站双差模糊度[J]. 武汉大学学报（信息科学版），2007，（4）：305-308.

[10] Chuang S，Yidong L，Weiwei S，et al. A wide area real-time differential GPS prototype system in China and result

analysis[J]. Survey Review，2011，43（322）：351-360.

[11] Standard R. 10403.2-Differential GNSS（global navigation satellite systems）services version 3[J]. Radio Technical Commision for Maritime Services，Arlington，2013.

[12] 辜声峰. 多频 GNSS 非差非组合精密数据处理理论及其应用[D]. 武汉：武汉大学，2013.

[13] Wübbena G，Schmitz M，Bagge A. PPP-RTK：Precise point positioning using state-space representation in RTK networks[C]. ION GNSS 2005，Long Beach，2005.

[14] Li X，Li X X，Huang J，et al. Improving PPP-RTK in urban environment by tightly coupled integration of GNSS and INS[J]. Journal of Geodesy，2021，95（12）：1-18.

[15] Olivares-Pulido G，Terkildsen M，Arsov K，et al. A 4 D tomographic ionospheric model to support PPP-RTK[J]. Journal of Geodesy，2019，93（9）：1673-1683.

[16] Spinney V W. Applications of global positioning system as an attitude reference for near earth users[C]. ION National Aerospace Meeting，Naval Air Development Center，Warminster，1976.

[17] 王永泉. 长航时高动态条件下 GPS/GLONASS 姿态测量研究[D]. 上海：上海交通大学，2008.

[18] 吴泽民，边少锋，纪兵，等. GNSS 双差定姿模型的精化[J]. 测绘科学技术学报，2015，32（03）：248-251.

[19] Zhang Q，Niu X，Shi C. Impact assessment of various IMU error sources on the relative accuracy of the GNSS/INS systems[J]. IEEE Sensors Journal，2020，20（9）：5026-5038.

[20] Savage P G. Strapdown Analytics[M]. Maple Plain：Strapdown Associates，2000.

[21] Zarrouk D A. Vectorial method to derive the equivalent rotation of two successive finite rotations[J]. Mechanism and Machine Theory，2018：126.

[22] 严恭敏. 捷联惯导算法与组合导航原理[M]. 西安：西北工业大学出版社，2019.

[23] Mautz R. Indoor positioning technologies[D]. Zurich：ETH Zurich，2012.

[24] Chan Y T，Ho K C . A simple and efficient estimator for hyperbolic location[J]. IEEE Transactions on Signal Processing，2002，42（8）：1905-1915.

[25] Quo F，Ho K C. A quadratic constraint solution method for TDOA and FDOA localization[C]. 2011 IEEE International Conference on Acoustics，Speech and Signal Processing（ICASSP），Prague，2011：2588-2591.

[26] 朱锋. GNSS/SINS/视觉多传感器融合的精密定位定姿方法与关键技术[D]. 武汉：武汉大学，2019.

[27] 班亚龙. 高动态 GNSS/INS 标量深组合跟踪技术研究[D]. 武汉：武汉大学，2016.

[28] Grewal M S，Andrews A P. GNSS 惯性导航组合[M]. 北京：电子工业出版社，2016.

[29] 付梦印，邓志红，张继伟. Kalman 滤波理论及其在导航系统中的应用[M]. 北京：中国科学技术出版社，2003：8-35.

[30] Li T，Zhang H P，Gao Z Z，et al. Tight fusion of a monocular camera，MEMS-IMU，and single-frequency multi-GNSS RTK for precise navigation in GNSS-challenged environments[J]. Remote Sensing，2019，11（6）.

[31] Shin E H. Estimation techniques for low-cost inertial navigation[D]. Calgary：The University of Calgary，2005.

[32] 李团. 单频多模 GNSS/INS/视觉紧组合高精度位姿估计方法研究[D]. 武汉：武汉大学，2019.

[33] Verhagen S，Teunissen P J G，Odijk D. The future of single-frequency integer ambiguity resolution[C]. International Association of Geodesy Symposia，Heidelberg，2012：33-38.

[34] 谢兰天. 基于载波相位差分的 GPS/INS 紧组合导航算法研究[D]. 武汉：武汉大学，2018.

[35] Dellaert F，Kaess M. Factor graphs for robot perception[J]. Foundations and Trends® in Robotics，2017，6（1/2）：1-139.

[36] 高军强，汤霞清，张环，等. 基于因子图的车载 INS/GNSS/OD 组合导航算法[J]. 系统工程与电子技术，2018，40（11）：2547-2553.

[37] 马晓爽，刘锡祥，张同伟，等. 基于因子图的 AUV 多传感器组合导航算法[J]. 中国惯性技术学报，2019，27（4）：454-459.

[38] 白师宇，赖际舟，吕品，等. 基于 IMU/ODO 预积分的多传感器即插即用因子图融合方法[J]. 中国惯性技术学报，2020.

[39] Barrau A，Bonnabel S. Linear observed systems on groups[J]. Systems & Control Letters，2019，129：36-42.

[40] Brossard M，Barrau A，Bonnabel S. Ai-imu dead-reckoning[J]. IEEE Transactions on Intelligent Vehicles，2020，5（4）：585-595.

[41] Zhang M，Zhang M，Chen Y，et al. IMU data processing for inertial aided navigation：A recurrent neural network based approach[C]. 2021 IEEE International Conference on Robotics and Automation（ICRA），Xi'an，2021：3992-3998.

[42] Herath S，Yan H，Furukawa Y. Ronin：Robust neural inertial navigation in the wild：Benchmark，evaluations，& new methods[C]. 2020 IEEE International Conference on Robotics and Automation（ICRA），Paris，2020：3146-3152.

[43] Wang S，Clark R，Wen H，et al. End-to-end，sequence-to-sequence probabilistic visual odometry through deep neural networks[J]. The International Journal of Robotics Research，2018，37（4/5）：513-542.

[44] Mur-Artal R，Montiel J M M，Tardos J D. ORB-SLAM：A versatile and accurate monocular SLAM system[J]. IEEE Transactions on Robotics，2015，31（5）：1147-1163.

[45] Zhou T，Brown M，Snavely N，et al. Unsupervised learning of depth and ego-motion from video[C]. Proceedings of the IEEE Conference on Computer Vision and Pattern Recognition，Honolulu，2017：1851-1858.

[46] Clark R，Wang S，Wen H，et al. Vinet：Visual-inertial odometry as a sequence-to-sequence learning problem[C]. Proceedings of the AAAI Conference on Artificial Intelligence，San Francisco，2017.

[47] Gonzalez R，Dabove P. Performance assessment of an ultra low-cost inertial measurement unit for ground vehicle navigation[J]. Sensors，2019，19（18）：3865.

第 5 章　机器人同步定位与建图

本章主要介绍机器人 SLAM 技术。机器人从未知环境的未知地点出发，在运动过程中根据重复观测到的环境特征确定自身位置和姿态，并且依据这些特征增量式地构建地图，从而达到同时定位和环境重建的目的[1]。目前 SLAM 技术已被广泛应用于机器人、自动驾驶和增强/虚拟现实等领域。根据传感器类型，SLAM 方法主要分为基于激光雷达的 SLAM 和基于视觉传感器的 SLAM，并与其他传感器结合形成多种方案。

本章的主要内容包括：①激光 SLAM 方法；②视觉 SLAM 方法；③视觉惯性 SLAM 方法；④激光惯性 SLAM 方法。

5.1　激光 SLAM 方法

5.1.1　概述

激光 SLAM 方法利用激光雷达采集点云数据，感知环境几何信息，对点云进行帧间匹配、地图匹配等，并根据匹配结果估计自身位姿。相较于视觉 SLAM，激光 SLAM 发展起步较早，技术相对成熟，已有较多的相关落地产品和实际应用，本节将对激光 SLAM 方法进行介绍。

经典的激光 SLAM 技术框架由激光雷达和 4 个功能模块组成，见图 5.1。其中，激光雷达对环境进行扫描，获取带有距离、角度信息的点云数据；前端将两个时刻的激光点云进行配准，根据配准关系计算机器人当前时刻与上一时刻的相对位姿；后端通过滤波方法或非线性优化方法，对多个时刻的位姿进行优化；建图模块将优化过的位姿、采集的点云数据用于全局地图的增量式构建；回

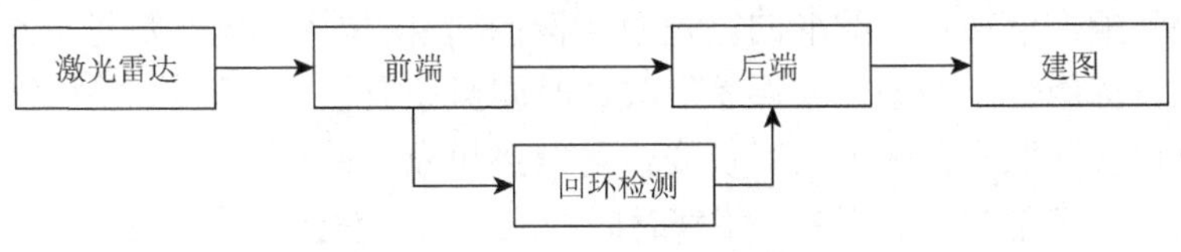

图 5.1　激光 SLAM 技术框架

环检测判断机器人是否回到了之前所经过的位置，通过全局优化以减小前端累积误差。

实际上，不同的激光SLAM方案在具体实现的结构上可能无法与上述框架一一对应，如一些早期的激光里程计方案缺少用于较大规模优化的后端、回环检测等模块，但上述框架描述了一个完整的SLAM系统组成，可为所有SLAM算法设计提供参考。框架内各模块的功能描述，见图5.2。

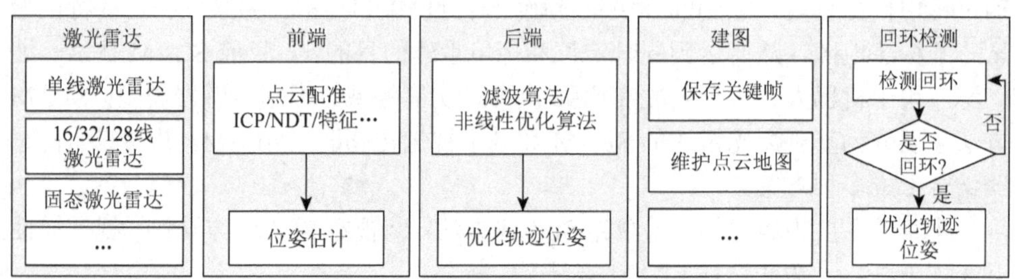

图5.2　激光SLAM模块功能

1. 前端

激光SLAM中的前端主要指激光里程计：对于每一帧点云，都将其与历史帧点云进行对齐，对齐包含点云匹配和位姿估计两个步骤，在对齐过程中估计出两帧点云之间的相对旋转和平移，即机器人当前帧与历史帧之间的相对位姿变换。

目前激光SLAM前端常用的点云匹配方法有三种，分别是基于最近邻点迭代（Iterative Closest Point，ICP）、基于正态分布变换（Normal Distributions Transform，NDT）和基于特征的点云匹配方法。ICP及其衍生方法广泛用于初始位姿已知的三维点云几何对准，该方法利用初始位姿将当前帧点云和历史帧点云转换到同一坐标系下，并且直接将最邻近的不同帧点进行匹配；NDT算法将空间离散化，使用离散区域内点云的正态分布参数来描述点云局部特性，并根据这些参数确定两帧点云的匹配关系，因为其在配准过程中不利用对应点的特征计算和匹配，所以效率较高；基于特征的匹配则通过检测点云中蕴含的空间面、线、球体等特征对点云进行匹配。

几种匹配方法在点云配准的过程中，都会将帧间位姿作为参数进行迭代优化，当构建的目标函数、最小二乘误差等收敛时即可获取帧间位姿的最优估计。

通过递进获取机器人的相对位姿，可得到机器人的运动轨迹。由于前端估计的帧间相对位姿带有一定误差，随着时间的推移，误差会积累至最新的估计结果，导致估计的轨迹结果与真实轨迹有较大偏差。为解决该问题，激光SLAM通过后端优化与回环检测减小累积误差。

2. 后端

前端针对的是短时间内、帧数较少的状态估计问题，一般输出每两帧相对位姿的初始估计结果，而后端关注的是更长时间内、更多帧的状态估计问题，旨在利用多个时刻的观测数据、初始估计结果对大范围内的轨迹、路标等状态进行优化，尽可能地减小噪声的影响。在此对 SLAM 后端涉及的状态估计问题进行描述：

将待优化的机器人位姿 $\{\boldsymbol{x}_1,\cdots,\boldsymbol{x}_k\}$ 和路标 $\{\boldsymbol{y}_1,\cdots,\boldsymbol{y}_k\}$ 放入一个状态变量中：

$$\boldsymbol{x}=\{\boldsymbol{x}_1,\cdots,\boldsymbol{x}_k,\boldsymbol{y}_1,\cdots,\boldsymbol{y}_k\}$$

对机器人状态的估计，就是在已知控制命令 $\boldsymbol{u}$ 和观测数据 $\boldsymbol{z}$ 的条件下，计算 x 的条件概率分布 $P(\boldsymbol{x}|\boldsymbol{u},\boldsymbol{z})$，这个概率分布称为后验概率分布，直接求解状态的后验概率分布是困难的，故一般求解的是使得后验概率最大的最优状态估计。通过贝叶斯准则，后验概率可推导为式（5-1）：

$$P(\boldsymbol{x}|\boldsymbol{u},\boldsymbol{z})=\frac{P(\boldsymbol{u},\boldsymbol{z}|\boldsymbol{x})P(\boldsymbol{x})}{P(\boldsymbol{u},\boldsymbol{z})}\propto P(\boldsymbol{u},\boldsymbol{z}|\boldsymbol{x})P(\boldsymbol{x}) \tag{5-1}$$

其中，$P(\boldsymbol{x}|\boldsymbol{u},\boldsymbol{z})$ 为后验概率分布；$P(\boldsymbol{x})$ 为先验概率；$P(\boldsymbol{u},\boldsymbol{z}|\boldsymbol{x})$ 为似然。在先验概率缺失的情况下，求解最大后验概率估计一般转化为求解极大似然估计，如式（5-2）：

$$\boldsymbol{x}^*=\underset{x}{\operatorname{argmax}}\,P(\boldsymbol{x}|\boldsymbol{u},\boldsymbol{z})=\underset{x}{\operatorname{argmax}}\,P(\boldsymbol{u},\boldsymbol{z}|\boldsymbol{x}) \tag{5-2}$$

根据求解极大似然估计方法的不同，SLAM 后端可以分为基于滤波和基于非线性优化的两类方法。

基于滤波的 SLAM 算法，对极大似然估计的求解建立在马尔可夫假设的基础上：在一阶马尔可夫假设下，机器人当前位姿 $\boldsymbol{x}_k$ 只与上一时刻位姿 $\boldsymbol{x}_{k-1}$ 以及控制命令 $\boldsymbol{u}_{k-1}$ 有关，系统每次均只估计当前时刻的位姿，对之前时刻的位姿不作更新。在计算资源受限、待估计变量比较简单的情况下，滤波方法有效可靠，但历史位姿的正确性将会对新帧位姿估计结果产生较大影响。另外，滤波方法存储状态量的协方差矩阵，而存储量随状态量增多呈现平方式的增长，场景规模扩大带来的计算负担逐渐变得难以负担，因此大规模场景下的 SLAM 一般采用优化方法。

基于非线性优化的 SLAM 算法，将所有时刻的状态量放入一个优化问题中，针对极大似然估计构建最小二乘问题，通过找到满足最小二乘的近似解获得极大似然估计的结果。由于 SLAM 中的优化问题可以用图结构进行显式表示，所以也常用“图优化”来指代 SLAM 中的优化问题。在基于图优化的 SLAM 算法中，待估计状态量为所有时刻的位姿，即一整条轨迹，历史时刻的位姿误差可以在后续位姿估计过程中被削减。图优化过程分为两个步骤，一是构建图，即以机器人位姿作为顶点，位姿间的约束关系作为边；二是优化图，即调整若干机器人的位姿以尽量满足边的约束，使得总体误差最小。

3. 回环检测

回环检测是 SLAM 中的重要模块，它判断机器人是否回到了之前所经过的位置，如果检测到回环，该回环将形成时间跨度较长的约束，后端根据该约束执行全局优化，可以有效减少累积误差，进而产生更准确的轨迹和地图。在激光 SLAM 中，较为经典的回环检测方案会将一帧点云进行离散化，分别给出局部描述，将所有局部描述子整合用作整体点云描述子，将其与历史关键帧的描述子进行相似度检测，若相似度较高就会把这个历史帧确定为回环帧。此外，一些回环检测方法也会根据雷达扫描形式添加多角度旋转检测等额外约束，以提升回环检测的召回率和精确性。

4. 建图

根据所要完成的任务，地图类型有着多种选择。激光 SLAM 中最常构建的即为稠密点云地图，该地图将环境中的所有物体都离散化为稠密的三维点云，在精细地还原场景几何结构的同时，也会保存关键帧、点云特征等用于定位的数据。此外，点云地图可进一步生成二维或三维占据地图用于避障、路径规划等导航任务。

5. 评价方法

近些年来关于激光 SLAM 算法的研究多在 KITTI 数据集上（见附录部分常用数据集）进行测试，也有较多方案使用多线激光雷达录制的数据包进行测试。对于激光 SLAM 算法的性能，一般从 3 个方面进行评估：一是估计轨迹中相对于真实轨迹不同长度的平移误差和旋转误差，并计算平均值；二是计算描述相隔一定时间差的两帧位姿差精度的相对位姿误差（Relative Pose Error，RPE），以及描述每个时间点估计位姿和真实位姿之间的直接差值的绝对轨迹误差（Absolute Trajectory Error，ATE），同时用均方根误差（Root Mean Square Error，RMSE）给出整体误差的衡量数值；三是统计处理数据集序列所花费时间并计算帧率，直观反映计算负载和实时性能。

5.1.2 基于优化的激光 SLAM

在 5.1.1 节中介绍了基于优化的 SLAM 方法的核心思想是求解极大似然估计 $P(\boldsymbol{u}, z|\boldsymbol{x})$。通常通过构建最小二乘问题来求解极大似然估计。首先定义机器人位姿 $\boldsymbol{x}$ 和观测函数 $f(\boldsymbol{x})$，$f(\boldsymbol{x})$ 由传感器的观测模型决定，由 i 时刻 $\boldsymbol{x}$ 的值计算 $f(\boldsymbol{x})$

可以得到预测值 $f_i(\boldsymbol{x})$，与传感器的观测值 z_i 作差值即可组成误差项，如式（5-3）：

$$e_i(\boldsymbol{x}) = f_i(\boldsymbol{x}) - z_i \tag{5-3}$$

假设误差服从高斯分布，对应信息矩阵为 $\boldsymbol{\Sigma}_i$，则关于该观测值误差项的马氏距离定义如式（5-4）：

$$E_i(\boldsymbol{x}) = e_i(\boldsymbol{x})^{\mathrm{T}} \boldsymbol{\Sigma}_i e_i(\boldsymbol{x}) \tag{5-4}$$

继而定义 SLAM 后端中非线性最小二乘问题的目标函数如式（5-5）：

$$F(\boldsymbol{x}) = \boldsymbol{\Sigma} E_i(\boldsymbol{x}) = \boldsymbol{\Sigma} e_i(\boldsymbol{x})^{\mathrm{T}} \boldsymbol{\Sigma}_i e_i(\boldsymbol{x}) \tag{5-5}$$

非线性最小二乘问题求解的后续步骤包括目标函数线性化、线性系统构建和求解、更新解和迭代直至收敛，在此不再展开。

上述理论较为抽象不易理解，下面将以 LOAM 和 Cartographer 为例介绍基于优化的激光 SLAM，二者的差异在于 LOAM 使用点云和点云之间匹配的方法求解位姿，而 Cartographer 采用点云和地图之间匹配的方法求解位姿。

1. LOAM

LOAM[2]于 2014 年被提出，是最经典的 3D 激光 SLAM 算法之一。它是典型的使用基于特征点云匹配方法的激光 SLAM 方案，通过提取三维点云中的线、面作为特征进行匹配定位，包括激光里程计和激光建图两个模块。由于 LOAM 优异的表现，许多后来的激光 SLAM 算法都在其基础上进行开发，KITTI 数据集的 SLAM 算法性能测试榜单上，有诸多 3D 激光 SLAM 算法皆是 LOAM 的延伸。

1）总体流程

LOAM 算法主要由 4 个部分组成：特征提取、激光里程计、激光建图和变换整合，见图 5.3。在特征提取中，系统对原始激光数据去除瑕点并提取出平面点和边缘点特征；激光里程计模块利用相邻时刻采集到的两帧点云进行配准，完成对相对位姿的估计；激光建图模块使用地图和当前帧点云数据进行匹配，修正激光里程计的处理结果；变换整合模块融合了分别来源于激光里程计的位姿估计和来源于激光建图的点云数据，用于地图输出、可视化等，在此不作详细介绍。

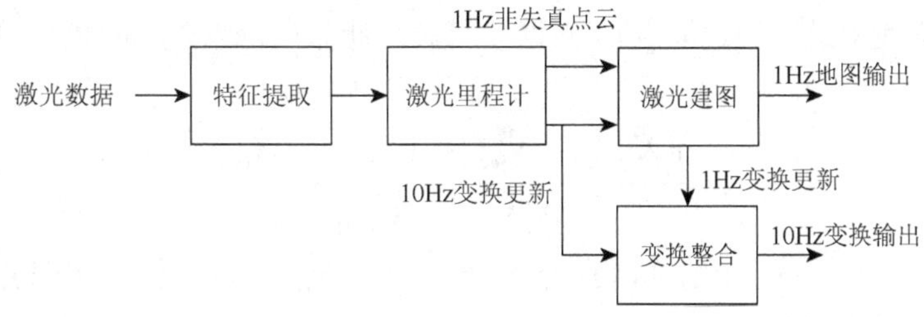

图 5.3　LOAM 的工作流程[2]

2）特征提取

LOAM 提取点云特征用于匹配、定位，其根据点的曲率计算平面光滑度，并根据平面光滑度把点分为平面点和边缘点。三维空间中处于平面上的点，曲率较小，光滑度较低，而处于物体边缘上的点，曲率较高，光滑度较高。平面光滑度按式（5-6）进行计算：

$$c=\frac{1}{|S|\cdot\left\|\boldsymbol{X}_{(k,i)}^{L}\right\|}\left\|\sum_{j\in S,j\neq i}\left(\boldsymbol{X}_{(k,i)}^{L}-\boldsymbol{X}_{(k,j)}^{L}\right)\right\| \tag{5-6}$$

式中，L 表示雷达坐标系；S 为点 i 周围连续点的集合；$\boldsymbol{X}_{(k,i)}^{L}$ 表示点 i 在第 t_k 时刻雷达坐标系的坐标；$\boldsymbol{X}_{(k,j)}^{L}$ 同理。

为了使采集到的环境特征点分布得更均匀，LOAM 将整个扫描分为四段，每段各取两个边缘点和四个平面点。同时对点的选取也设置了一定的限制：已选取的点周围不能有其他点，同时选取的平面点不能与激光扫描束平行。

3）激光里程计

LOAM 的里程计模块完成特征匹配和位姿估计。由于 t_k 到 t_{k+1} 时刻内的激光雷达在扫描时不断运动，因此不能简单地将这个时间段内的点云归为一帧点云用于扫描匹配，而是需要对不同时刻扫描到的点云进行重投影。在 LOAM 中，见图 5.4，将 t_k 到 t_{k+1} 之间扫描到的点云 $\mathcal{P}_k$ 统一投影到 t_{k+1} 时刻的坐标系上，重投影后的点云记为 $\overline{\mathcal{P}_k}$。

在短时间内，激光雷达自身运动可视为匀速的，对于 $\mathcal{P}_{k+1}$ 内任一点 i 而言，设其被扫描到的时刻为 t_i，则 t_{k+1} 到 t_i 时刻位姿转换关系 $\boldsymbol{T}_{(k+1,i)}^{L}$ 可以通过对 t_{k+1} 到当前 t 时刻位姿转换关系 $\boldsymbol{T}_{k+1}^{L}$ 线性插值进行计算，如式（5-7）所示：

$$\boldsymbol{T}_{(k+1,i)}^{L}=\frac{t_i-t_{k+1}}{t-t_{k+1}}\boldsymbol{T}_{k+1}^{L} \tag{5-7}$$

经过上述运动补偿后，可以将 $\mathcal{P}_{k+1}$ 中的点重投影到 t_{k+1} 时刻，将重投影后的点云记作 $\tilde{\mathcal{P}}_{k+1}$，并用重投影后的点云与 $\overline{\mathcal{P}_k}$ 进行匹配。对于边缘点和平面点，有不同的处理方式。

（1）对于 $\tilde{\mathcal{P}}_{k+1}$ 中的边缘点 i，在 $\overline{\mathcal{P}_k}$ 中找到与距离点 i 最近的边缘点 j，以及点 j 相邻扫描线中最近的边缘点 l，根据几何关系计算点 i 到线 jl 的距离，如式（5-8）所示：

$$d_{\varepsilon}=\frac{\left|\left(\tilde{\boldsymbol{X}}_{(k+1,i)}^{L}-\bar{\boldsymbol{X}}_{(k,j)}^{L}\right)\times\left(\tilde{\boldsymbol{X}}_{(k+1,i)}^{L}-\bar{\boldsymbol{X}}_{(k,l)}^{L}\right)\right|}{\left|\bar{\boldsymbol{X}}_{(k,j)}^{L}-\bar{\boldsymbol{X}}_{(k,l)}^{L}\right|} \tag{5-8}$$

其中，$\tilde{\boldsymbol{X}}_{(k+1,i)}^{L}$ 表示点 i 在第 $k+1$ 时刻雷达坐标系下的位姿；$\bar{\boldsymbol{X}}_{(k,j)}^{L}$ 表示点 j 在第 k 时刻雷达坐标系下的位姿；$\bar{\boldsymbol{X}}_{(k,l)}^{L}$ 表示点 l 在第 k 时刻雷达坐标系下的位姿。

（2）对于 $\tilde{\mathcal{P}}_{k+1}$ 中的平面点 i，通过 KD（K-Dimensional）树在 $\overline{\mathcal{P}_k}$ 中找到与距

离点 i 最近的平面点 j ，以及点 j 同一扫描线中最近的平面点 l 和点 j 相邻扫描线中最近的平面点 m ，根据几何关系，构建点 i 到平面 jlm 的距离关系，如式（5-9）所示：

$$d_{\mathcal{H}}=\frac{\left|\left(\tilde{\boldsymbol{X}}_{(k+1,i)}^{L}-\bar{\boldsymbol{X}}_{(k,j)}^{L}\right)\left(\left(\bar{\boldsymbol{X}}_{(k,j)}^{L}-\bar{\boldsymbol{X}}_{(k,l)}^{L}\right)\times\left(\bar{\boldsymbol{X}}_{(k,j)}^{L}-\bar{\boldsymbol{X}}_{(k,m)}^{L}\right)\right)\right|}{\left|\left(\bar{\boldsymbol{X}}_{(k,j)}^{L}-\bar{\boldsymbol{X}}_{(k,l)}^{L}\right)\times\left(\bar{\boldsymbol{X}}_{(k,j)}^{L}-\bar{\boldsymbol{X}}_{(k,m)}^{L}\right)\right|} \tag{5-9}$$

式中符号与式（5-8）同理。

通过式（5-7）～式（5-9）可以构建一个关于 $\boldsymbol{T}_{k+1}^{L}$ 的约束方程，如式（5-10）所示，可通过 LM（Levenberg-Marquard）算法最小化距离 d 的值，得到对 $\boldsymbol{T}_{k+1}^{L}$ 的估计：

$$f\left(\boldsymbol{T}_{k+1}^{L}\right)=d \tag{5-10}$$

4）激光建图

激光里程计输出的是两帧点云间的相对位姿变换，通过递推可以得到点云的全局位姿，但是随着时间的推移，误差会逐渐增大。为了减小误差累计，LOAM 在建图模块中，进行了较大范围的点云匹配，以此优化全局位姿变换。实际上，激光里程计中完成的是相邻两帧的匹配，激光建图中完成的是当前若干帧点云构成的局部地图与历史帧构成的地图的匹配。

图 5.5 利用激光里程计的输出 $\boldsymbol{T}_{k+1}^{L}$ 将第 t_k 时刻的世界坐标系下位姿变换关系 $\boldsymbol{T}_{k}^{W}$ 推衍到 $\boldsymbol{T}_{k+1}^{W}$ ，通过 $\boldsymbol{T}_{k+1}^{W}$ 将若干帧点云信息投影到世界坐标系下。第 t_k 时刻前的点云在世界坐标系下的投影记为 Q_k ，当前若干帧点云信息在世界坐标系下的投影记为 $\bar{Q}_{k+1}$ 。

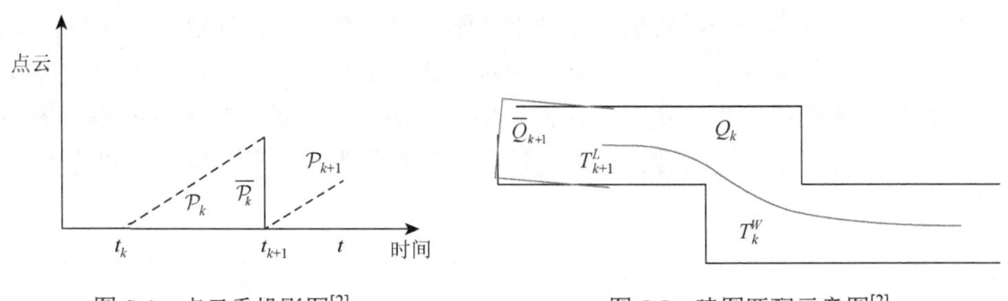

图 5.4　点云重投影图[2]　　　图 5.5　建图匹配示意图[2]

由于 Q_k 和 $\bar{Q}_{k+1}$ 存储的点云数据远多于两帧点云，在激光里程计模块中使用的寻找特征点方法效率较低。为了快速找到 $\bar{Q}_{k+1}$ 中一点 i 和其对应的 Q_k 中的边缘线或平面，首先选取该点的相邻点集合 S （对于边缘点，仅保留相邻的边缘点，对于平面点，仅保留相邻的平面点），计算该集合的协方差矩阵 $\boldsymbol{M}$ 及其特征值 $\boldsymbol{V}$ 、特征向量 $\boldsymbol{E}$ 。若 $\boldsymbol{V}$ 中一个特征值远大于其他两个，那么说明 S 分布在一条线段上，且较大特征值对应的 $\boldsymbol{E}$ 中特征向量代表线的方向；若 $\boldsymbol{V}$ 中一个特征值远小于其他两个，那么说明 S 分布在一个平面上，且较小特征值对应的 $\boldsymbol{E}$ 中特征向量代表平面的法向量，通过穿过 S 的几何中心来确定线或者平面的位置。当确定了线和平面后，就可在获得的线上选取点 j 和点 l，或者在获得的面上选取点 j、点 l 和点 m，再通过式（5-8）和式（5-9）构建点到线、面的距离并利用 LM 算法对 $\boldsymbol{T}_{k+1}^{W}$ 进行求解。

许多激光 SLAM 方案基于 LOAM 进行开发。LeGO-LOAM[3]修改了 LOAM 的特征提取方式，区分了地面点和非地面点，添加了后端优化模块，形成了一个轻量级的激光 SLAM 方案。

2. Cartographer

Cartographer 是 Google 于 2016 年推出的激光 SLAM 解决方案，是目前公认效果最好的基于优化的激光 SLAM 之一。下面将以 Cartographer[4]为代表介绍基于优化的激光 SLAM。在 Cartographer 中，重要思想之一就是子图（Submap）概念，即由一定数量的激光扫描数据组成的子图，实际上是一部分场景范围内的概率栅格地图。在这些基础上，Cartographer 设计了符合传统 SLAM 前后端框架的系统结构。

1）总体流程

前端以激光雷达、里程计和 IMU 的数据为输入，构建并维护若干子图，实际上完成了图构建。主要可以分为三个步骤，一是对激光扫描数据进行匹配操作，寻找当前帧激光扫描数据在对应子图中的最优位姿，见图 5.6，激光扫描数据（Range Data）结合位姿提取器（PoseExtrapolator）提供的位姿初值，与子图进行匹配；二是根据激光扫描数据在子图中匹配结果更新位姿提取器，确保下一帧激光扫描数据的位姿的初值比较准确；三是将该帧激光扫描数据融入子图，具体形式是根据激光扫描数据，更新其在占据栅格地图中对应栅格的占用概率。图 5.6 只列出了上述三个主要步骤，对一些数据过滤操作进行了筛选剔除，以方便读者进行理解。

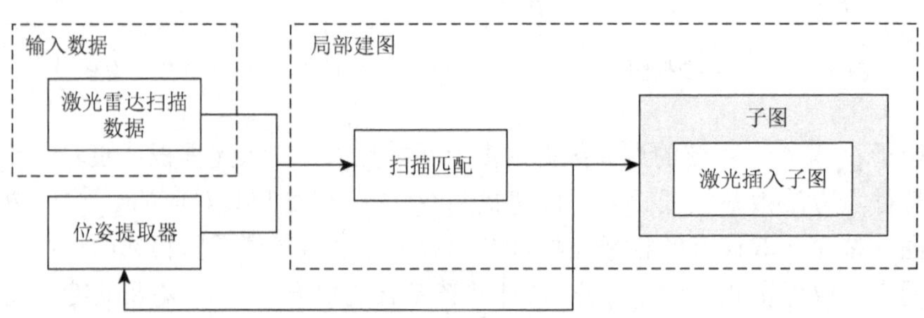

图 5.6　Cartographer 前端的工作流程

见图 5.7，后端采用位姿图优化方式进行位姿的优化，可以被分为三个步骤：一是接收前端子图的更新结果，在位姿图中增加节点和建立约束；二是在约束建立的过程中进行回环检测；三是使用稀疏位姿调整（Sparse Pose Adjustment，SPA）求解后端的优化过程。

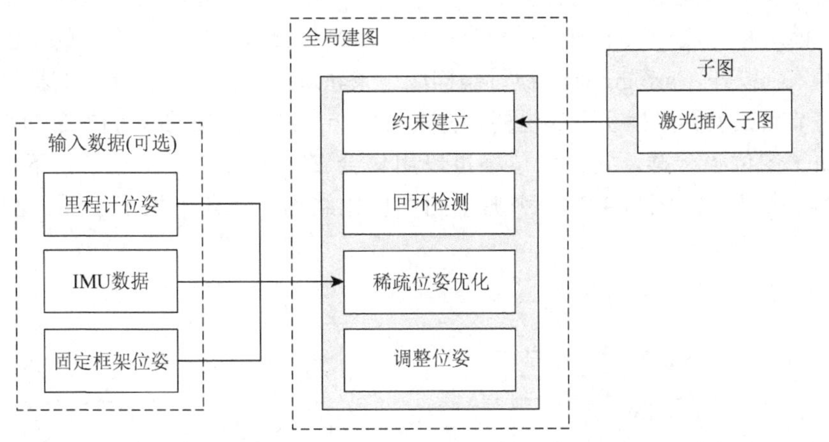

图 5.7　Cartographer 后端的工作流程

2）前端

位姿提取器提供的初始位姿由里程计（Odometry）计算得到，初始位姿与激光扫描数据进行匹配，寻找激光扫描数据相对于子图的最优位姿，使得激光扫描数据中的点集分布在子图中概率最大。求解的过程基于最小二乘法，其目标函数如式（5-11）所示：

$$\underset{\xi}{\operatorname{argmin}} \sum_{k=1}^{K} (1 - M_{\text{smooth}}(\boldsymbol{T}_{\xi} \boldsymbol{h}_k))^2 \tag{5-11}$$

其中，$\boldsymbol{h}_k$ 表示激光束总共 K 个扫描点中的第 k 个；$\boldsymbol{T}_\xi$ 为当前帧激光的中心坐标到子图坐标系的位姿变换；M_{smooth} 为基于双立方差值的平滑函数。

下面将简要介绍激光扫描数据插入子图的过程。见图 5.8，栅格被划分为击中集合（图中灰色且带叉的栅格）和未击中集合（其余灰色栅格），对于待插入的激光扫描数据，激光终点落入的栅格插入击中集合，而激光扫描原点和激光终点连线所经过的栅格（不含激光终点落入的栅格）则插入未击中集合。若栅格初次插入集合，则赋予预先定义的击中概率 p_{hit} 或未击中概率 p_{miss}；若该栅格已被观测过，则使用栅格的概率更新模型更新其概率。

3）图优化

图优化是把优化问题表现为图的一种方式，用图中的节点表示优化变量，用边表示误差项，将优化问题表现为图的形式能够展示出误差项和优化变量之间的关联。下面将介绍 Cartographer 位姿图优化中节点的含义。

Cartographer 中的全局地图由多个子图拼接而成，每个子图在世界坐标系下都有一个位姿可以用 $\boldsymbol{\xi}^m$ 来表示，这个位姿是该子图中第一帧激光插入时机器人的位姿。所有子图的位姿可以用集合 $\boldsymbol{\Xi}^m = \{\boldsymbol{\xi}_i^m\}_{i=1,\cdots,m}$ 记录，下角标 i 表示第 i 个子图。同样，前端每完成一次子图更新，会把一次激光扫描数据插入其维护的子图中。这个插入结果在 Cartographer 被看作构成一条轨迹的节点，并以此时的机器人位姿作为节点在世界坐标系下的位姿，将其看作一次激光扫描的参考位姿，用 $\boldsymbol{\xi}^s$ 表示。如子图位姿一样，它们的位姿可以用集合 $\boldsymbol{\Xi}^s = \{\boldsymbol{\xi}_i^s\}_{j=1,\cdots,n}$ 来记录，下角标 j 表示第 j 个节点。图 5.9 是一个典型的图优化结构，三角形表示子图，圆形表示节点。

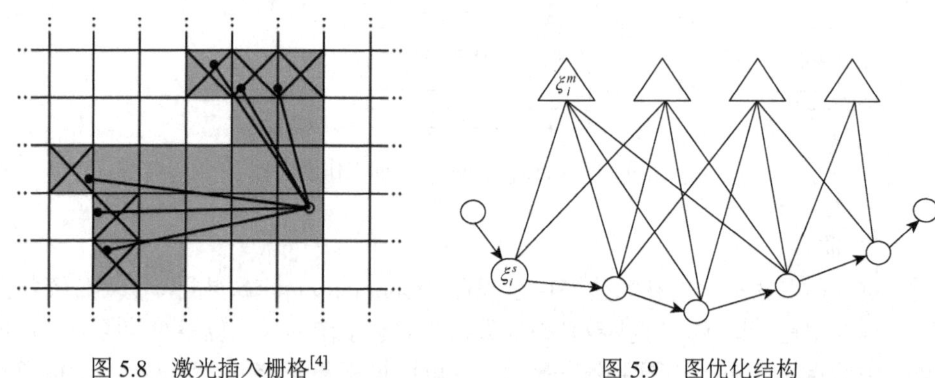

图 5.8　激光插入栅格[4]　　　　图 5.9　图优化结构

如本节开头所讲的一样，将前端真实输出与估计出的相对变换关系求差，即可计算位姿估计的偏差量，如式（5-12）所示：

$$e(\boldsymbol{\xi}_i^m, \boldsymbol{\xi}_j^s, \boldsymbol{\xi}_{ij}) = \boldsymbol{\xi}_{ij} - \begin{bmatrix} \boldsymbol{R}_{\xi_i^m}^{-1}(\boldsymbol{t}_{\xi_i^m} - \boldsymbol{t}_{\xi_j^s}) \\ \boldsymbol{\xi}_{i;\theta}^m - \boldsymbol{\xi}_{j;\theta}^s \end{bmatrix} \tag{5-12}$$

其中，$\boldsymbol{\xi}_{ij}$ 表示第 i 个子图与第 j 个节点之间的相对位姿；$\boldsymbol{R}_{\xi_i^m}$ 是由子图位姿 $\boldsymbol{\xi}_i^m$ 中的旋转矩阵；$\boldsymbol{t}_{\xi_i^m}$ 和 $\boldsymbol{t}_{\xi_j^s}$ 分别是子图位姿和节点的位姿，两者求差即可得到世界坐标系下节点与子图的相对位姿，所以 $\boldsymbol{R}_{\xi_i^m}^{-1}\left(\boldsymbol{t}_{\xi_i^m} - \boldsymbol{t}_{\xi_j^s}\right)$ 的含义其实是将世界坐标系下节点与子图的相对位姿投影到子图的局部坐标系下；$\boldsymbol{\xi}_{i;\theta}^m$ 和 $\boldsymbol{\xi}_{j;\theta}^s$ 分别是子图位姿和节点位姿中的方向角。

同样假设误差服从高斯分布，则该观测值加权误差定义如式（5-13）所示：

$$E^2\left(\boldsymbol{\xi}_i^m,\boldsymbol{\xi}_j^s;\boldsymbol{\Sigma}_{ij},\boldsymbol{\xi}_{ij}\right)=e(\boldsymbol{\xi}_i^m,\boldsymbol{\xi}_j^s;\boldsymbol{\xi}_{ij})^{\mathrm{T}}\boldsymbol{\Sigma}_{ij}^{-1}e\left(\boldsymbol{\xi}_i^m,\boldsymbol{\xi}_j^s;\boldsymbol{\xi}_{ij}\right) \tag{5-13}$$

其中，$\boldsymbol{\Sigma}_{ij}$ 是 $\boldsymbol{\xi}_{ij}$ 对应的协方差矩阵，用来描述 $\boldsymbol{\xi}_{ij}$ 的可信度。最终，SLAM 后端中非线性最小二乘问题的目标函数被定义为式（5-14）：

$$\underset{\Xi^m,\Xi^s}{\operatorname{argmin}}\frac{1}{2}\sum_{ij}\rho\left(E^2\left(\boldsymbol{\xi}_i^m,\boldsymbol{\xi}_j^s;\boldsymbol{\Sigma}_{ij},\boldsymbol{\xi}_{ij}\right)\right) \tag{5-14}$$

其中，$\boldsymbol{\xi}_i^m$、$\boldsymbol{\xi}_j^s$、$\boldsymbol{\Sigma}_{ij}$、$\boldsymbol{\xi}_{ij}$ 在前面已经介绍，此处不再赘述；核函数 $\rho(\cdot)$ 用于过滤错误匹配而产生的约束。

4）回环检测

回环检测在 SLAM 中是一个重要的概念，所谓回环检测，是指机器人识别曾经到达某场景，使得地图闭环的能力。正确的回环检测可以显著减小累积误差，帮助机器人更加精准地建图，因此在大面积、大场景 SLAM 中更加重要。将情况放到 Cartographer 中理解，子图在短时间内的位姿偏差是足够小的，因而单个子图的内部误差很小。但随着时间的推移，多个子图间的累积误差会有明显的增大，这些误差需要通过回环检测尽量消去。

然而回环检测的难点是，在机器人的运行过程中，产生了众多的节点与子图，为了做到实时建图，必须在有限时间内检测出回环。为了加速回环检测，Cartographer 采用了深度优先的分支定界搜索策略，提高了检索回环约束的速度。

分支定界的含义就是将大问题分割为小的问题，并在最优的小问题中继续分割，其他的小问题被剪枝，直至所有的小问题都不能产生一个更优的解，Cartographer 中通过将解空间构造成树形结构来实现分支定界。分支也就是分割搜索空间，在 Cartographer 中，通过逐步提升地图分辨率来分割，见图 5.10，每次分割相当于在空间坐标上将搜索空间划分为四个区域，每个区域作为下一层的节点。定界则是在每次分支操作后计算每个子节点的上界，即激光扫描和该节点所表示的子图区域的最大匹配分数。预先定义最低匹配阈值，仅对上界大于该阈值的节点进行下一层的分支。

在检测回环时，对于每个子图，将搜索空间进行分支，并计算每个节点的上界，从上界最大的节点开始逐步分支求解，直到达到叶子节点，则叶子节点就是最优解，重复该过程，直到遍历所有大于最低匹配阈值的节点，得到最优回环。

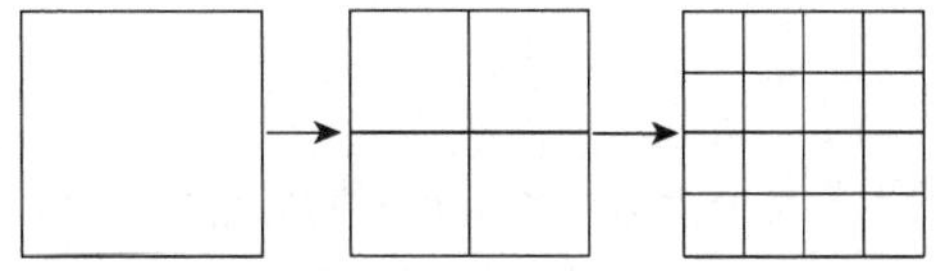

图 5.10　不同分辨率地图

5.1.3 基于滤波的激光 SLAM

激光 SLAM 问题是在给定激光扫描数据和里程计数据的情况下，对机器人的轨迹和地图进行估计的问题。这个问题在 SLAM 后端概述部分已经有所介绍，在此进行重述，如式（5-15）所示：

$$P(\boldsymbol{x}_{1:k},m|\boldsymbol{z}_{1:k},\boldsymbol{u}_{1:k})=P(m|\boldsymbol{x}_{1:k},z_{1:k})P(\boldsymbol{x}_{1:k}|z_{1:k},\boldsymbol{u}_{1:k}) \tag{5-15}$$

其中，$\boldsymbol{x}_{1:k}$ 是机器人$1-k$时间内的轨迹；m 是地图；$z_{1:k}$ 是 t_1 到 t_k 时间内激光雷达扫描数据；$\boldsymbol{u}_{1:k}$ 是里程计测量得到的控制数据。$P(m|\boldsymbol{x}_{1:k},z_{1:k})$ 意思是根据机器人轨迹和激光扫描数据进行地图构建，而 $P(\boldsymbol{x}_{1:k}|z_{1:k},\boldsymbol{u}_{1:k})$ 则是根据雷达扫描数据和里程计数据对机器人轨迹的定位问题。该定位问题可以进一步分解，如式（5-16）所示：

$$P(\boldsymbol{x}_{1:k}|z_{1:k},\boldsymbol{u}_{1:k})=\eta P(z_k|\boldsymbol{x}_k)P(\boldsymbol{x}_k\mid\boldsymbol{x}_{k-1},\boldsymbol{u}_k)P(\boldsymbol{x}_{1:k-1}|z_{1:k-1},\boldsymbol{u}_{1:k-1}) \tag{5-16}$$

其中，η 表示根据贝叶斯法则展开后的常数项；$P(\boldsymbol{x}_{1:k-1}|z_{1:k-1},\boldsymbol{u}_{1:k-1})$ 表示上一时刻的机器人轨迹的推测；$P(\boldsymbol{x}_k\mid\boldsymbol{x}_{k-1},\boldsymbol{u}_k)$ 为运动学模型；$P(z_k\mid\boldsymbol{x}_k)$ 为观测模型。

传统的基于滤波思想的算法，如卡尔曼滤波，通过对原本非线性的运动模型与观测模型进行一阶泰勒级数展开线性化，计算 $P(z_k\mid\boldsymbol{x}_k)$ 和 $P(\boldsymbol{x}_k\mid\boldsymbol{x}_{k-1},\boldsymbol{u}_k)$。这无法反映物理过程非线性的特性，所使用的线性化手段存在误差，误差累积可能会使系统的状态估计发散。而基于粒子滤波思想的 SLAM 算法如 Gmapping，构建满足 $P(\boldsymbol{x}_k\mid\boldsymbol{x}_{k-1},\boldsymbol{u}_k)P(\boldsymbol{x}_{1:k-1}|z_{1:k-1},\boldsymbol{u}_{1:k-1})$ 的粒子集，通过重要性重采样（Sampling-Importance Resampling，SIR）更多地保留符合观测 $P(z_k\mid\boldsymbol{x}_k)$ 的粒子，从而使粒子集的置信度收敛到 $P(\boldsymbol{x}_{1:k}|z_{1:k},\boldsymbol{u}_{1:k})$，规避了用线性模型描述非线性的物理系统。下面将以 Gmapping 为代表介绍基于滤波思想的 SLAM。

1）总体流程

Gmapping 对于机器人轨迹的估计采用的是一种“暴力”的思想，用大量的粒子描述机器人所有可能的轨迹，从而规避了传统滤波思想中将运动模型和观测模型线性化的弊端[5]。为了使具有良好观测的粒子在粒子群中所占比例得到提升，需要对粒子群进行重采样。重采样过程基于粒子的权重进行，权重越大的粒子越易被重采样收集，具有良好观测的粒子权重更高。最终原来大量权重不一的粒子将会收敛重合到权重系数较高的少数几个粒子上。经过采样、计算权重、重采样和更新地图，Gmapping 完成了对机器人的定位和地图的构建。粒子滤波工作流程见图 5.11。

2）采样

采样的目的在于构建满足 $P(\boldsymbol{x}_k\mid\boldsymbol{x}_{k-1},\boldsymbol{u}_k)P(\boldsymbol{x}_{1:k-1}|z_{1:k-1},\boldsymbol{u}_{1:k-1})$ 的粒子集，在采样中根据传感器解算结果推算出下一时刻机器人最有可能的位姿，然后以此为中心，将每一个粒子在附近采样作为备选位姿。在不断迭代中粒子保存了机器人的一条

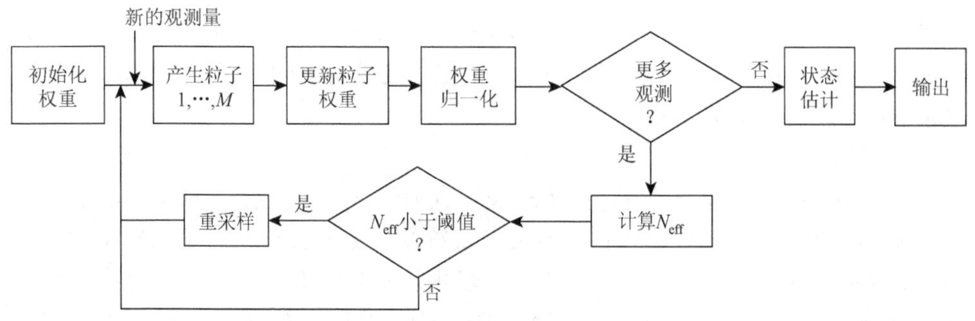

图 5.11　粒子滤波的工作流程

推测轨迹，这实际上完成了经典 SLAM 框架中前端完成的工作。传统的粒子滤波算法中，一般通过在粒子初始位姿上结合里程计结果获得新的位姿。然而以里程计为基础进行位姿估计得到的位姿分布比较分散，大部分粒子携带的位姿都偏离真实位姿，如图 5.12 虚线所示。如果大部分粒子都偏离真实位姿，将会需要更多的粒子才能较好地表示机器人位姿。同时由于粒子滤波的特点，每个粒子都根据一连串的位姿形成的轨迹和激光雷达扫描数据构建了真实地图，对于大一点的环境而言，每个粒子会占用较大的内存空间。

为了实现高效的粒子滤波算法，Gmapping 改进了以里程计为基础进行位姿估计的方法。激光数据扫描匹配估计出的当前时刻与上一时刻的机器人相对位姿比里程计的解算的结果要更加精确，因此以激光为基础进行位姿估计结果会更收敛，所需粒子数目更少。见图 5.12 中的实线，描述了激光数据扫描匹配得到的机器人位姿。相比于里程计解算得到的机器人位姿分布分散方差大的缺陷，激光数据扫描匹配得到的机器人位姿分布集中在位于 $L^{(i)}$ 的单峰区域。

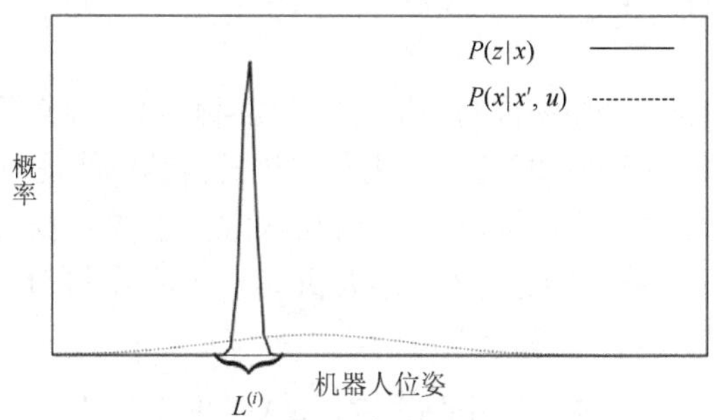

图 5.12　里程计与激光计算获得的机器人位姿分布[5]

在 Gmapping 中，实现的方案是在里程计给出预测后，以该预测作为初值进行激光扫描匹配，找到一个最贴合地图的位姿。以激光为基础对粒子位姿进行更新，一定程度上减少了粒子群的数目，但是当使用 Gmapping 对大型地图进行构建的时候，仍然很不合适。如对于 200m×200m 的范围，如果地图栅格分辨率为 5cm，每个栅格占用 1 字节内存，那么每个粒子携带的地图都需要 16MB 的内存，100 个粒子就是 1.6GB 内存。

3）计算权重

在采样中已经构建了满足 $P(\boldsymbol{x}_k \mid \boldsymbol{x}_{k-1}, \boldsymbol{u}_k)P(\boldsymbol{x}_{1:k-1}|\boldsymbol{z}_{1:k-1}, \boldsymbol{u}_{1:k-1})$ 的粒子集，按照式（5-16）所描述，需要通过重要性采样将符合观测 $P(\boldsymbol{z}_k \mid \boldsymbol{x}_k)$ 粒子的粒子更多地留下，使轨迹收敛到 $P(\boldsymbol{x}_{1:k}|\boldsymbol{z}_{1:k}, \boldsymbol{u}_{1:k})$。符合观测是一个抽象的概念，在实际实现上，用采样获得的粒子位姿与真实位姿的误差来计算权重。真实位姿是待求的，因此只能对上一步获得的位姿分布图进行有限次的采样进行模拟获得。

4）重采样

如前面所述，粒子群经过权重计算，权重越大的粒子越容易被采样。但是如果进行频繁的采样，会出现所有粒子都从一个粒子复制而来的情形，这类似于达尔文提出来的自然选择学说。生物体本身存在着一定程度的变异，但是粒子群不会。这会导致一个严重的问题，如果环境相似度很高或是由于测量噪声的影响，使得错误的粒子权重最大，采样过程则会加剧错误粒子的增多和正确粒子的丢弃。当频繁地采样进行到最后，错误的粒子成为粒子群的唯一情况，这就是粒子退化。

为了限制采样所发生的频率，Gmapping 根据所有粒子自身权重的离散程度决定是否进行重采样操作。所有粒子权重的离散程度以 N_{eff} 进行计算，见式（5-17）：

$$N_{\text{eff}} = \frac{1}{\sum_{i=1}^{N} (\tilde{w}^{(i)})^2} \tag{5-17}$$

其中，$\tilde{w}^{(i)}$ 表示第 i 个粒子的权重。若 N_{eff} 小于某个阈值，说明粒子间的差异性过大，则进行重采样操作。

5）构建地图

Gmapping 会构建一个概率栅格地图，对二维环境进行栅格尺度划分，每一个栅格之间相互独立。栅格概率越接近 1，则代表该栅格越可能是障碍物。在每次采样后，Gmapping 都会根据粒子新得到的位姿和当前激光扫描数据对地图进行更新。对所有粒子携带的概率栅格地图进行概率叠加并归一化，最终将地图展现给用户。

5.2 视觉 SLAM 方法

5.2.1 概述

视觉同步定位与建图（Visual Simultaneous Localization and Mapping，VSLAM）

技术是指机器人进入陌生环境后，通过相机采集图像数据，基于环境特征和多视几何等原理估计传感器自身的位置和姿态，同时构建一张用于定位导航的地图。目前，VSLAM 技术已被广泛应用于自动驾驶、机器人自主导航、无人机飞控等领域。

图 5.13 为 VSLAM 技术的经典方法框架[6]，与激光 SLAM 基本一致，由相机和 4 个功能模块构成。其中，相机负责采集视觉图像并进行预处理，为整个系统提供输入；前端负责对视觉图像进行特征提取和匹配，并根据匹配结果估计出相机的帧间相对运动；后端通过滤波算法或者非线性优化算法，以递推形式或批量形式对前端估计出的初始位姿进行进一步优化；建图负责将环境特征构建为路标，维护一张可用于定位的地图；回环检测负责检测机器人是否回到了曾经到过的地方，触发后端全局优化以减少累积误差。

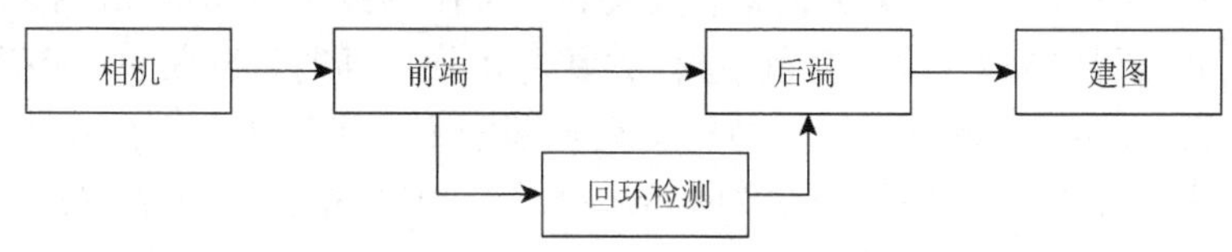

图 5.13　VSLAM 技术框架

相比于激光 SLAM 所需的激光雷达，VSLAM 所需的相机成本更为低廉。此外，激光雷达采集的点云数据仅具有距离、角度等几何信息，而相机采集的图像包含了丰富的色彩、纹理等其他种类信息，结合语义分割、目标检测等语义获取方法，VSLAM 可以对环境进行更深层次的感知，形成语义 VSLAM 方案，从而面向更加智能的定位导航任务，这部分内容将在第 6 章中进行介绍。接下来对 VSLAM 技术的经典方法框架进行概述，框架里各模块功能见图 5.14。

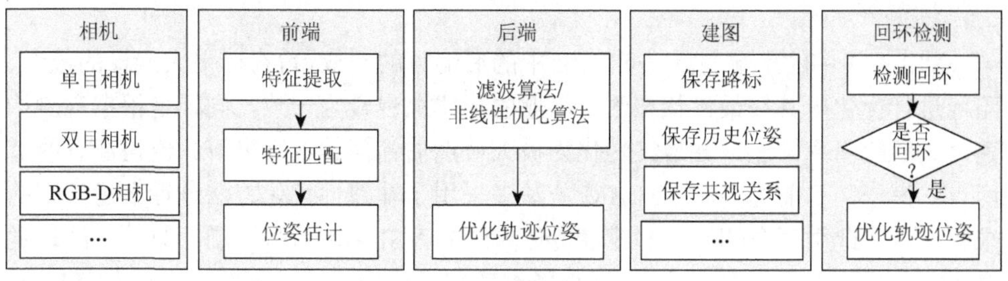

图 5.14　VSLAM 模块功能

1. 相机

VSLAM 所使用的传感器包括单目、双目、RGB-D 等多种类型的相机[7]，各种相机在第 2 章的传感器介绍中也已提及，而 VSLAM 对不同的相机模型较为关注，相机模型描述了空间点到图像像素平面的成像过程以及可能产生的畸变，常用的相机模型有针孔相机模型、鱼眼相机模型等。

2. 前端

VSLAM 中的前端又称为视觉里程计（Visual Odometry，VO），其以图像数据作为输入，输出连续帧图像之间的相对位姿估计结果，同时也会输出路标信息。位姿、路标等信息将被后端进一步优化，也会用于地图构建。前端主要包含特征提取、特征匹配和位姿估计三个部分。

特征的提取是指从每帧图像中提取有代表性的特征，这些特征需要显著区别于图像中的其他区域，特征之间也要具有可区分性，并且能够在不同帧内被重复识别，此外，也可将较大规模的像素灰度等信息作为图像整体特征；特征的匹配是指对从不同图像帧中提取的特征进行关联，找到正确的对应关系，该步骤也称为数据关联（Data Association）。特征类型与匹配方式密切相关，在经典 VSLAM 方法中最为常见的两种特征分别为基于显著纹理的特征点与基于像素亮度的信息，二者也对应着 VSLAM 前端的两种典型算法：间接法和直接法。

在获取了帧间特征匹配关系后，前端根据多视几何原理对帧间的相对运动、路标位置进行估计，并通过不断估计相邻两帧之间的相机位姿形成相机的轨迹，也根据不断输出的空间路标位置构建出地图。然而，由于相机测量受传感器噪声影响，两帧图像之间相对位姿估计结果总是存在误差，也称为漂移（drift），而全局相机轨迹是由每两帧的相对位姿累积形成的，所以如果仅是利用前端进行定位，那么最新的位姿估计结果总会带着先前所有结果的误差，称为累积误差或累积漂移，VSLAM 中后端和回环检测的目的就是解决这个问题。

3. 后端

VSLAM 中的后端与激光 SLAM 中的后端目的一致，旨在对更大规模的位姿、路标进行优化，其在最优状态估计问题的形式上也较为一致，同样是根据观测构建最大后验概率问题，并最终转化为极大似然估计问题进行求解。值得注意的有两点：第一，目前的主流 VSLAM 方法多采用了非线性优化方法进行上述问题的求解，故在此主要介绍基于非线性优化方法的 VSLAM 后端问题；第二，纯视觉 SLAM 一般不考虑机器人控制，即仅依靠观测方程构建优化问题。在此对 VSLAM 中的后端优化问题进行描述。

设在第 1 到第 k 帧之间共有 k 个待优化位姿变量 $\boldsymbol{X}=\{\boldsymbol{T}_i\}_{i=1}^{k}$，共有 m 个待优化路标变量 $\boldsymbol{Y}=\{\boldsymbol{y}_j\}_{j=1}^{m}$，记在位姿 $\boldsymbol{T}_i$ 处对路标 $\boldsymbol{y}_j$ 产生的观测为 $\boldsymbol{z}_{i,j}$，所有观测的集合记为 $\boldsymbol{Z}=\{\boldsymbol{z}_{i,j}\}$，则最终构建的极大似然估计问题如式（5-18）所示：

$$X^*, Y^* = \underset{X,Y}{\operatorname{argmax}} P(Z|X,Y) \tag{5-18}$$

定义 VSLAM 的观测方程如式（5-19）所示：

$$z = h(T, y) + n \tag{5-19}$$

其中，T 为相机位姿；y 为路标位置；n 为传感器噪声项，一般认为服从高斯分布；$h(T, y)$ 为理想状态下的观测模型，表示在位姿 T 处对路标 y 产生的理想观测，但由于噪声 n 的影响，最终获取的是带有噪声的观测 z。

根据式（5-19）的观测方程，式（5-18）的极大似然估计问题可转化为如式（5-20）所示的最小二乘问题：

$$X^*, Y^* = \underset{X,Y}{\operatorname{argmin}} \sum_{z_{i,j} \in Z} \left\| z_{i,j} - h(T_i, y_j) \right\|_{\Sigma_{ij}}^2 \tag{5-20}$$

其中，每一个观测 $z_{i,j}$ 对应一个误差项 $z_{i,j} - h(T_i, y_j)$；Σ_{ij} 为噪声项的协方差，其衡量了单个误差项的可信度，一般使用其逆矩阵对单个误差项的欧氏距离进行加权，获得其马氏距离 $\left\| z_{i,j} - h(T_i, y_j) \right\|_{\Sigma_{ij}}^2$ 用于构建目标函数。

由式（5-20）可知，VSLAM 中的非线性优化问题一般以位姿、路标等作为待优化变量，以图像特征作为观测，根据观测方程构建目标函数，通过梯度法、高斯-牛顿法、Levernberg-Marquardt 法不断迭代更新优化变量，使得目标函数下降，即通过最小化计算值和观测值之间的误差来获取状态的最优估计。

在求解如上最小二乘问题时需要对其中的非线性函数进行线性化，并且不断迭代求解增量方程来获取状态的更新量，在这个增量方程中，系数矩阵的形式与图 5.15 所示的结构的邻接矩阵相似。

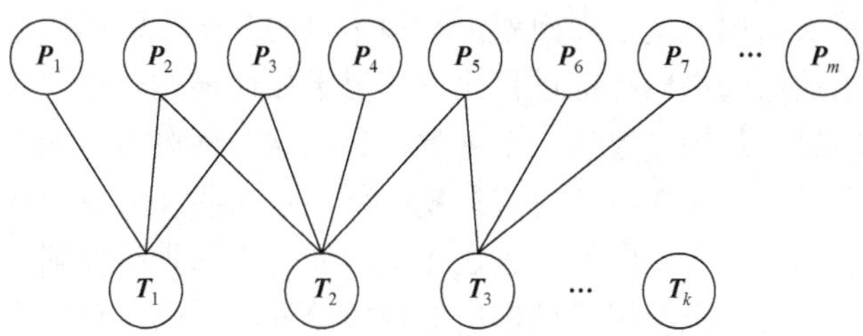

图 5.15　图优化结构

其中，T_i 为相机位姿节点；P_j 为路标节点；而相机位姿与路标节点之间的边代表在该位姿处观测到了该路标。图 5.15 是 VSLAM 中优化问题的显式表示，优化问题可以基于上述图结构构建，所以也称为图优化问题，目前已有多种基于图优化的开源库提供给研究者使用，例如，g2o[8]、Ceres[9]、GTSAM[10]等。

优化问题的构建形式并不是一成不变的，由于大规模数据的优化需要很大的计算耗时，所以后端根据不同的应用需求、系统运行的不同阶段都采用一些技巧来控制优化的规模，如利用滑动窗口进行局部优化，仅优化固定数目的位姿和路标；而在检测到回环时后端会进行全局优化，优化整条轨迹上的位姿和全部路标。优化过程有时也称为光束法平差（Bundle Adjustment，BA）。优化问题的求解方法涉及李群、李代数、非线性优化方法、矩阵论等知识，在此不做详细介绍。

最后，在此对视觉里程计、前端、后端等概念进行进一步明确。在以上的介绍中，前端、后端的概念有所重叠，如前端在进行位姿估计时会使用非线性优化方法，甚至不仅限于估计两帧之间的相对位姿，而是将一个滑动窗口内的多个位姿、路标同时进行优化，这恰恰对应着后端的概念。为了避免混淆，在本书中，前端指包括特征提取、匹配以及两帧间位姿估计的模块；视觉里程计方案会包括前端、带有局部优化的后端；前端、带有局部和全局优化的后端、回环检测共同组成一个完整的 VSLAM 系统。

4. 回环检测

回环检测是 VSLAM 区别于视觉里程计概念的重要模块，它通过检测机器人是否回到曾经到过的地方以触发全局优化，可以有效减小累积误差的影响，得到全局一致的轨迹和地图。回环检测的目标就是判断当前帧是否捕获到了历史轨迹经过的地方，可以看作一个场景重识别问题，更具体地，是一个图像相似度评价问题。

经典 VSLAM 算法中常使用词袋（Bag of Word，BoW）模型进行回环检测，在此对这种方法进行简要介绍。

考虑两幅图像的相似度度量问题，其根本目的在于提取和描述每幅图像中的特征，并对两幅图像的整体特征进行比对。对于如何描述一幅图像整体特征的问题，词袋模型的思想是预先建立一个视觉词典，这个词典由大量图像特征聚类、训练而成，包含了众多图像特征对应的视觉单词，这些视觉单词依据训练过程中对应特征的出现频率带有不同的显著性权重，而对于每张图像都可以提取出许多图像特征，这些特征对应着视觉词典里的视觉单词，它们组合起来形成一个视觉词袋向量，这个视觉词袋描述了一幅图像的整体特征，通过比对视觉词袋向量可以比对两幅图像的整体相似度。目前已有许多经典的开源视觉词袋模型算法库可供使用，如 DBoW2[11]、DBoW3[12]。

在实际的工程中，各种方案会基于图像相似度评价实现回环检测功能，如以连续多帧相似为标准判定回环是否存在、添加时空间约束、设定检测回环的频率和时间点等。

5. 建图

各 VSLAM 方案的需求不同，构建的地图类型也不同。当地图仅用于定位时，地图应当保存定位算法所需要的数据。如间接法里构建的地图往往包含了稀疏路标点的位置和外观、关键帧的词袋、关键帧的共视关系等重要数据，可供系统进行定位、重定位、回环检测等；直接法中恢复出图像梯度处的深度信息，可以建立半稠密的点云地图，点云带有局部的像素灰度信息，可供系统进行局部优化定位，但无法进行重定位和回环检测。

当地图要用于导航、避障时，应尽可能恢复出场景的细节，为导航、避障算法提供空间的占据信息，甚至要实时获取动态物体的占据信息，稀疏路标点、半稠密点云等地图形式无法满足这个任务，所以需要建立一张稠密的地图，而建立稠密地图需要获取图像像素对应的稠密深度信息，RGB-D 相机可直接获取深度信息，双目相机需要利用左右目视差进行稠密深度估计，单目相机则需要依赖三角测量和其他的稠密深度估计算法获取稠密深度信息。

6. 评价指标

评价 VSLAM 方案性能主要是检验其定位效果，研究者已提出多个指标用于评价系统定位效果，与激光 SLAM 类似，最常用的两个指标是相对位姿误差 RPE 和绝对轨迹误差 ATE。相对位姿误差描述了估计值中每两帧之间的相对位姿变换与对应真实值中帧间相对位姿变换之间的误差，绝对轨迹误差描述了估计值中每帧位姿与对应真实值中单帧位姿之间的误差。这两个指标都通过计算估计值和真实值之间的差异来刻画系统定位结果的准确度，在此介绍这两个指标的详细定义。

首先，评估之前需要获取估计值和真实值的对应关系，为了获取估计值和真实值的对应关系，往往需要采取时间对齐、坐标系对齐等方法，其次，由于单目 VSLAM 丢失了尺度信息，所以在这种情况下还会通过相似变换进行尺度对齐。在获取了合理的对应关系之后方可计算估计值和真实值之间的误差。

设系统估计得到的位姿序列为 $\boldsymbol{T}_1,\cdots,\boldsymbol{T}_n \in \mathrm{SE}(3)$，而对应的真实位姿序列为 $\boldsymbol{G}_1,\cdots,\boldsymbol{G}_n \in \mathrm{SE}(3)$，$\mathrm{SE}(3)$ 为变换矩阵构成的特殊欧式群，变换矩阵包含了旋转和平移关系，常用于 SLAM 问题中的位姿表示。

对于第 i 帧的 RPE 和 ATE，通过式（5-21）计算：

$$\boldsymbol{e}_i^{\mathrm{RPE}} = \mathrm{Log}\left(\left(\boldsymbol{G}_i^{-1}\boldsymbol{G}_{i+1}\right)^{-1}\left(\boldsymbol{T}_i^{-1}\boldsymbol{T}_{i+1}\right)\right)^{\vee}, \quad \boldsymbol{e}_i^{\mathrm{ATE}} = \mathrm{Log}\left(\boldsymbol{G}_i^{-1}\boldsymbol{T}_i\right)^{\vee} \tag{5-21}$$

其中，$\vee$ 代表将反对称矩阵转化为向量。

通常，对于整条序列会计算均方根误差（Root Mean Squared Error，RMSE）

来对整体定位效果进行评价，如式（5-22）所示：

$$E_{\text{RMSE}}^{\text{RPE}} = \sqrt{\frac{1}{n-1}\sum_{i=1}^{n-1}\left\|\boldsymbol{e}_i^{\text{RPE}}\right\|_2^2},\quad E_{\text{RMSE}}^{\text{ATE}} = \sqrt{\frac{1}{n}\sum_{i=1}^{n}\left\|\boldsymbol{e}_i^{\text{ATE}}\right\|_2^2} \tag{5-22}$$

根据不同的需求也可计算这两种误差的平均值、中位数、最大/最小值等统计指标。

上述两种指标被广泛用于各种 VSLAM 方案的实验结果评价，此外，根据不同数据集、不同应用需求还存在其他评价指标，如实时性。目前已有众多开源指标计算工具可供使用，它们具有对数据进行时间与空间对齐、指标计算、结果可视化等多个功能，如 EVO[13]、TUM-RGBD Benchmark tools[14]等。

7. VSLAM 发展与开源算法

相较于激光 SLAM，VSLAM 在理论、技术实现方面的起步稍晚一些，但随着计算机视觉的蓬勃发展、硬件算力的提升以及视觉传感器的进步，VSLAM 逐渐走进了主流 SLAM 研究领域。如今自动驾驶、机器人、无人机、增强/虚拟现实等技术发展得如火如荼，基于视觉的感知、定位、规划方法成为这些技术的重要组成部分，VSLAM 便是其中的一项关键方法。

VSLAM 在发展过程中历经了理论基础、算法架构的迭代更新，同时也产生了多种不同的流派，在这个过程中不断有研究者提出并发布开源 VSLAM 算法[15]，其中一些经典算法常被用于二次开发和实验对比，在此按照时间脉络对部分开源算法进行梳理，见图 5.16。

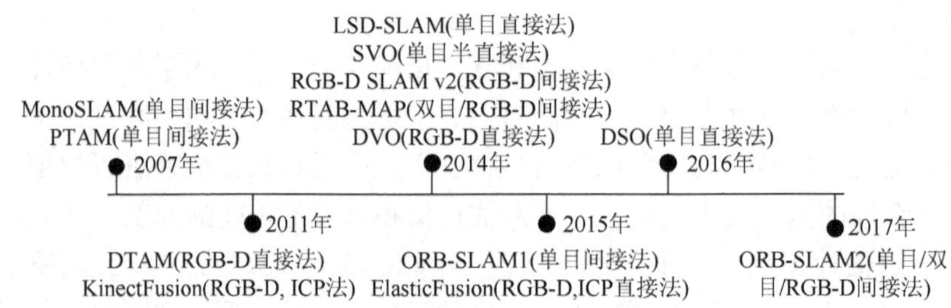

图 5.16　经典 VSLAM 开源算法

近年来，许多 VSLAM 算法开始融合语义信息或其他传感器，其精度、鲁棒性已高于一些经典方案，但严格意义上来说这些算法已不属于纯视觉 SLAM 的范畴。尽管如此，VSLAM 技术仍处于不断完善、逐渐实现技术落地的阶段，而上述经典开源方案仍具有较高的参考学习价值。

5.2.2　光流估计

光流描述了像素随时间在图像之间运动[6]，见图 5.17。作为低层次的视觉运动估计任务，光流估计并不会直接应用于某个导航应用场景，而是作为避障[16]、机器人定位建图[17-19]等高层次视觉导航任务的基础任务，是视觉导航系统的重要基础模块之一。

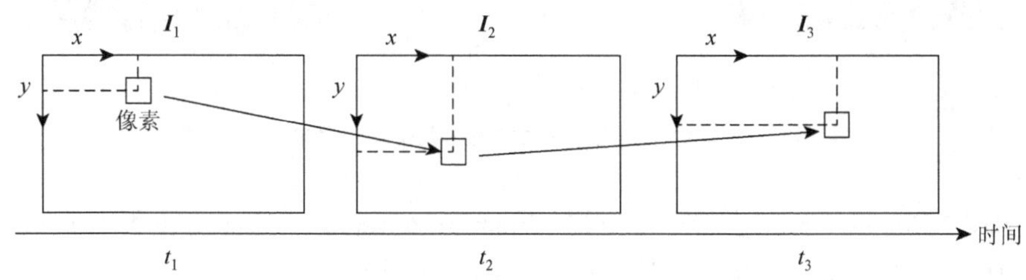

图 5.17　光流示意图[6]

光流估计方法主要分为两种：计算部分像素运动的称为稀疏光流估计，经典方法有 Lucas-Kanade 光流[19]；计算全部像素运动的称为稠密光流估计，经典方法有 Horn-Schunck 光流[20]。在深度学习用于光流估计之前，研究者已经针对这一问题进行了近 40 年的研究，其中大多数非深度学习的光流估计方法都采用了变分优化的框架，并基于亮度不变假设和局部平滑假设设计能量函数的方案。然而目前非深度学习的光流估计方法无法保持高精度地同时实现实时运行，尤其是稠密光流估计。光流估计作为基础视觉模块，其精度和速度将会对整个视觉导航系统产生极大的影响，而精度与速度的难以平衡是非深度学习方法应用于导航任务的主要限制。

随着深度学习的发展，基于深度学习的光流估计方法能够凭借其强大的拟合能力对图像特征进行更加有效的建模，从而估计出更加准确的光流，同时得益于硬件发展带来的强大算力，许多深度学习方法能够在 GPU 上实时运行。整体而言，深度学习方法在准确性、推理速度、鲁棒性上优于经典方法，通过构建神经网络以端到端的方式估计光流已经成为当下光流估计研究中的主流范式。

虽然传统的光流估计方法逐渐被基于深度学习的光流估计方法所取代，但其中诸如由粗到精（Coarse-to-Fine）的渐进式光流估计（见图 5.18）、图像金字塔（Image Pyramid）（见图 5.18）、翘曲变换（Warping）、代价体计算（Cost Volume）等思想及方法也被应用到高性能光流网络设计中。其中应用最为广泛的是文献[21]提出的 PWC-Net。

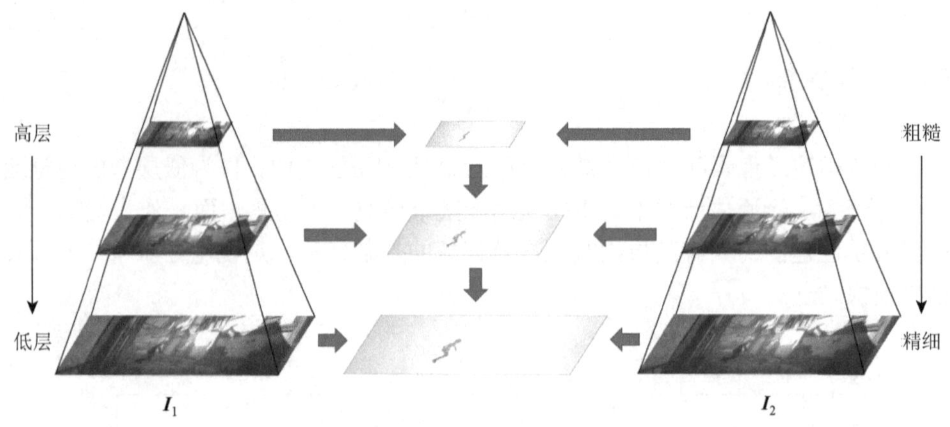

图 5.18　图像金字塔与从粗到精的渐进式光流估计示意图

PWC-Net 是一种结合特征金字塔（Feature Pyramid）、翘曲变换和代价体计算的监督学习渐进式稠密光流估计网络。该网络根据输入的两张图像，构建多尺度的特征金字塔，并对金字塔从上到下逐层估计光流。该网络主要分为特征金字塔提取子网络、翘曲变换层、代价体层、光流估计子网络和上下文子网络五部分，见图 5.19（b）。

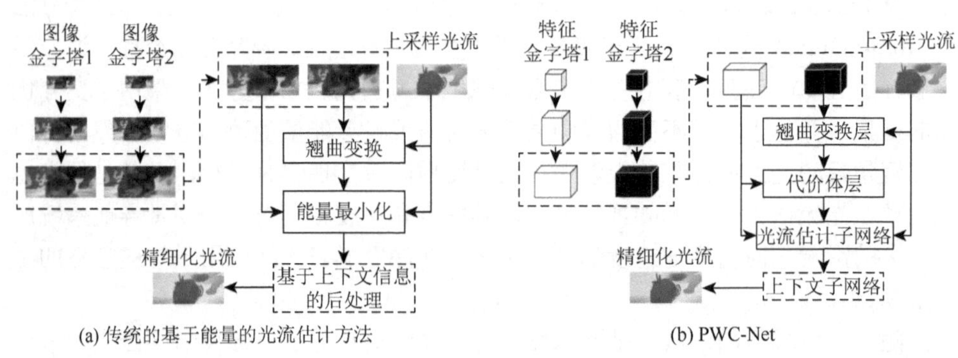

图 5.19　传统的基于能量的光流估计方法与 PWC-Net[21]

特征金字塔提取子网络：见图 5.19（a），该网络由多个卷积层堆叠而成，以共享参数的形式处理输入的两张图像 $\boldsymbol{I}_1$ 和 $\boldsymbol{I}_2$，通过下采样提取多个尺度的特征图，生成多尺度的特征金字塔。若将网络输入的第 t 帧图像对应的第 l 层的特征图记为 $\boldsymbol{c}_t^l$，受到下采样操作的影响，其尺寸是上一层的特征图 $\boldsymbol{c}_t^{l-1}$ 的 1/2。在特征提取过程中，网络一共需要进行 6 次下采样，对每张输入的图像计算出 6 组尺度不同的特征图，从低层到高层特征图的尺寸依次减小，但通道数量依次增加，分别为 16、32、64、96、128、196。

翘曲变换层：完成特征金字塔的提取后，网络按照从高层到低层的顺序依次对特征金字塔进行处理，以由粗到精的方式进行光流估计。在第 l 层的光流估计中，两帧图像的特征图对应匹配点可能存在较大的位置偏移，因此需要利用第 $l+1$ 层的光流对第二帧特征图 $\boldsymbol{c}_2^l$ 进行翘曲变换，生成对齐后的特征图 $\boldsymbol{c}_w^l$，见图 5.20，计算过程见式（5-23）：

$$\boldsymbol{c}_w^l(\boldsymbol{x})=\boldsymbol{c}_2^l(\boldsymbol{x}+\mathrm{up}_2(\boldsymbol{w}^{l+1})(\boldsymbol{x})) \tag{5-23}$$

其中，$\boldsymbol{x}$ 表示像素坐标；$\boldsymbol{w}^{l+1}$ 表示第 $l+1$ 层输出的光流，由于翘曲变换要求光流和特征图尺寸相同，需要使用两倍上采样操作 $\mathrm{up}_2(\cdot)$ 对 $\boldsymbol{w}^{l+1}$ 进行处理。翘曲变换过程属于线性变换，因此不影响网络的可微性，从而可以以端到端的方式进行训练。

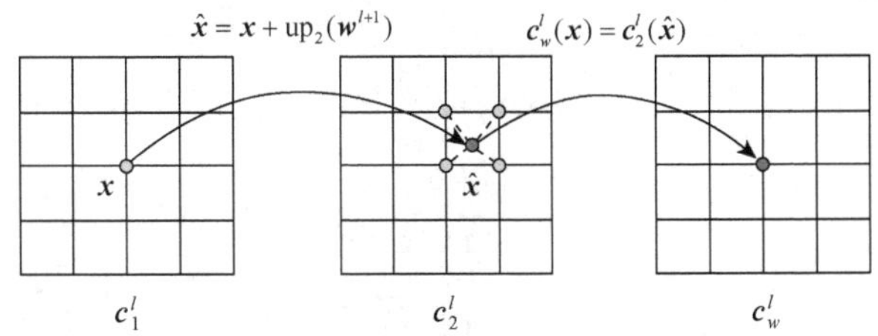

图 5.20　翘曲变换示意图

代价体层：通过对两张图片的特征图计算互相关，从而衡量两组特征的相关性，见式（5-24）：

$$\boldsymbol{cv}^l(\boldsymbol{x}_1,\boldsymbol{x}_2)=\frac{1}{N}(\boldsymbol{c}_1^l(\boldsymbol{x}_1))^{\mathrm{T}}\boldsymbol{c}_w^l(\boldsymbol{x}_2) \tag{5-24}$$

其中，$\boldsymbol{x}_1$ 和 $\boldsymbol{x}_2$ 分别表示第一张图像和第二张图像的像素坐标；N 表示 $\boldsymbol{c}_1^l(\boldsymbol{x}_1)$ 向量的长度；$(\cdot)^{\mathrm{T}}$ 表示转置操作。代价体运算能够计算两张特征图所有像素的互相关值，若第一张和第二张特征图的尺寸都为 $H\times W$，则运算复杂度为 O（H^2W^2），当特征图尺度较大时会占用极大的内存和算力。为了简化计算，通常只在一个有限的范围内计算代价体，如设置范围为 $|\boldsymbol{x}_1-\boldsymbol{x}_2|_\infty \leqslant d$。由于翘曲变换层已经将两张图像的特征图进行了对齐，并且经过多次下采样操作，特征图尺度较小，只需要在一个很小的范围内就能够搜索到匹配点。经过上述操作后，代价体层能将两张特征图转换为尺寸为 $H\times W\times d^2$ 的代价体。

光流估计子网络：获得两张图像特征图的代价体后，便可以通过多层卷积网络解码出对应的精细化光流，见图 5.21（b）。特征金字塔第 l 层对应的光流估计子网络输入为将当前层的代价体 $\boldsymbol{cv}^l$、第一张图像的特征 $\boldsymbol{c}_1^l$ 以及第 $l+1$ 层上采样

的光流 $\mathrm{up}_2(\boldsymbol{w}^{l+1})$ 按通道拼接组成的特征张量，输出当前层的估计的光流 $\boldsymbol{w}^l$ 。不同层级的光流估计子网络的网络参数相互独立，且通过残差连接[22]的方式进行连接，故每一层级的光流估计目标为上一层估计的光流和真值光流之间的残差流。另外，光流估计子网络也可以通过稠密连接[23]进行增强。

上下文子网络：受到传统的基于能量的光流估计方法中利用上下文信息对光流进行后处理的启发，PWC-Net 构建了一个上下文子网络，见图 5.19 和图 5.21（c）。该子网络的设计基于膨胀卷积[24]，通过扩大感受野实现对上下文信息的利用。具体而言，该网络包含 7 个卷积层，每一个卷积层的膨胀系数依次为 1、2、4、8、16、1、1。

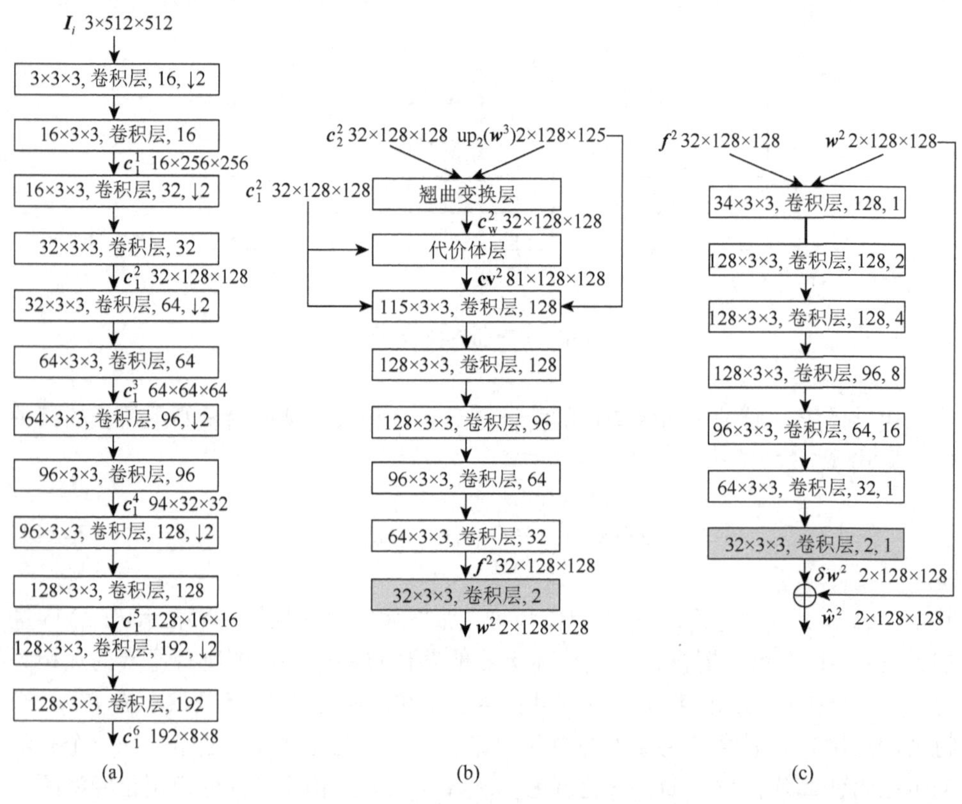

图 5.21　PWC-Net 的网络结构

（a）表示特征金字塔提取子网络，各个网络层参数从左到右分别为卷积核尺寸、网络层类型、输出特征图通道数、下采样比率，每个卷积层带有 leaky ReLU 激活函数；（b）表示翘曲变换层、代价体层和光流估计子网络，各个网络层参数从左到右分别为卷积核尺寸、网络层类型、输出特征图通道数，除了最后一个卷积层，其余卷积层带有 leaky ReLU 激活函数；（c）表示上下文子网络，各个网络层参数从左到右分别为卷积核尺寸、网络层类型、输出特征图通道数、膨胀系数，除了最后一个卷积层，其余卷积层带有 leaky ReLU 激活函数[21]

基于监督学习的 PWC-Net 只需要计算每一层输出的光流估计值与光流真值之间损失即可进行优化训练。网络训练阶段的损失函数如式（5-25）所示：

$$\boldsymbol{L}(\Theta)=\sum_{l=l_0}^{L}\alpha_l\sum_{\boldsymbol{x}}|\boldsymbol{w}_{\Theta}^{l}(\boldsymbol{x})-\boldsymbol{w}_{\mathrm{GT}}^{l}(\boldsymbol{x})|_2+\gamma|\Theta|_2 \tag{5-25}$$

其中，$\boldsymbol{x}$ 表示像素坐标；Θ 表示网络中需要学习的参数；α_l 表示金字塔第 l 层输出的损失值权重；$\boldsymbol{w}_{\Theta}^{l}$ 和 $\boldsymbol{w}_{\mathrm{GT}}^{l}$ 分别表示金字塔第 l 层估计的光流和真值光流；γ 表示权重参数；$|\cdot|_2$ 表示 2-范数。网络微调阶段，损失函数变为式（5-26）：

$$\boldsymbol{L}(\Theta)=\sum_{l=l_0}^{L}\alpha_l\sum_{\boldsymbol{x}}\left(|\boldsymbol{w}_{\Theta}^{l}(\boldsymbol{x})-\boldsymbol{w}_{\mathrm{GT}}^{l}(\boldsymbol{x})|+\varepsilon\right)^q+\gamma|\Theta|_2 \tag{5-26}$$

其中，$|\cdot|$ 表示 1-范数；ε 是一个微小的常数；$q<1$ 是用于降低过大损失值惩罚的指数参数。

为了验证方法的有效性，PWC-Net 与其他光流方法分别对比测试了 MPI Sintel 数据集[25]的 Clean Pass 渲染版本和 Final Pass 渲染版本的实验效果，两种渲染效果见图 5.22，实验结果见表 5.1，测试指标包含平均端点误差（Average End-Point Error，AEPE）和平均每帧处理时间。平均端点误差的计算公式如式（5-27）所示：

$$\mathrm{AEPE}=\frac{1}{HW}\sum_{\boldsymbol{x}}\sqrt{\boldsymbol{w}_{\Theta}(\boldsymbol{x})-\boldsymbol{w}_{\mathrm{GT}}(\boldsymbol{x})} \tag{5-27}$$

其中，H 和 W 表示光流图的高度和宽度；$\boldsymbol{x}$ 表示像素坐标；$\boldsymbol{w}_{\Theta}$ 和 $\boldsymbol{w}_{\mathrm{GT}}$ 分别表示全分辨率下网络估计的光流和真值光流。

(a)

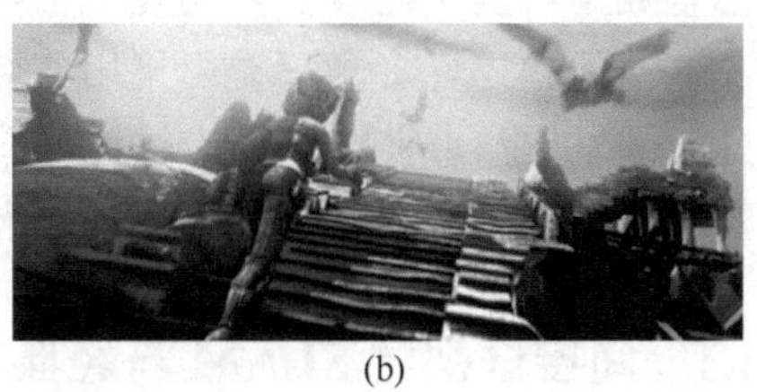
(b)

图 5.22　MPI Sintel 的两种渲染版本[25]

（a）Clean Pass 渲染；（b）Final Pass 渲染

其中 PWC-Net 在测试集的 Final Pass 渲染版本实验中，在保持较低的处理时间的同时实现了最低的平均端点误差。

表 5.1　实验结果

方法	训练集		测试集		时间/s
	Clean Pass	Final Pass	Clean Pass	Final Pas	
PatchBatch[26]	—	—	5.79	6.78	50.0
EpicFlow[27]	—	—	4.12	6.29	15.0
CPM-flow[28]	—	—	3.56	5.96	4.30
FullFlow[29]	—	3.60	2.71	5.90	240
FlowFields[30]	—	—	3.75	5.81	28.0
MRFlow[31]	1.83	3.59	2.53	5.38	480
FlowFieldsCNN[32]	—	—	3.78	5.36	23.0
DCFlow[33]	—	—	3.54	5.12	8.60
SpyNet-ft[34]	（3.17）	（4.32）	6.64	8.36	0.16
FlowNet2.0[35]	2.02	3.14	3.96	6.02	0.12
FlowNet2.0-ft[35]	**（1.45）**	**（2.01）**	4.16	5.74	0.12
PWC-Net-small	2.83	4.08	—	—	**0.02**
PWC-Net-small-ft	（2.27）	（2.45）	5.05	5.32	**0.02**
PWC-Net	2.55	3.93	—	—	0.03
PWC-Net-ft	（1.70）	2.21	3.86	5.13	0.03
PWC-Net-ft-final	（2.02）	（2.08）	4.39	**5.04**	0.03

注：其中-ft 表示网络对 Sintel 数据集进行微调，-final 表示微调的损失函数权重更大，括号中的数字表示微调后实验的结果[1]

总的来说，以 PWC-Net 为代表的基于深度学习的光流估计方法在综合性能上要优于传统方法，然而受限于光流标签数据的多样性，尤其是缺乏真实场景下光流标签数据，基于监督学习的光流估计方法在泛化性上要逊色于传统方法。为了解决这一问题，许多学者提出采用非监督的方法不使用标签数据训练网络。经过近几年的发展，非监督学习方法的精度接近于监督学习方法，对非监督学习的方法的研究仍是未来光流研究的一大热点。

5.2.3　间接法视觉 SLAM 与经典方案

间接法又称为特征点法，是目前 VSLAM 前端的主流算法。间接法从图像中提取显著性较强的点，这些点一般为与局部区域像素差异较大的关键点（Key Point），基于邻域外观可形成一个描述该关键点特性的描述子（Descriptor），在不同图像帧中提取出的关键点通过描述子进行匹配，关键点和描述子共同构成了特征点。图 5.23 为特征点匹配示意图。

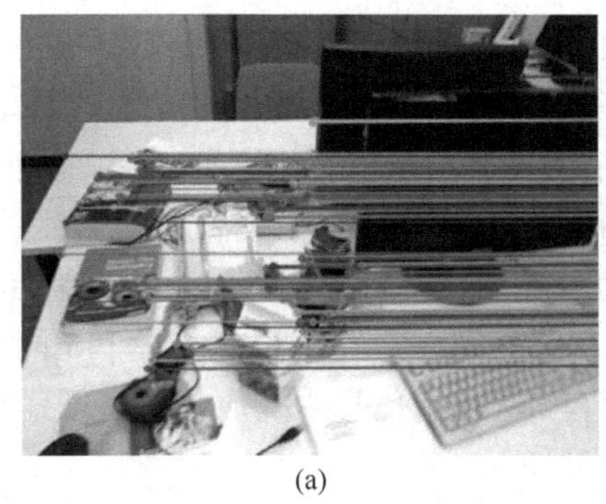
(a)

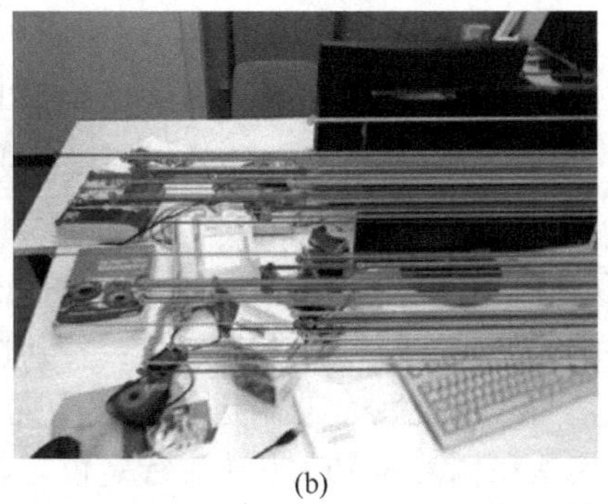
(b)

图 5.23　特征点匹配示意图

（a）和（b）是对同一个场景在不同视角下观察得到的，图中每根线连接了匹配到的特征点

良好的特征点需要在尺度变化、视角旋转、亮度变化等条件下仍具有前后一致性，早期的角点提取算法有 Harris[36]、Fast[37]、Shi-Tomasi[38]等，这些角点无法满足复杂条件所需求的鲁棒性，由此研究者提出了更多精确稳定的特征点提取算法，如 SIFT[39]、SURF[40]、ORB[41]等，这些算法为特征点添加了光照、尺度、旋转等信息，提升了特征点在复杂变化下的鲁棒性，但这也导致了较大的计算量，如 SIFT 特征点无法在 CPU 上进行实时提取。表 5.2 和表 5.3 中给出了几种特征点的精度和提取效率对比，ORB 特征点由于其在精度和速度上的良好平衡被许多实时 VSLAM 系统采用。

表 5.2　特征点匹配效果对比[41]

数据场景或物体	特征点	匹配点比例/%	特征点数量/个
杂志	ORB	36.180	548.50
	SURF	38.305	513.55
	SIFT	34.010	584.15
船	ORB	45.8	789
	SURF	28.6	795
	SIFT	30.2	714

表 5.3　特征点提取效率对比[41]

特征点	ORB	SURF	SIFT
单帧处理时间/ms	15.3	217.3	5228.7

近年来，利用深度学习进行特征提取和匹配的方法得到了关注，相比于手工

设计的特征，深度学习在图像深层特征的提取上更具优势，由数据驱动的特征匹配方法在应对大视角变动、环境外观变化等情况时也具有较好的鲁棒性。文献[42]提出了一个使用自监督训练的网络模型进行特征点提取以及描述符计算，文献[43]提出了一种基于接受域的端到端可训练网络来计算图像之间的稀疏匹配。除了点特征以外，一些方案也会利用场景中其他种类的几何特征进行定位。文献[44]对环境中的结构线特征进行参数化，将其作为路标用于定位；文献[45]、[46]同时将点特征与线特征融合使用进行定位；文献[47]从稠密信息中提取平面特征，结合半直接法和稠密的 VO 方法进行定位与建图。

大部分方案采用特征点进行定位，在获取了帧间特征点的匹配关系后，需要通过多视几何原理估计图像间的相对运动，主要方法包括：在获取两帧图像中 2D 特征点匹配关系时，利用对极约束求解基础矩阵和本质矩阵，并分解出相机在两帧之间的旋转和平移；在获取 3D 空间点和图像中 2D 特征点匹配关系的情况下，通过求解 PnP（Pespective-n-Point）问题获取相机位姿，利用非线性优化方法最小化重投影误差来求解 PnP 问题是间接法中常用的方法，它是指利用当前帧位姿将空间点投影到图像中，得到投影像素与匹配点之间的位置误差，通过不断迭代优化当前帧位姿来最小化重投影误差，由此获取当前帧位姿的最优估计；在基于深度相机获取稠密深度信息的情况下，可以通过激光 SLAM 中常用的迭代最近点（Iterative Closest Point，ICP）等方法求解优化问题获取相机位姿。

接下来将介绍几个基于间接法的经典开源 VSLAM 或 VO 方案，以便读者进一步了解间接法的实现细节。

1. MonoSLAM

MonoSLAM（见文献[48]）是一个早期的 VSLAM 方案，具有前端和一个基于滤波方法的后端，该方案从图像中提取 Shi-Tomasi 角点作为图像特征，以相机的姿态、位置、速度以及路标点的位置作为状态量，通过扩展卡尔曼滤波算法对状态量不断进行均值和协方差的更新，构建了一个轻量级的稀疏路标点概率地图。与今天的许多方案相比，MonoSLAM 的效果已经不算优秀，它容易跟踪丢失，也仅能在小尺度的场景下工作，但该方案是第一个能够实时运行的在线纯视觉 SLAM 系统，具有开创性地位。此外，该方案的许多重要思想也为后续方案所借鉴，如利用恒速模型进行运动预测、利用主动搜索进行特征匹配等。

在早期的 SLAM 算法研究当中，非线性优化被认为是一种消耗运算资源且耗时较多的操作，通常仅在进行离线三维重建时采用这种方法，实时的 SLAM 系统主要采用滤波方法作为后端。事实上，非线性优化方法能够批量式地优化轨迹和地图，为系统在更大的时间、空间范围提供良好的工作性能，随着硬件算力的提升和算法流程的改进，越来越多的 VSLAM 方法使用非线性优化方法作为后端方法。

2. PTAM

PTAM（见文献[49]）具有重要的创新意义，该方案将定位追踪和建图优化分为两个独立的任务，使它们在多线程中并行运行，并引入了关键帧机制，即仅对部分关键的帧进行优化处理，这个机制不但能够使系统稳健地进行增量式建图，还能够限制优化时的运算规模，关键帧机制被广泛应用于后来的各种 VSLAM 方案中。下面对 PTAM 的主要步骤进行介绍。

1）追踪定位

在 PTAM 的多线程系统运行中，负责定位追踪的线程可认为是前端，它从图像中提取 Fast 角点作为跟踪特征，并根据一个类似于恒速运动模型的衰减运动模型给定图像的初始位姿，利用这个初始位姿可以将地图中的路标点投影到图像平面中，然后通过区域搜索方法使投影像素与角点进行匹配，最后利用最小化重投影误差对初始位姿进行迭代优化，获取当前图像的精确位姿，这个计算过程会在特征粗匹配（仅匹配大范围内 50 个高层图像金字塔上的特征点）和特征精匹配（匹配小范围内 1000 个特征点）时各执行一次，以完成从粗略位姿估计到精确位姿估计的两步优化。

2）追踪状态判定

在定位追踪完成后，系统会根据成功跟踪到的图像特征点比例来判断这一帧的定位质量：若比例高于一个阈值 τ_1，则认为该帧定位质量良好；若比例小于一个阈值 τ_2，则认为该帧具有较差的定位质量，可能存在运动模糊、视野遮挡、位姿估计错误等情况，这样的一帧在后续是不会被创建为关键帧的；若连续多帧的追踪成功比例小于一个更小的阈值 τ_3，则认为跟踪已经丢失了，尽管在这种情况下基于运动模型的预测还是可以衔接出连续的定位结果，但该定位结果已不够准确，此时系统会采用基于随机列表分类器的重定位方法来恢复正常的定位。

3）地图构建与全局优化

负责建图优化的线程需要进行地图的初始化和基于新关键帧插入的地图增量式更新，也包括了后端优化的计算，建图的流程见图 5.24。地图的初始化采用了立体视觉原理，该步骤利用五点法和随机采样一致（Random Sample Consensus，RANSAC）算法获取最初两个关键帧的特征匹配关系，计算本质矩阵并对匹配到的特征点进行三角测量，完成地图的初始化，在这个过程中，通过给定一个经验尺度值解决单目视觉中的绝对尺度丢失问题。

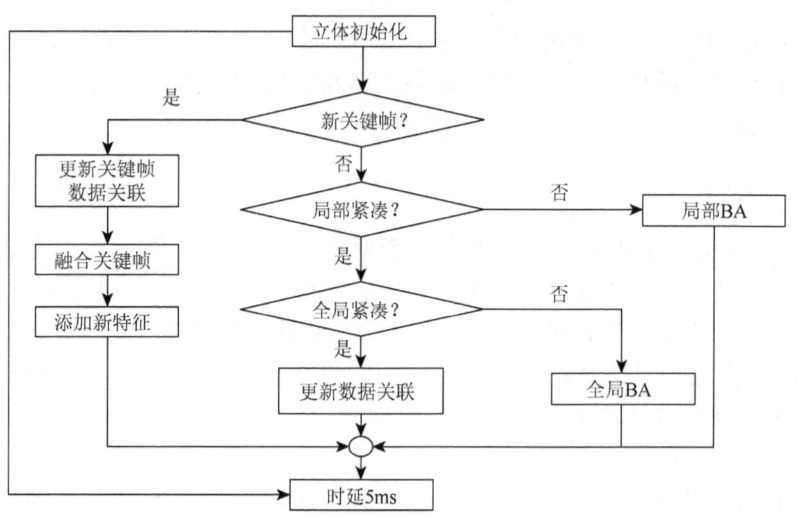

图 5.24　PTAM 的工作流程[49]

地图的更新基于新关键帧的插入和地图点的构建，并且包含了局部 BA 和全局 BA 两种优化过程。新关键帧选取的条件为：①具有良好的定位质量；②距离上一次插入关键帧已经相隔 20 帧；③相机与距离其最近地图点的距离必须大于一个阈值，以满足三角测量时的基线长度。新地图点的创建首先需要选定候选特征点，这是依据 Shi-Tomasi 评分对已成功跟踪特征点进行极大值抑制得到的，然后在最邻近关键帧上进行极线搜索获取匹配点，最后通过三角化获取深度信息并创建地图点。

全局 BA 可以将所有关键帧和地图点作为优化变量进行优化，但考虑到计算规模会随着地图增长而变得巨大，所以 PTAM 也采用了基于滑动窗口的局部 BA，仅优化最新的一个关键帧与其相邻最近的四个关键帧，以及它们所观测到的路标点。

PTAM 的多线程、关键帧机制被众多后续方案采纳，但其在特征选择、数据关联等方面仍有局限，容易跟踪丢失。

3. ORB-SLAM

PTAM 中许多开创性的方法策略被后续 VSLAM 方案继承，其中，ORB-SLAM 系列方案成为最具代表性的特征点法方案之一，目前 ORB-SLAM 系列已迭代产出多个版本，包括 ORB-SLAM[50]、ORB-SLAM2[51]、ORB-SLAM-VI[52]、ORB-SLAM3[53]，其中 ORB-SLAM-VI、ORB-SLAM3 均为视觉惯性 SLAM 方案，涉及视觉-惯性融合的相关方法将在后面内容中介绍，而 ORB-SLAM 和 ORB-

SLAM2 为一脉相承的纯视觉 SLAM 方法，其主要算法策略一致，仅在传感器支持、计算模型构建等方面存在差别，可以通过对这两个方案（后面统称为 ORB-SLAM）进行具体介绍，使读者了解完善的特征点法 VSLAM。

首先介绍 ORB-SLAM 所采用的 ORB 特征，该特征通过图像光流金字塔、灰度质心法为 Fast 角点添加了尺度旋转不变性描述，使特征点在视角变化时具有良好不变性，相较于 SIFT、SURF 等特征点，ORB 特征点的提取和匹配速度更快，此外，利用 ORB 特征进行场景重识别也有较好的表现，因此，在 ORB-SLAM 中 ORB 特征贯穿了定位、建图以及回环检测等关键模块。

图 5.25 为 ORB-SLAM 的整体框架，包含追踪、局部建图、回环三个并行线程以及场景重识别模块和地图数据架构。下面对主要模块和各线程进行介绍。

1）场景重识别模块

ORB-SLAM 的场景重识别模块用于重定位、回环检测，其中包含重识别数据库和视觉词典，重识别数据库由历史关键帧数据构成，视觉词典由大量图像中的 ORB 特征训练而成。系统会依据视觉词典对关键帧进行词袋提取，选取候选关键帧构建重识别数据库，在重定位、回环检测时，重识别模块利用词袋向量将当前帧与历史关键帧进行匹配。

2）地图架构

ORB-SLAM 的地图架构是整个系统精确稳健运行的保障。关键帧、路标点是追踪、优化、回环等各个模块所依赖的重要数据，这些数据互相之间也具有约束关系。ORB-SLAM 采用几种数据结构对这些关键数据进行存储：第一是共视图，共视图中的顶点是关键帧位姿，两个观测到一定数量共同路标点的关键帧之间会形成一条边，边的权重为共视路标点数量；第二是生成树，生成树中每个关键帧仅与共视点最多的关键帧之间形成一条边；第三是本质图，本质图包含了生成树、共视图中权重超过一个阈值的边以及回环边。这些数据结构都保存在地图中，事实上地图的构建就是更新维护这些重要的数据结构，而定位、优化、回环检测正是基于这些数据结构构建需要求解的问题。

3）追踪线程

追踪线程接收输入图像并进行预处理，预处理包括从图像提取 ORB 特征点、筛选有效特征点。对于单目输入，关键点为二维像素坐标 $x_m=(u,v)$；对于双目输入，关键点的提取需要进行双目匹配获取三维坐标 $x_s=(u_L,v_L,u_R)$，其中 u_L,v_L 是左目图像中关键点坐标，u_R 是右目图像中与之平行的具有匹配关系的关键点横坐标；对于 RGB-D 输入，关键点同样为三维坐标 $x_s=(u_L,v_L,u_R)$，其中 u_L,v_L 为 RGB 图像中关键点坐标，u_R 由水平焦距与近似基线计算得到。在获取特征点后，系统根据深度信息等对有效特征点进行筛选与描述子计算。

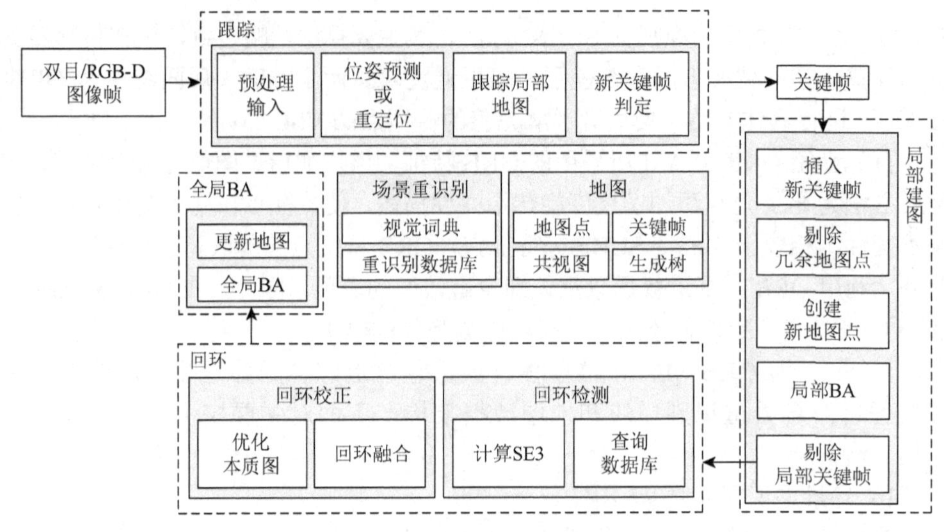

图 5.25　ORB-SLAM 框架[50]

在特征点提取后，如果系统没有初始化，系统会进入初始化阶段：对于单目情况，需要选择具有足够匹配特征点的两个关键帧用于求解基础矩阵并进行三角测量，以完成地图的初始化；对于双目和 RGB-D 情况，由于可以获取深度信息，所以直接将第一个关键帧的位姿设定为参考世界坐标系，并将其特征点对应的空间点创建为地图点，完成地图的初始化。

如果系统已经完成了初始化，在对当前帧获取了 ORB 特征后，追踪线程会对当前帧进行位姿估计，这个步骤的位姿估计采用 motion-only BA 方式实现，即仅估计相机相对运动而不优化路标点。具体流程如下：首先通过特征点描述子和主动搜索等方法，获得了当前帧特征点 $\boldsymbol{x}_m^i \in \mathbb{R}^2$（单目情况）或 $\boldsymbol{x}_s^i \in \mathbb{R}^3$（双目和 RGB-D 情况）和参考关键帧或上一帧的路标点 $\boldsymbol{X}^i \in \mathbb{R}^3$ 之间的匹配关系，$i \in \mathcal{M}$ 为匹配索引，$\mathcal{M}$ 为匹配集合。设待估计的当前帧相机旋转为 $\boldsymbol{R} \in \mathrm{SO}(3)$，$\mathrm{SO}(3)$ 为描述旋转的特殊正交群，设平移为 $\boldsymbol{t} \in \mathbb{R}^3$，则位姿估计通过式（5-28）的最小重投影误差实现：

$$\boldsymbol{R}^*, \boldsymbol{t}^* = \underset{\boldsymbol{R},\boldsymbol{t}}{\operatorname{argmin}} \sum_{i \in \mathcal{M}} \rho\left(\left\| \boldsymbol{x}_{(\cdot)}^i - \pi_{(\cdot)}(\boldsymbol{R}\boldsymbol{X}^i + \boldsymbol{t}) \right\|_{\boldsymbol{\Sigma}_i}^2 \right) \tag{5-28}$$

其中，ρ 是 Huber 鲁棒核函数，当单个误差项值过大时会降低其值，以防止错误的误差项对优化产生较大影响；$\boldsymbol{\Sigma}_i$ 是指特征点的观测协方差矩阵，与特征点观测尺度有关；$\pi_{(\cdot)}$ 是用于将相机坐标系下坐标投影至像素平面的投影函数，在单目情况（π_m）、双目与 RGB-D 情况（π_s）下具有不同形式见式（5-29）：

$$\pi_m\left(\begin{bmatrix}X\\Y\\Z\end{bmatrix}\right)=\begin{bmatrix}\dfrac{f_xX}{Z}+c_x\\\dfrac{f_yY}{Z}+c_y\end{bmatrix},\ \pi_s\left(\begin{bmatrix}X\\Y\\Z\end{bmatrix}\right)=\begin{bmatrix}\dfrac{f_xX}{Z}+c_x\\\dfrac{f_yY}{Z}+c_y\\\dfrac{f_x(X-b)}{Z}+c_x\end{bmatrix} \tag{5-29}$$

其中，f_x,f_y 是焦距；c_x,c_y 是偏移像素；b 是基线长度，这些参数是相机内参，可由厂家提供或由用户自行标定。式（5-29）描述的相机模型为针孔相机模型。

如果追踪相邻帧成功，后续还会对局部地图进行追踪以获取更加精确的位姿；如果追踪相邻帧或追踪局部地图失败，系统将利用重定位获取位姿。在完成当前帧定位后，追踪线程会决定当前帧是否被创建为关键帧，决定条件包括以下几个方面：①当前帧特征点中成功匹配的比例较大，可提供足够的路标；②相较于参考关键帧追踪点比例较小，以防止信息冗余的产生；③距离上一次插入关键帧、全局重定位的帧数在一定范围内，以防止过久没有插入或太频繁插入关键帧。

4）局部建图线程

局部建图线程负责维护更新局部地图以及执行局部优化，包括进行新关键帧、新地图点的插入和冗余地图点剔除、局部旧关键帧的剔除，执行局部 BA 来优化位姿、地图点。

新关键帧的插入，伴随着共视图、生成树的更新，以及该关键帧词袋模型的计算；新地图点的插入，首先需要为新关键帧中还未匹配的点去寻找匹配点，搜寻的范围是该关键帧的共视关键帧中也还未匹配的特征点，在获取匹配后将特征点进行三角化，插入地图中；旧地图点需要被足够的帧和关键帧观测到才得以保留，否则将被剔除；如果局部地图中存在这样一个关键帧，它所观测到的 90%的路标点在至少其他三个关键帧中以更精确的尺度被观测到，那么这个关键帧将从局部地图中移除；局部 BA 将局部地图中具有共视关系的多个关键帧 K_L 和这些关键帧所观测的路标点 P_L 作为优化变量，将其余可以观测到这些路标点的关键帧位姿 K_F 仅作为约束参与优化，在优化过程中其值固定。定义 $\mathcal{M}_k$ 为 P_L 内路标点和关键帧 k 所包含特征点之间的匹配关系集合，则局部 BA 进行如式（5-30）的最小重投影误差计算：

$$\left\{\boldsymbol{R}_l,\boldsymbol{t}_l,\boldsymbol{X}^i \mid i\in P_L, l\in K_L\right\}^*=\underset{\boldsymbol{R}_l,\boldsymbol{t}_l,\boldsymbol{X}^i}{\arg\min}\sum_{k\in K_L\cup K_F}\sum_{j\in\mathcal{M}_k}\rho\left(\left\|\boldsymbol{x}_{(\cdot)}^j-\pi_{(\cdot)}(\boldsymbol{R}_k\boldsymbol{X}^j+\boldsymbol{t}_k)\right\|_{\boldsymbol{\Sigma}_j}^2\right) \tag{5-30}$$

其中，$\boldsymbol{X}$ 为路标点三维坐标；$\boldsymbol{x}_{(\cdot)}^j$ 为路标点在关键帧中匹配到的特征点像素坐标；$\boldsymbol{\Sigma}_j$ 为特征点观测协方差。

5）回环线程

回环线程主要包括回环检测、回环校正、全局优化等步骤。回环检测部分包括寻找候选关键帧和回环验证两个步骤。为了检测回环，首先要在历史关键帧库中搜寻候选回环关键帧，这是基于场景重识别模块实现的：对于当前关键帧，首先提取其词袋向量并与共视图中其他相邻关键帧进行相似度比对，获取最低的相似度评分作为回环判断阈值，根据这个阈值可以在重识别数据库中搜寻候选回环帧，候选回环帧及其共视帧需要被连续搜寻到三次才被认为是可信的候选回环帧。而回环的验证与传感器形式有关：对于单目情况，考虑到缺少尺度信息，所以需要在回环帧和当前帧之间计算相似变换，若在迭代的特征搜索、匹配和相似变换计算中，成功匹配的特征点足够，则认为回环验证通过；对于双目和 RGB-D 情况，尺度信息可以通过深度测量直接获取，所以在验证回环的过程中计算的都是刚体变换。

在回环验证通过后，回环线程会执行回环校正，在这一步骤中，重复的地图点将被融合、新的回环边将被添加进共视图，当前关键帧的位姿将被校正，该校正结果将传递给与当前关键帧具有共视关系的其他关键帧，新的共视关系、地图点信息将被更新。

最后，回环检测线程将触发全局优化，全局优化会基于本质图对所有关键帧位姿进行优化，在 ORB-SLAM2 中，后端在完成本质图优化之后还会进行关于所有关键帧位姿、地图点的全局 BA。

ORB-SLAM 是间接法中较为成熟、完善的方案，其采用了具有尺度、旋转一致性的鲁棒特征，设计了复杂的特征匹配约束条件，并具备回环检测和全局优化等消除累积误差的模块，三线程结构使得系统在保证实时性的同时能够完成多种定位任务，达到了较高的定位精度。这些优势使得 ORB-SLAM 成为许多方案的基准方案，也有众多语义 VSLAM 方案是在 ORB-SLAM 的基础上进行开发的。

表 5.4 为 ORB-SLAM 与其他方案的部分实验结果对比，可以看出其相较于 PTAM 有更高的跟踪稳定性，相较于接下来要介绍的 LSD-SLAM，定位精度也更高。

表 5.4　ORB-SLAM 部分实验结果

	关键帧 ATE RMES/cm		
TUM RGB-D 序列名称	ORB-SLAM	PTAM	LSD-SLAM
Fr1_xyz	0.90	1.15	9.00
Fr2_xyz	0.30	0.20	2.15
Fr1_floor	2.99	跟踪丢失	38.07
Fr1_desk	1.69	跟踪丢失	10.65
Fr2_desk	0.88	跟踪丢失	4.57

续表

	关键帧 ATE RMES/cm		
TUM RGB-D 序列名称	ORB-SLAM	PTAM	LSD-SLAM
Fr2_360_kdinap	3.81	2.63	跟踪丢失
Fr3_long_office	3.45	跟踪丢失	38.53

5.2.4　直接法视觉 SLAM 与经典方案

区别于特征点法将特征提取、特征匹配、位姿估计等步骤进行了一定程度的解耦，直接法将这些步骤都统一到一个问题中求解。

首先介绍亮度不变假设，该假设是指在不同图像中对应同一空间点的像素的亮度是相同的，直接法就是基于亮度不变假设实现的。

在直接法中，给定当前帧一个初始位姿，将空间点直接投影到当前帧图像中，该空间点在历史帧的对应像素亮度和当前帧投影像素亮度会产生一个差异，称为光度误差，通过不断调整相机位姿来最小化多个空间点的整体光度误差，就可以得到当前帧位姿的估计结果，这种方法称为最小光度误差。

与特征点法相比，直接法不需要环境中存在显著特征，在纹理较少、较为空旷的环境中也能工作，另外，直接法中不存在特征点的提取、匹配等步骤，所以计算耗时显著减少，但直接法也存在一些缺点：例如，由于它基于亮度不变的强假设，所以会受到相机曝光、光照条件变化等因素影响，而从计算角度来说，利用直接法进行相机位姿求解容易陷入局部最小值。直接法方案的特点导致它在相机运动幅度小、光照条件稳定的情况下才能够良好工作。

接下来将介绍几个基于直接法的经典开源 VSLAM 或 VO 方案，以便读者进一步了解直接法的实现细节。

1. LSD-SLAM

LSD-SLAM[54]是一个经典单目直接法方案，图 5.26 是其算法框架，系统整体分为三个部分——追踪、深度图估计和地图优化，下面对这几部分进行介绍。

1）追踪

追踪部分负责对连续输入的图像进行追踪，估计每个当前帧相对于参考关键帧的刚体变换 $\boldsymbol{\xi} \in \mathrm{se}(3)$， $\mathrm{se}(3)$ 为特殊欧氏群 $\mathrm{SE}(3)$ 对应的李代数。

设现有参考关键帧 $K_i = (I_i, D_i, V_i)$ ，其中各元素为相机采集的灰度图像 $I_i : \Omega_i \to \mathbb{R}$ ，其中归一化的像素坐标 $\Omega_i \subset \mathbb{R}^2$ ，与相机内参有关；逆深度图像 $D_i : \Omega_{D_i} \to \mathbb{R}^+$，其像素值为深度值的倒数，逆深度的方差图 $V_i : \Omega_{D_i} \to \mathbb{R}^+$ 。需要

强调的是，逆深度图的定义域是灰度图像定义域的子集：$\Omega_{D_i} \subset \Omega_i$，其仅定义在灰度图梯度周围的区域，因此被称为半稠密深度信息。

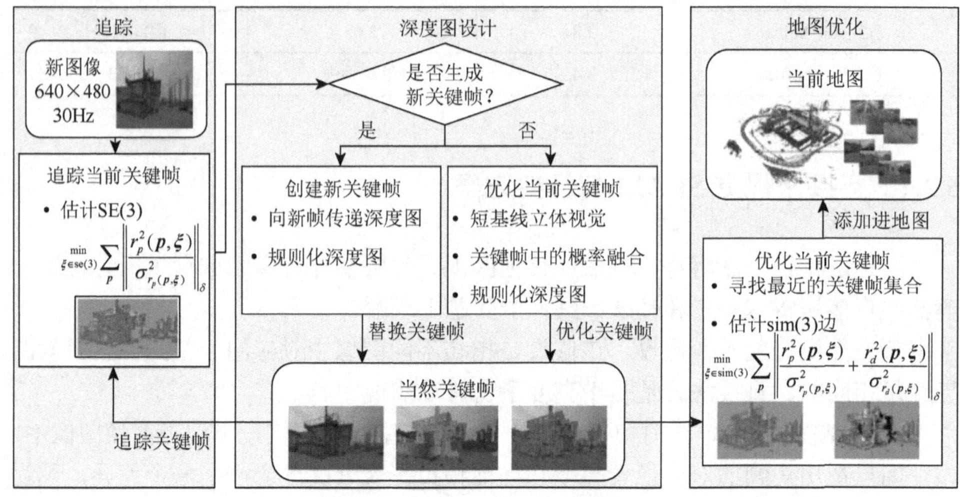

图 5.26　LSD-SLAM 框架[54]

设当前帧的图像为I_j，则其与参考关键帧K_i之间的刚体变换$\boldsymbol{\xi}_{ji}$通过最小化如式（5-31）光度误差项进行计算：

$$E_p(\boldsymbol{\xi}_{ji}) = \sum_{\boldsymbol{p}\in\Omega_{D_i}} \left\| \frac{r_p^2(\boldsymbol{p},\boldsymbol{\xi}_{ji})}{\sigma^2_{r_p(\boldsymbol{p},\boldsymbol{\xi}_{ji})}} \right\|_\delta \tag{5-31}$$

其中，$r_p(\boldsymbol{p},\boldsymbol{\xi}_{ij})$为光度误差。

$$r_p(\boldsymbol{p},\boldsymbol{\xi}_{ji}) = I_i(\boldsymbol{p}) - I_j\left(\pi(\boldsymbol{p}, D_i(\boldsymbol{p}), \boldsymbol{\xi}_{ji})\right) \tag{5-32}$$

其中，π为投影函数，与特征点法中不同的是，该投影函数不是将相机坐标系下的点投影至像素平面，而是将图像平面坐标$\boldsymbol{p}=[p_x\ p_y]$、逆深度$d$通过位姿$\boldsymbol{\xi}$转换至相机坐标系下：

$$\pi(\boldsymbol{p},d,\boldsymbol{\xi}) = \begin{bmatrix} \dfrac{x'}{z'} \\ \dfrac{y'}{z'} \\ \dfrac{1}{z'} \end{bmatrix},\quad \begin{bmatrix} x' \\ y' \\ z' \\ 1 \end{bmatrix} = \exp_{\mathrm{se}(3)}(\boldsymbol{\xi}) \begin{bmatrix} \dfrac{p_x}{d} \\ \dfrac{p_y}{d} \\ \dfrac{1}{d} \\ 1 \end{bmatrix} \tag{5-33}$$

$$\sigma^2_{r_p(\boldsymbol{p},\boldsymbol{\xi}_{ji})} = 2\sigma_I^2 + \left(\frac{\partial r_p(\boldsymbol{p},\boldsymbol{\xi}_{ji})}{\partial D_i(\boldsymbol{p})}\right)^2 V_i(\boldsymbol{p}) \tag{5-34}$$

其中，$\sigma^2_{r_p(\boldsymbol{p},\boldsymbol{\xi}_{ij})}$ 为残差的协方差，通过误差传播进行计算；σ_I^2 为假设的符合高斯分布的图像灰度噪声方差。

定义$\|\cdot\|_\delta$为 Huber 鲁棒核函数：

$$\left\|r^2\right\|_\delta = \begin{cases} \dfrac{r^2}{2\delta}, & |r| \leqslant \delta \\ |r| - \dfrac{\delta}{2}, & \text{其他} \end{cases} \tag{5-35}$$

2）深度图估计

深度图估计部分负责当前参考关键帧的更新。如果当前帧距离参考关键帧的相对位姿变化较大，则将当前帧构建为新的参考关键帧，其深度图由上一个参考关键帧的点投影至当前帧生成，经过迭代的空间正则化、外点剔除、给定尺度等操作后，新的参考关键帧将取代旧的参考关键帧；如果当前帧距离参考关键帧的相对位姿变化较小，则仍保留当前参考关键帧，但是会利用当前帧进行立体匹配，并通过滤波方法对当前参考关键帧的深度图进行更新和融合。

3）地图优化

LSD-SLAM 的地图是一个由一系列关键帧所构成的位姿图，每个关键帧包含了灰度图、逆深度图、逆深度方差，关键帧节点之间的边是它们之间的相对相似变换，并且对应一个协方差矩阵。由于单目 SLAM 中缺少尺度信息，在长时间的轨迹更新中会产生尺度漂移，所以该方案将每个关键帧进行归一化、在关键帧之间估计相似变换，特别地，还会通过回环检测来获取累积的尺度漂移。为了解决这个问题，LSD-SLAM 提出了一个基于直接法的、在相似变换 sim(3) 上的图像尺度对齐方法，用于对齐两个尺度不同的关键帧，这是通过最小化如式（5-36）所示误差函数实现的：

$$E(\boldsymbol{\xi}_{ji}) = \sum_{p\in\Omega_{D_i}} \left\| \frac{r_p^2(\boldsymbol{p},\boldsymbol{\xi}_{ji})}{\sigma^2_{r_p(\boldsymbol{p},\boldsymbol{\xi}_{ji})}} + \frac{r_d^2(\boldsymbol{p},\boldsymbol{\xi}_{ji})}{\sigma^2_{r_d(\boldsymbol{p},\boldsymbol{\xi}_{ji})}} \right\|_\delta \tag{5-36}$$

其中，光度误差已经介绍过，而另外一项为深度误差，如式（5-37）定义：

$$r_d(\boldsymbol{p},\boldsymbol{\xi}_{ji}) = [\boldsymbol{p}']_3 - D_j([\boldsymbol{p}']_{1,2}) \tag{5-37}$$

其协方差如式（5-38）所示：

$$\sigma^2_{r_d(\boldsymbol{p},\boldsymbol{\xi}_{ji})} = V_j\left(\left[\boldsymbol{p}'\right]_{1,2}\right)\left(\frac{\partial r_d(\boldsymbol{p},\boldsymbol{\xi}_{ji})}{\partial D_j\left(\left[\boldsymbol{p}'\right]_{1,2}\right)}\right)^2 + V_i(\boldsymbol{p})\left(\frac{\partial r_d(\boldsymbol{p},\boldsymbol{\xi}_{ji})}{\partial D_i(\boldsymbol{p})}\right)^2 \tag{5-38}$$

其中，$\boldsymbol{p}' = \pi_s(\boldsymbol{p}, D_i(\boldsymbol{p}), \boldsymbol{\xi}_{ji})$ 代表利用位姿重新投影后的点，使用时会取其前两维或第三维坐标；协方差的两部分都与误差项对点的逆深度偏导和点的逆深度协方差有关。

当一个新的关键帧插入到地图中后，系统会在最邻近的十个关键帧中通过图像相似度回环检测算法获取多个候选回环关键帧，并通过位姿相近程度来验证回环，当回环验证成功后它们将被插入到全局地图中。

全局地图由一系列的关键帧以及它们之间的相似变换sim(3)约束构成，地图会在后台进行持续的位姿图优化，而位姿图优化是通过最小化如式（5-39）误差项进行的：

$$E\left(\boldsymbol{\xi}_{W_1},\cdots,\boldsymbol{\xi}_{W_n}\right)=\sum_{(\boldsymbol{\xi}_{ji},\boldsymbol{\Sigma}_{ji})\in\varepsilon}\left(\boldsymbol{\xi}_{ji}\circ\boldsymbol{\xi}_{W_i}^{-1}\circ\boldsymbol{\xi}_{W_j}\right)^{\mathrm{T}}\boldsymbol{\Sigma}_{ji}^{-1}\left(\boldsymbol{\xi}_{ji}\circ\boldsymbol{\xi}_{W_i}^{-1}\circ\boldsymbol{\xi}_{W_j}\right) \tag{5-39}$$

其中，W下标代表相机位姿是相对于世界坐标系的位姿变换；$\boldsymbol{\Sigma}_{ji}$为约束的协方差；ε为地图中具有约束关系的关键帧集合；$\circ$为相似变换李代数运算。在最小化误差项的过程中可以同时对地图中的所有位姿进行优化。

LSD-SLAM是单目直接法VSLAM方案的一个重大突破，其对缺失纹理的场景不敏感，并且能够构建半稠密地图，省去了特征点计算和匹配的时间，但相机内参、曝光、场景光照变化、快速运动等仍会影响其性能效果。

2. DSO

DSO[55]是一个基于稀疏直接法的视觉里程计方案，它完全基于直接法，并对所涉及的所有模型参数的似然估计进行联合优化，这些参数包括相机位姿、相机参数、逆深度值等，整个优化过程在滑动窗口内执行，不具有共视关系的相机位姿、路标点会在优化过程中被边缘化。该方案的特殊之处是充分利用了相机光度标定，包括曝光时间、灰度矫正、镜头衰减等。

1）标定

该方法需要完全地对相机成像过程进行建模，包括几何模型和光度模型两种模型。其中，几何模型包括将3D点投影至2D图像平面的投影方程$\pi_c:\mathbb{R}^3\to\Omega\subset\mathbb{R}^2$，而将2D像素反投影至3D空间需要利用反投影方程$\pi_c^{-1}:\Omega\times\mathbb{R}\to\mathbb{R}^3$，而这其中涉及相机内部参数$c$，例如，在针孔相机模型中相机内参包括焦距和像素偏移等；光度模型包括关于亮度映射的非线性伽马响应函数、镜头衰减、曝光等，光度模型用于在图像成像时的光度校正。

2）光度误差定义

该方案中，光度误差项有如下定义：设一个参考帧图像I_i中的点$\boldsymbol{p}$，在目标关键帧图像I_j中被观测到，而光度误差项是该点与邻域内像素灰度的差方和，如式（5-40）所示：

$$E_{pj}=\sum_{p\in N_p}w_p\left\|(I_j[\boldsymbol{p}']-b_j)-\frac{t_j\mathrm{e}^{a_j}}{t_i\mathrm{e}^{a_i}}(I_i[\boldsymbol{p}]-b_i)\right\|_\gamma \tag{5-40}$$

其中，N_p是在观测点邻域内的若干个像素集合；t_i,t_j是图像帧I_i,I_j的曝光时间；

a_i,a_j,b_i,b_j 是光度转换函数参数；$\|\cdot\|_\gamma$ 是 Huber 鲁棒核函数；p' 是点 p 通过位姿、逆深度和投影方程获取的投影像素位置；w_p 是一个与梯度有关的误差项权重，用于降低高梯度处的像素权重。

考虑到多个帧、多个点的情况，整体的光度误差项如式（5-41）所示：

$$E_{\text{photo}}=\sum_{i\in F}\sum_{p\in P_i}\sum_{j\in\text{obs}(\boldsymbol{p})}E_{pj} \tag{5-41}$$

其中，i 为帧集合 F 中的一帧；p 遍历 i 中所有的点集合 P_i；j 遍历观测到点 p 的帧集合 $\text{obs}(p)$。

DSO 利用高斯-牛顿算法对一个滑动窗口内的所有参数进行优化，包括相机位姿、光度参数、逆深度值以及相机内参，这涉及滑动窗口内各参数变量的管理问题，包括纳入新数据和剔除旧数据。

3）帧管理与地图点管理

在帧管理方面，DSO 将滑动窗口内的有效关键帧维持在固定数目 N_f（实验方案中使用 7 个），每个新帧到来时都会以窗口内的这些有效关键帧为参考进行初始跟踪，在完成跟踪后，新帧或被舍弃，或被构建为新的关键帧。当新的关键帧和地图点被创建时，系统会对滑动窗口内的所有变量进行一次优化，之后对一个或者多个帧进行边缘化。

在地图点管理方面，DSO 会选取固定数目 N_p（实验方案中使用 2000 个）的地图点用于优化。首先，当新的关键帧被创建时，系统会从这一帧里提取 N_p 个候选点，但不会立刻将其添加进地图，而是在后续帧中先对这些点进行跟踪，生成能够用于初始定位的粗略深度图，当需要生成新地图点时，系统会选取一定数目的候选点进行激活，并进行滑动窗口优化。尽管系统会从每一帧都提取 N_p 个候选点，但最终用于优化的 N_p 个已激活特征点是从所有有效帧中选取的，这保证了滑动窗口内总有足够数目的激活点。

DSO 是纯直接法中较为成熟的方案，其将数据关联、位姿估计等都纳入同一个优化问题，利用最小化光度误差方法的定位方式，使其面对弱纹理场景时相较于间接法更加鲁棒，在一些场景下的定位精度甚至更高。但该方案依赖光度标定，且应用受到直接法缺点的限制，如其地图复用性较差，难以用于重定位、回环检测。

5.3　视觉惯性 SLAM 方法

5.3.1　概述

视觉惯性 SLAM 指利用视觉传感器进行环境感知，使用惯性测量单元（IMU）获取自运动数据，并融合两种数据完成导航定位和地图构建任务。在众多方案中视觉惯性 SLAM 也被称为视觉惯性里程计（Visual- Inerial-Odometry，VIO）或视觉惯性导航系统（Visual-Inerial-Navigation- System，VINS）。

5.2 节中已经介绍过 VSLAM 方法，其优势在于能够感知丰富的环境信息，构建出包含环境几何结构、外观特征的地图，地图可用于导航定位、消除累积误差等。然而，VSLAM 也具有一定的劣势：①依赖于环境中的纹理特征或亮度信息，在无特征、过明或过暗的环境中难以工作；②视觉传感器的采集频率较低，有曝光时间限制，在快速运动时获得的图像可能会存在运动模糊；③经典视觉 SLAM 方法都基于环境静态假设，动态物体会导致数据关联错误，进而导致定位和建图失败；④单目视觉丢失了尺度信息。

在 4.2 节中也已经介绍过基于 IMU 的位姿估计方法，其特点是能够根据加速度计与陀螺输出进行主动位姿推算，在短时间内能达到较高的定位精度，但其定位结果会随着时间漂移发散。一般惯导无法独立进行长时间的轨迹推算，常常需要结合其他数据源去抑制发散或修正定位结果。

考虑到相机和 IMU 两种传感器及相关定位方法的优劣，将视觉与惯性信息相结合可以达到“优势互补”的效果，利用相机的被动定位结果可以辅助 IMU 的零偏估计，从而减少由零偏导致的 IMU 输出结果发散漂移和误差累积的影响。而利用 IMU 可以提升系统整体的位姿估计精度及其鲁棒性：首先，可以通过 IMU 轨迹与相机轨迹匹配估计出单目测量的尺度；其次，IMU 在相邻时刻间隔内可以对输入的加速度计和陀螺仪数据进行状态一步预测从而给出下一时刻相机的位姿，提高视觉特征跟踪的鲁棒性以及特征匹配的速度；然后，在纯旋转的情况下，VO 位姿解算会出现奇异，IMU 可以利用陀螺仪测量数据来估计纯旋转运动；最后，IMU 中加速度计提供的重力向量可以实现导航坐标系和世界坐标系的配准。

目前已有众多视觉惯性 SLAM 方法被提出，作为成本较低、效果较好的融合定位方案，该类方法被自动驾驶、机器人导航、无人机飞控、增强/虚拟现实等领域广泛采用。如图 5.27 所示，可根据所采用的状态估计理论将视觉惯性 SLAM 方法分为两个流派：基于滤波与基于优化的方法[56]。两种流派的方法又涉及一些其他理论，如基于优化的方法和预积分理论是密不可分的。本节将对两种流派的理论进行介绍。

5.3.2　基于滤波的视觉惯性 SLAM 方法

相比于基于因子图优化的视觉惯性 SLAM 方法，基于滤波的视觉惯性 SLAM 方法在精度相当的情况下具有计算量小等优点，适合在计算资源有限的嵌入式平台中运行。在视觉惯性 SLAM 方法使用的滤波方法中，最具代表的是多状态约束

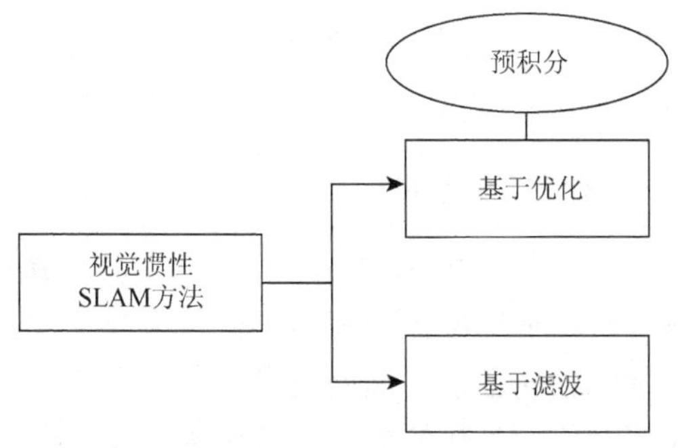

图 5.27　视觉惯性 SLAM 方法分类及相关理论

卡尔曼滤波（Multi-State Constraint Kalman Filter，MSCKF）。本节以 MSCKF[18] 为例，介绍基于滤波的视觉惯性 SLAM 方法。

MSCKF 是基于 EKF 衍生出的针对 VIO 的一种滤波算法，MSCKF 的目标是解决 EKF-SLAM[57]中的维数爆炸问题。传统 EKF-SLAM 将视觉图像中的特征点加入到状态向量中与 IMU 导航状态一起估计，随着环境逐渐变大，特征点会逐渐增多，从而导致维数爆炸问题。为了解决该问题，MSCKF 提出放弃以特征点为状态，而是以不同时刻的相机位姿为待估计的状态。特征点会被多个相机观测到，从而在多个相机状态（Multi-State）之间形成几何约束（Constraint），进而利用几何约束构建观测模型对卡尔曼滤波进行量测更新。由于相机位姿的个数远小于图像中特征点的个数，MSCKF 状态向量的维数远小于 EKF-SLAM 中的维数。同时，由于使用固定滑动窗口策略，只维持固定个数的相机位姿，历史的相机位姿将会不断被移除，MSCKF 后端的计算量得到了限制。因此，MSCKF 在计算精度、效率以及一致性方面都要优于 EKF-SLAM 算法。

MSCKF 中主要涉及 3 个坐标系，分别是世界坐标系（也称全局坐标系）、载体坐标系（也称局部坐标系）和相机坐标系。其中，世界坐标系一般选为初始时刻载体的前右下坐标系或者北东地导航坐标系；载体坐标系一般是指 IMU 固连的前右下坐标系或者说 IMU 量测坐标系；由于相机有多个历史状态，因此 t_i 时刻的相机坐标系用 $\boldsymbol{C}_i$ 表示。

MSCKF 主要利用 INS 信息进行导航状态的一步预测和协方差预测，并跟踪两帧图像之间的特征。在新的图像到来时，仅将该帧的位姿信息加入到状态向量中，而将特征点作为约束信息，最终状态向量包含一个滑动窗口内的 INS 导航状态以及具有几何约束的若干个图像位姿信息；在满足一定条件时会对部分状态量进行边缘化处理，剔除旧的状态，保留新的状态，保持滑动窗口的大小在一定范围内；当一直跟踪的特征点无法观测或者滑动窗口大小达到阈值时，利用视觉三角化测量和高斯-牛顿迭代优化算法计算该特征点的位置，得到世界坐标系中的一个精确的三维空间位置坐标，利用这些特征点信息对滑动窗口内相机位姿的几何约束来估计 INS 的导航信息。因此，MSCKF 主要分为以下 5 个步骤。

1. INS 状态向量和 INS 误差方程

与视觉融合的 INS 多是低成本 MEMS 惯导系统，其陀螺仪精度（零偏稳定性及重复性）为$0.1°/\mathrm{s}$量级，加速度计精度为5mg 量级或更差。由于陀螺仪精度太低，无法敏锐感觉到地球自转信息，因而没有必要采用完整而复杂的捷联惯导更新算法，可对其作大幅简化。简化的捷联姿态更新算法如式（5-42）所示：

$$\boldsymbol{C}_{b(m)}^{e}=\boldsymbol{C}_{b(m-1)}^{e}\boldsymbol{C}_{b(m)}^{b(m-1)} \tag{5-42}$$

其中，$\boldsymbol{C}_b^e$ 表示姿态矩阵；m 表示时刻序号；b 系下姿态更新量 $\boldsymbol{C}_{b(m)}^{b(m-1)}$ 的具体更新步骤见 4.2 节中 ECEF 坐标系下的姿态更新。

对于中低速行驶的运载体，如地速 $v<100\mathrm{m/s}$，可以忽略地球自转及地球曲率的影响，速度更新方程简化如式（5-43）所示：

$$\boldsymbol{v}_m^{\mathrm{e}}=\boldsymbol{v}_{m-1}^{e}+\Delta\boldsymbol{v}_{sf(m)}^{e}+\boldsymbol{g}^{e}T_s \tag{5-43}$$

其中，T_{s} 为时间间隔；$\boldsymbol{g}^e$ 为地心地固坐标系下的重力矢量；比力相关项 $\Delta\boldsymbol{v}_{sf(m)}^{e}$ 速度更新参考 4.2 节中 ECEF 坐标系下的速度更新。

在当地导航坐标系下，导航定位微分方程将变得非常简单，为 $\dot{\boldsymbol{p}}_m^e=\boldsymbol{v}_m^e$，对其离散化即得位置更新方程如式（5-44）所示：

$$\boldsymbol{p}_m^e=\boldsymbol{p}_{m-1}^e+\frac{\boldsymbol{v}_m^e+\boldsymbol{v}_{m-1}^e}{2}T_s \tag{5-44}$$

其中，记 $\boldsymbol{p}_m^e=\begin{bmatrix}x_m & y_m & z_m\end{bmatrix}^{\mathrm{T}}$。

与上述简化导航算法相对应的低精度惯导系统误差状态微分方程，如式（5-45）～式（5-47）所示：

$$\dot{\boldsymbol{\phi}}^e=-\boldsymbol{C}_b^e\left(\boldsymbol{\varepsilon}_r^b+\boldsymbol{w}_{\varepsilon}\right) \tag{5-45}$$

$$\delta\dot{\boldsymbol{v}}_m^e=\boldsymbol{C}_b^e\boldsymbol{f}_{sf}^b\times\boldsymbol{\phi}^e+\boldsymbol{C}_b^e\left(\nabla_r^b+\boldsymbol{w}_{\nabla}\right) \tag{5-46}$$

$$\delta\dot{\boldsymbol{p}}_m^e=\delta\boldsymbol{v}_m^e \tag{5-47}$$

其中，$\boldsymbol{\phi}^e$ 为姿态矩阵 $\boldsymbol{C}_b^e$ 对应的姿态误差矢量；$\boldsymbol{f}_{sf}^b$ 是加速度计输出的比力；$\boldsymbol{w}_{\varepsilon}$ 和 $\boldsymbol{w}_{\nabla}$ 分别为陀螺仪角速率白噪声和加速度计比力白噪声；$\boldsymbol{\varepsilon}_r^b=\begin{bmatrix}\varepsilon_{r_x}^b & \varepsilon_{r_y}^b & \varepsilon_{r_z}^b\end{bmatrix}^{\mathrm{T}}$ 和 $\nabla_r^b=\begin{bmatrix}\nabla_{r_x}^b & \nabla_{r_y}^b & \nabla_{r_z}^b\end{bmatrix}^{\mathrm{T}}$ 分别为陀螺仪和加速度计一阶马尔可夫过程随机误差。对于低精度的惯性器件，假设其时间相关误差模型为一阶马尔可夫过程是非常实用的：其一，与随机常值模型相比，一阶马尔可夫模型可在长时间组合滤波后避免滤波器过度收敛现象，过度收敛会导致滤波器抗干扰性能变差；其二，如果惯性

器件误差中确实存在较大随机常值成分，可通过滤波器的惯性器件误差反馈校正，消除随机常值误差的影响；其三，与同时建立随机常值和一阶马尔可夫过程两种模型相比，仅使用后者有利于降低建模维数和滤波计算量。

选择惯导系统的姿态失准角 $\boldsymbol{\phi}^e$、速度误差 $\delta\boldsymbol{v}_m^e$、定位误差 $\delta\boldsymbol{p}_m^e$、陀螺仪零偏 $\boldsymbol{\varepsilon}_r^b$、加速度计零偏 ∇_r^b 为误差状态 $\boldsymbol{\chi}$（共 15 维），如式（5-48）所示：

$$\boldsymbol{\chi} = \begin{bmatrix} \boldsymbol{\phi}^{e\mathrm{T}} & \delta\boldsymbol{v}_m^{e\,\mathrm{T}} & \delta\boldsymbol{p}_m^{e\,\mathrm{T}} & \boldsymbol{\varepsilon}_r^{b\mathrm{T}} & \nabla_r^{b\mathrm{T}} \end{bmatrix}^{\mathrm{T}} \tag{5-48}$$

系统状态空间模型如式（5-49）所示：

$$\dot{\boldsymbol{\chi}} = \boldsymbol{F}\boldsymbol{\chi} + \boldsymbol{G}\boldsymbol{W}, \boldsymbol{W} = \begin{bmatrix} w_\varepsilon^{\mathrm{T}} & w_\nabla^{\mathrm{T}} & w_{b_\varepsilon}^{\mathrm{T}} & w_{b_\nabla}^{\mathrm{T}} \end{bmatrix}^{\mathrm{T}} \tag{5-49}$$

其中，w_{b_ε}和w_{b_∇} 分别是陀螺仪和加速度计零偏的一阶高斯-马尔可夫过程建模中的高斯白噪声；$\boldsymbol{W}$ 是噪声向量；状态转移矩阵 $\boldsymbol{F}$ 以及噪声驱动矩阵 $\boldsymbol{G}$ 的具体形式见文献[56]。

MSCKF 误差状态向量包括两部分：INS 误差状态向量 $\boldsymbol{\chi}_{\mathrm{ins}}$，$t_i$ 时刻相机位姿误差状态 $\boldsymbol{\pi}_{\mathrm{i}} = \left(\boldsymbol{\phi}_{C_i}^e, \delta\boldsymbol{p}_{C_i}^e\right)$，将当前时刻 INS 误差状态向量和 N 个相机位姿误差状态写成如式（5-50）所示：

$$\boldsymbol{\chi} = \begin{bmatrix} \boldsymbol{\chi}_{\mathrm{ins}}^{\mathrm{T}} & \boldsymbol{\phi}_{C_1}^{e\,\mathrm{T}} & \delta\boldsymbol{p}_{C_1}^{e\;\mathrm{T}} & \cdots & \boldsymbol{\phi}_{C_N}^{e\;\mathrm{T}} & \delta\boldsymbol{p}_{C_N}^{e\;\;\mathrm{T}} \end{bmatrix}^{\mathrm{T}} \tag{5-50}$$

对于 MSCKF 全状态测量值来说，误差定义为估计值减去真值，即 $\boldsymbol{\chi} = \tilde{\boldsymbol{X}} - \boldsymbol{X}$，特别注意的是姿态误差定义是矩阵乘法，即估计值乘以真值的逆。

状态协方差矩阵如式（5-51）所示：

$$\boldsymbol{P}_k = \begin{bmatrix} \boldsymbol{P}_{II_k} & \boldsymbol{P}_{IC_k} \\ \boldsymbol{P}_{IC_k}^T & \boldsymbol{P}_{CC_k} \end{bmatrix} \tag{5-51}$$

其中，$\boldsymbol{P}_{II_k}$ 是 INS 误差状态协方差，为 15×15 的矩阵；$\boldsymbol{P}_{IC_k}$ 是 INS 与滑动窗口内相机状态互协方差，为$15\times(15+6N)$的矩阵；$\boldsymbol{P}_{CC_k}$ 是滑动窗口内所有相机误差状态协方差，为 $6N\times6N$ 的矩阵，N 为相机位姿个数；加入相机状态就要进行状态协方差矩阵的增广。

当采集到 IMU 数据时通过式（5-42）～式（5-44）进行 INS 状态更新，得到当前时刻的运动学信息。

2. 相机状态增广

当一帧新图像数据到来时，要把当前相机的位姿误差 $\boldsymbol{\pi}_i = \left(\boldsymbol{\phi}_{C_i}^e, \delta\boldsymbol{p}_{C_i}^e\right)$ 添加到滑动窗口中，同时也要增广更新协方差矩阵 $\boldsymbol{P}_k$。

使用 INS 状态更新的结果和相机相对于 INS 的外参 $\boldsymbol{C}_c^b$ 和 $\boldsymbol{p}_c^b$ 可以计算相机位姿。相机外参可以通过标定获得。相机与 IMU 之间的位姿关系见式（5-52）和式（5-53）：

$$\boldsymbol{p}_c^e = \boldsymbol{p}_b^e + \boldsymbol{C}_b^e \boldsymbol{p}_c^b \tag{5-52}$$

$$\boldsymbol{C}_c^e = \boldsymbol{C}_b^e \boldsymbol{C}_c^b \tag{5-53}$$

由式（5-53）可以看出，相机姿态误差 $\boldsymbol{\pi}_i$ 相对于 INS 误差状态 $\boldsymbol{\chi}_{\text{ins}}$ 的雅可比矩阵只与位姿的变化有关，列写如式（5-54）：

$$\boldsymbol{J}_i = \frac{\partial \boldsymbol{\pi}_i}{\partial \boldsymbol{\chi}_{\text{ins}}} = \begin{bmatrix} \dfrac{\partial \boldsymbol{p}_C^e}{\partial \boldsymbol{\phi}^e} & \boldsymbol{0} & \dfrac{\partial \boldsymbol{p}_C^e}{\partial \delta \boldsymbol{p}_m^e} & \cdots & \boldsymbol{0} \\ \dfrac{\partial \boldsymbol{\phi}_C^e}{\partial \boldsymbol{\phi}^e} & \boldsymbol{0} & \dfrac{\partial \boldsymbol{\phi}_C^e}{\partial \delta \boldsymbol{p}_m^e} & \cdots & \boldsymbol{0} \end{bmatrix} \tag{5-54}$$

式（5-54）中各个分量的详细推导过程见文献[56]，对式（5-54）重新列写如下：

$$\boldsymbol{J}_i = \frac{\partial \boldsymbol{\pi}_i}{\partial \boldsymbol{\chi}_{\text{ins}}} = \begin{bmatrix} \left(\boldsymbol{C}_b^e \boldsymbol{p}_c^b\right)\times & \boldsymbol{0} & \boldsymbol{I} & \cdots & \boldsymbol{0} \\ \boldsymbol{I} & \boldsymbol{0} & \boldsymbol{0} & \cdots & \boldsymbol{0} \end{bmatrix} \tag{5-55}$$

根据协方差矩阵传播定律，可对相机误差状态量的协方差增广如式（5-56）所示：

$$\boldsymbol{P}_{k|k} \leftarrow \frac{\partial \boldsymbol{\pi}_i}{\partial \boldsymbol{\chi}_{\text{ins}}} \cdot \boldsymbol{P}_{k|k} \cdot \left(\frac{\partial \boldsymbol{\pi}_i}{\partial \boldsymbol{\chi}_{\text{ins}}}\right)^{\mathrm{T}} \tag{5-56}$$

即

$$\boldsymbol{P}_{k|k}^{(15+6(N+1))\times(15+6(N+1))} \leftarrow \begin{bmatrix} \boldsymbol{P}_{k|k} & \boldsymbol{P}_{k|k}\boldsymbol{J}_i^{\mathrm{T}} \\ \boldsymbol{J}_i \boldsymbol{P}_{k|k} & \boldsymbol{J}_i \boldsymbol{P}_{k|k} \boldsymbol{J}_i^{\mathrm{T}} \end{bmatrix} \tag{5-57}$$

因此，当一帧新的图像来后，对整体协方差矩阵进行增广后，并不影响原有的整体协方差矩阵，只是在原有的协方差矩阵的最后新增 6 行 6 列而已。

3. 特征点三维位置求取

在没有先验地图支持的特征点定位方法上，特征点三角化是完成多状态约束滤波的关键步骤。所谓特征点三角化是指利用连续多帧图像对同一特征点的连续跟踪的观测值对其在世界坐标系下的坐标进行三角测量的过程，其基本原理是前方交会。

下面具体介绍如何求取特征点三维位置坐标。实际处理中通常会对相机坐标系下的坐标进行逆深度参数化，该方法有利于兼容不同深度的特征点，提高数值稳定性且避免局部最小化。特征 f_j 在相机系 C_i 内的位置，逆深度参数化定义如式（5-58）所示：

$$\hat{\boldsymbol{y}} = \begin{bmatrix} \alpha \\ \beta \\ \gamma \end{bmatrix} = \frac{1}{\hat{Z}_{C_i}^{(j)}} \begin{bmatrix} \hat{X}_{C_i}^{(j)} \\ \hat{Y}_{C_i}^{(j)} \\ 1 \end{bmatrix} \tag{5-58}$$

其中特征 f_j 在相机坐标系 C_i 坐标系下的三维位置为 $\hat{\boldsymbol{p}}_{C_i f_j}^{C_i} = \begin{bmatrix} \hat{X}_{C_i}^{(j)} & \hat{Y}_{C_i}^{(j)} & \hat{Z}_{C_i}^{(j)} \end{bmatrix}^{\mathrm{T}}$。

再定义三个函数：

$$\begin{bmatrix} h_1(\hat{\boldsymbol{y}}) \\ h_2(\hat{\boldsymbol{y}}) \\ h_3(\hat{\boldsymbol{y}}) \end{bmatrix} = \hat{\boldsymbol{C}}_1^i \begin{bmatrix} \alpha \\ \beta \\ 1 \end{bmatrix} + \gamma \hat{\boldsymbol{p}}_{C_i C_1}^{C_i} \tag{5-59}$$

式（5-59）表示参数化的特征位置，$h_1(\hat{\boldsymbol{y}})$、$h_2(\hat{\boldsymbol{y}})$ 和 $h_3(\hat{\boldsymbol{y}})$ 是 α、β、γ 的标量函数。而 $\hat{C}_1^i$ 表示从相机坐标系 C_1 转换到相机坐标系 C_i 的姿态旋转矩阵；$\hat{\boldsymbol{p}}_{C_i C_1}^{C_i}$ 表示相机坐标系 C_i 相对于相机坐标系 C_1 的三维位置矢量。

基于针孔相机模型将世界坐标系中的特征位置投影到像素坐标系，与测量值做差获得测量误差，特征测量误差可以重新列写如式（5-60）：

$$e(\hat{\boldsymbol{y}}) = \hat{\boldsymbol{z}}_i^{(j)} - \frac{1}{h_3(\hat{\boldsymbol{y}})} \begin{bmatrix} h_1(\hat{\boldsymbol{y}}) \\ h_2(\hat{\boldsymbol{y}}) \end{bmatrix} \tag{5-60}$$

式（5-60）表示特征点的预测与量测位置的残差，可用于高斯-牛顿迭代优化，从而求得 C_i 坐标系下的位置参数。迭代优化过程利用了滑动窗内所有的相机位姿，可以平滑误差，求出的特征点位置比较精确。迭代过程中代价函数通常设定为所有量测误差平方和。

采用高斯-牛顿迭代需要求取残差对参数的偏导 $\boldsymbol{J} = \dfrac{\partial \boldsymbol{e}}{\partial \hat{\boldsymbol{y}}}$，按照文献[18]给出带信息矩阵 $\boldsymbol{\Omega}$ 的增量估计公式，如式（5-61）所示：

$$\boldsymbol{J}^{\mathrm{T}} \boldsymbol{\Omega} \boldsymbol{J} \delta \boldsymbol{y} = -\boldsymbol{J}^{\mathrm{T}} \boldsymbol{\Omega} e(\hat{\boldsymbol{y}}), \quad \boldsymbol{\Omega} = \operatorname{diag}\left\{ \frac{1}{\sigma_{1u'}^2}, \frac{1}{\sigma_{1v'}^2}, \cdots, \frac{1}{\sigma_{Nu'}^2}, \frac{1}{\sigma_{Nv'}^2} \right\} \tag{5-61}$$

按照式（5-61）迭代更新即可得最终的特征点位置估计。

最后基于 t_i 时刻的坐标与姿态信息即可获得特征点 f_j 在世界坐标系中的坐标值 $\hat{\boldsymbol{P}}_{f_j}^e$，从而完成特征点三角测量，如式（5-62）所示：

$$\hat{\boldsymbol{P}}_{f_j}^e = \boldsymbol{C}_{C_i}^e \hat{\boldsymbol{p}}_{C_i f_j}^{C_i} + \hat{\boldsymbol{p}}_{C_i}^e \tag{5-62}$$

其中，$\left(\boldsymbol{C}_{C_i}^e, \hat{\boldsymbol{p}}_{C_i}^e\right)$ 是相机坐标系 C_i 在世界坐标系下的位姿。

值得注意的是，在实际处理过程中，通常会先通过视差最大的两帧观测进行简单的三角测量获得较好的初值，基于该坐标初值再进行优化，从而减少迭代次数和避免局部最小化。

4. 量测方程构造

使用 IMU 数据做惯性导航解算得到的运动结果误差随时间逐渐累积，需要通过视觉测量进行修正。视觉提供了三维信息的二维观测，可以通过特征提取和跟踪的方式提供帧间的几何约束。如果在不同相机位姿都可观测到同一特征点，可以加强对各个位姿的几何约束。

通过求取的特征点在世界系下的三维坐标以及相机位姿的估计值可以得到经过视觉算法跟踪的特征点的量测位置 $\hat{\boldsymbol{z}}_i^{(j)}$，这一位置认为是精确的，这就是视觉特征点对窗口内位姿的几何约束。使用视觉特征跟踪（预测跟踪过程也用了 INS）得到的特征点位置为 $\boldsymbol{z}_i^{(j)}$。通过预测值与量测值的差构造卡尔曼滤波的测量残差 $\boldsymbol{r}_i^{(j)}$，即重投影误差，如式（5-63）所示：

$$\boldsymbol{r}_i^{(j)} = \boldsymbol{z}_i^{(j)} - \hat{\boldsymbol{z}}_i^{(j)} \tag{5-63}$$

其中

$$\hat{\boldsymbol{z}}_i^{(j)} = \frac{1}{\hat{Z}_{C_i}^{(j)}}\begin{bmatrix} \hat{X}_{C_i}^{(j)} \\ \hat{Y}_{C_i}^{(j)} \end{bmatrix} \tag{5-64}$$

式（5-64）的特征点坐标 $\hat{\boldsymbol{p}}_{C_i f_j}^{C_i}$ 可以由式（5-65）构造：

$$\hat{\boldsymbol{p}}_{C_i f_j}^{C_i} = \begin{bmatrix} \hat{X}_{C_i}^{(j)} \, \hat{Y}_{C_i}^{(j)} \, \hat{Z}_{C_i}^{(j)} \end{bmatrix}^{\mathrm{T}} = \boldsymbol{C}_e^{C_i}\left(\hat{\boldsymbol{p}}_{f_j}^e - \hat{\boldsymbol{p}}_{C_i}^e\right) \tag{5-65}$$

其中，相机相对世界系的位姿 $\hat{\boldsymbol{p}}_{C_i}^e$、$\boldsymbol{C}_e^{C_i}$ 可以由 INS 机械编排计算获得，特征点在世界坐标系下的位置 $\hat{\boldsymbol{p}}_{f_j}^e$ 由三角化计算获得。

式（5-63）是非线性的，可以用相机位置和特征点位置对式（5-63）进行线性化，可以把式（5-63）重新列写如下：

$$\boldsymbol{r}_i^{(j)} \approx \boldsymbol{H}_{\chi_i}^{(j)} \tilde{\boldsymbol{\chi}}_i + \boldsymbol{H}_{f_i}^{(j)} \tilde{\boldsymbol{p}}_{f_j}^e + \boldsymbol{n}_i^{(j)} \tag{5-66}$$

其中，$\tilde{\boldsymbol{p}}_{f_j}^e$ 和 $\tilde{\boldsymbol{\chi}}_i$ 分别是特征点位置和误差状态向量；$\boldsymbol{H}_{f_i}^{(j)}$ 是残差对特征点位置的雅可比矩阵；$\boldsymbol{H}_{\chi_i}^{(j)}$ 残差对误差状态向量的雅可比矩阵，只在相应相机状态 $\boldsymbol{\chi}_{C_i} = \left[\boldsymbol{\phi}_{C_i}^e, \delta\boldsymbol{p}_{C_i}^e\right]$ 处不为零；$\boldsymbol{n}_i^{(j)}$ 是观测噪声；利用特征点在相机坐标系 C_i 系的坐标 $\boldsymbol{P}_{f_j}^{C_i}$ 做中转可以得到链式法则，如下面公式所示：

$$\boldsymbol{H}_{\chi_i}^{(j)} = \frac{\partial \boldsymbol{z}_i^{(j)}}{\partial \boldsymbol{p}_{f_j}^{C_i}} \cdot \frac{\partial \boldsymbol{p}_{f_j}^{C_i}}{\partial \boldsymbol{\chi}_{C_i}} \tag{5-67}$$

$$\boldsymbol{H}_{f_i}^{(j)} = \frac{\partial \boldsymbol{z}_i^{(j)}}{\partial \boldsymbol{p}_{f_j}^{C_i}} \cdot \frac{\partial \boldsymbol{p}_{f_j}^{c_i}}{\partial \boldsymbol{p}_{f_j}^e} \tag{5-68}$$

$\dfrac{\partial \boldsymbol{z}_i^{(j)}}{\partial \boldsymbol{p}_{f_j}^{C_i}}$ 可以由定义得到式（5-69）：

$$\frac{\partial \boldsymbol{z}_i^{(j)}}{\partial \boldsymbol{p}_{f_j}^{C_i}} = \begin{bmatrix} 1 & 0 & -\dfrac{\hat{X}_{C_i}^{(j)}}{\hat{Z}_{C_i}^{(j)2}} \\ 0 & 1 & -\dfrac{\hat{Y}_{C_i}^{(j)}}{\hat{Z}_{C_i}^{(j)2}} \end{bmatrix} \tag{5-69}$$

如式（5-69）所示，$\dfrac{\partial \boldsymbol{p}_{f_j}^{C_i}}{\partial \boldsymbol{\chi}_{C_i}}$ 可以由式（5-65）对相机状态求偏导得到，把其中的相机坐标系与世界坐标系 e 系的姿态矩阵表示为测量值 $\boldsymbol{C}_{e'}^{C_i}$ 和误差状态 $\boldsymbol{C}_e^{e'}$ 的矩阵连乘；相机在世界坐标系 e 系的位置 $\hat{\boldsymbol{p}}_{C_i}^e$ 表示为测量值与误差状态的和，即 $\hat{\boldsymbol{p}}_{C_i}^e = \hat{\boldsymbol{p}}_{C_i}^{e'} + \delta\hat{\boldsymbol{p}}_{C_i}^e$。对于特征点的位置认为是精确的。

$$\frac{\partial \boldsymbol{p}_{f_j}^{C_i}}{\partial \boldsymbol{\chi}_{C_i}} = \begin{bmatrix} \dfrac{\partial \boldsymbol{p}_{f_j}^{C_i}}{\partial \boldsymbol{\phi}_{C_i}^e} & \dfrac{\partial \boldsymbol{p}_{f_j}^{C_i}}{\partial \delta \boldsymbol{p}_{C_i}^e} \end{bmatrix} = \begin{bmatrix} \boldsymbol{C}_{e'}^{C_i}\left(\hat{\boldsymbol{p}}_{f_j}^e - \hat{\boldsymbol{p}}_{C_i}^e\right)\times & -\boldsymbol{C}_e^{C_i} \end{bmatrix} \tag{5-70}$$

这里使用测量值 $\boldsymbol{C}_{e'}^{C_i}$，与状态修正后的是不一样的。

同时，特征 f_j 在 C_i 系下的位置相对于在世界坐标系 e 系下的位置的微分可以根据式（5-65）求得：

$$\frac{\partial \boldsymbol{p}_{f_j}^{c_i}}{\partial \boldsymbol{p}_{f_j}^e} = \boldsymbol{C}_e^{C_i} \tag{5-71}$$

因此，$\tilde{\boldsymbol{p}}_{f_j}^e$ 的计算使用相机位姿和迭代优化实现，因此 $\tilde{\boldsymbol{p}}_{f_j}^e$ 的不确定性与相机位姿有关。为了确保 $\tilde{\boldsymbol{p}}_{f_j}^e$ 不影响残差的不确定性，残差方程投影到 $\boldsymbol{H}_f^j$ 的左零空间，即 $\boldsymbol{V}^{\mathrm{T}}\boldsymbol{H}_f^j = 0$，因此

$$\boldsymbol{r}_0^{(j)} = \boldsymbol{V}^{\mathrm{T}}\boldsymbol{r}^{(j)} = \boldsymbol{V}^{\mathrm{T}}\boldsymbol{H}_\chi^{(j)}\tilde{\boldsymbol{\chi}} + \boldsymbol{V}^{\mathrm{T}}\boldsymbol{n}_i^{(j)} = \boldsymbol{H}_{\chi,0}^{(j)}\tilde{\boldsymbol{\chi}} + \boldsymbol{V}^{\mathrm{T}}\boldsymbol{n}_i^{(j)} \tag{5-72}$$

值得注意的是，我们不需要计算矩阵 $\boldsymbol{V}$，而是根据 Givens 旋转公式高效地将向量 $\boldsymbol{r}_0^{(f)}$ 和矩阵 $\boldsymbol{H}_\chi^{(j)}$ 投影到 $\boldsymbol{H}_f^{(j)}$ 的左零空间中。式（5-72）即为多状态约束滤波的量测方程，此后就可以按照正常的卡尔曼滤波算法来处理了。在实际处理过程中，由于量测矩阵 $\boldsymbol{H}_{\chi,0}^{(j)}$ 可达上千维，因此可以先对 $\boldsymbol{H}_{\chi,0}^{(j)}$ 矩阵进行 QR 分解，将分解后的上三角矩阵和经过正交变换的量测 $\boldsymbol{r}_0^{(j)}$ 代入滤波器求解，从而提高解算效率。

5. 滤波更新机制

更新策略大致有两种，假设新的一帧图像进来，这个时候会丢失旧的一些特征点，对这些点进行三角化测量获得世界坐标系下的位置，然后用于滤波器的更新。

同时，随着时间推移，相机姿态会越来越多，而相机状态个数会有一个阈值，即滑动窗口上限，当相机姿态个数达到上限时，它的所有特征都会用于更新。

MSCKF2[58]在 MSCKF 的基础上考虑了地球自转，有助于提高 IMU 的动力学方程，从而提高一步预测的精度。Stereo-MSCKF[59]则是扩展了双目视觉里程计，通过增加图像观测来提高视觉里程计的精度和鲁棒性。在原始 MSCKF 中，相机相关的外参被当作已知量，需要事先标定。如果标定不准，势必会导致算法精度

下降。因此，可以将待标定的外参加入到状态向量中进行估计，以标定结果作为初值，在 VIO 运动过程中实时修正外参状态，提高算法精度[60]。本质上，相机内参，同时同步误差 t_d 也都可以放入状态向量中进行估计[61]。

最近等变系统理论也为经典 VIO 问题提供了一个新的视角。Bonnabel 第一个将对称保持观测器理论（Theory of Symmetry-Preserving Observer）应用于 EKF-based SLAM[62]。Barrau 利用对称李群 $\mathrm{SE}_k(3)$推导了不变 EKF 算法。这个方法解决了经典 EKF 中的一致性问题。Mahony 也利用对称群 $\mathrm{SE}_k(3)$，并证明了它在主纤维丛 $M_n(3)$ 上的作用是可迁移的（Transitively）。主纤维丛 $M_n(3)$ 形成了 SLAM 问题的一个自然的几何状态空间（Natural-Geometric State-Space）。然而，对称群 $\mathrm{SE}_k(3)$与角度测量（Bearing Measurement）不兼容（not Compatible）。因此，文献[63]提出等变滤波器来处理带有角度测量的 SLAM 问题。

5.3.3 基于优化的视觉惯性 SLAM 方法

主流 VSLAM 方案在进行状态估计时均采用图优化的方法，这使得系统可以同时考虑多时刻的观测和状态量，获取各状态在全局范围内的最优解。所以许多视觉惯性 SLAM 方法同样考虑采用图优化方法进行位姿估计。

1. 预积分理论

当采用图优化方法进行状态估计时，预积分理论是 IMU 与视觉传感器进行融合时所依据的重要理论，它描述了如何利用两个关键帧之间的 IMU 数据形成帧间约束，如何利用该约束构建和求解一个优化问题，最终实现对状态的最优估计。预积分理论最早在文献[64]中被提出，文献[65]、[66]等在此基础上将其进一步完善，实现了预积分理论在流形空间的表述，在此根据文献[67]对预积分理论进行简要介绍和推导。

首先给出关于 IMU 测量在导航定位中的离散化运动方程：

$$\boldsymbol{R}_{k+1} = \boldsymbol{R}_k \mathrm{Exp}\left(\left(\tilde{\boldsymbol{\omega}}_k - \boldsymbol{b}_k^g - \boldsymbol{\eta}_k^{gd}\right)\Delta t\right) \tag{5-73}$$

$$\boldsymbol{v}_{k+1} = \boldsymbol{v}_k + \boldsymbol{R}_k\left(\tilde{\boldsymbol{a}}_k - \boldsymbol{b}_k^a - \boldsymbol{\eta}_k^{ad}\right)\Delta t + \boldsymbol{g}\Delta t \tag{5-74}$$

$$\boldsymbol{p}_{k+1} = \boldsymbol{p}_k + \boldsymbol{v}_k\Delta t + \frac{1}{2}\boldsymbol{g}\Delta t^2 + \frac{1}{2}\boldsymbol{R}_k\left(\tilde{\boldsymbol{a}}_k - \boldsymbol{b}_k^a - \boldsymbol{\eta}_k^{ad}\right)\Delta t^2 \tag{5-75}$$

式（5-73）～式（5-75）描述了在已知 k 时刻的导航状态姿态 $\boldsymbol{R}_k \in \mathrm{SO}(3)$ 、速度 $\boldsymbol{v}_k \in \mathbb{R}^3$ 、位置 $\boldsymbol{p}_k \in \mathbb{R}^3$ 以及 k 时刻 IMU 输出的角速度测量值 $\tilde{\boldsymbol{\omega}}_k$ 、比力 $\tilde{\boldsymbol{a}}_k$ 时，如何推算 $k+1$ 时刻的导航状态，其中，$\boldsymbol{b}_k^g$、$\boldsymbol{b}_k^a$ 分别为陀螺仪和加速度计的偏置；$\boldsymbol{\eta}_k^{gd}$、$\boldsymbol{\eta}_k^{ad}$ 分别为陀螺仪和加速度计的离散化测量噪声；Δt 为 IMU 测量周期；$\boldsymbol{g}$ 为

地球重力。在此也对式中导航状态的定义进行说明：姿态是指载体坐标系相对于世界坐标系的旋转，速度和位置是指载体坐标系相对于世界坐标系的速度、位置在世界坐标系下的表示。

根据上述运动方程，i 时刻和 j 时刻 $(j>i)$ 的导航状态有如式（5-76）～式（5-78）的关系：

$$\boldsymbol{R}_j = \boldsymbol{R}_i \prod_{k=i}^{j-1} \mathrm{Exp}\left(\left(\tilde{\boldsymbol{\omega}}_k - \boldsymbol{b}_k^g - \boldsymbol{\eta}_k^{gd}\right)\Delta t\right) \tag{5-76}$$

$$\boldsymbol{v}_j = \boldsymbol{v}_i + \boldsymbol{g}(j-i)\Delta t + \sum_{k=i}^{j-1} \boldsymbol{R}_k \left(\tilde{\boldsymbol{a}}_k - \boldsymbol{b}_k^a - \boldsymbol{\eta}_k^{ad}\right)\Delta t \tag{5-77}$$

$$\boldsymbol{p}_j = \boldsymbol{p}_i + \sum_{k=i}^{j-1}\left[\boldsymbol{v}_k \Delta t + \frac{1}{2}\boldsymbol{g}\Delta t^2 + \frac{1}{2}\boldsymbol{R}_k\left(\tilde{\boldsymbol{a}}_k - \boldsymbol{b}_k^a - \boldsymbol{\eta}_k^{ad}\right)\Delta t^2\right] \tag{5-78}$$

将 i 时刻和 j 时刻视作两个视觉关键帧到来的时刻，在它们之间存在 $j-i$ 个 IMU 测量数据，而需要估计的状态量就是这两个时刻的导航状态 $\boldsymbol{R}$、$\boldsymbol{v}$、$\boldsymbol{p}$ 以及偏置。预积分理论的目的是将待估计的状态量从运动方程中分离出来，获取两帧之间的相对运动作为独立的约束，使得每次对状态量进行更新时无须从 $\boldsymbol{R}_i, \boldsymbol{v}_i, \boldsymbol{p}_i$ 重新积分获得 $\boldsymbol{R}_j, \boldsymbol{v}_j, \boldsymbol{p}_j$。根据式（5-76）～式（5-78），记 $\Delta t_{ij} = (j-i)\Delta t$，则预积分理想值如式（5-79）～式（5-81）所示：

$$\Delta\boldsymbol{R}_{ij} \doteq \boldsymbol{R}_i^T \boldsymbol{R}_j = \prod_{k=i}^{j-1} \mathrm{Exp}\left(\left(\tilde{\boldsymbol{\omega}}_k - \boldsymbol{b}_k^g - \boldsymbol{\eta}_k^{gd}\right)\Delta t\right) \tag{5-79}$$

$$\Delta\boldsymbol{v}_{ij} \doteq \boldsymbol{R}_i^T\left(\boldsymbol{v}_j - \boldsymbol{v}_i - \boldsymbol{g}\Delta t_{ij}\right) = \sum_{k=i}^{j-1} \Delta\boldsymbol{R}_{ik}\left(\tilde{\boldsymbol{a}}_k - \boldsymbol{b}_k^a - \boldsymbol{\eta}_k^{ad}\right)\Delta t \tag{5-80}$$

$$\Delta\boldsymbol{p}_{ij} = \boldsymbol{R}_i^T\left(\boldsymbol{p}_j - \boldsymbol{p}_i - \boldsymbol{v}_i\Delta t_{ij} - \frac{1}{2}\boldsymbol{g}\Delta t_{ij}^2\right) = \sum_{k=i}^{j-1}\left[\Delta\boldsymbol{v}_{ik}\Delta t + \frac{1}{2}\Delta\boldsymbol{R}_{ik}\left(\tilde{\boldsymbol{a}}_k - \boldsymbol{b}_k^a - \boldsymbol{\eta}_k^{ad}\right)\Delta t^2\right] \tag{5-81}$$

将噪声从理想值中分离出来，可写为如式（5-82）～式（5-84）"测量值 = 理想值 + 噪声项"的形式：

$$\Delta\tilde{\boldsymbol{R}}_{ij} = \Delta\boldsymbol{R}_{ij}\mathrm{Exp}(\delta\boldsymbol{\phi}_{ij}) = \prod_{k=i}^{j-1}\mathrm{Exp}\left[\left(\tilde{\boldsymbol{\omega}}_k - \boldsymbol{b}_i^g\right)\Delta t^{\wedge}\right] \tag{5-82}$$

$$\Delta\tilde{\boldsymbol{v}}_{ij} = \Delta\boldsymbol{v}_{ij} + \delta\boldsymbol{v}_{ij} = \sum_{k=i}^{j-1}\Delta\tilde{\boldsymbol{R}}_{ij}\left(\tilde{\boldsymbol{a}}_k - \boldsymbol{b}_i^a\right)\Delta t \tag{5-83}$$

$$\Delta\tilde{\boldsymbol{p}}_{ij} = \Delta\boldsymbol{p}_{ij} + \delta\boldsymbol{p}_{ij} = \sum_{k=i}^{j-1}\left[\Delta\tilde{\boldsymbol{v}}_{ik}\Delta t + \frac{1}{2}\Delta\tilde{\boldsymbol{R}}_{ik}\left(\tilde{\boldsymbol{a}}_k - \boldsymbol{b}_i^a\right)\Delta t^2\right] \tag{5-84}$$

其中，$\Delta\tilde{\boldsymbol{R}}_{ij}$、$\Delta\tilde{\boldsymbol{v}}_{ij}$、$\Delta\tilde{\boldsymbol{p}}_{ij}$ 是预积分测量值；$\delta\boldsymbol{\phi}_{ij}$、$\delta\boldsymbol{v}_{ij}$、$\delta\boldsymbol{p}_{ij}$ 为噪声项，在此不给出噪声项的具体推导，仅不加证明地给出其均满足高斯分布的结论。同时还需要说明的是，以上理论中存在许多简化假设，如重力恒定、积分区间内偏置不变等。但

实际上，偏置往往也是需要估计和更新的状态量，但因为对偏置的更新会导致预积分项需要重新计算，这将产生较大的计算开销，故在预积分理论中，当偏置被更新时，预积分项会根据其对偏置的一阶近似进行更新。

如今预积分理论已经被广泛应用于 IMU 和其他传感器进行基于图优化的多源融合定位方法中。

2. 基于图优化的经典视觉惯性 SLAM 方法

基于预积分理论和图优化方法，研究者提出了大量的视觉惯性 SLAM 方案，较为经典的有 VINS 系列[17]）、OKVIS[68]、ORB-SLAM3[53]等，此外，ICE-BA[69]等开源框架对视觉惯性算法进行了进一步优化，大幅度提升了运算性能。

ORB-SLAM3 是一个包含了回环检测、多地图系统等模块的较为完善的方案，在这里通过对 ORB-SLAM3 进行介绍，使读者更具体地了解视觉惯性 SLAM 方法。

ORB-SLAM3 建立在 ORB-SLAM2[51]和 ORB-SLAM-VI[52]的基础上，可以在纯视觉、视觉惯性两种模式下工作，支持单目、双目、RGB-D 三种传感器。

1）ORB-SLAM3 系统架构

图 5.28 为 ORB-SLAM3 的系统架构，和 ORB-SLAM2 较为相似，主要包含如下几个模块。①Atlas 地图集合，是一个由多个互不相连地图组成的集合，其中，活跃地图用于对新帧进行追踪，其会随着新关键帧的到来增长和优化，其他地图被称为未激活地图，场景重识别模块仍基于 DBoW2 词袋模型和关键帧数据库实现。②追踪线程，用于处理传感器信息，利用活跃地图进行最小化重投影误差完成对当前帧的实时位姿估计，在视觉-惯性模式下还会对载体速度、IMU 偏置进行估计。③局部建图线程负责向活跃地图中插入新的关键帧和路标点，剔除多余的帧和路标点，同时会对一个滑动窗口内的数据进行优化。此外，在视觉惯性模式下，IMU 的参数也将通过最大后验估计技术被初始化和优化。④回环和地图融合线程，负责检测活跃地图和整个 Atlas 地图集合的共有区域，并根据检测结果执行回环矫正或无缝地图融合。若执行回环校正，系统会进行一次全局 BA。

ORB-SLAM3 中具有较多新特性。在相机模型方面，该方案将一般的相机模型与 SLAM 过程进行了抽象分离，只需提供相机的投影、反投影方程和雅可比即可运行系统；重定位中采用了 MLPnP[70]算法以适应不同相机模型；采用了非校正的双目图像配置，使得系统对未经过平面对齐的双目输入也可运行。在视觉-惯性 SLAM 算法层方面，采用了准确高效的 IMU 初始化技术，扩展了相机类型；在地图构建方面，提出了新的场景重识别策略；针对视觉、视觉-惯性等不同模式提出了不同的地图融合和优化策略。在此主要对其中的视觉-惯性 SLAM 算法进行介绍。

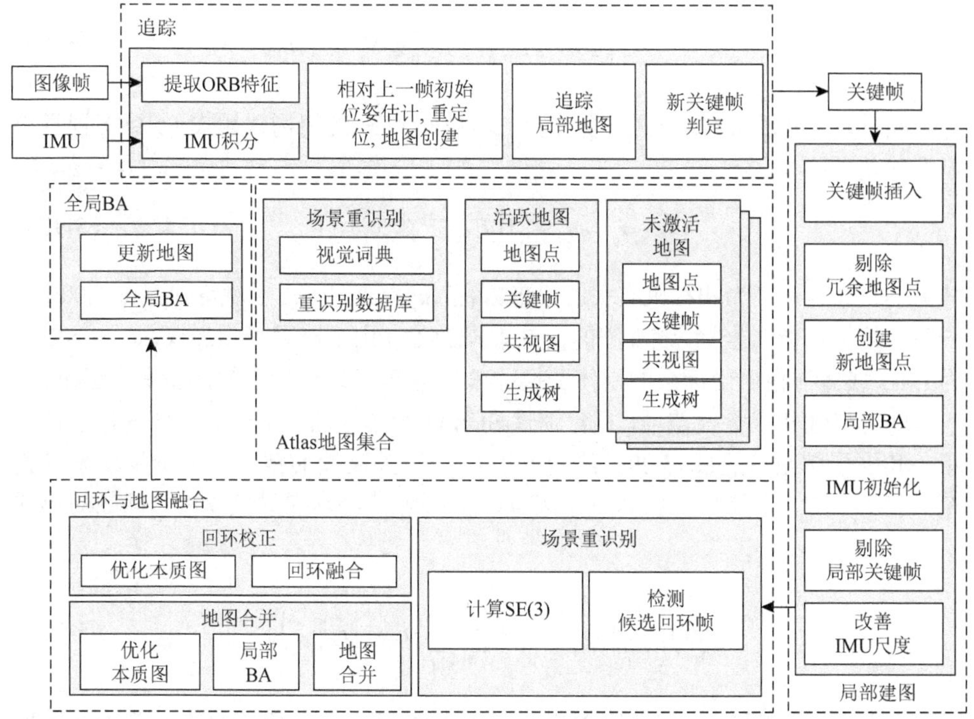

图 5.28 ORB-SLAM3 框架

2）视觉惯性定位

首先，ORB-SLAM3 所估计的状态量包括载体位置和姿态 $\boldsymbol{T}_i=[\boldsymbol{R}_i,\boldsymbol{p}_i]\in \mathrm{SE}(3)$，载体在世界坐标系下的速度 $\boldsymbol{v}_i$，以及陀螺仪、加速度计的偏置 $\boldsymbol{b}_i^g$、$\boldsymbol{b}_i^a$，所有状态量合并写为式（5-85）：

$$\boldsymbol{S}_i \doteq \left\{\boldsymbol{T}_i,\boldsymbol{v}_i,\boldsymbol{b}_i^g,\boldsymbol{b}_i^a\right\} \tag{5-85}$$

在视觉惯性模式下，系统会对 i 与 $i+1$ 两个视觉帧之间的 IMU 测量值进行预积分，获取关于姿态、速度、位置的预积分测量值 $\Delta\boldsymbol{R}_{i,i+1}$、$\Delta\boldsymbol{v}_{i,i+1}$、$\Delta\boldsymbol{p}_{i,i+1}$，以及一个关于整个测量值向量的信息矩阵 $\boldsymbol{\Sigma}_{I_{i,i+1}}$，在给定预积分项、两个时刻的状态量 $\boldsymbol{S}_i$ 和 $\boldsymbol{S}_{i+1}$ 时，可获取如式（5-86）的整体残差项，其中各部分残差项如式（5-87）～式（5-89）所示：

$$\boldsymbol{r}_{I_{i,i+1}}=\left[\boldsymbol{r}_{\Delta R_{i,i+1}},\boldsymbol{r}_{\Delta v_{i,i+1}},\boldsymbol{r}_{\Delta p_{i,i+1}}\right] \tag{5-86}$$

$$\boldsymbol{r}_{\Delta R_{i,i+1}}=\mathrm{Log}\left(\Delta\boldsymbol{R}_{i,i+1}^{\mathrm{T}}\boldsymbol{R}_i^{\mathrm{T}}\boldsymbol{R}_{i+1}\right) \tag{5-87}$$

$$\boldsymbol{r}_{\Delta v_{i,i+1}}=\boldsymbol{R}_i^{\mathrm{T}}\left(\boldsymbol{v}_{i+1}-\boldsymbol{v}_i-\boldsymbol{g}\Delta t_{i,i+1}\right)-\Delta\boldsymbol{v}_{i,i+1} \tag{5-88}$$

$$r_{\Delta p_{i,i+1}} = R_i^{\mathrm{T}}\left(p_j - p_i - v_i\Delta t - \frac{1}{2}g\Delta t^2\right) - \Delta p_{i,i+1} \tag{5-89}$$

同时，系统还会在第 i 帧和第 j 个三维路标点 x_j 之间构建如式（5-90）视觉重投影残差项：

$$r_{ij} = u_{ij} - \Pi\left(T_{\mathrm{CB}}T_i^{-1} \oplus x_j\right) \tag{5-90}$$

其中，$\Pi:\mathbb{R}^3 \to \mathbb{R}^n$ 为和相机有关的投影方程；u_{ij} 是在图像 i 上对路标点 x_j 的观测，一般为特征点像素坐标，该观测的信息矩阵为 Σ_{ij}，用于对误差项加权；$T_{\mathrm{CB}} \in \mathrm{SE}(3)$ 为 IMU 载体与相机坐标系的刚体变换；$\oplus$ 代表对三维路标点的位姿变换运算。

联合惯性和视觉残差项，视觉惯性 SLAM 方法可视作基于关键帧的最小化问题，其因子图结构见图 5.29。给定一组 $k+1$ 个关键帧的集合，关键帧状态量为 $\bar{S}_k \doteq \{S_0,\cdots,S_k\}$，路标点状态量为 $X \doteq \{x_0,\cdots,x_{l-1}\}$，则视觉惯性优化问题的形式如式（5-91）所示：

$$\min_{\bar{S}_k, X}\left(\sum_{i=1}^{k}\left\|r_{I_{i-1,i}}\right\|^2_{\Sigma_{I_{i,i+1}}} + \sum_{j=0}^{l-1}\sum_{i\in M^j}\rho_{\mathrm{Hub}}\left(\left\|r_{ij}\right\|_{\Sigma_{ij}}\right)\right) \tag{5-91}$$

其中，M^j 指观测到点 j 的关键帧集合；ρ_{Hub} 是 Huber 鲁棒核函数；Σ 为残差项协方差。上述优化问题的构建和求解需要考虑系统效率和具体需要，但其需要一个好的初始化信息来保证收敛至准确结果。

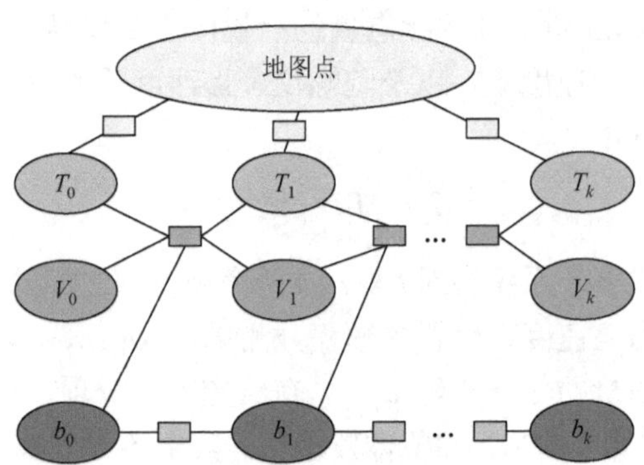

图 5.29　视觉惯性联合优化的因子图结构

3）快速 IMU 初始化方法

ORB-SLAM3 中提出了快速准确的 IMU 初始化方法，用于获取较好的初始惯性信息，包括载体速度、重力方向和 IMU 偏置。该初始化方法分为以下三个步骤。

（1）仅视觉的最大后验概率估计：在单目初始化后以 4Hz 频率插入关键帧，

在系统运行 2s 后可获取 10 帧相机位姿以及几百个路标点，这些数据已经经过 BA 优化。

（2）仅惯性的最大后验概率估计：在这一步中系统将通过惯性残差项、视觉初始化获取的速度值构建一个最大后验估计问题，获取惯性变量的最优估计。

（3）视觉惯性联合最大后验概率估计：在获取了较好的惯性和视觉参数后，可以通过视觉、惯性联合优化获取更好的估计。

在定位追踪时，ORB-SLAM3 会通过求解视觉惯性优化问题估计当前帧的状态，并优化最近的两帧的状态；在局部建图时，系统会联合视觉惯性约束对滑动窗口内的关键帧、路标点进行优化；在追踪失败时，系统会根据 IMU 数据进行当前帧状态的推算，并在地图中搜索可成功投影匹配的路标点，恢复视觉跟踪，若在 5s 之后仍无法恢复视觉跟踪，系统将创建并激活使用一个新的视觉惯性地图用于跟踪，先前的地图将作为非活跃地图被保存。

ORB-SLAM3 具有高效准确的 IMU 初始化技术，其采用的视觉惯性联合算法结合多地图 Atlas 模块，既可以消减累积误差的影响，又可以提升系统鲁棒性，其对相机模型的抽象分离、支持的传感器类型及传感器组合模式也使得系统可以适应较多应用场景。在 EuRoC、TUM VI 数据集上的测试结果表明，ORB-SLAM3 与其他经典视觉惯性 SLAM 算法相比有较高的精度提升。

5.4　激光惯性 SLAM 方法

5.4.1　概述

在 5.1 节中介绍了仅使用激光雷达的激光 SLAM，然而由于现代 3D 激光雷达的旋转机制以及传感器的运动，激光扫描的点云常常会产生倾斜，因此若仅使用激光雷达数据进行位姿估计时，倾斜的点云或者特征将会造成较大的累积漂移，此外，激光雷达在较为开阔和空旷的环境中可能无法采集到足够多的点云数据用于定位。在 4.2 节中介绍了基于 IMU 的位姿估计方法，这类方法使用加速度计和陀螺仪输出进行主动位姿推算，在短时间内有着较高的定位精度，但随着时间的推移，定位结果也会漂移发散。

正如 5.3 节中的视觉惯性 SLAM 方法一样，利用激光雷达和 IMU 融合定位与建图同样可以实现优势互补，提升 SLAM 算法的性能。通常，传感器融合的算法可以分为两类。

（1）松耦合传感器融合方法。在这类方法中，对于来自不同传感器的数据，独立求解状态量，然后使用如扩展卡尔曼滤波等方法将状态量进行融合。

（2）紧耦合传感器融合方法。这类方法在优化的阶段，将来自不同传感器的数据一并考虑进行联合优化。

因为紧耦合方法能获取到更加精确的结果，是目前研究的主流方向，紧耦合方法又可以分为基于滤波的激光惯性 SLAM 方法和基于图优化的激光惯性 SLAM 方法，本节将分别介绍这两类紧耦合激光惯性 SLAM 方法中的代表性算法。

5.4.2 基于滤波的激光惯性 SLAM

在紧耦合方法中，基于滤波的激光惯性 SLAM 采用滤波将激光雷达原始点云或特征点与 IMU 数据融合求解状态量。由于粒子滤波的计算复杂度随着点的数量和系统维数的增加而迅速增加，因此更倾向于采用卡尔曼滤波及其变种作为融合手段。基于滤波方法的激光惯性 SLAM 中最具代表的是 FAST-LIO2[71]，本节以 FAST-LIO2 为例介绍基于滤波的激光惯性 SLAM。

1）总体流程

FAST-LIO2 建立在 FAST-LIO[72]的基础上。相比于前作 FAST-LIO，FAST-LIO2 有两个地方的提升：一是不提取特征，直接将原始点配准到地图，这使得环境中的细微特征能够被利用，从而提高配准精度，使得帧间配准即使在剧烈运动和混乱的环境下也准确可靠；二是提出了 ikd 树（incremental k-d tree），ikd 树在增量更新和动态平衡上实现了与八叉树、R*树等现有数据结构相比更优越的整体性能，使得系统能够直接将原始点配准到地图。

FAST-LIO2 流程见图 5.30，激光雷达一段时间内积累的一帧点云与 IMU 数据在状态估计模块内用于状态估计和位姿优化，优化后的位姿最将点云配准到全局坐标系中，插入用于存储全局地图点的 ikd 树中。ikd 树对地图点在一定范围内储存，并用于计算状态估计模块内的残差。

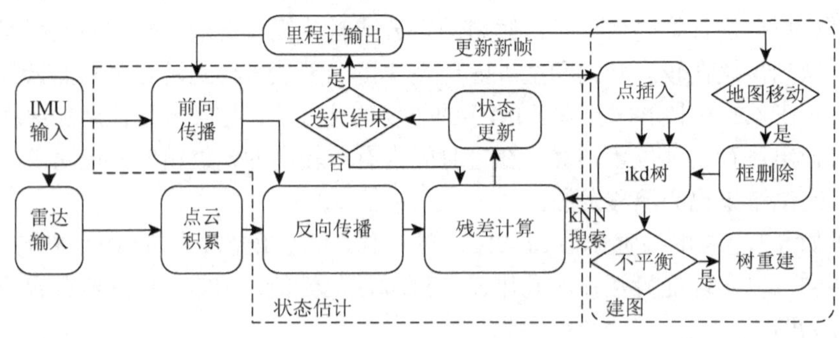

图 5.30 FAST-LIO2 的工作流程

2）系统模型

为了更好地描述在系统模型上的运算，定义在流形空间上的操作符 $\boxplus$ 和 $\boxminus$ 如式（5-92）所示：

$$\boxplus: \mathcal{M} \times \mathbb{R}^n \to \mathcal{M}; \quad \boxminus: \mathcal{M} \times \mathcal{M} \to \mathbb{R}^n \tag{5-92}$$

若系统的状态空间 $\mathcal{M} = \mathrm{SO}(3)$，则可以对状态空间上的操作 $\boxplus$ 和 $\boxminus$ 作如式（5-93）定义：

$$\boldsymbol{R} \boxplus \boldsymbol{r} = \boldsymbol{R}\mathrm{Exp}(\boldsymbol{r}), \quad \boldsymbol{R}_1 \boxminus \boldsymbol{R}_2 = \mathrm{Log}\left(\boldsymbol{R}_2^{\mathrm{T}} \boldsymbol{R}_1\right) \tag{5-93}$$

若系统的状态空间 $\mathcal{M} = \mathbb{R}^n$，则操作 $\boxplus$ 和 $\boxminus$ 如式（5-94）所示：

$$\boldsymbol{a} \boxplus \boldsymbol{b} = \boldsymbol{a} + \boldsymbol{b}, \quad \boldsymbol{a} \boxminus \boldsymbol{b} = \boldsymbol{a} - \boldsymbol{b} \tag{5-94}$$

定义初始 IMU 坐标系（记为 I ）作为全局坐标系（记为 G ），定义 ${}^I T_L = \left({}^I \boldsymbol{R}_L, {}^I \boldsymbol{p}_L\right)$ 为激光雷达和 IMU 之间未知的坐标系转换，系统的运动模型可以定义如下面公式所示：

$${}^G\dot{\boldsymbol{R}}_I = {}^G\boldsymbol{R}_I \lfloor \boldsymbol{\omega}_m - \boldsymbol{b}_\omega - \boldsymbol{n}_\omega \rfloor_\wedge, \quad {}^G\dot{\boldsymbol{p}}_I = {}^G\boldsymbol{v}_I \tag{5-95}$$

$${}^G\dot{\boldsymbol{v}}_I = {}^G\boldsymbol{R}_I(\boldsymbol{a}_m - \boldsymbol{b}_a - \boldsymbol{n}_a) + {}^G\boldsymbol{g} \tag{5-96}$$

$$\dot{\boldsymbol{b}}_\omega = \boldsymbol{n}_{b_\omega}, \quad \dot{\boldsymbol{b}}_a = \boldsymbol{n}_{b_a} \tag{5-97}$$

$${}^G\dot{\boldsymbol{g}} = \boldsymbol{0}, \quad {}^I\dot{\boldsymbol{R}}_L = \boldsymbol{0}, \quad {}^I\dot{\boldsymbol{p}}_L = \boldsymbol{0} \tag{5-98}$$

其中，${}^G\boldsymbol{R}_I$ 和 ${}^G\boldsymbol{p}_I$ 表示 IMU 在全局坐标系中姿态和位置；${}^G\boldsymbol{v}_I$ 表示 IMU 在全局坐标系下的平移速度；$\boldsymbol{b}_\omega$ 和 $\boldsymbol{b}_a$ 表示陀螺仪和加速计的偏差零偏；${}^G\boldsymbol{g}$ 是全局坐标系下的重力矢量；$\boldsymbol{\omega}_m$ 和 $\boldsymbol{a}_m$ 为陀螺仪和加速度计的测量值；$\boldsymbol{n}_\omega$ 和 $\boldsymbol{n}_a$ 表示对应 IMU 测量值的测量噪声；$\boldsymbol{n}_{b_\omega}$ 和 $\boldsymbol{n}_{b_a}$ 是将零偏建模为随机游走过程的高斯白噪声。符号 $\lfloor a \rfloor_\wedge$ 表示向量 $a \in \mathbb{R}^3$ 的斜对称叉积矩阵。

基于式（5-92）的操作符 $\boxplus$，系统运动模型可在 IMU 采样周期 Δt 离散化为状态转换模型，如式（5-99）所示：

$$\boldsymbol{x}_{i+1} = \boldsymbol{x}_i \boxplus (\Delta t \boldsymbol{f}(\boldsymbol{x}_i, \boldsymbol{u}_i, \boldsymbol{w}_i)) \tag{5-99}$$

其中，i 是 IMU 测量值索引；状态 $\boldsymbol{x}$、IMU 输入 $\boldsymbol{u}$、噪声 $\boldsymbol{w}$ 和函数 $\boldsymbol{f}$ 的定义如下：

$$\boldsymbol{x} \triangleq \left[{}^G\boldsymbol{R}_I^{\mathrm{T}} \quad {}^G\boldsymbol{p}_I^{\mathrm{T}} \quad {}^G\boldsymbol{v}_I^{\mathrm{T}} \quad \boldsymbol{b}_\omega^{\mathrm{T}} \quad \boldsymbol{b}_a^{\mathrm{T}} \quad {}^G\boldsymbol{g}^{\mathrm{T}} \quad {}^I\boldsymbol{R}_L^{\mathrm{T}} \quad {}^I\boldsymbol{p}_L^{\mathrm{T}}\right]^{\mathrm{T}} \in \mathcal{M} \tag{5-100}$$

$$\boldsymbol{u} \triangleq \left[\boldsymbol{\omega}_m^{\mathrm{T}} \quad \boldsymbol{a}_m^{\mathrm{T}}\right]^{\mathrm{T}}, \quad w \triangleq \left[\boldsymbol{n}_\omega^{\mathrm{T}} \quad \boldsymbol{n}_a^{\mathrm{T}} \quad \boldsymbol{n}_{b_\omega}^{\mathrm{T}} \quad \boldsymbol{n}_{b_a}^{\mathrm{T}}\right]^{\mathrm{T}} \tag{5-101}$$

$$
\boldsymbol{f}(\boldsymbol{x},\boldsymbol{u},\boldsymbol{w})=\begin{bmatrix}\boldsymbol{\omega}_m-\boldsymbol{b}_\omega-\boldsymbol{n}_\omega\\ {}^G\boldsymbol{v}_I+\dfrac{1}{2}\left({}^G\boldsymbol{R}_I(\boldsymbol{a}_m-\boldsymbol{b}_a-\boldsymbol{n}_a)+{}^G\boldsymbol{g}\right)\Delta t\\ {}^G\boldsymbol{R}_I(\boldsymbol{a}_m-\boldsymbol{b}_a-\boldsymbol{n}_a)+{}^G\boldsymbol{g}\\ \boldsymbol{n}_{b_\omega}\\ \boldsymbol{n}_{b_a}\\ \boldsymbol{0}_{3\times1}\\ \boldsymbol{0}_{3\times1}\\ \boldsymbol{0}_{3\times1}\end{bmatrix}\in\mathbb{R}^{24} \tag{5-102}
$$

当前系统状态空间可以表达为

$$
\mathcal{M}\triangleq\mathrm{SO}(3)\times\mathbb{R}^{15}\times\mathrm{SO}(3)\times\mathbb{R}^3,\quad \dim(\mathcal{M})=24 \tag{5-103}
$$

当激光雷达连续运动时，会在不同姿态下采样得到点。为了纠正这种扫描中的运动，基于 IMU 的测量，FAST-LIO2 会估计一帧点云中每个点相对于其扫描结束时的激光雷达位姿。对于局部激光雷达坐标系 L 中扫描到的一点 ${}^L\boldsymbol{p}_j$，去除测量噪声 ${}^L\boldsymbol{n}_j$ 获得点的真实位置 ${}^L\boldsymbol{p}_j^{gt}={}^L\boldsymbol{p}_j+{}^L\boldsymbol{n}_j$，在全局坐标系下的投影应该位于地图的一个局部平面上，由此定义了测量模型，如式（5-104）所示：

$$
\boldsymbol{0}={}^G\boldsymbol{u}_j^{\mathrm{T}}\left({}^G\boldsymbol{T}_{I_k}{}^I\boldsymbol{T}_L\left({}^L\boldsymbol{p}_j+{}^L\boldsymbol{n}_j\right)-{}^G\boldsymbol{q}_j\right) \tag{5-104}
$$

其中，${}^G\boldsymbol{u}_j^{\mathrm{T}}$ 对应着平面的法向量；${}^G\boldsymbol{T}_{I_k}$ 表示由 IMU 坐标系到全局坐标系的位姿转换；${}^G\boldsymbol{q}_j$ 是平面上的一个点。${}^G\boldsymbol{T}_{I_k}$ 和 ${}^I\boldsymbol{T}_L$ 包含在状态向量 $\boldsymbol{x}_k$ 中，式（5-104）可进一步总结为式（5-105）：

$$
\boldsymbol{0}=\boldsymbol{h}_j\left(\boldsymbol{x}_k,{}^L\boldsymbol{p}_j+{}^L\boldsymbol{n}_j\right) \tag{5-105}
$$

3）迭代卡尔曼滤波

前向传播将来自 IMU 的数据 $\boldsymbol{u}_i$ 和第 $k-1$ 次扫描估计的系统状态 $\bar{\boldsymbol{x}}_{k-1}$ 和协方差 $\bar{\boldsymbol{P}}_{k-1}$ 进行迭代，得到新扫描的状态预测 $\hat{\boldsymbol{x}}_k$ 和协方差 $\hat{\boldsymbol{P}}_k$，反向传播则结合 IMU 数据对激光雷达运动时积累的点云进行运动补偿，而后通过构建状态的最大后验估计对状态用迭代卡尔曼滤波进行求解。后面内容中字母上出现横线，如 $\bar{\boldsymbol{x}}_k$ 代表一次扫描最终的估计；字母上有向上的尖角，如 $\hat{\boldsymbol{x}}_k$ 是确立最终估计前的估计中间量；字母上有向下的尖角，如 $\check{\boldsymbol{x}}_j$ 用于反向传播。

前向传播在每次 IMU 测量到达时进行，由于 IMU 测量的频率高于激光雷达积累点云的频率，因此在激光雷达积累一帧点云期间，前向传播会进行多次。由式（5-106）和式（5-107）进行迭代：

$$
\hat{\boldsymbol{x}}_{i+1}=\hat{\boldsymbol{x}}_i\boxplus\left(\Delta t\boldsymbol{f}(\hat{\boldsymbol{x}}_i,\boldsymbol{u}_i,\boldsymbol{0})\right),\quad \hat{\boldsymbol{x}}_0=\bar{\boldsymbol{x}}_{k-1} \tag{5-106}
$$

$$
\hat{\boldsymbol{P}}_{i+1}=\boldsymbol{F}_{\tilde{x}_i}\hat{\boldsymbol{P}}_i\boldsymbol{F}_{\tilde{x}_i}^{\mathrm{T}}+\boldsymbol{F}_{w_i}\boldsymbol{Q}_i\boldsymbol{F}_{w_i}^{\mathrm{T}},\quad \hat{\boldsymbol{P}}_0=\bar{\boldsymbol{P}}_{k-1} \tag{5-107}
$$

其中，$\boldsymbol{Q}_i$ 是噪声 w_i 的协方差，矩阵 $\boldsymbol{F}_{\tilde{x}_i}$ 和 $\boldsymbol{F}_{w_i}$ 的计算式如式（5-108）所示：

$$\boldsymbol{F}_{\tilde{x}_i}=\frac{\partial\left(\boldsymbol{x}_{i+1}\boxminus\hat{\boldsymbol{x}}_{i+1}\right)}{\partial\tilde{\boldsymbol{x}}_i}\Big|_{\tilde{x}_i=0,w_i=0},\quad \boldsymbol{F}_{w_i}=\frac{\partial\left(\boldsymbol{x}_{i+1}\boxminus\hat{\boldsymbol{x}}_{i+1}\right)}{\partial w_i}\Big|_{\tilde{x}_i=0,w_i=0} \tag{5-108}$$

反向传播则用于对激光雷达连续运动时采样的点进行补偿，如式（5-109）所示：

$$\breve{\boldsymbol{x}}_{j-1}=\breve{\boldsymbol{x}}_j\boxplus(-\Delta t\boldsymbol{f}(\breve{\boldsymbol{x}}_j,\boldsymbol{u}_j,0)) \tag{5-109}$$

式（5-109）化简后可以得到第 k 次扫描末尾时的坐标系和第 k 次扫描中坐标系的相对位姿 ${}^{I_k}\breve{\boldsymbol{T}}_{I_j}$。第 k 次扫描内得到的一点 ${}^{L_j}\boldsymbol{p}_{f_i}$，可以像 LOAM 一样投影到每次扫描结束时坐标系下的点 ${}^{L_k}\boldsymbol{p}_{f_i}$，如式（5-110）所示：

$${}^{L_k}\boldsymbol{p}_{f_i}={}^{I}\boldsymbol{T}_L^{-1}\,{}^{I_k}\breve{\boldsymbol{T}}_{I_j}^{I}\boldsymbol{T}_L^{L_j}\boldsymbol{p}_{f_i} \tag{5-110}$$

对当前迭代更新状态 $\boldsymbol{x}_k$ 的估计值为 $\hat{\boldsymbol{x}}_k^{\kappa}$，在第一次迭代前 $\hat{\boldsymbol{x}}_k^{\kappa}=\hat{\boldsymbol{x}}_k$。通过对测量模型在 $\hat{\boldsymbol{x}}_k^{\kappa}$ 处进行一阶近似得到，如式（5-111）所示：

$$0=h_j\left(\boldsymbol{x}_k,{}^{L}\boldsymbol{n}_j\right)\approx h_j\left(\hat{\boldsymbol{x}}_k^{\kappa},0\right)+\boldsymbol{H}_j^{\kappa}\tilde{\boldsymbol{x}}_k^{\kappa}+\boldsymbol{v}_j=\boldsymbol{z}_j^{\kappa}+\boldsymbol{H}_j^{\kappa}\tilde{\boldsymbol{x}}_k^{\kappa}+\boldsymbol{v}_j \tag{5-111}$$

其中，$\tilde{\boldsymbol{x}}_k^{\kappa}=\boldsymbol{x}_k\boxminus\hat{\boldsymbol{x}}_k^{\kappa}$；$\boldsymbol{H}_j^{\kappa}$ 是 $h_j\left(\hat{\boldsymbol{x}}_k^{\kappa}\boxplus\tilde{\boldsymbol{x}}_k^{\kappa},{}^{L}\boldsymbol{n}_j\right)$ 相对于 $\hat{\boldsymbol{x}}_k^{\kappa}$ 的雅可比矩阵；$\boldsymbol{v}_j$ 由原始测量噪声 ${}^{L}\boldsymbol{n}_j$ 引起；$\boldsymbol{z}_j^{\kappa}$ 称为残差，其计算如式（5-112）所示：

$$\boldsymbol{z}_j^{\kappa}=h_j\left(\hat{\boldsymbol{x}}_k^{\kappa},0\right)=u_j^{\mathrm{T}}\left({}^{G}\hat{\boldsymbol{T}}_{I_k}^{\kappa L}\hat{\boldsymbol{T}}_{L_k}^{\kappa L}\boldsymbol{p}_j-{}^{G}\boldsymbol{q}_j\right) \tag{5-112}$$

对于实际状态和估测状态的偏差可以表示为 $\boldsymbol{x}_k\boxminus\hat{\boldsymbol{x}}_k$，如式（5-113），其满足高斯分布：

$$\boldsymbol{x}_k\boxminus\hat{\boldsymbol{x}}_k=\left(\hat{\boldsymbol{x}}_k^{\kappa}\boxplus\tilde{\boldsymbol{x}}_k^{\kappa}\right)\boxminus\hat{\boldsymbol{x}}_k=\hat{\boldsymbol{x}}_k^{\kappa}\boxminus\hat{\boldsymbol{x}}_k+\boldsymbol{J}^{\kappa}\tilde{\boldsymbol{x}}_k^{\kappa}\sim\mathcal{N}(0,\hat{\boldsymbol{P}}_k) \tag{5-113}$$

其中，$\boldsymbol{J}^{\kappa}$ 是相对的偏微分，在零处计算，如式（5-114）所示：

$$\boldsymbol{J}^{\kappa}=\begin{bmatrix}\boldsymbol{A}(\delta^{G}\boldsymbol{\theta}_{I_k})^{-\mathrm{T}} & \boldsymbol{0}_{3\times15} & \boldsymbol{0}_{3\times3} & \boldsymbol{0}_{3\times3}\\ \boldsymbol{0}_{15\times3} & \boldsymbol{I}_{15\times15} & \boldsymbol{0}_{3\times3} & \boldsymbol{0}_{3\times3}\\ \boldsymbol{0}_{3\times3} & \boldsymbol{0}_{3\times15} & \boldsymbol{A}(\delta^{G}\boldsymbol{\theta}_{L_k})^{-\mathrm{T}} & \boldsymbol{0}_{3\times3}\\ \boldsymbol{0}_{3\times3} & \boldsymbol{0}_{3\times15} & \boldsymbol{0}_{3\times3} & \boldsymbol{I}_{3\times3}\end{bmatrix} \tag{5-114}$$

其中，$\delta^{G}\boldsymbol{\theta}_{I_k}={}^{G}\hat{\boldsymbol{R}}_{I_k}^{\kappa}\boxminus{}^{G}\hat{\boldsymbol{R}}_{I_k}$ 和 $\delta^{I}\boldsymbol{\theta}_{L_k}={}^{L}\hat{\boldsymbol{R}}_{I_k}^{\kappa}\boxminus{}^{L}\hat{\boldsymbol{R}}_{I_k}$ 分别为 IMU 姿态状态和旋转外参的误差，对于 $\boldsymbol{A}(\boldsymbol{u})^{-1}$ 而言，其计算式如式（5-115）所示：

$$A(\boldsymbol{u})^{-1}=I-\frac{1}{2}\lfloor\boldsymbol{u}\rfloor_{\wedge}+\frac{\left(1-\alpha\left(\|\boldsymbol{u}\|\right)\right)\lfloor\boldsymbol{u}\rfloor_{\wedge}^{2}}{\|\boldsymbol{u}\|^{2}} \tag{5-115}$$

利用误差状态 $\boldsymbol{x}_k\boxminus\hat{\boldsymbol{x}}_k$ 的先验分布和测量模型引起的状态分布 $-\boldsymbol{v}_j\sim\mathcal{N}(0,\boldsymbol{R}_j)$ 相结合可以得到由 $\tilde{\boldsymbol{x}}_k^{\kappa}$ 等价表示 $\boldsymbol{x}_k$ 的后验分布，并且最大后验估计如式（5-116）所示：

$$\min_{\tilde{x}_k^\kappa}\left(\left\|\boldsymbol{x}_k \boxminus \hat{\boldsymbol{x}}_k\right\|_{\hat{P}_k}^2+\sum_{j=1}^m\left\|z_j^\kappa+\boldsymbol{H}_j^\kappa \tilde{\boldsymbol{x}}_k^\kappa\right\|_{R_j}^2\right) \tag{5-116}$$

该问题可以用迭代卡尔曼滤波迭代求解，如式（5-117）和式（5-118）所示：

$$\hat{\boldsymbol{x}}_k^{k+1}=\hat{\boldsymbol{x}}_k^k \boxplus\left(-K\boldsymbol{z}_k^\kappa-(\boldsymbol{I}-\boldsymbol{KH})\left(\boldsymbol{J}^\kappa\right)^{-1}\left(\hat{\boldsymbol{x}}_k^\kappa \boxminus \hat{\boldsymbol{x}}_k\right)\right) \tag{5-117}$$

$$K=(\boldsymbol{H}^{\mathrm{T}}\boldsymbol{R}^{-1}H+\boldsymbol{P}^{-1})^{-1}\boldsymbol{H}^{\mathrm{T}}\boldsymbol{R}^{-1} \tag{5-118}$$

其中，$\boldsymbol{H}=[\boldsymbol{H}_1^{\kappa^{\mathrm{T}}},\cdots,\boldsymbol{H}_m^{\kappa^{\mathrm{T}}}]^{\mathrm{T}}$；$\boldsymbol{R}=\operatorname{diag}(\boldsymbol{R}_1,\cdots,\boldsymbol{R}_m)$；$\boldsymbol{P}=(\boldsymbol{J}^\kappa)^{-1}\hat{\boldsymbol{P}}_k(\boldsymbol{J}^\kappa)^{-\mathrm{T}}$；$\boldsymbol{z}_k^\kappa=[\boldsymbol{z}_1^{\kappa^{\mathrm{T}}},\cdots,\boldsymbol{z}_m^{\kappa^{\mathrm{T}}}]^{\mathrm{T}}$。

重复迭代直至收敛，即$\|\hat{\boldsymbol{x}}_k^{\kappa+1}\boxminus\hat{\boldsymbol{x}}_k^\kappa\|<\varepsilon$。收敛后，最优状态和协方差的估计如式（5-119）所示：

$$\overline{\boldsymbol{x}_k}=\hat{\boldsymbol{x}}_k^{\kappa+1},\quad \overline{\boldsymbol{P}}_k=(\boldsymbol{I}-\boldsymbol{KH})P \tag{5-119}$$

同时后向传播补偿过的激光点按式（5-120）转换到全局坐标系中，转换后的激光点被插入到 ikd 树表示的地图中。

$${}^G\overline{\boldsymbol{p}}_j={}^G\overline{\boldsymbol{T}}_{I_k}\,{}^I\overline{\boldsymbol{T}}_{L_k}\,{}^L\boldsymbol{p}_j,\quad j=1,\cdots,m \tag{5-120}$$

4）ikd 树

ikd 树的构建与 kd 树类似，kd 树用于对已有的k维空间进行切分，在 FAST-LIO2 中即为对 3 维空间的切分。在 kd 树中，仅有叶子节点存储地图点；而在 ikd 树中，叶子节点和内部节点都用于存储地图点，以便更好地实现动态点的插入和树的重平衡。

见图 5.31，ikd 树保存的地图在初始化时，以初始激光雷达P_0为中心，保留周围长度为L的立方体区域（为了便于观看，在图 5.31 中采用 2D 形式）。当激光雷达移动到新位置P_1且其探测范围r触摸到原始地图边界时，地图区域沿激光雷达检测区域与触摸边界之间距离增加的方向移动，移动距离设置为常数$d=\dfrac{\gamma-1}{\gamma}r$，其中$\gamma$是大于 1 的参数。旧图之中未被新图覆盖的区域（即图中阴影区域）中的所有点将被删除。

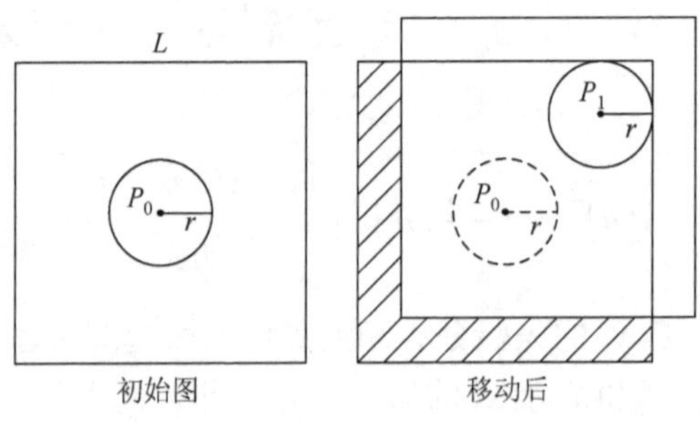

图 5.31　2D 地图管理示意图

ikd 树支持两种类型的增量操作，点操作在 ikd 树中插入、删除单个点，而框操作在给定的轴对齐长方体中插入、删除所有点。由于地图管理时只需要点插入和框删除，因此此处仅介绍这两种方式。在进行点插入时，ikd 树从根节点向下搜索，直到找到一个空节点可用于追加一个新节点。进行框删除时，首先对当前节点所代表的长方体 C_T 和待删除的长方体 C_O 进行比较。若 C_T 与 C_O 没有交集，则直接返回；若 C_T 完全在 C_O 内，则将其下所有节点删除；若 C_T 与 C_O 部分相交，先判断当前节点是否在 C_O 内，若在则直接删去，而后递归查找其子节点。

每次进行增量操作后 ikd 树会监测平衡，若违背设置的平衡准则，则通过重建相关子树保持平衡。由于子树重建速度慢会影响建图，因此 ikd 树中设立了两个线程用于对子树进行重建。若该子树上节点总数小于阈值则使用主线程重建，否则用第二个线程对子树进行重建。第二个线程在重建时不会影响主线程中的建图操作。

为了实现 K-最近邻搜索，ikd 树中维护了一个优先队列储存迄今遇到的 k 个最近的点以及它们到目标点的距离。当从树的根节点向下递归搜索时，首先计算目标点到节点长方体范围的最小距离，如果最小距离大于等于队列中的最大距离，则无需后续递归。同时，仅当相邻点在目标点周围给定的阈值时才被用于状态估计，这为 K-最近邻搜索提供了最大搜索距离。

5.4.3　基于优化的激光惯性 SLAM

近年来，在图优化理论的基础上，研究者提出了许多的紧耦合激光惯性 SLAM 方法，其中，LIO-SAM[73]是使用了图优化理论、且在经典的 LOAM 方法之上改进的紧耦合激光惯性 SLAM 方法，本节将以 LIO-SAM 方法作为示例，介绍基于图优化的激光惯性 SLAM 方法。

1）因子图结构

LIO-SAM 使用 IMU 估计的运动状态作为激光里程计的初始值，以辅助激光里程计的计算，同时，使用 IMU 测量值和激光里程计的估计值构建全局的因子图，通过优化因子图来优化全局状态和 IMU 的偏置。

LIO-SAM 的因子图结构见图 5.32，系统接受来自 3D 激光雷达、IMU 和 GPS（可选）的输入，使用 4 种因子和一种变量类型来构造因子图。变量类型是某时刻的机器人状态，作为因子图的节点，记 i 时刻的机器人状态节点为 x_i 。4 种因子是构建因子图的关键，接下来对几种因子进行介绍。

2）IMU 预积分因子

IMU 预积分因子的构建遵循常规方法（公式推导详情可见 5.3.3 节），最终得

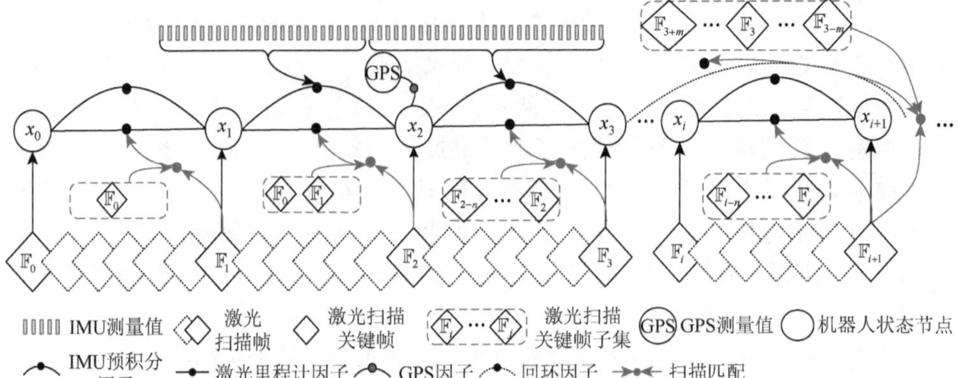

图 5.32　LIO-SAM 的因子图结构

到第 i 时刻和第 j 时刻的相对姿态 $\boldsymbol{R}_{ij} \in \mathrm{SO}(3)$、速度 $\boldsymbol{v}_{ij} \in \mathbb{R}^3$、相对位置 $\boldsymbol{p}_{ij} \in \mathbb{R}^3$，如式（5-121）～式（5-123）所示：

$$\Delta \boldsymbol{R}_{ij} = \boldsymbol{R}_i^{\mathrm{T}} \boldsymbol{R}_j \tag{5-121}$$

$$\Delta \boldsymbol{v}_{ij} = \boldsymbol{R}_i^{\mathrm{T}} (\boldsymbol{v}_j - \boldsymbol{v}_i - \boldsymbol{g} \Delta t_{ij}) \tag{5-122}$$

$$\Delta \boldsymbol{p}_{ij} = \boldsymbol{R}_i^{\mathrm{T}} \left(\boldsymbol{p}_j - \boldsymbol{p}_i - \boldsymbol{v}_i \Delta t_{ij} - \frac{1}{2} \boldsymbol{g} \Delta t_{ij}^2 \right) \tag{5-123}$$

其中，$\boldsymbol{R}_i$ 表示第 i 时刻从第 i 帧坐标系到世界坐标系的姿态变换；$\boldsymbol{v}_i$ 表示第 j 时刻的速度；Δt_{ij} 表示第 i 时刻到第 j 时刻的时间间隔；$\boldsymbol{p}_i$ 表示第 i 时刻在世界坐标系下位置。

3）激光里程计因子

在 LIO-SAM 中不使用所有的激光扫描帧，而是选取了关键帧参与后续的计算，关键帧选取的规则是：若机器人的位姿变换超过了预先设定的阈值，则将该帧作为关键帧。当关键帧 i 到达时，遵循 LOAM 中的方法，提取边缘特征点和平面特征点，分别记作 F_i^e 和 F_i^p，则第 i 帧的特征点集合为 $\mathbb{F}_i = \left\{F_i^e, F_i^p\right\}$，$\mathbb{F}_i$ 存于其对应的机器人状态节点 x_i。

当新的机器人状态节点 x_{i+1} 需要加入因子图时，该状态节点存储着特征点集 $\mathbb{F}_{i+1}$，考虑其之前 n 个关键帧，组成子关键帧集 $\left\{\mathbb{F}_{i-n}, \cdots, \mathbb{F}_i\right\}$，使用它们对应的位姿变换估计 $\left\{\boldsymbol{T}_{i-n}, \cdots, \boldsymbol{T}_i\right\}$ 构建局部地图 $M_i = \left\{M_i^e, M_i^p\right\}$，其中 M_i^e 是边缘点构成的边缘点地图，M_i^p 是平面点构成的平面点地图，然后使用 LOAM 中的匹配方法，匹配 F_{i+1}^e 和 M_i^e、F_{i+1}^p 和 M_i^p，构建点-线以及点-面的距离约束，以 IMU 提供的第 $i+1$ 时刻位姿变换 $\tilde{\boldsymbol{T}}_{i+1}$ 作为初始位姿变换，通过最小化上述的距离约束，优化得到 T_{i+1}，使用该位姿和前一时刻位姿，就可以得到激光里程计因子，如式（5-124）所示：

$$\Delta \boldsymbol{T}_{i,i+1} = \boldsymbol{T}_i^{\mathrm{T}} \boldsymbol{T}_{i+1} \tag{5-124}$$

4）GPS 因子

在长时导航任务中，依靠 IMU 和激光里程计，仍然会有较大的累计误差，因此可以引入 GPS 因子，但该因子在 LIO-SAM 中是可选的。因为 GPS 频率较高，持续添加 GPS 因子的意义不大，因此只在位姿估计的协方差矩阵很大时，才添加 GPS 因子。

当获取到 GPS 测量值时，首先将它转换到局部的笛卡儿坐标系中，若 GPS 信号和激光雷达硬件不同步，则将 GPS 测量值根据时间戳进行线性插值，然后将其对应到最新的机器人状态节点上。

5）回环因子

因为使用了因子图，回环约束就可以加入到对位姿的优化中。

当一个新的状态 $\boldsymbol{x}_{i+1}$ 加入到因子图时，搜索因子图，找到在欧氏空间下与 $\boldsymbol{x}_{i+1}$ 邻近的状态，设其中的一个状态为 $\boldsymbol{x}_j$，尝试使用 $\mathbb{F}_{i+1}$ 和子关键帧集 $\left\{\mathbb{F}_{j-m},\cdots,\mathbb{F}_j,\cdots,\mathbb{F}_{j+m}\right\}$ 进行扫描匹配，从而获得相对位姿变换 $\Delta \boldsymbol{T}_{j,i+1}$ 作为回环因子加入到因子图中。

对于构建的因子图，当插入新的节点时，以使用贝叶斯树的增量平滑和映射法（Incremental Smoothing and Mapping Using the Bayes Tree，iSAM2）来求解获取待估计量的优化结果。

LIO-SAM 构建于 LOAM 方法之上，但其使用局部地图来替代全局地图，从而引入了回环模块，同时通过构建 IMU 预积分因子、激光雷达里程计因子、GPS 因子和回环因子，以因子图优化的方式来获取全局一致的状态，实现了 IMU 和激光数据的紧耦合。LIO-SAM 使用不同的实验平台，在多个数据集下进行实验，实验结果表明，其有效提升了定位与建图的精度，且相比于 LOAM，其运行速率提升了一倍。

5.5　事件相机 SLAM 方法

事件相机是一种受生物启发的（Bio-Inspired）的视觉传感器（见 2.3 节）。由于对动态事件较为敏感，且在强光、弱纹理场景下其独特的感知方式能“看”到传统相机“看不见”的特征，近年来部分学者开展了基于事件相机的 VSLAM 研究。文献[74]提出了一个利用单目事件相机追踪相机 6 自由度位姿估计的方法，其以像素亮度变化作为特征，估计空间点逆深度，采用扩展卡尔曼滤波进行预测、测量、更新，完成位姿估计；文献[75]通过光流法将事件累积图与局部地图对齐并开展位姿估计，将事件投影至体素空间完成建图；文献[76]提出了一个基于双目事件相机的里程计，将事件转换为时间面（Time-Surface，TS）[77]进行位姿估计和半稠密地图重建。接下来对文献[76]中的方案进行简要介绍。

图 5.33 为该里程计的系统流程图，与传统的 VO 方案相似，其包含了 VSLAM 前端的主要模块：建图与相机追踪。此外，根据事件相机的特殊数据形式，该方案还包括一个对原始事件流数据进行预处理的模块。

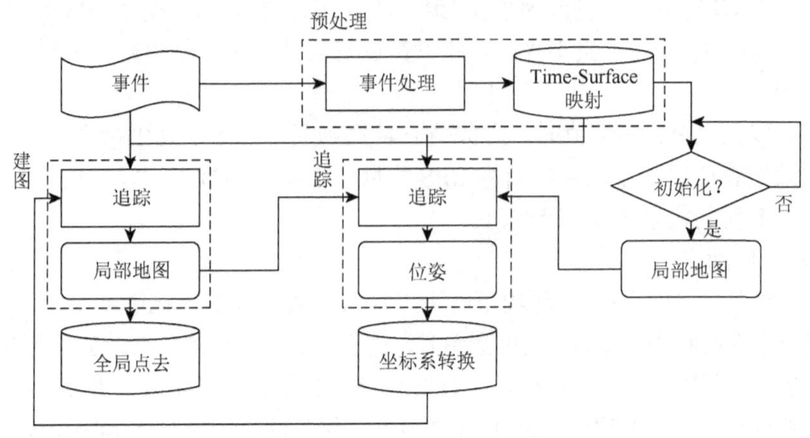

图 5.33　双目事件相机里程计的工作流程[76]

1）事件流表示方法

首先，事件预处理模块会对事件流数据进行处理，生成 TS 映射数据。该类型的数据兼顾了存储与计算效率，在深度估计和运动估计等方面取得了良好的效果。下面对 TS 数据进行介绍。见图 5.34，左边为事件相机输出的异步事件流，每个事件为 $e_k=(u_k,v_k,t_k,p_k)$，其中，(u_k,v_k) 为像素坐标，可记为 x_k；t_k 为产生事件的时间戳；$p_k\in\{+1,-1\}$ 为事件的极性。一段时间内产生的所有事件构成了事件流。一个 TS 是对事件流某个时刻所作的时间切面，它的每个像素存储着一个经过指数衰减的差值，该差值由当前时刻减去此像素上一次产生事件的时间戳得到。设 t_{last} 为每个像素坐标 $x=(u,v)^{\mathrm{T}}$ 上的一个事件时间戳，则 $t(t>t_{\text{last}}(x))$ 时刻的 TS 有式（5-125）的形式：

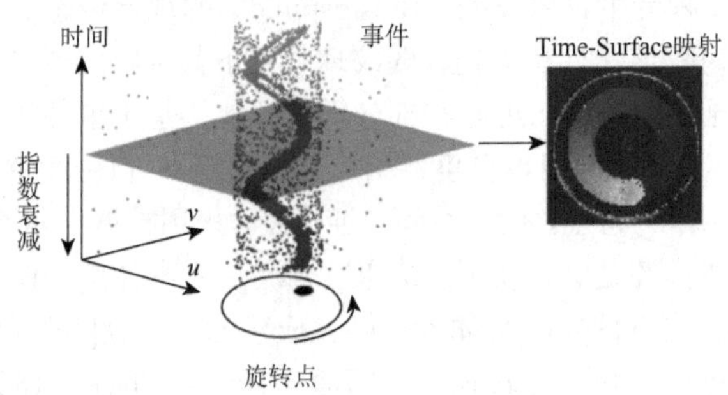

图 5.34　Time-Surface 示意图[76]

$$\mathcal{T}(x,t)=\exp\left(-\frac{t-t_{\text{last}}(x)}{\eta}\right) \tag{5-125}$$

其中，η 为一个经验常量小值。

TS 会随着新事件的到来而进行更新，考虑到单个事件无法为里程计的状态更新提供足够的信息，故该方案按一定时间间隔对双目 TS 进行更新，并将 TS 提供给其他模块使用。

2）地图构建

地图构建部分包括一个逆深度估计方法和逆深度融合构建半稠密地图的方法。

首先对单个事件的逆深度估计方法进行介绍。该方案通过优化方法对 t 时刻双目观测之前发生的事件进行深度估计，在此仅介绍左目相机的逆深度参数化过程。

如图 5.35 所示，设 t 时刻有一个双目观测，包括左右目两个 TS $(\mathcal{T}_{\text{left}}(\cdot,t),\mathcal{T}_{\text{right}}(\cdot,t))$，在 $t-\epsilon$ 时刻左目相机平面上的一个事件为 $e_{t-\epsilon}\equiv(x,t-\epsilon,p),\epsilon\in[0,\delta t]$，$t$ 和 $t-\epsilon$ 时刻之间的相机位姿变换为 $T_{t-\delta t:t}\in\text{SE}(3)$，通过优化求解如式（5-126）的目标函数得到关于 $e_{t-\epsilon}$ 的逆深度 ρ^*：$e_{t-\epsilon}$

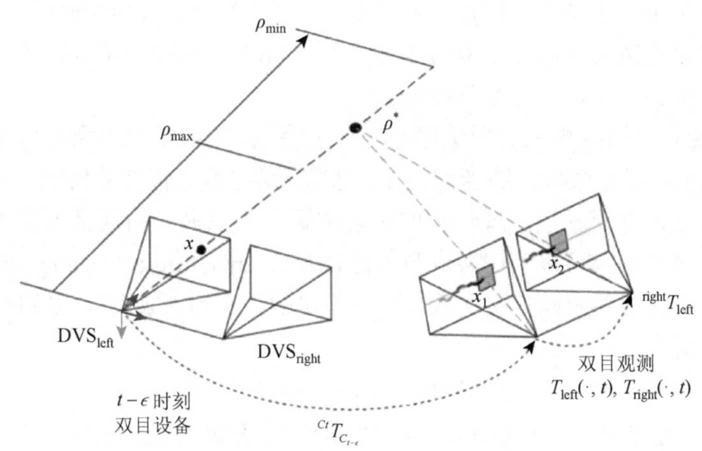

图 5.35　逆深度估计示意图[77]

$$\rho^*=\underset{\rho}{\operatorname{argmin}}\,C(x,\rho,\mathcal{T}_{\text{left}}(\cdot,t),\mathcal{T}_{\text{right}}(\cdot,t),\mathcal{T}_{t-\delta t:t}) \tag{5-126}$$

$$C=\sum_{x_{1,i}\in W_1,x_{2,i}\in W_2} r_i^2(\rho) \tag{5-127}$$

式（5-127）中的残差如式（5-128）所示：

$$r_i(\rho)=\mathcal{T}_{\text{left}}(x_{1,i},t)-\mathcal{T}_{\text{right}}(x_{2,i},t) \tag{5-128}$$

其中，$x_{1,i}$ 和 $x_{2,i}$ 分别是以 x_1 和 x_2 为中心的区域中的像素。假设相机标定参数和左目相机在 $[t-\delta t,t]$ 之间的变换 $T_{t-\delta t:t}$ 已知，x_1 和 x_2 计算如式（5-129）所示：

$$x_1=\pi\left({}^{c_t}\mathcal{T}_{c_{t-\epsilon}}\pi^{-1}(x,\rho_k)\right),\quad x_2=\pi\left({}^{\text{right}}\mathcal{T}_{\text{left}}\,{}^{c_t}\mathcal{T}_{c_{t-\epsilon}}\pi^{-1}(x,\rho_k)\right) \tag{5-129}$$

和传统双目深度估计中将双目匹配和三角化分为两步的做法不同，上述逆深度估计方法将双目匹配、深度估计放入同一个优化问题进行一步求解。

上述逆深度估计方法获取的是具有不同时间戳的单个事件的逆深度，而在进行相机追踪时则需要参考一个统一时间下的局部地图，故需要对这些不同时间戳的多个事件的逆深度进行融合。在得到各事件逆深度的基础上，该方案对逆深度估计的残差直方图进行统计分析，得到了其属于 student-t 分布的结论，并根据该分布形式实现了逆深度滤波器和概率逆深度融合等方法，最终将不同时间戳、不同坐标的逆深度估计融合为一个当前时刻下的半稠密局部地图，并将其用于后续的定位。

3）相机追踪

与传统 VO 中相机追踪的目标一致，该方案以事件与局部地图为输入，通过追踪局部地图计算位姿变换。理论上，事件相机输出的异步事件具有不同的时间戳，因此每个事件也具有不同的相机位姿，但考虑到以微秒间隔计算位姿是没有必要的，故该方案仅考虑每个双目观测（TS）相对于地图的位姿，这与传统 VO 中以帧为单位进行相机追踪是保持一致的。

TS 对场景中边缘特征的历史运动进行了编码，其中较大的像素值是较近发生的事件的响应，即边缘特征的当前位置。通常，这些较大值在边缘的一侧呈现“斜坡”变化特性，这反映了边缘特征的先前位置，而在另一侧则呈现了“悬崖”变化特性。该方案认为可以利用各向异性距离场（Anisotropic Distance Field）来描述这种变化特性，并由此定义如式（5-130）中的 TS 的“取负”，以用于后续最小化问题的求解：

$$\bar{\mathcal{T}}(x,t)=1-\mathcal{T}(x,t) \tag{5-130}$$

令 $\mathcal{S}^{F_{\text{ref}}}=\{x_i\}$ 是参考关键帧中具有有效逆深度的像素位置集合，假设 k 时刻 $\bar{\mathcal{T}}_{\text{left}}(\cdot,k)$ 已知，则目标就是寻找位姿 T 使得经过该位姿变换后的半稠密地图 $T(\mathcal{S}^{F_{\text{ref}}})$ 能够与 $\bar{\mathcal{T}}_{\text{left}}(\cdot,k)$ 对齐，整体目标函数如式（5-131）所示：

$$\theta^*=\underset{\theta}{\operatorname{argmin}}\sum_{x\in\mathcal{S}^{F_{\text{ref}}}}\left(\bar{\mathcal{T}}_{\text{left}}(W(x,\rho;\theta)),k\right)^2 \tag{5-131}$$

其中变换函数 W 将 F_{ref} 中的点转换至当前帧坐标系下，如式（5-132）所示：

$$(W(x,\rho;\theta)=\pi_{\text{left}}\left(T\left(\pi_{\text{left}}^{-1}(x,\rho),G(\theta)\right)\right) \tag{5-132}$$

其中，$G(\theta):\mathbb{R}^6\to\text{SE}(3)$ 将运动参数 $\theta=(c^{\text{T}},t^{\text{T}})^{\text{T}}$ 转换为变换矩阵，$c=(c_1,c_2,c_3)^{\text{T}}$ 为

旋转 R 对应的 Cayley 参数，$t=(t_1,t_2,t_3)^{\mathrm{T}}$ 为平移；$\pi_{\mathrm{left}}(\cdot)$ 将空间点投影至相机平面上；$T(\cdot)$ 完成坐标转换，其通过运动 $G(\theta)$ 将参考帧 F_{ref} 中的 3D 点转换至当前双目观测中的左目帧 F_k。

文献[76]是一种当前较为新颖的双目事件相机里程计方案，其建图方法充分考虑了双目事件流上的时空一致性，并通过分析逆深度估计中的概率分布来提升三维重建的准确性。其相机追踪采用了关于 TS 的距离场表示，实现了准确度较高的位姿估计。在通用数据集上的测试结果证明了该方案的定位精度和运行效率已达到了先进水平。此外，该方案也证明了事件相机在面对复杂光照条件时的鲁棒性。

5.6　工程实践：Cartographer

本节的工程实践具体介绍 Cartographer 的安装过程、代码结构及相关仿真实验。Cartographer 是 Google 于 2016 年推出的激光 SLAM 解决方案，是目前公认效果最好的基于图优化的激光 SLAM 之一，包括利用传感器数据建立并维护若干子图的局部 SLAM，和基于图优化求解各帧激光扫描数据和子图的最优位姿的全局 SLAM。

5.6.1　环境配置

配置与安装可在 PC 和机器人感知规划核心控制智能终端上实现。

1. 系统环境

本节采用的操作系统为 Ubuntu18.04，ROS 版本为 melodic，并采用 ninja。

2. Cartographer 安装

第 1 步：安装需要的依赖。

```
1. sudo apt update
2. sudo apt install -y python-wstool python-rosdep ninja-build
```

第 2 步：创建工作区，若已经存在工作区，则跳过本步。

```
1. mkdir catkin_ws
```

```
cd catkin_ws
wstool init src
```

第 3 步：下载 Cartographer 相关源码。

```
cd src
git clone https://github.com/googlecartographer/cartographer_ros.git
git clone https://github.com/googlecartographer/cartographer.git
git clone https://github.com/ceres-solver/ceres-solver.git
```

第 4 步：修改 ceres-solver 库的版本。

```
cd ceres-solver
git checkout 1.14.0
```

第 5 步：安装 proto3。

```
cd ~/catkin_ws
sudo apt-get install autoconf autogen
git clone https://github.com/protocolbuffers/protobuf.git
cd protobuf
git submodule update --init --recursive
./autogen.sh
./configure
make -j4
make check
sudo make install
sudo ldconfig
```

第 6 步：安装 absl。

```
sudo apt install stow
```

```
cd ~/catkin_ws/src/cartographer/scripts
sudo chmod +x install_abseil.sh
./install_abseil.sh
```

3. 相关安装

第 1 步：安装相关依赖。

```
sudo apt-get install ros-melodic-joy\
ros-melodic-teleop-twist-joy\
ros-melodic-teleop-twist-keyboard\
ros-melodic-laser-proc\
ros-melodic-rgbd-launch\
ros-melodic-depthimage-to-laserscan\
ros-melodic-rosserial-arduino\
ros-melodic-rosserial-python\
ros-melodic-rosserial-server\
ros-melodic-rosserial-client\
ros-melodic-rosserial-msgs\
ros-melodic-amcl\
ros-melodic-map-server\
ros-melodic-move-base\
ros-melodic-urdf\
ros-melodic-xacro\
ros-melodic-compressed-image-transport\
ros-melodic-rqt-image-view\
ros-melodic-gmapping\
ros-melodic-navigation\
ros-melodic-interactive-markers
```

第 2 步：安装 ninja。

```
sudo apt-get install ninja-build
```

第 3 步：创建工作区，若已经存在工作区，则跳过本步。

```
mkdir catkin_ws
```

```
2. cd catkin_ws
3. wstool init src
```

第 4 步：下载 Turtlebot3 源码。

```
1. cd ~/catkin_ws/src
2. git clone https://github.com/ROBOTIS-GIT/turtlebot3_
msgs.git
3. git clone https://github.com/ROBOTIS-GIT/turtlebot3.
git
```

第 5 步：安装仿真相关软件包。

```
1. cd ~/catkin_ws/src/
2. git clone https://github.com/ROBOTIS-GIT/turtlebot3_
simulations.git
```

第 6 步：打开~/.bashrc，配置环境变量，指定 Turtlebot3 机器人的具体型号。

```
1. vim ~/.bashrc
2. export TURTLEBOT3_MODEL = waffle
3. source~/.bashrc
```

4. 统一编译安装

第 1 步：使用 rosdep 安装依赖项。

```
1. cd ~/catkin_ws
2. rosdep update
3. rosdep install --from-paths src --ignore-src --rosdistro=
melodic -y
```

第 2 步：编译并安装。

```
1. cd ~/catkin_ws
2. catkin_make_isolated --install --use-ninja
```

第 3 步：使环境生效，可以在每次使用的时候在终端输入，也可以写在~/.bashrc

中使得终端打开时自动生效。

```
1. source ~/catkin_ws/install_isolated/setup.bash
```

5.6.2　代码解析

Cartographer 开源代码包括 cartographer 和 cartographer_ros 两个部分。cartographer 主要负责处理来自激光雷达、IMU 和里程计等传感器并使用这些数据构建地图，是 Cartographer 的核心部分；而 cartographer_ros 则是基于 cartographer 的上层应用，其中 cartographer_ros 定义了运行所需的 ROS 节点、服务处理函数以及和 cartographer 交互的函数，cartographer_ros_msgs 以 ROS 规范定义了消息类型和服务类型，cartographer_rviz 包含了在 ROS 使用 rviz 进行可视化操作的相关定义文件。限于篇幅和重点，后面将主要对 cartographer 进行讲解。

cartographer 的目录结构见图 5.36，其下的 cartographer 存放着核心源码，bazel 包含着第三方库的构建，cmake 包括了 cmake 模块以及相关的函数，configuration_files 存放 cartographer 的 lua 配置文件，docs 中是 cartographer 的一些指导文档，scripts 包含一些工具和库的安装脚本。

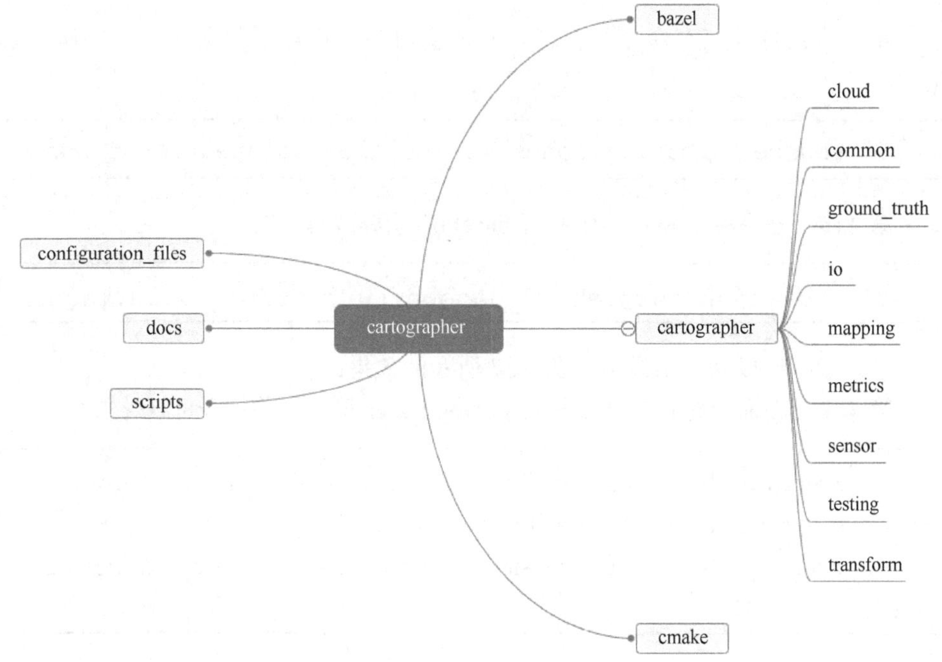

图 5.36　cartographer 目录结构

在存放核心源码的 cartographer 中，common 定义了基本数据结构以及一些工具的使用接口，io 中定义了与 I/O 相关的工具，mapping 是其中的核心，其中包含了 2D、3D 建图的函数及回环检测、位姿优化等函数，sensor 定义了传感器数据的相关数据结构。其他文件夹实现了一些辅助功能，不再过多介绍。对于最重要的 mapping，表 5.5 反映其中各模块的作用。

表 5.5　模块作用

模块	文件名	备注
局部 SLAM	local_trajectory_builder	定义了局部建图的相关函数
	ceres_scan_matcher	完成激光与地图之间匹配，输出最可能的机器人位姿
全局 SLAM	pose_graph	构建位姿图，调用后端相关函数
	constraint_builder	构建约束检测回环
	fast_correlative_scan_matcher	实现分支定界
	optimization_problem	SPA 优化和位姿调整

5.6.3　Turtlebot3 仿真实验

第 1 步：打开三个命令行窗口，并在窗口中都执行下列语句，使工作目录生效。

```
1. source ~/cartographer_ws/install_isolated/setup.bash
```

第 2 步：在命令行窗口 1 中打开 gazebo 仿真环境。

```
1. roslaunch turtlebot3_gazebo turtlebot3_world.launch
```

第 3 步：若成功，则显示如图 5.37 所示的效果。

第 4 步：在命令行窗口 2 中执行 Cartographer 算法，并打开可视化界面

```
1. roslaunch turtlebot3_slam turtlebot3_slam.launch\
2. slam_methods: = cartographer\
3. configuration_basename: = turtlebot3_lds_2d_gazebo.
lua
```

若成功，则显示如图 5.38 所示内容。

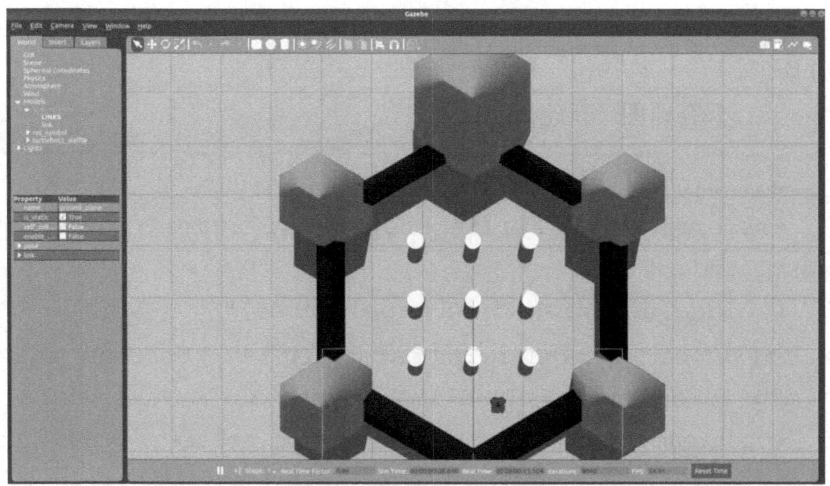

图 5.37　Turtlebot3 Gazebo 界面

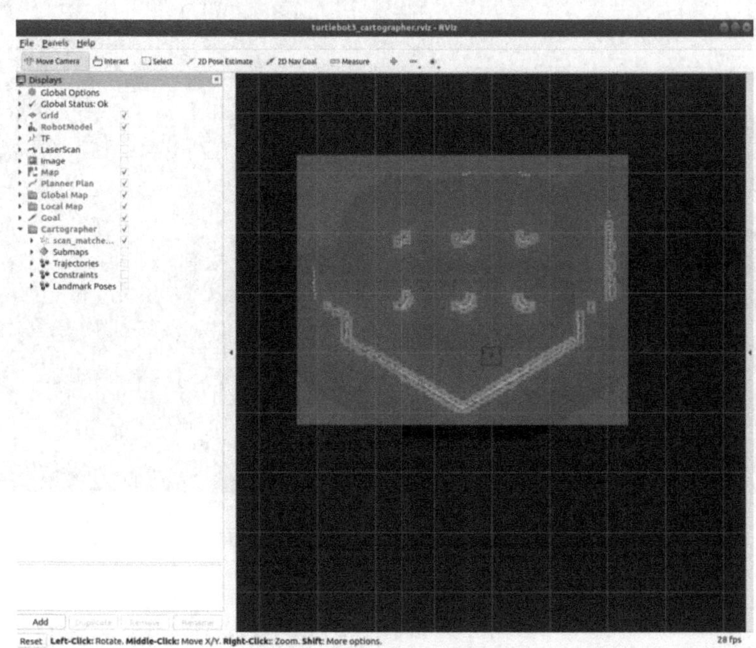

图 5.38　Turtlebot3 Cartographer 的 Rviz 界面

第 5 步：命令行窗口 3：打开键盘控制器。

```
1. roslaunch turtlebot3_teleop turtlebot3_teleop_key.launch
```

必须处在该命令行窗口内，键盘控制才有效，键盘按键对应的控制效果如图 5.39 所示。

第 6 步：保存地图（新建命令行窗口）。

```
rosservice call /finish_trajectory 0
rosservice call /write_state "{'filename': '$HOME/map/pb.pbstream', '\
include_unfinished_submaps': true}"
rosrun cartographer_ros cartographer_pbstream_to_ros_map\-map_filestem = ${HOME}/map/mymap \
-pbstream_filename = ${HOME}/map/pb.pbstream -resolution=0.05
```

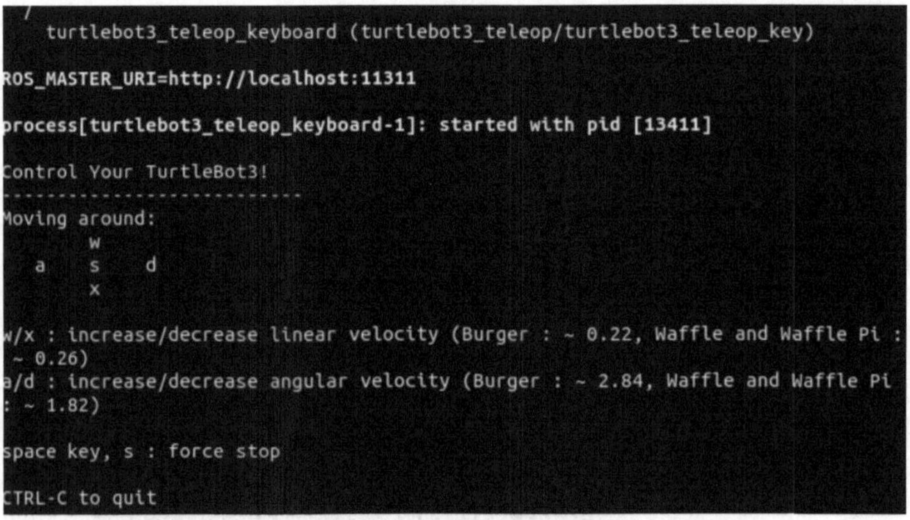

```
    turtlebot3_teleop_keyboard (turtlebot3_teleop/turtlebot3_teleop_key)

ROS_MASTER_URI=http://localhost:11311

process[turtlebot3_teleop_keyboard-1]: started with pid [13411]

Control Your TurtleBot3!
---------------------------
Moving around:
        w
   a    s    d
        x

w/x : increase/decrease linear velocity (Burger : ~ 0.22, Waffle and Waffle Pi : ~ 0.26)
a/d : increase/decrease angular velocity (Burger : ~ 2.84, Waffle and Waffle Pi : ~ 1.82)

space key, s : force stop

CTRL-C to quit
```

图 5.39　Turtlebot3 键盘控制界面

5.7　工程实践：ORB-SLAM2

本节的工程实践将介绍 ORB-SLAM2 的安装配置、代码结构、运行流程。ORB-SLAM2 是一个经典的开源视觉 SLAM 系统，支持单目、双目、RGB-D 等多种传感器，具有较为完善的视觉 SLAM 结构，包括视觉里程计、后端优化、地图构建、回环检测等多个模块。该系统在离线数据集测试、在线运行时均具有良好效果，常被用作改进和二次开发方案的基准系统。

5.7.1　环境配置

配置与安装可在 PC 和机器人感知规划核心控制智能终端上实现。

1. 系统环境

操作系统：建议使用 Ubuntu16/Ubuntu18。

2. 依赖项

以下介绍默认系统中已自行安装 cmake、git、build-essential 等基础工具。

1）Pangolin

用于进行轨迹、地图可视化的三维绘图软件库，其配置安装过程如下。

第 1 步：首先在命令行窗口输入以下指令安装 OpenGL、Glew 等依赖项。

```
1. sudo apt install libgl1-mesa-dev libglew-dev
```

第 2 步：在命令行窗口输入以下指令下载、编译 Pangolin，注意，ORB_SLAM2 适配 Pangolin v0.5，过高版本可能导致编译错误，故在下载 Pangolin.git 后请 checkout 至 7987c9b 分支。

```
1. git clone https://github.com/stevenlovegrove/Pangolin.git
2. cd Pangolin
3. git checkout 7987c9b
4. ./scripts/install_prerequisites.sh --dry-run recommended
5. mkdir build
6. cd build
7. cmake ..
8. cmake --build .
```

2）OpenCV

用于图像读取、预处理、可视化等操作，可直接在命令行窗口输入以下指令安装 OpenCV。

```
1. sudo apt-get install libopencv-dev
```

注意，在 ubuntu20 中默认安装 OpenCV4，其相较于 OpenCV2/3 有部分函数、变量名称不同，需要对源代码进行修改才能通过编译，否则会出现编译错误。ORB-SLAM2 默认支持 OpenCV2/3，所以可以下载源代码进行编译安装，如有需要可参照 OpenCV 官网：http://opencv.org。

3）Eigen3

用于矩阵运算处理，可直接在命令行窗口输入以下指令安装 Eigen3。

```
1. sudo apt-get install libeigen3-dev
```

4）DBoW2

词袋模型库，用于场景重识别和加速匹配，源码已在源代码包中的 ThirdParty 文件夹下，随源代码一起编译。

5）g2o

非线性优化库，用于优化计算，源码已在源代码包中的 ThirdParty 文件夹，随源代码一起编译。

6）ROS（可选）

机器人操作系统，用于在线运行。

3. 下载源代码及编译

第 1 步：通过以下命令下载源代码。

```
1. git clone https://github.com/raulmur/ORB_SLAM2
```

在命令行窗口进入 ORB_SLAM2 源文件夹，运行并按第 2～5 步操作指令进行编译。

第 2 步：首先通过以下指令赋予编译脚本权限。

```
1. chmod +x build.sh
```

第 3 步：然后通过以下指令编译脚本编译 g2o、DBoW2 以及 ORB_SLAM2 动态库，同时编译离线运行实例。

```
1. ./build.sh
```

至此，ORB_SLAM2 动态库、离线运行实例编译完成，可进行离线数据集的测试运行。若希望在线运行 ORB_SLAM2，则还需要进行以下在线运行实例的编译。

第 4 步：首先将 ORB_SLAM2 的在线运行实例代码包添加至 ROS_PACKAGE 路径（可直接在～/.bashrc 中添加下列语句）。

```
1. export ROS_PACKAGE_PATH = ${ROS_PACKAGE_PATH}:PATH/
ORB_SLAM2/Examples/ROS
```

第 5 步：然后通过以下指令编译在线运行实例。

```
1. ./build_ros.sh
```

至此，在线运行实例也编译完毕。

4. 数据集准备

系统离线运行需要在数据集上进行，ORB_SLAM2 针对多种开源数据集实现了运行实例，在此给出其所支持数据集的下载地址：

TUM-RGBD：http://vision.in.tum.de/data/datasets/rgbd-dataset/download

KITTI-Odometry：http://www.cvlibs.net/datasets/kitti/eval_odometry.php

EuRoc：http://projects.asl.ethz.ch/datasets/doku.php？id = kmavvisualinertialdatasets

5.7.2　代码解析

图 5.40 为 ORB_SLAM2 源文件包结构示意图，图中已对主要的文件夹、文件及其功能进行描述。其中，源代码 src、源代码头文件 include、系统运行实

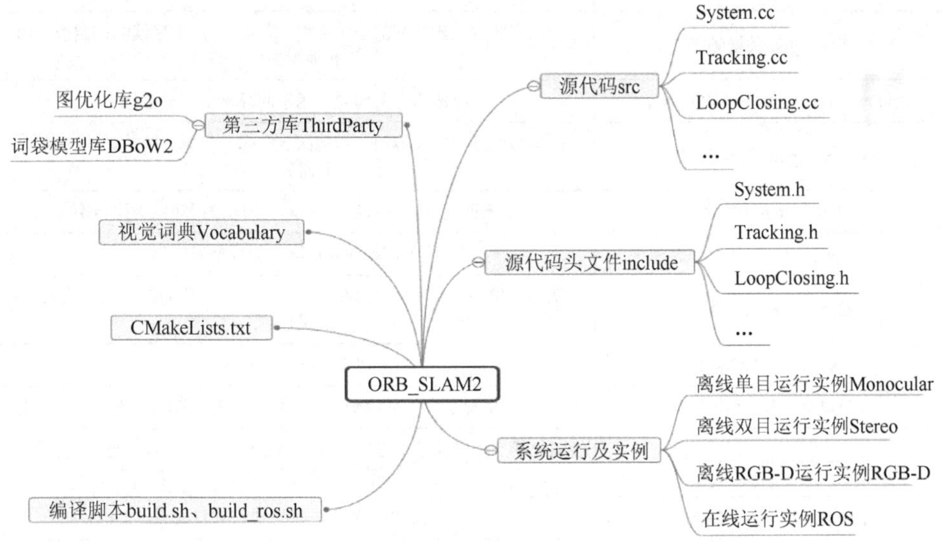

图 5.40　ORB_SLAM2 源文件包结构图

例 Examples 三个文件夹分别包含了系统的主要实现代码以及运行实例代码，是改进系统、运行系统的关键，接下来对这些关键代码文件进行说明。

1. 源代码及其头文件

头文件中包含了类的定义及其成员函数、成员变量声明，源代码文件与头文件一一对应，包含了函数的定义。头文件与源文件都以其中代码对应的模块功能命名，如表 5.6 所示。

表 5.6　ORB_SLAM2 文件说明

类名称	功能描述
System-系统主体类	初始化各模块指针，读取视觉词典、相机配置参数，开启局部建图定位、回环检测等线程
Frame-帧类	系统处理的主要单位数据，在初始化时完成图像去畸变、提取 ORB 特征并保存等，且在后续跟踪步骤提供信息
Tracking-主追踪类	构建当前帧，对当前帧进行初始位姿估计、局部地图跟踪获取最终位姿，判断当前帧是否被选为关键帧，构建关键帧、更新地图。在定位丢失时进行重定位
Initializer-初始化类	用于单目时的系统初始化
ORBextractor-ORB 特征提取类	提取 ORB 特征
ORBmatcher-ORB 特征匹配类	帧、关键帧、地图等不同数据之间的特征匹配
MapPoint-地图点类	系统中重要的路标，地图的主要构成元素，用于跟踪定位
Map-地图类	用于存储地图点和关键帧，为定位、优化、回环检测等提供数据
KeyFrame-关键帧类	用于保存较为关键的帧的观测数据、位姿等，用于后续帧的定位参考、轨迹和地图的优化等
KeyFrameDatabase-关键帧数据库类	存放历史关键帧，用于回环检测、重定位
LocalMapping-局部建图类	维护地图，进行新关键帧、新地图点的插入和旧关键帧、地图点的剔除，同时进行局部优化
Converter-转换类	用于四元数、李代数、李群等不同数据间的类型转换
LoopClosing-回环检测类	用于进行回环检测，触发全局优化
Optimizer-优化器类	包括多种位姿估计函数，是位姿估计、局部优化的核心类，依赖 g2o 图优化库
PnPsolver-PnP 求解器类	用于求解 PnP 问题
Sim3Solver-相似变换求解器	用于单目情况下的回环检测和全局优化，消除累积误差，校正尺度
FrameDrawer-帧绘制类	绘制处理后的图像帧，在原图像上添加特征点、跟踪状态、关键帧数量、地图点数量等当前状态的数据
MapDrawer-地图绘制类	绘制相机模型、地图点、共视关系
Viewer-可视化类	通过 OpenCV 窗口显示图像帧，通过 Pangolin 显示相机位姿、轨迹、地图点等

2. 运行实例 Examples

在编译过程中，ORB_SLAM2 的所有系统构成代码被编译成一个动态库文件 ORB_SLAM2.so，存放于 lib 文件夹下，而 Examples 下的系统运行实例代码将被编译成可执行文件，并链接 ORB_SLAM2.so，由此可进行基于离线数据集输入的系统运行或基于 ROS 在线输入的系统运行。接下来简要介绍 Examples 下各文件。

Monocular、Stereo、RGB-D 文件夹下存放了离线运行实例的源文件及部分相机参数文件，其中：离线 Monocular 运行实例共三个，包括以 TUM-RGBD 数据集 RGB 图像为输入的实例、以 EuRoc 数据集左目图像为输入的实例、以 KITTI-Odometry 数据集左目图像为输入的实例，分别对应 mono_tum.cc、mono_euroc.cc、mono_kitti.cc 三个源文件；离线 Stereo 运行实例共两个，包括以 EuRoc 数据集双目图像为输入的实例、以 KITTI-Odometry 双目图像为输入的实例，分别对应 stereo_euroc.cc 和 stereo_kitti.cc 两个源文件；RGB-D 运行实例有一个，以 TUM RGB-D 的图像和深度图为输入，对应源文件 rgbd_tum.cc。以上源代码文件中包含了读取数据集、创建 ORB_SLAM2 系统实例对象、运行系统等步骤实现，是离线测试的入口。除此之外，各文件夹下还包含了数据集的参数文件。

ROS 文件夹下包含一个 ORB_SLAM2 文件夹，该文件夹将在编译过程中被编译为 ROS 包，而该文件夹下的三个可执行文件将成为 ROS 节点，用于在线接收数据输入和实时系统运行。其中，ros_mono.cc、ros_rgbd.cc、ros_stereo.cc 分别为单目、RGB-D、双目节点的源代码文件，包含了接收 ROS topic 数据、数据同步、运行系统等步骤的实现，是在线运行的入口。

用户可以通过修改运行实例源文件并重新编译，使得系统可以读取自己的数据集或接收自己传感器的数据，但需要提前准备好传感器参数文件。

5.7.3 实验

在编译通过后，可运行 ORB_SLAM2 系统的离线实例或在线实例，其中离线实例的运行需要准备数据集。本小节以单目实例为例进行介绍，双目、RGB-D 等情况下的运行可参考代码说明文档。

1. 离线运行示例

以 TUM-RGBD 单目图像为输入的单目运行实例为例介绍系统在离线数据集上的运行流程。

准备好数据集后，将命令行窗口路径切换至 ORB_SLAM2 源文件夹下，输入以下指令运行单目实例。

```
./Examples/Monocular/mono_tum Vocabulary/ORBvoc.txt \
Examples/Monocular/TUMX.yaml \
PATH_TO_SEQUENCE_FOLDER
```

其中，TUMX.yaml 为相机参数文件，X 为 TUM-RGBD 数据集序列编号，如 fr1_desk 对应的相机参数文件为 TUM1.yaml，PATH_TO_SEQUENCE_FOLDER 为序列文件夹路径，如 rgbd_dataset_freiburg1_desk。

图 5.41 为 ORB_SLAM2 的系统运行界面，左边为当前帧画面，显示了当前帧图像、追踪到的特征点、系统模式以及关键帧数量、地图点数量；右边为地图和轨迹，显示了关键帧轨迹、地图点等。

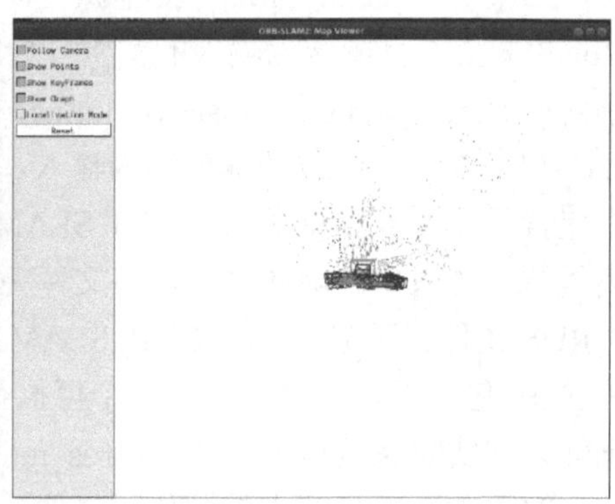

图 5.41 ORB_SLAM2 系统运行界面

系统运行结束后，相机位姿存储在源文件夹下的 CameraTrajectory.txt 中，可用于和真值对比。

2. 在线运行示例

以在线单目运行实例为例介绍系统在线运行过程。

在确认相机已连接且通过 ROS 话题发布数据后，在命令行窗口输入如下指令在线运行系统。

```
rosrun ORB_SLAM2 Mono PATH_TO_VOCABULARY PATH_TO_SETTINGS_FILE
```

其中，PATH_TO_VOCABULARY 为视觉词典路径，PATH_TO_SETTINGS_FILE 为相机参数文件。

注意，默认的相机 ROS topic 名称“/camera/rgb/image_raw”可能与用户传感

器发布的话题名称不一致，需要自行在源文件中修改后重新编译。

ORB_SLAM2 在线运行界面与离线运行时界面一致，结果保存的步骤也一致。

5.8　工程实践：ORB-SLAM3

本节的工程实践将介绍 ORB-SLAM3 的安装配置、代码结构、运行流程。ORB-SLAM3 是一个具有较高定位精度和鲁棒性的视觉惯性 SLAM 系统，基于 ORB-SLAM2 开发，支持单目、双目、RGB-D 三种视觉传感器的纯视觉模式，同时支持单目-惯性、双目-惯性两种视觉-惯性融合模式，除定位建图以外还具有多地图融合模块，保证了系统的稳定性。ORB-SLAM3 在 TUM-VI、EuRoC 开源数据集上的测试效果，证明该系统已达领先水平。

5.8.1　环境配置

配置与安装可在 PC 和机器人感知规划核心控制智能终端上实现。

1. 系统环境

操作系统：Ubuntu18/Ubuntu20。

2. 依赖项

以下介绍中默认系统中已自行安装 cmake、git、build-essential 等基础工具。

1）Pangolin

第 1 步：用于进行轨迹、地图可视化的三维绘图软件库，其配置安装过程如下所述。首先在命令行窗口输入以下指令安装 OpenGL、Glew 等依赖项。

```
1. sudo apt install libgl1-mesa-dev libglew-dev
```

第 2 步：在命令行窗口输入以下指令下载、编译 Pangolin，注意，ORB_SLAM3 适配 Pangolin v0.5，过高版本可能导致编译错误，故在下载 Pangolin.git 后请 checkout 至 7987c9b 分支。

```
1. git clone https://github.com/stevenlovegrove/Pangolin.
git
2. cd Pangolin
3. git checkout 7987c9b
```

```
4. ./scripts/install_prerequisites.sh --dry-run recommended
5. mkdir build
6. cd build
7. cmake ..
8. cmake --build.
```

2）OpenCV

用于图像读取、可视化、预处理等操作，可直接在命令行窗口输入以下指令安装 OpenCV（也可通过源代码编译，若用源代码编译建议安装 OpenCV3.4 及以上、OpenCV4 以下的版本）。

```
1. sudo apt-get install libopencv-dev
```

3）Eigen3

用于矩阵运算处理，可直接在命令行窗口输入以下指令安装 Eigen3。

```
1. sudo apt-get install libeigen3-dev
```

4）其他依赖项

C++boost 算法库及 ssl 协议库，通过如下指令安装。

```
1. sudo apt-get install libboost-all-dev
2. sudo apt-get install libssl-dev
```

5）DBoW2

词袋模型库，用于场景重识别和加速匹配，源码已在源代码包中的 ThirdParty 文件夹下，随源代码一起编译。

6）g2o

非线性优化库，用于优化计算，源码已在源代码包中的 ThirdParty 文件夹，随源代码一起编译。

7）ROS（可选）

机器人操作系统，用于在线运行。

3. 下载源代码及编译

通过以下命令下载源代码：

```
1. git clone https://github.com/UZ-SLAMLab/ORB_SLAM3.git
```

注意，在 Ubuntu18 下通过 apt-get 命令安装的 OpenCV 默认版本为 3.2，其对 ORB_SLAM3 主分支的部分计算不支持，源代码作者在分支 09a48ac 修复了这个问题，如有需要请切换至此分支，若先前安装 OpenCV 时版本在 3.4-4 之间则可使用主分支。

在命令行窗口进入 ORB_SLAM3 源文件夹，并运行如下指令进行编译。

第 1 步：首先通过以下指令赋予编译脚本权限。

```
1.chmod +x build.sh
```

第 2 步：然后通过以下指令编译脚本编译 g2o、DBoW2 以及 ORB_SLAM3 动态库，同时编译离线运行实例。

```
1. ./build.sh
```

至此，ORB_SLAM3 动态库、离线运行实例编译完成，可进行离线数据集的测试运行。若希望在线运行 ORB_SLAM3，则还需要进行以下在线运行实例的编译。

第 3 步：首先将 ORB_SLAM3 的在线运行实例代码包添加至 ROS_PACKAGE 路径（可直接在～/.bashrc 中添加下列语句）。

```
1. export ROS_PACKAGE_PATH = ${ROS_PACKAGE_PATH}:PATH/
ORB_SLAM3/Examples/ROS
```

第 4 步：然后通过以下指令编译在线运行实例。

```
1. chmod +x build_ros.sh
2. ./build_ros.sh
```

至此，在线运行实例也编译完毕。

4. 数据集准备

系统离线运行需要在数据集上进行，ORB_SLAM3 针对多种开源数据集实现了运行实例，在此给出其所支持数据集的下载地址：

TUM-RGBD：http://vision.in.tum.de/data/datasets/rgbd-dataset/download

KITTI-Odometry：http://www.cvlibs.net/datasets/kitti/eval_odometry.php

EuRoc（视觉惯性）：http://projects.asl.ethz.ch/datasets/doku.php？ id = kmavvisualinertialdatasets

TUM-VI（视觉惯性）：https://vision.in.tum.de/data/datasets/visual-inertial-dataset

5.8.2 代码解析

图 5.42 为 ORB_SLAM3 源文件包结构示意图，图中已对主要的文件夹、文件及其功能进行了描述。其中，源代码 src、源代码头文件 include、系统运行实例 Examples 三个文件夹分别包含了系统的主要实现代码以及运行实例代码，是改进系统、运行系统的关键，接下来对这些关键代码文件进行说明。

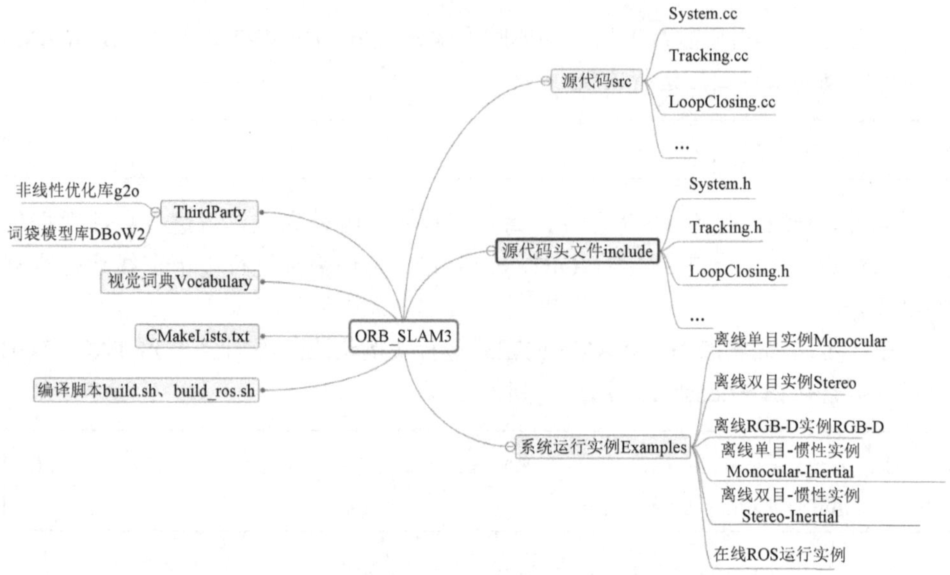

图 5.42 ORB_SLAM3 源文件包结构图

1. 源代码及其头文件

ORB_SLAM3 的大部分源代码文件与 ORB_SLAM2 一致，可以参考 5.6.2 节中对 ORB_SLAM2 的代码解析，在此仅介绍新增的核心代码文件。其文件说明如表 5.7 所示。

表 5.7 ORB_SLAM3 文件说明

类名称	功能描述
Atlas-多地图类	ORB_SLAM3 新增了多地图管理机制，在跟踪时仅跟踪活跃地图，在跟踪丢失时可在历史地图中索引并融合地图，若无法成功跟踪会新建一个地图用于跟踪，系统因此可以保持连贯性、稳定性，Atlas 就是负责维护多个地图
G2oTypes、OptimizableTypes-图优化节点、边类	ORB_SLAM3 将图优化中的节点、边的声明和定义放入源代码文件夹下

续表

类名称	功能描述
IMUTypes-IMU 数据类	实现了 IMU 数据的存储和读取
MLPnPsolver-极大似然 PnP 求解器	包含了一种不依赖相机模型的 PnP 求解方法 MLPnP
TwoViewReconstruction-两帧间重建	包含了两帧特征点的匹配、帧间旋转平移计算、三角化的计算

2. 运行实例 Examples

在编译过程中，ORB_SLAM3 的所有系统构成代码被编译成一个动态库文件 ORB_SLAM3.so，存放于 lib 文件夹下，而 Examples 下的系统运行实例代码将被编译成可执行文件，并链接 ORB_SLAM3.so，由此可进行基于离线数据集输入的系统运行或基于 ROS 在线输入的系统运行。接下来简要介绍 Examples 下各文件。

首先，Tum、Stereo、RGB-D 三个文件夹下分别包含了单目、双目、RGB-D 情况的纯视觉离线运行实例，其对数据集的支持与 ORB_SLAM2 基本一致，其中单目和双目情况新增了在 TUM-VI 数据集的运行实例。

在 Monocular-Inertial、Stereo-Inertial 文件夹下分别包含了单目-惯性、双目-惯性的离线运行实例，均支持在 TUM-VI、EuRoC 数据集的运行。

ROS 文件夹下包含一个 ORB_SLAM3 文件夹，该文件夹将在编译过程中被编译为 ROS 包，而该文件夹下生成的可执行文件将成为 ROS 节点，用于在线接收数据输入和实时系统运行。该文件夹下的源代码文件包含了接收 ROS topic 数据、数据同步、运行系统等步骤实现，是在线运行的入口。

用户可以通过修改运行实例源文件并重新编译，使得系统可以读取自己的数据集或接收自己传感器的数据，但需要提前准备好传感器参数文件。

5.8.3　实验

在编译通过后，可运行 ORB_SLAM3 系统的离线实例或在线实例，其中离线实例的运行需要准备数据集。纯视觉运行过程与 ORB_SLAM2 一致，在此以单目视觉惯性的离线运行和在线运行为例进行介绍。

1. 离线运行示例

以 EuRoC 数据集的图像和 IMU 数据为输入的双目-惯性运行实例为例介绍系统在离线数据集上的运行流程。

在已经准备好一条序列存放于 ORB_SLAM3/DataSet/MH_03_medium 后，将

命令行窗口路径切换至 ORB_SLAM3 源文件夹下，输入以下指令运行双目-惯性实例。

```
./Examples/Stereo-Inertial/stereo_inertial_euroc \
Vocabulary/ORBvoc.txt \
Examples/Stereo-Inertial/EuRoC.yaml \
DataSet/MH_03_medium \
Examples/Stereo-Inertial/EuRoC_TimeStamps/MH03.txt \
dataset-MH03_stereoi \
```

其中，EuRoC.yaml 为参数文件，DataSet/MH_03_medium 为序列文件夹路径，Examples/Stereo-Inertial/EuRoC_TimeStamps/MH03.txt 为数据集对应的时间戳文件路径，dataset-MH03_stereoi 为数据集名称。

图 5.43 为 ORB_SLAM3 的系统运行界面，与 ORB_SLAM2 一致，左边为当前帧画面，显示了当前帧图像、追踪到的特征点、系统模式以及关键帧数量、地图点数量；右边为地图和轨迹，显示了关键帧轨迹、地图点等。

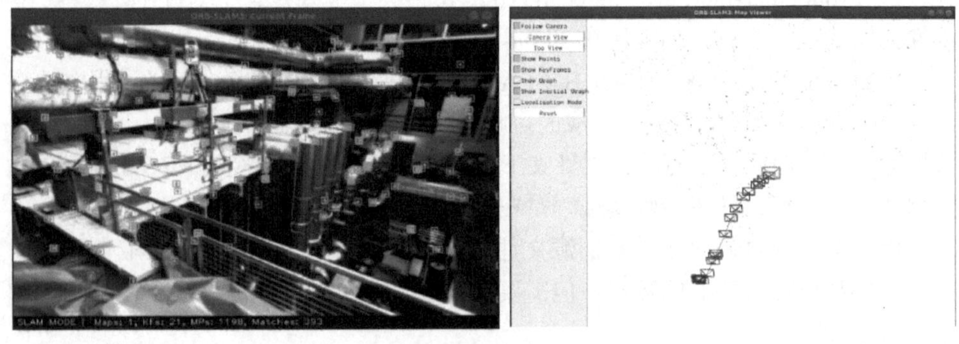

图 5.43　ORB_SLAM3 系统运行界面

系统运行结束后，相机位姿存储在源文件夹下的 f_dataset-MH03_stereoi.txt 中，可用于和真值对比。ORB_SLAM3 源文件夹下的 evaluation 中提供了评测工具，可用如下指令对定位结果进行评测。

```
python ./evaluation/evaluate_ate_scale.py \
DataSet/MH_03_medium/mav0/state_groundtruth_estimate0/
data.csv \
f_dataset-MH03_stereoi.txt \
```

```
--plot mh03_stereoi.png \
--verbose
```

如图 5.44 所示，图（a）为输出的数值评估结果，图（b）为输出的估计轨迹和真值轨迹的对比图。

```
compared_pose_pairs 2324 pairs
absolute_translational_error.rmse 0.029710 m
absolute_translational_error.mean 0.026380 m
absolute_translational_error.median 0.023875 m
absolute_translational_error.std 0.013665 m
absolute_translational_error.min 0.001002 m
absolute_translational_error.max 0.094029 m
```

(a)

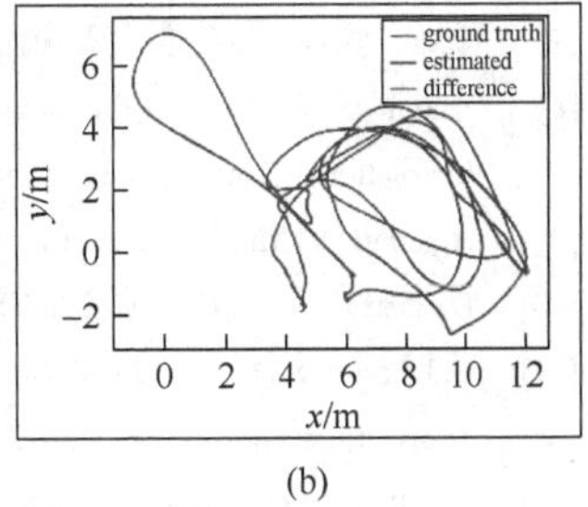

(b)

图 5.44　评测结果

2. 在线运行示例

以在线双目-惯性运行实例为例介绍系统在线运行过程。

在确认相机已连接且通过 ROS 话题发布数据后，在命令行窗口输入如下指令在线运行系统。

```
rosrun ORB_SLAM3 Stereo_Inertial PATH_TO_VOCABULARY
PATH_TO_SETTINGS_FILE \
ONLINE_RECTIFICATION [EQUALIZATION]
```

其中，PATH_TO_VOCABULARY 为视觉词典文件路径，PATH_TO_ SETTINGS_FILE 为相机参数配置文件路径，ONLINE_RECTIFICATION 为是否要进行在线双目校正的布尔参数，EQUALIZATION 为是否要进行直方图均衡化操作的布尔参数，默认为 false。

运行界面与定位结果保存的过程都与离线运行时一致。

参 考 文 献

[1] Wikipedia contributors. Simultaneous localization and mapping. In Wikipedia，The Free Encyclopedia[EB/OL]. https://en.wikipedia.org/w/index.php?title=Simultaneous_localization_ and_mapping & oldid=1053445845[2021-11-07].

[2] Zhang J，Singh S. LOAM：Lidar odometry and mapping in real-time[C]. Robotics：Science and Systems Conference，Berkeley，2014.

[3] Shan T，Englot B. Lego-loam：Lightweight and ground-optimized lidar odometry and mapping on variable

terrain[C]. 2018 IEEE/RSJ International Conference on Intelligent Robots and Systems（IROS），Madrid，2018：4758-4765.

[4] Hess W，Kohler D，Rapp H，et al. Real-time loop closure in 2D LIDAR SLAM[C]. 2016 IEEE International Conference on Robotics and Automation（ICRA），Stockholm，2016：1271-1278.

[5] Grisetti G，Stachniss C，Burgard W. Improved techniques for grid mapping with rao-blackwellized particle filters[J]. IEEE transactions on Robotics，2007，23（1）：34-46.

[6] 高翔等. 视觉 SLAM 十四讲：从理论到实践[M]. 北京：电子工业出版社，2019：19.

[7] 王程，陈峰，吴金建，等. 视觉传感机理与数据处理进展[J]. 中国图象图形学报，2020，25（1）：19-30.

[8] Kümmerle R，Grisetti G，Strasdat H，et al. g2o：A general framework for graph optimization[C]. 2011 IEEE International Conference on Robotics and Automation，Shanghai，2011：3607-3613.

[9] Agarwal S，Mierle K，et al. Ceres solver[EB/OL]. http://ceres- solver.org[2022-07-21].

[10] Dellaert F，et al. GTSAM[EB/OL]. https://gtsam.org/[2022-07-21].

[11] Galvez-Lpez D ，Tardos J D . Bags of binary words for fast place recognition in image sequences[J]. IEEE Transactions on Robotics，2012，28（5）：1188-1197.

[12] DBoW3[EB/OL]. https://github.com/rmsalinas/DBow3[2022-07-21].

[13] Michael G. evo：Python package for the evaluation of odometry and SLAM[EB/OL]. https://github.com/MichaelGrupp/evo[2022-07-21].

[14] Sturm J. TUM，TUM-RGBD-tools[EB/OL]. https://vision.in.tum.de/ data/datasets/rgbd-dataset/tools[2022-07-21].

[15] 顾照鹏，刘宏. 单目视觉同步定位与地图创建方法综述[J]. 智能系统学报，2015，10（4）：499-507.

[16] Ho H W，de Wagter C，Remes B D W，et al. Optical flow for self-supervised learning of obstacle appearance[C]. 2015 IEEE/RSJ International Conference on Intelligent Robots and Systems（IROS），Hamburg，2015：3098-3104.

[17] Qin T，Li P，Shen S. Vins-mono：A robust and versatile monocular visual-inertial state estimator[J]. IEEE Transactions on Robotics，2018，34（4）：1004-1020.

[18] Mourikis A I，Roumeliotis S I. A multi-state constraint kalman filter for vision-aided inertial navigation[C]. Proceedings of IEEE International Conference on Robotics and Automation，2007.

[19] Lucas B D，Kanade T. An iterative image registration technique with an application to stereo vision[C]. 1981.

[20] Horn B K P，Schunck B G. Determining optical flow[J]. Artificial Intelligence，1981，17（1/2/3）：185-203.

[21] Sun D，Yang X，Liu M Y，et al. Pwc-net：Cnns for optical flow using pyramid，warping，and cost volume[C]. Proceedings of the IEEE Conference on Computer Vision and Pattern Recognition，Salt Lake City，2018：8934-8943.

[22] He K，Zhang X，Ren S，et al. Deep residual learning for image recognition[C]. Proceedings of the IEEE Conference on Computer Vision and Pattern Recognition，Las Vegas，2016：770-778.

[23] Huang G，Liu Z，van der Maaten L，et al. Densely connected convolutional networks[C]. Proceedings of the IEEE Conference on Computer Vision and Pattern Recognition，Honolulu，2017：4700-4708.

[24] Yu F，Koltun V. Multi-scale context aggregation by dilated convolutions[J]. arXiv preprint arXiv：1511.07122，2015.

[25] Butler D J，Wulff J，Stanley G B，et al. A naturalistic open source movie for optical flow evaluation[C]. European Conference on Computer Vision，Heidelberg，2012：611-625.

[26] Gadot D，Wolf L. PatchBatch：A batch augmented loss for optical flow[C]. Proceedings of the IEEE Conference on Computer Vision and Pattern Recognition，Las Vegas，2016：4236-4245.

[27] Revaud J，Weinzaepfel P，Harchaoui Z，et al. Epicflow：Edge-preserving interpolation of correspondences for

optical flow[C]. Proceedings of the IEEE Conference on Computer Vision and Pattern Recognition，Boston，2015：1164-1172.

[28] Hu Y，Song R，Li Y. Efficient coarse-to-fine patchmatch for large displacement optical flow[C]. Proceedings of the IEEE Conference on Computer Vision and Pattern Recognition，Las Vegas，2016：5704-5712.

[29] Chen Q，Koltun V. Full flow：Optical flow estimation by global optimization over regular grids[C]. Proceedings of the IEEE Conference on Computer Vision and Pattern Recognition，Las Vegas，2016：4706-4714.

[30] Bailer C，Taetz B，Stricker D. Flow fields：Dense correspondence fields for highly accurate large displacement optical flow estimation[C]. Proceedings of the IEEE International Conference on Computer Vision，Boston，2015：4015-4023.

[31] Wulff J，Sevilla-Lara L，Black M J. Optical flow in mostly rigid scenes[C]. Proceedings of the IEEE Conference on Computer Vision and Pattern Recognition，2017：4671-4680.

[32] Bailer C，Varanasi K，Stricker D. CNN-based patch matching for optical flow with thresholded hinge embedding loss[C]. Proceedings of the IEEE Conference on Computer Vision and Pattern Recognition，Honolulu，2017：3250-3259.

[33] Xu J，Ranftl R，Koltun V. Accurate optical flow via direct cost volume processing[C]. Proceedings of the IEEE Conference on Computer Vision and Pattern Recognition，Honolulu，2017：1289-1297.

[34] Ranjan A，Black M J. Optical flow estimation using a spatial pyramid network[C]. Proceedings of the IEEE Conference on Computer Vision and Pattern Recognition，Honolulu，2017：4161-4170.

[35] Ilg E，Mayer N，Saikia T，et al. Flownet 2.0：Evolution of optical flow estimation with deep networks[C]. Proceedings of the IEEE Conference on Computer Vision and Pattern Recognition，Honolulu，2017：2462-2470.

[36] Harris C，Stephens M. A combined corner and edge detector[C]. Alvey Vision Conference，Manchester，1988：5210-5244.

[37] Rosten E，Drummond T. Machine learning for high-speed corner detection[C]. European Conference on Computer Vision，Heidelberg，2006：430-443.

[38] Shi J. Good features to track[C]. 1994 Proceedings of IEEE Conference on Computer Vision and Pattern Recognition，1994：593-600.

[39] Lindeberg T. Scale invariant feature transform[J]. 2012.

[40] Bay H，Tuytelaars T，van Gool L. Surf：Speeded up robust features[C]. European Conference on Computer Vision，Heidelberg，2006：404-417.

[41] Rublee E，Rabaud V，Konolige K，et al. ORB：An efficient alternative to SIFT or SURF[C]. 2011 International Conference on Computer Vision，Barcelona，2011：2564-2571.

[42] de Tone D，Malisiewicz T，Rabinovich A. Superpoint：Self-supervised interest point detection and description[C]. Proceedings of the IEEE Conference on Computer Vision and Pattern Recognition Workshops，Salt Lake City，2018：224-236.

[43] Shen X，Wang C，Li X，et al. Rf-net：An end-to-end image matching network based on receptive field[C]. Proceedings of the IEEE/CVF Conference on Computer Vision and Pattern Recognition，Long Beach，2019：8132-8140.

[44] Zhou H，Zou D，Pei L，et al. StructSLAM：Visual SLAM with building structure lines[J]. IEEE Transactions on Vehicular Technology，2015，64（4）：1364-1375.

[45] Pumarola A，Vakhitov A，Agudo A，et al. PL-SLAM：Real-time monocular visual SLAM with points and lines[C]. 2017 IEEE International Conference on Robotics and Automation（ICRA），Singapore，2017：4503-4508.

[46] Gomez-Ojeda R，Moreno F A，Zuniga-Noël D，et al. PL-SLAM：A stereo SLAM system through the combination of points and line segments[J]. IEEE Transactions on Robotics，2019，35（3）：734-746.

[47] Hsiao M，Westman E，Zhang G，et al. Keyframe-based dense planar SLAM[C]. 2017 IEEE International Conference on Robotics and Automation（ICRA），Singapore，2017：5110-5117.

[48] Davison A J，Reid I D，Molton N D，et al. MonoSLAM：Real-time single camera SLAM[J]. IEEE Transactions on Pattern Analysis and Machine Intelligence，2007，29（6）：1052-1067.

[49] Klein G，Murray D. Parallel tracking and mapping for small AR workspaces[C]. 2007 6th IEEE and ACM International Symposium on Mixed and Augmented Reality，Nara，2007：225-234.

[50] Mur-Artal R，Montiel J M M，Tardos J D. ORB-SLAM：A versatile and accurate monocular SLAM system[J]. IEEE Transactions on Robotics，2015，31（5）：1147-1163.

[51] Mur-Artal R，Tardós J D. Orb-slam2：An open-source slam system for monocular，stereo，and rgb-d cameras[J]. IEEE Transactions on Robotics，2017，33（5）：1255-1262.

[52] Mur-Artal R，Tardós J D. Visual-inertial monocular SLAM with map reuse[J]. IEEE Robotics and Automation Letters，2017，2（2）：796-803.

[53] Campos C，Elvira R，Rodríguez J J G，et al. Orb-slam3：An accurate open-source library for visual，visual—inertial，and multimap slam[J]. IEEE Transactions on Robotics，2021，37（6）：1874-1890.

[54] Engel J，Schöps T，Cremers D. LSD-SLAM：Large-scale direct monocular SLAM[C]. European Conference on Computer Vision，Cham，2014：834-849.

[55] Engel J，Koltun V，Cremers D. Direct sparse odometry[J]. IEEE Transactions on Pattern Analysis and Machine Intelligence，2017，40（3）：611-625.

[56] Huang G. Visual-inertial navigation：A concise review[C]. 2019 International Conference on Robotics and Automation（ICRA），2019：9572-9582.

[57] Thrun S，Burgard W，Fox D. Probabilistic Robotics[M]. Boston：MIT Press，2005.

[58] Li M，Mourikis A I . High-precision，consistent EKF-based visual-inertial odometry[J]. The International Journal of Robotics Research，2013，32（6）：690-711.

[59] Sun K，Mohta K，Pfrommer B，et al. Robust stereo visual inertial odometry for fast autonomous flight[J]. IEEE Robotics and Automation Letters，2018，3（2）：965-972.

[60] Dong-Si T C，Mourikis A I. Estimator initialization in vision-aided inertial navigation with unknown camera-IMU calibration[C]. 2012 IEEE/RSJ International Conference on Intelligent Robots and Systems，Vilamoura，2012：1064-1071.

[61] Li M，Mourikis A I. Online temporal calibration for camera—IMU systems：Theory and algorithms[J]. The International Journal of Robotics Research，2014，33（7）：947-964.

[62] Brossard M，Barrau A，Bonnabel S. Exploiting symmetries to design EKFs with consistency properties for navigation and SLAM[J]. IEEE Sensors Journal，2018，19（4）：1572-1579.

[63] van Goor P，Mahony R. An equivariant filter for visual inertial odometry[C]. 2021 IEEE International Conference on Robotics and Automation（ICRA），Xi'an，2021：14432-14438.

[64] Lupton T，Sukkarieh S. Visual-inertial-aided navigation for high-dynamic motion in built environments without initial conditions[J]. IEEE Transactions on Robotics，2011，28（1）：61-76.

[65] Forster C，Carlone L，Dellaert F，et al. On-manifold preintegration theory for fast and accurate visual-inertial navigation[J]. IEEE Transactions on Robotics，2015：1-18.

[66] Forster C，Carlone L，Dellaert F，et al. IMU preintegration on manifold for efficient visual-inertial

maximum-a-posteriori estimation[C]. Georgia Institute of Technology，Atlanta，2015.

[67] Forster C，Carlone L，Dellaert F，et al. On-manifold preintegration for real-time visual—inertial odometry[J]. IEEE Transactions on Robotics，2017，33（1）：1-21.

[68] Leutenegger S，Lynen S，Bosse M，et al. Keyframe-based visual—inertial odometry using nonlinear optimization[J]. The International Journal of Robotics Research，2015，34（3）：314-334.

[69] Liu H，Chen M，Zhang G，et al. Ice-ba：Incremental，consistent and efficient bundle adjustment for visual-inertial slam[C]. Proceedings of the IEEE Conference on Computer Vision and Pattern Recognition，Salt Lake City，2018：1974-1982.

[70] Urban S，Leitloff J，Hinz S. Mlpnp-a real-time maximum likelihood solution to the perspective-n-point problem[J]. arXiv preprint arXiv：1607.08112，2016.

[71] Xu W，Cai Y，He D，et al. Fast-lio2：Fast direct lidar-inertial odometry[J]. IEEE Transactions on Robotics，2022.

[72] Xu W，Zhang F. Fast-lio：A fast，robust lidar-inertial odometry package by tightly-coupled iterated kalman filter[J]. IEEE Robotics and Automation Letters，2021，6（2）：3317-3324.

第 6 章　机器人视觉语义融合

本章在 SLAM 技术的基础上，主要介绍机器人定位建图中与视觉语义融合的方法。第 5 章介绍的机器人视觉同步定位与建图（Visual Simultaneous Localization And Mapping，VSLAM）技术可以利用图像序列以及一些辅助传感器数据完成精准定位与环境重建任务。但是 VSLAM 技术采用的静态环境假设、低级视觉特征以及仅包含几何信息的 3D 地图在复杂的现实环境中具有局限性，难以满足智能导航的需要。将语义信息与环境的几何特征联系起来，提供关于机器人周围环境的高层次描述，有利于增强机器人的环境感知、导航避障与任务规划能力，实现机器人智能导航。

本章主要内容包括：①语义辅助前端特征筛选；②语义辅助后端定位优化；③语义辅助回环检测；④语义融合环境建模。

6.1　语义辅助前端特征筛选

6.1.1　概述

传统 VSLAM 算法是基于场景静态性假设的。如果机器人运动场景中存在动态物体会极大干扰 VSLAM 算法的性能。剔除位于动态物体上的图像特征，仅基于静态物体特征来估计位姿，将有助于提高运动场景中 VSLAM 算法的精度和鲁棒性。关于如何筛选图像中动态物体的特征，目前主流的研究思路可以分为三类：几何方法、光流法以及结合深度学习的方法。

几何方法主要有三种策略：第一种是利用对极几何区分静态和动态特征；该策略认为动态特征点会违背静态特征点在多视几何中所遵循的约束。文献[1]使用了极线约束，要求图像中的静态特征点应该落在后续图像中对应的极线上，如果跟踪的特征点距离极线较远，那么这个特征点很可能是属于一个动态物体。第二种是利用三角测量原理区分静态和动态特征，如果一个特征点是动态的，那么它在三个不同相机位姿下的观察光线将不会相交[2]；第三种是利用重投影误差，该策略将特征从前一帧投影到当前帧，测量该特征在当前帧的投影与当前帧对应特征之间的距离，并根据该距离区分静态和动态特征[3, 4]。

光流法是利用图像序列中像素在时间域上的变化以及相邻帧之间的相关性来获取帧间关系，进而计算出相邻帧之间物体运动信息的一种方法。文献[5]通过光流法来度量物体的运动情况，认为如果一个物体是静止的，对应的特征点也应符合光流法的约束。文献[6]利用场景流中特征点的运动向量（Motion Vector）计算出残差运动似然值（Residual Motion Likelihood），如果这个值很低，说明这个特征点属于静态物体。

近年来，随着深度学习的不断发展，越来越多的工作将深度学习算法用于 VSLAM 的动态特征筛选。文献[7]提出的 DS-SLAM 方案利用 SegNet 算法（见 3.2.3 节）识别图像中潜在的动态物体，然后通过运动一致性检测判断潜在动态物体是否移动，最后去除动态物体掩码中对应的特征点。文献[8]使用 Mask R-CNN 识别先验动态物体，结合多视几何方法检测动态物体。除了筛选动态特征，还有一些针对其他无效特征的筛选方案，如 SalientDSO[9]的目的是选择感兴趣区域的点。该方案首先使用 SalGAN 提取显著性分布图，然后使用 PSPNet 的语义分割结果对显著性分布图进行过滤，最终筛选出来的特征点相较于 DSO（见 5.2.4 节）均匀选出的特征点更具代表性。SIVO[10]提出了一个基于信息论的特征选择策略，引入语义分割不确定度，如果某个像素在语义分割中的不确定越高（如语义掩码之间的边界部分），那么该像素对应的特征就越容易被剔除。

相比于几何方法与光流法，这些结合深度学习的方法可以更好地应对较为复杂的动态场景。下面对部分方案进行介绍。

6.1.2　语义分割辅助特征筛选

DS-SLAM 是一个面向动态场景的语义 VSLAM 算法框架。该框架通过将光流法和语义分割网络相结合，有效地减少了动态物体的干扰。DS-SLAM 框架和流程见图 6.1 和图 6.2。该框架在 ORB-SLAM 的基础上添加了语义分割线程和语义八叉树地图构建线程（ORB-SLAM 的框架在 5.2.3 节中有详细介绍）。

（1）语义分割线程：利用语义分割网络 SegNet 提取每一帧图像的语义信息，然后将语义分割的结果传入跟踪线程。

（2）语义八叉树地图构建线程：利用深度图像、语义分割线程提供的分割结果以及位姿估计的结果构建语义八叉树地图。

DS-SLAM 对原始 RGB 图像同时进行语义分割和运动一致性检查，然后结合两者的结果剔除动态特征点，利用保留下来的静态特征点用于后续位姿估计。接下来介绍运动一致性检查的流程：

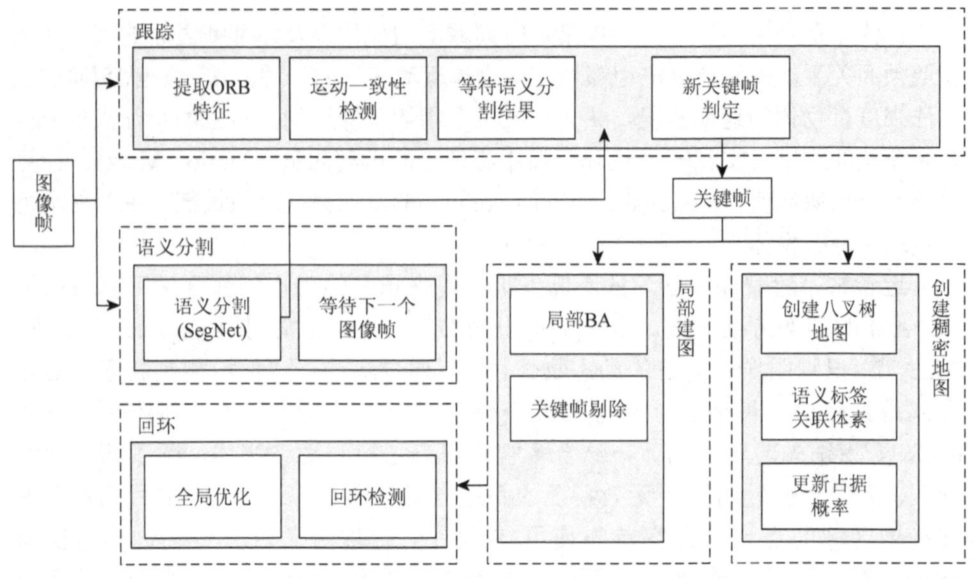

图 6.1　DS-SLAM 框架[7]

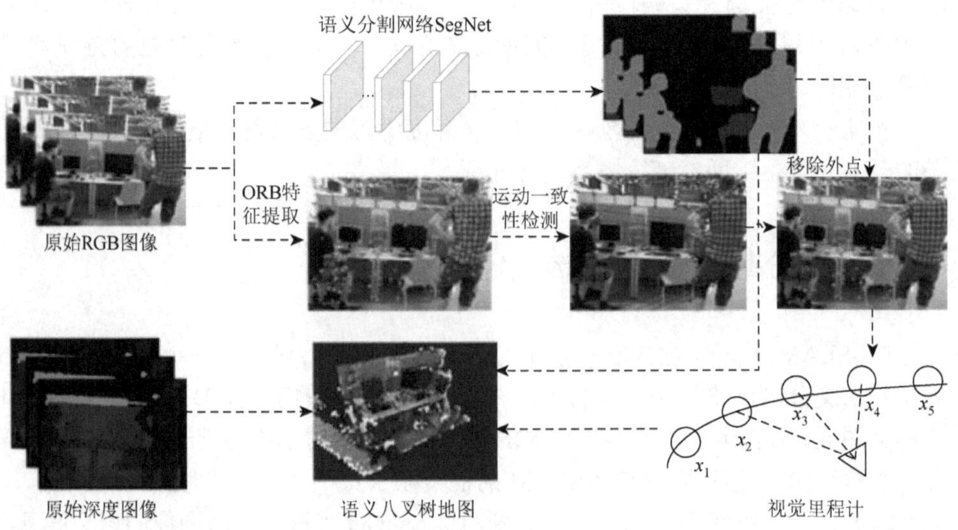

图 6.2　DS-SLAM 的工作流程[7]

（1）利用光流金字塔（Optical Flow Pyramid）快速获取相邻帧之间的特征点匹配关系；

（2）对于匹配成功的特征点，如果其位于图像边缘则直接忽略。然后针对每一对匹配的特征点，计算以各自为中心的 3×3 区域内灰度值差异的总值，如果总值大于预先设定的阈值 φ，丢弃这一对匹配点；

（3）将筛选过后的匹配特征点对通过随机抽样一致（Random Sample Consensus，RANSAC）算法计算基础矩阵，然后计算极线距离，判断匹配点到对应极线的距离是否大于设定的阈值 τ_1，如果大于该值，则判定匹配点正在移动。

运动一致性检测完成后，结合语义分割网络 SegNet 获取的掩码结果一起移除外点。如果正在移动的点落在某个语义掩码的轮廓内，并且移动点的数量大于阈值 τ_2，则将该物体确定为移动状态，并丢弃该物体所对应的语义掩码轮廓上所有的特征点。

DS-SLAM 在 TUM 的 RGB-D 数据集的动态序列上进行了测试，DS-SLAM 系统在大多数高动态序列上的绝对轨迹误差（Absolute Trajectory Error，ATE）和相对位姿误差（Relative Pose Error，RPE）相比于 ORB-SLAM2 提升巨大，如 fr3_walking_static 序列，DS-SLAM 在 ATE 上相比于 ORB-SLAM2 减少了 97%。

DS-SLAM 优势在于剔除动态点的同时引入了语义信息，提升了动态场景下相机位姿估计的精度，但受限于实时语义分割算法精度，无法对动态物体分割掩码边缘的特征点进行有效剔除。后续一些研究对 DS-SLAM 进行了改进。如文献[11]在 DS-SLAM 的框架上，引入目标检测同时设计了一个语义获取方法切换的自适应机制（见图 6.3），根据场景中动态物体占据画面比例的大小选择不同的语义获取方式。当动态物体占比较小时，使用目标检测获取语义，剔除边界框中的动态特征点，同时使用静态点恢复算法可以增加场景中可用特征点数量。当动态物体占比较大时，如全部剔除边界框中的特征点将会使可用特征点数量过少，则使用语义分割获取语义。针对不同动态场景使用不同的语义获取方法，能够有效地剔除位于掩码边缘的动态特征点同时增强算法的鲁棒性，在同样的数据集上测试，位姿估计的精度相比于 DS-SLAM 至少可以提升 13%。

6.1.3　实例分割辅助特征筛选

DynaSLAM 通过结合实例分割方法与多视几何方法来消除动态物体，仅使用静态部分完成跟踪定位和局部建图，降低动态物体对算法的影响。

DynaSLAM 框架见图 6.4，使用单目相机或者双目相机的图像时，只经过一个 Mask R-CNN 处理，然后利用分割后的结果进行跟踪和建图。因为在多视几何部分需要用到图像的深度信息，所以 DynaSLAM 区分了单目、双目和 RGB-D 三种图像数据的处理流程。

接下来着重介绍使用 RGB-D 相机时的图像处理流程。

（1）经过 Mask R-CNN 处理，获取图像中的语义信息。系统预先定义了一些潜在的动态物体，包括人、车等，如果在图像中检测出了这几类物体，会直接剔除。

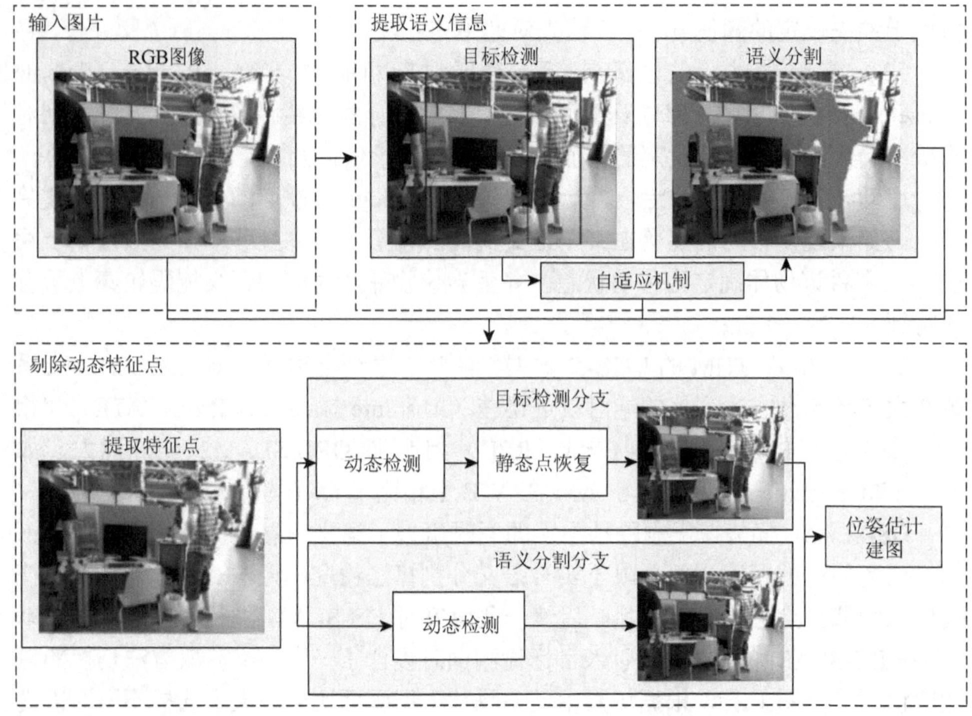

图 6.3　FSD-SLAM 框架[11]

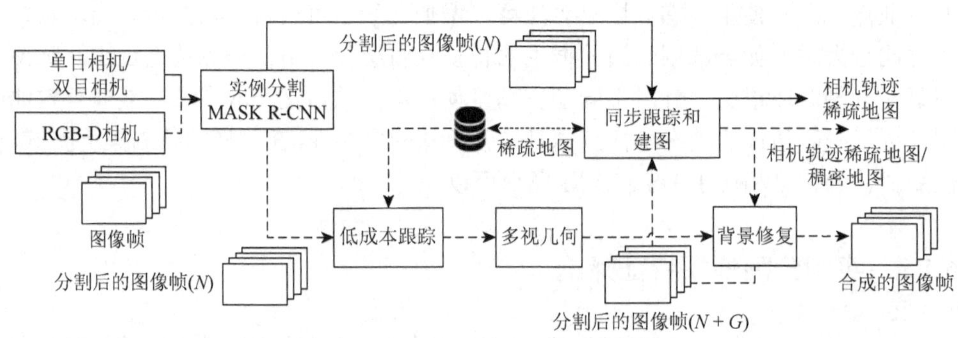

图 6.4　DynaSLAM 的工作流程[8]

实线是使用单目或者双目相机时的图像处理流程，虚线是使用 RGB-D 相机时的图像处理流程，点虚线代表跟踪和建图环节与稀疏地图之间的数据交换，系统利用稀疏地图进行跟踪，并不断更新地图

（2）使用一个低成本跟踪算法，对落在图像静态区域内的特征点，进行跟踪与定位。

（3）使用多视几何方法对场景中的动态物体做进一步的剔除。场景中有些物体不属于潜在的动态物体，但是它们可以被移动，如书本、椅子。这些物体无法被深度学习算法检测并剔除，所以需要对这种情况做单独处理（见图 6.5）。

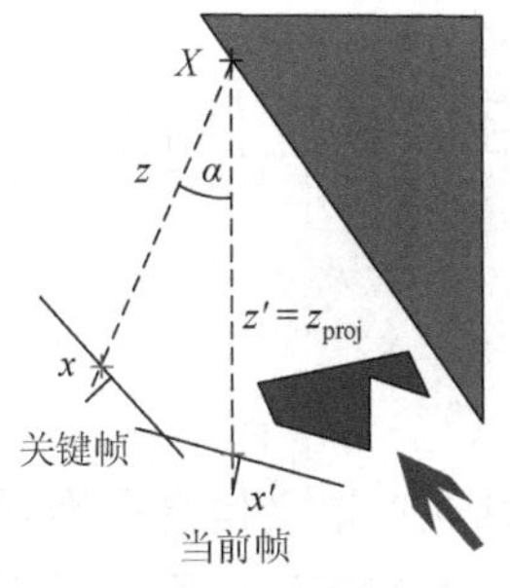

(a) 特征点x′属于静态物体

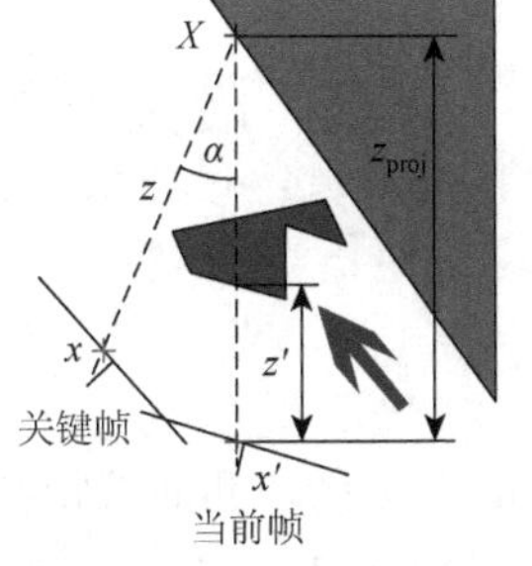

(b) 特征点x′属于动态物体

图 6.5　DynaSLAM 中的多视几何方法示意图[8]

考虑动态物体检测中计算代价和准确度的平衡，对于图像的每一帧仅选取与其重叠程度最高的五个关键帧，用于动态点判断。将关键帧中的特征点 x 投影到当前帧，获得投影点 x'以及投影深度 z_{proj}。对于特征点 x，其对应的 3D 空间点是 X，计算 x 和 x'的视差角 α（Parallax Angle）。经过在 TUM 数据集上的验证得知，如果视差角大于 30°，该点可能被遮挡，后续的深度值判断可能会把静态物体当作动态物体，所以忽略该点不做后续深度值判断。对于剩下的特征点，通过深度图可以直接得到其在当前帧的深度 z'，考虑重投影误差，计算 $\Delta_z = z_{\text{proj}} - z'$，如果这个值大于阈值 τ_z，如图 6.5（b）中所展示的那样，x'落在了移动的物体上，实际深度和投影深度的差别就会很大，则该点会被认定属于一个动态物体。

DynaSLAM 效果见图 6.6，DynaSLAM 结合了实例分割方法和多视几何方法，可以识别出场景中的动态物体并将其对应的特征点剔除，增强了系统在动态环境中的稳健性。

(a) 使用多视几何的方法

(b) 使用深度学习的方法

(c) 同时使用深度学习和多视几何的方法

图 6.6　DynaSLAM 效果图[8]

图（a）仅使用多视几何方法，挡板后的人并没有被识别出来；图（b）仅使用深度学习的方法，可以检测出场景中的人，但是人手里的书发生了移动，并没有被检测出来；图（c）将两种方法结合，可以把当前场景中发生移动的物体全部检测出来

6.2 语义辅助后端定位优化

6.2.1 概述

6.1 节介绍的语义信息辅助前端特征筛选中，语义信息作为判断条件对无效特征、动态特征进行剔除，有效提升了 VSLAM 的定位精度。但是，在这个过程中语义信息仅起到一个“过滤特征”的作用，其本身并未作为一种特征或观测参与到实际的计算，还没有充分发挥语义信息的优势。

传统 VSLAM 方法主要使用图像中的点、线等低级特征，用于帧间匹配、路标地图构建、场景重识别等。这些数量大、易于提取的特征在条件良好的情况下具有很高的可用性与鲁棒性。然而，低级特征也存在一些限制：①大幅度、大尺度的相机视角变化会导致低级特征的数据关联困难；②在长时间 SLAM 过程中，环境外观的变化也会导致低级特征的数据关联困难；③基于低级特征构建的地图仅能描述周围环境的几何信息，缺乏对环境的高层次描述。区别于低级特征，语义信息在时间与空间尺度上都具有更好的前后一致性，不仅能辅助低级特征的数据关联，也可以作为一种特征直接参与定位。许多研究者将图像语义信息作为一种约束来构建优化问题，下面对部分方案进行介绍。

6.2.2 像素级语义辅助后端

VSO[12]提出了一种语义重投影误差项，能将粗粒度的语义信息与细粒度的几何信息融合形成约束，以提升较长时间内的数据关联准确度，进而提升位姿估计的精度。

VSO 认为低级特征的外观会随尺度变化而发生较大改变，进而导致基于描述子匹配、亮度误差等传统方法的中长时间内数据关联困难。而语义信息可以在长时间、大尺度变动下依然保持前后一致性。如图 6.7 所示，左侧为连续图像序列中时间间隔较大的几帧，这些帧中落于某辆汽车轮胎上的一个特征点仅能在短期内匹配成功，而随着时间推移与尺度变化，该特征点无法与先前观测进行关联。右侧对应于左侧图像的语义分割图序列，则能够在若干帧间对某一特征点都保持其类别语义信息一致。基于上述思想，VSO 提出了基于语义掩码的重投影误差项。

首先，对于第 k 帧的图像 I_k，有稠密像素级语义分割图 $S_k:\mathbb{R}^2 \rightarrow C$，每个像素值表示一个类别标签，所有类别标签的集合为 C；路标点 P_i 有一个世界坐标系

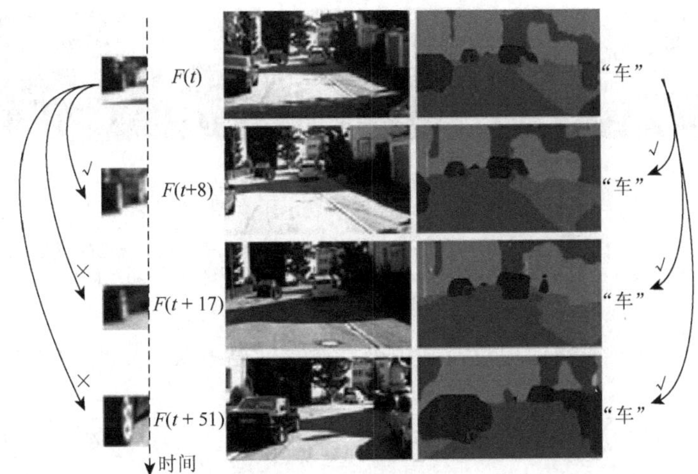

图 6.7　低级特征与语义信息的数据关联对比示意图[12]

左侧图像序列中某特征点难以进行中长期关联，但右侧特征点语义类别在较长时间内保持前后一致性

下的 3D 坐标 X_i，以及一个类别标签 $Z_i \in C$；每个路标点都有一个类别概率向量 $w_i \in \mathbb{R}^C$，使得 $w_i^{(c)} = p(Z_i = c|X_i)$，表示路标点 P_i 属于类别 c 的概率。基于上述表示构建观测概率模型：$p(S_k|T_k, X_i, Z_i = c)$，这一观测模型的概率值，应随着路标点投影像素与语义分割结果中距离其最近的同类像素之间距离的增大而减小。为了更好地表示该概念，引入距离变换 $\mathrm{DT}_B(p):\mathbb{R}^2 \to \mathbb{R}$。$p \in \mathbb{R}^2$ 为像素坐标，B 为语义分割结果中关于类别 c 的二值图像：对于一个语义分割结果，类别为 c 处像素值为 1，不为 c 处像素值为 0。距离变换将此二值图像转化为距离图像，其中每个像素的值，为此像素与距离其最近的值为 1 的像素之间的距离。对语义分割图进行距离转换的过程见图 6.8。综合上述概念及定义，关于语义的观测似然构建如式（6-1）所示：

$$p(S_k|T_k, X_i, Z_i = c) \propto \mathrm{e}^{-\frac{1}{2\sigma^2}DT_k^{(c)}(\pi(T_k, X_i))^2} \tag{6-1}$$

其中，$\pi(T_k, X_i)$ 为投影函数，表示利用位姿 T_k 将 3D 坐标 X_i 投影至图像平面，获取投影像素；σ 为距离转换的权重。

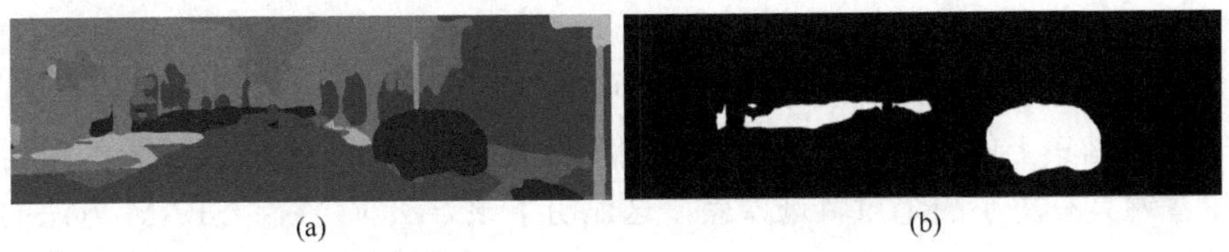

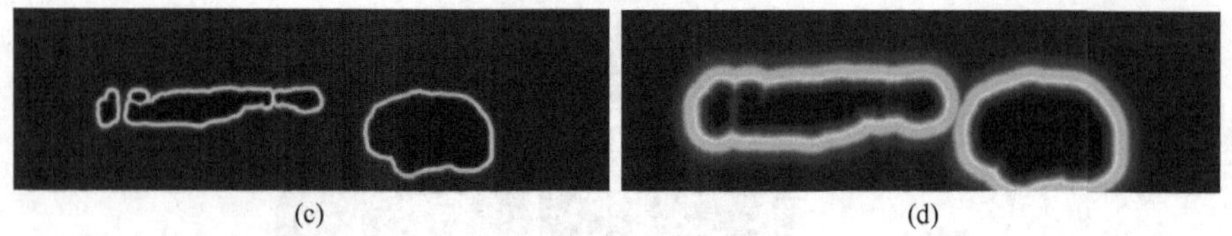

图 6.8　语义似然表示示意图

以图（a）语义分割图中的车辆为例，图（b）为其对应的二进制图像。式（6-1）所示的语义似然见图（c）和图（d），其中图（c）对应 $\sigma=10$ 的情况，图（d）对应 $\sigma=40$ 的情况

根据式（6-1）似然项构建语义相关重投影误差函数，见式（6-2）：

$$e_{\text{sem}}(k,i)=\sum_{c\in C}w_i^{(c)}\ln(p(S_k|T_k,X_i,Z_i=c))=-\sum_{c\in C}\frac{w_i^{(c)}}{\sigma^2}\text{DT}_k^{(c)}(\pi(T_k,X_i))^2 \tag{6-2}$$

其中，σ 为一个语义分割不确定度参数。

考虑到一个路标点 P_i 可能被多个帧 $\{T_k\}$ 观测到，为了使其类别能够随着观测进行增量更新，$w_i^{(c)}$ 定义如式（6-3）所示，其中 α 为归一化参数，确保 $\sum_c w_i^{(c)}=1$。

$$w_i^{(c)}=\frac{1}{\alpha}\prod_{k\in T_i}p(S_k|T_k,X_i,Z_i=c) \tag{6-3}$$

如果仅使用语义重投影误差项进行定位优化，那么优化问题将成为欠约束问题，所以需要结合几何误差项对优化问题施加约束。设传统方法中的几何误差项为 $e_{\text{base}}(k,i)$，其在直接法中通常表示光度误差项，在间接法中通常表示重投影误差项。VSO 将几何误差项和语义重投影误差项相结合构建整体误差函数，见式（6-4）：

$$E=\sum_k\sum_i e_{\text{base}}(k,i)+\lambda\sum_k\sum_i e_{\text{sem}}(k,i) \tag{6-4}$$

其中，λ 是用于衡量语义重投影误差项重要性的权重参数，通过最小化如上误差函数可对位姿、路标点进行最优估计。

VSO 在关于位姿和路标状态的最大后验概率估计问题中融合了像素级语义分割信息，在构建有关语义的观测模型时所采用的思想也较为直观，即最优位姿理应使得路标点投影至图像中同类的像素掩码内。此外，VSO 不依赖于固定的 VSLAM 前端方法，所以与直接法、间接法方案都可结合。表 6.1 为 VSO 在 KITTI 数据集上的实验结果，可以看到使用像素级语义信息作为额外约束后的系统普遍具有更小的绝对轨迹误差，这证明了该方法对传统 VSLAM 方法的促进效果。

表 6.1　VSO 实验结果[12]

算法	00	02	03	04	05
ORB-SLAM2	3.99/3.11	9.71/7.90	3.20/3.15	1.21/1.36	2.36/2.20
PhotoBundle	4.67/4.45	14.10/13.41	6.32/5.40	0.62/0.80	3.52/3.35
Mono-ORB-SLAM2	56/45	25/23	2.0/2.1	1.4/1.9	27/19
算法	06	07	08	09	10
ORB-SLAM2	2.64/2.14	1.11/1.06	4.04/3.74	4.22/3.34	1.99/2.10
PhotoBundle	4.81/2.72	0.94/0.84	6.38/6.26	6.78/5.80	1.45/1.45
Mono-ORB-SLAM2	47.1/40.5	13.6/12.5	50/42	43/43	6.8/7.7

绝对轨迹误差，单位：m，在 KITTI-Odometry 数据集上实验，表中数据为未使用/使用了语义的结果。其中，Mono-ORB-SLAM2 是单目 ORB-SLAM2，PhotoBundle 是一种直接的 SLAM 算法

6.2.3　物体级语义辅助后端

语义分割获取的语义信息为像素级的类别标注和概率，不含有物体级的语义信息，即不能区分同类物体的不同个体。而目标检测、实例分割等可以获取图像中的物体级语义信息。考虑到人类在感知环境和导航定位时，常会以物体为单位进行描述，所以在导航定位中引入物体级语义信息也具有较大意义，研究者据此也提出了许多物体级的语义 VSLAM 方案。

SLAM++[13]是早期的物体级 SLAM 方案，该方案利用 KinectFusion[14]和预先构建的物体 CAD 模型，构建物体 CAD 数据库。在 SLAM 过程中以 RGB-D 数据作为输入，从深度信息中获取 3D 点云，并采用 3D 点云分割方法分割出物体点云，然后在数据库中进行检索，并将匹配到的物体模型添加至地图中，最后联合物体位姿和相机位姿优化定位。SLAM++ 是一个开创性的物体级 VSLAM 方案，但其需要预先建立 CAD 数据库，难以适应各种应用场景。因此许多方案对物体级路标的构建过程进行了简化，在通过目标检测、实例分割等方法获取图像语义后，根据几何原理构建出具有规范形状、位置姿态、尺寸大小等参数的物体模型，该过程称为物体路标的参数化过程。当物体路标由明确的参数构成时，在构建定位优化问题时即可将这些参数作为约束。CubeSLAM[15]是其中的代表性方法。此外，QuadricSLAM[16]将物体模型构建为类似椭球的二次曲面模型，实现了更为紧凑的数学表达。TextSLAM[17]将文本耦合到语义 SLAM 中，将文字信息作为路标完成定位任务。一些方案[18, 19]针对物体级数据关联这一关键问题提出了解决办法，利用物体外观、结构，通过统计学方法、图像匹配等方法实现物体匹配。一些方案结合跟踪、聚类等方法，实现了对动态物体的跟踪[20, 21]。

CubeSLAM 使用单目图像作为输入，通过目标检测获取物体的 2D 矩形检测

框，通过消失点采样等几何方法直接获取物体的 3D 立方体模型。对于一个物体的 3D 立方体模型 O 一共有 9 个自由度参数，包括：3 自由度的位置 $t=[t_x,t_y,t_z]$、3 自由度的旋转 $R\in\mathrm{SO}(3)$、3 自由度的尺寸 $d=[d_x,d_y,d_z]$。在此不详细介绍物体模型的参数化过程，而着重介绍使这些参数参与优化定位的方法。

CubeSLAM 对传统的 BA 问题进行了改进，使其可以联合优化相机位姿、路标点和物体参数。设现有一组相机位姿 $C=\{C_i\}$，一组立方体模型 $O=\{O_i\}$，一组路标点 $P=\{P_k\}$，则改进后的 BA 具有如式（6-5）所示的非线性最小二乘优化问题的形式：

$$C^*,O^*,P^*=\arg\min_{\{C,O,P\}}\sum_{C_i,O_j,P_k}\left\|e(c_i,o_j)\right\|_{\Sigma_{ij}}^2+\left\|e(o_j,p_k)\right\|_{\Sigma_{jk}}^2+\left\|e(c_i,p_k)\right\|_{\Sigma_{ik}}^2 \tag{6-5}$$

其中，$e(c,o)$、$e(o,p)$、$e(c,p)$ 分别为相机-物体、物体-路标点和相机-路标点的相关误差项；Σ 为各误差项的协方差矩阵。相机位姿由 $T_c\in\mathrm{SE}(3)$ 表示，路标点由 $P\in\mathbb{R}^3$ 表示，立方体物体模型具有 9 自由度参数：$O=\{T_o,d\}$，其中，$T_o=[R\ t]\in\mathrm{SE}(3)$，$d\in\mathbb{R}^3$ 为立方体尺寸参数。上述优化问题可以通过高斯-牛顿法等非线性优化方法求解。

（1）相机-物体误差项包含两种测量误差。第一种是在 3D 物体检测较为准确时被采用的 3D 测量误差：设被检测到的物体在相机坐标系下的参数为 $O_m=(T_{om},d_m)$，利用相机位姿将路标物体参数转换到相机位姿下进行对比得到如式（6-6）的误差项：

$$e_{co\_3\mathrm{D}}=\left[\ln\left(\left(T_c^{-1}T_o\right)T_{om}^{-1}\right)^{\vee}\ d-d_m\right] \tag{6-6}$$

其中，对数操作将 SE（3）李群转换为李代数 se（3）空间；$^{\vee}$ 操作将反对称矩阵转换为 6 维向量，故 $e_{co\_3\mathrm{D}}\in\mathbb{R}^9$，$m$ 下标为测量值。

第二种是关于 2D 检测框和物体投影框误差（见图 6.9）：将 3D 立方体物体投影至像素平面时，可以获取立方体 8 个顶点在像素平面的 8 个投影像素，找出在像素坐标系下的横纵两轴最大、最小的四个投影像素构成投影检测框，见式（6-7）～式（6-10）：

$$[u,v]_{\min}=\min\left\{\pi\left(\frac{R[\pm d_x,\pm d_y,\pm d_z]}{2}+t\right)\right\} \tag{6-7}$$

$$[u,v]_{\max}=\max\left\{\pi\left(\frac{R[\pm d_x,\pm d_y,\pm d_z]}{2}+t\right)\right\} \tag{6-8}$$

$$c=\frac{([u,v]_{\min}+[u,v]_{\max})}{2} \tag{6-9}$$

$$s=[u,v]_{\max}-[u,v]_{\min} \tag{6-10}$$

其中，$[u,v]_{\min,\max}$ 是立方体顶点投影像素的最小值和最大值，即投影检测框左上角与右下角坐标；π 是投影函数；c、s 分别为计算得到的投影检测框中心点坐标和尺寸大小，将这两个参数与目标检测算法获取的检测框进行对比得到如式（6-11）的误差项：

$$e_{co\_2D} = [c,s] - [c_m, s_m] \tag{6-11}$$

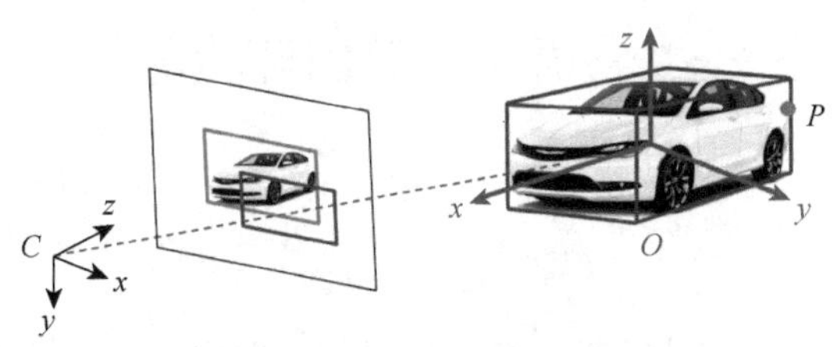

图 6.9　CubeSLAM 误差项构建示意图[15]

物体立方体模型在图像平面上的投影框和目标检测框可构成误差项约束，路标点与立方体的距离也构成误差项约束

（2）物体-点误差项包含一项有关物体包围框和路标点位置之间的测量误差。见图 6.9 中的点 P，考虑到一个路标属于一个物体，那么它应该在物体立方体内部，所以通过 $T_o^{-1}P$ 将该路标点转换到物体坐标系下，并与立方体尺寸 d_m 进行对比可得到如式（6-12）所示的物体-点误差项：

$$e_{op} = \max(|T_o^{-1}P| - d_m, 0) \tag{6-12}$$

（3）相机-点之间的误差项即为一般 VSLAM 重投影误差项。

以上主要介绍了 CubeSLAM 中将物体语义辅助后端的方法。该方案还包含了动态物体运动追踪的内容，这也是近年来 SLAM 研究的一个热点，可参见 7.2 节。

CubeSLAM 描述了物体路标建模的详细参数化过程，仅根据单目图像就能实现 3D 目标检测，并且将物体路标和传统的特征点共同纳入优化问题的约束中，实现了语义信息与传统 VSLAM 的高度耦合，实验结果表明该方案既提升了系统的定位精度，同时也能够构建物体级语义地图（见图 6.10）。

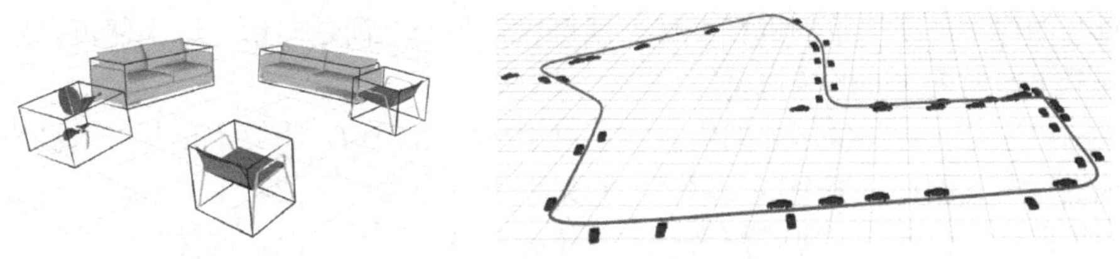

图 6.10　CubeSLAM 物体语义地图[15]

左侧为室内环境下地图；右侧为道路环境下地图

语义信息是人类感知环境时所获取的高级信息，也是人类在导航定位中所依赖的重要信息，其在机器人导航定位中具有重大意义。本节介绍的方案表明语义信息能够有效提升传统 VSLAM 的精度和鲁棒性。语义 SLAM 所构建出的语义地图，在机器人智能导航任务中起关键作用。

6.3　语义辅助回环检测

6.3.1　概述

在 VSLAM 中，位姿估计是一个渐进过程，即由上一帧图像位姿估算当前帧图像位姿。仅通过图像信息估算位姿，误差会累积并造成漂移。回环检测（Loop Closure Detection）和后端优化都用来解决漂移问题。其中回环检测负责识别出曾到达过的某场景，主要通过帧间相似度来判断；后端优化负责根据该信息校正整个轨迹。如果回环检测成功，能明显减少漂移，帮助机器人实现更好的位姿估计，因此回环检测对于大场景、长时间的地图构建是非常重要的。

在 VSLAM 的回环检测中涉及位置识别（Place Recognition）问题。回环检测包括位置识别（即外观验证，通过图像间的相似度进行判断）与几何验证（通过几何方法验证回环检测是否正确）。位置识别技术本身可以应用到很多领域，如自动驾驶和增强现实等，回环检测只是其中之一。此外，两者的评价指标是不同的，回环检测是 SLAM 算法中的一个模块，除考虑回环检测的精准度之外，还需考虑算法的运行时间。而位置识别更关心识别的精准度，通常用精度（Precision）和召回率（Recall）这两个指标衡量。

回环检测三种常用的方法为词袋模型（Bag of Word，BoW），随机蕨（Randomized Ferns）和深度学习（Deep Learning）。

词袋模型是信息检索领域常用的文档表示方法，对于一个文档来说，忽略单词之间的顺序和语法，仅仅将这个文档看成若干个单词的集合，这个集合被称为词袋。在 VSLAM 中，词袋模型是将每一帧图像中的特征描述子转换成一个单词，对每张图像中出现的单词进行统计，就可以得到一个词袋向量，这样便可以用词袋向量来衡量图像间的相似度。

随机蕨是一种图像压缩编码方法，对于一张 RGB-D 图像，在图中随机选取位置进行二元测试，多个二元测试的结果就可以作为一个蕨产生的编码，将多个蕨的编码结果拼接，就可以作为一个图像的编码表示[22]，但是这种方法对于视角的变化并不鲁棒。

如今，深度学习在图像分类、识别等任务中展现出巨大优势。基于深度学习的回环检测研究自然受到了广泛关注，并取得了比传统方法更优异的性能。文献[23]使用深度神经网络提取图片特征，并使用这些特征进行相似性比较，通过实验结果说明深度学习提取出的特征比传统的人工提取的特征更加鲁棒。文献[24]分析了经典 CNN 模型 AlexNet 的各层特征，发现不同隐层的特征可以适应不同的场景变化。如当外观发生变化时，中间隐层的特征（Mid-Level Feature）不容易发生改变；而视角发生变化时，高层的特征（High-Level Feature）不容易发生改变。文献[25]通过提取神经网络中间隐层的完整输出，并忽略那些与环境变化相关的滤波器，以此构建低维图像描述符，提高了跨季节回环检测的鲁棒性。文献[26]首次提出利用环境中的物体级特征实现视图不变的回环。文献[27]提出一种基于物体建模和语义图匹配（Semantic Graph Matching）的新型回环方法。该方法使用体素和长方体对环境中的物体级特征进行建模，并进一步将环境表示为具有拓扑结构的语义图，最后通过语义图匹配实现回环检测。这些方法大致分为基于特征的回环检测和基于场景的回环检测，下面对部分方案进行介绍。

6.3.2 基于特征的回环检测

在不同时间对同一场景进行拍摄，光照变化、动态目标移动遮挡等因素都可能导致回环检测出现问题，无法识别曾到过的场景（见图 6.11）。

(a)

(b)

图 6.11 同一条道路的早晚变化[28]

文献[28]提出了一个轻量级的无监督深度神经网络 CALC。CALC 由两个带池化层的卷积层、一个纯卷积层和三个全连接层组成，同时使用 ReLU 作为激活函数。CALC 将方向梯度直方图（Histogram of Oriented Gradient，HOG）作为神经网络学习的目标特征。与其他特征描述方法相比，HOG 特征对于图像几何形变和光照变化可以保持良好的不变性，利于回环。但其缺点是描述子生成速度较慢，并且对噪声数据敏感。因此，CALC 让神经网络重构一个 HOG 描述符 $\hat{X}_2$（见图 6.12），将高维原始图像数据映射到低维 HOG 描述子空间，采用固定长度的 HOG 描述子可以帮助神经网络更好地学习场景包含的信息。

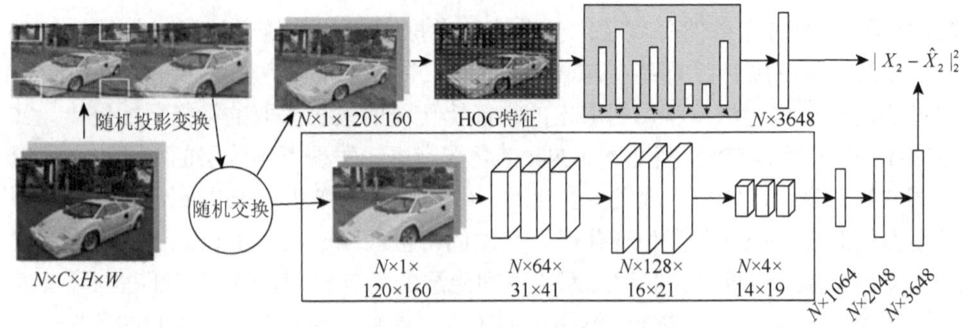

图 6.12　CALC 的训练流程[28]

在这个训练体系结构中，对训练数据集的所有图片只计算一次投影转换和 HOG 描述符，然后将结果写入数据库以用于训练

CALC 会使用随机投影的方式扭曲图像作为噪声参与训练。图 6.13 中图（a）是原图，图（b）是经过随机投影扭曲后的图像，模拟机器人在运动过程中产生的视角变化。该方法对每张图片通过随机投影生成另一张，组成一组训练图像对，大小均为 120×160。然后随机选择其中一张图片计算 HOG 特征，另一张图片利用深度神经网络学习特征，利用这种方式增强网络的抗视角变化能力。

图 6.13　噪声数据的生成[28]

噪声图片是由原始图片变换得来的，对于每一张原始图片，在图片四个角随机选取四个点，然后经过变换拉伸到和原始图片一样大小

CALC 的回环检测效果是显著的，见图 6.14，这是来自 Gardens Point 数据集的一对示例图像，该图展示了同一场景在视角、光线以及动态物体遮挡等多种情况下的不同观测。CALC 在实验中仍能检索出正确的图片，说明通过这种训练方式神经网络可以学习到抵抗光线变化和物体遮挡的图像特征。

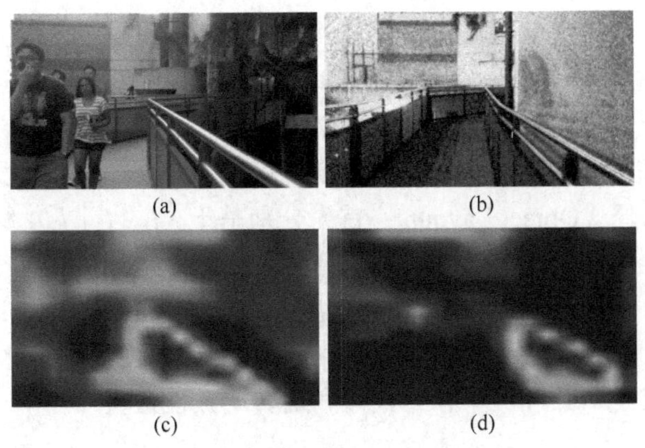

图 6.14　CALC 的回环检测效果图[28]

给出图（b）和图（d），本章提出的方法在实验中正确地检索出图（a）和图（c）的图像

6.3.3　基于场景的回环检测

大视角变化下，大多数传统 VSLAM 系统无法检测到回环。为了解决这个问题，文献[26]提出利用环境中的物体实现大视角变化下的回环。该方法使用物体作为高级语义路标，无论视角如何变化，都可以使用目标检测算法来识别它们。该方法根据输入的 RGB 图像，可以输出估计的相机轨迹，以及具有 9 个自由度的边界长方体物体路标信息，包括平移（x、y、z）、旋转（滚动、俯仰、偏航）和尺度（长、宽、高），构建了一个包含物体语义、几何形状、位姿信息的语义地图，利用这些物体标识和相互的几何关系就可以进行回环检测。

为了衡量物体路标 l 和 m 之间的接近程度（Closeness），定义 K_l 和 K_m 代表能够观测到物体路标 l 和 m 的关键帧集合。l 和 m 之间的关键帧间隔（Keyframe Separation）定义如式（6-13）所示：

$$\delta(l,m)=\underset{u\in K_l,w\in K_m}{\mathrm{Min}}|u-w| \tag{6-13}$$

其中，u–w 代表关键帧索引之间的差值，反映了关键帧插入到地图的顺序。当 $\delta(l,m)<\delta_K$ 时，物体路标 l 和 m 被认定为是接近的（Close），δ_K 通常会被设置为一个小的正整数。定义 L 是一个集合，其中包含了最新加入地图的物体路标 l 以及与 l 接近的路标。其目的是从集合 L 中寻找出一个子集合，使得子集合中路标的空间布局（Layout）与相机运动过程中较早看到的另一组路标的空间布局相似。如图 6.15 所示，编号为 4、5、6 的物体和编号为 1、2、3 的物体空间布局一致且路标之间相互对应，说明检测到回环。令（l_1, l_2, l_3）和（m_1, m_2, m_3）是一组回环候选（Loop Candidate），其中 l_u 和 m_u 对应且 $u\in\{1,2,3\}$，将对这组回环候选进行以下几何验证，如果通过，则认定检测到了一个回环，如果不能通过，则拒绝这一组回环候选。

（1）匹配接近度（Matching Proximity）：如果 l_u 和 m_u 通过式（6-13）计算后的值小于 δ_K，说明路标 l_u 和 m_u 是接近的，拒绝这组回环候选。

（2）物体位姿置信度（Object Pose Confidence）：要求回环候选中的每个物体都至少被两个关键帧观测到，并且视角至少跨越 θ 角度，θ 通常设置为 15°。

（3）物体布局（Object Layout）：首先分别基于（l_1，l_2，l_3）和（m_1，m_2，m_3）建立两个局部坐标系 A 和 B，然后计算两个坐标系之间的相似变换（Similarity Transformation）（由旋转 R、平移 t 和尺度 s 组成），使得坐标系 A 中的任何一点 p_1 都可以映射到坐标系 B 中的相应位置 p_m。然后使用变换到坐标系 B 下 l_u 和 m_u 的物体位姿做尺度一致性、平移一致性和旋转一致性检查。

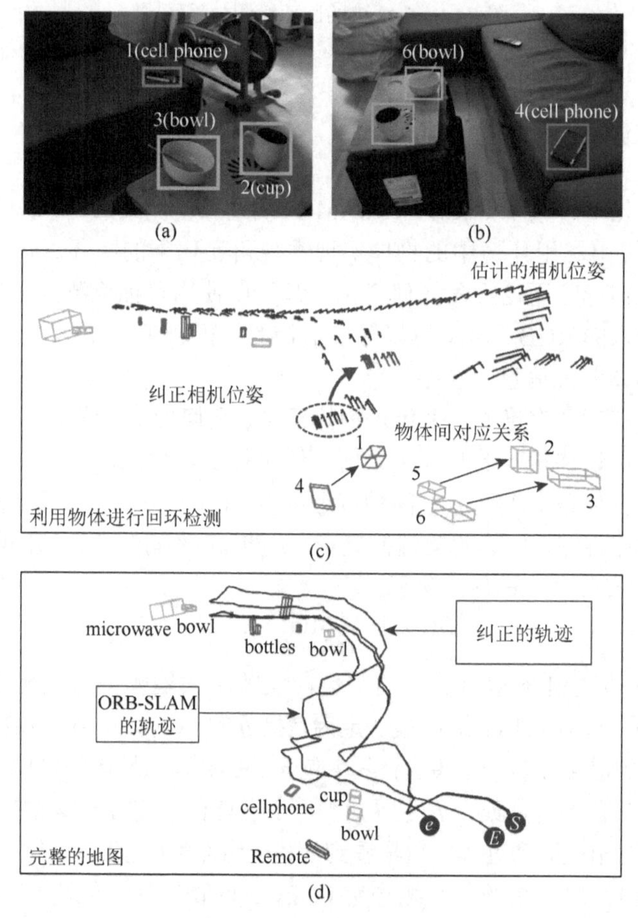

图 6.15　回环效果图[26]

图（a）和图（b）：在同一地点的两个不同视角；图（c）：匹配漂移产生的重复物体，告知相机进行回环校正；图（d）：相机在 S 点开始和结束运动，ORB-SLAM 估计的结束位置是 e，本章方法估计的位置是 E

（4）寻找内点（Supporting Inliers）：回环候选的三个物体不总是能够识别回环，尤其是场景中出现了重复的物体（如一堆瓶子），为了找到额外（不包括回环候选中的三个路标对）的路标对（Pairs），将地图中的所有路标制作两份，一份在坐标系 A 中，一份在坐标系 B 中，利用步骤（3）得到的相似变换将其变换到同一个坐标系 B 下，然后重复步骤（3）中的尺度、平移、旋转一致性检查，统计通过检查的路标对数量，这些路标对被称为内点（Inliers）。计算内点的加权计数得分如式（6-14）所示：

$$C = \sum_{i \in \text{Inliers}} w_{\text{lab}(i)} \tag{6-14}$$

其中，lab(i)代表路标对中的物体类别标签（Label）；w_α 是类别 α 的权重。高频出现的物体权重低。只有加权计数 C 超过阈值 τ_i，这组回环候选才认为是可以接受的。

（5）在环境中有多组物体具有相似几何布局的情况下，检测到的回环候选可能就变得不明确了。假如得到多个回环候选，按照它们的加权计数 C 降序排序，如果第 1 个回环候选的加权计数得分比第 2 个回环候选高出 τ_g，则接受这个回环候选，并用它来进行回环校正。

该方法的效果见图 6.15，在真实室内场景数据集上的实验表明，与 ORB-SLAM 算法相比，该方法的平均漂移误差减少了 70%。该方法在观察视角发生较大变化的情况下也能识别同一场景，这使得它的位姿估计精度超过了 ORB-SLAM。由于场景中的语义不会随着视角和外观的变化而改变，所以该方法也具有很强的鲁棒性。

6.4　语义融合环境建模

6.4.1　概述

除环境感知与空间定位之外，机器人还应具备环境建模能力，以描述机器人周围环境，支持机器人导航避障、任务规划与人机交互。SLAM 技术通过构建局部地图来描述周围环境，地图的形式主要有三种：度量地图（Metric Map）、拓扑地图（Topological Map）与语义地图（Semantic Map）（见图 6.16）。

度量地图主要集中在提取周边环境的几何特征上，以建模场景的形状与结构。根据 SLAM 地图构建方法的不同通常可分为基于特征的方法、直接法与基于深度的方法。①基于特征的方法[29-32]以稀疏 3D 点云的形式来构建稀疏点云地图，这些 3D 点通常是在图像中检测到的显著的局部特征，同时为了便于生成 2D-3D 映射关系，与 3D 点相关的特征描述符通常也被嵌入地图。②直接法[33-36]利用光度误差来估计相机运动与场景结构，生成半稠密或稠密的 3D 点云图。③基于深度的方法[14, 37-39]主要借助 RGB-D 相机（即深度相机），直接获取场景深度信息来进行场景的稠密 3D 重建（如稠密点云地图、八叉树地图等）。

拓扑地图[40, 41]是用图论中图的概念表示地点之间的逻辑关系，通常每个节点表示机器人访问过的地方，节点之间的边表示节点间的关联关系。部分研究[42, 43]也将度量地图与拓扑地图结合为混合地图，以实现更好的导航规划。

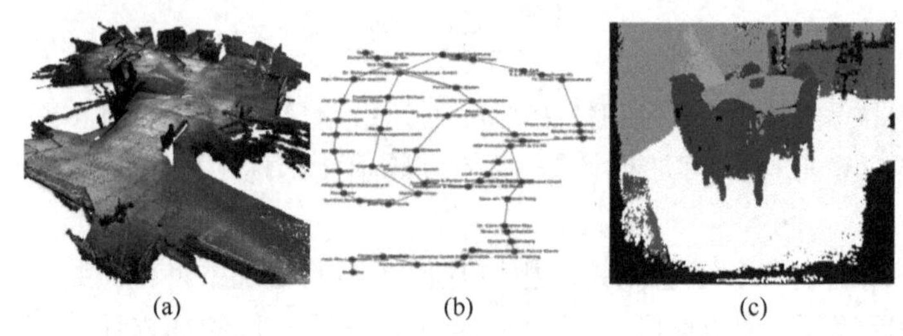

(a)　(b)　(c)

图 6.16　度量地图、拓扑地图和语义地图示意图[37, 41, 46]

图（a）表示以体素形式稠密重建的度量地图；图（b）表示只包含地标及其关联关系的拓扑地图；图（c）表示一个场景的 3D 语义地图

语义地图将语义概念（如目标类型、材料组成）与环境的几何形状相关联，提供对机器人周围环境的高层次描述，有利于增强机器人的环境感知、导航避障与任务规划能力，实现机器人自主智能导航。同时，机器人利用语义与人类交互的方式也更符合人类正常交互的思维习惯，有利于增强机器人人机交互的能力。语义地图在早期是使用条件随机场（Conditional Random Field，CRF）、随机森林（Random Forest，RF）等算法[44, 45]获取场景中的语义标签，然后标注到场景的 3D 点云（可由 3D 激光雷达、RGB-D 相机等传感器直接扫描获得）上实现语义地图构建，精度与效率都较差。近年来，基于深度学习技术的环境语义感知技术快速发展，利用目标检测、语义分割、实例分割等算法能够实现对机器人周围环境的更高层次理解，而不仅仅是单纯的几何图形。结合环境语义感知技术在语义获取方面的优势，与 SLAM 技术在几何构建方面的优势，来实现对机器人周围环境的语义建模，是当前机器人语义地图构建领域的研究热点，主要分为两个方向。

（1）像素级语义建模，是指使用语义分割算法对图像进行像素级的语义分割，并将提取到的像素级信息映射到 3D 点云中以构建语义地图。SemanticFusion[46]是最早的工作之一，也是构建像素级语义地图的典型代表。该算法组合了来自 CNN 的语义信息与来自 SLAM 的稠密地图，实现了室内环境的语义地图构建，同时该算法还简单实现了 SLAM 系统对语义分割结果的优化。文献[47]基于 CNN 提出了一种自监督的方法来获取场景语义，该方法通过多帧间的语义一致性融合场景语义信息，构建像素级的语义地图。Kimera[48]从双目数据中获取稠密点云，使用语义分割方法获取环境语义，然后使用集束投影（Bundled Ray-casting）同时处理 3D 点云与语义标签映射，最后使用贝叶斯方法更新每个体素的语义标签，实现语义地图构建。AVP-SLAM[49]仅使用视觉语义信息构建地图，利用语义特征进行定位，解决室内停车场的自动泊车问题。然而，这些方法没有提供物体级的信息，难以区分来自同一类的不同物体。

（2）物体级语义建模，是指对图像进行物体级的分割，并将提取到的实例级信息映射到 3D 点云中以构建语义地图。语义地图中包含的实例级语义信息通常以聚类的方式独立存在于地图中，可以区分来自同一类的不同物体。Fusion++[50]是一个在线的实例级 SLAM 系统，该系统基于 Mask R-CNN[51]与 KinectFusion[52]构建了一种基于体素的语义地图。文献[53]使用 RGB-D 相机增量式地构建以物体为中心的体素地图，该算法结合了几何方法与无监督的实例分割方法来对物体实例进行联合推理，允许 SLAM 系统在场景中发现新物体。MaskFusion[54]是一个在动态场景中基于实例分割算法的语义地图构建方法，用面元的方式表示周围环境。近年来全景分割算法受到广泛关注，一些研究如 PanopticFusion[55]将其应用在语义建图中，构建的语义地图不仅包含图像的像素级语义信息，也包含物体级语义信息，可以区分同一类的不同物体（见图 6.17）。区别于上述采用图像分割算法来获取语义信息的方法，文献[56]结合激光 SLAM 算法与目标检测算法 YOLO v3 进行语义栅格地图构建，并在该地图上发布语义任务，实现全局路线规划。

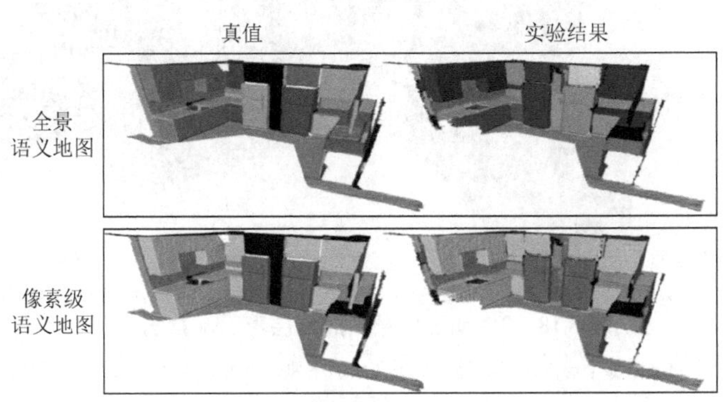

图 6.17　PanopticFusion 效果图[55]

PanopticFusion 实验效果图，可见相比于像素级语义地图，PanopticFusion 构建的全景语义地图能够以不同的颜色区分同一类的不同物体此外，最近一些研究也开始向传统混合地图（度量地图＋拓扑地图）中引入语义信息，构建多层次的混合语义地图，满足机器人高层次的导航需求。例如，文献[57]基于 Kimera 实现了从状态估计到建图，从建图到地图分层的全自动流程。该算法构建的 3D 动态场景图（3D Dynamic Scene Graph）（见图 6.18），自底向上由 5 个层次组成，每一个层次中的主要数据被抽象为节点（Node），节点间的关系被抽象为边（Edge）。该算法构建的 3D 动态场景图，有利于机器人对数据的统一管理与灵活查询，并支持机器人实现多层次与多分辨率的导航规划。虽然这种混合语义地图更适合导航规划与人机交互，但目前仍处于探索阶段，是设计一个通用的建图方案来满足不同的任务需求（如室内导航与室外导航），还是针对不同的任务需求执行特定的方案，有待进一步研究。

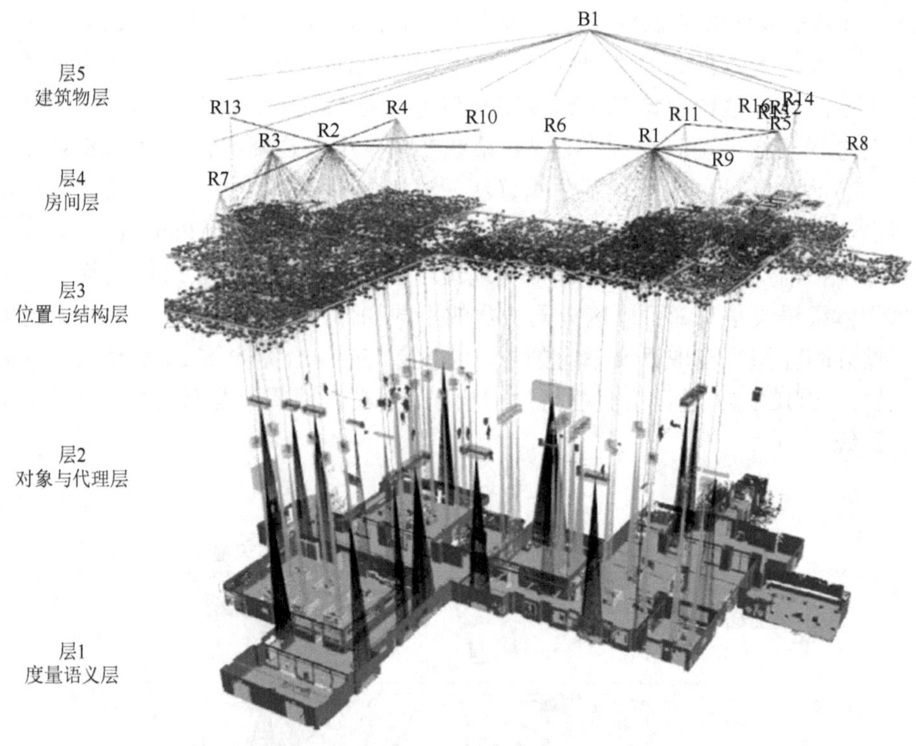

图 6.18　3D 动态场景图的分层表示示意图[57]

3D 动态场景图自底向上由 5 个层次组成，每一个层次中的主要数据被抽象为节点，节点间的关系被抽象为边

6.4.2　像素级语义建模

SemanticFusion 组合了来自 CNN 的像素级语义分割信息与来自 SLAM 的稠密

地图，实现了室内环境中的语义地图构建（见图 6.19）。SemanticFusion 由三个部分构成：一个实时的 SLAM 系统 ElasticFusion[58]、一个 CNN 和一个贝叶斯更新方案。最后，SemanticFusion 还设计了一个基于条件随机场的正则化方案，使用地图本身的几何特征来优化语义分割的预测结果。SemanticFusion 的主要运行流程如下。

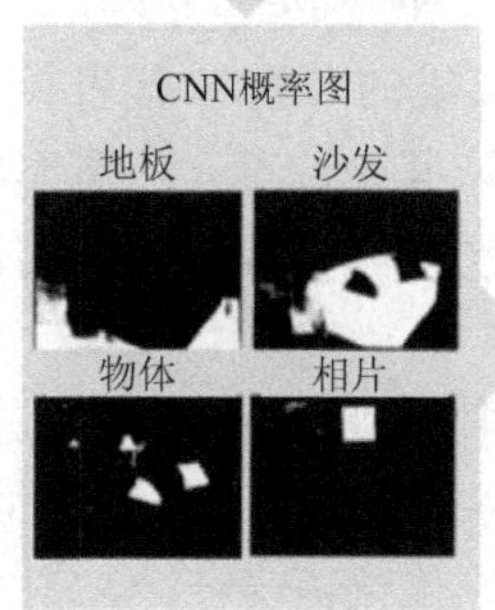

图 6.19　SemanticFusion 的工作流程[46]

输入图像生成一个 SLAM 地图和一组概率预测地图（这里只显示了四个），这些地图通过贝叶斯更新融合到最终的稠密语义地图中

（1）使用 ElasticFusion 获取帧间相机位姿并进行 3D 重建。重建时系统向地图中插入新的面元，并更新历史面元的法向量、位置和颜色。同时，系统也会同步进行回环检测以优化位姿与地图。

（2）CNN 接收一个 2D 图像（RGBD 形式，将深度信息作为第四通道输入网络进行训练），返回图像上每个像素的类别概率，即返回图像的像素级语义分割结果。系统使用了文献[59]提出的一种反卷积语义分割网络架构（见图 6.20），该网络架构是基于 VGG-16 网络的，但是增加了最大反池化和反卷积层，以输出稠密的像素级语义概率地图。

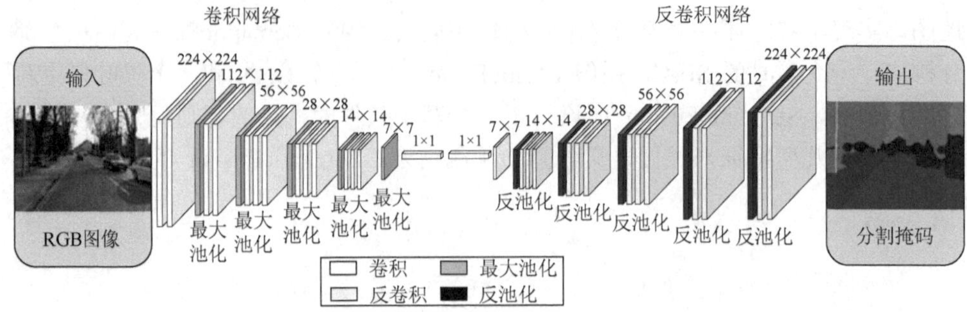

图 6.20　反卷积语义分割的网络结构[59]

（3）贝叶斯更新方案则是将每个 2D 语义分割信息关联到 3D 点云。SLAM 系统用相机姿态建立了各帧之间像素的联系，因此可以使用贝叶斯方法对同一个像素的不同观测进行语义概率累乘，进而更新标签，具体见式（6-15）：

$$P(l_i \mid I_{1,\cdots,k}) = \frac{1}{Z} P(l_i \mid I_{1,\cdots,k-1}) P(O_{u(s,k)} = l_i \mid I_k) \tag{6-15}$$

其中，l_i表示 i 类像素点的概率分布；I_k表示第 k 帧图像；$I_{1,\cdots,k}$ 表示第 1 到第 k 帧图像；$P(l_i \mid I_k)$ 表示第 k 帧图像中 i 类像素点的概率分布；Z 是用以归一化的常数；$u(s, k)$表示第 k 帧中第 s 个面元的像素坐标；O 作为 n 维的向量（n 代表类别个数），其中取第 i 维，就得到一张种类为 i 的概率分布图，取其中位置 u 的概率值乘以原来的概率进行一次更新。通过当前帧图像像素点与历史帧图像像素点的概率分布累乘，经归一化处理后获得所有帧的总概率分布。

（4）最后使用了一个条件随机场正则化方案对语义地图的标注结果进行优化。本章认为空间中特征相似、位置接近的点应该具有相同标签，可以根据位置差异、颜色特征构建一个能量函数，最小化这个能量函数以优化语义标注与语义预测。

SemanticFusion 实验效果见图 6.21，该方法成功实现了点云的像素级语义标注，且能够增量式更新，同时利用了几何信息对语义标注结果进行优化。但该方法需要极大的计算资源，难以在机器人上进行实时处理，且该方法不具备物体级

图 6.21　SemanticFusion 效果图[46]

SemanticFusion 在 NYUv2 测试集上的实验结果，黑色区域表示没有重建的区域

信息，难以区分来自同一类的不同物体。此外，SemanticFusion 主要是针对静态场景而设计的。

在动态场景中，动态物体在移动的同时往往会遮挡住场景中重要的静态物体，不仅给语义信息获取带来困难，而且会导致语义地图中重要的静态物体语义信息缺失。文献[60]基于 DS-SLAM 进行扩展，通过引入基于生成对抗网络（Generative Adversarial Network，GAN）的图像修复方法，设计了一个“分割-修复-分割”图像处理框架。该图像处理框架优化了动态场景中被遮挡物体的分割结果，有助于 SLAM 建图模块构建出语义信息更丰富、更稳定的八叉树语义地图。

该方法的主要运行流程如下（见图 6.22）。

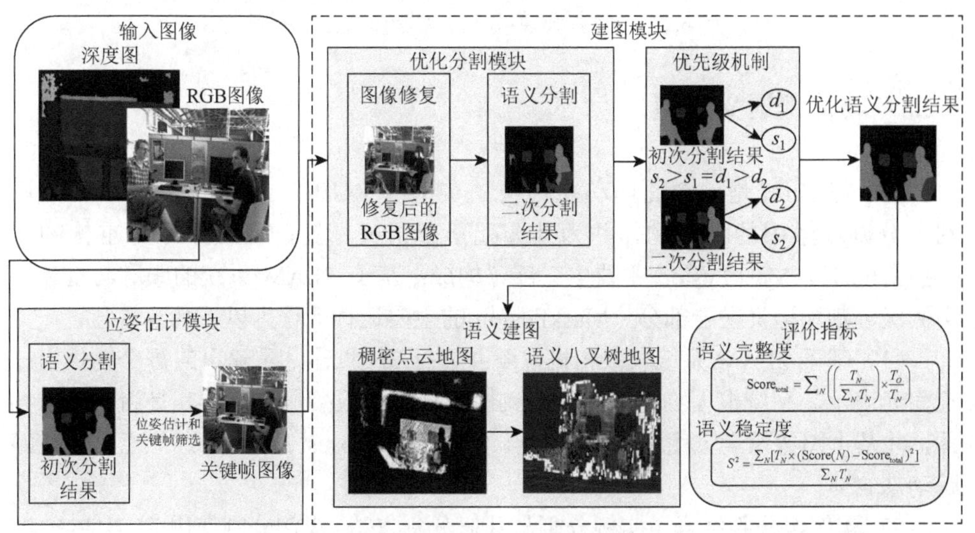

图 6.22 “分割-修复-分割”的工作流程[60]

（1）图像序列输入 SLAM 系统，并在位姿估计模块经过语义分割得到初次分割结果，同时根据关键帧的筛选机制筛选出关键帧图像。

（2）关键帧图像进入到优化分割模块，并根据初次分割获取的关键帧图像中动态物体的掩码，进行图像修复与二次分割。

（3）根据优先级机制对初次分割与二次分割的结果进行融合，取第二次分割的静态物体掩码为最高优先级，初次分割的动态物体掩码和二次分割的静态物体掩码为并列第二优先级，得到优化后的语义分割结果。

（4）将关键帧图像与优化后的语义分割结果输入语义建图模块，得到融合语义的稠密点云地图，最终转化成可以为机器人导航服务的语义八叉树地图。

实验效果见图 6.23，从图（a）～图（c）依次是 DS-SLAM 建图效果、TUM

walking_xyz 场景的 RGB 图像和文献[60]的建图效果。由于人在场景中不断移动对计算机屏幕造成的遮挡，DS SLAM 在语义地图中未能较好地恢复出右侧的计算机屏幕色块，而文献[60]有明显的改进。

(a)　(b)　(c)

图 6.23 “分割-修复-分割”实验效果对比图[60]

6.4.3 物体级语义建模

MaskFusion 是一个面向动态环境的实例级 RGB-D SLAM 系统，可以识别、分割场景中的不同物体并为其分配一个语义标签，同时跟踪与重构物体（见图 6.24）。MaskFusion 主要由三部分构成：基于 SLAM 系统的跟踪与重建、实例级分割和语义融合部分。MaskFusion 的主要运行流程为以下几点。

（1）基于 SLAM 系统获取相机位姿并进行 3D 重建，重建出的每个物体由一组面元表示。系统根据物体的运动一致性和是否与人接触来判断其是否为动态物体，并基于图像像素强度和迭代最近点（Iterative Closest Point，ICP）点云配准跟踪动态物体。

（2）实例级分割结合了实例分割与几何分割方法。实例分割使用 Mask R-CNN 算法来提供带有语义标签的物体掩码图。该方法能提供不错的物体掩码，但物体边界粗糙且实时性较差。基于深度不连续和表面法向量的几何分割方法可实时运行且能产生精确的物体边界，但容易过度分割导致结果错误。组合这两种方法，在没有掩码的帧使用几何分割，在有掩码的帧使用实例分割与几何分割的组合，这样既满足了实时性要求，又能产生精确的物体边界。

（3）最后，在语义融合部分，遵循与文献[58]、[61]一样的融合策略，通过物体语义标签将面元与正确的模型相关联，使每个物体的 3D 几何图形随时间的推移而融合在一起。融合策略详情可见文献[58]、[61]。

MaskFusion 实验效果见图 6.25，该方法可以识别、分割场景中的不同物体并为其分配一个语义标签，同时跟踪与重构物体，但存在三个限制：首先，只能跟踪 Mask R-CNN 所能识别的物体种类；其次，只能跟踪刚体，而对于如行人这类的非刚体只能剔除；最后，不能跟踪几何信息量少的小物体。

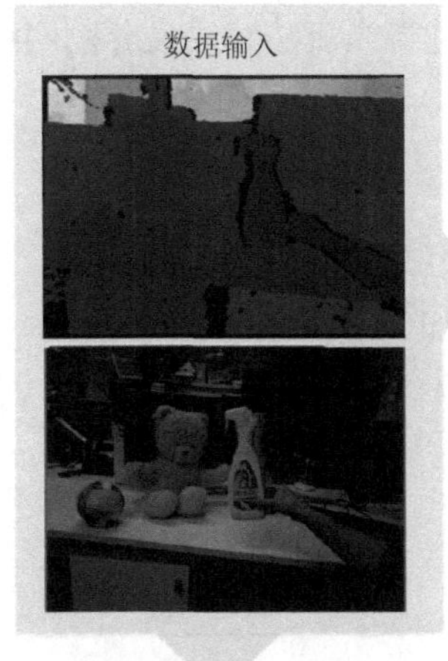

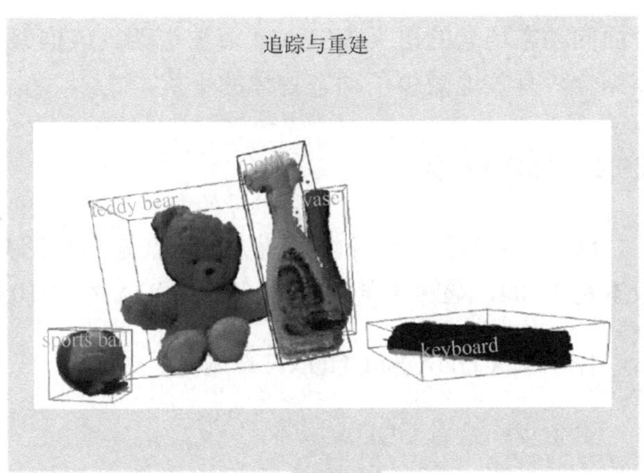

图 6.24　MaskFusion 的工作流程[54]

输入图像生成每个物体的 3D 几何图形（表示为一组面元）和语义掩码图，然后融合构建物体级语义地图

图 6.25　MaskFusion 效果图[54]

图中显示了系统的输出：背景（白色）、键盘（橙色）、时钟（黄色）、球（蓝色）、泰迪熊（绿色）和喷雾瓶（棕色）

6.5　工程实践：DS-SLAM

本节的工程实践将介绍 DS-SLAM 的安装、配置和运行流程。DS-SLAM 是一

个面向动态场景的语义 VSLAM 算法框架。该框架通过将光流法和语义分割网络相结合，有效地减少了动态物体的干扰。

6.5.1 环境配置

DS-SLAM 有多种环境配置方案，在这里介绍其中的一种。系统是 Ubuntu，版本是 16.04，显卡型号 RTX2060，CUDA 版本 10.0 以及 CUDNN 版本为 7.3.0。

1. 确认 CUDA 和 CUDNN 版本

第 1 步：查看 CUDA 版本。

```
cat /usr/local/cuda/version.txt
#output:
CUDA Version 10.0.130
```

第 2 步：查看 CUDNN 版本。

```
cat /usr/local/cuda/include/cudnn.h | grep CUDNN_ MAJOR - A 2
#output:
MAJOR -A 2
#define CUDNN_MAJOR 7
#define CUDNN_MINOR 3
#define CUDNN_PATCHLEVEL 0
--
#define CUDNN_VERSION(CUDNN_MAJOR * 1000 + CUDNN_MINOR * 100 + CUDNN_PATCHLEVEL)
#include "driver_types.h"
nvcc -V
nvcc: NVIDIA(R)Cuda compiler driver
Copyright(c)2005-2018 NVIDIA Corporation
Built on Sat_Aug_25_21:08:01_CDT_2018
Cuda compilation tools, release 10.0, V10.0.130
```

2. ROS Kinetic 安装

按照官方教程即可安装好 ROS（http://wiki.ros.org/kinetic/Installation/Ubuntu），

还需要安装 catkin 工具（http://wiki.ros.org/catkin），装好之后，按照官网教程创建工作空间（http://wiki.ros.org/ROS/Tutorials/CreatingPackage）。

3. OpenCV

不单独安装下载 OpenCV，采用 ROS 自带的 OpenCV。

4. SegNet 和 Caffe 框架

原版 DS 推荐下载 caffe-segnet-cudnn5，考虑到前面内容指定的 cudnn 版本，需要下载的是 cudnn7（https://github.com/navganti/caffe-segnet-cudnn7），安装在/home/xxx/catkin_ws/src/DS-SLAM/Examples/ROS/ORB_SLAM2_PointMap_SegNetM/路径下。

5. OctoMap 和 RVIZ

将 OctoMap（https://github.com/OctoMap/octomap_mapping）和 RVIZ（https://github.com/OctoMap/octomap_rviz_plugins）下载到 catkin_ws/src 下，然后安装对应 ROS Kinetic 版本的依赖：

```
1. sudo apt-get install ros-kinetic-octomap ros-kinetic-octomap-msgs ros-kinetic-octomap-ros ros-kinetic-octomap-rviz-plugins
2. #注意，有两个包不用装，ros-kinetic-octomap-mapping 和 ros-kinetic-octomap-server，这两个包我们已经手动下载到 catkin_ws/src 下
```

完成操作以后，打开头文件开关#define COLOR_OCTOMAP_SERVER，文件路径（catkin_ws/src/octomap_mapping/octomap_server/include/octomap_ server/octomapServer.h），设置彩色八叉地图参数：<param name = "colored_map" type = "bool" value = "True"/>，文件路径（/catkin_ws/src/DS-SLAM/Examples/ ROS/ORB_SLAM2_PointMap_SegNetM/launch/Octomap.launch）。

6. ORB-SLAM2

DS-SLAM 是基于 ORB-SLAM2 的系统。为了运行 DS_SLAM，必须安装 ORB_SLAM2 所需的环境（https://github.com/raulmur/ORB_SLAM2）。

6.5.2 代码解析

从主函数文件 ros_tum_realtime.cc 开始分析，初始化 ROS 节点，通过调用 ros::init( )接口实现，可以通过第三个参数指定节点的名字。下面两行代码定义了一个名为 TUM 的 ROS 节点，并在第一次创建实例时调用 ros::start()接口启动节点：

```
ros::init(argc, argv, "TUM");
ros::start();
```

将传入的文件名称解析出来，然后加载数据集文件，包括 RGB 图像，深度图以及时间戳数据：

```
string strAssociationFilename = string(argv[4]);
LoadImages(strAssociationFilename, vstrImageFilenamesRGB, vstrImageFilenamesD, vTimestamps);
```

调用 SLAM 系统的构造函数初始化：

```
ORB_SLAM2::System SLAM(argv[1],argv[2],argv[5],argv[6],argv[7],ORB_SLAM2::System::RGBD, viewer);
```

创建三个消息发布器，话题分别是 Camera_Pose、Camera_Odom 以及 odom：

```
CamPose_Pub =nh.advertise<geometry_msgs::PoseStamped>("/Camera_Pose",1);
Camodom_Pub = nh.advertise<geometry_msgs::PoseWithCovarianceStamped>("/Camera_Odom",1);
odom_pub = nh.advertise<nav_msgs::Odometry>("odom",50);
```

循环处理每一张图片（包括 RGB 图像和深度图），获得当前帧的位姿，然后发布到上面提到的三个话题上：

```
Camera_Pose =SLAM.TrackRGBD(imRGB, imD, tframe);
Pub_CamPose(Camera_Pose);
```

最后保存 TUM 格式的相机轨迹和关键帧轨迹：

```
SLAM.SaveTrajectoryTUM("CameraTrajectory.txt");
```

```
2. SLAM.SaveKeyFrameTrajectoryTUM("KeyFrameTrajectory.
txt");
```

6.5.3　实验

第 1 步：完成 6.5.1 节的准备工作后，下载 DS-SLAM 提供的原始代码（https://github.com/ivipsourcecode/DS-SLAM），然后利用以下指令，开始编译。

```
1. cd DS-SLAM
2. chmod +x DS_SLAM_BUILD.sh
3. ./DS_SLAM_BUILD.sh
```

第 2 步：编译成功后，修改 DS_SLAM_TUM.launch 文件中的 PATH_TO_SEQUENCE 和 PATH_TO_SEQUENCE/associate.txt，将这两个路径指向对应的数据集，然后执行操作。

```
1. cd DS-SLAM
2. roslaunch DS_SLAM_TUM.launch
```

第 3 步：会有一个 RVIz 的程序运行，选择左下角的 Add，选择 by topic，选择/occupied_cells_vis_array 下的 MarkerArray 的选项，就可以看见 DS-SLAM 构造的语义八叉树地图，运行的效果见图 6. 26。

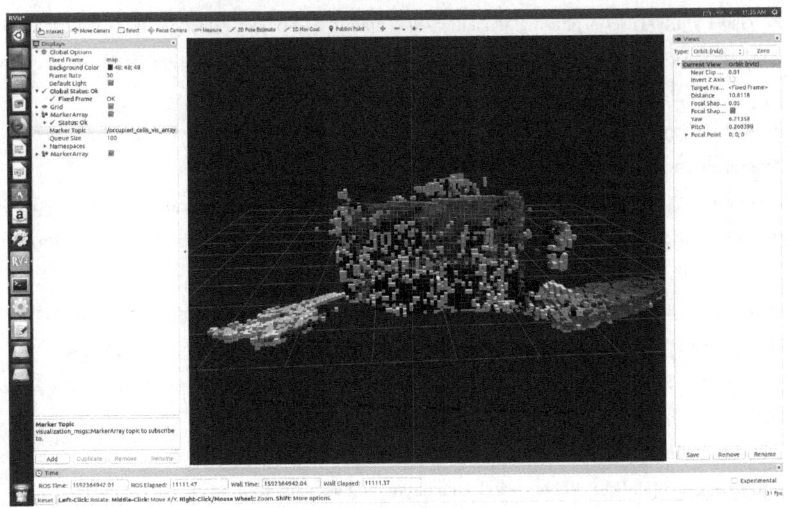

图 6.26　DS-SLAM 运行截图

参考文献

[1] Kundu A，Krishna K M，Sivaswamy J. Moving object detection by multi-view geometric techniques from a single camera mounted robot[C]. 2009 IEEE/RSJ International Conference on Intelligent Robots and Systems，St. Louis，2009：4306-4312.

[2] Migliore D，Rigamonti R，Marzorati D，et al. Use a single camera for simultaneous localization and mapping with mobile object tracking in dynamic environments[C]. ICRA Workshop on Safe Navigation in Open and Dynamic Environments：Application to Autonomous Vehicles，Kobe，2009：12-17.

[3] Zou D，Tan P. Coslam：Collaborative visual slam in dynamic environments[J]. IEEE Transactions on Pattern Analysis and Machine Intelligence，2012，35（2）：354-366.

[4] Tan W，Liu H，Dong Z，et al. Robust monocular SLAM in dynamic environments[C]. 2013 IEEE International Symposium on Mixed and Augmented Reality（ISMAR），Australia，2013：209-218.

[5] Klappstein J，Vaudrey T，Rabe C，et al. Moving object segmentation using optical flow and depth information[C]. Pacific-Rim Symposium on Image and Video Technology，Heidelberg，2009：611-623.

[6] Alcantarilla P F，Yebes J J，Almazán J，et al. On combining visual SLAM and dense scene flow to increase the robustness of localization and mapping in dynamic environments[C]. 2012 IEEE International Conference on Robotics and Automation，St. Paul，2012：1290-1297.

[7] Yu C，Liu Z，Liu X J，et al. DS-SLAM：A semantic visual SLAM towards dynamic environments[C]. 2018 IEEE/RSJ International Conference on Intelligent Robots and Systems（IROS），Madrid，2018：1168-1174.

[8] Bescos B，Fácil J M，Civera J，et al. DynaSLAM：Tracking，mapping，and inpainting in dynamic scenes[J]. IEEE Robotics and Automation Letters，2018，3（4）：4076-4083.

[9] Liang H J，Sanket N J，Fermüller C，et al. Salientdso：Bringing attention to direct sparse odometry[J]. IEEE Transactions on Automation Science and Engineering，2019，16（4）：1619-1626.

[10] Ganti P，Waslander S L. Network uncertainty informed semantic feature selection for visual SLAM[C]. 2019 16th Conference on Computer and Robot Vision（CRV），Kingston，2019：121-128.

[11] Yu P，Guo C，Liu J，et al. Fusing semantic segmentation and object detection for visual SLAM in dynamic scenes[C]. Proceedings of the 27th ACM Symposium on Virtual Reality Software and Technology，Kyoto，2021：1-7.

[12] Lianos K N，Schonberger J L，Pollefeys M，et al. Vso：Visual semantic odometry[C]. Proceedings of the European Conference on Computer Vision（ECCV），Munich，2018：234-250.

[13] Salas-Moreno R F，Newcombe R A，Strasdat H，et al. Slam++：Simultaneous localisation and mapping at the level of objects[C]. Proceedings of the IEEE Conference on Computer Vision and Pattern Recognition，New York，2013：1352-1359.

[14] Newcombe R A，Izadi S，Hilliges O，et al. Kinectfusion：Real-time dense surface mapping and tracking[C]. 2011 10th IEEE International Symposium on Mixed and Augmented Reality，IEEE，2011：127-136.

[15] Yang S，Scherer S. Cubeslam：Monocular 3-d object slam[J]. IEEE Transactions on Robotics，2019，35（4）：925-938.

[16] Nicholson L，Milford M，Sünderhauf N. Quadricslam：Dual quadrics from object detections as landmarks in object-oriented slam[J]. IEEE Robotics and Automation Letters，2018，4（1）：1-8.

[17] Li B，Zou D，Sartori D，et al. Textslam：Visual slam with planar text features[C]. 2020 IEEE International

Conference on Robotics and Automation（ICRA），Paris，2020：2102-2108.

[18] Wu Y，Zhang Y，Zhu D，et al. EAO-SLAM：Monocular semi-dense object SLAM based on ensemble data association[C]. 2020 IEEE/RSJ International Conference on Intelligent Robots and Systems（IROS），Las Vegas，2020：4966-4973.

[19] Qian Z，Patath K，Fu J，et al. Semantic slam with autonomous object-level data association[C]. 2021 IEEE International Conference on Robotics and Automation（ICRA），Xi'an，2021：11203-11209.

[20] Huang J，Yang S，Mu T J，et al. Clustervo：Clustering moving instances and estimating visual odometry for self and surroundings[C]. Proceedings of the IEEE/CVF Conference on Computer Vision and Pattern Recognition，Seattle，2020：2168-2177.

[21] Bescos B，Campos C，Tardós J D，et al. DynaSLAM II：Tightly-coupled multi-object tracking and SLAM[J]. IEEE Robotics and Automation Letters，2021，6（3）：5191-5198.

[22] Glocker B，Izadi S，Shotton J，et al. Real-time RGB-D camera relocalization[C]. 2013 IEEE International Symposium on Mixed and Augmented Reality（ISMAR），Australia，2013：173-179.

[23] Chen Z，Jacobson A，Sünderhauf N，et al. Deep learning features at scale for visual place recognition[C]. 2017 IEEE International Conference on Robotics and Automation（ICRA），Singapore，2017：3223-3230.

[24] Sünderhauf N，Shirazi S，Dayoub F，et al. On the performance of convnet features for place recognition[C]. 2015 IEEE/RSJ International Conference on Intelligent Robots and Systems（IROS），Hamburg，2015：4297-4304.

[25] Kenshimov C，Bampis L，Amirgaliyev B，et al. Deep learning features exception for cross-season visual place recognition[J]. Pattern Recognition Letters，2017，100：124-130.

[26] Li J，Koreitem K，Meger D，et al. View-invariant loop closure with oriented semantic landmarks[C]. 2020 IEEE International Conference on Robotics and Automation（ICRA），Paris，2020：7943-7949.

[27] Lin S，Wang J，Xu M，et al. Topology aware object-level semantic mapping towards more robust loop closure[J]. IEEE Robotics and Automation Letters，2021，6（4）：7041-7048.

[28] Merrill N，Huang G. Lightweight unsupervised deep loop closure[J]. arXiv preprint arXiv：1805.07703，2018.

[29] Davison A J，Reid I D，Molton N D，et al. MonoSLAM：Real-time single camera SLAM[J]. IEEE Transactions on Pattern Analysis and Machine Intelligence，2007，29（6）：1052-1067.

[30] Mei C，Sibley G，Cummins M，et al. A constant-time efficient stereo SLAM system[C]. BMVC，London，2009：1-11.

[31] Strasdat H，Montiel J M M，Davison A J. Visual SLAM：Why filter?[J]. Image and Vision Computing，2012，30（2）：65-77.

[32] Mur-Artal R，Montiel J M M，Tardos J D. ORB-SLAM：A versatile and accurate monocular SLAM system[J]. IEEE Transactions on Robotics，2015，31（5）：1147-1163.

[33] Newcombe R A，Lovegrove S J，Davison A J. DTAM：Dense tracking and mapping in real-time[C]. 2011 International Conference on Computer Vision，Barcelona，2011：2320-2327.

[34] Engel J，Sturm J，Cremers D. Semi-dense visual odometry for a monocular camera[C]. Proceedings of the IEEE International Conference on Computer Vision，2013：1449-1456.

[35] Forster C，Pizzoli M，Scaramuzza D. SVO：Fast semi-direct monocular visual odometry[C]. 2014 IEEE International Conference on Robotics and Automation（ICRA），Hong Kong，2014：15-22.

[36] Engel J，Koltun V，Cremers D. Direct sparse odometry[J]. IEEE Transactions on Pattern Analysis and Machine Intelligence，2017，40（3）：611-625.

[37] Endres F，Hess J，Engelhard N，et al. An evaluation of the RGB-D SLAM system[C]. 2012 IEEE International

Conference on Robotics and Automation，St. Paul，2012：1691-1696.

[38] Kähler O，Prisacariu V A，Ren C Y，et al. Very high frame rate volumetric integration of depth images on mobile devices[J]. IEEE Transactions on Visualization and Computer Graphics，2015，21（11）：1241-1250.

[39] Kähler O，Prisacariu V A，Murray D W. Real-time large-scale dense 3D reconstruction with loop closure[C]. European Conference on Computer Vision，Cham，2016：500-516.

[40] Cummins M，Newman P. FAB-MAP：Probabilistic localization and mapping in the space of appearance[J]. The International Journal of Robotics Research，2008，27（6）：647-665.

[41] Zhao Z，Mao Y，Ding Y，et al. Visual-based semantic SLAM with landmarks for large-scale outdoor environment[C]. 2019 2nd China Symposium on Cognitive Computing and Hybrid Intelligence（CCHI），Xi'an，2019：149-154.

[42] Tomatis N，Nourbakhsh I，Siegwart R. Hybrid simultaneous localization and map building：A natural integration of topological and metric[J]. Robotics and Autonomous Systems，2003，44（1）：3-14.

[43] Mei C，Sibley G，Newman P. Closing loops without places[C]. 2010 IEEE/RSJ International Conference on Intelligent Robots and Systems，Taipei，2010：3738-3744.

[44] Kundu A，Li Y，Dellaert F，et al. Joint semantic segmentation and 3d reconstruction from monocular video[C]. European Conference on Computer Vision，Cham，2014：703-718.

[45] Hermans A，Floros G，Leibe B. Dense 3d semantic mapping of indoor scenes from rgb-d images[C]. 2014 IEEE International Conference on Robotics and Automation（ICRA），Hong Kong，2014：2631-2638.

[46] McCormac J，Handa A，Davison A，et al. Semanticfusion：Dense 3d semantic mapping with convolutional neural networks[C]. 2017 IEEE International Conference on Robotics and Automation（ICRA），Singapore，2017：4628-4635.

[47] Ma L，Stückler J，Kerl C，et al. Multi-view deep learning for consistent semantic mapping with rgb-d cameras[C]. 2017 IEEE/RSJ International Conference on Intelligent Robots and Systems（IROS），Vancouver，2017：598-605.

[48] Rosinol A，Abate M，Chang Y，et al. Kimera：An open-source library for real-time metric-semantic localization and mapping[C]. 2020 IEEE International Conference on Robotics and Automation（ICRA），Paris，2020：1689-1696.

[49] Qin T，Chen T，Chen Y，et al. Avp-slam：Semantic visual mapping and localization for autonomous vehicles in the parking lot[C]. 2020 IEEE/RSJ International Conference on Intelligent Robots and Systems（IROS），Las Vegas，2020：5939-5945.

[50] McCormac J，Clark R，Bloesch M，et al. Fusion++：Volumetric object-level slam[C]. 2018 International Conference on 3D Vision（3DV），Verona，2018：32-41.

[51] He K，Gkioxari G，Dollár P，et al. Mask r-cnn[C]. Proceedings of the IEEE International Conference on Computer Vision，Venice，2017：2961-2969.

[52] Izadi S，Kim D，Hilliges O，et al. KinectFusion：real-time 3D reconstruction and interaction using a moving depth camera[C]. Proceedings of the 24th Annual ACM Symposium on User Interface Software and Technology，Santa Barbara，2011：559-568.

[53] Grinvald M，Furrer F，Novkovic T，et al. Volumetric instance-aware semantic mapping and 3D object discovery[J]. IEEE Robotics and Automation Letters，2019，4（3）：3037-3044.

[54] Runz M，Buffier M，Agapito L. Maskfusion：Real-time recognition，tracking and reconstruction of multiple moving objects[C]. 2018 IEEE International Symposium on Mixed and Augmented Reality（ISMAR），Darmstadt，2018：10-20.

[55] Narita G，Seno T，Ishikawa T，et al. Panopticfusion：Online volumetric semantic mapping at the level of stuff and things[C]. 2019 IEEE/RSJ International Conference on Intelligent Robots and Systems（IROS），Venetian，2019：4205-4212.

[56] Guo C，Huang K，Luo Y，et al. Object-oriented semantic mapping and dynamic optimization on a mobile robot[J]. International Journal of Robotics and Automation，2021.

[57] Rosinol A，Gupta A，Abate M，et al. 3d dynamic scene graphs：Actionable spatial perception with places，objects，and humans[J]. arXiv preprint arXiv：2002.06289，2020.

[58] Whelan T，Leutenegger S，Salas-Moreno R，et al. ElasticFusion：Dense SLAM without a pose graph[C]. Robotics：Science and Systems，2015.

[59] Noh H，Hong S，Han B. Learning deconvolution network for semantic segmentation[C]. Proceedings of the IEEE International Conference on Computer Vision，Santiago，2015：1520-1528.

[60] Jianfeng Z，Yang L，Chi G，et al. Optimized segmentation with image inpainting for semantic mapping in dynamic scenes[J]. Applied Intelligence，2022.

[61] Keller M，Lefloch D，Lambers M，et al. Real-time 3d reconstruction in dynamic scenes using point-based fusion[C]. 2013 International Conference on 3D Vision-3DV 2013，Seattle，2013：1-8.

第 7 章　机器人导航规划与决策

本章介绍机器人导航规划与决策方法。机器人根据地图和传感器数据，确定自身与动静态障碍物的位置、速度等信息，自主规划出到达目的地的路线，并在行进过程中对每一步行动展开符合控制约束的速度决策，产生控制器的输入指令。本章将静止障碍物环境下不涉及机器人自身状态的规划称为全局规划。将动态障碍物环境下涉及机器人自身状态并进行行动决策的规划称为局部规划。

本章主要内容包括：①经典的机器人全局规划算法；②动态目标距离探测和行动预测；③基于几何模型、人工势场模型以及优化算法的避障规划方法；④基于深度学习的感知规划一体化方法。

7.1　全局路线的规划

本节重点介绍两类经典的全局路线规划算法：基于图搜索的规划算法和基于采样的规划算法。基于图搜索的规划算法一般是在栅格化的地图上以某种导向逐点进行路线搜索，求解出最短的或者代价最低的路线；基于采样的规划算法一般在机器人的状态空间进行采样，依采样结果构建一种数据结构（如生成树）后求解路线，具有较高的计算效率[1-3]。此外简要介绍机器人面向任务的全局路线规划。

7.1.1　基于图搜索的路线规划

A*算法是一种机器人在静态环境中通过启发函数（Heuristic function）搜索最优路线的经典算法[4]。D*算法则能够在陌生环境中针对突然出现的障碍物开展路线规划[5]。这两种算法都以图（Graph，记为 G ）为基础。图由节点、节点之间的边以及边的权重组成。如果两个节点 X 和 Y 之间存在一条边，称这两个节点为邻近节点（Neighbor），并定义权重 $c(X,Y)$ 为它们之间的距离，或者是具有导航语义的代价（Cost，如通行成本等）。为了简单起见，本节都假设图为无向图，即有 $c(X,Y)=c(Y,X)$ 。

1. A*算法

基于图搜索的路线规划在全局地图上从起点开始向外搜索，不断以一定的条件将新节点放入搜索队列，直到搜索到终点。为了提高计算效率，需要在搜索最优路线的过程中扩展（指从一个节点搜索其邻近节点）尽可能少的节点，因此需要谨慎地选取接下来要优先扩展的节点。A*算法以评估函数（Evaluation function）$f(X)$ 为依据维护一个优先队列（记为 OPEN 列表）来对节点进行排序，$f(X)$ 越小的节点越靠前；$f(X)$ 定义见式（7-1）：

$$f(X) \doteq g(X) + h(X) \tag{7-1}$$

其中，$g(X)$ 为从起点（记为 S ）到节点 X 目前为止的最优距离，除 $g(S)=0$ 以外，所有的 $g(X)$ 可初始化为无穷大；$h(X)$ 称为启发函数，记录节点 X 到终点（记为 T ）的距离的估计值。

算法初始时，将起点 S 加入 OPEN 列表中，并计算 $f(S)$。

（1）步骤 1：选择 OPEN 列表中 $f(X)$ 最小的节点 X，如果有多个节点满足要求，优先选择终点 T；如果没有终点 T 则任意选择一个节点；如果 OPEN 列表为空，则说明没有合法路线存在，终止算法。

（2）步骤 2：如果 X 是终点，回溯父节点直到起点得到路线，并终止算法；否则，将 X 从 OPEN 列表移除并扩展 X 节点，得到若干个邻近节点 Y。

（3）步骤 3：对每一个 Y 计算 $g(X)+c(X,Y)$。如果有 $g(Y) > g(X)+c(X,Y)$，令 $g(Y)=g(X)+c(X,Y)$，令 Y 的父节点为 X，并将 Y 按新的 $f(X)$ 插入 OPEN 列表；否则不做任何处理。处理完所有的 Y 后回到步骤 1。

在步骤 3 中，$g(X)+c(X,Y)$ 即等于"从 S 出发，经过 X 然后立刻到达 Y 的到目前为止的最优距离"。如果 Y 是尚未访问过的节点，则 $g(Y)$ 为无穷大，一定满足 $g(Y) > g(X)+c(X,Y)$，那么记录新节点的当前最优距离为 $g(X)+c(X,Y)$ 是合理的；而如果 Y 是已经访问过的节点，那么 Y 存在一个当前最优 $g(Y)$，如果它的值大于 $g(X)+c(X,Y)$，说明"经过 X 然后立刻到达 Y"比 Y 在过去的规划中找到的路线更优秀，因此需要修改其当前最优距离和父节点。

图 7.1 是 A*算法的过程示例，其核心思想是根据 f 的指引去扩展当前更可能找到终点的节点。见图 7.1（a）和图 7.1（b），A*遇到障碍后选择向上扩展，而不是向 f 更高的下方扩展，最后得到如图 7.1（c）所示的最优路线。

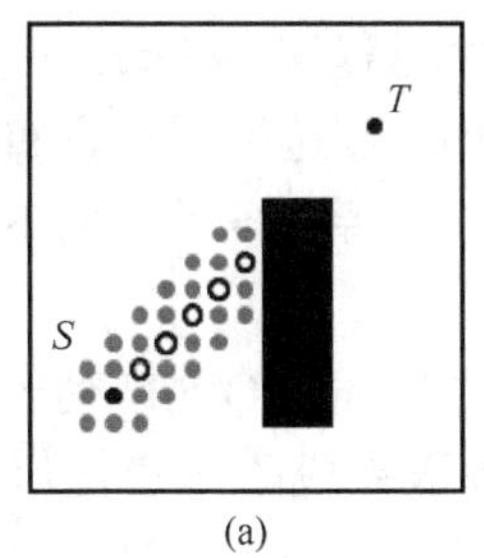

(a)

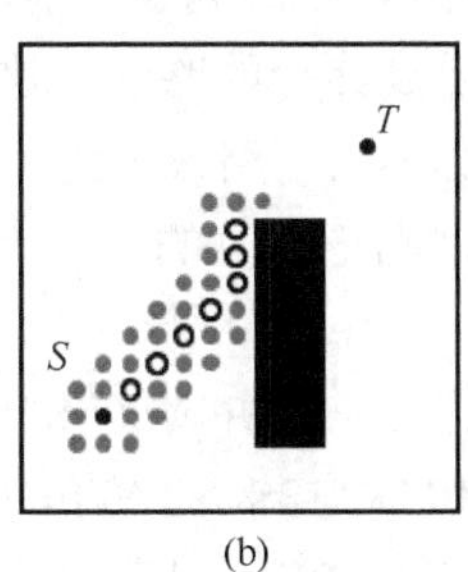

(b)

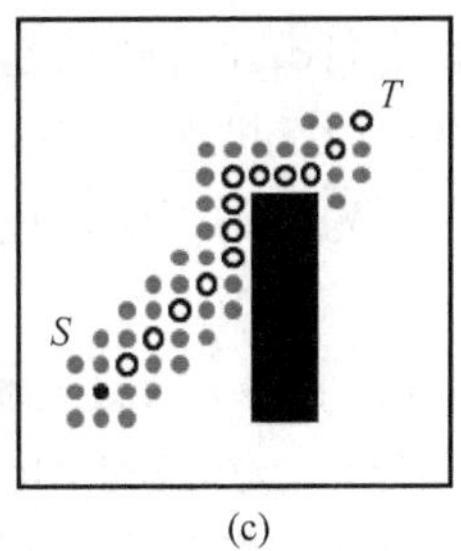

(c)

图 7.1 A*算法流程示意图

A*算法的最优性由启发函数 $h(X)$ 的选择来决定。为了保证最优性，需要启发函数的值小于等于该节点到终点的实际最短距离。因此如果需要 A*求出最优路线，可以将启发函数 $h(X)$ 设定为不考虑障碍情况的欧式距离或者对角距离，这个值在算法过程中不会变化。而如果令 $h(X)=0$，则算法退化为经典的最短路线 Dijkstra 算法[6]。

2. D*算法

如果在机器人行进路线中出现了新的障碍物，就需要算法有重新规划的能力。D*算法就是一种可以让机器人一边向终点前进，一边根据路线中实际障碍物环境调整路线的方法，满足机器人在陌生环境下实时探索的需求。

D*的主要特点在于从终点开始向起点进行反向路线搜索，并储存已经计算好的规划信息。当机器人发现路线中存在新的障碍时，将对障碍附近的节点进行信息的传播和重规划。为了简单起见，假设机器人只有在相邻的两个节点之间转移时，才能发现它们之间的障碍。

D*储存的信息主要有：节点 X 到终点 T 的路线代价 $h(X)$；两个节点 X 和 Y 之间的边的距离 $c(X,Y)$，这个值可以从全局静态地图（可以直接假设为一张无障碍的地图）中得到，并在算法运行过程中根据实际情况而更改；节点 X 的后继节点 $b(X)$，最终从起点开始迭代地求下一个后继节点直到终点，就是 D*中求出的路线。和 A*类似，D*也维护一个 OPEN 列表来决定要优先处理的节点，对每个在 OPEN 列表中的节点 X，定义键函数 $k(X)$ 为自从 X 被放入 OPEN 列表以来的所有 $h(X)$ 值中的最小值（详见后面的 INSERT()函数）。$k(X)$ 将在 OPEN 列表中的节点 X 分为两类：如果 $k(X)<h(X)$，那么它就是一个 RAISE 节点；如果 $k(X)=h(X)$，那么就是一个 LOWER 节点。此外，每个节点 X 都有一个关联的标签 $t(X)$，如果 X 从未进入过 OPEN 列表，那么 $t(X)=\text{NEW}$；如果 X 当前正在 OPEN 列表，那么 $t(X)=\text{OPEN}$，否则 $t(X)=\text{CLOSED}$。

算法初始时，将终点 G 放入 OPEN 列表，并令 $h(G)=0$。

（1）步骤 1：在起点 S 被移出 OPEN 列表之前，反复执行 PROCESS_STATE()函数，从而反向构建一条从起点到终点的路线，这个过程和 Dijkstra 算法相同；

（2）步骤 2：机器人在现实中沿着路线前进，如果到达终点 G，算法结束；如果机器人因为障碍无法前进，则记此时的节点为 Y，原本要前往的下一个节点为 X。

（3）步骤 3：令 $c(X,Y)$ 为无穷大，并将 Y 节点重新插入 OPEN 列表中（不改变 $k(X)$ 和 $h(Y)$），继续使用 PROCESS_STATE()函数完成路线变化信息的传播和最优路线规划，直到其返回值（OPEN 列表中节点的最小 $k(X)$ 值）大于 $h(Y)$，说明 OPEN 列表中已不存在更优秀的节点，然后再次回到步骤 2；如果返回值为−1，表示不存在可达路线，算法结束。

其中核心方法为 PROCESS_STATE()，如算法 7.1 所示。其中 MIN-STATE() 返回 OPEN 列表中有最低的键函数 $k(X)$ 的状态（如果列表为空，返回 NULL）。GET-KMIN()返回 OPEN 列表的最低的键函数 $k(X)$ 的值（如果列表为空，返回 −1）。DELETE(X)，它从 OPEN 列表中删除 X 并令 $t(X)=\text{CLOSED}$ 。以及 INSERT(X , h_{new})，如果 $t(X)=\text{NEW}$ ，令 $k(X)=h_{\text{new}}$ ；如果 $t(X)=\text{OPEN}$ ，令 $k(X)=\min\left(k(X),h_{\text{new}}\right)$；如果 $t(X)=\text{CLOSED}$ ，令 $k(X)=\min\left(h(X),h_{\text{new}}\right)$；结束这个分支后令 $h(X)=h_{\text{new}}$ 以及 $t(X)=\text{OPEN}$ ，并根据 $k(X)$ 将 X 按从小到大的顺序插入到OPEN 列表中。

算法 7.1　函数 PROCESS_STATE()（取自文献[5]）

```
1  X = MIN-STATE()
2  if X = NULL : return-1
3  k_old = GET-KMIN(); DELETE( X )
4  if k_old < h(X) :
5    for X 的每个邻近节点 Y :
6      if h(Y) ≤ k_old and h(X) > h(Y) + c(Y, X) :
7        b(X) = Y ; h(X) = h(Y) + c(Y, X)
8  if k_old = h(X) :
9    for X 的每个邻近节点 Y :
10     if t(Y) = NEW or
11       ( b(Y) = X and h(Y) ≠ h(X) + c(X, Y) ) or
12       ( b(Y) ≠ X and h(Y) > h(X) + c(X, Y) ):
13       b(Y) = X ; INSERT ( Y , h(X) + c(X, Y) )
14 else
15   for X 的每个邻近节点 Y :
16     if t(Y) = NEW or
17       ( b(Y) = X and h(Y) ≠ h(X) + c(X, Y) ):
18       b(Y) = X ; INSERT ( Y , h(X) + c(X, Y) )
19     else
20       if b(Y) ≠ X and h(Y) > h(X) + c(X, Y):
21         INSERT ( X , h(X) )
22       else
23       if b(Y) ≠ X and h(X) > h(Y) + c(Y, X) and
24           t(Y) = CLOSED and h(Y) > k_old :
25           INSERT( Y , h(Y) )
26 return GET-KMIN()
```

PROCESS-STATE()函数首先将有最低键函数值 $k(X)$ 的节点 X 移出OPEN 列表（如算法 7.1 的 1 到 3 行），根据节点是 LOWER 还是 RAISE 来进行不同的处理。

如果 X 是一个 LOWER 节点，即 $k(X)=h(X)$ ，由于 $h(X)$ 等于旧的 $k_{\min}$ ，因此它的路线代价是最优的。如算法 7.1 的 8 到 13 行，算法检查 X 的每个邻近节点 Y：①如果 Y 为一个新节点，则它将获得初始的 $h(Y)=h(X)+c(X,Y)$，并使其后继节点为 X ；②如果 Y 的后继节点为 X ，且 $h(Y)\neq h(X)+c(X,Y)$，说明 Y 路线代价发生变化，需要修正；③如果 Y 的后继节点改为 X 时能获得更低的路线代价，则需要修改其后继节点与路线代价。在以上三种情况下，Y 的路线代价都发生了改变，需要被放到 OPEN 列表，从而将代价改变传播给它们的邻近节点。

如果 X 是一个 RAISE 节点，它的路线代价可能不是最优的，因此首先要检查它的邻近节点（如算法 7.1 的 4 到 7 行），观察 $h(X)$ 能否通过它们被降低，然后再分以下三种情况处理：①和 LOWER 节点一样，将路线代价改变会传播给 NEW 节点和后继节点为 X 的邻近节点（如算法 7.1 的 15 到 18 行）；②如果邻近节点的后继节点改为 X 时能获得更低的路线代价，那么 X 将被放回 OPEN 列表等待进一步的处理，这能避免产生闭环（如算法 7.1 的 20 到 21 行）；③如果 X 的路线代价能够被一个次优的邻近节点降低，该邻近节点会被放回 OPEN 列表（如算法 7.1 的 23 到 25 行）。

图 7.2 是 D*算法的过程示例。首先算法反向规划出一条初始路线，然后机器人沿着路线行进、探索到地图的实际情况并发现障碍，见图 7.2（a）、图 7.2（b）和图 7.2（c）；此时 D*将路线代价的变化传播给相关节点并进行少量重规划，得到新路线，见图 7.2（d）和图 7.2（e）；最终，机器人沿着新路线成功到达终点，见图 7.2（f）。

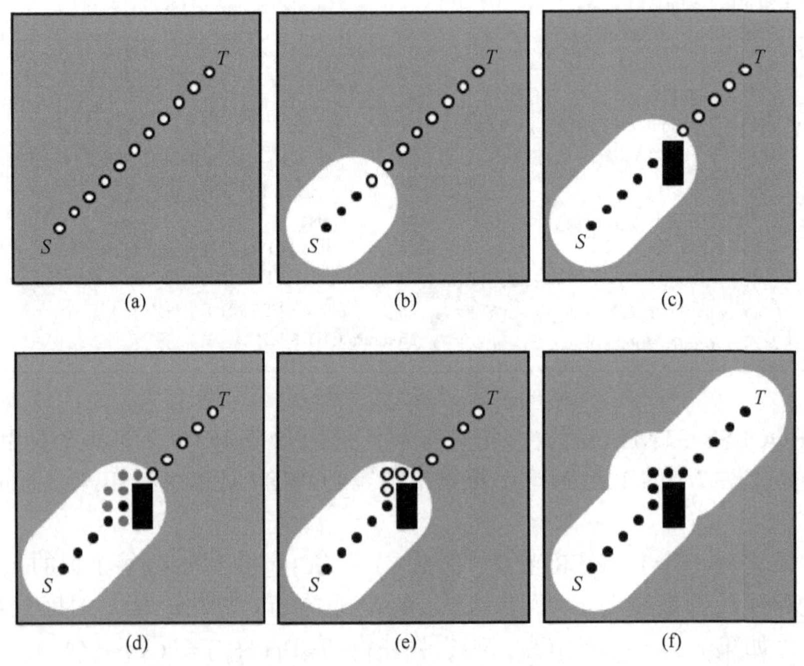

图 7.2　D*算法流程示意图

相比于遇到障碍物时重新调用 A*算法来规划，D*算法从三个角度提高了动态环境下的规划效率：①需要重规划时，$h(X)$ 值充当了启发函数，像 A*算法一样提高了搜索效率；②通过 $k(X)$ 、$h(X)$ 的差异对比形成 RAISE 、 LOWER 两种节点，实现最优路线的搜索和障碍信息的传播两个任务的切换控制；③在确定不存在更优解时及时停止规划。

7.1.2　基于采样的路线规划

本节重点介绍经典的机器人采样规划方法：快速搜索随机树（Rapidly-exploring Random Tree，RRT）算法[7]。RRT 思想可以被应用到广义的各种规划问题中，是目前机器人领域运用最广泛的一种算法。该方法目前已经形成一系列算法族，拥有大量扩展和改进版本[8]。在状态空间中，RRT 以起始状态作为根节点，通过随机采样以及碰撞检测增加叶节点生成随机搜索树（记为 T），当叶节点为路线终点时，便可通过回溯找到一条规划路线。

RRT 定义了一个状态转移方程来描述规划中的约束，见式（7-2）：

$$\dot{x} = f(x,u) \tag{7-2}$$

其中，x 为状态；$\dot{x}$ 为状态关于时间的导数；u 为控制或输入指令，从指令集合 U 中选择。在固定的时间间隔 Δt 上对 f 积分，就能得到下一个状态 x_{new}。为了简单起见，本节在离散时间下进一步讨论，从而式（7-2）可以近似为式（7-3）：

$$x_{\text{new}} = f(x,u) \tag{7-3}$$

在全局规划中可暂时不考虑除了障碍以外的约束，于是可以简单定义状态为坐标向量、控制指令为速度向量，则状态转移方程可以写为 $x_{\text{new}} = f(x,u) = x + u$；此外，RRT 需要状态空间中的某种衡量“距离”的方式。如果将状态简单定义为坐标向量，此时“距离”就是传统的欧几里得距离。

算法初始时，将起始状态 x_s 加入随机树 T 中，此时 T 只存在 x_s 这一个根节点。

步骤 1：在状态空间随机采样一个状态，记为 x_{rand}。

步骤 2：找到随机树 T 中距离采样状态 x_{rand} 最近的点，记为 x_{near}。

步骤 3：对所有控制指令 $u \in U$，在 x_{near} 应用状态转移方程 f，得到多个后继状态，去除其中的不符合要求（如碰到障碍物或超出速度限制）的状态后，选择距离 x_{rand} 最近的状态 x_{new}，将其添加到随机树 T 中，并记录 x_{new} 的父节点为 x_{near} 以及对应的控制指令 u。

步骤 4：如果 x_{new} 距离终点状态 x_g 足够近，则从 x_{new} 开始回溯父节点直到到达起始状态 x_s，形成路线并结束算法；否则回到步骤 1。

图 7.3 是 RRT 算法的过程示例。状态空间即为地图，控制指令为 $|u| \leqslant 1$ 的速度向量，箭头代表指向的父节点。图 7.3（a）和图 7.3（b）对应步骤 1、2；在步骤 3 中，由于 $|u| \leqslant 1$，因此 x_{new} 为 x_{near} 和 x_{rand} 连线上距离 x_{near} 为单位 1 且不经过障碍的点即可，见图 7.3（c）；经过这样的一次“生长”，随机树从图 7.3（a）变为图 7.3（d）；重复这个“生长”的过程，树的分支就能逐渐遍布在无障碍区域，见图 7.3（e）；当随机树的分支生长到终点时，沿父节点回溯到起点形成路线即可，

见图 7.3（f）。需要注意，具体实现中一般要限制随机树的规模（如树节点的数量上限），以控制算法的最大运行时间。

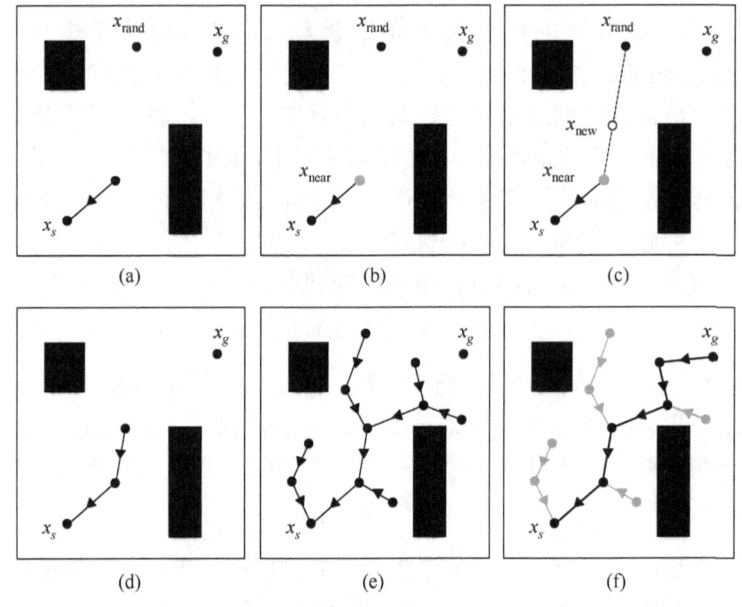

图 7.3　RRT 算法流程示意图

可见，RRT 的基本流程非常简洁，如果在状态转移方程引入更复杂的约束，它甚至能完成局部规划的功能。RRT 的缺点是计算代价比较大，在障碍物较多或有狭窄通道的场景下的效率很低，规划出的路线不一定是最优路线。因此，许多研究者针对这些问题提出了不同的 RRT 的改进算法[9]，如 RRT-GoalBias，在步骤 1 中以概率 p 采样到终止状态，使随机树的扩展更倾向于终点的方向；又如 RRT-Connect，从起始状态和终点状态同时进行两棵随机树的生成，直到它们连接到同一点；或 RRT*算法[10]选择更低代价的父节点以减少路线代价，能够渐进获得最优路线。

7.1.3　面向任务的路线规划

7.1.1 节与 7.1.2 节介绍的都是点到点路线规划方法。然而很多机器人的导航任务不能简单地被描述成从出发点到目的地。如扫地机器人、精准农业作业机器人等，就需要规划出覆盖整个区域的全局路线。所以机器人全局导航规划应是一个与上层任务密切相关的规划[11]。

1. 扫地机器人的全覆盖路线规划

扫地机器人需要通过多传感器融合来实时地估计自身的位姿，结合环境信息规划出遍历全区域并且与障碍物无碰撞的最优路线[12]。扫地机器人的路线规划方式可分为随机式和规划式两种，见图 7.4。其中随机式路线规划是通过雷达、红外线等传感器判断是否有障碍物进行移动，运动路线较为杂乱且无法判断某区域是否重复经过，需要多次打扫才能完成清洁任务；规划式运动通过控制扫地机器人在规定区域做直线往返运动。当运动区域没有障碍物时，传感器检测到墙体等代表其可运动最大范围的标志时，进行 180°调头；当运动区域有障碍物时机器人通过沿边行走记录障碍物边缘信息，规划出绕着障碍物另一侧运动的路线，其运动路线规律性强，重复率低，可以更高效地完成任务。

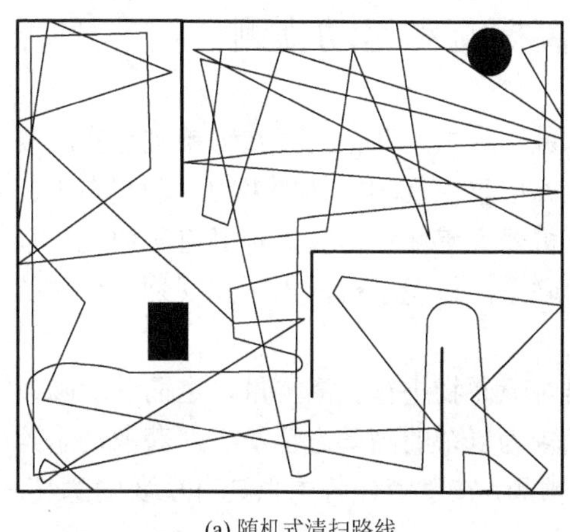

(a) 随机式清扫路线

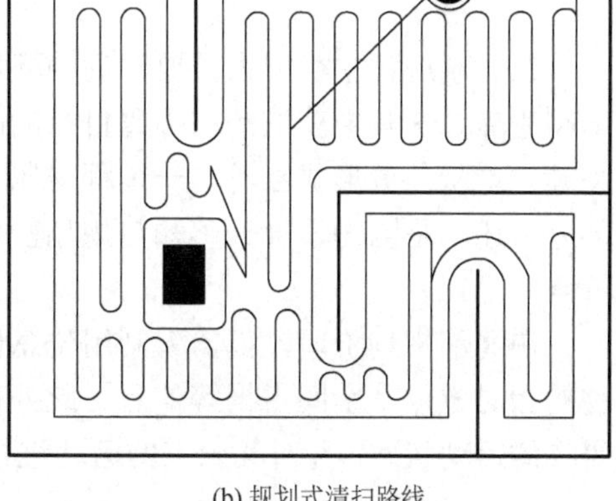

(b) 规划式清扫路线

图 7.4　扫地机器人的两种路线规划示意图

2. 农业无人驾驶的常见路线规划

农业无人驾驶目前已得到成熟的广泛应用，其作业环境多是障碍少且规则的矩形，但对垄间覆盖有较高要求。合理的路线规划可以减少覆盖重复率，提高工作效率，促进精准农业发展。农机常用的路线规划方法有开（闭）垄行走法、梭形法、套行法、绕行法等[13]，见图 7.5。开垄行走法采用由内到外逐渐向外延伸的模式，闭垄行走法与之相反，这两种方法在中间区域易发生重叠或遗漏。梭形法从一侧逐垄开始向另一侧作业，绕行法是沿地块四周边界向中间螺旋绕行。具体采用哪种路线规划方法需要结合工作区域特点、无人驾驶农机规模以及具体作业内容等分别考虑。

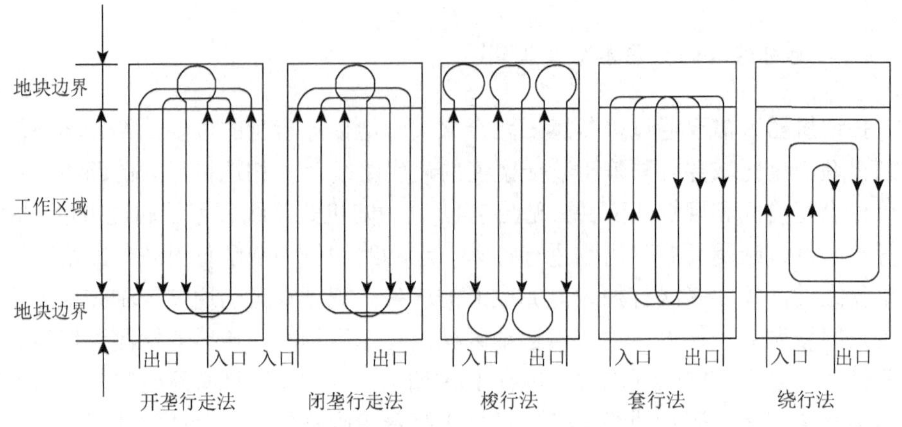

图 7.5　农机的几种路线规划示意图[13]

7.2　动态目标的距离探测和运动预测

在导航过程中机器人需要对周围环境进行感知，并根据感知结果进行实时规划和避障。这其中获取动态障碍目标的距离信息以及预测其未来的运动状态十分关键。单从任务形式上看这一过程是属于机器人感知的范畴，本书将其放在规划部分讲述，是因为该部分感知与规划密切联系，体现了机器人感知规划一体化的特点。

在局部规划阶段，机器人利用传感器对障碍物进行距离测量，进而获取障碍物的相对方位、空间占据等信息。此外在较为复杂的高动态环境下，获取动态障碍物的运动状态，并对其未来的运动进行预测，在避障任务中也具有重要的意义。

7.2.1　传感器测距

1. 雷达测距

使用测距雷达是机器人感知最常见的手段之一。通过测距雷达可以获得与目标之间的距离、相对速度以及相对方位角等信息，常见的雷达包括超声波雷达、毫米波雷达和激光雷达。超声波雷达通过发射装置向外出超声波来测算距离，探测范围一般在 0.1～3m 之内且精度不高。激光雷达通过测量激光从发出到经障碍物反射后接收的时间，来计算障碍物的距离，有效量程从几米到几百米不等。毫米波雷达兼有微波制导和光电制导的优点，使用无人系统上抗环境干扰能力强。它的探测范围通常在 150m 以内，可以同时跟踪多个目标并获取精度较高的测量结果，见图 7.6。

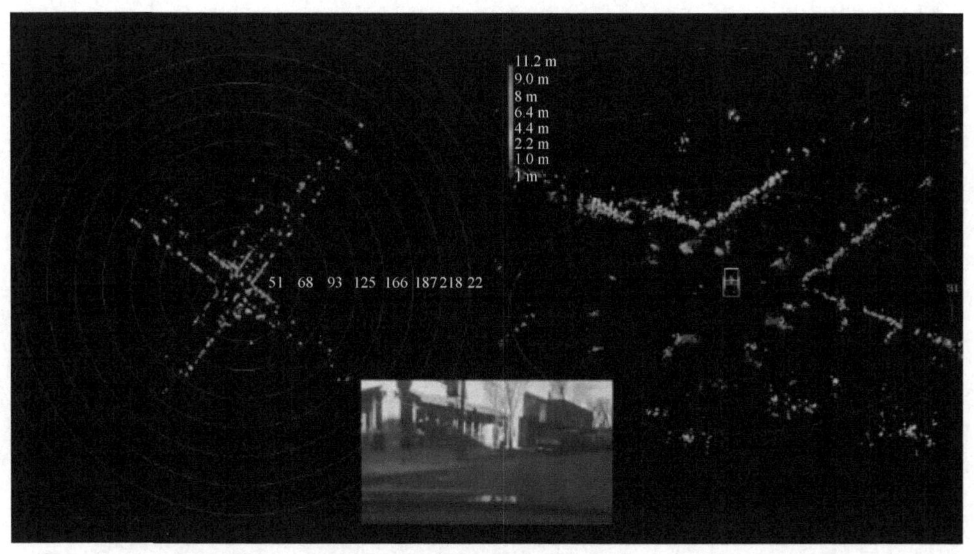

图 7.6　用毫米波雷达测量目标

2. 相机测距

相机是机器人感知环境所依赖的重要传感器，它除了能够获取丰富的图像信息以外，还可以用于测量深度。相机主要分为单目相机、双（多）目相机和 RGB-D 相机等多种类型，不同类型相机所对应的深度测量方法也不同。

单目相机无法直接获取带有尺度的深度信息，在对同一空间点进行多次观测后可通过三角测量获取归一化深度。若想利用单目相机获取稠密深度信息，则需要在大量观测中通过极线搜索和快匹配获取特征匹配关系，根据匹配关系使深度估计结果收敛。

双目相机在经过外参标定后，可以对原始图像进行校正，使得双目图像处于同一平面。根据特征匹配方法在双目图像中寻找匹配像素，计算像素视差，并根据视差、基线等信息进行三角化计算获取深度。图 7.7 中已知一个空间点 P 在左右两个相机成像平面上的像素点分别为 p_L 和 p_R，其横向坐标分别为 u_L、u_R，由于双目图像经过校正则纵向坐标相同。在已知焦距 f 和基线距离 b 的情况下，根据三角形相似原理，可以测得 P 点距离成像平面的深度 d 见式（7-4）：

$$d = \frac{fb}{u_L - u_R} \tag{7-4}$$

在需要通过双目相机获取稠密深度时，则需要通过稠密深度估计方法，如 SGM（Semi-Global Matching）[14]等方法。此外，目前也有众多基于深度学习的相机稠密深度估计方法[15, 16]。

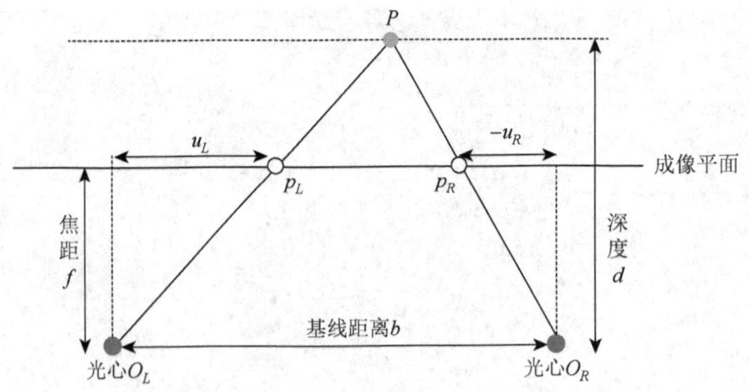

图 7.7　双目测距原理示意图

RGB-D 相机主要通过基于结构光或飞行时间（Time of Flight，TOF）进行深度测量。其中结构光是一种向物体投射经过编码的光线，相机根据返回的图案计算物体的距离。飞行时间的原理则与激光雷达测距类似，根据光线收发时间及光速计算物体距离。

7.2.2　基于动态 SLAM 的多目标运动预测

为了做出更有预见性和容错性的规划，除了探测距离外，还需要预测动态目标的速度、轨迹等状态信息。SLAMMOT（Simultaneous Localization Mapping and Moving Object Tracking）是传统 SLAM 方法的延伸。这一类方法融合了目标跟踪、运动建模等基础技术，在完成自定位建图的同时，还能够对环境中其他动态目标的运动状态进行估计。

文献[17]基于双目视觉，通过目标检测和观测视角分类实现了对动态目标的 3D 包围框推理，并联合语义特征、几何特征进行优化，获取动态目标的位姿，并根据车辆运动学模型预测其运动。文献[18]提出了一个包含多级概率数据关联机制和异构条件随机场的视觉里程计 ClusterVO，将语义信息、空间信息和运动信息相结合，在一个滑动窗口内实时求解相机位姿和预测目标运动；文献[19]提出了一个动态 SLAM 方法，在不需要 3D 先验模型和运动约束的情况下，构建包含动态目标的环境地图，并提取刚体的速度；文献[20]提出了一个将多目标追踪和 VSLAM 紧耦合的方案 DynaSLAM Ⅱ，将静态环境特征、动态目标物体结构、相机和动态目标轨迹一起进行联合优化。下面将简要介绍 DynaSLAM Ⅱ的运行流程。

DynaSLAM Ⅱ基于 ORB-SLAM2（见本书 5.2 节）开发，图 7.8 是 DynaSLAM Ⅱ的运行示意图，系统以双目或 RGB-D 图像为输入，输出每帧图像对应的相机位姿和周围动态目标的位姿及运动状态，并同步建立一个包含动静态物体的局部地图。见图 7.8（a），DynaSLAM Ⅱ输出了动态目标 3D 包围框及其时速；见图 7.8（b），DynaSLAM Ⅱ对相机自运动和动态目标轨迹进行联合优化估计。

(a) 动态目标3D包围框及时速

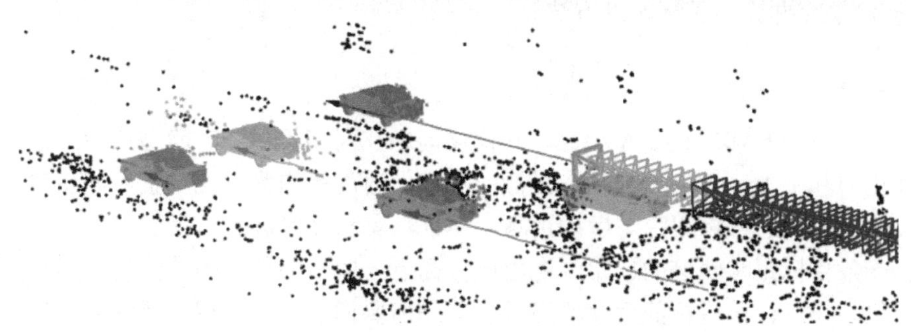

(b) 动态目标、静态稀疏路标地图

图 7.8　DynaSLAM Ⅱ系统的算法效果示意图[20]

（a）DynaSLAM Ⅱ输出了动态目标 3D 包围框及其时速；（b）对相机自运动和动态目标轨迹进行联合优化估计

在此对 DynaSLAM Ⅱ所涉及的符号进行介绍：一个双目/RGB-D 相机具有在 i 时刻世界坐标系 W 下的位姿 $T_{cw}^{i} \in \mathrm{SE}(3)$，相机 i 观测到两种特征：①第 l 个静态 3D 地图点，具有三维位置 $x_{W}^{l} \in \mathbb{R}^{3}$；②动态目标，具有位姿 $T_{wo}^{k,i} \in \mathrm{SE}(3)$ 和线速度、角速度 $v_{i}^{k}, \omega_{i}^{k} \in \mathbb{R}^{3}$，这些速度都是在目标物体坐标系下的表示。每个被观测到的目标 k 都包含动态点集 $x_{o}^{j,k} \in \mathbb{R}^{3}$，其中 j 为目标 k 中的路标点索引。

其基本步骤如下。

1. 目标数据关联

DynaSLAM Ⅱ使用图像实例分割获取物体实例语义，每个物体实例包括其类别、掩码、2D 检测框等。对于新来的每一帧图像，系统会对其进行实例分割，获取图像中每个物体实例的掩码和类别，同时也会对图像进行 ORB 特征提取、双目匹配。如果一个物体实例属于先验动态目标类别且掩码中有较多特征点，则系统根据该物体实例创建一个新的追踪目标，并将该掩码内的特征设为动态特征。

在获取了当前帧图像特征后，系统首先将静态特征与历史帧、地图里的静态路标进行匹配，然后将动态特征与局部地图里属于动态目标的路标进行匹配，关于动态特征的匹配方式包括以下两种：①如果地图中的动态目标具有速度信息，则假设该目标在帧间进行恒速运动，然后通过重投影搜索进行特征匹配；②如果地图中的动态目标没有速度信息，或者经过方式①匹配后没有得到足够的成功匹配结果，此时系统将在连续帧中重叠最大的物体实例之间进行强制特征匹配。

此外，该方案还使用了如下高级数据关联策略：如果一个物体实例掩码中大部分特征点与一个地图中的动态目标路标点成功匹配，则该物体实例和该动态目标具有相同的跟踪 ID。为了使物体-目标数据关联更加准确，该方案也采用基于 2D 检测框交并比的目标跟踪方法。

2. 联合 BA

与 ORB-SLAM2 的 BA 相比，其优化问题在对相机位姿、静态路标点位置进行优化的基础上，还将周围动态目标的位姿、速度等作为优化变量，同步实现了定位建图和动态目标跟踪与运动预测，并且具有相互促进的作用。

一条目标跟踪轨迹的起始位姿由该目标点云的质心位置和单位旋转矩阵进行初始化。在估计该目标的后续位姿时，首先需要通过恒速模型进行预测，然后通过最小化重投影误差进行优化。下面重点介绍优化中的各个误差项。

给定具有位姿 $T_{cw}^{i} \in \mathrm{SE}(3)$ 的相机 i 和一个世界坐标系 w 下齐次坐标为 $\overline{x}_{w}^{l}$ 的 3D 地图点 l，以及对应的双目特征点坐标 $u_{i}^{l}=\left[u,v,u_{R}\right]\in\mathbb{R}^{3}$，通用的重投影误差项见式（7-5）：

$$e_{\text{repr}}^{i,l}=u_{i}^{l}-\pi_{i}\left(T_{cw}^{i}\overline{x}_{w}^{l}\right) \tag{7-5}$$

其中，π_{i} 是双目/RGB-D 情况下的重投影函数，其将一个相机坐标系下的 3D 点齐次坐标投影至像素平面。该方案在动态情况下将式（7-5）改写为式（7-6）：

$$e_{\text{repr}}^{i,j,k}=u_{i}^{j}-\pi_{i}\left(T_{cw}^{i}T_{wo}^{k,i}\overline{x}_{o}^{j,k}\right) \tag{7-6}$$

其中，$T_{wo}^{k,i}\in\mathrm{SE}(3)$ 是相机 i 观测到目标 k 时该目标的物体坐标系 o 相对于世界坐标系 w 下的逆位姿；$\overline{x}_{o}^{j,k}$ 代表路标点 j 在目标 k 的物体坐标系 k 下的齐次坐标，且其在相机 i 中对应的观测特征点为 $u_{i}^{j}\in\mathbb{R}^{3}$，式（7-6）使得相机位姿、动态目标位姿和 3D 点可以进行联合优化。

联合 BA 与关键帧的插入有关，故在介绍联合 BA 前，首先对 DynaSLAM Ⅱ 中的关键帧插入机制进行介绍。在 DynaSLAM Ⅱ 中，关键帧插入的条件包含两种：①相机跟踪接近丢失，即缺少足够的特征点、长时间内没有插入新关键帧等，这部分条件可参考 5.2 节中 ORB-SLAM2 的关键帧插入；②动态目标跟踪接近丢失，即图像中一个具有很多特征的物体实例却没有被足够多的动态目标路标点跟踪到，这意味着该物体实例此前未被观测到，此时需要插入关键帧以构建新的跟踪目标、为地图添加新的动态路标点。

当一个新关键帧是因为相机跟踪接近丢失而被创建时，则局部 BA 会优化该关键帧的共视图里的关键帧和地图点；当一个新的关键帧是因为动态目标跟踪接近丢失而被创建的，则局部 BA 优化会对 2s 以内的相机、动态目标的位姿、速度进行优化；当一个新关键帧因为两种跟踪都接近丢失而被创建，则同时执行此两种 BA。下面对 BA 中涉及的新误差项进行介绍。

为了避免系统估计出不合理的目标运动，也为了使得轨迹更加平滑，该方案假设连续帧间动态目标为恒速运动。设动态目标 k 的线速度、角速度在观测 i 中为 $v_i^k, \omega_i^k \in \mathbb{R}^3$，则定义速度误差项见式（7-7）：

$$e_{\text{vcte}}^{i,k} = \begin{bmatrix} v_{i+1}^k - v_i^k \\ \omega_{i+1}^k - \omega_i^k \end{bmatrix} \tag{7-7}$$

通过式（7-8）的误差项将动态目标速度、位姿以及动态目标点进行耦合：

$$e_{\text{vcte},XYZ}^{i,j,k} = \left(T_{wo}^{k,i+1} - T_{wo}^{k,i} \Delta T_{o_k}^{i,i+1}\right) \overline{x}_o^{j,k} \tag{7-8}$$

其中，$\Delta T_{o_k}^{i,i+1}$ 由动态目标 k 在 i 时刻的线速度和角速度定义，见式（7-9）：

$$\Delta T_{o_k}^{i,i+1} = \begin{bmatrix} \operatorname{Exp}\left(\omega_i^k \Delta t_{i,i+1}\right) & v_i^k \Delta t_{i,i+1} \\ 0_{1\times 3} & 1 \end{bmatrix} \tag{7-9}$$

总结来说，在一个滑动窗口 $\mathcal{C}$ 内，每个相机 i 观测到的静态地图点集为 $\mathcal{MP}_i$，观测到的动态目标集为 $\mathcal{O}_i$，其中每个目标 k 又包含了动态点集 $\mathcal{OP}_k$，则构建的完整优化问题见式（7-10）：

$$\min_{\theta} \sum_{i\in\mathcal{C}} \left(\sum_{l\in\mathcal{MP}_i} \rho\left(\left\| e_{\text{repr}}^{i,l} \right\|_{\Sigma_i^j}^2\right) + \sum_{k\in\mathcal{O}_i} \left(\rho\left(\left\| e_{\text{vcte}}^{i,k} \right\|_{\Sigma_{\Delta t}}^2\right) + \sum_{j\in\mathcal{OP}_k} \left(\rho\left(\left\| e_{\text{repr}}^{i,j,k} \right\|_{\Sigma_i^j}^2\right) + \rho\left(\left\| e_{\text{vcte},XYZ}^{i,j,k} \right\|_{\Sigma_{\Delta t}}^2\right) \right) \right) \right) \tag{7-10}$$

其中，Σ 为各误差项协方差。重投影误差项的协方差与特征点被观测的图像尺度有关，其他两个误差项的协方差与连续观测的时间间隔有关，时间间隔越长其不确定度就越大，整体待优化的参数为 $\theta = \left\{T_{cw}^i, T_{wo}^{k,i}, X_w^i, X_o^{j,k}, v_i^k, \omega_i^k\right\}$。该优化问题的因子图见图 7.9，由于该方案在建模中采用了以目标为中心的表示方法，固定连接在目标上的路标点以该目标的物体坐标系为参考，并具有唯一索引，从而有效降低了待优化参数量。

在优化目标函数中，静态点重投影误差项 $e_{\text{repr}}^{i,l}$ 与 ORB-SLAM（见 5.2 节）中形式一致，而关于动态目标位姿、速度的误差项 $e_{\text{vcte}}^{i,k}$、$e_{\text{repr}}^{i,j,k}$、$e_{\text{vcte},XYZ}^{i,j,k}$ 则与目标建

模、运动学建模有关。其中，目标建模主要关注可用于优化的参数，涉及对目标几何结构的参数化，如该方案中以目标点云质心、物体坐标系位姿、目标运动速度作为参数，存在其他方案是以推理出的 3D 包围框的几何信息作为参数[17]；运动学模型主要关注与运动相关的优化参数是如何预测和估计的，该方案中将所有目标视为刚体，并依据帧间恒速运动模型进行速度估计，存在其他方案使用了带惩罚的速度模型[18]，或根据特定物体类别提供运动模型[17]。

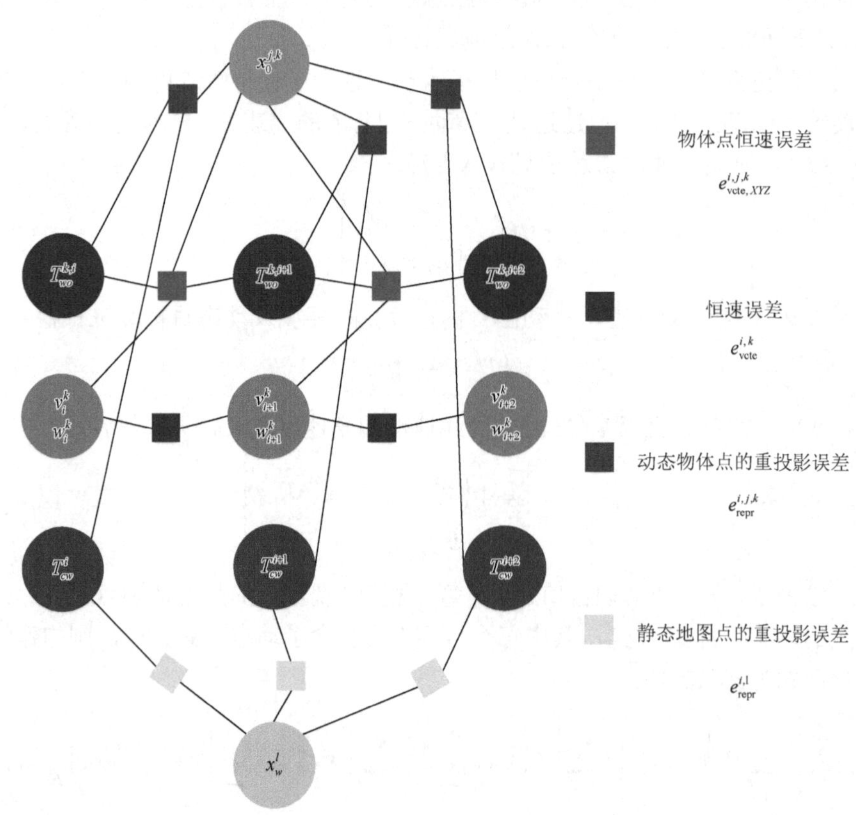

图 7.9　DynaSLAMⅡ BA 因子图的结构[20]

3. 3D 目标包围框

在导航避障任务中，动态目标往往不能被当作一个简单的运动质点，机器人还需要考虑其尺寸大小、空间占据等信息。基于上述需求，DynaSLAMⅡ提出了一个目标 3D 包围框推理方法，和其他方案不同的是，该方法与目标轨迹估计的步骤相对独立。

在目标轨迹估计中，数据关联、联合 BA 输出了相机位姿、静态路标点位置和动态目标位姿的 6 自由度轨迹。其中动态目标的位置是由目标上一点决定的，这个点是该目标第一次被观测到时的点云质心。尽管随着时间推移，点云质心会随着新点的插入而改变，但目标位姿的估计仍是参照其第一次被观测到的点云质心来进行的。

而在推理目标 3D 包围框时，该方案通过搜索两个紧凑贴合点云主体的平面进行初始化，尽管许多目标并不符合完美的立方体形状，但该方案认为大部分物体是可以与一个立方体包围框相贴合的。当仅能在目标点云中检索到一个平面时，则根据其物体类别给定一个先验的粗糙尺度。这个过程通过一个 RANSAC 流程实现：将计算出的多个 3D 包围框投影回图像平面，计算投影轮廓与 CNN 2D 包围框之间的交并比，最后选择交并比最大的 3D 包围框作为初步推理结果。

为了优化该初步推理结果，该方案将 3D 包围框的尺寸和相对于物体坐标系的位姿纳入一个滑动窗口内，执行基于图像的优化来最小化 3D 包围框重投影与 2D 包围框之间的距离。由于在少于 3 次观测时这个问题无法求解，所以仅在一个目标至少被观测到 3 次时才进行这个优化过程。考虑到有时观测目标的视角确实较少（如道路上有时只能看到车尾），所以也会使用一个和目标物体类别相对应的先验信息来约束包围框的尺寸。

DynaSLAM Ⅱ是一个综合考虑了相机、动态目标和地图点等数据的 VSLAM 系统，能够跟踪机器人周围动态目标的运动状态，包括线速度、角速度，并通过联合优化使得动态目标运动状态与机器人定位建图相互辅助，在 KITTI 数据集上的测试结果表明该方案达到了较高的精度，适用于许多实际应用。

7.3　基于几何模型的避障

7.3.1　概述

基于几何模型的避障方法是根据机器人与障碍物的相对位置和相对速度等信息构建几何模型，继而判断碰撞风险并生成避障决策的一类方法。该方法将动态障碍物的“运动”叠加到机器人上，并设置一个安全范围。若经过相对运动叠加后的机器人速度方向穿过障碍物的安全范围，就认为存在碰撞风险。机器人为解除碰撞风险可以做出下列几类决策：①保持速度方向不变，仅改变速度大小；②保持速度大小不变，仅改变速度方向；③同时改变速度大小与方向。具体采用的策略取决于载体控制约束和上层任务目标等因素。此外，机器人在避障过程中可能会偏离规划好的全局路线，因此往往需要搭配一个能返回全局路线的导航算法来协同完成规划。

基于几何模型的避障方法原理简单且计算量小，但严重依赖于传感器感知到的障碍物的相关信息质量，当信息不准确或存在延迟时会影响避障效果。文献[21]提出的速度障碍（Velocity Obstacle，VO）①模型是一种经典的几何避障模型。文献[22]和文献[23]将VO的概念从沿直线运动的障碍物推广到了沿任意轨迹运动的障碍物。文献[24]提出了一种混合互惠的VO，使得多个机器人可以在没有通信与协调的情况下合作避撞。文献[25]提出一种快速几何避障（Fast Geometric Avoidance，FGA）模型，利用VO中碰撞锥的概念判断碰撞风险并计算了可以避障成功的最晚启动时间。

7.3.2 速度障碍模型

VO指的是机器人与障碍物产生碰撞的一组绝对速度向量。当计算出VO后，局部规划器可在机器人控制约束条件下，选择一个落在VO外的速度，就可以解除碰撞风险。文献[21]对该模型做出如下几个假设：①仅在二维平面考虑避障问题；②某时刻机器人与障碍物的位置和运动状态是可观测或可计算的；③假设机器人与障碍物外包围是圆形；④在避障过程中，障碍物的运动状态和形状不发生变化。

进一步考虑假设（3），若机器人与障碍物分别为半径为d_u和d_a的圆，该假设可以转换为以下的等价形式：将机器人看作一个质点U，而将障碍物看作半径为$d_m = d_u + d_a$的圆A。见图 7.10，$\boldsymbol{V}_a$是障碍物的速度，$\boldsymbol{V}_u$是机器人的速度，$\boldsymbol{V}_{ua}$是机器人相对于障碍物的速度。图中的阴影区域被称为碰撞锥（Collision Cone，CC），代表了机器人U与障碍物A产生碰撞的相对速度集合，定义见式（7-11）：

$$\mathrm{CC} = \{\boldsymbol{V}_{ua} \mid \lambda_{ua} \cap A \neq \varnothing\} \tag{7-11}$$

其中，λ_{ua}是沿V_{ua}方向的直线。在CC的基础上，速度障碍VO定义见式（7-12）：

$$\mathrm{VO} = \mathrm{CC} \oplus \boldsymbol{V}_a \tag{7-12}$$

其中，$\oplus$表示闵可夫斯基和。VO代表了机器人会产生碰撞的绝对速度集合。见图 7.11（a），灰色区域就是机器人U对于障碍物A的VO。当机器人的速度为$\boldsymbol{V}_{u1}$时，将不会产生碰撞；当机器人的速度为$\boldsymbol{V}_{u2}$时，将会产生碰撞；当机器人的速度为$\boldsymbol{V}_{u3}$时，将会产生极限掠过的效果。式（7-12）是针对一个障碍物的情形，当存在i个障碍物时，VO的定义见式（7-13）：

① 此处应注意与视觉里程计（Visual Odometry，VO）概念的区别。

$$\mathrm{VO}=\bigcup_{i}\mathrm{VO}_{i} \tag{7-13}$$

其中，VO_i 代表第 i 个障碍物形成的速度障碍。两个障碍物形成的 VO 见图 7.11（b）。

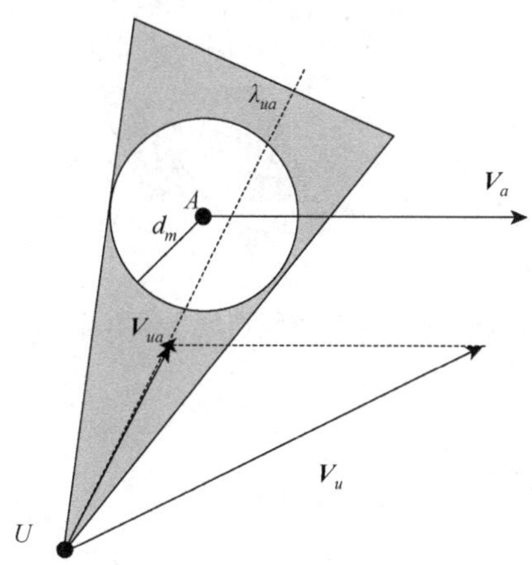

图 7.10　碰撞锥几何示意图

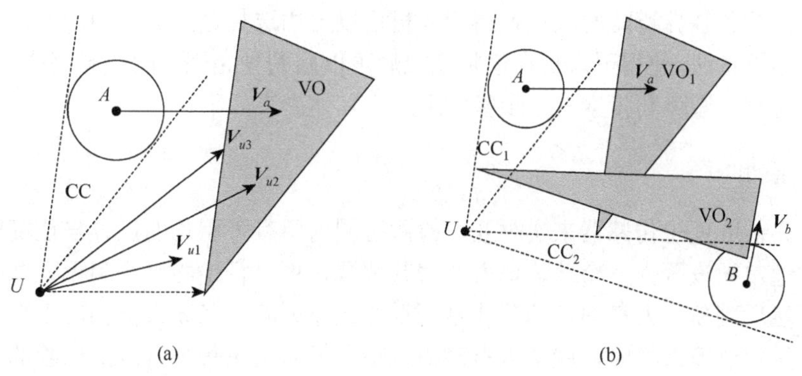

图 7.11　速度障碍几何示意图

定义机器人在一个时间间隔 Δt 内可达到的速度的集合 RV 见式（7-14）：

$$\mathrm{RV}=\left\{\boldsymbol{V}_{\mathrm{RV}} \mid \boldsymbol{V}_{\mathrm{RV}}=\boldsymbol{V}_{u}+\boldsymbol{a}\Delta t\right\} \tag{7-14}$$

其中，$\boldsymbol{a}$ 是机器人可以达到的加速度（取决于机器人的种类和性能）。在 RV 的基础上，机器人的可行避障速度 RAV 定义见式（7-15）：

$$\mathrm{RAV}=\left\{\boldsymbol{V}_{\mathrm{RAV}} \mid \boldsymbol{V}_{\mathrm{RAV}} \in\left(\mathrm{RV}-\left(\mathrm{RV} \cap \mathrm{VO}\right)\right)\right\} \tag{7-15}$$

图 7.12 中深色区域代表了 RAV。文献[22]通过模拟高速公路环境下的车辆自动驾驶，验证了该模型在点形机器人和圆形机器人避障任务上的有效性。

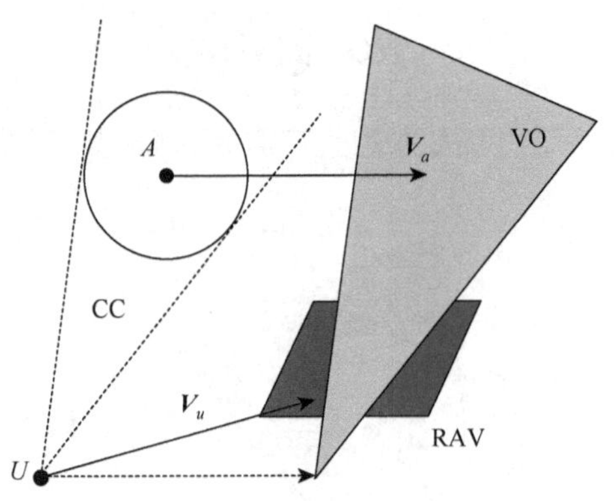

图 7.12　可行避障速度几何示意图

7.3.3　快速几何避障模型

文献[26]提出了 FGA 模型来解决三维空间中的固定翼无人机避障问题。该模型有三个特点：①仅改变无人机的速度方向（航向角与俯仰角）而不改变速度大小；②计算了临界避障时间，使得无人机可以自由选择避障的启动时间；③设计了一个导航算法，使得无人机在避障完成后可以回到预先规划的全局路线上。FGA 模型由检测、避障和搜索三个步骤所组成，具体内容如下。

1. 检测

首先借助理想传感器来实时获取检测范围内所有障碍物的位置与速度信息。障碍物通常被设置为一个球，球心代表其位置，球半径由障碍物和无人机的形状决定。然后判断无人机与该障碍物是否存在碰撞风险。当无人机相对于障碍物的速度向量穿过障碍物时，就认为有碰撞风险。最后记录每个有碰撞风险的障碍物的位置和速度信息。

图 7.13 是二维平面下判断碰撞的几何模型，其中$\boldsymbol{V}_u$和$\boldsymbol{V}_a$分别为无人机与障碍物的速度向量，$\boldsymbol{V}_{ua}$是无人机相对于障碍物的速度向量，$r=\|\boldsymbol{UA}\|$为无人机到障碍物的距离，d为障碍物的半径，$\theta_d=\arcsin(d/r)$为碰撞临界角。$\theta_{V_{ua}}$为$\boldsymbol{V}_{ua}$与水平线的夹角，θ_{UA}为向量$\boldsymbol{UA}$与水平线的夹角，则$\theta_{d_m}=\theta_{V_{ua}}-\theta_{UA}$。

根据 7.3.2 节中碰撞锥的概念，若$\left|\theta_{d_m}\right|<\theta_d$，则无人机将与障碍物产生碰撞，见图 7.13（a）；若$\left|\theta_{d_m}\right|\geqslant\theta_d$，则无人机将不会与障碍物产生碰撞，见图 7.13（b）。

对于三维的情形，上述问题转化为判断相对速度向量是否落在碰撞锥体中（由x-y平面的碰撞锥和x-z平面的碰撞锥所构成）。

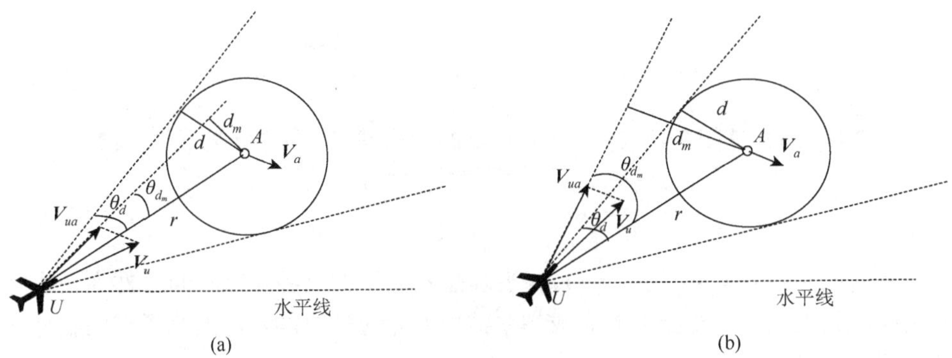

图 7.13 二维平面下判断碰撞示意图[26]

2. 避障

无人机在 $\boldsymbol{V}_u$ 大小不变的情况下，可以通过改变航向角 θ 和俯仰角 ψ 进行避障。具体来说，首先将无人机的 θ 和 ψ 在各自的可变化范围 $[-\theta_{\text{range}},\theta_{\text{range}}]$ 和 $[-\psi_{\text{range}},\psi_{\text{range}}]$ 内进行离散化，得到集合 $\{\theta_i\}_{i=1}^n$ 和 $\{\psi_j\}_{j=1}^m$。然后设计一个基于某种最优（如基于避障路径最短）的成本函数 $\text{Cost}(\theta_i,\psi_j)$，分别计算这 $n\times m$ 个组合的成本，最后选择成本最小的组合。

FGA 还考虑了可以避障成功的最晚启动时间，称为临界避障时间。根据无人机的运动学与动力学方程可知其转弯半径 ρ 见式（7-16）：

$$\rho=\frac{\|\boldsymbol{V}_u\|^2}{g\tan\varphi} \tag{7-16}$$

其中，g 为重力加速度的值；φ 为转弯时的倾斜角。由式（7-16）可知，转弯半径与速度和倾斜角 φ 有关，在无人机速度不变的情况下，转弯半径只与 φ 有关。

航向角速度 $\dot{\boldsymbol{\theta}}$ 见式（7-17）：

$$\dot{\boldsymbol{\theta}}=\frac{\boldsymbol{V}_u}{\rho} \tag{7-17}$$

在 x、y 和 z 方向上的速度见式（7-18）～式（7-20）：

$$\dot{x}=\boldsymbol{V}_u\cos(\psi)\cos(\theta) \tag{7-18}$$

$$\dot{y}=\boldsymbol{V}_u\cos(\psi)\sin(\theta) \tag{7-19}$$

$$\dot{z}=\boldsymbol{V}_u\sin(\psi) \tag{7-20}$$

图 7.14 是无人机在临界时间避障的情形，假设环境中只存在一个障碍物，无人机在 t_0 时探测到障碍物，对于任意的转弯半径 ρ，存在一个时间 t，使得无人机在 t 时启动避障可以恰好成功，而超出 t 将产生碰撞。无人机与障碍物的相对位置见图 7.14（a），计算可得 t 如式（7-21）所示：

$$t=\frac{r\cos\theta_{d_m}-\sqrt{(\rho+d)^2-\left(\rho+r\sin\theta_{d_m}\right)^2}}{\left\|\boldsymbol{V}_{ua}\right\|} \tag{7-21}$$

图 7.14（b）是图 7.14（a）中 $\theta_{d_m}=0$ 的特殊情形，可得 t 见式（7-22）：

$$t=\frac{r-\sqrt{(\rho+d)^2-\rho^2}}{\left\|\boldsymbol{V}_{ua}\right\|} \tag{7-22}$$

特别地，当 $\rho=\rho_{\min}$ 时，$t=t_a$ 代表理想状态下的临界避障时间。然而在实际应用中，无人机从发出指令到完成指令需要一定缓冲时间 t_b，因此真实的临界避障时间 t_c 见式（7-23）：

$$t_c=t_a-t_b \tag{7-23}$$

若环境中存在多个障碍物，那么每个障碍物 $k(k=1,2,\cdots)$ 都对应一个临界避障时间 t_{ck}，若 t_{ck} 越小，代表其对应的障碍物越需要优先避让。因此可以按 t_{ck} 从小到大的顺序依次处理这些障碍物。

3. 返回全局路线

在避障完成后，无人机在 D_1 点由近到远逐个检查剩余的全局路线航路点。见图 7.15，如果一个航路点 W_P 满足无人机的运动学与控制约束条件，无人机会沿着杜宾斯路线（Dubins Path）飞行到这个新的航路点，然后沿全局路线飞行。

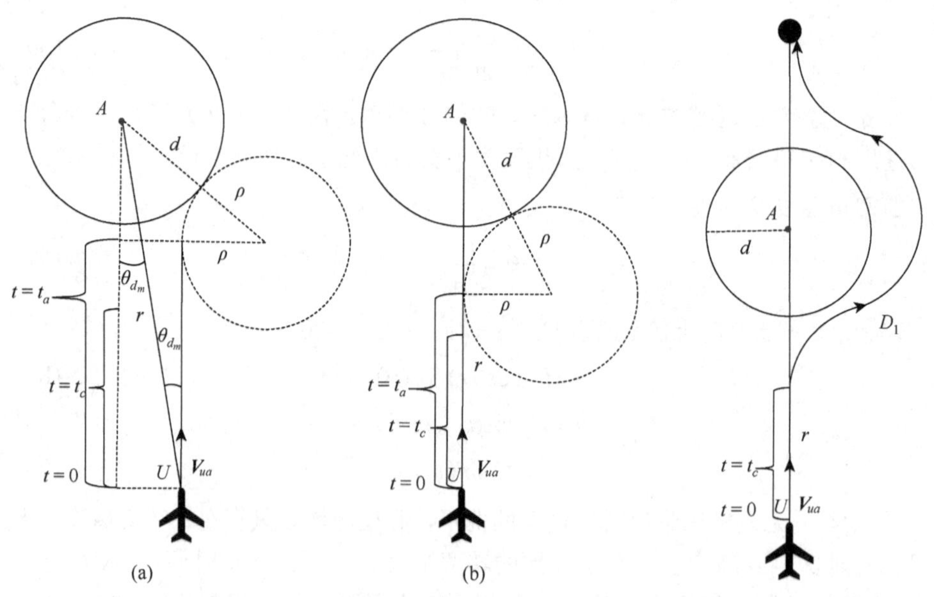

图 7.14　临界避障时间示意图

图 7.15　路径点搜索示意图

机器人在空间中运动不能总是沿着直线运动，受自身控制约束其路线总要是一种平滑路线。杜宾斯路线是一种常见的满足机器人转弯半径、前进方向、初始位置和速度方向等约束下，连接二维平面两个点的最短路线，由圆弧和直线连接组成。见图 7.16，杜宾斯路线共有六种类型：$\{LSL, RSR, RSL, LSR, RLR, LRL\}$，其中 L 代表左转，R 代表右转，S 代表直行。有关杜宾斯路线长度的具体计算以及更多内容见文献[26]。

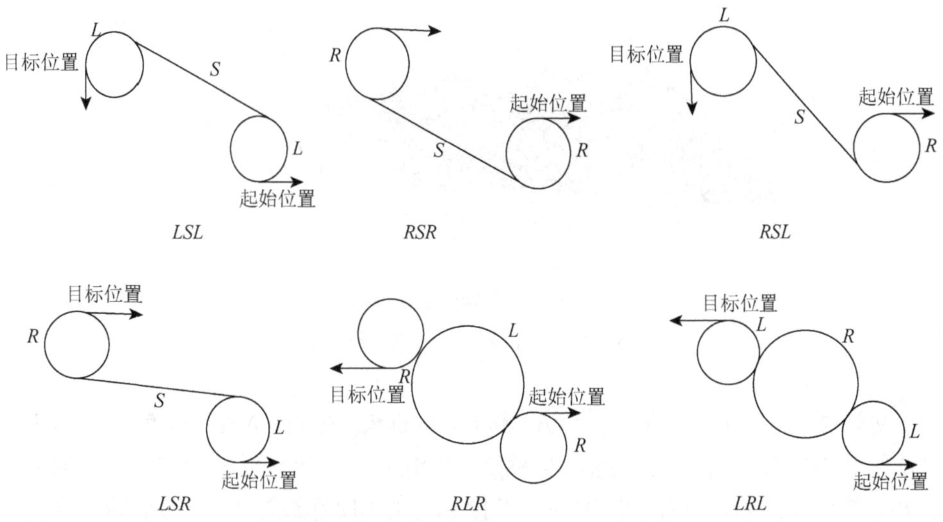

图 7.16　不同类型杜宾斯路线示意图

7.4　基于势场模型的避障

7.4.1　概述

基于势场模型的避障方法的基本思想是假设机器人处在一个虚拟势场中，目标位置对机器人产生引力，障碍物对机器人产生排斥力，叠加所产生的合力将使得机器人向目标位置运动同时避开障碍物。图 7.17（a）是一个引力势场，处于该势场的机器人将会在引力的作用下由势能大的位置向势能小的位置运动；图 7.17（b）是一个斥力势场，其中障碍物周边势能较大，机器人会在斥力的作用下远离这些位置；图 7.17（c）是机器人在引力场和斥力场叠加后势场中的受力情况，其中 $\boldsymbol{F}_a$ 表示引力，$\boldsymbol{F}_r$ 表示斥力。基于势场的避障方法模型直观，生成的轨迹平滑，被广泛应用于实时路线规划，但当机器人所受的合力为零时，将会面临锁死（又被称为陷入局部最小）和目标位置不可达的困境。

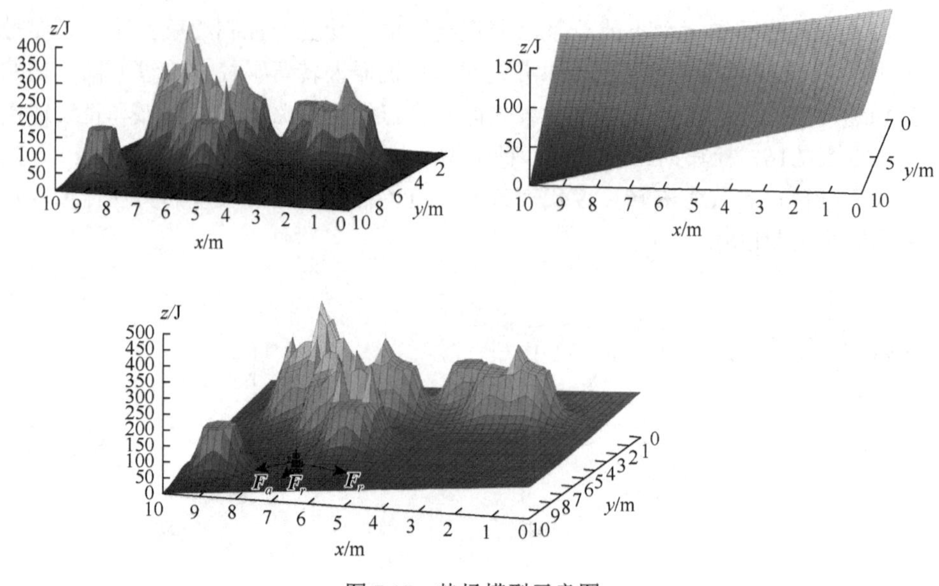

图 7.17　势场模型示意图

势场中的 (x, y) 表示位置； z 表示势能的值

文献[27]提出了人工势场法（Artificial Potential Field，APF）来解决机器手抓取物体而不触碰工作台的问题。文献[28]提出了一种旋转斥力场来代替文献[27]提出的传统斥力场，改善了局部最小的问题，文献[29]在文献[28]的基础上讨论了两个机器人相遇时如何产生各自的旋转斥力场。文献[30]设计了一种混合势场函数来应对高速移动的障碍物。

7.4.2　人工势场模型

人工势场法最早由文献[27]提出。在该方法中，机器人的运动状态仅取决于它在势场中所处的位置。设 $\boldsymbol{q}=(x,y)$ 为机器人的位置，$\boldsymbol{q}_g=(x_g,y_g)$ 为目标位置，$\boldsymbol{p}=(x_p,y_p)$ 为障碍物的位置，$k_a(>0)$ 和 $k_r(>0)$ 分别为引力增益系数和斥力增益系数，$f(\boldsymbol{q},\boldsymbol{p})$ 为 q 到 p 的距离。$\boldsymbol{L}_{qp}$ 表示由 q 指向 p 的方向向量，f_{range} 为代表障碍物的斥力作用距离阈值，指机器人与障碍物的距离在此范围时才会受到斥力。则引力场函数定义见式（7-24）：

$$\boldsymbol{U}_a(\boldsymbol{q})=\frac{1}{2}k_a f(\boldsymbol{q},\boldsymbol{q}_g)^2 \tag{7-24}$$

引力为对 $\boldsymbol{U}_a$ 求负梯度见式（7-25）：

$$\boldsymbol{F}_a(\boldsymbol{q})=-k_a f(\boldsymbol{q},\boldsymbol{q}_g)\frac{\partial f}{\partial \boldsymbol{q}} \tag{7-25}$$

其中

$$\frac{\partial f}{\partial \boldsymbol{q}}=\left[\frac{\partial f}{\partial x},\frac{\partial f}{\partial y},\frac{\partial f}{\partial z}\right]^{\mathrm{T}}$$

斥力场函数定义见式（7-26）：

$$\boldsymbol{U}_r(\boldsymbol{q})=\begin{cases}\dfrac{1}{2}k_r\left(\dfrac{1}{f(\boldsymbol{q},\boldsymbol{p})}-\dfrac{1}{f_{\text{range}}}\right)^2\boldsymbol{L}_{qp}, & f(\boldsymbol{q},\boldsymbol{p})\leqslant f_{\text{range}}\\ \boldsymbol{0}, & f(\boldsymbol{q},\boldsymbol{p})>f_{\text{range}}\end{cases} \tag{7-26}$$

斥力为对 $\boldsymbol{U}_r$ 求负梯度见式（7-27）：

$$\boldsymbol{F}_r(\boldsymbol{q})=\begin{cases}k_r\left(\dfrac{1}{f(\boldsymbol{q},\boldsymbol{p})}-\dfrac{1}{f_{\text{range}}}\right)\dfrac{1}{f(\boldsymbol{q},\boldsymbol{p})^2}\dfrac{\partial f}{\partial \boldsymbol{q}}, & f(\boldsymbol{q},\boldsymbol{p})\leqslant f_{\text{range}}\\ \boldsymbol{0}, & f(\boldsymbol{q},\boldsymbol{p})>f_{\text{range}}\end{cases} \tag{7-27}$$

引力和斥力合力见式（7-28）：

$$\boldsymbol{F}_t(\boldsymbol{q})=\boldsymbol{F}_a(\boldsymbol{q})+\boldsymbol{F}_r(\boldsymbol{q}) \tag{7-28}$$

若存在多个障碍物，则每个障碍物都会对机器人施加一个斥力，当机器人位于 $\boldsymbol{q}$ 时，它受到的合力见式（7-29）：

$$\boldsymbol{F}_t(\boldsymbol{q})=\boldsymbol{F}_a(\boldsymbol{q})+\sum_i \boldsymbol{F}_r(\boldsymbol{q}) \tag{7-29}$$

其中，i 为障碍物的个数。

人工势场模型给出机器人所受虚拟合力 $\boldsymbol{F}_t$ 的大小和方向后，可根据预设的局部速度 $\boldsymbol{v}$ 与 $\boldsymbol{F}_t$ 的映射关系做出机器人运动决策。如可根据牛顿第二定律计算 $\boldsymbol{a}=\boldsymbol{F}_t/m$，其中 $\boldsymbol{a}$ 是机器人的加速度，m 是机器人的质量。

7.4.3　旋转矢量场模型

文献[28]改进了文献[27]中的斥力场来解决陷入局部最小的问题。具体来说，该方法构建了一个旋转矢量场作为斥力场。见图 7.18，旋转矢量场是结合了旋转矢量的人工势场法，矢量的方向为顺时针或逆时针，具体由 $\theta=\varphi-\phi$ 决定，其中 φ 是机器人速度方向与水平线所夹的角，ϕ 是无机器人与障碍物之间的位置连线与水平线所夹的角。

改进后的斥力见式（7-30），相较于式（7-27）增加了一项旋转矩阵 $\boldsymbol{R}$。上述改动使得机器人受到的斥力方向会随着自身的位置与运动状态而改变。

$$
\boldsymbol{F}_r(\boldsymbol{q})=\begin{cases} k_r\left(\dfrac{1}{f(\boldsymbol{q},\boldsymbol{p})}-\dfrac{1}{f_{\text{range}}}\right)\dfrac{1}{f(\boldsymbol{q},\boldsymbol{p})^2}R\dfrac{\partial f}{\partial \boldsymbol{q}}, & f(\boldsymbol{q},\boldsymbol{p})\leqslant f_{\text{range}} \\ \boldsymbol{0}, & f(\boldsymbol{q},\boldsymbol{p})> f_{\text{range}} \end{cases} \tag{7-30}
$$

其中

$$
\boldsymbol{R}=\begin{cases} \begin{bmatrix} 0 & 1 \\ -1 & 0 \end{bmatrix}(\theta\geqslant 0)\Rightarrow \text{顺时针方向} \\ \begin{bmatrix} 0 & -1 \\ 1 & 0 \end{bmatrix}(\theta< 0)\Rightarrow \text{逆时针方向} \end{cases}
$$

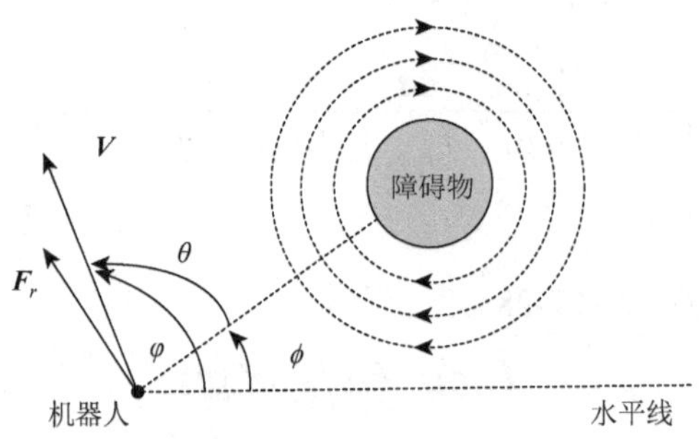

图 7.18　旋转矢量场示意图

上述旋转矢量场是由静态障碍物所产生的，不能直接推广到动态障碍物。文献[29]提出了增强型旋转矢量场来解决这一问题，当两个机器人相遇时，它们会各自生成一个旋转矢量场来“推开”对方从而避免碰撞。实验证明了该方法的有效性：对于静态障碍物，增强型旋转矢量场可以得到与旋转矢量场相同的路径；而对于动态障碍物，增强型旋转矢量场的路径形状和路径长度都优于旋转矢量场。

当机器人 1 的速度大于机器人 2 时，两个机器人分别生成的势场见表 7.1 和图 7.19。

表 7.1　旋转势场生成的依据

情形	机器人 1			机器人 2		
a	$\theta_1\geqslant 0$	$\boldsymbol{R}=\begin{bmatrix} 0 & 1 \\ -1 & 0 \end{bmatrix}$	顺时针	$\theta_2< 0$	$\boldsymbol{R}=\begin{bmatrix} 0 & 1 \\ -1 & 0 \end{bmatrix}$	顺时针
b				$\theta_2\geqslant 0$		
c	$\theta_1< 0$	$\boldsymbol{R}=\begin{bmatrix} 0 & -1 \\ 1 & 0 \end{bmatrix}$	逆时针	$\theta_2< 0$	$\boldsymbol{R}=\begin{bmatrix} 0 & -1 \\ 1 & 0 \end{bmatrix}$	逆时针
d				$\theta_2\geqslant 0$		

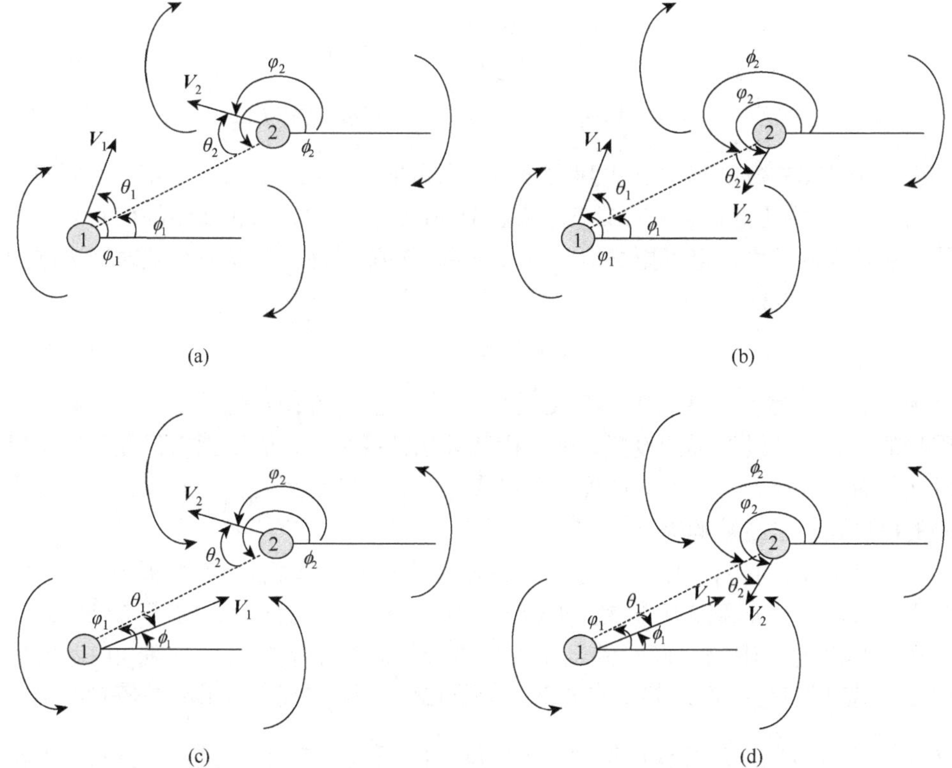

图 7.19　机器人 1 与机器人 2 分别生成的势场示意图

7.4.4　混合势场法模型

文献[30]提出了一种针对快速移动的障碍物的避障方法。该算法首先利用事件相机捕获快速移动的障碍物，接下来设计了一个混合势场模型来快速做出避障规划，最后将该规划转化为控制指令引导四旋翼无人机完成避障。

该方法中目标位置产生的引力见式（7-31）：

$$\boldsymbol{F}_a(\boldsymbol{q})=\begin{cases} k_a\left(\dfrac{f(\boldsymbol{q},\boldsymbol{q}_g)}{r_0}\right)^{\gamma_a}\boldsymbol{L}_{qq_g}, & f(q,q_g)\leqslant r_0 \\ k_a\boldsymbol{L}_{qq_g}, & f(q,q_g)>r_0 \end{cases} \tag{7-31}$$

其中，$f(\boldsymbol{q},\boldsymbol{q}_g)$为$q$到$q_g$的距离；$\boldsymbol{L}_{qq_g}$表示由$q$指向$q_g$的方向向量；$r_0$为一常数；$k_a$为引力增益系数；$\gamma_a$是超参数。当$\gamma_a=0$时，受到恒定的引力$k_a$；当$\gamma_a=1$时，引力将线性变化。当$\gamma_a$越大时，引力将变化得越快。

该方法中障碍物产生的斥力见式（7-32）：

$$\|\boldsymbol{F}_r(\boldsymbol{q})\|=\begin{cases}k_r\left(1-\dfrac{1-\mathrm{e}^{\gamma f(\boldsymbol{q},\boldsymbol{p})}}{1-\mathrm{e}^{\gamma f_{\text{range}}}}\right), & f(\boldsymbol{q},\boldsymbol{p})\leqslant f_{\text{range}}\\ 0, & f(\boldsymbol{q},\boldsymbol{p})>f_{\text{range}}\end{cases}\tag{7-32}$$

其中，γ 是超参数；f_{range} 代表斥力作用距离阈值。由式（7-32）可知，斥力的范围为 $0\sim k_r$，并且随着距离的减小而快速增加，这会使得无人机在距障碍物较远时就受到较大的斥力，可以更好地应对快速移动的障碍物。k_r 是一个随时间衰减的常数，见式（7-33）：

$$k_r(t)=k_0\mathrm{e}^{-\lambda(t-t_0)}\tag{7-33}$$

其中，k_0 是一常数；λ 用来调节衰减率；t 是当前时刻；t_0 是最后一次检测到障碍物的时刻。通过这样的设置，使障碍物被遮挡或离开视野范围内仍能保留一段时间从而提供斥力。此外，设置一个阈值 $k_{\text{threshold}}$，当 $k_r<k_{\text{threshold}}$ 时，认为与障碍物的碰撞风险已经被解除。

此外，文献[27]中斥力的方向是由障碍物指向无人机，表现为障碍物“推开”无人机。考虑到无人机易于向上、向前飞行，不易向后、向下飞行，为应对快速移动的障碍物，同时满足无人机飞行控制模型的特点，文献[30]做出的改进见式（7-34）。首先利用预测的障碍物速度向量 $\boldsymbol{l}_{v_o}$ 和无人机与障碍物的距离梯度 $\dfrac{\partial f}{\partial \boldsymbol{q}}$，计算归一化叉积后得到一个单位向量，再将该单位向量投影到与无人机航向正交的平面上得到 $\boldsymbol{l}_{\perp\boldsymbol{\theta}}$ 作为斥力的方向。

$$\boldsymbol{l}_{\perp\boldsymbol{\theta}}=\frac{\dfrac{\partial f}{\partial \boldsymbol{q}}\times\boldsymbol{l}_{v_o}}{\left\|\dfrac{\partial f}{\partial \boldsymbol{q}}\times\boldsymbol{l}_{v_o}\right\|}-\left\langle\frac{\dfrac{\partial f}{\partial \boldsymbol{q}}\times\boldsymbol{l}_{v_o}}{\left\|\dfrac{\partial f}{\partial \boldsymbol{q}}\times\boldsymbol{l}_{v_o}\right\|},\boldsymbol{l}_{v_o}\right\rangle\boldsymbol{l}_{v_o}\tag{7-34}$$

经过上述改进，当无人机向目标位置飞行时，当目标位置在障碍物的后面时，它会绕着障碍物飞行；而当无人机处于悬停状态时，它会沿着与障碍物速度正交的方向移动。最后将障碍物的预测速度 $\boldsymbol{v}_o$ 添加到式（7-32）中，使得速度越快的障碍物产生越大的斥力。总的斥力见式（7-35）：

$$\boldsymbol{F}_r(\boldsymbol{q})=\begin{cases}k_r|\boldsymbol{v}_o|\left(\dfrac{1-\mathrm{e}^{\gamma f(\boldsymbol{q},\boldsymbol{p})}}{1-\mathrm{e}^{\gamma f_{\text{range}}}}\right)\boldsymbol{l}_{\perp\theta}, & f(\boldsymbol{q},\boldsymbol{p})\leqslant f_{\text{range}}\\ 0, & f(\boldsymbol{q},\boldsymbol{p})>f_{\text{range}}\end{cases}\tag{7-35}$$

对于一些特定的无人系统如四旋翼无人机，它可以迅速上升而不能迅速下降，因此需确保斥力的 $\boldsymbol{z}$ 分量方向始终为正。文献[30]通过在室内和室外环境下用一个四旋翼无人机平台进行多次实验，验证了该方法在障碍物的相对速度高达 10m/s 时的有效性。

7.5　基于优化思想的避障

7.5.1　概述

基于优化思想的避障规划会从局部冲突态势上考虑问题，根据各类控制约束建立机器人规划目标模型，再用数值计算与优化方法求解出避障路线。基于优化的避障方法模型直观且易于理解，但当约束条件较为复杂时求解难度较大，会影响机器人的实时性。

文献[31]提出的方法基于运动空间进行采样，并结合运动学模型生成预测的局部路线，通过评估函数来选择最合适的局部路线。文献[32]在文献[31]的基础上提出了一个两级动态窗口来计算更好的路径。文献[33]把路线规划问题描述为一个多目标优化问题，即对最小化局部路线执行时间、与障碍物保持一定距离并满足运动动力学约束等目标进行优化。文献[34]通过逆最优控制方法构造了一个非二次方的损失函数，最终得到一个解析的、分布式的、最优的无人机编队控制律。

7.5.2　动态窗口算法

动态窗口算法（Dynamic Window Approach，DWA）是文献[31]提出的一种高效鲁棒的局部路线规划算法。该算法会从速度搜索空间中采样多个候选项，并计算它们一定时间内的路线积分，最后根据评估函数选取最优的速度组合，见图 7.20。该算法通过构造目标函数并计算最优值进行决策，因而归纳为一种基于优化思想的避障算法。同时该算法是基于速度采样实现的，因此也被认为是一种基于采样的规划。

该算法主要包含两个步骤：构建速度搜索空间和选择最优速度。

在构建速度搜索空间阶段，DWA 考虑了圆弧路线、安全速度和动态窗口三个约束目标。

（1）圆弧路线：该算法仅规划圆弧状的局部路线，这种路线由机器人的线速度和角速度组合 $(\boldsymbol{v},\boldsymbol{\omega})$ 决定，并且会受到机器人的最大最小线速度和角速度限制，满足速度最值条件的速度组合构成了圆弧路线速度搜索空间 V_s，见式（7-36）：

$$V_s=\{(\boldsymbol{v},\boldsymbol{\omega})\mid \boldsymbol{v}\in[\boldsymbol{v}_{\min},\boldsymbol{v}_{\max}]\wedge\boldsymbol{\omega}\in[\boldsymbol{\omega}_{\min},\boldsymbol{\omega}_{\max}]\} \tag{7-36}$$

其中，$(\boldsymbol{v}_{\min},\boldsymbol{\omega}_{\min})$ 和 $(\boldsymbol{v}_{\max},\boldsymbol{\omega}_{\max})$ 分别代表机器人的最小和最大线速度角速度组合。

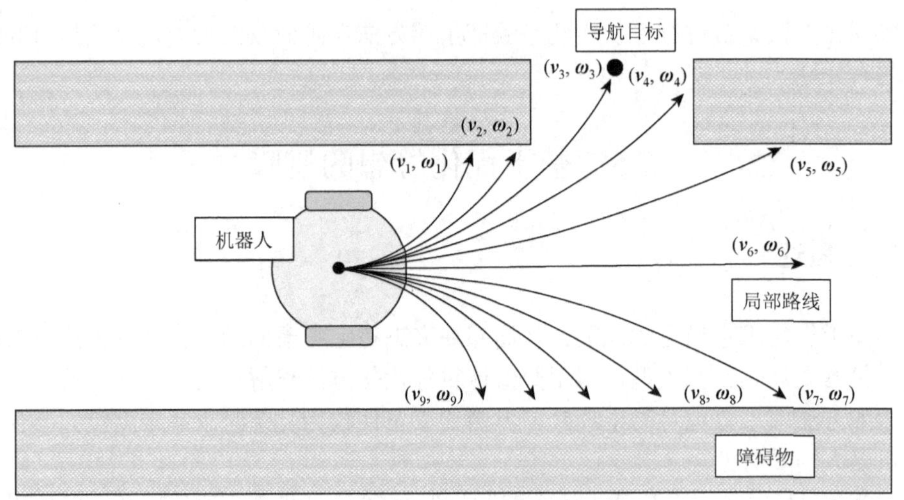

图 7.20　动态窗口算法的速度搜索空间

（2）安全速度：满足速度最值条件的每一个速度组合都会对应一条局部路线。受到环境障碍物的影响，并不是每一条预测路线都是安全的。该算法会计算并判断出每一条局部路线是否和障碍物碰撞，满足机器人不与障碍物碰撞条件的预测路线对应的速度组合构成了安全速度搜索空间 V_a，见式（7-37）：

$$V_a = \left\{(\boldsymbol{v},\boldsymbol{\omega}) \mid \boldsymbol{v} \leqslant \sqrt{2\cdot \mathrm{dist}(\boldsymbol{v},\boldsymbol{\omega})\cdot \dot{\boldsymbol{v}}_b} \wedge \boldsymbol{\omega} \leqslant \sqrt{2\cdot \mathrm{dist}(\boldsymbol{v},\boldsymbol{\omega})\cdot \dot{\boldsymbol{\omega}}_b}\right\} \tag{7-37}$$

其中，$\mathrm{dist}(\boldsymbol{v},\boldsymbol{\omega})$ 表示机器人预测路线上与障碍物的最近距离；$(\dot{\boldsymbol{v}}_b,\dot{\boldsymbol{\omega}}_b)$ 表示机器人刹车时的加速度。

（3）动态窗口：受到机器人自身的加速度限制，机器人不一定能够在加速时间内加速到指定的速度，机器人在加速时间内能够达到的速度组合构成动态窗口速度搜索空间 V_d，见式（7-38）：

$$V_d = \{(\boldsymbol{v},\omega) \mid \boldsymbol{v} \in [\boldsymbol{v}_a - \dot{\boldsymbol{v}}\cdot t, \boldsymbol{v}_a + \dot{\boldsymbol{v}}\cdot t] \wedge \boldsymbol{\omega} \in [\boldsymbol{\omega}_a - \dot{\boldsymbol{\omega}}\cdot t, \boldsymbol{\omega}_a + \dot{\boldsymbol{\omega}}\cdot t]\} \tag{7-38}$$

其中，$(\boldsymbol{v}_a,\boldsymbol{\omega}_a)$ 表示机器人实际的线速度角速度组；$(\dot{\boldsymbol{v}},\dot{\boldsymbol{\omega}})$ 表示机器人的最大加速度组合；t 表示加速时间。

综合以上三个约束目标，DWA 得到了一组候选速度组合 V_r，见式（7-39）（图 7.21 中的白色区域）。接下来将从该空间中评估最优的速度组合。

$$V_r = V_s \cap V_a \cap V_d \tag{7-39}$$

在最优速度选择阶段，DWA 通过局部目标航向角、障碍物距离和快速移动三个因子构建目标函数。目标函数值越小，则对应的速度组合越优，见式（7-40）：

$$G(\boldsymbol{v},\boldsymbol{\omega}) = \sigma(a\cdot \mathrm{heading}(\boldsymbol{v},\boldsymbol{\omega}) + b\cdot \mathrm{dist}(\boldsymbol{v},\boldsymbol{\omega}) + c\cdot \mathrm{velocity}(\boldsymbol{v},\boldsymbol{\omega})) \tag{7-40}$$

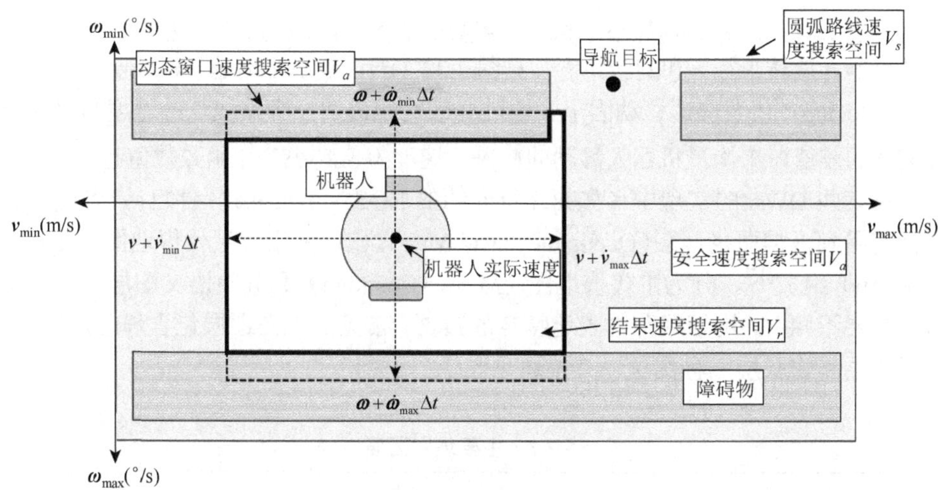

图 7.21　四个速度搜索空间关系示意图

其中，$(\boldsymbol{v},\boldsymbol{\omega})$ 分别表示机器人的线速度和角速度；σ 表示用于平滑的归一化因子；a、b 和 c 表示各因子权重；heading(·) 代表局部目标航向角因子，通过局部路线上最后一个路线点与局部导航目标连线的夹角，来判断机器人是否朝既定目标前进，见图 7.22（a），夹角越小，该函数数值越小；dist(·) 代表障碍物距离因子，通过局

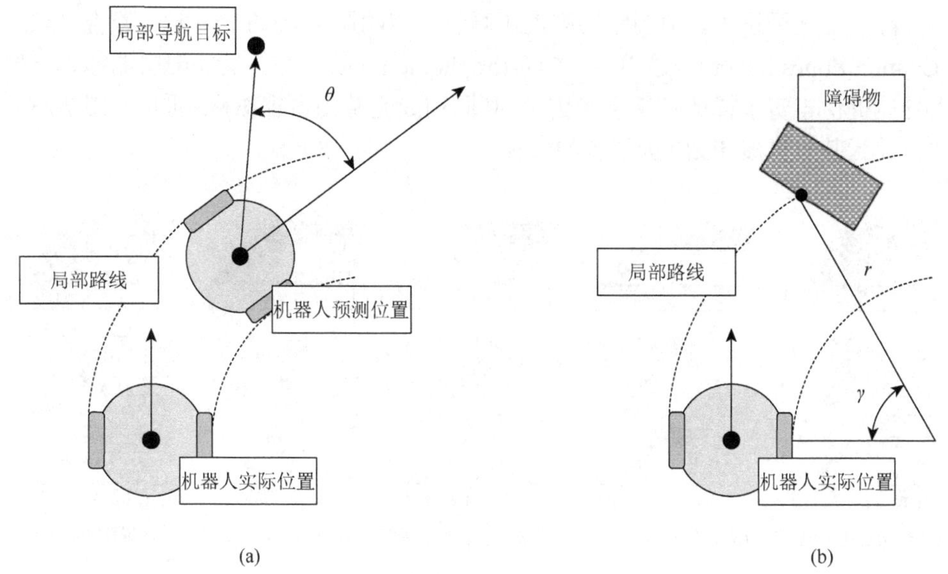

图 7.22　动态窗口算法的优化因子示意图

（a）预测路线中机器人前进方向与导航目标连线的夹角；（b）预测路线中机器人与最近障碍物的距离

部路线上所有点与障碍物最小距离，来衡量机器人与障碍物的靠近程度，计算过程涉及机器人旋转半径 r 和旋转角 γ ，见图 7.22（b），最小距离越大，该函数数值越小； velocity(·) 代表快速移动因子，通过局部路线最后一个路线点的速度与最大目标速度的差值，来衡量机器人移动的快慢，速度差值越小，该函数数值越小。

在某些 DWA 的实现中（如第 2 章介绍的 ROS Movebase 软件包），各因子计算会使用到占据栅格地图（Occupancy Grid Map）。该地图由分层代价地图（Layered Costmap）组成[35]，分为主代价地图（Master Costmap）和其他语义图层。每一个语义图层不相关，用于跟踪与表达特定的数据。常见的地图图层包含静态地图层、障碍物层和膨胀层三种图层，其描述见表 7.2。

表 7.2　主要地图图层

图层名称	描述
静态地图层（Static Map Layer）	一幅超出机器人传感器范围的静态栅格地图，可以通过 SLAM 算法预先生成，或者通过地图服务器读取磁盘中的静态地图。若机器人在导航时运行 SLAM 算法，则静态地图层也会随之更新
障碍物层（Obstacles Layer）	该层通过机器人的避障传感器采集数据，并将障碍物信息置于地图栅格中。在机器人导航期间，避障传感器获取的障碍物数据会持续对障碍物层进行更新
膨胀层（Inflation Layer）	在每个障碍物周围插入一段缓冲区域，确保机器人不会与障碍物发生碰撞，并且不会让机器人过于靠近障碍物

除了上述图层外，地图图层列表还可包含声呐层（Sonar Layer）、警告区域层（Caution Zones Layer）、恐惧层（Claustrophobic Layer）等，这些图层能够为机器人导航提供丰富多样的环境语义信息，共同构成完整的占据栅格地图（见图 7.23），并以此为基础开展 dist(·) 因子等的计算。

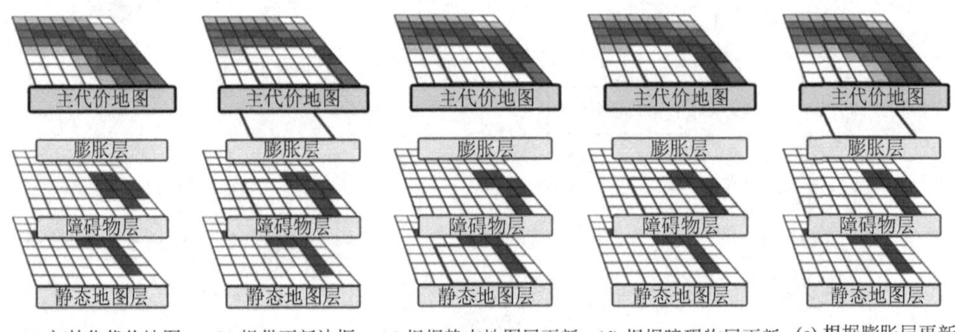

图 7.23　代价地图分层及更新过程的示意图[35]

在现实中会将每个障碍物周围的栅格作为缓冲膨胀区域。该区域栅格的代价值随着机器人与障碍物的距离增加而减少。局部规划器会根据机器人与障碍物距离的栅格代价关系（见图 7.24），合理地规划机器人的行进路线，确保机器人在运动过程中不会与环境中的障碍物发生碰撞，也不会过于靠近障碍物。局部栅格地图的栅格包括如下。

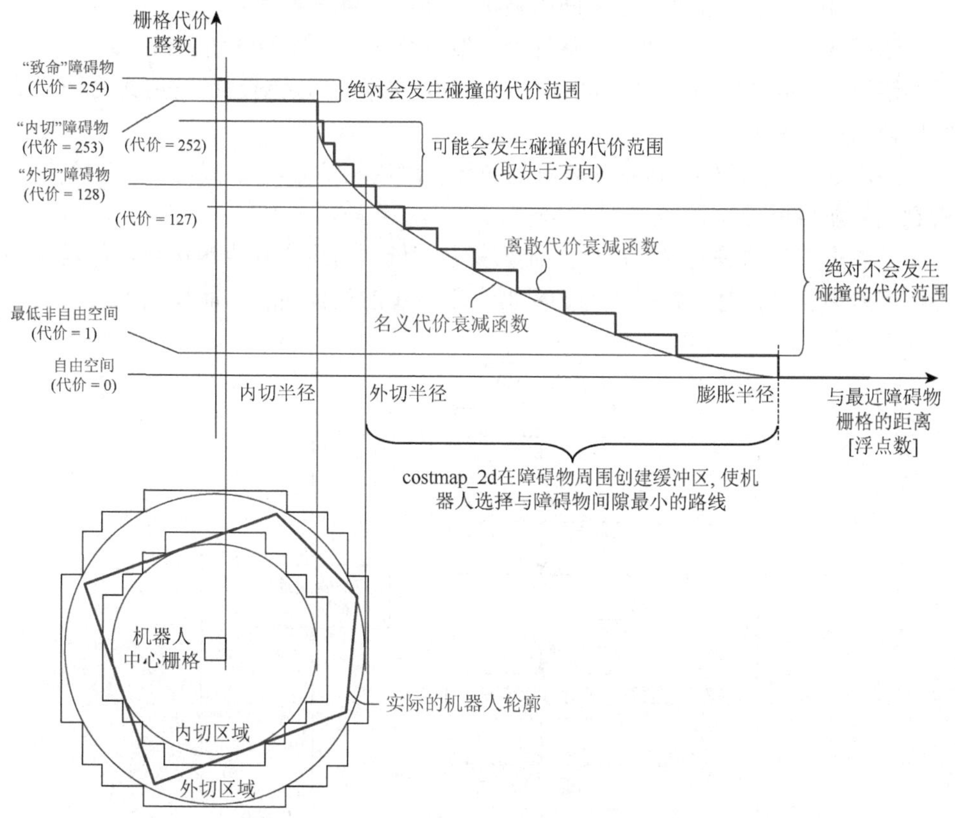

图 7.24　机器人与障碍物距离的栅格代价关系的示意图[36]

（1）"致命"障碍物栅格：该栅格中存在障碍物，若机器人中心位于该单元格中，则机器人必定会和障碍物相撞。

（2）"内切"障碍物栅格：该栅格离障碍物的距离小于机器人轮廓的内切圆半径，若机器人中心位于该单元格中，则机器人必定会和障碍物相撞。

（3）"可能外切"障碍物栅格：该栅格离障碍物的距离小于机器人轮廓的外切圆半径，但是大于机器人轮廓的内切圆半径，若机器人中心位于该单元格中，机器人不一定和障碍物相撞，取决于机器人的方向。

（4）自由空间栅格：该栅格没有障碍物。

（5）未知空间栅格：该栅格的障碍物信息未知。

基于占据栅格地图，DWA 的主要工作流程如下（见图 7.25）：

步骤 1：获取全局路线和障碍物信息；

步骤 2：在根据圆弧路线、安全速度和动态窗口三个约束目标构建相应的速度搜索空间，并将其合并为结果速度搜索空间；

步骤 3：在结果速度搜索空间中随机采样若干组速度组合；

步骤 4：构建目标函数，计算各个速度组合对应路线的评估分数；

步骤 5：根据评估分数的大小筛选出最优的路线以及对应的速度组合，发送给机器人的控制器；

步骤 6：获取机器人传感器获取到的环境障碍物信息，执行步骤 2，直到机器人到达导航目标点。

动态窗口算法具有简单高效、计算复杂度低、占用内存少等优点，但是其动态避障效果较差，且只模拟和筛选机器人下一步的最优路线，前瞻性不足。

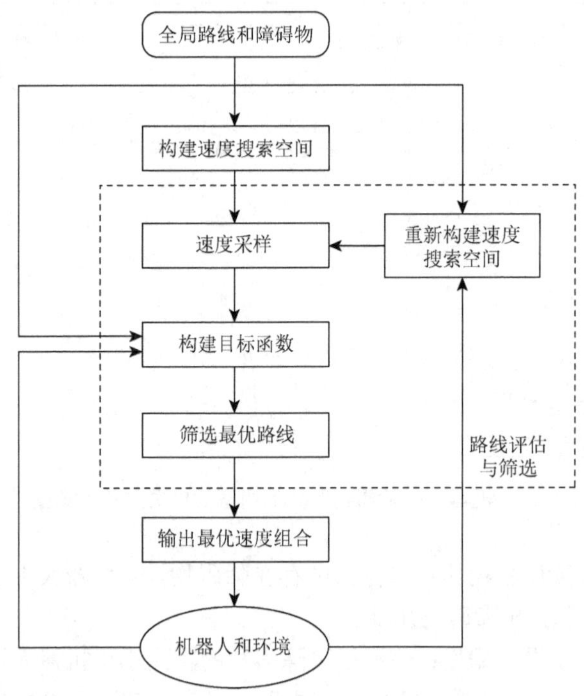

图 7.25　动态窗口算法的流程图

7.5.3　时变松紧带算法

时变松紧带（Timed-Elastic-Band，TEB）算法是文献[33]提出的一种局部规划算法。该算法从全局路线中获取一系列带有时间信息的离散位姿，通过图优化的方法将这些离散位姿组合成满足多个条件的局部路线，并最终计算出机器人的最优速度组合。

研究认为，机器人的前进路线类似一根两端固定的松紧带（Elastic Band）。对机器人的各项约束以及环境障碍物相当于松紧带内部的张力和外部斥力，两种力都会拉伸松紧带，使机器人的路线发生形变[33]。TEB 算法在此基础上加入了时间间隔信息，并在全局路线上采样出若干个路线点（Way Point）以及相应的机器人位姿，构成了 TEB 序列，见图 7.26 和式（7-41）：

$$\boldsymbol{B}=[\boldsymbol{x}_1,\Delta T_1,\boldsymbol{x}_2,\Delta T_2,\boldsymbol{x}_3,\Delta T_3,\cdots,\Delta T_{n-1},\boldsymbol{x}_n]^{\mathrm{T}} \tag{7-41}$$

其中，n 表示路线点的数量；$\boldsymbol{x}_n$ 表示第 n 个路线点对应的机器人位姿。以两轮差速机器人为例，$\boldsymbol{x}_i=(x_i,y_i,\beta_i)^{\mathrm{T}}$，其中，$(x_i,y_i)$ 表示机器人的平面坐标，β_i 表示机器人的方向角；ΔT_{n-1} 表示 $\boldsymbol{x}_{n-1}$ 和 $\boldsymbol{x}_n$ 的时间间隔。

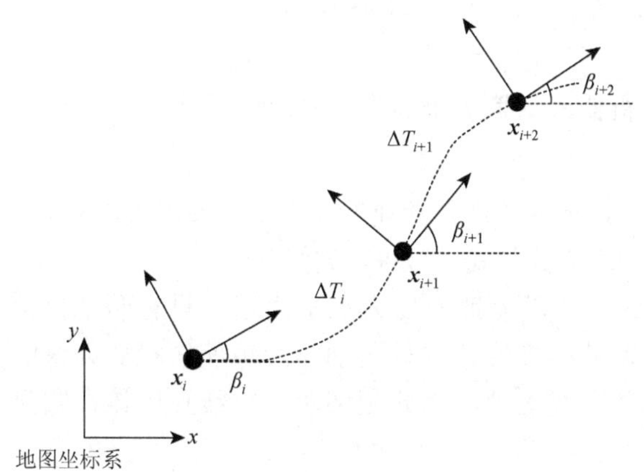

图 7.26　时变松紧带算法流程示意图[33]

与 DWA 构建目标函数对采样的速度组合进行评估和筛选不同，TEB 将机器人的局部规划问题视为多目标优化问题，将多个约束目标加权组合构成总目标函数，通过最小化总目标函数获取优化的 TEB 序列，进而计算出最优的速度组合，见式（7-42）：

$$\boldsymbol{B}^*=\arg\min_{\boldsymbol{B}} f(\boldsymbol{B}),\quad f(\boldsymbol{B})=\sum_k \gamma_k f_k(\boldsymbol{B}) \tag{7-42}$$

其中，$f_k(\boldsymbol{B})$ 和 γ_k 表示第 k 个目标函数以及对应的权重。其中在目标函数的构建方面，该算法使用了一个分段连续可微的约束函数，见式（7-43）：

$$e_{\Gamma}(x,x_r,\varepsilon,S,n) \simeq \begin{cases} \left[\dfrac{x-(x_r-\varepsilon)}{S}\right]^n, & x > x_r-\varepsilon \\ 0, & 其他 \end{cases} \tag{7-43}$$

其中，x 表示需要约束的物理量；x_r 表示阈值；ε、S 和 n 分别是控制约束函数偏移量、尺度和多项式阶数的参数。该算法考虑了全局路线跟随、避障、速度限制、圆弧路线和最快路线五种约束，并基于式（7-43）构建了全局路线跟随和避障的约束目标函数。

（1）全局路线跟随：该算法规划出的路线会尽可能贴近全局路线，即机器人与路线点的距离要尽可能小，见式（7-44）：

$$f_{\text{path}} = e_{\Gamma}(d_{\min,j}, r_{p_{\max}}, \varepsilon_{\text{path}}, S_{\text{path}}, n_{\text{path}}) \tag{7-44}$$

其中，$d_{\min,j}$ 表示机器人到第 j 个路线点的最近距离；$r_{p_{\max}}$ 表示机器人到路线点最大允许距离。

（2）避障：该算法规划出的路线会尽可能远离环境中的障碍物，即机器人与障碍物的距离要尽可能大，见式（7-45）：

$$f_{ob} = e_{\Gamma}(-d_{\min,j}, -r_{o_{\min}}, \varepsilon_{ob}, S_{ob}, n_{ob}) \tag{7-45}$$

其中，$d_{\min,j}$ 表示机器人到第 j 个障碍物的最近距离；$r_{o_{\min}}$ 表示机器人到障碍物最小安全距离。

（3）速度限制：该算法规划的速度组合不能超出机器人的最大最小线速度和角速度限制，其约束方式与式（7-38）类似。

（4）圆弧路线：两轮差速机器人在平面运动只有两个自由度，只能以朝向的直线方向前后运动或旋转。这种运动学约束使得机器人只能沿着以若干弧段组成的平滑的局部路线运动，因此相邻两个路线点应该在圆弧路线的两端，见式（7-46）：

$$f_k(\boldsymbol{x}_i, \boldsymbol{x}_{i+1}) = \left\| \left\{ \begin{bmatrix} \cos\beta_i \\ \sin\beta_i \\ 0 \end{bmatrix} + \begin{bmatrix} \cos\beta_{i+1} \\ \sin\beta_{i+1} \\ 0 \end{bmatrix} \right\} \times \begin{bmatrix} x_{i+1}-x_i \\ y_{i+1}-y_i \\ 0 \end{bmatrix} \right\|^2 \tag{7-46}$$

（5）最快路线：该算法规划出的路线到达导航目标所消耗的时间最少，即 TEB 序列中时间间隔之和最小，见式（7-47）：

$$f_{\text{time}} = \left(\sum_{i=1}^{n} \Delta T_i \right)^2 \tag{7-47}$$

由于以上的约束目标大部分都仅和机器人某几个连续的状态有关，因此在每次计算时只需要在 TEB 序列中截取一部分构成局部序列进行计算。该优化问题为对稀疏模型的优化，而求解稀疏模型多目标优化问题可以通过构建超图（Hyper

Graph），使用大规模稀疏矩阵的优化思想来求解。在超图中，机器人位姿、时间间隔和障碍物是节点，各个目标函数是边，各个节点和边相连接，见图 7.27。需要注意的是，由于给定的约束条件都是软约束条件，优化得到的路线不一定能够满足所有约束目标，但可以调节各个目标函数的权重，以得到理想的路线。

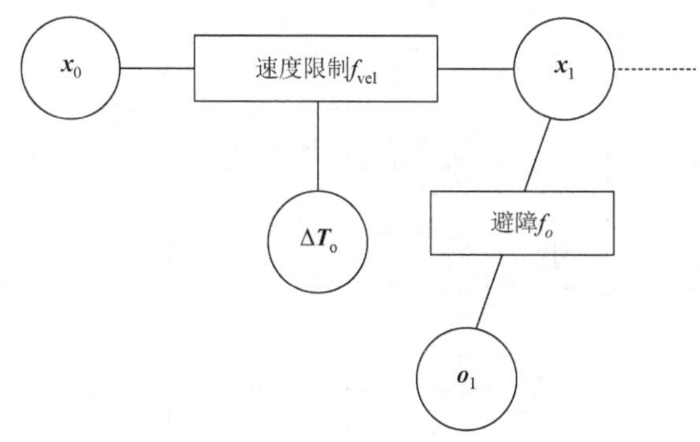

图 7.27　超图示意图[33]

圆形表示节点，矩形表示边，图中仅显示速度限制和避障两个约束目标

TEB 的主要工作流程如下（见图 7.28）：

步骤 1：获取全局路线和障碍物信息，在全局路线中采样若干个路线点，完成局部 TEB 序列的初始化；

步骤 2: 从 TEB 序列往局部 TEB 序列中插入下一个新的路线点以及对应的机器人位姿、时间间隔信息或删除旧的路线点；

步骤 3：构建当前时刻机器人状态量与路线点、障碍物的目标函数，并构建超图；

步骤 4：采用图优化算法优化超图，得到优化后的局部 TEB 序列；

步骤 5：从优化后的局部 TEB 序列提取路线信息，验证路线是否可行，若不可行则重新计算；

步骤 6：根据优化后的机器人位姿计算出相应的线速度角速度组合，并发送给机器人控制器；

步骤 7：获取机器人传感器获取到的环境障碍物信息，根据全局路线，重新初始化优化后的局部 TEB 序列，执行步骤 2，直到机器人到达导航目标点。

时变松紧带算法具有适用性广、动态避障能力好、前瞻性强等优点，但是原始的时变松紧带算法由于目标函数的非凸性，优化结果非常容易陷入局部最小值，导致规划失败。后续该算法的作者采用同时规划多条路线，从中选取当前的全局最优路线的方法改进这一缺陷，相关的阐述见文献[37]。此外作者还针对 Car-like

Robot 进行路线优化，相关阐述见文献[38]。算法改进前和改进后的实验效果对比见 7.8 节。

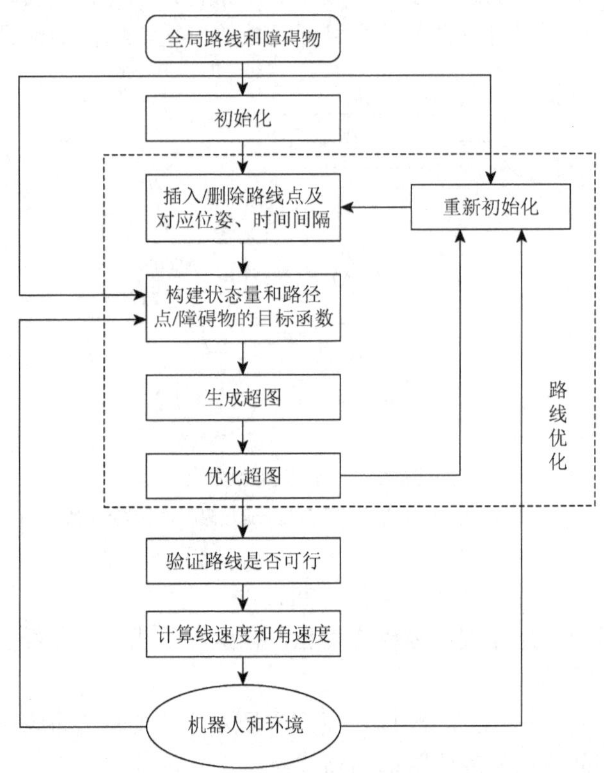

图 7.28　时变松紧带算法的流程图

7.6　基于深度学习的局部规划

基于深度学习的规划的基本思想是通过构建一个感知到规划的端对端人工智能神经网络，并用强化学习训练，得到传感器数据与速度决策之间的映射，使机器人避障。这种方法以数据为导向，能够在一定程度上弥补传统规划方法的不足，是当前研究的重点领域。

7.6.1　端对端局部规划

传统的局部规划算法得到的路线可能不符合机器人运动学模型，并容易受到复杂动态环境的影响。针对这一问题，文献[39]提出了一种基于强化学习（Reinforcement

Learning，基础理论可参考第 8 章）的局部规划算法。该方法使用强化学习训练搭建好的神经网络，使其能够根据输入的数据在全局路线的基础上输出机器人局部规划结果。

该方法①以激光雷达数据和从全局路线上采样得到的路线点作为输入，通过以卷积层和全连接层为主的一维卷积网络中（见图 7.29）得到机器人的线速度角速度组合。为了与之对比，文献[38]还选择图像作为输入数据，用二维卷积网络训练。训练均在 Tensorflow（文献[40]）环境下搭建，用近端策略优化（Proximal Policy Optimization，PPO）强化学习（文献[41]）训练，并用 Adam 优化器（文献[42]）更新网络参数。

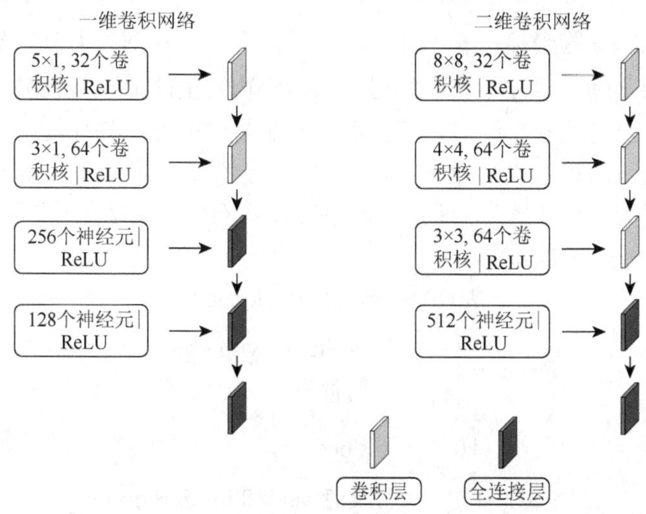

图 7.29　端对端规划使用的两种网络结构[37]

在奖励函数（Reward Function）构建方面，总奖励函数由导航目标奖励 $R_t(g)$、路线点跟随奖励 $R_t(wp)$、避障奖励 $R_t(o)$、机器人速度限制奖励 $R_t(\text{vel})$四个函数组成，见式（7-48）：

$$R_t = R_t(g) + R_t(wp) + R_t(o) + R_t(\text{vel}) \tag{7-48}$$

（1）导航目标奖励：机器人要按照规划路线前进到达导航目标，即机器人与导航目标的距离要尽可能小，见式（7-49）：

$$R_t(g) = \begin{cases} R_g, & \left\| \boldsymbol{p}_r^t - \boldsymbol{p}_g \right\| < D_g \\ 0, & \text{其他} \end{cases} \tag{7-49}$$

① 项目官方地址：https://github.com/hill-a/stable-baselines

其中，R_g 是用户设置的奖励常数；$\boldsymbol{p}_r^t$ 表示机器人当前位置坐标；$\boldsymbol{p}_g$ 表示导航目标位置坐标；D_g 表示用户设置的导航目标奖励半径。

（2）路线跟随奖励：该算法规划出的路线会尽可能贴近全局路线。即机器人若靠近路线点，则获得奖励；若远离路线点，则会受到惩罚，见式（7-50）和式（7-51）：

$$R_t(wp)=\begin{cases} w_1\cdot \mathrm{diff}(\boldsymbol{p}_r^t,\boldsymbol{p}_{wp}^t), & \mathrm{diff}(\boldsymbol{p}_r^t,\boldsymbol{p}_{wp}^t)>0 \\ w_2\cdot \mathrm{diff}(\boldsymbol{p}_r^t,\boldsymbol{p}_{wp}^t), & \mathrm{diff}(\boldsymbol{p}_r^t,\boldsymbol{p}_{wp}^t)\leqslant 0 \end{cases} \tag{7-50}$$

$$\mathrm{diff}(\boldsymbol{p}_r^t,\boldsymbol{p}_{wp}^t)=\left\|\boldsymbol{p}_r^{t-1}-\boldsymbol{p}_{wp}^{t-1}\right\|-\left\|\boldsymbol{p}_r^t-\boldsymbol{p}_{wp}^t\right\| \tag{7-51}$$

其中，w_1 和 w_2 是用户设置的奖励和惩罚权重系数；$\boldsymbol{p}_{wp}^{t-1}$ 和 $\boldsymbol{p}_{wp}^t$ 表示上一时刻和当前时刻路线点的位置坐标；$\boldsymbol{p}_r^{t-1}$ 和 $\boldsymbol{p}_r^t$ 表示机器人上一时刻和当前时刻位置坐标。

（3）避障奖励：算法不允许机器人与障碍物发生碰撞，并且鼓励机器人与动态障碍物保持一定的安全距离，若机器人无法与动态障碍物保持距离，则鼓励机器人停止运动。即机器人与障碍物发生碰撞将会受到惩罚，其中与动态障碍物碰撞的惩罚值更大，若机器人由于避让动态障碍物而停止运动，则免除相应的惩罚，见式（7-52）～式（7-54）：

$$R_t(o)=\min(R_t(\mathrm{so}),R_t(\mathrm{ped})) \tag{7-52}$$

$$R_t(\mathrm{so})=\begin{cases} -R_{\mathrm{so}}, & \text{collision with object} \in \mathrm{so} \\ 0, & \text{其他} \end{cases} \tag{7-53}$$

$$R_t(\mathrm{ped})=\begin{cases} 0, & \forall \mathrm{ped}_i:\left\|\boldsymbol{p}_{\mathrm{ped}_i}^t-\boldsymbol{p}_r^t\right\|>D_{\mathrm{ped}} \\ & \text{或者 } \mathrm{vel}=\mathbf{0} \text{ for duration } t_{\mathrm{reac}} \\ -R_{\mathrm{ped}}, & \text{其他} \end{cases} \tag{7-54}$$

其中，R_{so} 和 R_{ped} 分别是用户设置的静态障碍物和动态障碍物碰撞惩罚值；so 表示静态障碍物；$\boldsymbol{p}_r^t$ 和 $\boldsymbol{p}_{\mathrm{ped}_i}^t$ 分别表示机器人当前位置坐标和当前第 i 个动态障碍物的位置坐标；vel 表示机器人的线速度；D_{ped} 表示动态障碍物的碰撞半径；t_{reac} 表示机器人的停滞时间。

（4）机器人速度限制奖励：该算法需要避免机器人完全停止不运动，但若机器人被临时阻挡，则鼓励机器人转向。即若机器人线速度、角速度均为 **0**，则会获得较高的惩罚值；若机器人仅线速度为 **0**，获得的惩罚值较低，见式（7-55）：

$$R_t(\mathrm{vel})=\begin{cases} -R_{\mathrm{vel}}^1, & \mathrm{vel}_t=\mathbf{0},\boldsymbol{\omega}_t=\mathbf{0} \\ -R_{\mathrm{vel}}^2, & \mathrm{vel}_t=\mathbf{0} \\ 0, & \text{其他} \end{cases} \tag{7-55}$$

其中，R_{vel}^{1} 和 R_{vel}^{2} 是用户设置的速度限制惩罚值，满足 $-R_{vel}^{1} < -R_{vel}^{2}$ 条件；vel_t 和 $\boldsymbol{\omega}_t$ 分别表示机器人当前线速度和角速度。

为了测试算法的有效性，该方法以行人作为动态障碍物，使用 PedSim①和 Flatland②搭建仿真环境，其中由 PedSim 模拟行人运动，Flatland 用于模拟机器人、静态障碍物和激光雷达传感器，仿真系统架构见图 7.30。此外根据输入数据和输出数据类型不同，构建了四种强化学习局部规划器见表 7.3。表中输出连续速度组合，其线速度取值范围为$[0, v_{max}]$，角速度取值范围为$[-\omega_{max}, \omega_{max}]$；输出离散速度组合指的是仅输出$(0, 0)$、$(0, -\omega_{max})$、$(0, \omega_{max})$、$(v_{max}, 0)$、$(v_{max}, -\omega_{max}/2)$和$(v_{max}, \omega_{max}/2)$六种速度组合。

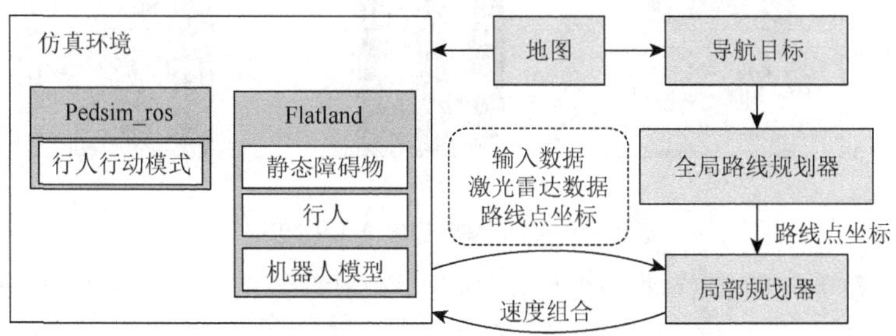

图 7.30　基于路线点和激光雷达的仿真系统结构[39]

表 7.3　参与仿真实验的四种强化学习局部规划器[39]

规划器名称	A1-ID	A1-RD	A3-RD	A1-RC
网络结构	二维卷积网络	一维卷积网络	一维卷积网络	一维卷积网络
输入数据类型	图像	当前时刻的激光雷达数据和路线点坐标	连续三个时刻的激光雷达数据和路线点坐标	当前时刻的激光雷达数据和路线点坐标
输出数据类型	离散速度组合	离散速度组合	离散速度组合	连续速度组合

仿真结果见图 7.31，可知当在无行人的地图中，五种局部规划算法的效果接近，当地图变得复杂且出现行人时，基于强化学习的局部规划算法要优于传统的动态窗口算法，其中只输入当前时刻的激光雷达数据和路线点坐标且输出离散速度组合的强化学习局部规划器效果最好。

总的来说，基于强化学习的局部规划算法的效果总体上比传统的动态窗口算法要好，尤其是在动态障碍物较多的场景下。但是该算法输出的是离散的速度指

① 项目官方地址：https://github.com/srl-freiburg/pedsim_ros

② 项目官方地址：https://github.com/avidbots/flatland

令，这会导致机器人运动时产生不必要的振荡，后续需要进一步对机器人动力学建模以改善这一情况。

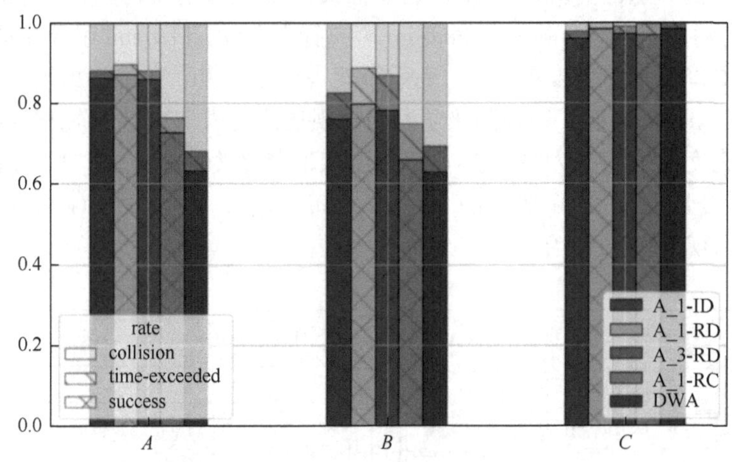

图 7.31　端对端规划的实验结果[39]

A 表示开阔的简单地图下的避障结果；*B* 表示狭窄的复杂地图下的避障结果；*C* 表示无行人地图下的避障结果

7.6.2　融合仿生 LGMD 的局部规划

文献[43]提出了一种融合仿生 LGMD 的局部规划算法。该方法以图像作为输入数据，使用一种模拟昆虫的小叶大运动检测器（Lobula Giant Movement Detector，LGMD）机制检测障碍物，并将其与导航目标位置一并输入到全连接导航网络中，最终输出机器人的航向角和速度（见图 7.32）。

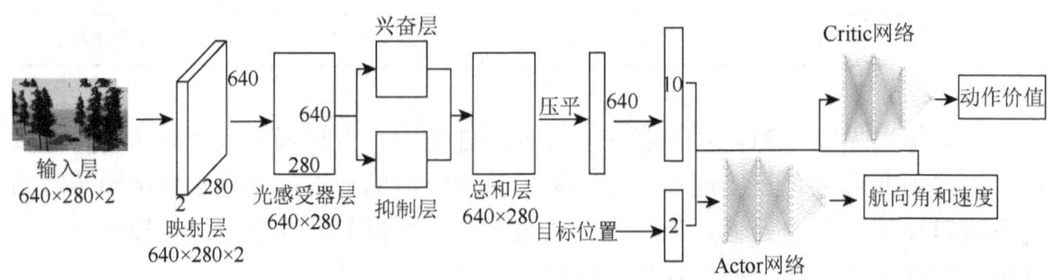

图 7.32　融合仿生 LGMD 的局部规划算法的流程图

LGMD[42]网络能够消除横向移动物体和背景造成的图像冗余，在不获取深度信息的情况下，准确地检测正面靠近的障碍物。检测器主要包含五个组成部分：光感受器层（Photoreceptor Layer，P-Layer）、兴奋层（Excitatory Layer，E-Layer）、抑制层（Inhibitory Layer，I-Layer）、总和层（Sum Layer，S-Layer）和 LGMD 神经元。其计算步骤如下。

（1）为了减少光照变化对检测器性能的影响，预先将图像映射为归一化局部矩（Normalized Local Moment），见式（7-56）和式（7-57）：

$$\boldsymbol{m}_{pq}(x,y)=\sum_{i=-N}^{N}\sum_{j=-N}^{N} i^p j^q \boldsymbol{I}(x-i,y-j) \tag{7-56}$$

$$\boldsymbol{M}^{\text{norm}}(x,y)=\frac{\boldsymbol{m}_{01}(x,y)+\boldsymbol{m}_{10}(x,y)}{\boldsymbol{m}_{00}(x,y)} \tag{7-57}$$

其中，$\boldsymbol{M}^{\text{norm}}$表示图像的归一化局部矩；$\boldsymbol{m}_{pq}$表示图像的$(p+q)$阶矩；$(x,y)$表示像素坐标；$N$用于表示像素邻域尺寸。

（2）LGMD 的第一层是光感受器层，能够根据图像的帧差做出响应，如式（7-58）所示：

$$\boldsymbol{P}_f(x,y)=\sum_{i=1}^{n_p} p_i \boldsymbol{P}_{f-i}+\left(\boldsymbol{M}_f^{\text{norm}}(x,y)-\boldsymbol{M}_{f-1}^{\text{norm}}(x,y)\right) \tag{7-58}$$

其中，$\boldsymbol{P}_f$像素(x,y)在第f个图像帧中其归一化局部矩的变化量，表示为光感受器层的输出值；n_p表示光感受器层计算涉及的最大图像帧数量；$p_i\in(0,1)$表示持续系数。

（3）LGMD 的第二层是兴奋层和抑制层，其中兴奋层直接将光感受器层的输出传递到下一层，见式（7-59）：

$$\boldsymbol{E}_f(x,y)=\boldsymbol{P}_f(x,y) \tag{7-59}$$

而抑制层则接收光感受器层上一个图像帧的输出并进行局部抑制，见式（7-60）和式（7-61）：

$$\boldsymbol{I}_f(x,y)=\sum_i\sum_j \boldsymbol{P}_{f-1}(x+i,y+i)\cdot \boldsymbol{W}_I(i,j) \tag{7-60}$$

$$\boldsymbol{W}_I=\begin{bmatrix}0.125 & 0.25 & 0.125\\ 0.25 & 0 & 0.25\\ 0.125 & 0.25 & 0.125\end{bmatrix} \tag{7-61}$$

其中，$\boldsymbol{E}_f$和$\boldsymbol{I}_f$分别表示在第f个帧中的兴奋层和抑制层的输出值；$\boldsymbol{W}_I$表示局部抑制权重矩阵。

（4）LGMD 的第三层是总和层，用于汇总兴奋层和抑制层的输出值。需要注意的是总和层的输出值仅取正数部分，见式（7-62）和式（7-63）：

$$\boldsymbol{S}_f(x,y)=\boldsymbol{E}_f(x,y)-\boldsymbol{I}_f(x,y)\cdot w_i \tag{7-62}$$

$$\boldsymbol{S}_f(x,y)=\begin{cases}\boldsymbol{S}_f(x,y), & \boldsymbol{S}_f(x,y)\geqslant 0\\ 0, & \text{其他}\end{cases} \tag{7-63}$$

其中，$\boldsymbol{S}_f$ 表示第 f 个图像帧中总和层的输出值；w_i 是用户设置的抑制系数。

（5）LGMD 的最后一层是 LGMD 神经元，用于将总和层的输出值转化为 S 型电位值。为了更好地感知环境，该方法将总和层输出的值分为 N_{LGMD} 个部分后分别处理，见式（7-64）和式（7-65）：

$$K_f^i=\sum_x\sum_y \boldsymbol{S}_f^i(x,y) \tag{7-64}$$

$$k_f^i=\left(1+\mathrm{e}^{-K_f^i/N_{\text{cell}}}\right)^{-1} \tag{7-65}$$

其中，i 表示总和层输出值的第 i 部分；N_{cell} 表示激活系数；k_f 表示第 f 个视频帧的电位值。

（6）导航网络主要由全连接层构成，包含演员（Actor）网络和评论家（Critic）网络，见图 7.33。其中演员网络输出航向角和速度，评论家网络输出动作价值。该方法使用深度确定性策略梯度（Deep Deterministic Policy Gradient，DDPG）算法对网络进行训练，相关理论可参考第 8 章。

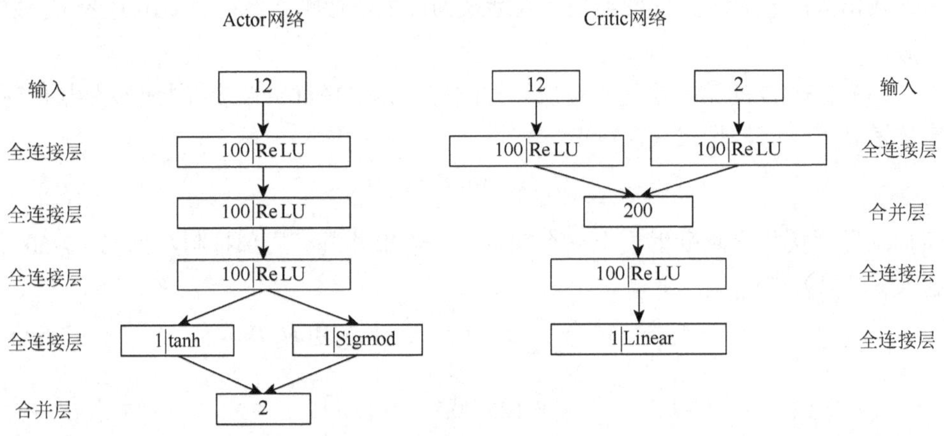

图 7.33　导航网络的结构[44]

反应式控制导航网络的奖励函数见式（7-66）～式（7-68）：

$$r_t=\begin{cases}R_{\text{reach}}, & \text{若到达目标}\\ R_{\text{crash}}, & \text{若发生碰撞}\\ R_{\text{positive}}-R_{\text{negative}}, & \text{其他}\end{cases} \tag{7-66}$$

$$R_{\text{positive}}=d_{t-1}-d_t \tag{7-67}$$

$$R_{\text{negative}} = \left[w_1 \left(\frac{a_t^1}{a_{\max}^1} + w_2 \left| e_{\text{angle}} \right| \right) \right] \Delta t + C \tag{7-68}$$

其中，R_{reach} 和 R_{crash} 是用户设置的机器人到达目标和碰撞的奖励数值；d_{t-1} 和 d_t 表示连续两个时刻机器人到导航目标位置的距离；Δt 表示两个连续时刻的时间差；a_t^1 表示导航网络的第一个输出值；$a_{\max}^1$ 表示输出的最大偏航角；e_{angle} 表示当前偏航角和目标方位角之间的误差；w_1、w_2 和 C 表示用户设置的惩罚权重。

该方法使用 AirSim 软件搭建仿真环境，并在其中训练和测试模型。测试场景和测试结果见表 7.4 和图 7.34。从结果中可以看出，该方法的避障性能较好，其中训练了 1000 个历元的模型在其他测试环境中的效果更好，说明相比于训练了 2000 个历元的模型，训练了 1000 个历元的模型在避障和导航这两个任务之间取得更好的平衡。

表 7.4　该模型预测的结果，最右边的两项表示不同模型的成功率[44]

环境	特点	复杂度	Model_{1000}	Model_{2000}
训练环境	随机分布的石头	简单	90%	100%
环境 1	随机分布的松树	简单	100%	75%
环境 2	随机分布的松树和雪树	中等	90%	70%
环境 3	复杂背景下的山地环境	复杂	80%	60%

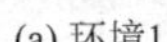
(a) 环境1

(b) 环境2

(c) 环境3

图 7.34　融合仿生 LGMD 的局部规划中的实验环境[41]

7.7　更高级的行动决策

前面主要围绕避障任务介绍了机器人在局部规划中的速度决策。速度决策是机器人行动决策的基础，生成的是每时刻机器人的局部速度。结合到具体的自动驾驶、物流机器人等导航应用时，还存在一些与场景更为相关、语义信息更为明确的行动决策。下面以自动驾驶为例，简要介绍基于规则的决策和基于学习的决策等方法。

1. 基于规则的行动决策

基于规则的决策方法主要是将自动驾驶车辆的行为根据驾驶规则、驾驶经验等进行划分并建立行为规则库，在应用时根据环境信息与规则逻辑来确定车辆行为。有限状态机（Finite State Machine，FSM）是常用的模型。状态机有三个组成部分：状态、事件与动作，事件触发状态的转移和动作的执行，其中动作的执行不是必需的，可以只转移状态。状态机主要有三种体系架构[45]。

（1）串联式结构：子状态串联连接，状态转移大多单向。该结构逻辑明确、求解精度高，但对复杂问题的适应性差。

（2）并联式结构：子状态并联连接，不同输入信息可直接进入不同子状态进行处理。该结构具有较好的模块性与拓展性，但缺乏时序性以及场景遍历的深度。

（3）混联式结构：混联式结构可较好地结合串联式结构与并联式结构的优点，具有不错的适应性与拓展性。例如，弗吉尼亚理工大学研发的 Odin 无人车[46]行为决策系统见图 7.35，该决策系统划分为车道保持、超车、交通流汇入等模块，各模块具备不同优先级，模块输出结果均交由决策融合器进行决策仲裁。

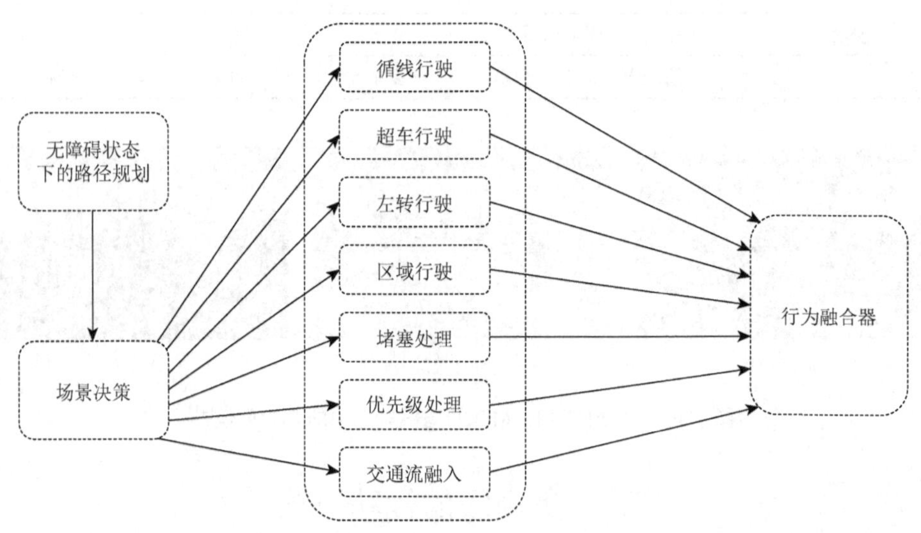

图 7.35　Odin 无人车的行动决策系统[46]

卡内基·梅隆大学的 Boss 无人车[47]行为决策系统见图 7.36，该决策系统是典型的层级式混联结构，系统顶层基于场景行为划分为车道保持、路口处理与指定位姿，底层基于车辆行为划分为车道选择、场景实时报告、优先级估计等，底层行为分属于 3 个顶层行为。

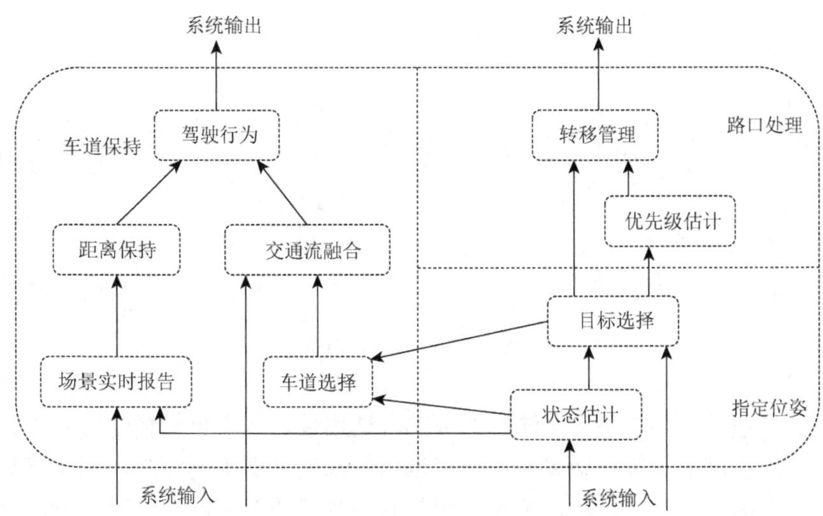

图 7.36　Boss 无人车的行动决策系统[47]

2. 基于深度学习的行动决策

区别于基于规则的决策方法，基于学习的决策方法通过对环境样本进行自主学习来建立行为规则库，并通过不同的学习方法与网络结构，在应用时能根据环境信息直接进行行为匹配并输出决策行为。其中，基于深度学习的决策方法是近年来该领域的研究热点。如 NVIDIA 研发的无人驾驶车辆系统架构是一种典型架构，该架构采用端到端的卷积神经网络进行决策处理，实现从图像输入到车辆目标转向盘转角输出的端到端的处理过程。该卷积神经网络结构见图 7.37，共有 9 层，包括 5 个卷积层、1 个归一化层和 3 个全连接层。

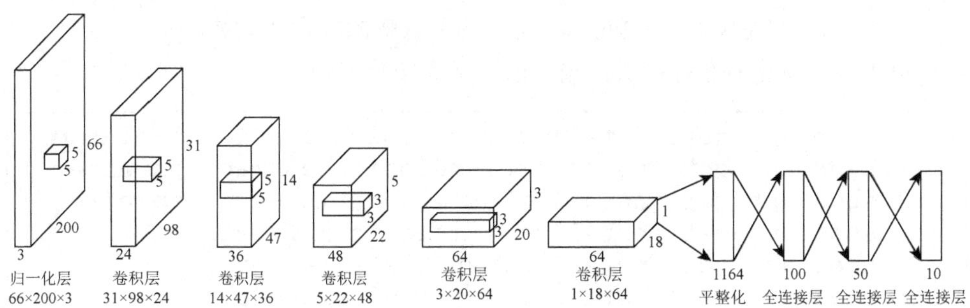

图 7.37　NVIDIA CNN 的网络结构[45]

Mobileye[48]公司则把强化学习应用至高级驾驶策略学习中，感知及控制等模块被独立处理。早期的 Mobileye 决策架构示意图见图 7.38。

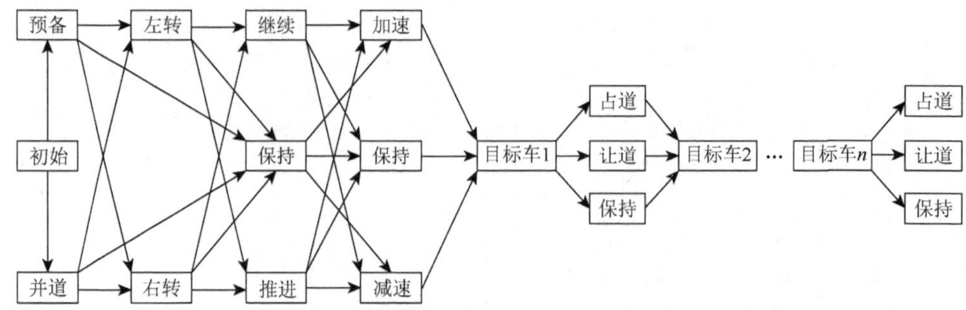

图 7.38　Mobileye 的行动决策系统[48]

当前，基于规则的决策方法相对成熟，适用性、逻辑可解释性等都不错，但其系统结构决定了决策正确率，在场景遍历的深度方面受到限制，属于模型驱动的规划。而基于深度学习的决策方法因具有场景遍历深度的优势而得到越来越多的关注，这种数据驱动的规划思想将会更有效地推动机器人技术的发展。

7.8　工程实践：TEB_Local_planner

本节工程实践主要基于 TEB_Local_Planner 功能包，具体介绍该功能包的安装与配置，介绍该功能包自带的路线规划仿真实验，并介绍如何将其应用于 TurtleBot3 机器人的导航仿真实验中。配置和安装可在 PC 和机器人感知规划核心控制智能终端上实现。

7.8.1　环境配置与安装

本节将介绍 TEB_Local_Planner 及其相关依赖的配置和安装。

第 1 步：新建命令行窗口，输入以下指令安装依赖。

```
sudo apt-get install ros-melodic-base-local-planner
sudo apt-get install ros-melodic-costmap-converter
sudo apt-get install ros-melodic-mbf-costmap-core
sudo apt-get install ros-melodic-mbf-msgs
sudo apt-get install libsuitesparse-dev
sudo apt-get install ros-melodic-libg2o
```

第 2 步：输入以下指令安装二进制包。

```
sudo apt-get install ros-melodic-teb-local-planner
```

读者也可以输入以下指令，通过源代码安装。

```
cd ~/catkin_ws/src
git clone https://github.com/rst-tu-dortmund/teb_local_planner
cd ~/catkin_ws
catkin_make -DCATKIN_WHITELIST_PACKAGES="teb_local_planner"
```

第 3 步：输入以下指令，若列表中出现“TEB_Local_Planner”，说明安装成功，见图 7.39。

```
rospack plugins--attrib=plugin nav_core
```

图 7.39　列表中出现“TEB_Local_Planner”，说明安装成功

7.8.2　文件介绍

TEB_Local_Planner 是 ROS 中用于局部路线规划的功能包，move_base 节点可以通过 ROS 的插件机制，将局部规划器替换为 TEB_Local_Planner。TEB_Local_Planner 功能包中内置文件见图 7.40，其中包含定义消息类型的 msg 文件夹、定义功能包清单的 package.xml 文件、放置配置文件的 cfg 文件夹、放置测试脚本的 scripts 文件夹、放置源代码的 src 文件夹和 include 文件夹及其他文件。

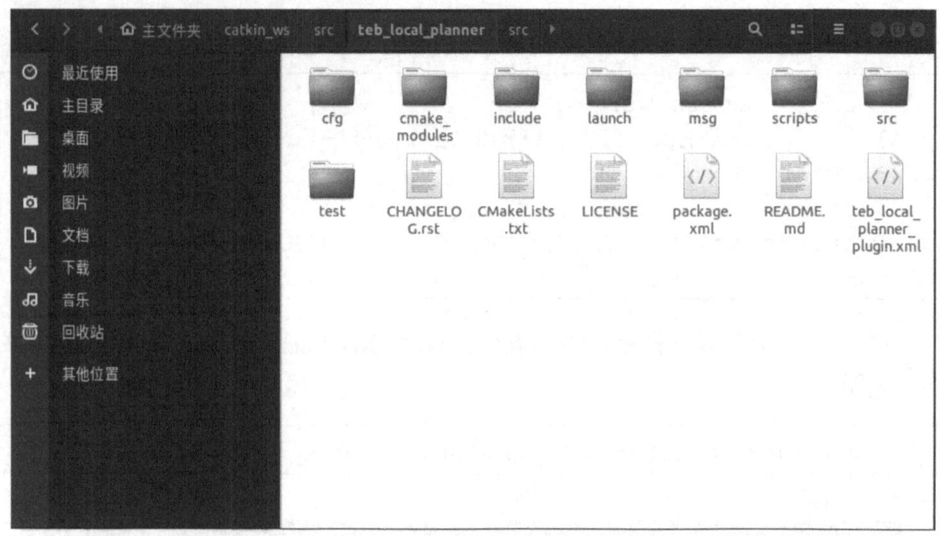

图 7.40 TEB_Local_Planner 功能包中内置文件

7.8.3 仿真实验

1. TEB_Local_Planner 自带的路线仿真实验

第 1 步：打开新命令行窗口，输入以下指令。

```
1.roscore
```

第 2 步：使用 TEB_Local_Planner 进行单条路线的规划。打开新终端，输入以下指令，启动测试节点。启动后可以在 RViz 界面中看到 TEB_Local_Planner 规划的路线，见图 7.41，其中读者可以通过拖动各个障碍物周围的圆圈来调整障碍物的位置。

```
1.rosparam set/test_optim_node/enable_homotopy_class_
planning False
2.roslaunch teb_local_planner test_optim_node.launch
```

第 3 步：打开新命令行窗口，输入以下指令，启动参数配置窗口，见图 7.42。读者可以根据需求自行调整各个参数，进而规划出理想的路线。例如，通过增加最短路线的权重（weight_shortest_path），生成如图 7.43 所示的路线。

```
1.rosrun rqt_reconfigure rqt_reconfigure
```

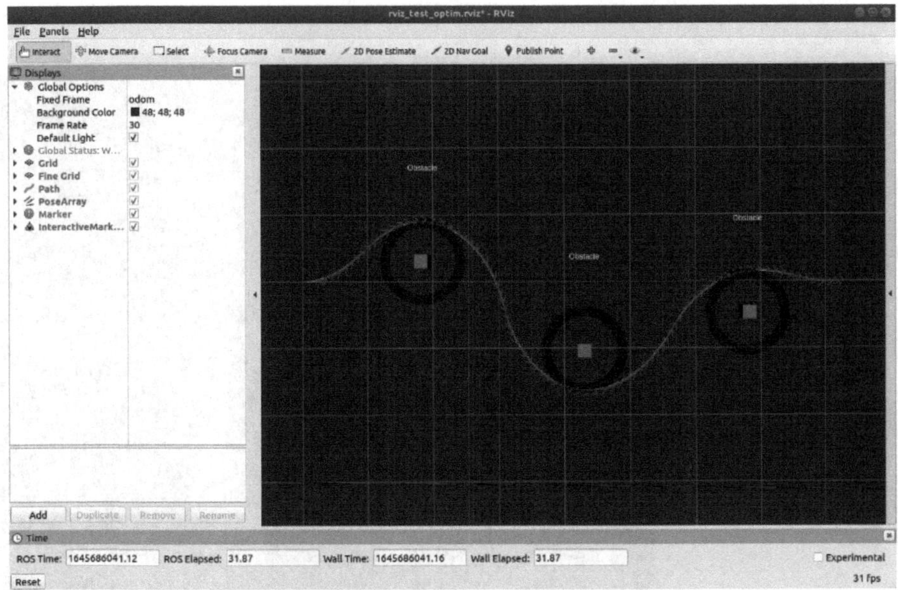

图 7.41　TEB_Local_Planner 规划的单条路线

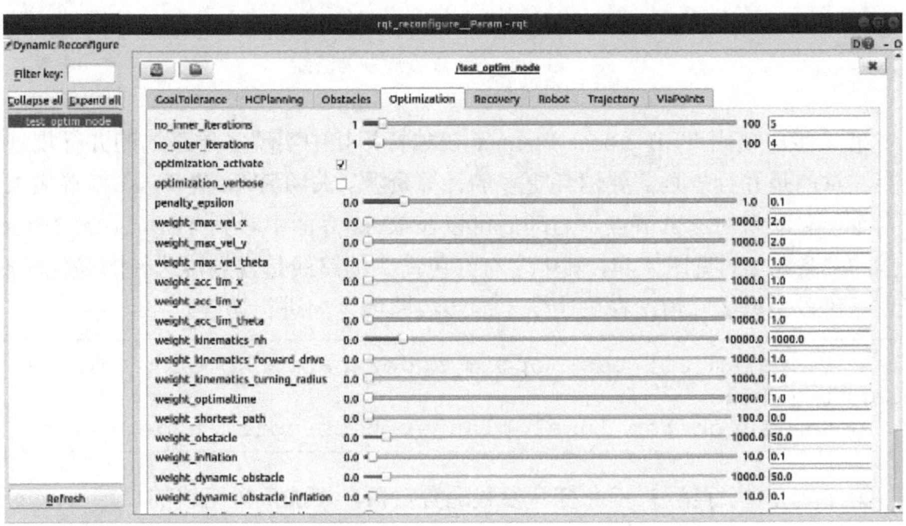

图 7.42　参数配置窗口

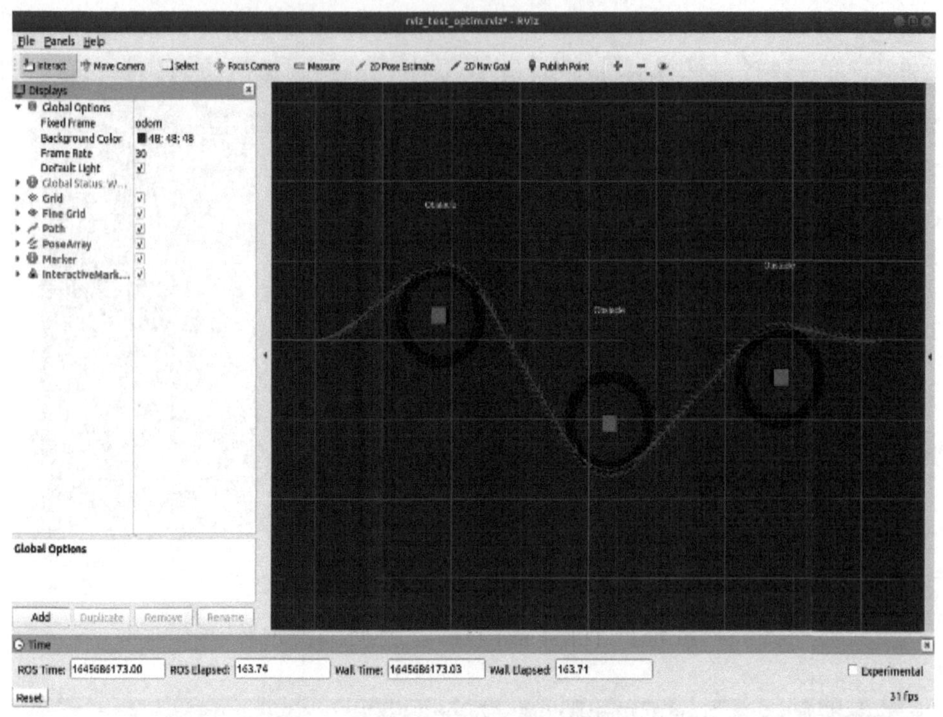

图 7.43　调节参数后规划的路线

第 4 步：使用 TEB_Local_Planner 在独特拓扑中实现多条路线的并行规划，需要注意的是并行规划需要消耗更多的计算资源。关闭 RViz 窗口，在终端输入以下指令，启动新的测试节点。启动后可以在 RViz 界面中看到 TEB_Local_Planner 规划的多条路线，见图 7.44，其中带有红色箭头的路线是规划器选择的最优路线，规划器可以根据实际情况在图中所示的绿色路线之间进行切换。

```
1.rosparam set/test_optim_node/enable_homotopy_class_planning True
2.roslaunch teb_local_planner test_optim_node.launch
```

第 5 步：执行第 3 步，打开参数配置窗口，增加最短路线的权重（weight_shortest_path），可以发现规划器从当前路线切换到另外一条长度更短的路线，见图 7.45。

2. 将 TEB_Local_Planner 应用于 TurtleBot3 机器人的导航仿真实验

本实验基于 2.5 节，具体介绍如何将 move_base 的局部规划器替换为 TEB_Local_Planner，并基于此完成导航仿真实验。

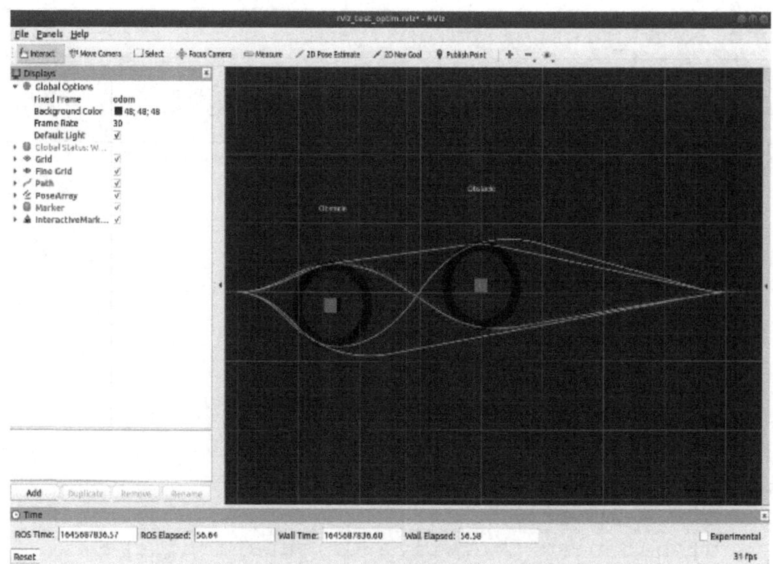

图 7.44　TEB_Local_Planner 规划的多条路线

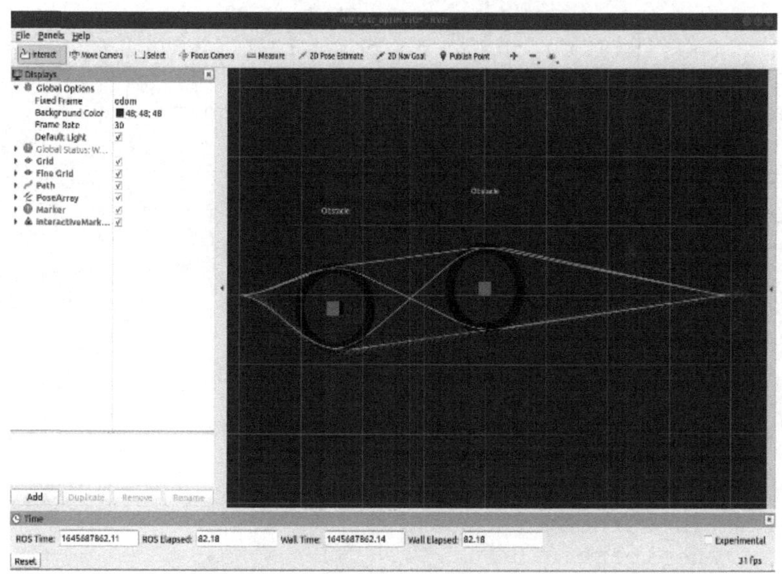

图 7.45　并行规划下调节参数后规划的路线

第 1 步：输入以下指令，创建 TEB_Local_Planner 的参数文件。

```
gedit ~/catkin_ws/src/turtlebot3/turtlebot3_navigation/param/ \
```

```
teb_local_planner_params.yaml
```

在打开的文件中加入以下内容，设置规划器的默认参数。

```
TebLocalPlannerROS:
  odom_topic:odom
  map_frame:map

  # HCPlanning
  max_number_classes:3

  # Trajectory
  teb_autosize:True
  dt_ref:0.7
  dt_hysteresis:0.1
  min_samples:3
  global_plan_overwrite_orientation:True
  global_plan_viapoint_sep:0.1
  max_global_plan_lookahead_dist:0.2
  global_plan_prune_distance:0.6
  force_reinit_new_goal_dist:1.0
  feasibility_check_no_poses:3
  publish_feedback:false
  allow_init_with_backwards_motion:true
  exact_arc_length:false
  shrink_horizon_backup:true
  shrink_horizon_min_duration:10

  # Robot
  max_vel_x:0.22
  max_vel_x_backwards:0.5
  max_vel_theta:2.75
  max_vel_y:0.0
  acc_lim_y:0.0
  acc_lim_x:2.5
  acc_lim_theta:0.1
  min_turning_radius:0.0
  wheelbase:0.0
  cmd_angle_instead_rotvel:false
  footprint_model:
    type:"polygon"
    vertices:[[-0.105,-0.105],[-0.105,0.105],[0.041,0.105],[0.041,-0.105]]

  # GoalTolerance
```

```
xy_goal_tolerance:0.05
yaw_goal_tolerance:0.17
free_goal_vel:False

# Obstacles
min_obstacle_dist:0.1
inflation_dist:0.0
include_costmap_obstacles:True
costmap_obstacles_behind_robot_dist:1.0
legacy_obstacle_association:false
obstacle_poses_affected:30
obstacle_association_force_inclusion_factor:10.0
obstacle_association_cutoff_factor:40.0
costmap_converter_plugin:""
costmap_converter_spin_thread:True
costmap_converter_rate:10

# Optimization
no_inner_iterations:5
no_outer_iterations:4
optimization_activate:True
optimization_verbose:False
penalty_epsilon:0.1
weight_max_vel_x:2
weight_max_vel_y:1
weight_max_vel_theta:1
weight_acc_lim_x:1
weight_acc_lim_y:1
weight_acc_lim_theta:1
weight_kinematics_nh:1
weight_kinematics_forward_drive:10
weight_kinematics_turning_radius:0
weight_optimaltime:1.0
weight_obstacle:50.0
weight_inflation:0.1
weight_viapoint:1.0
weight_adapt_factor:2

# Homotopy Class Planner
enable_homotopy_class_planning:True
```

第 2 步：输入以下指令，在打开的文件中局部规划器替换为 TEB_Local_Planner，并将参数文件路线更改为第 1 步创建的参数文件路线，见图 7.46。

```
1.gedit ~/catkin_ws/src/turtlebot3/turtlebot3_
navigation/launch/ \
2.move_base.launch
```

图 7.46　修改 move_base.launch 中局部规划器和参数文件路线

第 3 步：设置 TurtleBot3 机器人模型为 burger，启动 Gazebo 仿真程序。

```
1.export TURTLEBOT3_MODEL=burger
2.roslaunch turtlebot3_gazebo turtlebot3_world.launch
```

第 4 步：新建另一个命令行窗口，设置 TurtleBot3 机器人模型为 burger，启动导航程序。读者可以点击 RViz 程序界面中的“2D Nav Goal”按钮来指定机器人在地图上的导航目标，导航结果见图 7.47。读者可以通过将 RViz 程序界面中“Global Map/Planner/Topic”选项中的内容替换为“/move_base/TebLocalPlannerROS/global_plan”即可看到全局路线，将“Local Map/Planner/Topic”选项中内容替换为“/move_base/TebLocalPlannerROS/local_plan”即可看到 Teb_Local_Planner 规划的局部路线，其中全局路线是红色路线，局部路线是黄色路线。

```
1.export TURTLEBOT3_MODEL=burger
2.roslaunch turtlebot3_navigation turtlebot3_navigation.
launch map_file:= \
3.$HOME/catkin_ws/src/turtlebot3/turtlebot3_navigation/
maps/map.yaml
```

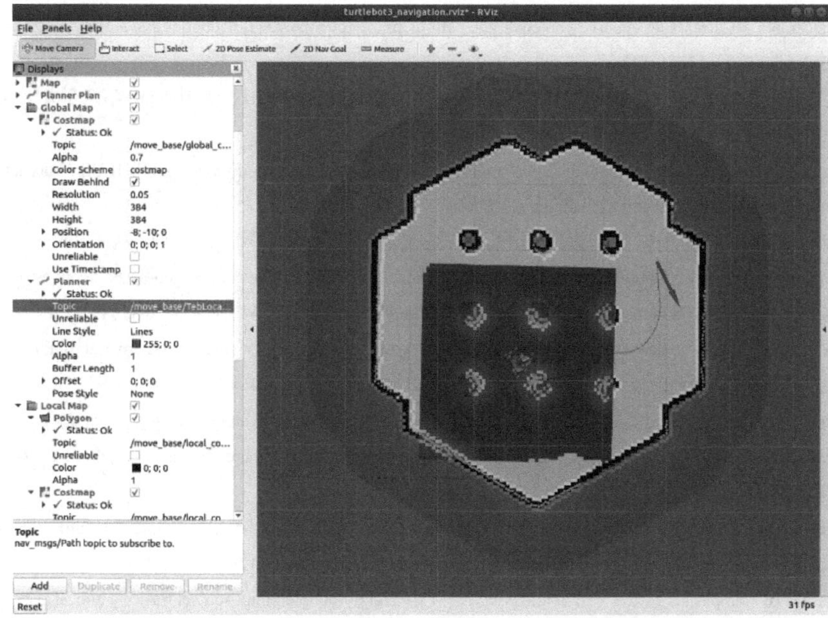

图 7.47　使用 TEB_Local_Planner 进行导航仿真

参 考 文 献

[1] Souissi O，Benatitallah R，Duvivier D，et al. Path planning：A 2013 survey[C]. Proceedings of 2013 International Conference on Industrial Engineering and Systems Management（IESM），Morocco，2013：1-8.

[2] Zafar M N，Mohanta J C. Methodology for path planning and optimization of mobile robots：A review[J]. Procedia Computer Science，2018，133：141-152.

[3] 王春颖，刘平，秦洪政. 移动机器人的智能路线规划算法综述[J]. 传感器与微系统，2018，37（8）：5-8.

[4] Hart P E，Nilsson N J，Raphael B. A formal basis for the heuristic determination of minimum cost paths[J]. IEEE transactions on Systems Science and Cybernetics，1968，4（2）：100-107.

[5] Stentz A. Optimal and Efficient Path Planning for Partially Known Environments[M]. Boston：Springer，1997：203-220.

[6] Dijkstra E W. A note on two problems in connexion with graphs[J]. Numerische Mathematik，1959，1（1）：269-271.

[7] Lavalle S M. Rapidly-exploring random trees：A new tool for path planning[J]. Research Report，1999，DOI：http://dx.doi.org/.

[8] Wikipedia. Rapidly-exploring random tree[EB/OL]. https://en.wikipedia.org/wiki/Rapidly-exploring_random_tree[2022-02-01].

[9] LaValle S M，Kuffner J J，Donald B R. Rapidly-exploring random trees：Progress and prospects[J]. Algorithmic and Computational Robotics：New Directions，2001，5：293-308.

[10] Karaman S，Frazzoli E. Sampling-based algorithms for optimal motion planning[J]. The International Journal of Robotics Research，2011，30（7）：846-894.

[11] 周俊，何永强. 农业机械导航路径规划研究进展[J]. 农业机械学报，2021，52（9）：1-14.

[12] Galceran E，Carreras M. A survey on coverage path planning for robotics[J]. Robotics and Autonomous Systems，2013，61（12）：1258-1276.

[13] 芦帅，马蓉，安光辉. 基于 GIS/GPS 拖拉机播种作业路径规划系统的设计与研究[J]. 石河子大学学报（自然科学版），2011，29（6）：767-771.

[14] Hirschmuller H. Stereo processing by semiglobal matching and mutual information[J]. IEEE Transactions on Pattern Analysis and Machine Intelligence，2007，30（2）：328-341.

[15] 黄军，王聪，刘越，等. 单目深度估计技术进展综述[J]. 中国图象图形学报，2019，24（12）：2081-2097.

[16] Laga H，Jospin L V，Boussaid F，et al. A survey on deep learning techniques for stereo-based depth estimation[J]. IEEE Transactions on Pattern Analysis and Machine Intelligence，2020，44（4）：1738-1764.

[17] Li P，Qin T. Stereo vision-based semantic 3d object and ego-motion tracking for autonomous driving[C]. Proceedings of the European Conference on Computer Vision（ECCV），Munich，2018：646-661.

[18] Huang J，Yang S，Mu T J，et al. Clustervo：Clustering moving instances and estimating visual odometry for self and surroundings[C]. Proceedings of the IEEE/CVF Conference on Computer Vision and Pattern Recognition，2020：2168-2177.

[19] Henein M，Zhang J，Mahony R，et al. Dynamic SLAM：The need for speed[C]. 2020 IEEE International Conference on Robotics and Automation（ICRA），Paris，2020：2123-2129.

[20] Bescos B，Campos C，Tardós J D，et al. DynaSLAM II：Tightly-coupled multi-object tracking and SLAM[J]. IEEE Robotics and Automation Letters，2021，6（3）：5191-5198.

[21] Fiorini P，Shiller Z. Motion planning in dynamic environments using velocity obstacles[J]. The International Journal of Robotics Research，1998，17（7）：760-772.

[22] Shiller Z，Large F，Sekhavat S. Motion planning in dynamic environments：Obstacles moving along arbitrary trajectories[C]. Proceedings 2001 ICRA. IEEE International Conference on Robotics and Automation（Cat. No. 01CH37164），2001：3716-3721.

[23] Large F，Laugier C，Shiller Z. Navigation among moving obstacles using the NLVO：Principles and applications to intelligent vehicles[C]. Autonomous Robots，Seoul，2005：159-171.

[24] Snape J，Berg J，Guy S J，et al. The hybrid reciprocal velocity obstacle[J]. IEEE Transactions on Robotics，2011，27（4）：696-706.

[25] Lin Z，Castano L，Xu H. A fast obstacle collision avoidance algorithm for fixed wing uas[C]. 2018 International Conference on Unmanned Aircraft Systems（ICUAS），Dallas，2018：559-568.

[26] Andy G's Blog. A comprehensive，step-by-step tutorial to computing Dubin's paths[EB/OL]. https://gieseanw.wordpress.com/2012/10/21/a-comprehensive-step-by-step-tutorial-to-computing-dubins-paths/[2012-10-21].

[27] Khatib O. Real-time Obstacle Avoidance for Manipulators and Mobile Robots[M]. New York：Springer，1986：396-404.

[28] Rezaee H，Abdollahi F. Adaptive artificial potential field approach for obstacle avoidance of unmanned aircrafts[C]. 2012 IEEE/ASME International Conference on Advanced Intelligent Mechatronics（AIM），Kaohsiung，2012：1-6.

[29] Choi D，Lee K，Kim D. Enhanced potential field-based collision avoidance for unmanned aerial vehicles in a dynamic environment[C]. AIAA Scitech 2020 Forum，Orlando，2020.

[30] Falanga D，Kleber K，Scaramuzza D . Dynamic obstacle avoidance for quadrotors with event cameras[J]. Science Robotics，2020，5（40）：9712.

[31] Fox D，Burgard W，Thrun S. The dynamic window approach to collision avoidance[J]. IEEE Robotics &

Automation Magazine，1997，4（1）：23-33.

[32] Molinos E J，Llamazares A，Ocaña M. Dynamic window based approaches for avoiding obstacles in moving[J]. Robotics and Autonomous Systems，2019，118：112-130.

[33] Rösmann C，Feiten W，Wösch T，et al. Trajectory modification considering dynamic constraints of autonomous robots[C]. ROBOTIK 2012；7th German Conference on Robotics. VDE，Munich，2012：1-6.

[34] Wang J，Xin M. Integrated optimal formation control of multiple unmanned aerial vehicles[J]. IEEE Transactions on Control Systems Technology，2012，21（5）：1731-1744.

[35] Lu D V，Hershberger D，Smart W D. Layered costmaps for context-sensitive navigation[C]. 2014 IEEE/RSJ International Conference on Intelligent Robots and Systems，Chicago，2014：709-715.

[36] Wiki：costmap_2d［EB/OL］. http：//wiki.ros.org/costmap_2d#Map_type_parameters[2018-01-10].

[37] Rösmann C，Hoffmann F，Bertram T. Integrated online trajectory planning and optimization in distinctive topologies[J]. Robotics and Autonomous Systems，2017，88：142-153.

[38] Rösmann C，Hoffmann F，Bertram T. Kinodynamic trajectory optimization and control for car-like robots[C]. 2017 IEEE/RSJ International Conference on Intelligent Robots and Systems（IROS），Vancouver，2017：5681-5686.

[39] Guldenring R，Görner M，Hendrich N，et al. Learning local planners for human-aware navigation in indoor environments[C]. 2020 IEEE/RSJ International Conference on Intelligent Robots and Systems（IROS），Las Vegas，2020：6053-6060.

[40] Abadi M，Agarwal A，Barham P，et al. Tensorflow：Large-scale machine learning on heterogeneous distributed systems[J]. arXiv preprint arXiv：1603.04467，2016.

[41] Schulman J，Wolski F，Dhariwal P，et al. Proximal policy optimization algorithms[J]. arXiv preprint arXiv：1707.06347，2017.

[42] Kingma D P，Ba J. Adam：A method for stochastic optimization[J]. arXiv preprint arXiv：1412.6980，2014.

[43] He L，Aouf N，Whidborne J F，et al. Integrated moment-based LGMD and deep reinforcement learning for UAV obstacle avoidance[C]. 2020 IEEE International Conference on Robotics and Automation（ICRA），St. Paul，2020：7491-7497.

[44] Yue S，Rind F C. Collision detection in complex dynamic scenes using an LGMD-based visual neural network with feature enhancement[J]. IEEE Transactions on Neural Networks，2006，17（3）：705-716.

[45] 熊璐，康宇宸，张培志，等. 无人驾驶车辆行为决策系统研究[J]. 汽车技术，2018，（8）：1-9.

[46] Bacha A，Bauman C，Faruque R，et al. Odin：Team victortango's entry in the DARPA urban challenge[J]. Journal of Field Robotics，2008，25（8）：467-492.

[47] Urmson C，Anhalt J，Bagnell D，et al. Autonomous driving in urban environments：Boss and the urban challenge[J]. Journal of Field Robotics，2008，25（8）：425-466.

[48] Shalev-Shwartz S，Shammah S，Shashua A. Safe，multi-agent，reinforcement learning for autonomous driving[J]. arXiv preprint arXiv：1610.03295，2016.

第 8 章　基于强化学习的认知导航

本章介绍一类与传统几何导航不同的导航研究，称为认知导航（Cognitive Navigation）。这一类研究伴随着人工智能技术的发展，在近几年受到了广泛的关注。认知导航强调机器人能与环境、人和其他机器人深度交互，并形成自身对空间环境的理解，是机器人智能导航的重要组成部分。

本章主要内容包括：①认知导航与传统几何导航的区别与联系；②常见的认知导航任务形式与评价指标；③目标驱动导航、视觉语言导航、视觉对话导航等领域的经典模型及代表性工程实践；④导航知识图谱的构建与应用；⑤用人工神经网络模拟生物导航的前沿研究。

8.1　认知导航的任务描述与建模

8.1.1　基本定义与马尔可夫决策过程建模

认知导航是指机器人（人工智能体）在认知科学与技术的支撑下，开展的一种智能导航模式，包括机器人对环境的空间结构、目标的空间关系、自身与环境的关系、多个机器人之间的关系以及导航任务需求等多方面的认知，是一种启发式、探索式和交互式的导航。例如，机器人在一个陌生、没有地图的环境中，可以根据历史经验与记忆，规划出自己的导航路径；又如，机器人可以根据观察到的微波炉、冰箱等目标，推断出自己身处于厨房；再如，机器人可以通过机器视觉和自然语言与人持续交流，从而到达目的地。这些都是认知导航的典型工作场景。

从导航过程上看，传统几何导航首先在几何地图的支持下，通过各种定位手段获得自身的精准坐标，继而规划出当前位置到目的地的几何路线。认知导航的不同点在于：第一，传统几何导航使用全局、先验的几何地图，而认知导航往往在陌生、无图的环境中进行，需要依靠机器人自身的导航经验和对空间环境的记忆；第二，传统几何导航的目的地一般以坐标形式给出。而在认知导航中，目的地大多以语义的形式给出，如“到冰箱去”这种文字，需要机器人根据语义来推理目的地；第三，传统几何导航通过几何、图论算法来规划路线。而认知导航通过对环境、目标和任务的理解，甚至包括与人和其他机器人的协同，来决策每一步的行动。

从求解方法上看，传统几何导航以测绘技术为基础，强调定位和建图的精准性。通过地图和人工设计的模型体现人的认知。而认知导航以认知科学为基础，强调机器人自己去构建从环境观测到行动的映射，体现机器人自身的认知。这种映射往往无法用精准模型来解析式地表示，因此一般会使用人工神经网络（Artificial Neural Network，ANN）来建模，并使用强化学习（Reinforcement Learning，RL）算法[1]来训练求解。

认知导航的主体是机器人或导航智能体（Agent），客体是导航环境（Environment）。智能体执行一个动作（Action）后，从导航环境获得观测（Observation），进而根据这个新的观测执行下一个动作，如此往复。在这种交互下，导航智能体需要在每一时刻根据观测去执行一个最有利于导航任务完成的动作，是一个序贯决策（Sequential Decision）问题。该问题可通过部分可观测马尔可夫决策过程（Partially Observable Markov Decision Process，POMDP）来数学化地描述。为了使问题尽可能简单，本小节将导航智能体和导航环境的交互限制在一系列离散的时间步 $t=0,1,2,\cdots$ 上，并给出如下定义。

定义 1：状态（State）是在每个时间步 t 上导航环境的全部信息，包含物理场景的布局、载体位置和当前时间等，记为 $S_t \in \mathcal{S}$，其中 $\mathcal{S}$ 为状态空间。

定义 2：在每个时间步 t，导航智能体能够通过传感器获得导航环境的部分信息，称这些信息为观测（Observation），记为 $O_t \in \mathcal{O}$，其中 $\mathcal{O}$ 为观测空间。观测可以看作状态的函数 $O_t \doteq f(S_t)$。

定义 3：动作（Action）是每个时间步 t 上导航智能体完成的具体运动，记为 $A_t \in \mathcal{A}$，其中 $\mathcal{A}$ 为离散动作空间。

定义 4：奖励（Reward）为在每个时间步 t 上导航环境对动作 A_t 的反馈，记为 $R_t \in \mathcal{R} \subset \mathbb{R}$，其中 $\mathcal{R}$ 为奖励空间，为实数集 $\mathbb{R}$ 的子集。

认知导航研究一般会构造一个离散的动作空间，如 $\mathcal{A}=\{$前进 0.1m，左转 30°，右转 30°$\}$。在每个时间步 t 上，导航智能体得到观测 O_t，通常包含当前时刻的第一人称视觉图像、导航目标、自身速度等信息，并根据观测 O_t 从动作空间 $\mathcal{A}$ 中选择并执行一个动作 A_t，这一过程又被称为动作采样（Action Sampling）。一个时间步后，由于智能体执行了动作 A_t，导航环境的状态将从 S_t 改变到 S_{t+1}，并反馈智能体一个奖励 R_{t+1}，同时智能体得到一个新观测 O_{t+1}。认知导航任务即在智能体与环境的反复交互中不断推进，直到环境转移为某些终止状态（Terminal State）后结束。记终止时的时间步为 T，则终止状态 S_T 根据任务的不同可以有不同的含义。例如，如果导航任务是到达某个目标位置，则导航智能体的位置与目标位置相同的状态为终止状态；如果导航任务被限制在 200 时间步内，那么时长等于 200 的状态都为终止状态。从时间 $t=0$ 到 $t=T$ 的一次完整的交互被称为一次试验

(Episode)。在一次试验中，智能体将能记录到一系列按时间步排列的数据，将其称为轨迹，如定义 5 所示。

定义 5：轨迹（Trajectory）为导航智能体与导航环境交互形成的观测-动作-奖励序列，记为τ：

$$\tau \doteq O_0, A_0, R_1, O_1, A_1, R_2, O_2, A_2, R_3, \cdots, O_{T-1}, A_{T-1}, R_T \tag{8-1}$$

根据 POMDP 中的奖励假说（Reward Hypothesis），任意的任务目标都可以用“使接收到奖励之和的期望值最大化”来描述。例如，令环境在导航智能体到达目标位置时反馈一个正数奖励，在到达之前的每个时间步都反馈一个负数奖励，那么智能体如果在多次交互中都能最大化累计奖励，则它完成了“尽快导航到目标位置”这个任务目标。奖励之和被称为回报，如定义 6 所示。

定义 6：回报（Return）为在时间t后得到的奖励序列$R_{t+1}, R_{t+2}, R_{t+3}, \cdots, R_T$的累积折扣（Discounted）之和，记为$G_t$：

$$G_t \doteq R_{t+1} + \gamma R_{t+2} + \gamma^2 R_{t+3} + \cdots + \gamma^{T-t-1} R_T = \sum_{k=0}^{T-t-1} \gamma^k R_{t+k+1} \tag{8-2}$$

其中，$0 \leqslant t \leqslant T-1$；$\gamma$是折扣率，$0 \leqslant \gamma \leqslant 1$，决定了远期奖励的重要程度，定义$G_T = 0$。

定义 7：策略（Policy）为以观测O_t为输入、在动作空间$\mathcal{A}$上的概率分布，记为π：

$$A_t \sim \pi(O_t) \tag{8-3}$$

导航智能体每获得一个新观测O_t，就根据策略π输出一个新动作A_t①。策略是智能体导航认知能力的体现。求解认知导航问题，就是要求出一个策略π，使得智能体依据该策略与环境交互时，获得的回报的期望值尽可能大。反过来讲，如果对于所有观测，这个期望值都越高，说明该策略越优秀，智能体的智能化水平越高。进一步地，定义对策略的评价函数，如定义 8 所示。

定义 8：状态价值函数（State Value Function）为状态和策略的函数，记为$v_\pi(s)$：

$$v_\pi(s) \doteq \mathbb{E}_\pi\left[G_t \middle| S_t = s\right] = \mathbb{E}_\pi\left[\sum_{k=0}^{T-t-1} \gamma^k R_{t+k+1} \middle| S_t = s\right] \tag{8-4}$$

指从任意状态$s \in \mathcal{S}$开始，并在之后按照策略π选择动作能够获得的回报G_t的期望值。其中，$\mathbb{E}_\pi[\cdot]$表示在智能体采用策略π时随机变量的期望值，且t为小于等于T的任意时间步。

① 在有些强化学习教材里，策略也被定义为状态到运作的函数或状态 S_t 下选择运作 A_t 的概率。在认知导航中我们强调机器人观测的重要性，根据定义 2，将策略直接定义为状态 O_t 下选择运作 A_t 的概率。

定义 9：状态-动作价值函数（State-Action Value Function）为状态-动作对和策略的函数，记为 $q_\pi(s,a)$：

$$q_\pi(s,a) \doteq \mathbb{E}_\pi\left[G_t | S_t = s, A_t = a\right] = \mathbb{E}_\pi\left[\sum_{k=0}^{T-t-1}\gamma^k R_{t+k+1} \middle| S_t = s, A_t = a\right] \quad (8\text{-}5)$$

表示从任意状态 $s \in \mathcal{S}$ 开始并已经选择了任意动作 $a \in \mathcal{A}$，在之后按照策略 π 选择动作能够获得的回报 G_t 的期望值。

在定义了导航智能体与导航环境的交互内容、导航任务的数学意义以及策略、价值函数基础上，下面给出一个简单的案例来具体化这些定义的内容。

导航智能体在图 8.1（a）所示的 4×3 的二维网格中运动。每次试验其初始位置、朝向（见图 8.1（a）中箭头所示）和目标位置（见图 8.1（a）中星形所示）不变，记该初始状态为 s_0。每次交互从时间 $t=0$ 开始，3 个时间步后终止试验。简单起见，令奖励空间为 $\mathcal{R}=\{0,1\}$，只有当导航智能体到达目标位置时才能获得 +1 奖励，其余情况获得 0 奖励；导航智能体动作空间为 $\mathcal{A}=\{$前进一格, 左转90°, 右转90°$\}$；折扣率 $\gamma=1$。

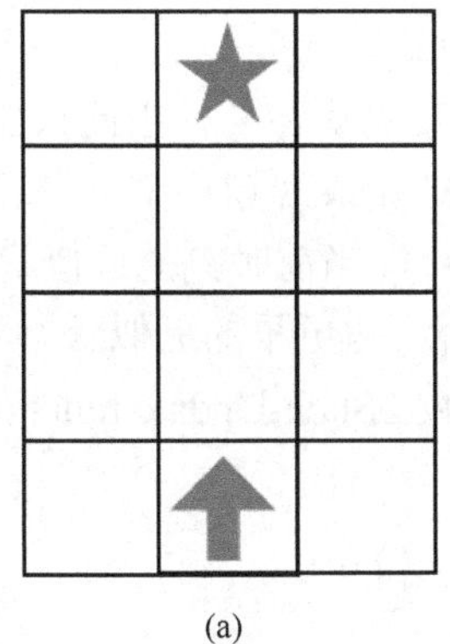

(a)

	π_1	π_2
前进一格	1	1/3
左转90°	0	1/3
右转90°	0	1/3
$v_\pi(s_0)$	1	1/27

(b)

图 8.1　简单导航案例

假设存在两个策略 π_1 和 π_2，且在每个时间步给出的概率分布不变，见图 8.1（b）。π_1 是一个在每个时间步都确定性地前进的策略，而 π_2 是一个均匀随机选择动作的策略。容易得出，π_1 每次试验的行为都是向前三步，产生的轨迹完全相同，并获得 $G_0=0+0+1$ 的回报，从而其在环境初始状态 s_0 下的状态价值函数为 $v_{\pi_1}(s_0)=\mathbb{E}_{\pi_1}\left[G_0 | S_0 = s_0\right]=1$；$\pi_2$ 只有连续三次都正好选择到前进动作（概率为 $\frac{1}{3}\cdot\frac{1}{3}\cdot\frac{1}{3}$）才有可能获得 $G_0=1$ 的回报，而其他情况都只能获得 $G_0=0$ 的回报，从

而其状态价值函数为$v_{\pi_2}(s_0)=\mathbb{E}_{\pi_2}\left[G_0|S_0=s_0\right]=\frac{1}{3}\cdot\frac{1}{3}\cdot\frac{1}{3}\cdot 1=\frac{1}{27}$。从定义来量化对比，$\pi_1$是比$\pi_2$更优秀的策略。

注意到，上述例子给出的是与观测无关的固定策略。而如定义 7，策略是一个从观测O_t到动作空间$\mathcal{A}$的概率分布的一个映射。这个映射关系缺乏解析式的表达，需使用 ANN 来学习和逼近，见式（8-6）：

$$A_t \sim \pi(O_t,\boldsymbol{\theta}) \tag{8-6}$$

其中，$\boldsymbol{\theta}$表示 ANN 的参数向量；用$\pi(a|o,\boldsymbol{\theta})=\Pr\{A_t=a\,|\,O_t=o,\boldsymbol{\theta}_t=\boldsymbol{\theta}\}$来表示在给定时间$t$时的观测$o$和策略参数$\boldsymbol{\theta}$时，选择动作$a$的概率，Pr 表示概率。

使用 ANN 来参数化策略可分为以下三个步骤。

（1）从观测O_t的高维信息中降维提取有利于导航的信息P_t。例如，O_t中如果包含图像信息，那么一般可以使用卷积神经网络（Convolutional Neural Network，CNN）来将其提取特征并降维，得到特征向量，可视为机器人认知导航中对环境感知的结果，记这个过程为p，见式（8-7）：

$$P_t \doteq p(O_t,\boldsymbol{\theta}_p) \tag{8-7}$$

其中，$\boldsymbol{\theta}_p$为用于感知的 ANN 的参数向量。

（2）由于导航智能体无法获得导航环境的真实状态S_t，因此只能根据感知结果P_t去得到S_t的近似状态，记为S_t'，并根据S_t'完成规划决策。在理想情况下，近似状态要具有马尔可夫性（Markov Property），即当前时刻的近似状态S_t'的可能取值取决于上一时刻的近似状态S_{t-1}'与动作A_{t-1}，与更早的近似状态和动作无关。在传统方法中，一般需要构造一个状态更新函数（State-Update function），记为u，来增量式地、迭代地更新S_t'，见式（8-8）：

$$S_t' \doteq u\left(S_{t-1}',A_{t-1},O_t\right) \tag{8-8}$$

其中，$t \geqslant 1$，需要给定初始的S_0'。值得注意的是，S_t'随时间逐渐积累并完善，因此在试验早期需要O_t来参与构建；在S_t'足够完备时，理想的u能够令O_t不再对S_t'的取值产生影响。

在认知导航问题中，u仍然难以解析式地表示，因此需要使用有记忆和迭代能力的 ANN 来近似，如循环神经网络（Recurrent Neural Network，RNN）。RNN 的输出即可作为近似状态S_t'；其输入为步骤（1）中的感知结果P_t，以及 RNN 上一时间步的隐藏状态，记为M_{t-1}。M_{t-1}可以视为认知导航中的机器人的“记忆”，用于估计环境状态所需要的累积信息。从而使用 RNN 实现的状态更新函数，记为m，可写成式（8-9）的形式：

$$S_t',M_t = m(M_{t-1},P_t,\boldsymbol{\theta}_m) \tag{8-9}$$

其中，$\boldsymbol{\theta}_m$ 为 RNN 的参数向量，可以使与动作 A_{t-1} 相关的信息包含在 M_{t-1} 或 P_t 中。

（3）根据近似状态 S_t' 完成动作的选择，建立 $O_t \to S_t' \to A_t$ 的关联。通过 ANN 来基于 S_t' 形成在动作空间上的概率分布，这个过程可看作认知导航中的规划决策，记为 d，见式（8-10）：

$$A_t \sim d(S_t', \boldsymbol{\theta}_d) \tag{8-10}$$

其中，$\boldsymbol{\theta}_d$ 为决策规划 ANN 的参数向量。

因此策略 π 的参数被分为三个部分，$\boldsymbol{\theta} = \left[\boldsymbol{\theta}_p, \boldsymbol{\theta}_m, \boldsymbol{\theta}_d\right]$；这三个部分的参数的求解依赖于深度学习的表示学习能力和 RL 方法，其完整的计算流程见图 8.2。

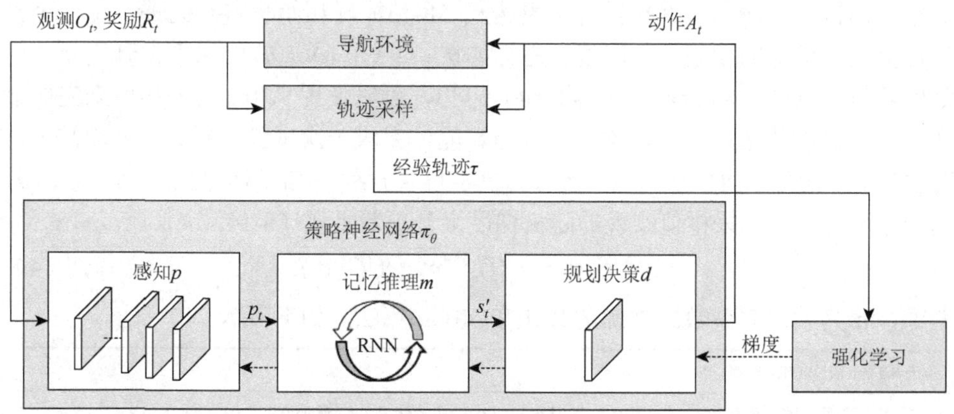

图 8.2　认知导航计算流程图

接下来介绍在导航这样的部分可观测的动态问题下使用 RL 求解这些参数的方法，它们可分为基于价值函数的方法和基于策略梯度的方法。本节对策略梯度方法进行介绍，基于价值函数的方法可参见文献[1]。

策略梯度方法是基于某种性能度量（也被称为目标函数）$J(\boldsymbol{\theta})$ 的梯度来学习策略参数的方法，该方法致力于去最大化该性能度量，从而求出最优的策略参数 $\boldsymbol{\theta}_*$，见式（8-11）：

$$\boldsymbol{\theta}_* \doteq \arg\max_{\theta} J(\boldsymbol{\theta}) \tag{8-11}$$

根据定义 8，可以使用状态价值函数作为性能度量。假设每个试验都从某个具体的（非随机的）状态 s_0 开始，则可定义性能度量为这个初始状态的价值，见式（8-12）：

$$J(\boldsymbol{\theta}) \doteq v_\pi(s_0) \tag{8-12}$$

根据策略梯度定理（Policy Gradient Theorem）[1]可以得到性能度量的梯度的解析式，可推导为如（8-13）的形式：

$$
\begin{aligned}
\nabla J(\boldsymbol{\theta}) &\propto \mathbb{E}_\pi\left[\gamma^t \sum_{a\in\mathcal{A}} q_\pi(S_t,a)\nabla\pi(a|O_t,\boldsymbol{\theta})\right] \\
&= \mathbb{E}_\pi\left[\gamma^t \sum_{a\in\mathcal{A}} \pi(a|O_t,\boldsymbol{\theta}) q_\pi(S_t,a)\frac{\nabla\pi(a|O_t,\boldsymbol{\theta})}{\pi(a|O_t,\boldsymbol{\theta})}\right] \\
&= \mathbb{E}_\pi\left[\gamma^t q_\pi(S_t,A_t)\frac{\nabla\pi(A_t|O_t,\boldsymbol{\theta})}{\pi(A_t|O_t,\boldsymbol{\theta})}\right] \\
&= \mathbb{E}_\pi\left[\gamma^t G_t \nabla\ln\pi(A_t|O_t,\boldsymbol{\theta})\right]
\end{aligned} \tag{8-13}
$$

其中，符号$\propto$表示“正比于”；q_π为定义 9 中的状态动作价值函数；G_t即是定义 6 中的回报；∇表示对$\boldsymbol{\theta}$求梯度。表达式（8-13）与初始状态s_0无关，是一个无法计算出准确值的期望，不能直接进行如$\boldsymbol{\theta}_{t+1}\leftarrow\boldsymbol{\theta}_t+\alpha\nabla J(\boldsymbol{\theta})$的梯度上升更新。但借助随机梯度法（Stochastic Gradient）思想，可以使用$\nabla J(\boldsymbol{\theta})$的采样值来完成参数更新，也能使$\boldsymbol{\theta}$收敛。具体地，每当智能体完成一次试验、形成一条轨迹τ，对轨迹τ中的每个时间步t，都能计算式（8-13）方括号中的随机变量值作为$\nabla J(\boldsymbol{\theta})$的一个采样。基于采样值实现的随机梯度上升更新见式（8-14）：

$$
\boldsymbol{\theta}_{t+1}\leftarrow\boldsymbol{\theta}_t+\alpha\gamma^t G_t\nabla\ln\pi(A_t|O_t,\boldsymbol{\theta}_t) \tag{8-14}
$$

其中，α为学习率参数。这就是 REINFORCE 算法，如下所示。

算法 8.1 REINFORCE 算法

输入：可微分的参数化策略$\pi(a|o,\boldsymbol{\theta})$；学习率$\alpha>0$；初始化$\boldsymbol{\theta}$，如置为 0。
while forever：
　　根据策略$\pi(\cdot|\cdot,\boldsymbol{\theta})$生成一次试验$O_0,A_0,R_1,\cdots,O_{T-1},A_{T-1},R_T$
　　for $t=0,1,\cdots,T-1$：
　　　　$G\leftarrow\sum_{k=0}^{T-t-1}\gamma^k R_{t+k+1}$
　　　　$\boldsymbol{\theta}\leftarrow\boldsymbol{\theta}+\alpha\gamma^t G\nabla\ln\pi\left(A_t|O_t,\boldsymbol{\theta}\right)$
　　end for

在 RL 训练过程中，智能体会根据当前策略不断地与环境交互试错，产生并储存大量的轨迹（如图 8.2 中的轨迹采样部分）并从中学习，根据获得的回报调整策略。这就使得智能体逐渐形成对空间的感知、对环境状态的认知和记忆，以及根据认知完成动作采样从而完成导航任务的能力。本小节仅阐述了认知导航的基本实现，后面内容将介绍目前效果较好、在认知导航方法中应用较为广泛的 RL 算法。

8.1.2 强化学习 A2C/A3C 算法

优势函数的演员-评论家（Actor-Critic）算法[2]也属于基于策略梯度的 RL 算

法，在认知导航中被广泛使用。从算法 8.1 出发介绍演员-评论家算法的思想和步骤。

1. 引入基准线（Baseline）

REINFORCE 算法的一大问题在于，回报 G_t 的变化可能会非常大，进而导致梯度的方差较大，影响学习的效率。在式（8-13）第一行中减去一个基准线 $b(S_t)$ 并不影响整个策略梯度 $\nabla J(\boldsymbol{\theta})$ 的期望，这是因为 $\sum_{a\in\mathcal{A}} b(S_t)\nabla\pi(a|O_t,\boldsymbol{\theta}) = b(S_t)\nabla \sum_{a\in\mathcal{A}}\pi(a|O_t,\boldsymbol{\theta}) = b(S_t)\nabla 1 = 0$；但这样做能显著降低其方差，从而加速学习，见式(8-15)：

$$\nabla J(\boldsymbol{\theta}) \propto \mathbb{E}_\pi\left[\gamma^t \sum_{a\in\mathcal{A}}[q_\pi(S_t,a)-b(S_t)]\nabla\pi(a|O_t,\boldsymbol{\theta})\right] \tag{8-15}$$

其中，基准线 $b(S_t)$ 可以是任意函数，甚至是不随动作变化的随机变量。

2. 使用状态价值函数作为基准线

使用状态价值函数 v_π 作为基准线是一个自然的选择。根据价值函数的定义，容易得到 $v_\pi(S_t) = \sum_{a\in\mathcal{A}}\pi\left(a|O_t,\boldsymbol{\theta}\right)q_\pi(S_t,a)$，即 $v_\pi(S_t)$ 是动作价值 $q_\pi(S_t,a)$ 的均值，它根据状态产生的相应的均值能更好地降低方差。除此以外，如果动作 a 使得 $q_\pi(S_t,a)-v_\pi(S_t)$ 大于 0，则它是一个优于平均价值的动作，产生正梯度并使得策略参数增强在 S_t 对动作 a 的选择；如果 $q_\pi(S_t,a)-v_\pi(S_t)$ 小于 0，则该动作会被抑制。而在式（8-14）中，如果所有奖励都为正，那么所有的动作都会被增强，只是程度不同。在 POMDP 中，可以使 ANN 基于观测 o 来近似 v_π，见式（8-16）：

$$\hat{v}(O_t,\boldsymbol{w}) \approx v_\pi(S_t) \tag{8-16}$$

其中，$\hat{v}$ 为近似状态价值；$\boldsymbol{w}$ 是用于近似价值函数的 ANN 的参数向量。

同样可以使用随机梯度下降算法来更新 $\boldsymbol{w}$，优化目标函数记为 $\overline{\mathrm{VE}}$，可定义为与真实价值函数的平方误差的期望值，见式（8-17）：

$$\begin{aligned}\overline{\mathrm{VE}}(\boldsymbol{w}) &\doteq \mathbb{E}_\pi\left[\left(v_\pi(S_t)-\hat{v}(O_t,\boldsymbol{w})\right)^2\right] \\ &= \mathbb{E}_\pi\left[\left(G_t-\hat{v}(O_t,\boldsymbol{w})\right)^2\right]\end{aligned} \tag{8-17}$$

对参数 $\boldsymbol{w}$ 的更新需要使 $\overline{\mathrm{VE}}$ 最小化。类似地，虽然不能直接计算出这个期望值，但可以采样一条轨迹以计算方括号中的采样值，得到类似式（8-14）的参数更新公式，见式（8-18）：

$$\boldsymbol{w}_{t+1} \leftarrow \boldsymbol{w}_t + \beta\left(G_t - \hat{v}(O_t,\boldsymbol{w}_t)\right)\nabla_{\boldsymbol{w}}\hat{v}(O_t,\boldsymbol{w}_t) \tag{8-18}$$

其中，$\nabla_{\boldsymbol{w}}$ 表示对参数 $\boldsymbol{w}$ 求梯度；β 为更新的步长参数，与策略梯度更新的步长参数 α 相区分。

有了近似的价值函数 $\hat{v}$ 后，将其作为基准线引入策略参数更新公式（8-14），可以得到新的更新公式，见式（8-19）：

$$\boldsymbol{\theta}_{t+1} \leftarrow \boldsymbol{\theta}_t + \alpha\gamma^t \left(G_t - \hat{v}(O_t, \boldsymbol{w}_t)\right)\nabla \ln \pi\left(A_t|O_t, \boldsymbol{\theta}_t\right) \tag{8-19}$$

3. 使用自举（Bootstrapping）方法估计回报

在式（8-18）和式（8-19）这两个参数更新公式中，都需要在智能体完成一次试验、得到完整轨迹 τ 之后才能计算出 G_t，然后完成更新。但有了价值函数的估计 $\hat{v}$，G_t 可以通过 $\hat{v}$ 来提前估计得到。回到定义 6，容易发现不同时间步 t 上的回报 G_t 存在递推关系见式（8-20）：

$$\begin{aligned} G_t &\doteq R_{t+1} + \gamma R_{t+2} + \gamma^2 R_{t+3} + \cdots \\ &= R_{t+1} + \gamma\left(R_{t+2} + \gamma R_{t+3} + \cdots\right) \\ &= R_{t+1} + \gamma G_{t+1} \end{aligned} \tag{8-20}$$

对于一次转移过程 $O_t, A_t, R_{t+1}, O_{t+1}$，虽然不能计算出 G_{t+1}，但也许可以使用 $\hat{v}(O_{t+1}, \boldsymbol{w})$ 来替换它，因为有 $\hat{v}\left(O_{t+1}, \boldsymbol{w}\right) \approx v_\pi(S_{t+1}) = \mathbb{E}_\pi[G_{t+1} \mid S_{t+1}]$，从而在一次转移 $O_t, A_t, R_{t+1}, O_{t+1}$ 后就能得到对 G_t 的一个估计，记为 $G_{t:t+1}$，见式（8-21）：

$$G_{t:t+1} \doteq R_{t+1} + \gamma\hat{v}(O_{t+1}, \boldsymbol{w}) \approx G_t \tag{8-21}$$

这个估计使用了已有的价值信息来估计当前时刻的回报，是一种自举的方法。由于 $\hat{v}$ 是对真实价值函数 v_π 的近似，所以 $G_{t:t+1}$ 是有偏的。但是，$G_{t:t+1}$ 使算法可以在每一个时间步都进行参数更新，不必等到一次试验结束，从而能加速学习的过程。参数更新公式见式（8-22）和式（8-23）：

$$\boldsymbol{w}_{t+1} \leftarrow \boldsymbol{w}_t + \beta\left(R_{t+1} + \gamma\hat{v}(O_{t+1}, \boldsymbol{w}_t) - \hat{v}(O_t, \boldsymbol{w}_t)\right)\nabla_{\boldsymbol{w}}\hat{v}(O_t, \boldsymbol{w}_t) \tag{8-22}$$

$$\boldsymbol{\theta}_{t+1} \leftarrow \boldsymbol{\theta}_t + \alpha\gamma^t \left(R_{t+1} + \gamma\hat{v}(O_{t+1}, \boldsymbol{w}_t) - \hat{v}(O_t, \boldsymbol{w}_t)\right)\nabla \ln \pi(A_t|O_t, \boldsymbol{\theta}_t) \tag{8-23}$$

限于篇幅，自举方法以及形式如同式（8-22）的半梯度方法更完备的推导过程、收敛性和最优性可参见文献[1]。近似状态价值函数 $\hat{v}$ 能够在式（8-23）中评估策略 π 的动作从而引导策略更新，被称为评论家（Critic），它评估动作的依据被称为优势函数（Advantage），记为 $A_t = R_{t+1} + \gamma\hat{v}(O_{t+1}, \boldsymbol{w}_t) - \hat{v}(O_t, \boldsymbol{w}_t)$。策略 π 在交互中产生的轨迹数据又能引导价值函数式（8-22）的更新，被称为演员（Actor）。所以该类方法被形象地称为演员-评论家算法。

4. 并行采样

在工程实现上，往往通过多个进程来并行多个环境与智能体，共同产生轨迹 τ，这样能够加快产生数据的速度。同时相比于单个环境产生的数据，多个环境随机产生的数据之间的相关性更低，数据的分布更加随机而均匀，使训练更稳定。

文献[2]是首个研究 RL 算法的并行实现的工作。该文献将经典 RL 算法异步地并行化，每个进程都复用导航环境，并有独立的 ANN 模型（对于演员-评论家算法而言，每个进程都需要策略模型 $\pi(O_t,\boldsymbol{\theta})$ 和近似状态价值模型 $\hat{v}(O_t,\boldsymbol{w})$）。异步指的是每个进程中的轨迹采样和梯度计算过程与其他进程间相互独立、互不干扰，只有模型参数会定期同步。其实验结果表明，异步实现的优势函数的演员-评论家算法（Asynchronous Advantage Actor-Critic，A3C）在实验中能取得最好的效果。

与之相比，文献[3]发现该算法的同步并行版本也能获得很好的效果。同步指的是每个进程只拥有独立的环境，多个环境同时与唯一的全局 ANN 模型交互（对于演员-评论家算法而言，全局模型包含策略模型 $\pi(O_t,\boldsymbol{\theta})$ 和近似状态价值模型 $\hat{v}(O_t,\boldsymbol{w})$），同步地产生数据并更新模型参数，这样同步实现的优势函数的演员-评论家算法被称为 A2C。

8.1.3　常见的任务形式

根据认知范围的不同，本章归纳了三类经典的认知导航任务，它们都需要智能体形成导航经验与空间记忆。除此之外，在目标驱动导航任务中，目标是以自然语言单词或图像的形式给出的，因此智能体需要认识它们；在视觉语言导航任务中，智能体需要执行自然语言指令，因此需要理解自然语言；在视觉对话导航任务中，智能体需要从语言交互中获得任务的信息，因此需要具备语言交互能力。

1. 目标驱动导航（Target-Driven Navigation）

文献[4]首次提出目标驱动导航任务①。该任务指在一次试验中，智能体被随机初始化一个起始位置和方向，要求智能体找到一个特定的目标。目标可以是空间中的一个普通的点[5]，可以相对坐标形式指定；也可以是一个房间区域[6]或者物体对象[4]，可以用图片或者文字的形式来指定；关于所指定的目标的信息应当包含在观测 O_t 中。当智能体到达指定坐标、进入正确的房间或者在一定视距内发现物体对象时，判定智能体导航成功。

评价指标：常用成功率（Success Rate，SR）和路径长度加权成功率（Success weighted by Path Length，SPL）评估，具体定义见式（8-24）和式（8-25）：

$$\mathrm{SR}=\frac{1}{N}\sum_{i=1}^{N}S_i \tag{8-24}$$

$$\mathrm{SPL}=\frac{1}{N}\sum_{i=1}^{N}S_i\frac{L_i}{\max(P_i,L_i)} \tag{8-25}$$

① 这一类导航在很多文献中也被直接称为视觉导航（Visual Navigation）。读者应注意不要与视觉 SLAM 等技术混淆。

其中，N 为进行试验的次数；S_i 表示每一次试验中导航成功与否（0 为失败，1 为成功）；P_i 为智能体的实际路径长度；L_i 为完成导航任务的最优路径长度。

2. 视觉语言导航（Vision-and-Language Navigation，VLN）

文献[7]首次提出视觉语言导航任务。它模拟真实环境下机器人服从人类语言指令的过程，旨在训练一种能够一步一步按照自然语言所给出的一系列指令来完成导航任务的智能体，使得智能体能够在不同的阶段执行对应的指令，准确地形成轨迹并完成导航任务。例如，人类向智能体发出“直走到电视机前，然后右转，如果看到了遥控器，就到它跟前去”的指令，智能体需要先理解“直走”的运动指令，然后推理自己是否已经到了“电视机”这个对象前，然后切换到下一阶段任务。如果智能体按照指令在预期目标附近停止，则认为导航任务成功完成。

评价指标：除了 SR 与 SPL 两个指标以外，还有 Oracle 成功率（Oracle Success Rate，OSR）指标。它是指智能体沿着其轨迹在距离目标地最近位置停止时，成功实验占总实验的百分比。

3. 视觉对话导航

文献[8]提出视觉对话导航（Vision-and-Dialog Navigation，VDN）任务。该任务将智能体向用户询问问题的记录即对话历史（例如，从此处向左还是向右？）引入到认知导航中，以模拟真实环境下人类的对话过程。旨在训练一种具有持续对话能力的智能体，使得该智能体能够使用自然语言并根据人类回应进行导航，并精准达到目标位置。

评价指标：除了 SR、OSR 以外，还有如下两个指标：

（1）目标进度（Goal Progress，GP），智能体相对目的地位置的平均进度；

（2）Oracle 路径成功率（Oracle Path Success Rate，OPSR），它是指智能体是沿着最短路径行走并到达距离目的地最近点时的成功实验占总实验的百分比。与 OSR 不同的是，OPSR 强调智能体是沿着最短路径行走的。

8.2 目标驱动导航

目标驱动导航模拟人类在真实环境下寻找物体目标的过程，旨在训练一种根据给定的物体目标图像或文字来执行导航行动的智能体，使智能体能够在不同的场景中，根据不同类别的物体语义准确找到目标。目标驱动导航的特点是导航目标由图像和文字这类高维语义来指定，而不包含几何位置信息。当智能体被要求到达“冰箱”时，首先需要对给出的“冰箱”图像或“冰箱”文字语义进行识别，进而在虚拟环境中展开对目标的搜寻，当指定的目标被找到，智能体需要发出类似“已找到目标”这样的结束信号。本节重点介绍两种具有代表性的目标驱动导航工作，分别是：孪生网络导航模型、自适应视觉导航模型。除此之外，文献[9]也是目标驱动导航领域的相关工作，感兴趣的读者可进一步查阅。

8.2.1　孪生网络模型

文献[4]通过使用相同的神经网络处理同模态的观测图像与目标（Target）图像，将二者映射到同一特征空间中，通过 RL 算法让智能体更好地认知到目标和当前环境的关系，使智能体可以在陌生环境（未经训练）中寻找到目标。但由于 RL 普遍存在两个问题，即缺乏对新目标的泛化能力以及数据效率低的问题（模型需要多次试错才能收敛）。因此，针对第一个问题，文献[4]提出了深度孪生演员-评论家（Deep Siamese Actor-Critic，DSAC）网络，并将其应用于目标驱动导航。针对第二个问题，引入了 AI2-THOR 框架[10]，该框架可提供具有物理引擎支撑的高品质 3D 场景，使得导航智能体能够方便地与环境进行交互，获得大量的训练样本。DSAC 网络框架见图 8.3。

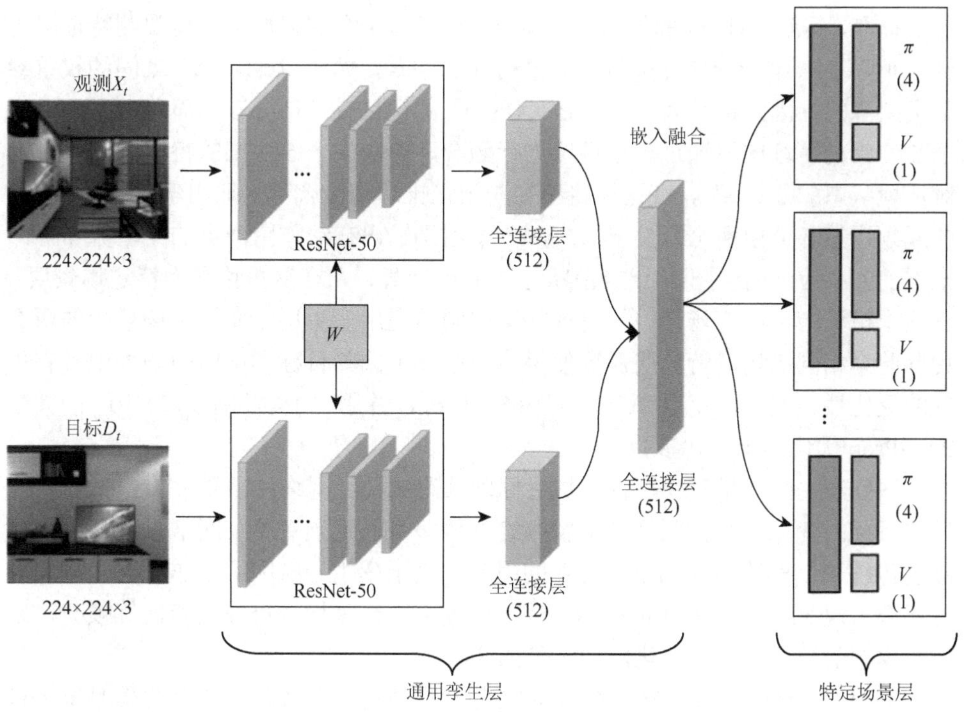

图 8.3　DSAC 导航模型框架[4]

在导航任务中，观测 O_t 由两个部分组成。一个是智能体第一人称视角的视觉图像，记为 X_t，长度为 224，宽度为 224，通道数为 3；另一个是导航目标的视觉图像，记为 D_t，它是智能体在某个位置和朝向下能够观测到的第一人称视角图像，其大小和 X_t 相同。通过这种方式可以指定任意位置和朝向作为智能体的导航目标。从形式上讲，DSAC 导航驱动模型的学习目标是学习一个随机策略函数 π。π 接收两个输入，分别是智能体第一人称的视觉图像 X_t 和导航目标 D_t，并产生一个动作空间上的概率分布 $\pi(X_t,\ D_t)$。在测试时，智能体不断采取从概率分布中抽取的行动，直到到达目的地。动作空间 $\mathcal{A}=\{$向前移动，向后移动，向左转，向右转$\}$。为了模拟真实世界中的不确定性，DSAC 在智能体移动和转向过程中加入了高斯噪声。在奖励设置方面，在任务完成后提供一个 10.0 的奖励值；同时为了缩短轨迹，即智能体每走一步，将得到–0.01 的奖励作为惩罚。

与图 8.2 对应，DSAC 的感知部分为上下两支。上支网络的主要结构为 ResNet-50[11]，该网络在 ImageNet 上进行了预训练。ResNet-50 网络负责对智能体观测图像 X_t 进行特征提取，产生 2048 维的当前图像观测特征，后经一个全连接层（Fully Connected layers，FC）将当前观测特征降维到大小为 512 维的观测特征。下支网络与上支网络结构相同，其区别是下支网络负责对导航目标的图像 D_t 进行特征提取，得到 2048 维的导航目标特征，后经一个全连接层将当前观测特征降维到大小为 512 维的导航目标特征。值得注意的是，两个 ResNet-50 之间的权重参数是共享的，因此称其为孪生网络。DSAC 的记忆推理部分较为简单，只是对两个 512 维的特征向量通过全连接层进行融合，形成一个 512 维的特征向量，作为对环境状态的估计 S_t'，在这里将感知与记忆推理部分合称为通用孪生层；DSAC 的规划决策部分由两个线性层组成，一个用于输出在动作空间上的概率分布，即 $\pi(X_t, D_t)$，另一个用于输出当前状态的估计价值 V，在这里称它为特定场景层。在这个模型中，所有场景中的目标共享相同的通用孪生层，而一个场景中的所有目标共享相同的场景特定层，这使得该模型在不同的目标和不同的场景中具有更好的泛化性。然后，使用 A3C 方法进行训练，并用一个学习率为 7×10^{-4} 的共享 RMSProp 优化器来优化参数。

深度孪生网络导航模型将导航目标硬编码在神经网络的参数中。这种情况下，导航目标的变化只需按照规则更新网络参数即可，无须对整个网络重新训练，打破了传统 RL 解决孤立的单个任务的限制。由于孪生导航网络工作提出较早，当时还未出现 SPL 和 SR 评价指标。DSAC 模型通过平均轨迹补偿和训练帧数，来衡量模型的数据效率和泛化能力，见图 8.4。

A3C（1 thread）和 A3C（4 thread）分别是使用 1 个线程和 4 个线程对每个目标进行训练。One-Step Q 是利用另一种 RL 经典模型 Deep Q Network（DQN）进行训练的结果。Target-driven single branch 是在 DSAC 模型去掉特定场景层的参照实验结果。Target-driven final 为 DSAC 模型。可见，在训练帧数相同的情况下（见图 8.4（a）），DSAC 模型的平均轨迹长度更短，意味着 DSAC 模型可以更快地找到目标。图 8.4（b）是对场景泛化进行的实验结果，逐渐将场景从 1 个增加到 16 个，并对 4 个未见过的场景进行测试。实验结果表明，在训练帧数相同的情况下，随着场景数的增加，DSAC 模型同样具有最小的平均轨迹长度。

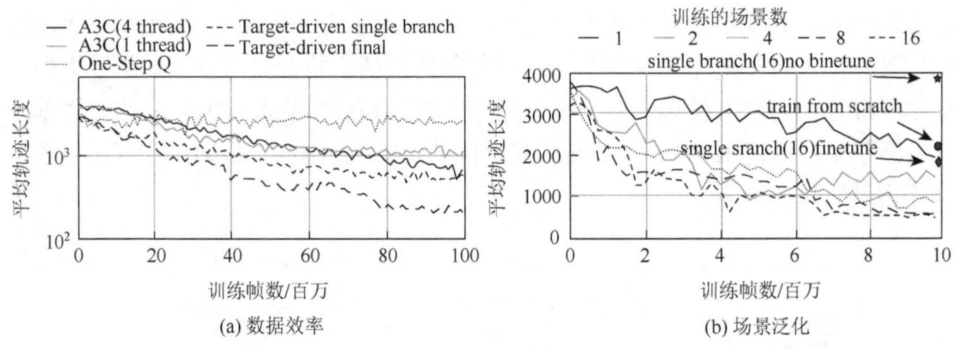

图 8.4　DSAC 模型的实验效果[4]

8.2.2　自适应视觉导航模型

事实上，当人类在学习一项新的任务时，在学习任务和执行任务之间没有明确的界限和区别。当人类在执行任务的同时，也在不断地学习任务。在学习的不同阶段，所学的内容和方式都是不同的，因此，学习如何学习和适应成为快速完成一项任务的关键能力。因此，文献[12]将学习如何学习的思想推广到室内对象目标驱动导航任务，并提出了自适应视觉导航模型（Self-Adaptive Visual Navigation，SAVN）。其目的是希望导航智能体在训练和测试两个阶段，都与环境进行交互来适应环境，从而提升模型对新场景的泛化能力。

形式上，给定一组场景 $C=\{c_1,\cdots,c_n\}$ 和对象目标类别 $G=\{g_1,\cdots,g_M\}$。导航任务 $\tau\in\mathcal{T}$ 则由场景 $c\in C$、对象目标 $g\in G$ 和智能体的初始位置 p 组成。因此，每个导航任务可看成一个三元组，即 $\tau=\{c,g,p\}$。该文献设定智能体的观测 O_t 为以自我为中心的 RGB 图像 X_t 以及目标 g 的英文单词，设定动作空间 $\mathcal{A}=$ {向前，右转，左转，向下看，向上看，结束}。当目标在智能体视野的 1m 范围内，且智能体做出“结束”动作时，才认为此次导航任务成功。否则，在其他任何时刻做出“结束”动作，均视为失败。在奖励设置上，在做出“结束”动作且满足任务成功条件时，获得 5.0 的奖励；为了鼓励智能体以更少步数找到目标，智能体每走一步得到-0.01 的奖励。

在讨论自适应方法之前，首先对 SAVN 的基本模型进行概述。见图 8.5，在感知部分，SAVN 利用在 ImageNet 上预训练的 ResNet18 网络[11]对当前观测中的图像 X_t 进行特征提取，经过一个点卷积将特征图降维成 $64\times7\times7$ 的图像特征。利用词嵌入[13]的方式对目标的单词进行编码得到特征向量，经全连接层变为 $64\times7\times7$ 的目标特征。最后对图像特征和目标特征执行点卷积，得到图像特征和目标特征的联和表示特征；在记忆推理部分使用 LSTM；在规划决策部分使用线性层分别输出策略和近似状态价值。基本模型使用 8.1.2 节中介绍的 A3C 强化学习算法训练，且输出策略 π 的策略模型和输出近似状态价值 $\hat{v}$ 的近似价值模型共用了网络的主干部分，为了方便起见，记策略模型的参数和近似状态价值模型的参数都为 $\boldsymbol{\theta}$。则整个网络使用 A3C 训练时的目标函数记为 $L_{\text{nav}}(\boldsymbol{\theta})=\overline{\text{VE}}(\boldsymbol{\theta})-J(\boldsymbol{\theta})$，后面将其称为导航目标函数。

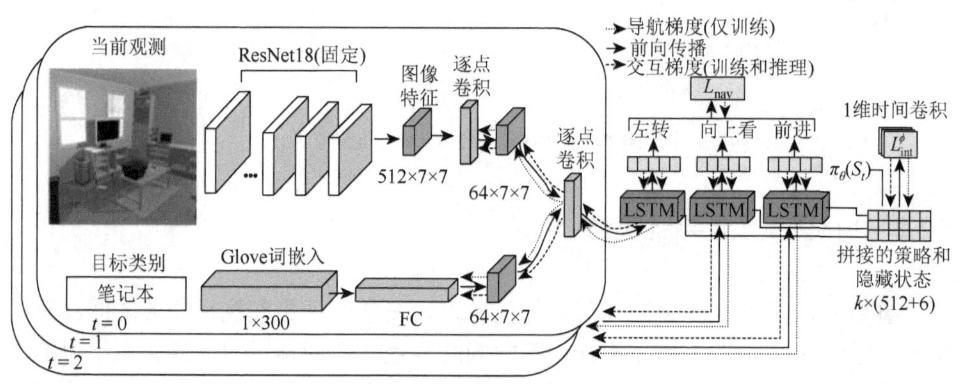

图 8.5　SAVN 导航模型框架[12]

接下来讨论自适应方法。对于一个导航任务 τ，用 D_τ^{int} 来表示智能体轨迹前 k 步的动作、观测和内部状态表示，称这些信息为交互数据，用 D_τ^{nav} 表示轨迹剩余部分的交互数据。该文献希望智能体在陌生的场景中，先通过 D_τ^{int} 中的交互数据进行一轮学习（即参数更新），以适应该陌生场景。为此，该文献根据 MAML 算法[14]的思想提出了如下 SAVN 目标函数：

$$\min_{\boldsymbol{\theta}}\sum_{\tau\in\mathcal{T}_{\text{train}}}L_{\text{nav}}\left(\boldsymbol{\theta}-\alpha\nabla_{\boldsymbol{\theta}}L_{\text{int}}\left(\boldsymbol{\theta},D_\tau^{\text{int}}\right),D_\tau^{\text{nav}}\right)\tag{8-26}$$

其中，目标函数被写成了与交互数据相关的形式；α 为学习率；∇ 表示梯度；L_{int} 为交互目标函数，其具体设计稍后讨论。对于训练中的一次试验，智能体首先使用网络参数 $\boldsymbol{\theta}$ 与环境进行交互 k 步，获得数据 D_τ^{int} 后先计算交互目标函数 L_{int}，并使用随机梯度下降法更新一次参数 $\boldsymbol{\theta}$，得到自适应参数 $\boldsymbol{\theta}-\alpha\nabla_{\boldsymbol{\theta}}L_{\text{int}}\left(\boldsymbol{\theta},D_\tau^{\text{int}}\right)$。然后

智能体使用自适应参数继续与环境交互，然后如 8.1.2 节所介绍的，在得到的数据 D_τ^{nav} 上计算 L_{nav} 并再次更新参数。

对式（8-26）进行一阶泰勒展开可近似为式（8-27）：

$$\min_{\theta} \sum_{\tau \in \mathcal{T}_{\text{train}}} L_{\text{nav}}\left(\boldsymbol{\theta}, D_\tau^{\text{nav}}\right) - \alpha \left\langle \nabla_{\boldsymbol{\theta}} L_{\text{int}}\left(\boldsymbol{\theta}, D_\tau^{\text{int}}\right), \nabla_{\boldsymbol{\theta}} L_{\text{nav}}\left(\boldsymbol{\theta}, D_\tau^{\text{nav}}\right) \right\rangle \tag{8-27}$$

其中，$\langle \cdot,\cdot \rangle$ 表示内积；$\nabla_{\boldsymbol{\theta}} L_{\text{int}}\left(\boldsymbol{\theta}, D_\tau^{\text{int}}\right)$ 表示 L_{int} 对 $\boldsymbol{\theta}$ 的求导，称为交互梯度；$\nabla_{\boldsymbol{\theta}} L_{\text{nav}}\left(\boldsymbol{\theta}, D_\tau^{\text{nav}}\right)$ 表示 L_{nav} 对 $\boldsymbol{\theta}$ 的求导，称为导航梯度。式（8-27）意义是当交互梯度和导航梯度相似时，SAVN 目标函数可以最小。该文献指出，这使得智能体在没有导航目标函数 L_{nav} 的情况下，却依然可以通过交互目标函数继续学习。

但是，如何选择一个 L_{int} 来使得交互梯度和导航梯度相似却十分困难。因此，文献[12]提出通过自监督学习的方式去获得一个为导航任务量身定制的交互目标函数。形式上，将 L_{int} 用参数为 ϕ 的神经网络来近似，记为 L_{int}^{ϕ}。该神经网络输出一个标量值，在训练阶段，参数 ϕ 自监督地以最小化这个标量值为目标来更新。进而，SAVN 目标函数改变为

$$\min_{\theta,\phi} \sum_{\tau} L_{\text{nav}}\left(\boldsymbol{\theta} - \alpha \nabla_{\boldsymbol{\theta}} L_{\text{int}}^{\phi}\left(\boldsymbol{\theta}, D_\tau^{\text{int}}\right), D_\tau^{\text{nav}}\right) \tag{8-28}$$

值得注意的是，在测试阶段参数 ϕ 是保持不变的，但 $\boldsymbol{\theta}$ 会继续通过 $L_{\text{int}}^{\phi}\left(\boldsymbol{\theta}, D_\tau^{\text{int}}\right)$ 来更新。式（8-28）的意义是让 L_{int}^{ϕ} 以自监督的方式来模拟导航目标函数 L_{nav}，以这种方式可以使交互梯度和导航梯度尽可能相似，从而在测试阶段，L_{int}^{ϕ} 能起到和 L_{nav} 相似的效果，从而达到鼓励智能体有效导航的目的。

文献[12]在虚拟环境 AI2-THOR 中进行导航性能实验测试。AI2-THOR 共包含了 4 类常见的室内场景，分别是厨房、客厅、浴室和卧室，每类场景下又包含了 30 个不同的场景样本，共 120 个场景样本。针对每一个类场景，选取 20 个场景样本作为训练数据集，5 个场景样本为验证数据集，5 个场景样本为测试数据集。具体实验结果见表 8.1。

表 8.1　未知环境已知目标情况下的导航性能对比 SPL(%)/Success Rate(%)

Model	All		$L \geqslant 5$	
	SPL/%	Success/%	SPL/%	Success/%
Random	$3.64_{(0.6)}$	$8.0_{(1.3)}$	$0.1_{(0.1)}$	$0.28_{(0.1)}$
No Adapt（A3C）	$14.68_{(1.8)}$	$33.04_{(3.5)}$	$11.69_{(1.9)}$	$21.44_{(3.0)}$
Scene Priors	$15.47_{(1.1)}$	$35.13_{(1.3)}$	$11.37_{(1.6)}$	$22.25_{(2.7)}$
SAVN	$16.15_{(0.5)}$	$40.86_{(1.2)}$	$13.91_{(0.5)}$	$28.70_{(1.5)}$

Random 模型是指智能体每一步从均匀分布中随机抽取一个动作；No Adapt（A3C）是指 SAVN 的基本模型，即当式（8-28）中的 $\alpha = 0$ 的情况；Scene Priors 为对比工作[15]。从表 8.1 中可以看出，SAVN 模型相比 Scene Priors 模型，在 SPL（$L \geqslant 5$）指标上提升了约 22.34%，在 Success（$L \geqslant 5$）指标上提升了约 28.99%。

8.3　视觉语言导航

文献[7]首次提出视觉语言导航任务，见图 8.6。视觉语言任务要求智能体根据人类提供的语言指令在视觉环境中寻找目标，如果智能体按照语言指令在指定目标附近停止，则认为导航任务成功。视觉语言导航任务的特点在于为智能体提供的是一条完整的、复杂的自然语言指令，而不仅仅是对最终目的地的简短描述。因此智能体需要对自然语言指令进行全面理解并根据对当前环境的观测来推理目标所在位置。例如，人类向智能体发出“直走到电视机前，然后右转，如果看到了遥控器，到它跟前去”的指令。那么，智能体首先需要理解“直走”的运动指令，然后推理自己是否已经到了“电视机”前方，并且清楚自己已经完成了这一阶段的指令，最后执行“寻找遥控器”以及后续的动作。本节重点介绍两种具有代表性的视觉语言导航工作，分别是增强型跨模态匹配和面向视觉语言导航的对象-动作感知模型。此外文献[16]也是视觉语言导航的相关工作，读者可进一步查阅。

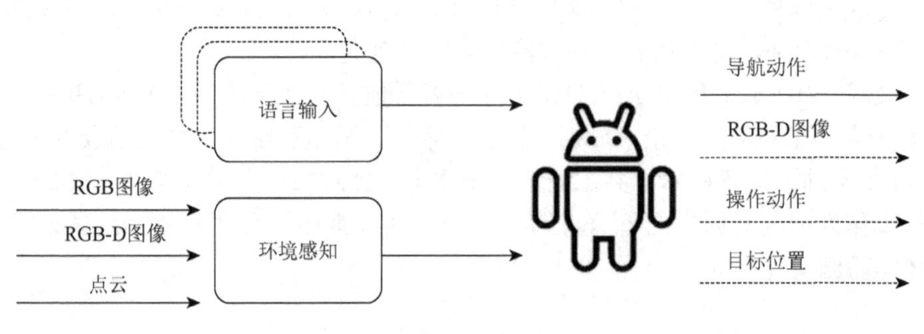

图 8.6　VLN 的输入与输出[17]

8.3.1　增强型跨模态匹配和自监督模仿学习的视觉语言导航模型

视觉语言导航领域普遍存在三个挑战，分别是跨模态对齐（Cross-Model Grounding）、适定反馈（Ill-Posed Feedback）和场景泛化（Generalization）问题。跨模态对齐具体指智能体在位于当前局部视觉场景时，仍需要基于所给的语言指令与全局空间下的视觉轨迹进行准确的匹配。不适定反馈具体指当智能体严格遵循示例路径（见图 8.7 中路径 *A*）并到达目的地时才能获得“成功”的反馈。除此以外的路径即便到达了目的地仍会得到“不成功”的反馈（例如，路径 *B* 和路径 *C*）。这种反馈机制是粗粒度的，可能会引起偏离最佳策略学习的问题。泛化问题是指视觉语言导航任务在已知和未知环境中表现出巨大的性能差异。

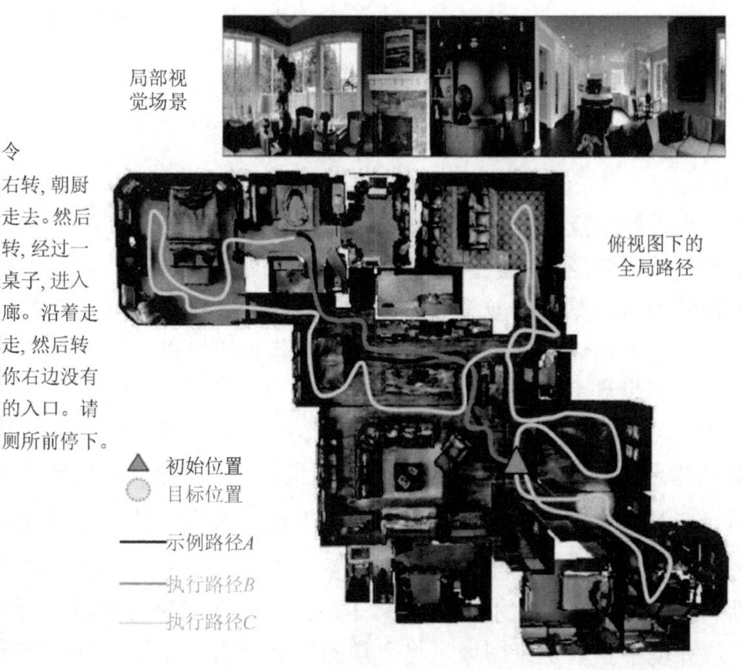

图 8.7　视觉语言导航示例

针对上述 VLN 中所存在的问题，文献[18]提出一种增强型跨模态匹配（Reinforced Cross-Modal Matching，RCM）和自监督模仿学习（Self-Supervised Imitation Learning，SIL）模型。其中，RCM 模块主要解决 VLN 中存在的跨模态对齐问题和不适定反馈问题。具体地见图 8.8，RCM 通过引入强化学习从局部和全局视角实现跨模态对齐。在局部视角下，通过设计一个推理导航器（Reasoning Navigator）实现学习局部视觉场景（视觉信息）和文本指令（语言信息）间的跨模态对齐。在全局视角下，通过使用匹配评论家算法（Matching Critic）来实现语言指令和全局视觉场景间的跨模态匹配以及不适定的反馈。匹配评论家算法以一种新的机制来评估路径即获得是否成功的反馈，主要是通过重建该路径原始指令的概率来评估一条可执行路径，称为循环-重建奖励机制（Cycle-Reconstruction Reward）。循环-重建奖励机制提供了一个细粒度的内部奖励信号，该奖励信号被用来鼓励智能体更好地理解语言指令且惩罚那些与指令不匹配的轨迹。

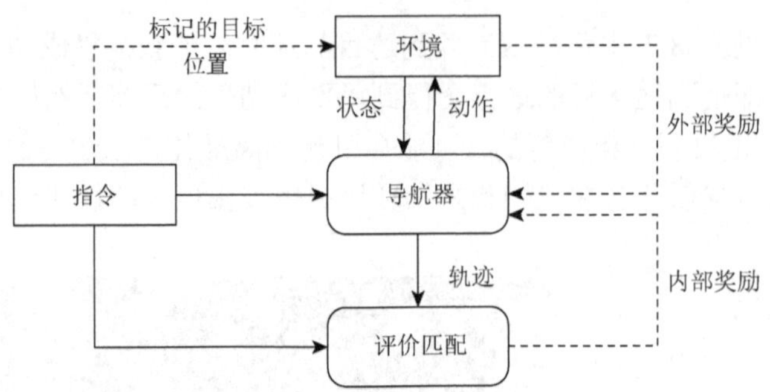

图 8.8　RCM 导航模型框架[18]

此外，为了解决泛化性能的问题，在 RCM 的基础上又引入 SIL 方法来提升模型所学导航策略的泛化性。具体地，SIL 方法通过模仿智能体过去所做出的良好决策来辅助当前时刻的导航策略学习。SIL 实现了提升导航策略的泛化性从而提升了智能体在未知环境的泛化性。下面将对具体模块进行详细阐述。

（1）跨模态推理导航器：给定初始状态 s_0 和自然语言指令 $\mathcal{X} = x_1, x_2, \cdots, x_n$，推理导航器学习执行一个动作序列 $\mathcal{A} = a_1, a_2, \cdots, a_m$，从而产生一条轨迹 τ，以达到指令 $\mathcal{X}$ 所指示的目标位置 S_{target}。在每个时间 t，推理导航器从环境中接收一个视觉观测 s_t，并将文本指令在局部视觉观测上进行对齐。跨模态推理导航器依次学习历史轨迹、文本指令的重点和局部视觉注意力，从而形成一个跨模态推理路径以鼓励两种模态在 t 时刻的局部动态。图 8.9 给出了推理导航器的展开形式，推理导航器从环境中获取全景图像，将全景图像拆分为 m 个不同视角的图像块，称为视觉观测 s_t。从 s_t 中提取的全景特征表示为 $\left\{\boldsymbol{u}_{t,j}\right\}_{j=1}^{m}$，$\boldsymbol{u}_{t,j}$ 表示在 j 视角图像块的预训练 CNN 特征。

历史上下文：一旦推理导航器执行了一个步骤，视觉场景就会发生相应的改变。到步骤 t 的轨迹 $\tau_{1:t}$ 由基于注意力的轨迹编码器 LSTM 编码为历史上下文向量 $\boldsymbol{h}_t$，见式（8-29）。

$$\boldsymbol{h}_t = \text{LSTM}\left(\left[\boldsymbol{v}_t, a_{t-1}\right], \boldsymbol{h}_{t-1}\right) \tag{8-29}$$

其中，a_{t-1} 是前一时刻采取的动作；$\boldsymbol{v}_t = \sum_j \boldsymbol{a}_{t,j} \boldsymbol{v}_{t,j}$ 是对全景特征的加权求和；$\boldsymbol{a}_{t,j}$ 是视觉特征 $\boldsymbol{v}_{t,j}$ 的注意力权重，表示其相对于前一时刻历史上下文 $\boldsymbol{h}_{t-1}$ 的重要性。

视觉条件下的文本上下文：记忆过去可以识别当前状态，从而了解接下来需要关注哪些单词或者子指令。因此，推理导航器进一步学习了以历史上下文 h_t 为条件的文本上下文 $\boldsymbol{C}_t^{\text{text}}$。语言编码器 LSTM 将语言指令 $\mathcal{X}$ 编码为一组文本特征 $\left\{\boldsymbol{W}_i\right\}_{i=1}^{n}$，然后在每个时间步中，文本上下文通过式（8-30）计算：

$$\boldsymbol{C}_t^{\text{text}} = \text{attention}\left(\boldsymbol{h}_t, \left\{\boldsymbol{W}_i\right\}_{i=1}^{n}\right) \tag{8-30}$$

值得注意的是，$\boldsymbol{C}_t^{\text{text}}$ 更看重与轨迹历史和当前视觉状态更相关的单词。

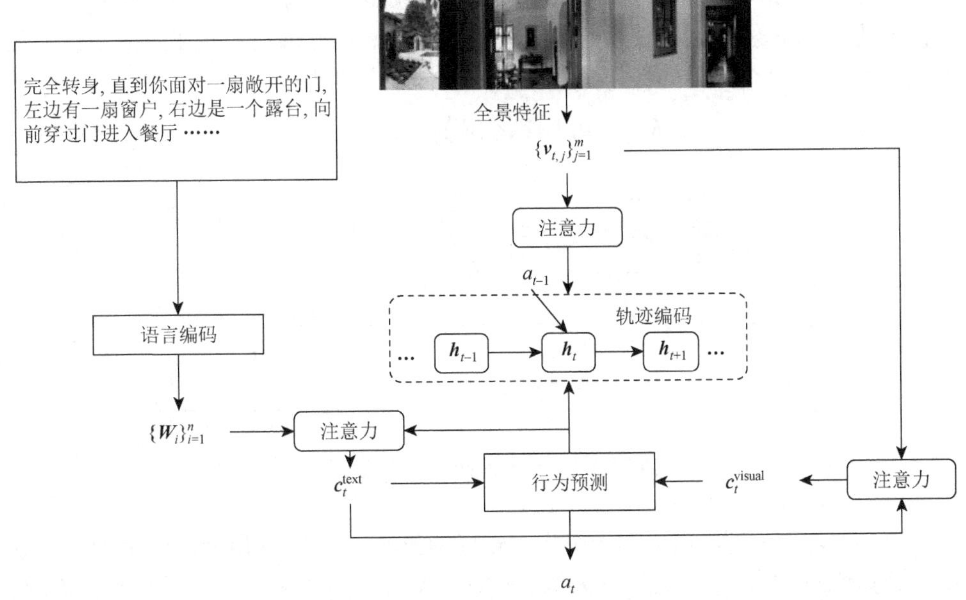

图 8.9　t 时刻推理导航器流程图

文本条件下的视觉上下文：要想智能体知道往哪里看，就需要对语言指令的动态理解，所以推理导航器需要根据文本上下文 $\boldsymbol{C}_t^{\text{text}}$ 计算视觉上下文 $\boldsymbol{C}_t^{\text{visual}}$：

$$\boldsymbol{C}_t^{\text{visual}} = \text{attention}\left(\boldsymbol{C}_t^{\text{text}}, \{\boldsymbol{v}_j\}_{j=1}^{m}\right) \tag{8-31}$$

动作预测器：最后，动作预测器考虑历史上下文 $\boldsymbol{h}_t$、文本上下文 $\boldsymbol{C}_t^{\text{text}}$ 和视觉上下文 $\boldsymbol{C}_t^{\text{visual}}$，并根据它们来决定下一步的方向。使用双线性点积计算每个可导航方向的概率 p_k：

$$p_k = \text{softmax}\left(\left[\boldsymbol{h}_t, \boldsymbol{C}_t^{\text{text}}, \boldsymbol{C}_t^{\text{visual}}\right]\boldsymbol{W}_c\left(\boldsymbol{u}_k \boldsymbol{W}_u\right)^{\mathrm{T}}\right) \tag{8-32}$$

其中，$\boldsymbol{u}_k$ 是表示第 k 个可导航方向的动作嵌入，该动作嵌入是通过拼接一个外观特征向量（从该视角或方向周围的图像块中提取的 CNN 特征向量）和一个 4 维方向特征向量 $\left[\sin\psi, \cos\psi, \sin\omega, \cos\omega\right]^{\mathrm{T}}$，$\psi$ 和 ω 分别代表航向角和仰角。

（2）跨模态匹配评论家：通过匹配评论家 V_β 提供的内部奖励来促进语言指令 $\mathcal{X}$ 和推理导航器 π_θ 轨迹 $\tau = \left\{\langle s_1, a_1\rangle, \langle s_2, a_2\rangle, \cdots, \langle s_T, a_T\rangle\right\}$ 之间的对齐，鼓励智能体尊重指令并惩罚偏离指令指示的路径：

$$R_{\text{intr}} = V_\beta(\mathcal{X},\tau) = V_\beta\left(\mathcal{X},\pi_\theta(\mathcal{X})\right) \tag{8-33}$$

实现这个目标的一种方法可以是测量循环重构奖励 $p(\hat{\mathcal{X}} = \mathcal{X} \mid \pi_\theta(\mathcal{X}))$，即在推理导航器执行轨迹 $\tau = \pi_\theta(\mathcal{X})$ 的情况下重构语言指令 $\mathcal{X}$ 的概率，概率越高，生成的轨迹与指令对齐得越好。见图 8.10，RCM 采用基于注意力的序列到序列语言模型作为匹配评论家 V_β，它使用轨迹编码器对轨迹 τ 进行编码，并使用语言解码器生成指令 $\mathcal{X}$ 中每个单词的概率分布。因此，内部奖励为

$$R_{\text{intr}} = p_\beta\left(\mathcal{X} \mid \pi_\theta(\mathcal{X})\right) = p_\beta(\mathcal{X} \mid \tau) \tag{8-34}$$

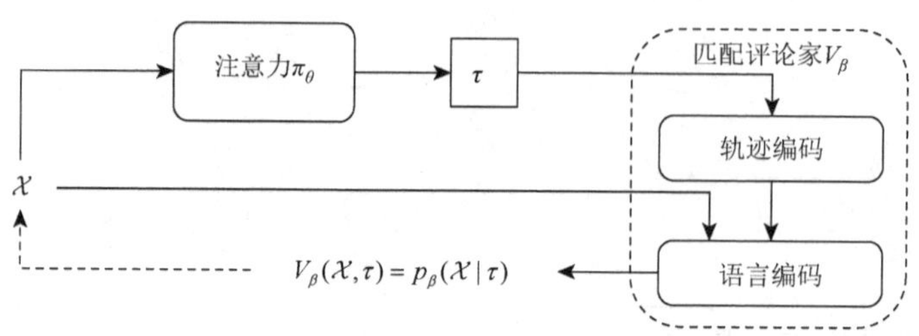

图 8.10　跨模态匹配评论家流程图

（3）学习：为了快速逼近一个相对较好的策略，RCM 使用专家演示动作（指令轨迹真值对 $\langle \mathcal{X}^*, \tau^* \rangle$ ）进行最大似然估计（MLE）的监督学习，训练损失 L_{sl} 见式（8-35）：

$$L_{sl} = -\mathbb{E}\left[\ln\left(\pi_\theta(a_t^* | s_t)\right)\right] \tag{8-35}$$

其中，a_t^* 是模拟器提供的演示动作。使用监督学习热启动推理导航器可以确保在所见环境中获得相对良好的策略。但它也限制了推理导航器在未知环境里从错误动作中恢复的泛化能力，因为它只克隆了专家演示的动作。

（4）外部奖励：为了学习更好、更通用的策略，RCM 利用 RL 并引入外在和内在的奖励函数来从不同的角度改进策略。在 RL 中常见的操作是直接优化评估指标，但由于视觉语言导航任务的目标是成功地到达指定目的地，因此 RCM 考虑了两个指标的奖励设计。第一个指标的思想是相对导航距离，即当前位置 s_t 和目标位置 s_{target} 之间的路径距离，表示为 $D_{\text{target}}(s_t)$。因此，在状态 $s_t(t < T)$ 时采取行动 a_t 的即时奖励 $r(s_t, a_t)$ 为

$$r(s_t, a_t) = D_{\text{target}}(s_t) - D_{\text{target}}(s_{t+1}), \quad t < T \tag{8-36}$$

这表示智能体采取行动后离目标位置的距离缩短了。

第二个指标是将“成功”也视为一种额外的标准，即推理导航器到达一个阈值范围 d 内则视为导航成功，最后一步 T 的即时奖励函数定义为 $r(s_T, a_T) =$

$\mathbb{I}\left(D_{\text{target}}(s_T) \leqslant d\right)$，这里的 $\mathbb{I}(\cdot)$ 表示指标函数。为了纳入动作对未来的影响，并考虑局部贪心搜索，使用累积折扣奖励而不是立即奖励来训练策略，累积折扣奖励计算公式见式（8-37）：

$$R_{\text{extr}}(s_t, a_t) = \underbrace{r(s_t, a_t)}_{\text{immediate reward}} + \underbrace{\sum_{t'}^{T} \gamma^{t'-t} r(a_{t'}, a_{t'})}_{\text{discounted future reward}} \tag{8-37}$$

其中，γ 是折扣因子（在实验中为 0.95）。

同时考虑匹配评论家的循环重构内部奖励 R_{intr} 和外部奖励函数 R_{extr}，RL 的损失可以表示为

$$L_{rl} = -\mathbb{E}_{a_t \sim \pi_\theta}\left[A_t\right] \tag{8-38}$$

其中，$A_t = R_{\text{extr}} + \delta R_{\text{intr}} - b_t$，$\delta$ 是衡量内部奖励的超参数；b_t 是减少方差的估计基线，方差是以轨迹编码器的隐藏状态 $\boldsymbol{h}_t$ 为输入的线性回归器。

（5）自监督模仿学习：利用一种自监督模仿学习方法[19]来模仿智能体以往的良好决策，即允许智能体在没有示例真值的情况下探索未知的环境，这种设置有利于终身学习和适应环境。见图 8.11，给定一个没有配对演示的自然语言指令 $\mathcal{X}$ 和目标位置真值，推理导航器产生一组可能的轨迹，然后通过匹配评论家 V_β 确定的最佳路径 $\hat{\tau}$ 存储到一个重放缓冲器中，结构表示如下：

$$\hat{\tau} = \arg\max_{\tau} V_\beta(\mathcal{X}, \tau) \tag{8-39}$$

通过利用回放缓冲区中的良好轨迹，智能体利用自我监督对目标进行优化，自监督损失计算方式见式（8-40）：

$$L_{\text{sil}} = -R_{\text{intr}} \ln \pi_\theta(a_t | s_t) \tag{8-40}$$

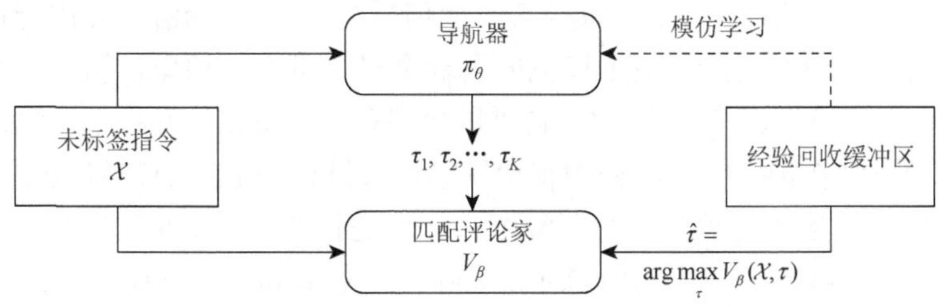

图 8.11　SIL 流程图

RCM 在 Room-to-Room（R2R）数据集[7]上进行导航性能测试，首先在可见环境中训练智能体，然后在未曾见过的环境中以小样本的方式进行测试，智能体对测试集没有进行过提前探索。通过这种方式可以很好地评估导航策略的泛化性能，实验结果见表 8.2。

表 8.2 RCM 模型在 R2R 数据集上的导航实验结果

Model	Test Set（VLN Challenge Leaderboard）				
	PL↓	NE↓	OSR↑（%）	SR↑（%）	SPL↑（%）
Random	9.89	9.79	18.3	13.2	12
seq2seq	8.13	7.85	26.6	20.4	18
RPA	9.15	7.53	32.5	25.3	23
Speaker-Follower	14.82	6.62	44.0	35.0	28
RCM	15.22	6.01	50.8	43.1	35
RCM+SIL（train）	11.97	6.12	49.5	43.0	38

注：NE 为导航误差（Navigation Error），PL 为路径长度（Path Length）。①Random：每步随机取一个方向，直到走 5 步。②seq2seq：原始数据集论文[7]中报道的性能最好的序列到序列模型，采用学生强制法训练。③RPA：一种针对 VLN[20]的融合了无模型和基于模型的强化学习规划模型。④Speaker-Follower：一种组合的演说者-追随者模型[21]，它结合了 VLN 的数据增强、全景动作空间和集约束搜索。↑表示评价指标值越高导航性能越好；↓表示评价指标值越低导航性能越好。

从表 8.2 中可以看出，RCM 导航模型的导航性能显著优于现有的方法，将 SPL 值从 28%提升到 35%，在其他评价指标上也有明显改进，例如，SR 提高了 8.1%。此外，实验结果表明，使用 SIL 来模仿 RCM 智能体之前在训练集上的最佳动作，路径长度从 15.22m 缩短到了 11.97m。

8.3.2 对象-动作感知模型

VLN 的独特之处在于它需要在可见环境的基础上，将相对通用的自然语言指令转化为智能体的动作，这需要从两种截然不同的自然语言信息中提取价值。第一个是目标描述信息（例如，“桌子”、“门”），这些目标信息会作为智能体的提示，让智能体通过找到环境中可见的目标来确定下一个动作。第二个是动作信息（例如，“直走”、“左转”），它可以允许智能体直接预测接下来的动作。然而，现有的方法在指令编码过程中很少注意区分这些信息，而是将文本目标或动作编码与候选视角的视觉感知特征混合在一起进行匹配。文献[22]提出一种面向视觉语言的目标-动作感知模型（Object-and-Action Aware Model，OAAM）来解决上述问题。OAAM 分别处理这两种不同形式的自然语言指令。这使得每个过程都能够灵活地将以目标为中心或以动作为中心的指令，与它们自己对应的视觉感知或动作方向相匹配。其模型框架见图 8.12。

形式上，给定一个有 n 个单词的自然语言指令 $\mathcal{X}=x_1,x_2,\cdots,x_n$，在每步 t 中，智能体观测到一个包含 36 个离散视角的全景图 o_t，观测到的当前视角表示为 $\{o_{t,i}\}_{i=1}^{36}$。每个视角 $o_{t,i}$ 由某个位置的图像 $v_{t,i}$ 表示，其转向角和仰角分别为 $\theta_{t,i}$ 和 $\phi_{t,i}$。

在每步 t 中，都有 N_t 个可导航视角（执行下一步动作，可能观测到的视角）$\left\{P_{t,k}\right\}_{k=1}^{N_t}$。智能体需要选择一个视角 $P_{t,k}$ 执行下一个导航动作 a_t。按照经验，各可导航视角具有方向特征 $\boldsymbol{n}_{t,k}=[\cos\theta_{t,k},\sin\theta_{t,k},\cos\phi_{t,k},\sin\phi_{t,k}]^{\mathrm{T}}$ 和视觉特征 $\boldsymbol{m}_{t,k}=\mathrm{ResNet}(\boldsymbol{v}_{t,k})$。

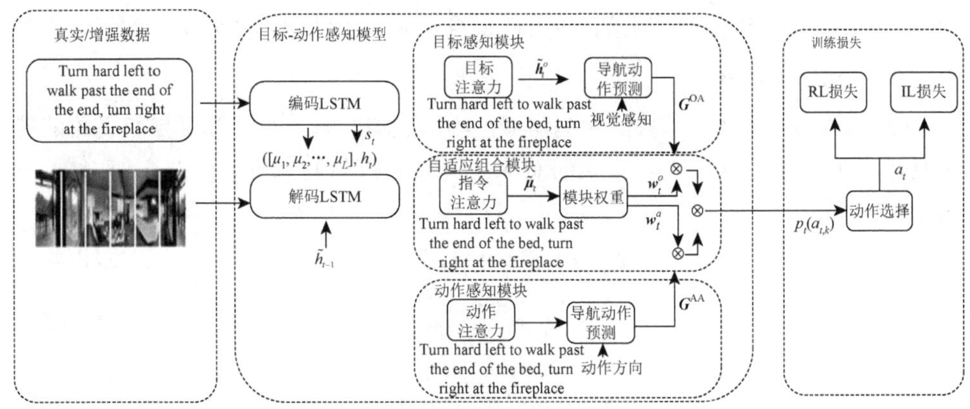

图 8.12　OAAM 视觉语言导航模型框架[22]

OAAM 使用 ResNet 对当前观测视角的图像进行特征提取。首先，利用指令输入的文本进行数据增强处理；其次，指令文本数据由 LSTM 进行编码表示，图像数据由 LSTM 进行解码表示；然后，使用目标注意力机制和自适应权重预测动作概率，同时，动作注意力机制和自适应权重也预测动作概率；最后，预测的两组动作概率相乘，输出概率最大的动作。

为了编码与目标和动作相关的指令，以及匹配视觉感知和候选视角方向的特征。OAAM 提供了三个关键模块：目标感知（Object Aware，OA）模块，通过视觉感知，感知与目标相关的指令并预测动作；动作感知（Action Aware，AA）模块，通过感知候选视角方向与动作相关的指令并预测动作；自适应组合模块，根据指令结合当前全景视角，进行特征提取，并与 OA 和 AA 模块分别结合起来，预测两组动作。

（1）OA 模块：OA 模块的设计是为了突出导航中下一步动作的目标词的重要性。这对于 VLN 任务非常重要，因为随着长指令的逐步执行，与当前步骤无关的目标可能是噪声，这会对动作预测产生误导。为此，OA 模块将解码器的隐藏状态 $\boldsymbol{h}_t$ 作为导航进度参考的输入，计算出关注的目标特征 $\tilde{\boldsymbol{\mu}}_t^o$，见式（8-41）和式（8-42）：

$$\gamma_{t,j}=\mathrm{Softmax}_j(\boldsymbol{\mu}_j^{\mathrm{T}}\boldsymbol{W}_O\boldsymbol{h}_t) \tag{8-41}$$

$$\tilde{\boldsymbol{\mu}}_t^o = \sum_j \gamma_{t,j} \boldsymbol{\mu}_j \tag{8-42}$$

其中，$\boldsymbol{W}_O$ 是可学习参数。然后，计算得到目标感知隐藏状态输出，见式（8-43）：

$$\tilde{\boldsymbol{h}}_t^o = \tanh\left(\boldsymbol{W}_P\left[\tilde{\boldsymbol{\mu}}_t^o, \boldsymbol{h}_t\right]\right) \tag{8-43}$$

其中，$\boldsymbol{W}_P$ 是可学习参数。最后，使用视觉特征 $\boldsymbol{m}_{t,k}$ 从目标感知分支得到了动作置信度 $G^{\mathrm{OA}}(a_{t,k}) = \boldsymbol{m}_{t,k}^{\mathrm{T}} \boldsymbol{W}_H \tilde{\boldsymbol{h}}_t^o$。

（2）AA 模块：AA 模块的架构与 OA 模块类似，只是在计算可导航视角的置信度作为下一个动作时，将视觉特征 $\boldsymbol{m}_{t,k}$ 替换为方位特征 $\boldsymbol{n}_{t,k}$，见式（8-44）～式（8-46）：

$$\boldsymbol{\delta}_{t,j} = \mathrm{Softmax}_j(\boldsymbol{\mu}_j^{\mathrm{T}} \boldsymbol{W}_A \boldsymbol{h}_t) \tag{8-44}$$

$$\tilde{\boldsymbol{\mu}}_t^a = \sum_j \boldsymbol{\delta}_{t,j} \boldsymbol{\mu}_j \tag{8-45}$$

$$\tilde{\boldsymbol{h}}_t^a = \tanh\left(\boldsymbol{W}_K\left[\tilde{\boldsymbol{\mu}}_t^a, \boldsymbol{h}_t\right]\right) \tag{8-46}$$

其中，$\boldsymbol{\delta}_{t,j}$ 是第 j 个词的动作注意力；$\tilde{\boldsymbol{h}}_t^a$ 为动作感知的隐藏状态；$\boldsymbol{W}_A$、$\boldsymbol{W}_K$、$\boldsymbol{W}_F$、$\boldsymbol{W}_H$ 是可训练参数。从动作感知得到动作置信度 $G^{\mathrm{AA}}(a_{t,k}) = \boldsymbol{n}_{t,k}^T \boldsymbol{W}_F \tilde{\boldsymbol{h}}_t^a$。

（3）自适应组合模块：最后的动作概率 $\boldsymbol{P}(a_{t,k})$ 是在可导航视角 k 下，目标感知的最大值可信度 $G^{\mathrm{OA}}(a_{t,k})$ 和行为感知概率 $G^{\mathrm{AA}}(a_{t,k})$ 的加权和，见式（8-47）：

$$\boldsymbol{P}(a_{t,k}) = \mathrm{Softmax}\left(\left[G^{\mathrm{OA}}(a_{t,k}); G^{\mathrm{AA}}(a_{t,k})\right]\boldsymbol{w}_t\right) \tag{8-47}$$

其中，$\boldsymbol{w}_t$ 是一个预测的权重向量。x_t 应该随着导航的进行而更新，因为目标描述和动作规范的重要性可能在指令的不同处理点发生变化。因此，对自适应结合处理状态的 $G^{\mathrm{OA}}(a_{t,k})$ 和 $G^{\mathrm{AA}}(a_{t,k})$，利用 $\boldsymbol{w}_t = \boldsymbol{W}_T \tilde{\boldsymbol{\mu}}_t$，其中，$\boldsymbol{W}_T$ 为可训练参数；$\tilde{\boldsymbol{\mu}}_t$ 是视觉感知注意力的可学习特征。

为了评价所提方法在 R2R 数据集上的性能，OAAM 采用了三个评价指标：成功率（SR）、Oracle 成功率（OSR）和通过路径长度（SPL）加权的成功率。在三个指标中，SPL 是主要的衡量标准。

此外，OAAM 提出了最近点损失函数（Nearest Point Loss，NPL）来鼓励智能体遵循真实路径进行导航。其中，NPL 损失函数的定义为 $L^{\mathrm{NP}} = \sum_t \ln\left(p_t(a_t)\right) \times D_t^{\mathrm{NP}}$，其中，$D_t^{\mathrm{NP}} = \min_{P_i \in Q} d(P_t, P_i)$，$d(P_t, P_i)$ 是当前视角 P_t 和每个视角 P_i 之间的最短路径长度。Q 是真实环境的视角集合。如果智能体到达了真实的路径上，D_t^{NP} 为 0，否则，距离越远则值越大。

见表 8.3，①OAAM 和 NPL 结合时，在 Val Seen 可见场景下，分别提高了 SPL 和 SR 约 2%的导航性能；②Val Unseen 未知环境下，当 OAAM 或 NPL 单独与基线结合时，OAAM 带来约 1%的 SR 改善以及 NPL 提高了 SR 约 2%的性能。当 OAAM 和 NPL 协同工作时，SR 和 SPL 性能分别提高约 4%和 3%。这可以归因于 NPL 能够帮助 OAAM 找到最短路径上的目标点，从而提高 SR。与单独使用不同的模块相比，OAAM 模块缩短了导航的路径长度。总的来说，OAAM 和 NPL 都有助于视觉语言导航方法取得更好的效果性能，特别是在未知场景中。

表 8.3　OAAM 方法在 R2R 数据集（SPL）上的导航实验结果

Model			Val Seen			Val Unseen		
Base	OAAM	NPL	SR/%	OSR/%	SPL/%	SR/%	OSR/%	SPL/%
√			0.63	0.70	0.60	0.50	0.57	0.47
√	√		0.65	0.72	0.62	0.51	0.59	0.47
√		√	0.68	0.74	0.66	0.48	0.54	0.45
√	√	√	0.65	0.73	0.62	0.54	0.61	0.50

8.4　视觉对话导航

文献[8]提出视觉对话导航（Vision-And-Dialog Navigation，VDN）任务。视觉对话导航是模拟真实环境下人类的对话过程，旨在学习一种具有持续对话能力的智能体，使得该智能体能够使用自然语言询问目标对象并根据人类的回应进行下一步的导航动作，从而更加迅速和精准地找到目标对象。其特点在于将智能体在寻找目标对象的过程中向人类不断询问的对话记录（对话历史）引入到导航任务，因此需要智能体具有认知环境空间结构和语言交互的能力。例如，智能体在最初被随机初始化一个起始位置，同时获得一个目标对象的指令（如房间找一个遥控器）。智能体在理解指令后根据对当前环境的认知向人类询问问题（如我应该继续直行还是左转？），此时人类给予回应（如左转并穿过门）。智能体在理解人类回应后执行动作。“理解指令-认知环境-询问-理解回应-执行动作”，智能体循环进行以上过程直到找到目标对象，见图 8.13。本节重点介绍一项具有代表性的视觉对话导航工作文献[23]。除此之外，文献[24]也是视觉对话导航的相关工作，感兴趣的读者可进一步查阅。

文献[23]主要通过使用一种基于注意力机制的跨模态记忆网络（Cross-Modal Memory Network，CMN）处理两种不同模态（即视觉信息和语言信息）间的交互特征，并探索对话历史以及视觉场景共同引起的有关时序的语言意图，记忆和理解与历史导航动作有关的语言和视觉信息，使得智能体在未知环境下仍具有较好的导航泛化性能。具体地，CMN 的网络框架见图 8.14。

图 8.13 视觉对话导航示例[23]

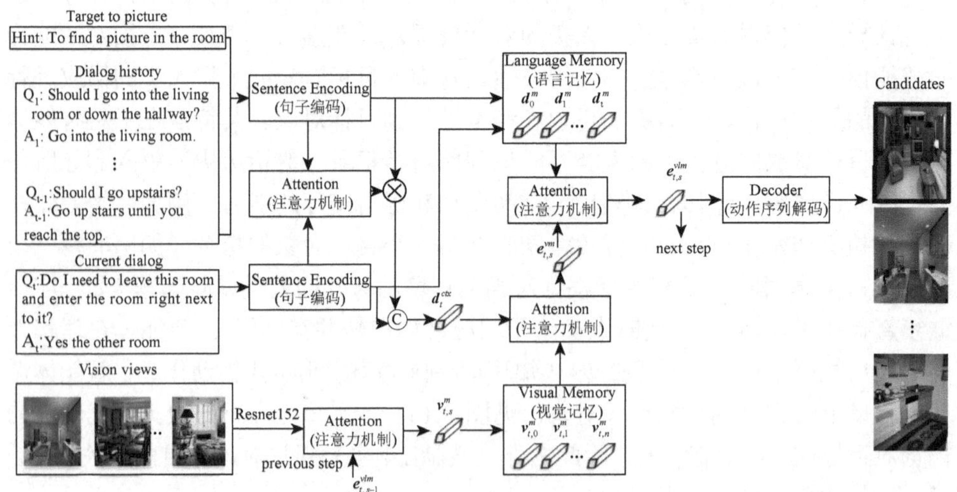

图 8.14 CMN 导航模型框架[23]

形式上，视觉对话导航任务是学习一个导航决策的过程。该任务中通常以带有不明确，含糊的指令开始（例如，去找桌子），它需要进一步的说明。一段对话过程形式化为一个元组(S,t_o,p_0,G_j)，其中，一个房间场景记为S，一个目标对象记为t_o，一个开始位置记为p_0，一个目标区域记为G_j。在智能体与人类的每一轮对话中，智能体问一个问题Q，得到一个来自人类的回应R，然后预测导航动作A。视觉对话导航任务的每一个训练样本都包含一个重复的序列$\{A_0,Q_1,R_1,A_1,\cdots,Q_k,R_k,A_k\}$，即进行$k$轮对话交互。视觉对话导航模型的输入是一个对话提示$(S,t_o,p_0,G_j)$和一个在$t$时刻的对话历史$H_t=\{D_1,\cdots,D_{t-1}\}$，其中，$D_i=(Q_i,R_i)$，输出则是最终预测的导航动作$A_t$。

CMN 网络模型由两个模块组成，即语言记忆模块（Language Memory，L-Mem）和视觉记忆模块（Visual Memory，V-Mem）。具体地，L-Mem 模块利用 Attention 来学习当前对话与对话历史之间的潜在语义关系，以此获得上下文语义实现更好地理解下一步动作的指令。V-Mem 模块利用 Attention 来学习随着时间序列智能体对视觉场景的记忆。视觉场景记忆特征将与 L-Mem 模块生成的语言特征进行融合，预测导航动作。CMN 通过 L-Mem 和 V-Mem 模块实现了对视觉和语言的共同协作学习，捕获了跨模态记忆信息，并探索了历史导航动作的决策记忆，以此来辅助智能体对下一步导航动作的预测。具体步骤如下。

（1）特征表示：CMN 网络模型中的语言特征表示主要是使用 LSTM 对D_t建模生成一个蕴含上下文语义信息的隐藏层状态向量，表示为$\{\boldsymbol{h}_{t,1},\cdots,\boldsymbol{h}_{t,T}\}$。这里将$t$时刻的对话$D_t=(Q_t,R_t)$首先通过预训练的词向量模型 Glove 表示为$\{\boldsymbol{w}_{t,1},\cdots,\boldsymbol{w}_{t,T}\}$，其中，$T$表示$Q_t$和$R_t$中的单词数。而每一个对话$D_t$的特征$\boldsymbol{d}_t\in\mathbb{R}^{\mathrm{L}}$是采用 LSTM 的最后一个隐藏状态$\boldsymbol{h}_{t,N}$表示，其中，$L$是对话句子的最大长度。见式（8-48）和式（8-49）：

$$\{\boldsymbol{h}_{t,1},\cdots,\boldsymbol{h}_{t,N}\}=\mathrm{LSTM}\{\boldsymbol{w}_{t,1},\cdots,\boldsymbol{w}_{t,N}\} \tag{8-48}$$

$$\boldsymbol{d}_t=\boldsymbol{h}_{t,N} \tag{8-49}$$

类似地，将对话历史H_t同样进行如上编码，得到$\{\boldsymbol{d}_i\}_{i=0}^{t-1}\in\mathbb{R}^{t\times L}$

CMN 网络模型中的图像特征表示主要使用 Faster R-CNN 获取整个导航场景的全景视图表示。该视图分为 36 个不同视角的图像块，因此在第t轮的第s步对应的图像特征记为$\boldsymbol{V}_{t,s}=\{\boldsymbol{v}_{t,s,i}\},\boldsymbol{v}_{t,s,i}\in\mathbb{R}^{2048}$，其中，$\boldsymbol{v}_{t,s,i}$表示在视角$i$处图像块对应的特征表示。

（2）CMN 网络模型的 L-Mem 模块：该模块主要利用多头注意力机制获取对话历史中与当前对话内容最相关的语言内容特征表示。具体地，$\boldsymbol{d}_t$表示当前的对话特征，$\boldsymbol{M}_t=\{\boldsymbol{h}_i\}_{i=0}^{t-1}$表示对话历史记忆特征。其中，$\boldsymbol{W}_n^K$、$\boldsymbol{W}_n^Q$和$\boldsymbol{W}_n^V\in\mathbb{R}^{L\times c}$是学

习的权重矩阵，通过这些权重矩阵将特征表示映射到 $c=512$ 维。然后展开对 $\boldsymbol{d}_t$ 和对话历史记忆特征 $\boldsymbol{M}_t$ 之间的注意力计算 $A_n^{lan}(\cdot)$ 。$\boldsymbol{d}_t^{ctx}\in\mathbb{R}^{2L}$ 为最终获得的高级的摘要式的对话历史的上下文特征表示，$\text{concat}\{\cdot\}$ 表示拼接操作，$f_{lan}(\cdot)$ 表示一个两层的非线性感知机，$\text{LayerNorm}(\cdot)$ 为标准化层。

$$A_n^{lan}(d_t,h_i)=\frac{\text{softmax}\left(\left(\boldsymbol{d}_t\boldsymbol{W}_n^Q\right)\left(\boldsymbol{h}_i\boldsymbol{W}_n^K\right)^{\mathrm{T}}\right)}{\sqrt{c}} \tag{8-50}$$

$$\widehat{\boldsymbol{d}}_t=\text{concat}_{n=1}^N\left\{\sum_{i=0}^t A_n^{lan}(\boldsymbol{d}_t,\boldsymbol{h}_i)\boldsymbol{W}_n^V\boldsymbol{h}_i\right\} \tag{8-51}$$

$$\widehat{\boldsymbol{d}}_t=\text{LayerNorm}(\widehat{\boldsymbol{d}}_t+\boldsymbol{d}_t) \tag{8-52}$$

$$\widehat{\boldsymbol{d}}_t=\text{LayerNorm}\left(f_{lan}(\widehat{\boldsymbol{d}}_t)+\widehat{\boldsymbol{d}}_t\right) \tag{8-53}$$

$$\boldsymbol{d}_t^{ctx}=\text{concat}\{\widehat{\boldsymbol{d}}_t,\boldsymbol{d}_t\} \tag{8-54}$$

（3）CMN 网络模型的 V-Mem 模块：该模块使用注意力将前一步的跨模态记忆特征表示 $\boldsymbol{e}_{t,s-1}^{vlm}$ 与当前场景的视觉特征 $\boldsymbol{v}_{t,s,i}$ 进行语义对齐以描述二者之间的语义关联性，从而产生具有记忆意识的视觉感知特征 $\boldsymbol{v}_{t,s,i}$，该特征蕴含了先前的动作决策信息，计算见式（8-55）和式（8-56）。其中，$f_v(\cdot)$ 和 $f_{vlm}(\cdot)$ 是两层的多层感知机网络层；$\sigma(\cdot)$ 表示 softmax 激活函数，$\cdot$ 表示逐元素相乘。通过计算前一步的跨模态记忆特征与当前场景的注意力 $\boldsymbol{A}^{vis}(\boldsymbol{e},\boldsymbol{v})$，最终获得 V-Mem 的输出 $\boldsymbol{v}_{t,s}^m\in\mathbb{R}^K$ 。

$$\boldsymbol{A}^{vis}(\boldsymbol{e},\boldsymbol{v})=\frac{\sigma\left(f_v\left(\boldsymbol{e}_{t,s-1}^{vlm}\right)\cdot f_{vlm}(\boldsymbol{v}_{t,s,i})\right)}{\sqrt{c}} \tag{8-55}$$

$$\boldsymbol{v}_{t,s}^m=\sum_{i=1}^s\boldsymbol{A}_{s,i}^{vis}\boldsymbol{v}_{t,s,i} \tag{8-56}$$

（4）跨模态融合：在 L-Mem 和 V-Mem 模块之后，CMN 对两个模块分别提取的特征进行融合。通过引入跨模态的 Attention 来探索 L-Mem 和 V-Mem 间的语义交互信息。首先引入语言到视觉（Language-to-Vision）的 Attention 对 L-Mem 生成的语言记忆特征 $\boldsymbol{d}_t^{ctx}$ 和 V-Mem 生成的视觉记忆特征 $\boldsymbol{V}_{t,s}^m=\left\{\boldsymbol{v}_{t,0}^m,\cdots,\boldsymbol{v}_{t,s}^m\right\}$ 建模得到视觉记忆特征 $\boldsymbol{e}_{t,s}^{vm}$，以此补充先前视角的视觉信息帮助智能体更好理解当前场景信息。然后，使用视觉到语言（Vision-to-Language）的 Attention 对 $e_{t,s}^{vm}$ 和对话历史的高级上下文特征 $\boldsymbol{d}_t^{ctx}=\left\{\boldsymbol{d}_0^m,\cdots,\boldsymbol{d}_t^m\right\}$ 编码计算得到跨模态的记忆特征 $\boldsymbol{e}_{t,s}^{vlm}$，见式(8-57)和式(8-58)。其中，$\text{lvattention}(\cdot)$ 表示为 Language-to-Vision 的 Attention 计算，$\text{vlattention}(\cdot)$ 表示为 Vision-to-Language 的 Attention 计算。

$$\boldsymbol{e}_{t,s}^{vm} = \text{lvattention}\left(\boldsymbol{d}_t^{ctx}, \left\{\boldsymbol{v}_{t,0}^m, \cdots, \boldsymbol{v}_{t,s}^m\right\}\right) \tag{8-57}$$

$$\boldsymbol{e}_{t,s}^{vlm} = \text{vlattention}\left(\boldsymbol{e}_{t,s}^{vm}, \left\{\boldsymbol{d}_0^m, \cdots, \boldsymbol{d}_t^m\right\}\right) \tag{8-58}$$

（5）导航动作预测：通过在语言信息和视觉信息的共同协作下执行记忆感知推理，使智能体更好地理解对话历史和先前场景之间在时序上的关联。因此，为当前第 s 步动作预测提供了丰富的上下文语境信息来实现导航动作的预测，具体见式（8-59）和式（8-60）。

$$\hat{\boldsymbol{a}}_{t,s} = \sigma\left(f_m\left(\boldsymbol{e}_{t,s}^{vlm}\right)\right) \tag{8-59}$$

$$\boldsymbol{a}_{t,s} = \text{softmax}\left(f_a(\hat{\boldsymbol{a}}_{t,s})\right) \tag{8-60}$$

其中，$\sigma(\cdot)$ 表示为 Softmax 激活函数；$f_m(\cdot)$ 和 $f_a(\cdot)$ 是单层的线性映射函数，$f_m(\cdot)$ 用来将 $\boldsymbol{e}_{t,s}^{vlm}$ 从 $K+L$ 维映射为 K 维，$f_a(\cdot)$ 用来将 $\hat{\boldsymbol{a}}_{t,s}$ 从 K 维映射为 M 维，这里 M 表示预测的动作类别数目。

CMN 网络模型经由实验证明在 CVDN 数据集上各项评价指标均得到了一定的提升，并且能够很好地泛化到未知场景中。CVDN 数据集是在 83 个 MatterPort 房间中收集 2050 个人与人的导航对话和 7000 条轨迹所形成，共包含 81 种目标，其中每条轨迹对应几轮问答对。具体地，实验结果见表 8.4。其中，Seq2seq[8]是将对话历史进行串联连接形成一个语言指令，该指令作为模型的语言输入。VLN Baseline[21]同样将对话历史进行串联作为语言输入以构建适用于 VDN 任务的 VLN Baseline 模型，由实验结果可得 CMN 相比 Seq2seq 和 VLN Baseline 均得到了较大的提升。此外，对 CMN 中两个重要模块 V-Mem 和 L-Mem 进行消融实验记为 w/o V-Mem 和 w/o L-Mem，所采用的方法分别是通过采用平均每个全景图的图像特征来作为视觉特征，以此代替 V-Mem 模块获得的视觉记忆特征。而对 L-Mem 模块的消融则是采用对话的最后一个回答句所包含的单词级上下文特征代替 L-Mem 模块获得的语言交互记忆特征。从表 8.4 中可以看出，当 L-Mem 模块不起作用时，CMN 的性能急剧下降，这表明语言交互记忆特征对于理解动作指令以获得更好的导航推理至关重要。当 V-Mem 模块不起作用时，CMN 的性能同样呈现急剧下降的表现，这些结果验证了智能体关于视觉场景的记忆对导航动作的预测和推理也起到了至关重要的作用。

表 8.4　CMN 方法在已知场景和未知场景下的导航实验结果

方法	Val Seen				Val Unseen			
	GP/m	OSR/%	SR/%	OPSR/%	GP/m	OSR/%	SR/%	OPSR/%
Seq2seq	5.92	63.8	36.9	72.7	2.10	25.3	13.7	33.9
VLN Baseline	6.15	58.9	33.0	69.4	2.30	35.5	19.7	45.9

续表

方法	Val Seen				Val Unseen			
	GP/m	OSR/%	SR/%	OPSR/%	GP/m	OSR/%	SR/%	OPSR/%
w/o V-Mem	6.33	61.3	30.9	72.3	2.52	36.7	20.5	48.4
w/o L-Mem	6.47	58.6	31.9	68.6	2.64	39.1	20.5	50.4
CMN	**7.05**	**65.2**	**38.5**	**76.4**	**2.97**	**40.0**	**22.8**	**51.7**

注：Seq2Seq[8]、VLN Baseline[21]、w/o V-Mem 是 CMN 对 V-Mem 模块的消融实验结果，w/o L-Mem 同理。

8.5　导航知识图谱的构建与应用

近年来，将知识图谱（Knowledge Graph，KG）应用于认知导航是导航领域的一个研究热点。人在一个结构化的室内环境中导航往往比在一个没有目标关系的迷宫中容易得多，这是因为人所拥有的先验知识能有效刻画出室内环境中各目标之间的关联关系（如床在卧室里），进而辅助于导航。受此启发，通过利用导航场景先验知识（即知识图谱）也可以帮助智能体获取目标之间的关联关系，更好地支撑认知导航任务，从而提高智能体在未知环境中导航的泛化能力。例如，根据场景先验知识，“沙发”通常是在客厅里的，因此智能体不应该花太多时间在厨房里找“沙发”。如何构建适应于导航场景的知识图谱、如何利用知识图谱辅助于智能体导航是当前的研究热点。本节重点介绍构建认知导航知识图谱的方法及图谱的具体应用，研究框架见图 8.15。

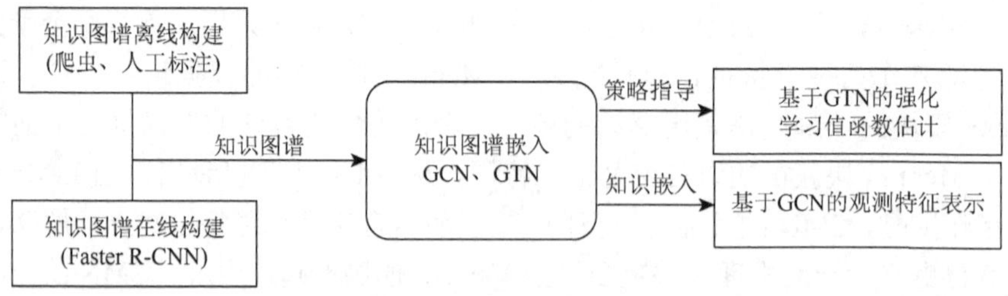

图 8.15　融合知识图谱的认知导航模型框架

主要包括了构建导航知识图谱的两种方法和知识图谱在导航中的两种应用，其中，Faster R-CNN 为构建知识图谱常用目标检测器，图卷积网络（Graph Convolutional Network，GCN）[25]、图变换网络（Graph Transformer Network，GTN）[26]等为提取知识图谱图特征的图神经网络方法

8.5.1　知识图谱概述

目前，知识图谱已经成为众多信息系统构建结构化知识的基础[27]。知识图谱是一种揭示实体之间关系的语义网络，可以对现实世界的事物及其相互关系进行

形式化的描述。它提供的语义结构信息为问答、推荐和信息检索等任务带来便利。知识图谱具有实体间相互联结构成的网状结构，其基本组成单位是“实体-关系-实体”三元组，记为$G=(E,R,E)$。其中，$E=\left\{e_1,e_2,\cdots,e_{|E|}\right\}$是知识图谱中的实体集合，共包含$|E|$种不同实体；$R=\left\{r_1,r_2,\cdots,r_{|R|}\right\}$是知识图谱中的关系集合，共包含$|R|$种不同的关系。

文献[15]在认知导航领域首次引入知识图谱，利用知识图谱为智能体提供导航环境中空间位置关系的先验知识，赋予智能体推理导航目标可能位置的能力，从而提高智能体在未知场景中的导航性能。一个典型的导航知识图谱示例见图 8.16。

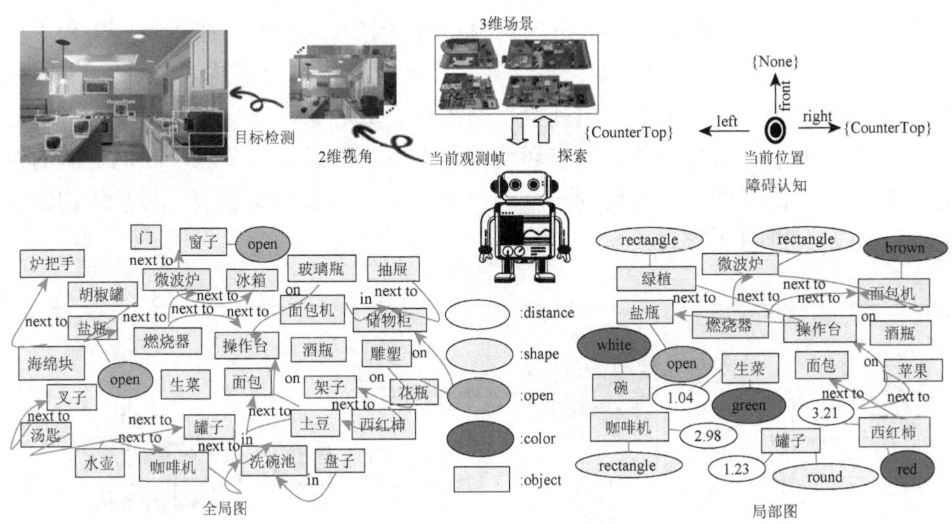

图 8.16　导航知识图谱示意图[28]

在导航知识图谱中，包含了四个不可或缺的功能，使导航任务能够成功完成。①从 2D 视图中识别目标属性的能力，包括目标类别、颜色、大小、形状、距离等。②感知障碍的能力，这意味着可以感知到几个方向的障碍，从而避免碰撞。③从当前视图描述目标邻接关系的能力，在图中命名为局部图。目标之间的方向信息（左/右、前/后、上/下）可以很容易地提取出来。④在访问多个房间后总结目标放置规则的能力，如全局图所示，这表明何种目标通常被放置在旁边或内部，并允许推理可能的位置。图中的全局图只是简单地显示了交互属性，但忽略了其他目标的属性信息

8.5.2　认知导航中知识图谱的构建

认知导航中知识图谱的构建方式主要分为离线和在线构建两种方式。

（1）离线构建方式主要是指对数据集（Visual Genome，VG）[29]中与导航场景相关的目标空间关系通过人工标注、爬虫等手段获取知识图谱。离线构建的知

识图谱，作为固定的图结构特征，其图结构在导航过程中不会发生变化。离线构建方法可生成规模较大的知识图谱且准确性较高。然而其不能随着环境的变化进行实时更新，导致无法很好地适应于未知环境中。

（2）在线构建方法是指智能体在与环境交互过程中，使用目标检测算法将导航环境中各类目标及其空间关系实时生成图谱。相比于离线方法，图谱结构在导航过程中能动态更新，更好地适应于场景。因此，在线构建方法被更广泛地应用，但对计算资源提出了更高的要求。

1. 离线构建方法

文献[30]使用标注好的真值（Ground Truth，GT）建立了一种上下文向量的知识图谱。该知识图谱将环境中的“父对象”类集合定义为 $P=\{p_1,\cdots,p_M\}$ 。这些“父对象”由存在于房间中更显著的对象组成。例如，“台面”在“厨房”和“浴室”中都是“父对象”，“书架”在“客厅”和“卧室”中都是“父对象”。相应地，其他对象如“咖啡机”、“电视机”等都与“父对象”在房间中多次共同出现具有强关联关系。这些对象及其在环境中的上下文信息构成节点，它们之间的包含或共现关系构成边，从而得到一个统一而准确的离线知识图谱，其具体构建流程如下所述（见图 8.17）。

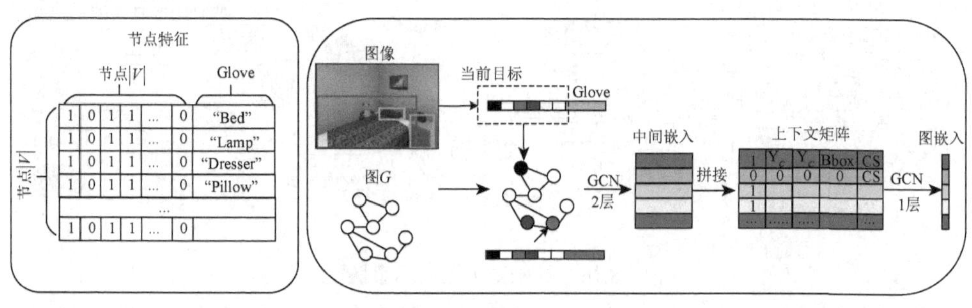

图 8.17　知识图谱构建流程图[30]

首先，从 Visual Genome[29]外部数据集中，提取导航环境中对象的类别和对象间的关系，并修正与导航环境中语义重复的对象名（例如，“armchair”和“armchairs”）和关系名（例如，“near”和“next”）。将这些对象名的 Glove 词向量作为初始知识图谱的节点表示。然后，构建一个与初始知识图谱节点一一对应的$|V|$维二进制向量，如果初始知识图谱节点对应的对象在当前帧中出现，则其对应的$|V|$维二进制向量中的值为 1，否则为 0。将该$|V|$维二进制向量与初始知识图谱的所有节点 Glove 词向量进行拼接，形成一个$|V|\times(|V|+|g|)$维的节点特征矩阵（$|g|$为 Glove 词向量的维度）。接着，节点特征矩阵通过一个两层的图卷积网络

（Graph Convolutional Network，GCN）得到中间特征矩阵，将中间特征矩阵与上下文特征矩阵进行拼接。最后，将拼接后的特征矩阵通过一个一层的 GCN 得到最终的图特征嵌入。

其中，上下文特征矩阵由对象 o_i 的上下文特征向量构成。特征向量表示为 $\left[b_i, x_c, y_c, \text{Bbox}, \text{CS}\right]^{\text{T}}$，$b_i$ 是一个二进制向量，表示在当前帧中是否可以检测到 o_i；(x_c, y_c) 和 Bbox 分别对应 o_i 的检测框的中心坐标 (x, y) 及它的大小；CS 表示在每一次导航过程中检测到的对象 o_i 和所要找的目标 t 之间的 Glove 词向量 $\boldsymbol{g}_{o_i}$ 和 $\boldsymbol{g}_t$ 的余弦相似度（Cosine Similarity，CS），见式（8-61）：

$$\text{CS}(\boldsymbol{g}_{o_i}, \boldsymbol{g}_t) = \frac{\boldsymbol{g}_{o_i} \cdot \boldsymbol{g}_t}{\|\boldsymbol{g}_{o_i}\| \|\boldsymbol{g}_t\|} \tag{8-61}$$

2. 在线构建方法

在线构建方法具有更好的实时性且能适应场景空间结构的变化，如文献[9]使用 Faster R-CNN 获取目标的类别置信度和空间位置关系，并建立对象表示图（Object Representation Graph，ORG），从而形成对整个导航环境的空间结构认知。ORG 的构建流程如下所述（见图 8.18）。

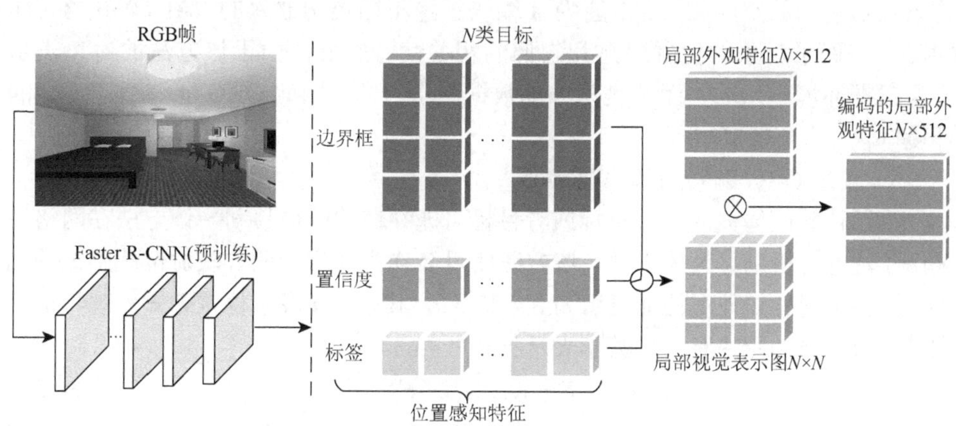

图 8.18　ORG 构建流程图[9]

1）获得位置感知特征和局部外观特征

给定一个输入图像，文献[9]首先使用 Faster R-CNN 目标检测算法来定位所有感兴趣的对象。如果一个对象类有多个实例，则只选择置信度最高的那个。然后记录每个对象类的边界框位置和置信度，将它们拼接起来作为局部检测特征。如果某些对象没有出现在当前观测中，则将它们的边界框位置和置信度置为 0。最后，将目标的独热编码向量与局部检测特征拼接作为位置感知特征（Location-Aware Feature，LAF）。

该方法还将边界框映射到检测器主干网络的同一层，然后提取位置感知外观特征。由于输入图像的分辨率较小，该方法从主干网的 ResBlock 层提取保留局部区域空间细节的外观特征，即局部外观特征。

2）使用位置感知特征生成 ORG

在得到提取的 LAF 后，通过引入 GCN 来生成 ORG。该方法首先定义一个图 $G=(N,E)$，其中，N 和 E 分别表示节点和边的集合。每个节点 $n\in N$ 是由边界框位置、置信度和标签拼接得到的向量（即 LAF）。每条边 $e\in E$ 表示不同对象类之间的关系。

该方法中的 GCN 使用图 G 的所有节点作为输入 $X\in\mathbb{R}^{|N|\times D}$，然后将每个输入节点使用权重矩阵 $\boldsymbol{W}\in\mathbb{R}^{D\times|N|}$ 进行嵌入编码，其中，D 表示 LAF 的维度。将所有节点组成的邻接矩阵 $\boldsymbol{A}\in\mathbb{R}^{|N|\times|N|}$ 与得到的嵌入编码矩阵相乘，然后通过 ReLU 激活函数得到一个新的编码矩阵 $\boldsymbol{Z}\in\mathbb{R}^{|N|\times|N|}$。图卷积层的数学表示见式（8-62）：

$$\boldsymbol{Z}=\mathrm{ReLU}(\boldsymbol{A}\cdot X\cdot\boldsymbol{W}) \tag{8-62}$$

传统的 GCN 中邻接矩阵 $\boldsymbol{A}$ 通常是预先定义的，与之不同的是 ORG 网络同时学习权重矩阵 $\boldsymbol{W}$ 以及邻接矩阵 $\boldsymbol{A}$。实际上，学习 $\boldsymbol{A}$ 的过程可以看作编码类别之间关系以及它们的空间相关性，因为 $\boldsymbol{A}$ 编码了跨不同类别嵌入的 LAF。输出 $\boldsymbol{Z}$（即 ORG）编码了对象的位置信息和它们的相关性。此外，由于该方法的对象表示图是根据环境学习的，而不是从外部数据集学习的，因此 ORG 能够适应不同的环境。

3）使用 ORG 编码局部外观特征

为了使智能体关注于朝目标或者目标可能存在的区域移动，该方法在网络中采用了注意力机制。具体来说，该方法使用 $\boldsymbol{Z}$ 作为注意力图去映射位置感知外观特征。将位置感知外观特征表示为 $\boldsymbol{F}\in\mathbb{R}^{|N|\times d}$，其中，$d$ 表示位置感知外观特征的维度。该方法的图注意力层数学表示见式（8-63）：

$$\hat{\boldsymbol{F}}=\mathrm{ReLU}(\boldsymbol{Z}\cdot\boldsymbol{F}) \tag{8-63}$$

其中，$\hat{\boldsymbol{F}}\in\mathbb{R}^{|N|\times d}$ 是最终的位置感知外观特征，需要明确的是在图注意力层中不存在可学习的参数。

8.5.3　认知导航中知识图谱的应用

1. 知识图谱作为观测特征

知识图谱可以将环境中对象间的空间和语义关系进行表示，作为一种先验知识赋予智能体推理未知目标的能力，提高智能体导航效率和泛化能力。近年来，GCN 被广泛应用于处理知识图谱，它可以将图谱编码为特征向量，并与其他模态的数据特征向量融合，可以用来加强智能体对环境空间结构的认知。文献[15]首次将语义先验（Semantic Priors，SP）构建为知识图谱应用到视觉语义导航任务，其流程如下所述（见图 8.19）。

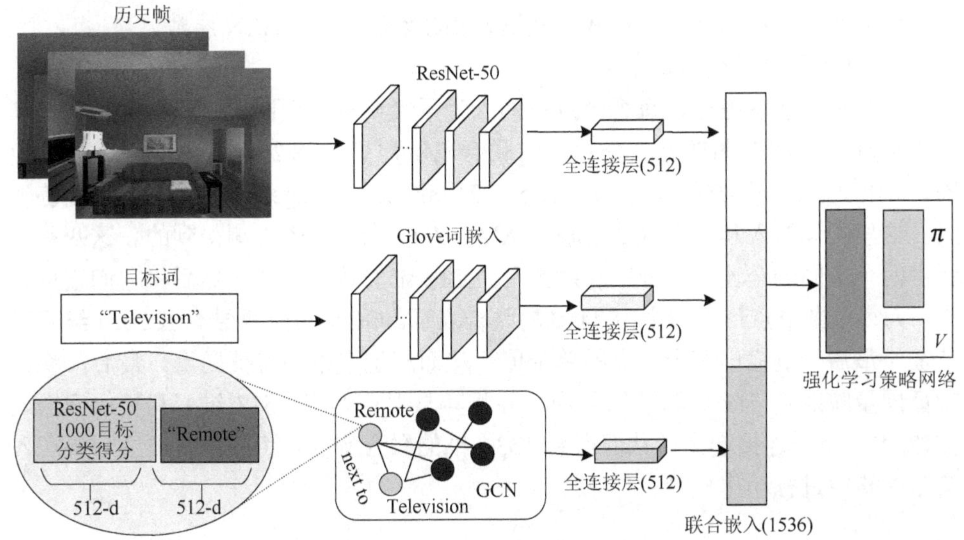

图 8.19　融入知识图谱的导航模型框架

1）构建导航知识图谱

文献[15]属于离线构建知识图谱的典型方法，将数据集 Visual Genome（VG）作为构建知识图谱的来源。VG 数据集由超过 10 万张的自然图像组成，每张图像都用目标、属性和目标之间的关系进行了标注。文献[15]通过统计 AI2-THOR 环境中所有目标类别在 VG 数据集中共现的频率来构建知识图谱，即当 AI2-THOR 环境中的目标与目标关系出现在 VG 数据集中频率大于 3 次时，认为两个目标之间存在空间关系。例如，AI2-THOR 环境中包含“电视机”和“遥控器”，而当“电视机”和“遥控器”在 VG 数据集中共现的频率大于等于 3 次时，则“电视机”和“遥控器”之间存在空间关系。将图谱结构定义为$G=(V,E)$，V 和 E 分别是节点和边的集合。具体来说，每个节点$v\in V$ 表示一个对象类，每个边$e\in E$ 表示对象类之间的关系。

2）图结构信息传播

根据当前环境观测初始化每个节点，然后进行信息传播，计算出每一个语义知识向量，作为另一个特征向量传递给策略网络。该方法使用 GCN 进行节点之间的信

息传播，其目标是学习给定图 $G=(V,E)$ 的深层特征表示。具体地，特征向量 $\boldsymbol{x}_v$ 作为每个节点 v 的输入，将所有节点的输入表示为矩阵 $\boldsymbol{X}=\left[x_1,\cdots,x_{|V|}\right]\in\mathbb{R}^{|V|\times D}$，$D$ 表示输入特征的维度。图结构表示为一个二进制的邻接矩阵 $\boldsymbol{A}$，对 $\boldsymbol{A}$ 进行归一化得到 $\hat{\boldsymbol{A}}$。GCN 输出节点级表示 $\boldsymbol{Z}=\left[z_1,\cdots,z_{|V|}\right]\in\mathbb{R}^{|V|\times F}$，使用 ReLU 激活函数可以得到

$$\boldsymbol{H}^{(l+1)}=\mathrm{ReLU}(\hat{\boldsymbol{A}}\boldsymbol{H}^{(l)}\boldsymbol{W}^{(l)}) \tag{8-64}$$

其中，$\boldsymbol{H}^{(0)}=\boldsymbol{X}$；$\boldsymbol{H}^{(L)}=\boldsymbol{Z}$；$\boldsymbol{W}^{(l)}$ 是第 l 层的参数；L 是 GCN 层数。

3）知识图谱辅助策略学习

在视觉导航任务中，每个节点的输入为语义线索（词嵌入）和视觉线索（基于当前环境观测的图像分类分数）的联合表示，见图 8.20。具体地，词嵌入由 FastText[31]生成，分类分数由 ResNet-50 在 1000 类的 ImageNet 数据集上预训练生成。这里的词嵌入和分类分数是基于 AI2-THOR 当前环境观测得到的。这两种表示由两个不同的全连接层分别映射为两个 512 维的特征向量，然后将它们连接起来，为每个图节点形成一个 1024 维的联合表示。GCN 的前两层输出 1024 维隐藏特征，最后一层输出每个节点的单个值，从而产生|V|维的特征向量。最后，将此特征向量映射到 512 维特征嵌入中，并将其与视觉观测（512 维）和目标词嵌入（512 维）特征连接起来，从而得到 1536 维的联合特征，将联合特征进一步送入策略网络中进行动作预测。

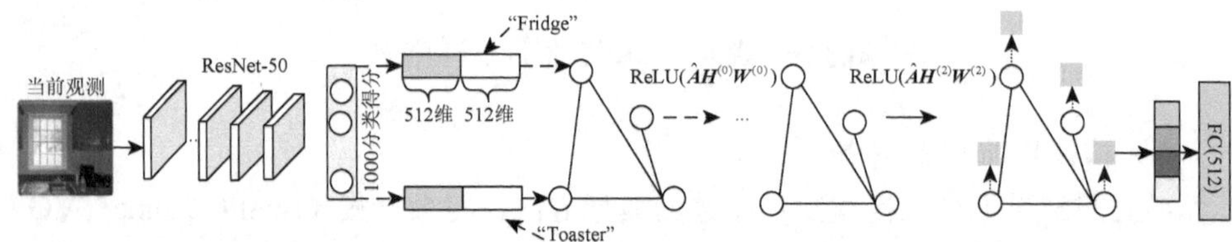

图 8.20　GCN 对知识图谱进行特征提取

表 8.5 是 Random、A3C 和 SP 方法的导航性能对比。从表 8.5 中可以看出，以知识图谱作为观测特征的导航模型 SP 效果在 SPL 和 SR 上比没有使用知识图谱的 A3C 和 Random 高，表示包含知识图谱作为观测特征的模型具有更好的导航泛化能力。

表 8.5　已知场景未知目标试验条件下的 SPL(%)/Success Rate（SR）（%）比较[15]

方法	Kitchen	Living	Bedroom	Bathroom	Average
	SPL（%）/SR（%）	SPL（%）/SR（%）	SPL（%）/SR（%）	SPL（%）/SR（%）	SPL（%）/SR（%）
Random	27.3/45.2	5.6/16.6	13/34.5	36/49.1	21/36.3
A3C[15]	39.5/56.2	12/31.8	23/49.2	47/60.2	30/49.3
SP	46.2/62.5	14/40.6	27/58.6	52/65.8	35/56.9

2. 知识图谱估计强化学习价值函数

人类能够在未知环境中完美地寻找到以名称（自然语言单词）指定的目标对象，其主要原因是：①先验知识的融合；②能够根据当前的环境观测适应于新的环境；③不会过早放弃寻找目标对象。基于这三点考虑，文献[32]提出使用来自外部且可学习的先验知识创建一个知识图谱，并将该知识图谱融合到模型训练中。这里的先验知识具体是指与目标对象相关的所有对象的位置信息。区别于将知识图谱作为观测特征的认知导航方法，该方法使用知识图谱来估计当前状态的回报的期望值（即状态价值），从而较好地辅助导航策略的训练。

具体地，文献[32]提出的模型由以下四个模块组成：A3C+Graph+MAML+GVE。其中 A3C 作为一种有效的演员-评论家 RL 算法，能够高效地训练网络模型。Graph 是经过 VG 构建的先验知识图谱，该图谱提供了场景中对象的相对位置信息。为了适应不同环境的学习，使用了一个模型无关的元学习（Model Agnostic Meta-Learning，MAML）算法，它能够在测试期间继续学习知识以适应环境。最后，为了不增加状态空间的复杂性又能融合知识图谱，提出了一个基于图的价值估计（Graph-based Value Estimation，GVE）模块。该模块能够捕获场景中对象位置的全局上下文信息，这将帮助智能体更加准确地估计状态价值，降低 A3C 算法中的价值估计误差且帮助模型收敛到一个更加优越的导航策略。

网络模型框架见图 8.21。其中，主干网络由 ResNet-18、Glove 和 LSTM 网络构成，ResNet-18 对当前时刻的图像进行处理，Glove 对目标的单词进行处理，二者得到的特征向量联合上一时刻的动作概率分布，一同被送入 LSTM 网络中。LSTM 的输出分别被两个全连接层处理，各自输出策略和状态价值。GVE 模块使用图变换网络（Graph Transformer Network，GTN）对先验的知识图谱进行特征提取，知识图谱的节点特征由 ResNet-18 处理当前图像得到的特征向量，以及 Glove 处理目标单词得到的特征向量（通过全连接层从 300 维映射到 512 维）组成。GTN 的输出最终也使用全连接层映射为一个额外的状态价值。最终，主干网络得到的状态价值和 GTN 得到的额外状态价值相加，作为 GVE 模块对当前状态的价值估计。

知识图谱估计强化学习值函数的主要流程为以下几点。

1）形式化表示知识图谱

知识图谱表示为 $G=(V,E)$，节点集合 $V=\{v_1,\cdots,v_{|V|}\}$，$v_i\in\mathbb{R}^d$。其中，d 表示节点向量的维数，对象 i 和对象 j 同时出现在智能体的视角中频率越高，它们的边 e_{ij} 越接近于 1。邻接矩阵 $\boldsymbol{A}\in\mathbb{R}^{|V|\times|V|\times C}$ 表示，C 个通道分别对应 4 个房间类型和 1 个自连接层。

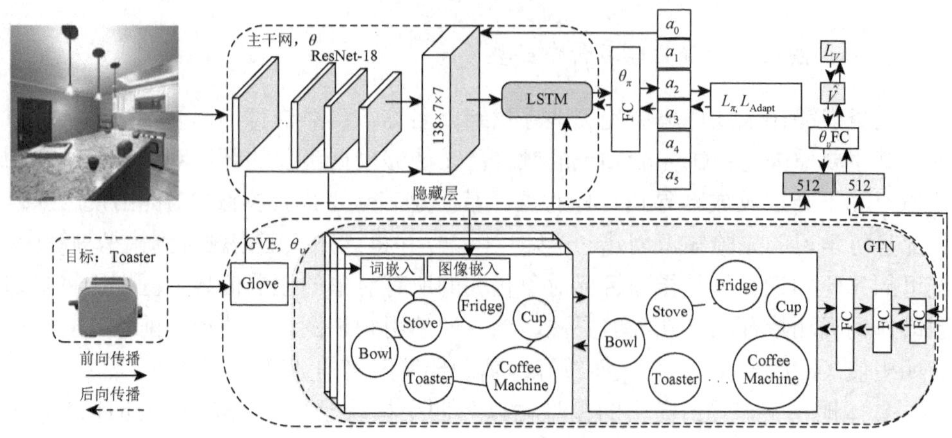

图 8.21　GVE 导航模型框架[32]

2）知识图谱特征提取过程

使用 GTN 对知识图谱进行特征提取，其网络结构见图 8.22。首先对邻接矩阵 $\boldsymbol{A}$ 进行加权平均操作，见式（8-65）：

$$\boldsymbol{H}_i^l = \text{Softmax}(\boldsymbol{W}_i^l)\boldsymbol{A}, \quad \boldsymbol{H}_i = \prod \boldsymbol{H}_i^l \tag{8-65}$$

其中，$\boldsymbol{W}_i^l \in \mathbb{R}^{1\times1\times C}$ 是通道上的权值矩阵；l 为超参数，表示注意力头的个数；$\boldsymbol{H}_i$ 是多个 $\boldsymbol{H}_i^l$ 邻接矩阵累乘的结果。在实际应用中，可以学习 M 个不同的 $\boldsymbol{H}_i$，其中 M 为超参数，然后将最终的新邻接矩阵定义为 $\boldsymbol{H}_i$ 的累乘，见式（8-66）：

$$\boldsymbol{A}_{\text{NEW}} = \boldsymbol{H}_1\boldsymbol{H}_2\cdots\boldsymbol{H}_M \tag{8-66}$$

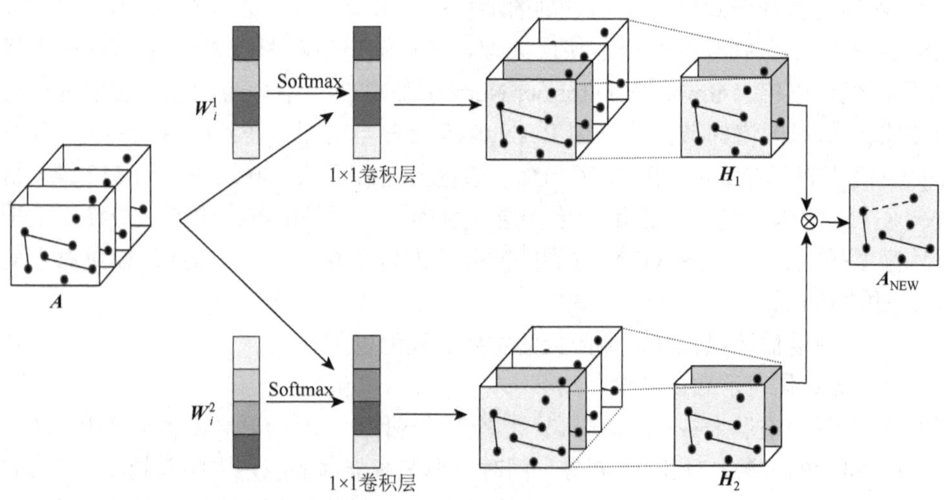

图 8.22　GTN 的网络结构[26]

通过学习 $\boldsymbol{H}_i^l$ 中的参数 $\boldsymbol{W}_i^l$，GTN 能够对知识图谱的结构进行更新，产生新的边。最后，为了编码新的邻接矩阵的节点特征，使用如下定义的图卷积层，见式（8-67）：

$$\boldsymbol{Q}=\sigma\left(\tilde{\boldsymbol{E}}_i^{-1}\tilde{\boldsymbol{A}}_{\mathrm{NEW}}\boldsymbol{W}_N\boldsymbol{N}\right) \tag{8-67}$$

其中，$\boldsymbol{Q}$ 为图的最终输出特征；$\boldsymbol{N}\in\mathbb{R}^{n\times d}$ 为输入节点特征；σ 为激活函数；$\boldsymbol{W}_N$ 为节点特征的权值；$\tilde{\boldsymbol{A}}_{\mathrm{NEW}}=\boldsymbol{A}_{\mathrm{NEW}}+\boldsymbol{I}$ 是增广邻接矩阵，其包含了自连接单位矩阵 $\boldsymbol{I}$；$\tilde{\boldsymbol{E}}^{-1}$ 是 $\tilde{\boldsymbol{A}}_{\mathrm{NEW}}$ 的度矩阵的逆。知识图谱图经过 GTN 进行特征提取后得到 Q，它是训练过程中动态地学习节点运算和边运算的结果。

3）估计价值函数过程

为了将知识图谱的特征合并到 GVE 中，从两个方面估计价值函数，见式(8-68)：

$$\hat{V}_{(x_t)}=\boldsymbol{W}_1\boldsymbol{Q}+\boldsymbol{W}_2F(\boldsymbol{x}_t,\boldsymbol{Z};\theta) \tag{8-68}$$

其中，$\boldsymbol{W}_1$ 和 $\boldsymbol{W}_2$ 是最终估计值的全连接层参数，它们也是伴随网络的其他参数进行训练的；θ 是主干网络 $F(\cdot)$ 的网络参数；$\boldsymbol{x}_t$ 是当前帧图像特征；$\boldsymbol{Z}$ 是目标词向量特征。

由式（8-66）可以看出，该方法分解值函数分为两部分：一是来自于 GTN 输出的特征 $\boldsymbol{Q}$ 表示的价值函数；二是来自于以 θ 为参数的主干网络估计产生的价值函数。由 GTN 估计的价值函数，表示了目标与当前状态下其他对象节点之间的相关性。因此，可以包含它在未来状态中可能观察到的目标的期望，以便更准确地估计当前状态的价值。

表 8.6 是 Random、A3C、SP、SAVN、SP+GVE 和 SP+SAVN+GVE 方法的导航性能对比。从表中可以看出，知识图谱估计值函数的导航模型 SP+GVE 和 SP+SAVN+GVE 的效果在 SPL 和 SR 上比使用 GVE 的模型高，表示包含知识图谱进行值函数估计的模型具有更好的导航泛化能力。

表 8.6　导航结果的比较

方法	All		$L\geqslant 5$	
	Success/%	SPL/%	Success/%	SPL/%
Random	8.01	3.64	0.2	0.1
A3C[4]	33.04±3.5	14.68±1.8	21.44±3.0	11.69±1.9
SP	35.13±1.3	15.47±1.1	22.25±2.7	11.37±1.6
SAVN[12]	40.86±1.2	16.15±0.5	28.70±1.5	13.91±0.5
SP+GVE	38.22	16.02	27.47	13.91
SP+SAVN+GVE	43.8±1.1	17.27±0.3	33.68±0.9	15.39±0.2

8.6 拓展到仿生导航

认知导航的一个研究趋势是将导航与生物智能紧密联系，探索生物导航的机理，模仿生物导航的能力。目前该研究大体分为三部分：一是通过对仿生材料和器件的研究，研制类似生物定位的传感器和相应仿生导航算法；二是通过人工神经网络等方法模拟生物的“导航脑”，并探索其中各类认知问题；三是仿生规划，借鉴生物面对动态障碍的应激机制设计元器件和规划模型，在 7.6 节已有简单介绍。

8.6.1 仿生导航传感器

仿生导航顾名思义指“模仿+借鉴”动物在自然环境中所使用的导航方法和原理，研制不易受外界干扰的导航软硬件。仿生导航传感器是对生物的视觉、运动和声音器官进行模仿，获得像生物一样感知偏振光、地磁、声波等各种机会信号。目前主流的仿生导航技术包括：偏振光导航技术、地磁导航技术、声学导航技术、复眼导航技术和动态视觉仿生导航技术，分别对应的仿生传感器为仿生光罗盘、仿生磁罗盘、仿生声呐、仿生复眼和事件相机[33]。

仿生光罗盘借鉴如蜜蜂、蚂蚁等生物视觉器官感知偏振光（Polarized Light）的机理，以获得载体航向信息。其基本工作原理是通过偏振光传感器测量天空某一观测点的偏振信息，根据偏振光矢量振动方向垂直于由观测者、天空观测点以及太阳所构成的平面的特性，结合时间和太阳星历解算出载体航向角。仿生光罗盘优点在于抗干扰性强、误差不随时间积累、易于微小型化等，主要缺点是定向精度受天空能见度影响较大。

仿生磁罗盘借鉴如信鸽等生物放大地磁信号并感知地磁场的机理，完成定位定向。该工作目前的重点是新型磁敏材料的研制。仿生磁罗盘优点在于灵敏度高、不依赖天候和区域、易于微小型化，主要缺点是易受电磁干扰。

仿生声呐是一种模仿如蝙蝠、海豚等生物利用声波进行定位的传感器。其基本工作原理是基于声波的传播特性，通过发射和接收超声波，对回声信号进行分析来感知所处环境位置进行导航。

仿生复眼是一种模仿蜻蜓等昆虫使用成千上万个结构和功能相同的子眼构成的特殊视觉成像系统，能感知光流和环境特征信息。其基本工作原理是通过多个面向不同方向的孔径对大视场内的场景进行成像，然后集成到同一探测器上输出图像。仿生复眼系统的优点在于体积小、视场大、畸变小、孔径多、灵敏度高等，已进入实用阶段。

动态视觉仿生导航模仿生物视网膜细胞对电信号脉冲的感知模式，可以敏锐地察觉物体的变化和运动，从而开展对目标物及自身位姿估计，如图 8.23 所示。此种仿生导航方式最普遍使用的传感器就是事件相机，在第 2 章已有介绍。

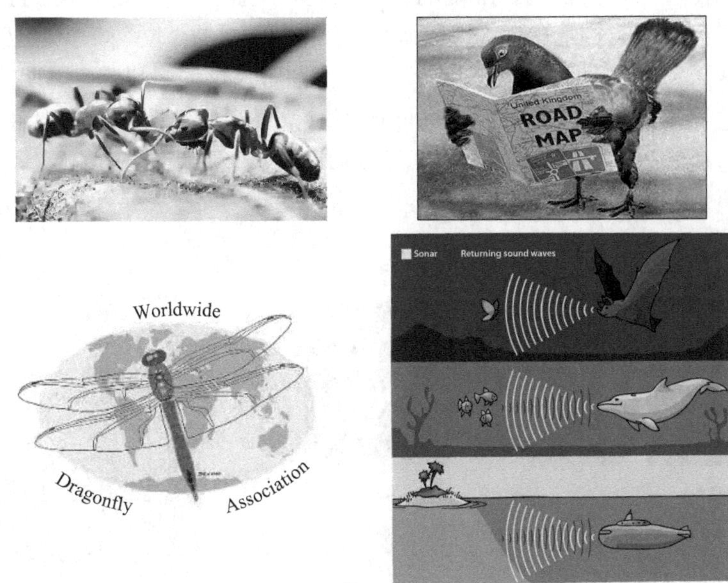

图 8.23　仿生生物示意图

8.6.2　使用类网格细胞网络模拟生物的矢量导航

尽管生物大脑的导航原理尚未被完全揭示，但神经科学领域已经取得了许多重要进展，其中就包括对哺乳动物大脑中导航相关神经细胞的发现。文献[34]首次展示了哺乳动物大脑中的神经元如何计算空间感。他们将微电极插入到白鼠大脑表面下方称为海马体的区域，记录神经元的电信号。当白鼠在环境中移动到达特殊位置时，一小部分神经元会被激活产生生物电（Fire）。这些针对于具体空间位置而激活的神经元被称为位置细胞（Place Cell）。其后，文献[35]～[37]又相继发现了网格细胞（Grid Cell）、头朝向细胞（Head Direction Cell）、边界细胞（Border Cell）等，进一步揭示生物记忆空间、感知移动和定位的机理。这些工作获得了 2014 年诺贝尔生理学或医学奖。尤其是生物内嗅皮层中的网格细胞能提供大脑对欧几里得空间的度量能力，支持生物体轨迹积分（定位）以及目标导向向量的计算，使生物体能够沿着最直接的路线到达已被记住的目标，这一过程称为“矢量导航（Vector-based Navigation）”[38, 39]。

网格细胞是生物具备导航能力的一个关键。当生物（多以白鼠为实验对象）

移动时，这些神经元会以六边形网格的模式被激活，提示生物体当前的位置发生了变化。并且随着生物移动的距离尺度不同（从 25cm 到 1.2m 都有实证观测），会有不同的网格细胞被激活。这些等间距的六边形网格类似于经纬度，表明生物对于空间存在着一种内在的、准确的坐标系统和度量方式。生物学家将这些网格细胞按距离尺度分类构造出一个“编码”，该编码置 1 的“位”表示对应尺度的网格细胞被激活。将空间位置对应为一个个网格细胞提供的多尺度、周期性的编码，就能够通过解读该编码来计算两点之间的相对位置。他们认为生物大脑就是通过不断解读这种编码从而在环境中定位。这种编码又被称为“网格编码”，也被人称为“生物的 GPS”，见图 8.24。

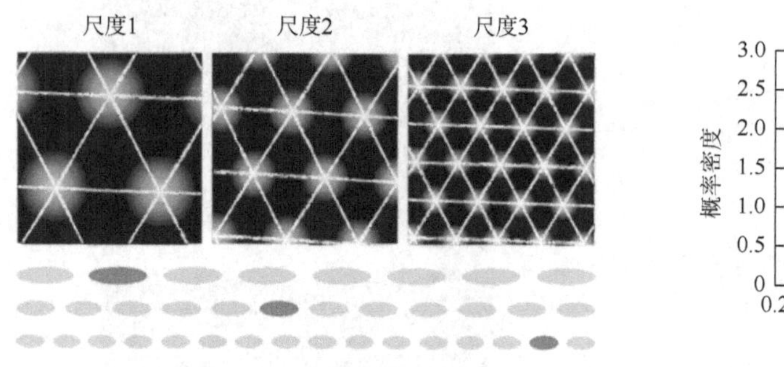

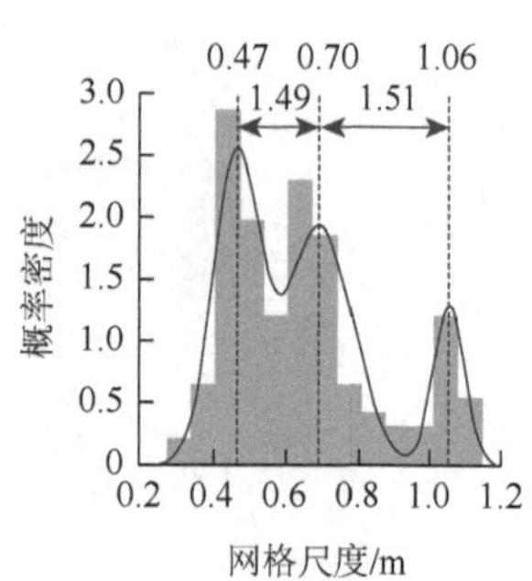

图 8.24 生物网格细胞的六边形模式[39]

得益于深度学习、强化学习的发展，用人工神经网络去模拟生物网格细胞的工作也取得了突破性进展[39]，被称为类网格（Grid-Like）细胞网络。该工作首先训练了一个深度神经网络用来给人工智能体定位。该网络输入智能体当前的平移速度和角速度，在一个 2.2m×2.2m 的方形区域中进行轨迹积分，并更新智能体对位置和朝向的估计。输入的速度被一个 LSTM 网络处理，并通过一个线性层映射到位置与头朝向单元。在训练过程中，真实的位置和头朝向单元的活性向量作为每一拍的监督信号。经训练，该网络 15s 轨迹的平均误差为 16cm，未经训练时误差为 91cm，说明该网络具有定位能力，并在网络线性层输出中产生稳定的类似于生物网格细胞的激活模式，见图 8.25。512 个线性层单元中有 129 个（25.2%）类似于网格细胞，呈现显著的六边形周期性。网格的尺度变化范围从 28cm 到 115cm 遵循一个多模态分布，与啮齿动物网格细胞的实验结果一致[40]。

该工作进一步证明了使用深度强化学习训练时，类网格细胞的定位能力可为陌生环境中的目标导航提供有效的支撑。该工作将“类网格细胞网络”合并到一个更大的 ANN 架构中，并使用深度强化学习进行训练，见图 8.26（左）。图中虚线部分的网格网络仍使用监督学习训练。同时为了更好地接近于导航时哺乳动物获得的信息，该工作增加了一个辅助视觉输入模块，模拟生物视觉对环境“不完美的观测”。视觉输入由一个 CNN 网络处理并产生位置和头朝向细胞的活性向量，并只有 5%的机会作为输入提供给类网格细胞网络。类网格细胞网络线性层的输出，对应于智能体的当前位置，被输入到第二个 LSTM 中，称为“策略 LSTM”，它既控制智能体的动作，又输出一个值函数。每当智能体达到目标时，类网格网络的线性层中的激活情况作为下一步的输入提供给策略 LSTM，使得策略 LSTM 能够通过将当前网格激活情况（称为“当前网格编码”）与记忆中目标的激活情况（称为“目标网格编码”）进行比较来计算目标导向的向量并控制移动。

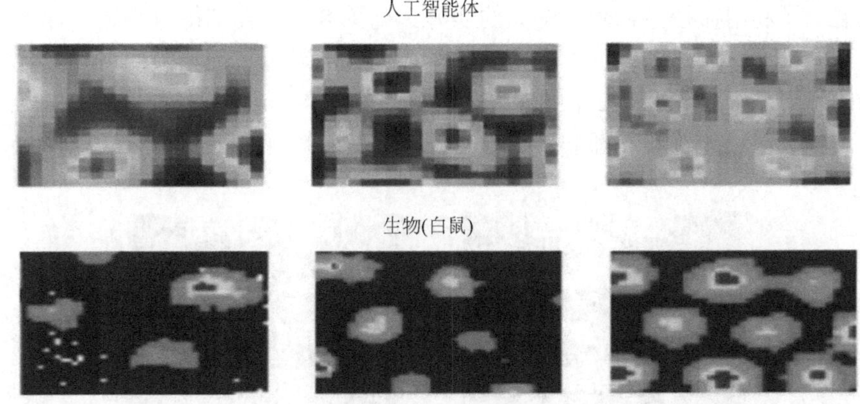

图 8.25　类网格细胞网络的激活模式与生物网格细胞一致[39]

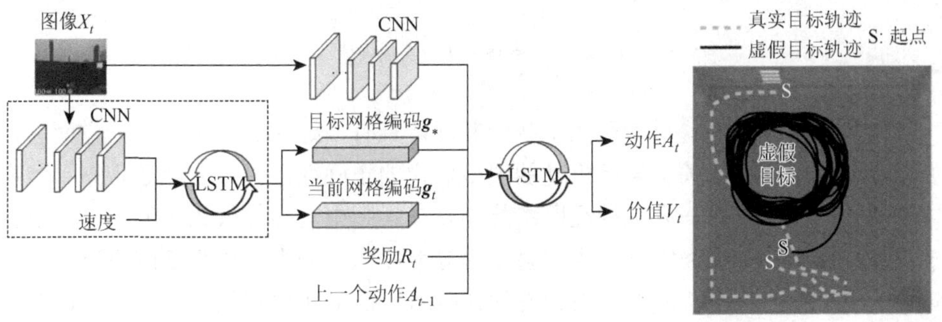

图 8.26　导航模型结构与替换目标实验轨迹[39]

见图 8.26（左）中虚线部分以外的网络通过强化学习算法训练，简称为 RL 智能体。RL 智能体的观测 O_t 包含当前第一人称视觉图像 X_t，目标网格编码 $\boldsymbol{g}_*$ 和当前网格编码 $\boldsymbol{g}_t$，奖励 R_t 和上一个动作 A_{t-1}。其动作空间 $\mathcal{A}=\{$向前加速，向后加速，向左加速，向右加速，左转，右转$\}$，具体的动作会经由运动控制程序使机器人细粒度地移动。在奖励设置方面，RL 智能体到达目标时将获得+10 的奖励，其他时刻得到 0 奖励。交互内容确定后，使用 8.1.2 节介绍的 A3C 强化学习算法进行训练，被训练的参数 $\boldsymbol{\theta}$ 是图 8.25（左）中虚线框以外的网络参数（CNN 与策略 LSTM 等）。实验表明，经过 A3C 算法训练后，人工智能体能够通过自身定位和少量的视觉观测，很好地到达记忆中的目的地。且在目标网格编码被替换或者删除时，人工智能体的导航性能会受到严重的影响，智能体会在错误的目标附近徘徊，见图 8.26（右）。

最后该工作评估了人工智能体在可变环境中的性能。当环境在测试中变得更大时，类网格细胞网络的定位能力能够有效地泛化。除此以外，类网格细胞智能体还展示了利用捷径穿越陌生空间的能力。见图 8.27，在训练时到达目标的捷径是关闭的。而一旦这些捷径打开，人工智能体就能通过它们直接前往目标。这种现象的出现进一步说明人工神经网络在模拟生物“导航脑”方面显示出了高水平性能，且在多组超参数下都非常稳健，甚至导航效果优于生物对照组。

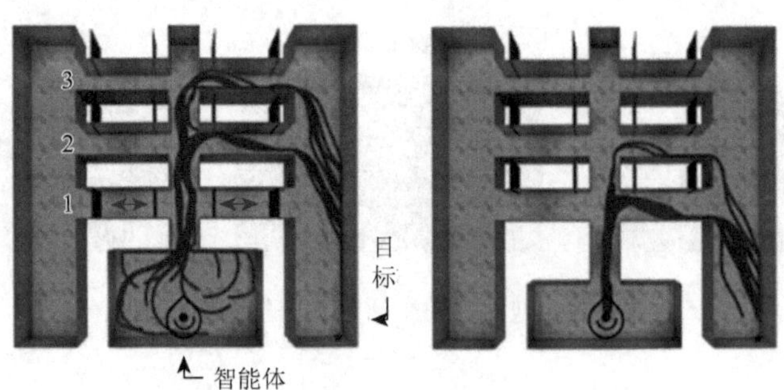

图 8.27　捷径行为实验轨迹[39]

这些工作对生物脑科学和人工智能发展都具有很好的启发意义。一方面它们进一步证实了生物学关于导航机理的很多假说的正确性，另一方面还带来了智能导航新的研究机会——人工神经网络能够建模大脑中与导航最相关的结构，机器学习算法能够让神经网络学习类似生物的导航能力。如类网格细胞网络就是一个融合了 CNN 和 LSTM 的端对端状态估计网络，在第 4 章特别总结了这方面的类似研究。又如强化学习可以用来使生物体产生对环境的空间结构、目标的空间关系、自身与环境的关系等多方面的记忆和认知，是认知导航的重要方法，相关研究在本章前述各节已充分展示。总之，使用人工神经网络去模拟生物对方向、姿态、运动的感知能力，去记忆生物对时间空间形成的导航经验，去像生物一样存储“地图”信息，建立一个类生物的“导航脑”[41, 42]，将使得机器人更像人一样去导航。这将是一个交叉、新颖和充满期待、挑战的研究方向。

8.7　工程实践：SAVN

本节的工程实践是对论文 *Learning to learn how to learn*：*Self-adaptive visual navigation using meta-learning* 的实现，具体介绍如何从零开始训练 SAVN 导航智能体。

8.7.1　数据集

thor_offline_data：该数据集包含了 AI2-thor 环境中 120 个房间类型的 ResNet 特征，作为智能体的当前观测送入网络。

thor_glove：该数据集为导航目标的 Glove 嵌入。

gcn：该数据集包含了目标与目标之间的关系，同时也包含了邻接矩阵。

8.7.2　环境配置与安装

系统要求：Ubuntu16.04 及以上，Pytorch1.0 以上，python3.6。

第 1 步：从 GitHub 下载工程源文件，打开命令行窗口，输入以下指令。

```
git clone https://github.com/allenai/savn.git && cd savn
```

第 2 步：下载预训练模型和数据集，通过以下链接，下载数据集。

预训练模型下载链接：

https://beaker.org/api/v3/datasets/ds_g1e2x8n1gwwf/files/pretrained_models.tar.gz

数据集下载链接：

https://beaker.org/api/v3/datasets/ds_i25b32ktzvh8/files/data.tar.gz

第 3 步：解压数据集，打开命令行窗口，分别输入以下指令。

```
tar -xzf pretrained_models.tar.gz
tar -xzf data.tar.gz
```

第 4 步：配置代码运行环境，打开命令行窗口，输入以下指令。

```
pip install-r requirements.txt
```

第 5 步：测试预训练模型。

（1）测试 SAVN 预训练模型，打开命令行窗口，输入以下指令。

```
python main.py--eval \
    --test_or_val test \
    --episode_type TestValEpisode \
    --load_model pretrained_models/savn_pretrained.dat \
    --model SAVN \
    --results_json savn_test.json

cat savn_test.json
```

（2）测试 Scene prior 预训练模型，打开命令行窗口，输入以下指令。

```
python main.py--eval \
    --test_or_val test \
    --episode_type TestValEpisode \
    --load_model pretrained_models/gcn_pretrained.dat \
    --model GCN \
    --glove_dir ./data/gcn \
    --results_json scene_priors_test.json

cat scene_priors_test.json
```

（3）测试 Non-Adaptive-A3C，打开命令行窗口，输入以下指令。

```
python main.py--eval \
    --test_or_val test \
    --episode_type TestValEpisode \
    --load_model pretrained_models/nonadaptivea3c_pretrained.dat \
    --results_json nonadaptivea3c_test.json
```

```

cat nonadaptivea3c_test.json
```

第 6 步：从零开始训练 SAVN 模型。

（1）从零开始训练 SAVN 模型，打开命令行窗口，输入以下指令。

```
python main.py \
    --title savn_train \
    --model SAVN \
    --gpu-ids 0 1 \
    --workers 12
```

（2）从零开始训练 Non-Adaptive-A3C 模型，打开命令行窗口，输入以下指令。

```
python main.py \
    --title nonadaptivea3c_train \
    --gpu-ids 0 1 \
    --workers 12
```

第 7 步：测试自己训练的模型。

（1）测试自己训练的 SAVN 模型，打开命令行窗口，输入以下指令。

```
python full_eval.py \
    --title savn \
    --model SAVN \
    --results_json savn_results.json \
    --gpu-ids 0 1

cat savn_results.json
```

（2）测试自己训练的 Non-Adaptive A3C 模型，打开命令行窗口，输入以下指令。

```
python main.py \
    --eval \
    --test_or_val test \
    --episode_type TestValEpisode \
```

```
    --title random_test \
    --agent_type RandomNavigationAgent \
    --results_json random_results.json

cat random_results.json
```

（3）测试自己训练的 Random Agent 模型，打开命令行窗口，输入以下指令。

```
python main.py \
    --eval \
    --test_or_val test \
    --episode_type TestValEpisode \
    --title random_test \
    --agent_type RandomNavigationAgent \
    --results_json random_results.json

cat random_results.json
```

8.7.3 代码解析

核心模块功能分析如表 8.7 所示。

表 8.7　核心模块功能分析

模块名称	功能介绍
main.py（脚本）	主函数入口，主要负责导航模型的调用和训练
main_eval.py（脚本）	主要功能为测试模型各个房间的单个指标
full_eval.py（脚本）	主要功能为测试整个模型中所有房间的总指标
agent（包）	定义不同类型的智能体
datasets（包）	离散化导航环境数据集
episodes（包）	完成每回合导航的定义
models（包）	神经网络拟合强化学习状态的模型表示
optimizers（包）	神经网络的优化算法，可自定义优化算法
runners（包）	runners 包含强化学习算法
utils（包）	训练和测试强化学习动作，环境等的接口函数

代码的结构图如图 8.28 所示。

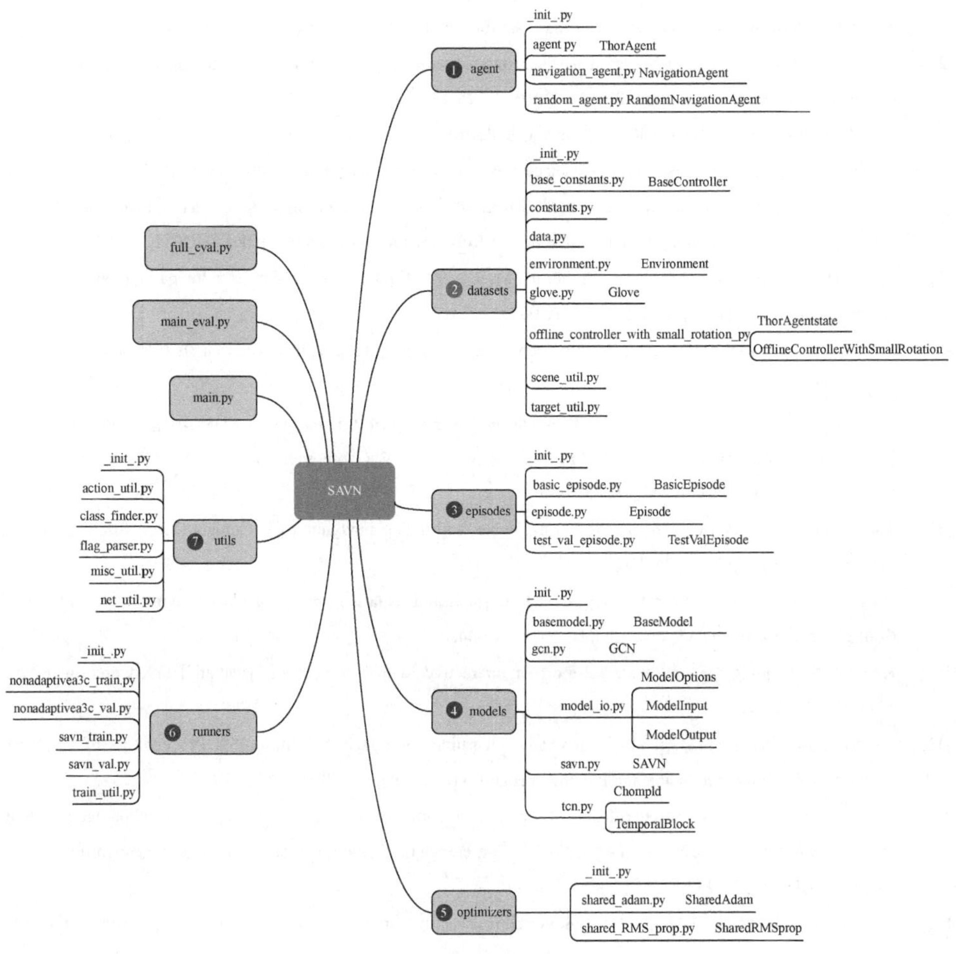

图 8.28　代码的结构图

8.7.4　实验

（1）调整 flag_parser.py 文件中的学习率参数，重新训练模型，观察训练时间。

（2）调整 flag_parser.py 文件中的训练集房间数为 25 个，测试集房间为 5 个，重新训练 SAVN 模型，测试模型，观察结果。

（3）调研强化学习算法，选择合适的强化学习算法替换源工程中的 A3C 算法部分，并重新训练模型，测试模型，观察结果。

参 考 文 献

[1] Sutton R，Barto A . Reinforcement Learning：An Introduction[M]. Cambridge：MIT Press，1998.

[2] Mnih V，Badia A P，Mirza M，et al. Asynchronous methods for deep reinforcement learning[C]. International Conference on Machine Learning. PMLR，2016：1928-1937.

[3] Wu Y，Mansimov E，Grosse R B，et al. Scalable trust-region method for deep reinforcement learning using kronecker-factored approximation[J]. Advances in Neural Information Processing Systems，2017，30：5279-5288.

[4] Zhu Y，Mottaghi R，Kolve E，et al. Target-driven visual navigation in indoor scenes using deep reinforcement learning[C]. 2017 IEEE International Conference on Robotics and Automation（ICRA），2017：3357-3364.

[5] Savva M，Chang A X，Dosovitskiy A，et al. Minos：Multimodal indoor simulator for navigation in complex environments[J]. arXiv preprint arXiv：1712.03931，2017.

[6] Wu Y，Wu Y，Gkioxari G，et al. Building generalizable agents with a realistic and rich 3d environment[J]. arXiv preprint arXiv：1801.02209，2018.

[7] Anderson P，Wu Q，Teney D，et al. Vision-and-language navigation：Interpreting visually-grounded navigation instructions in real environments[C]. Proceedings of the IEEE Conference on Computer Vision and Pattern Recognition，Salt Lake City，2018：3674-3683.

[8] Thomason J，Murray M，Cakmak M，et al. Vision-and-dialog navigation[C]. Conference on Robot Learning. PMLR，Durham，2020：394-406.

[9] Du H，Yu X，Zheng L. Learning object relation graph and tentative policy for visual navigation[C]. European Conference on Computer Vision，Cham，2020：19-34.

[10] Kolve E，Mottaghi R，Han W，et al. Ai2-thor：An interactive 3d environment for visual ai[J]. arXiv preprint arXiv：1712.05474，2017.

[11] He K，Zhang X，Ren S，et al. Deep residual learning for image recognition[C]. Proceedings of the IEEE Conference on Computer Vision and Pattern Recognition，Las Vegas，2016：770-778.

[12] Wortsman M，Ehsani K，Rastegari M，et al. Learning to learn how to learn：Self-adaptive visual navigation using meta-learning[C]. Proceedings of the IEEE/CVF Conference on Computer Vision and Pattern Recognition，Long Beach，2019：6750-6759.

[13] Pennington J，Socher R，Manning C D. Glove：Global vectors for word representation[C]. Proceedings of the 2014 Conference on Empirical Methods in Natural Language Processing（EMNLP），Doha，2014：1532-1543.

[14] Finn C，Abbeel P，Levine S. Model-agnostic meta-learning for fast adaptation of deep networks[C]. International Conference on Machine Learning，PMLR，Boston，2017：1126-1135.

[15] Yang W，Wang X，Farhadi A，et al. Visual semantic navigation using scene priors[J]. arXiv preprint arXiv：1810.06543，2018.

[16] Nguyen K，Dey D，Brockett C，et al. Vision-based navigation with language-based assistance via imitation learning with indirect intervention[C]. Proceedings of the IEEE/CVF Conference on Computer Vision and Pattern Recognition，2019：12527-12537.

[17] Wu W，Chang T，Li X. Visual-and-language navigation：A survey and taxonomy[J]. arXiv preprint arXiv：2108.11544，2021.

[18] Wang X，Huang Q，Celikyilmaz A，et al. Reinforced cross-modal matching and self-supervised imitation learning for vision-language navigation[C]. Proceedings of the IEEE/CVF Conference on Computer Vision and Pattern

Recognition，Long Beach，2019：6629-6638.

[19] Oh J，Guo Y，Singh S，et al. Self-imitation learning[C]. International Conference on Machine Learning. PMLR，Montréal，2018：3878-3887.

[20] Wang X，Xiong W，Wang H，et al. Look before you leap：Bridging model-free and model-based reinforcement learning for planned-ahead vision-and-language navigation[C]. Proceedings of the European Conference on Computer Vision（ECCV），Munich，2018：37-53.

[21] Fried D，Hu R，Cirik V，et al. Speaker-follower models for vision-and-language navigation[J]. Advances in Neural Information Processing Systems，2018，31.

[22] Qi Y，Pan Z，Zhang S，et al. Object-and-action aware model for visual language navigation[C]. European Conference on Computer Vision，Glasgow，2020：303-317.

[23] Zhu Y，Zhu F，Zhan Z，et al. Vision-dialog navigation by exploring cross-modal memory [C]. Proceedings of the IEEE/CVF Conference on Computer Vision and Pattern Recognition，2020：10730-10739.

[24] Zhu Y，Zhu F，Zhan Z，et al. Vision-dialog navigation by exploring cross-modal memory[C]. Proceedings of the IEEE/CVF Conference on Computer Vision and Pattern Recognition，Seattle，2020：10730-10739.

[25] Kipf T N，Welling M. Semi-supervised classification with graph convolutional networks[J]. arXiv preprint arXiv：1609.02907，2016.

[26] Yun S，Jeong M，Kim R，et al. Graph transformer networks[J]. arXiv preprint arXiv：1911.06455，2019.

[27] Berners-Lee T，Hendler J，Lassila O. The semantic web[J]. Scientific American，2001，284（5）：34-43.

[28] Lv Y，Xie N，Shi Y，et al. Improving target-driven visual navigation with attention on 3D spatial relationships[J]. arXiv preprint arXiv：2005.02153，2020.

[29] Krishna R，Zhu Y，Groth O，et al. Visual genome：Connecting language and vision using crowdsourced dense image annotations[J]. International Journal of Computer Vision，2017，123（1）：32-73.

[30] Qiu Y，Pal A，Christensen H I. Target driven visual navigation exploiting object relationships[J]. arXiv preprint arXiv：2003.06749，2020.

[31] Moghaddam M K，Wu Q，Abbasnejad E，et al. Optimistic agent：Accurate graph-based value estimation for more successful visual navigation[C]. Proceedings of the IEEE/CVF Winter Conference on Applications of Computer Vision，Waikoloa，2021：3733-3742.

[32] Joulin A，Grave E，Bojanowski P，et al. Bag of tricks for efficient text classification[J]. arXiv preprint arXiv：1607.01759，2016.

[33] 胡小平，毛军，范晨，等. 仿生导航技术综述[J]. 导航定位与授时，2020，7（4）：1-10.

[34] O'Keefe J，Dostrovsky J . The hippocampus as a spatial map. Preliminary evidence from unit activity in the freely-moving rat[J]. Brain Research，1971，34（1）：171-175.

[35] Hafting T，Fyhn M，Molden S，et al. Microstructure of a spatial map in the entorhinal cortex[J]. Nature，2005，436（7052）：801-806.

[36] Solstad T，Boccara C N，Kropff E，et al. Representation of geometric borders in the entorhinal cortex[J]. Science，2008，322（5909）：1865-1868.

[37] Fiete I R，Burak Y，Brookings T. What grid cells convey about rat location[J]. Journal of Neuroscience，2008，28（27）：6858-6871.

[38] Mathis A，Herz A V M，Stemmler M . Optimal population codes for space：Grid cells outperform place cells[J]. Neural Computation，2014，24（9）：2280-2317.

[39] Banino A，Barry C，Uria B，et al. Vector-based navigation using grid-like representations in artificial agents[J].

Nature，2018，557（7705）：429-433.

[40] Sargolini F，Fyhn M，Hafting T，et al. Conjunctive representation of position，direction，and velocity in entorhinal cortex[J]. Science，2006，312（5774）：758-762.

[41] 郭迟，罗宾汉，李飞，等. 类脑导航算法：综述与验证[J]. 武汉大学学报（信息科学版），2021，46（12）：1819-1831.

[42] 陈孟元. 鼠类脑细胞导航机理的移动机器人仿生 SLAM 综述[J]. 智能系统学报，2018，13（1）：107-117.

第 9 章　多足机器人导航

本章主要介绍足式机器人上的定位导航技术。足式机器人是一种当前快速发展的新型机器人，与轮式机器人相比在室内楼梯、荒野沙地、废墟灾区等特殊且复杂的非结构化环境下具有更好的灵活性和适应性。

本章的主要内容包括：①多足机器人的发展及应用；②多足机器人上运动学模型和里程计的建立方法；③多足机器人上的不变卡尔曼滤波器理论和构造过程；④多足机器人上的平滑算法；⑤多足机器人导航的发展趋势。

9.1　多足机器人的发展及应用

多足机器人的发展最早可以追溯到 20 世纪 60 年代，当时由 Mosher 研究的足式机器人就已经具备了良好的越障、攀爬等能力[1]。如今，经过大量科研工作者对多足机器人的设计研究，足式机器人的种类已经非常丰富：如文献[2]研制了一款六足爬行机器人，该机器人仿照蜘蛛的身体结构，以蜘蛛爬行的方式进行运动；文献[3]基于生物力学和生理学分别开发了双足、四足机器人系统，用以研究运动力学中的生物力学和神经力学；俄勒冈州立大学研究开发了一个双足人形机器人 ATRIAS，这款机器人使用硬弹簧部分替代了机械腿中的刚性连杆，提高了人形双足机器人的适应能力，并实现了类似人类的行走、跳跃等运动动作[4]；文献[5]研究设计了一款用于农业的轮足混合四足机器人，该机器人结合了轮式和足式机器人的特点，能在丘陵、沟壑等环境下进行农业作业；文献[6]开发了一个单腿的足式机器人系统，该机器人使用跳跃的方式实现了自身运动。作为全球最具影响力的足式机器人研发公司，美国波士顿动力公司在 2005 年后相继推出多个版本的 BIG Dog 四足机器人，能够完成各种复杂动作，对复杂地形具有较高的适应能力。为了解决 BIG Dog 系列机器人存在的噪音大、笨重等问题，波士顿动力公司于 2015 年后研发出多款 Spot 系列四足机器人，Spot 四足机器人的噪音更小、速度更快、步伐更灵敏，对后续四足机器人的发展具有深远意义。此外，国内近几年在四足机器人领域的研究也取得了显著的成果，2021 年宇树科技和小米公司相继发布的 Go1 和“铁蛋”四足机器人，不但具有很好的灵活性，而且极大地降低了研发成本，在国内掀起了四足机器人的研究热潮。

与由轮子和履带驱动的机器人不同，多足机器人的结构很复杂，整个多足机器人一般可分为机身和由若干条机械腿构成的腿部系统两大部分：机身一般设计为一个如长方体、椭球体等规则的几何刚体；腿部系统一般由一条或多条机械腿协调构成，然后通过关节或弹簧连接到机身上。多足机器人的运动一般依赖腿部系统驱动其中的机械腿来实现，各个机械腿通过不断调整每个关节的开合状态控制机器人运动。机械腿由连杆和舵机组成，其结构和动物的腿相似，所以机械腿在三维空间中的自由度很高，这使得多足机器人的运动方式变得十分丰富。相比之下，轮式和履带式机器人一般是将轮子与机身固定连接形成一个整体，轮子与机身的位置已经固定无法改变，轮式和履带式的机器人只能通过轮子前后的旋转进行运动。因此它们的运动自由度远远不如足式机器人，跨越障碍的能力很差，这些缺点极大地限制了轮式和履带式机器人的使用场景。相反，多足机器人比轮式和履带式机器人自由度高，所以具有更高的环境适应性[7]，使得多足机器人的运用场景得到了极大的拓展：如军事扫雷和侦察[8]、复杂地形测量测绘[9]、天外星球地面探测[10]、矿井作业[11]等。

目前，国内外四足机器人的发展历程见图 9.1，未来四足机器人将围绕“鲁棒性”的“4S”发展趋势继续前进，即更加智能化（Smart）、更加强壮（Strong）、更加稳定（Stability）以及追求静默型（Silent）[12]。

图 9.1　四足机器人的发展历程

9.2　多足机器人上的足式里程计

多足机器人复杂运动方式和多样的运动场景导致很多原可以在车载组合导航系统中使用的非完整性约束条件（如侧向速度约束、高程约束等）都失效了，这在一定程度上降低了组合导航系统的精度。为了克服这些挑战，可以针对多足机器人专门建立其运动模型，然后根据正向运动学模型建立多足机器人上的里程计，用于辅助其组合导航系统。

9.2.1　多足机器人的 D-H 建模方法

足式机器人常用的建模方法为 D-H（Denavit-Hartenberg）法，该方法是 Denavit 和 Hartenberg 在 1955 年提出来的。对于一切由舵机和连杆组成的机械臂结构，都可以使用 D-H 法建立其运动学模型[13]。

普通机械臂一般主要由两种类型的部件组成：连杆和舵机（又称关节）。连杆是用于连接两个关节的部件，可以是两个关节之间规则或不规则的刚体，也可以是具有弹性的规则或不规则的非刚性物体。

如图 9.2 所示，在 D-H 法中，描述机械臂相邻关节之间关联关系的参数有连杆长度 a_{i-1}、连杆扭角 α_{i-1}、连杆偏距 d_i 和关节角 θ_i，其中 a_{i-1} 和 α_{i-1} 称为关节参数，d_i 和 θ_i 称为连杆参数。在第 i 个关节上建立一个坐标系 $\{i\}$，然后通过关联参数就可以计算每个关节轴上坐标系之间的相对位置和相对姿态，从而建立整条机械臂上任意两个关节坐标系之间的运动学模型。

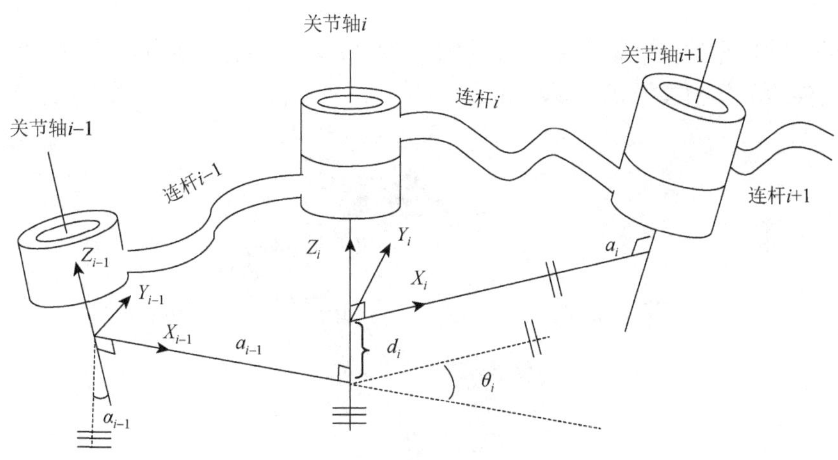

图 9.2　机械臂局部构造示意图

若空间中一点在 $\{i-1\}$ 坐标系中的坐标为 $\begin{bmatrix} x_{i-1} & y_{i-1} & z_{i-1} \end{bmatrix}^{\mathrm{T}}$，在 $\{i\}$ 坐标系中的坐标为 $\begin{bmatrix} x_i & y_i & z_i \end{bmatrix}^{\mathrm{T}}$，由 D-H 运动学模型原理，可以得到二者之间的转换关系，见式（9-1）：

$$\begin{bmatrix} x_{i-1} \\ y_{i-1} \\ z_{i-1} \\ 1 \end{bmatrix} = \boldsymbol{T}_i^{i-1} \begin{bmatrix} x_i \\ y_i \\ z_i \\ 1 \end{bmatrix} \tag{9-1}$$

其中，$\boldsymbol{T}_i^{i-1}$ 的表达式见式（9-2）：

$$\boldsymbol{T}_i^{i-1}=\begin{bmatrix}\cos\theta_i & -\sin\theta_i & 0 & a_{i-1}\\ \sin\theta_i\cos\alpha_{i-1} & \cos\theta_i\cos\alpha_{i-1} & -\sin\alpha_{i-1} & -\sin\alpha_{i-1}d_i\\ \sin\theta_i\sin\alpha_{i-1} & \cos\theta_i\sin\alpha_{i-1} & \cos\alpha_{i-1} & \cos\alpha_{i-1}d_i\\ 0 & 0 & 0 & 1\end{bmatrix} \tag{9-2}$$

其中，前 3×3 的矩阵表示坐标系 $\{i\}$ 到坐标系 $\{i-1\}$ 的旋转矩阵；最后一列 3×1 向量表示坐标系 $\{i\}$ 的原点在坐标系 $\{i-1\}$ 中的位置向量。

这样，根据链式法则，可以得到任意两个关节坐标之间的转换关系，见式（9-3）：

$$\begin{bmatrix}x_i\\ y_i\\ z_i\\ 1\end{bmatrix}=\boldsymbol{T}_{i+1}^{i}\boldsymbol{T}_{i+2}^{i+1}\cdots\boldsymbol{T}_{j}^{j-1}\begin{bmatrix}x_j\\ y_j\\ z_j\\ 1\end{bmatrix},\quad j>i \tag{9-3}$$

9.2.2　多足机器人的正向运动学模型

以一种常见的多足机器人（见图 9.3）为例，本节将介绍如何建立该多足机器人的正向运动学模型及足式里程计。

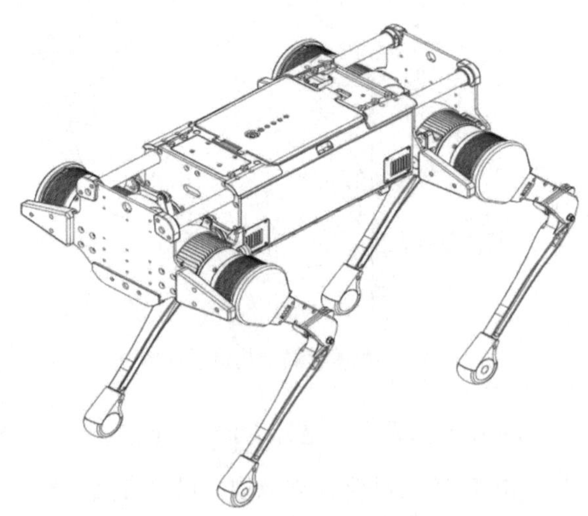

图 9.3　多足机器人示意图

使用 D-H 法建立多足机器人的正向运动学模型，首先在多足机器人各个关节轴上建立关节轴坐标系，见图 9.4。

式（9-2）中由多足机器人每条腿的描述参数，可以获得各个坐标系的相对关

系 $\boldsymbol{T}_1^0$、$\boldsymbol{T}_2^1$、$\boldsymbol{T}_3^2$。同时，在机器人的足端也建立相应的坐标系，以左前腿为例，可以获得足端坐标系到坐标系{3}的相对关系 $\boldsymbol{T}_{\text{LF}}^3$，由式（9-3）可得到左前腿的完整运动学模型，见式（9-4）：

$$\boldsymbol{T}_{\text{LF}}^0 = \boldsymbol{T}_1^0 \boldsymbol{T}_2^1 \boldsymbol{T}_3^2 \boldsymbol{T}_{\text{LF}}^3 \tag{9-4}$$

同理，根据 D-H 法依次建立左后腿、右前腿和右后腿的运动学模型。由于每条机械腿的零号关节坐标系{0}是与机身固联的，所以只需要再建立零号关节坐标系与载体坐标系{b}的关系，求取载体坐标系{b}与足端位置坐标系之间的关系，就可以将多条机械腿统一在一个坐标系内，至此整个足式机器人的正运动学模型就建立完整了。

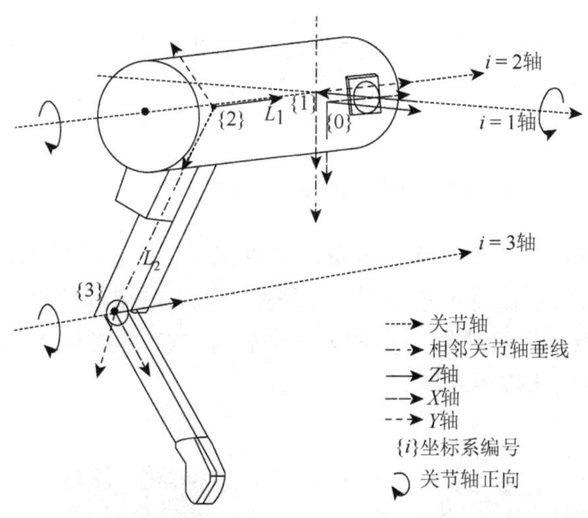

图 9.4　多足机器人关节轴坐标系示意图

9.2.3　多足机器人的足式里程计的构建

里程计（Odometer）是指安装在载体上用于测量载体行程的装置，可以提供载体的实时位置、速度或姿态等信息。

以图 9.3 中的多足机器人为例，它的一个完整的行走周期见图 9.5。从图中不难看出该多足机器人的行走模型采用的是“对角行走”动态规划模型，该模型的特点是机器人在行走的时候，处于对角线上的两条腿的运动始终保持一致：前半个行走周期 A 到 D 过程中，机器人左前腿和右后腿始终与地面接触；后半个行走周期 E 到 H 过程中，机器人右前腿和左后腿始终与地面接触。这表明，当该机器人在行走运动的时候，只要有一条腿与地面接触，其对角线上的腿也与地面接触。

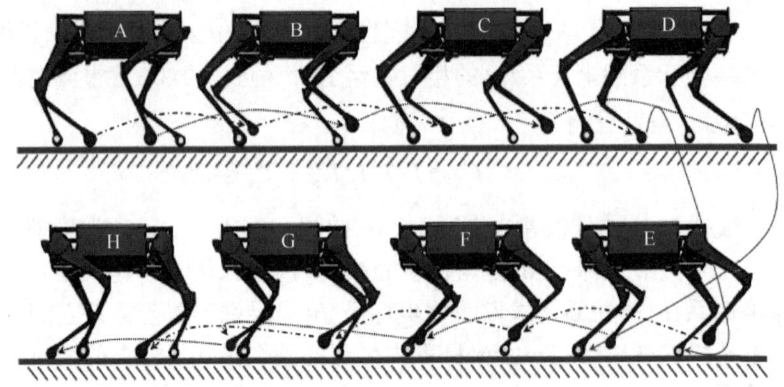

图 9.5　多足机器人行走示意图

为直观地介绍多足机器人上的足式里程计的原理，见图 9.6，可将该多足机器人上足端与机身的关系在地心地固系下用图中的方法表示，则两者关系见式（9-5）：

$$\boldsymbol{r}_{eb}^{e}=\boldsymbol{r}_{ec}^{e}+\boldsymbol{r}_{cb}^{e}=\boldsymbol{r}_{ec}^{e}+\boldsymbol{C}_{n}^{e}\boldsymbol{C}_{b}^{n}\boldsymbol{r}_{cb}^{b} \tag{9-5}$$

式中，上下标 e 表示地心地固系；b 表示机身位置；c 表示足端与地面接触的点；$\boldsymbol{r}_{eb}^{e}$、$\boldsymbol{r}_{ec}^{e}$ 和 $\boldsymbol{r}_{cb}^{e}$ 分别表示机身位置向量在 e 系中表现、足端触地点位置向量在 e 系中表现、足端触地点到机身位置向量在 e 系中表现；$\boldsymbol{C}_{n}^{e}$ 为导航系相对于地心地固系姿态矩阵；$\boldsymbol{C}_{b}^{n}$ 为载体姿态矩阵。

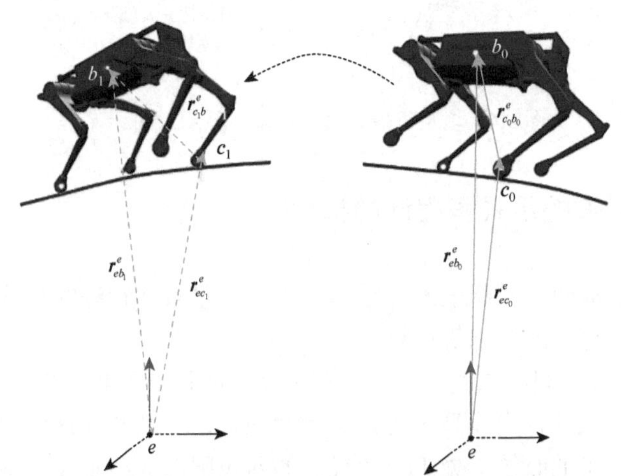

(a) 机器人后半行走周期足端与机身位置关系　　(b) 机器人前半行走周期足端与机身位置关系

图 9.6　多足机器人整个行走周期内足端与机身位置关系图

由于机器人在行走过程中，总有两足触地，触地后的足端位置不再改变（不考虑打滑）。假设机器人处于前半行走周期，则此时机器人左前腿和右后腿触地，左前腿和右后腿 $\boldsymbol{r}_{ec_0}^e$ 保持不变，而此时可以根据这两条腿关节数据获取 $\boldsymbol{r}_{eb}^e$。在机器人的半个行走周期内，其位置变化比较小，可以将 $\boldsymbol{C}_n^e$ 视作常值。如果能够获取此时的机器人姿态 $\boldsymbol{C}_b^n$，就可以求取此时机器人机身位置，在获取了机器人机身位置后利用机器人运动学模型，可以依次获得其他两条腿足端的位置。当机器人行走进入下半周期后，改为右前腿和左后腿触地，由于此时这两条腿的足端位置根据前面的计算已知，以同样的方式可以再次计算机身、其他两条腿的位置，直到机器人进入下一行走周期。如此反复计算，便可以获得连续的机器人位置估计，即构建了多足机器人的里程计。

9.3　多足机器人上的不变卡尔曼滤波器

在传统的车载 SINS/GNSS 组合导航系统中，人们最常使用的数据融合方法是扩展卡尔曼滤波算法。然而，将传统扩展卡尔曼滤波器直接运用在足式机器人上进行组合导航时，将产生方差估计不一致等问题，导致滤波结果较差。为了解决这个问题，本节介绍一种基于李群的滤波方法——不变扩展卡尔曼滤波，并介绍其构建过程。

9.3.1　不变卡尔曼滤波器简介

一般扩展卡尔曼滤波器都是在欧几里得空间中建立的，因为物体的运动符合李群的性质特征，因此可以直接在非欧氏空间李群（Lie Group）上建立滤波器，这样可以更加准确地描述物体的运动状态。

如果在李群上 $\mathrm{SE}_{k+1}(3)$ 选取一个用于描述物体运动状态的状态变量 $\boldsymbol{\chi}$，那么在李群上构建卡尔曼滤波器时，与一般扩展卡尔曼滤波器一样，需要考虑如何在李群上获取状态变量的状态误差。在欧几里得空间两个状态向量之间的差异一般使用形如 $\delta\boldsymbol{X}=\hat{\boldsymbol{X}}-\boldsymbol{X}$ 或 $\delta\boldsymbol{X}=\boldsymbol{X}-\hat{\boldsymbol{X}}$ 的表示方法。但是李群上并没有规定“加性”运算，其运算均为“乘性”的。根据李群的性质，可以定义李群上的误差表示方法为 $\boldsymbol{\eta}=\hat{\boldsymbol{\chi}}\boldsymbol{\chi}^{-1}$、$\boldsymbol{\eta}=\boldsymbol{\chi}\hat{\boldsymbol{\chi}}^{-1}$、$\boldsymbol{\eta}=\boldsymbol{\chi}^{-1}\hat{\boldsymbol{\chi}}$ 或 $\boldsymbol{\eta}=\hat{\boldsymbol{\chi}}^{-1}\boldsymbol{\chi}$，以此为基础，便可在李群上建立状态误差微分方程了[14]。同时，这些状态误差模型满足不变性，即状态变量在群元素的作用下，其误差形式保持不变[15]。

1. 不变卡尔曼滤波器的一步预测模型

定义李群上表示的系统状态微分方程，见式（9-6）：

$$\frac{\mathrm{d}}{\mathrm{d}t}\chi = f_{u_t}(\chi) \tag{9-6}$$

在李群 $\boldsymbol{G}$ 上，若对于任意的 $t > 0$，$\chi_1, \chi_2 \in G$ 满足式（9-7）：

$$f_{u_t}(\chi_1\chi_2) = f_{u_t}(\chi_1)\chi_2 + \chi_1 f_{u_t}(\chi_2) - \chi_1 f_{u_t}(\boldsymbol{I}_d)\chi_2 \tag{9-7}$$

则认为该系统满足群仿射性[16]，其中，$\boldsymbol{u}_t$ 表示输入变量；$\boldsymbol{I}_d$ 表示与 $\boldsymbol{G}$ 同维度的单位矩阵。研究表明，当系统满足式（9-7）时，以 $\boldsymbol{\eta} = \hat{\chi}\chi^{-1}$、$\boldsymbol{\eta} = \chi\hat{\chi}^{-1}$、$\boldsymbol{\eta} = \chi^{-1}\hat{\chi}$ 或 $\boldsymbol{\eta} = \hat{\chi}^{-1}\chi$ 方式定义的运动状态误差模型是与轨迹无关的[16]。

对于任意 $t \geqslant 0$，可以发现 $\boldsymbol{\eta}_t^r = \hat{\chi}_t\chi_t^{-1}$ 和 $\boldsymbol{\eta}_t^r = \chi_t\hat{\chi}_t^{-1}$ 具有不变性质，见式（9-8）：

$$\begin{cases} \boldsymbol{\eta}_t^r = \hat{\chi}_t\chi_t^{-1} = (\hat{\chi}_t\boldsymbol{R})(\chi_t\boldsymbol{R})^{-1} = \hat{\chi}_t\boldsymbol{R}\boldsymbol{R}^{-1}\chi_t^{-1} = \hat{\chi}_t\chi_t^{-1} \\ \boldsymbol{\eta}_t^r = \chi_t\hat{\chi}_t^{-1} = (\chi_t\boldsymbol{R})(\hat{\chi}_t\boldsymbol{R})^{-1} = \chi_t\boldsymbol{R}\boldsymbol{R}^{-1}\hat{\chi}_t^{-1} = \chi_t\hat{\chi}_t^{-1} \end{cases} \tag{9-8}$$

可以看到，对 χ_t 和 $\hat{\chi}_t$ 右乘一个相同的群元素 $\boldsymbol{R}$ 后，其误差 $\boldsymbol{\eta}_t^r$ 保持不变，称通过 $\boldsymbol{\eta}_t^r = \hat{\chi}_t\chi_t^{-1}$ 和 $\boldsymbol{\eta}_t^r = \chi_t\hat{\chi}_t^{-1}$ 定义的误差为右不变误差（Right-Invariant Error）。同样，对于任意 $t \geqslant 0$，可以发现 $\boldsymbol{\eta}_t^l = \chi_t^{-1}\hat{\chi}_t$ 和 $\boldsymbol{\eta}_t^l = \hat{\chi}_t^{-1}\chi_t$ 具有不变性质，见式（9-9）：

$$\begin{cases} \boldsymbol{\eta}_t^l = \chi_t^{-1}\hat{\chi}_t = (\boldsymbol{L}\chi_t)^{-1}(\boldsymbol{L}\hat{\chi}_t) = \chi_t^{-1}\boldsymbol{L}^{-1}\boldsymbol{L}\hat{\chi}_t = \chi_t^{-1}\hat{\chi}_t \\ \boldsymbol{\eta}_t^l = \hat{\chi}_t^{-1}\chi_t = (\boldsymbol{L}\hat{\chi}_t)^{-1}(\boldsymbol{L}\chi_t) = \hat{\chi}_t^{-1}\boldsymbol{L}^{-1}\boldsymbol{L}\chi_t = \hat{\chi}_t^{-1}\chi_t \end{cases} \tag{9-9}$$

对 χ_t 和 $\hat{\chi}_t$ 左乘一个相同的群元素 $\boldsymbol{L}$ 后，其误差 $\boldsymbol{\eta}_t^l$ 保持不变，称通过 $\boldsymbol{\eta}_t^l = \chi_t^{-1}\hat{\chi}_t$ 和 $\boldsymbol{\eta}_t^l = \hat{\chi}_t^{-1}\chi_t$ 定义的误差为左不变误差（Left-invariant Error）。当系统满足式（9-7）表示的群仿射性质时，右不变误差和左不变误差的微分方程见式（9-10）：

$$\begin{cases} \dfrac{\mathrm{d}}{\mathrm{d}t}\boldsymbol{\eta}_t^r = g_{u_t}(\boldsymbol{\eta}_t^r) = f_{u_t}(\boldsymbol{\eta}_t^r) - \boldsymbol{\eta}_t^r f_{u_t}(\boldsymbol{I}_d) \\ \dfrac{\mathrm{d}}{\mathrm{d}t}\boldsymbol{\eta}_t^l = g_{u_t}(\boldsymbol{\eta}_t^l) = f_{u_t}(\boldsymbol{\eta}_t^l) - f_{u_t}(\boldsymbol{I}_d)\boldsymbol{\eta}_t^l \end{cases} \tag{9-10}$$

假设存在向量 $\boldsymbol{\xi}_t$ 满足 $\boldsymbol{\eta}_t = \exp(\xi_t)$，定义与 $\boldsymbol{\eta}_t$ 同维度的矩阵 $\boldsymbol{A}_t$，则可以得到 $\boldsymbol{\xi}_t$ 的线性微分方程，见式（9-11）：

$$\frac{\mathrm{d}}{\mathrm{d}t}\xi_t = \boldsymbol{A}_t\boldsymbol{\xi}_t \tag{9-11}$$

式（9-11）是基于李群构建的不变扩展卡尔曼滤波器的误差状态微分方程，该模型是精确恢复出来的，不存在小角度近似，且矩阵 $\boldsymbol{A}_t$ 中与姿态、速度及位置对应的项与系统轨迹无关。

2. 不变卡尔曼滤波器的观测模型

在李群上建立完系统预测模型后，不变滤波器的另一个重要部分便是观测模型。同样，为了能在李群上进行运算，需要重新定义观测模型[17]，观测模型由观测量是相对测量还是绝对测量决定，相对测量适合构建右不变观测模型，绝对测量适合构建左不变观测模型。其中右不变观测模型见式（9-12）：

$$\boldsymbol{y}_k^r = \boldsymbol{\chi}_k^{-1}\boldsymbol{b} + \boldsymbol{n}_k \tag{9-12}$$

左不变观测模型见式（9-13）：

$$\boldsymbol{y}_k^l = \boldsymbol{\chi}_k\boldsymbol{b} + \boldsymbol{n}_k \tag{9-13}$$

其中，$\boldsymbol{y}_k^r$ 和 $\boldsymbol{y}_k^l$ 为观测值；$\boldsymbol{\chi}_k$ 为状态变量；$\boldsymbol{b}$ 为常值向量；$\boldsymbol{n}_k$ 为服从零均值的高斯白噪声。

3. 不变卡尔曼滤波器的更新

不变扩展卡尔曼滤波器的增益 $\boldsymbol{K}_k$ 求取见式（9-14）：

$$\boldsymbol{K}_k = \hat{\boldsymbol{P}}_k\boldsymbol{H}_k^{\mathrm{T}}(\boldsymbol{H}_k\hat{\boldsymbol{P}}_k\boldsymbol{H}_k^{\mathrm{T}} + \boldsymbol{R}_k)^{-1} \tag{9-14}$$

其中，$\hat{\boldsymbol{P}}_k$ 为状态协方差矩阵；$\boldsymbol{H}_k$ 为观测矩阵；$\boldsymbol{R}_k$ 为观测噪声方差矩阵。

状态协方差矩阵 $\hat{\boldsymbol{P}}_k$ 的更新见式（9-15）：

$$\hat{\boldsymbol{P}}_k = (\boldsymbol{I} - \boldsymbol{K}_k\boldsymbol{H}_k)\hat{\boldsymbol{P}}_{k,k-1}(\boldsymbol{I} - \boldsymbol{K}_k\boldsymbol{H}_k)^{\mathrm{T}} + \boldsymbol{K}_k\boldsymbol{R}_k\boldsymbol{K}_k^{\mathrm{T}} \tag{9-15}$$

对于滤波状态的更新，会随着选择左不变误差和右不变误差的不同有所不同，但原理是一样的，所以本节只介绍右不变误差下的状态更新，左不变误差的状态更新本节不再赘述。根据右不变误差定义，在 k 时刻选择右不变误差为 $\boldsymbol{\eta}_k^r = \hat{\boldsymbol{\chi}}_k\boldsymbol{\chi}_k^{-1}$，假设更新后的系统状态为 $\hat{\boldsymbol{\chi}}_k^+$，更新后的右不变误差见式（9-16）：

$$\boldsymbol{\eta}_k^{r+} = \hat{\boldsymbol{\chi}}_k^+\boldsymbol{\chi}_k^{-1} = \hat{\boldsymbol{\chi}}_k^+\hat{\boldsymbol{\chi}}_k^{-1}\hat{\boldsymbol{\chi}}_k\boldsymbol{\chi}_k^{-1} = \hat{\boldsymbol{\chi}}_k^+\hat{\boldsymbol{\chi}}_k^{-1}\boldsymbol{\eta}_k^r \tag{9-16}$$

其中，$\hat{\boldsymbol{\chi}}_k^+\hat{\boldsymbol{\chi}}_k^{-1}$ 项便是系统状态更新前后的差异，将其表示为式（9-17）：

$$\hat{\boldsymbol{\chi}}_k^+\hat{\boldsymbol{\chi}}_k^{-1} = \exp\left(\left[\boldsymbol{K}_k\boldsymbol{z}_k\right]_\wedge\right) \tag{9-17}$$

其中，$\boldsymbol{z}_k$ 为观测向量。由此，便得到不变卡尔曼滤波器的状态更新方程，见式（9-18）：

$$\hat{\boldsymbol{\chi}}_k^+ = \exp\left(\left[\boldsymbol{K}_k\boldsymbol{z}_k\right]_\wedge\right)\hat{\boldsymbol{\chi}}_k \tag{9-18}$$

至此，李群上的不变卡尔曼滤波器的构建已经介绍完毕。

9.3.2 组合导航中的不变卡尔曼滤波器

从理论上来说，基于李群构造的不变卡尔曼滤波器更加符合运动的基本物理规律，所以本节将从 SINS/GNSS 组合导航系统入手，选取合适的状态变量，构造一个性能更加优越的卡尔曼滤波器，并将其运用到以多足机器人为载体的惯性基组合导航系统中。

在地心地固系下载体的姿态为 $\boldsymbol{C}_b^e$ ，速度为 $\boldsymbol{v}_{eb}^e$ ，位置为 $\boldsymbol{r}_{eb}^e$ 。为了更加简便地构建卡尔曼滤波器，这里将改用速度 $\boldsymbol{v}_{ib}^e$ 作为系统状态，这样表示推导得到的滤波器满足误差状态转移矩阵的轨迹无关性。同样，使用 $\boldsymbol{r}_{ib}^e$ 作为系统状态，将姿态 $\boldsymbol{C}_b^e$ 、速度 $\boldsymbol{v}_{ib}^e$ 和位置 $\boldsymbol{r}_{ib}^e$ 嵌入到矩阵李群 $\mathrm{SE}_2(3)$ 中，见式（9-19）：

$$\boldsymbol{\chi}=\begin{bmatrix}\boldsymbol{C}_b^e & \boldsymbol{v}_{ib}^e & \boldsymbol{r}_{ib}^e\\ 0 & 1 & 0\\ 0 & 0 & 1\end{bmatrix} \tag{9-19}$$

不难证明，选择 $\boldsymbol{\chi}$ 作为不变滤波器的状态变量完全满足式（9-20）：

$$\begin{cases}\dfrac{\mathrm{d}}{\mathrm{d}t}\boldsymbol{\chi}=f_{u_t}(\boldsymbol{\chi})=\boldsymbol{\chi}\boldsymbol{M}_1+\boldsymbol{M}_2\boldsymbol{\chi}\\ f_{u_t}(\boldsymbol{\chi}_1\boldsymbol{\chi}_2)=\boldsymbol{\chi}_1\boldsymbol{\chi}_2\boldsymbol{M}_1+\boldsymbol{M}_2\boldsymbol{\chi}_1\boldsymbol{\chi}_2\\ f_{u_t}(\boldsymbol{I}_d)=\boldsymbol{M}_1+\boldsymbol{M}_2\end{cases} \tag{9-20}$$

其中， $\boldsymbol{M}_1,\boldsymbol{M}_2\in\mathbb{R}^{5\times5}$ 。将式（9-20）代入式（9-7）完全成立，说明地心地固系下的捷联惯性导航系统满足群仿射的性质，因此可以使用状态变量 $\boldsymbol{\chi}$ 构建一个基于李群的不变卡尔曼滤波器[18]。

下面给出右不变和左不变滤波的误差状态微分方程、观测方程及反馈。

1. *右不变卡尔曼滤波器的误差状态微分方程、观测方程及反馈*

根据右不变误差 $\boldsymbol{\eta}^r=\hat{\boldsymbol{\chi}}\boldsymbol{\chi}^{-1}$ 的定义，见式（9-21）：

$$\boldsymbol{\eta}^r=\hat{\boldsymbol{\chi}}\boldsymbol{\chi}^{-1}=\begin{bmatrix}\hat{\boldsymbol{C}}_b^e\boldsymbol{C}_e^b & \hat{\boldsymbol{v}}_{ib}^e-\hat{\boldsymbol{C}}_b^e\boldsymbol{C}_e^b\boldsymbol{v}_{ib}^e & \hat{\boldsymbol{r}}_{ib}^e-\hat{\boldsymbol{C}}_b^e\boldsymbol{C}_e^b\boldsymbol{r}_{ib}^e\\ 0 & 1 & 0\\ 0 & 0 & 1\end{bmatrix}=\begin{bmatrix}\boldsymbol{\eta}_R^e & \boldsymbol{J}_l\boldsymbol{\rho}_v^e & \boldsymbol{J}_l\boldsymbol{\rho}_r^e\\ 0 & 1 & 0\\ 0 & 0 & 1\end{bmatrix} \tag{9-21}$$

由李群和李代数的关系，有 $\boldsymbol{\eta}_R^e=\exp(-\boldsymbol{\xi}_R^e\times)$ 。重新定义 $\boldsymbol{\xi}_R^e$ 、 $\boldsymbol{J}_l\boldsymbol{\rho}_v^e$ 和 $\boldsymbol{J}_l\boldsymbol{\rho}_r^e$ 分别为系统的姿态误差、速度误差和位置误差，根据误差定义可以得到误差微分方程，见式（9-22）～式（9-24）：

$$\dot{\boldsymbol{\xi}}_R^e = \boldsymbol{\xi}_R^e \times \boldsymbol{\omega}_{ie}^e + \boldsymbol{C}_b^e\left(\boldsymbol{b}_g^b + \boldsymbol{w}_g^b\right) = -\boldsymbol{\omega}_{ie}^e \times \boldsymbol{\xi}_R^e - \boldsymbol{C}_b^e\left(\boldsymbol{b}_g^b + \boldsymbol{w}_g^b\right) \tag{9-22}$$

$$\begin{aligned}\frac{\mathrm{d}}{\mathrm{d}t}(\boldsymbol{J}_l\boldsymbol{\rho}_v^e) = &-\boldsymbol{G}_b^e \times \boldsymbol{\xi}_R^e - (\boldsymbol{\omega}_{ie}^e\times)\boldsymbol{J}_l\boldsymbol{\rho}_v^e + (\boldsymbol{v}_{ib}^e\times)\left[\boldsymbol{C}_b^e\left(\boldsymbol{b}_g^b + \boldsymbol{w}_g^b\right)\right] \\ &+ \boldsymbol{C}_b^e\left(\boldsymbol{b}_a^b + \boldsymbol{w}_a^b\right) + \hat{\boldsymbol{G}}_b^e - \boldsymbol{G}_b^e\end{aligned} \tag{9-23}$$

$$\frac{\mathrm{d}}{\mathrm{d}t}(\boldsymbol{J}_l\boldsymbol{\rho}_r^e) = \boldsymbol{J}_l\boldsymbol{\rho}_v^e - (\boldsymbol{\omega}_{ie}^e\times)\boldsymbol{J}_l\boldsymbol{\rho}_r^e + (\boldsymbol{r}_{ib}^e\times)\boldsymbol{C}_b^e\left(\boldsymbol{b}_g^b + \boldsymbol{w}_g^b\right) \tag{9-24}$$

其中，$\boldsymbol{G}_b^e$ 表示载体所在处地球引力在地心地固坐标系下的表现；$\hat{\boldsymbol{G}}_b^e - \boldsymbol{G}_b^e$ 表示引力误差项，其值很小，对速度微分方程的影响可以忽略不计。

选取右不变卡尔曼滤波器的状态和系统噪声，见式（9-25）和式（9-26）：

$$\boldsymbol{X}^r = [\boldsymbol{J}_l\boldsymbol{\rho}_r^e \quad \boldsymbol{J}_l\boldsymbol{\rho}_v^e \quad \boldsymbol{\xi}_R^e \quad \boldsymbol{b}_g^b \quad \boldsymbol{b}_a^b]^{\mathrm{T}} \tag{9-25}$$

$$\boldsymbol{W} = [\boldsymbol{w}_g^b \quad \boldsymbol{w}_a^b \quad \boldsymbol{w}_{b_g}^b \quad \boldsymbol{w}_{b_a}^b]^{\mathrm{T}} \tag{9-26}$$

将误差微分方程整理成矩阵形式，见式（9-27）：

$$\dot{\boldsymbol{X}}^r = \boldsymbol{F}^r\boldsymbol{X}^r + \boldsymbol{G}^r\boldsymbol{W} \tag{9-27}$$

如将零偏建模为一阶高斯-马尔可夫过程，则 $\boldsymbol{F}^r$ 和 $\boldsymbol{G}^r$ 矩阵见式(9-28)和式(9-29)：

$$\boldsymbol{F}^r = \begin{bmatrix} -\boldsymbol{\omega}_{ie}^e\times & \boldsymbol{I} & \boldsymbol{0} & \boldsymbol{r}_{ib}^e\times\boldsymbol{C}_b^e & \boldsymbol{0} \\ \boldsymbol{0} & -\boldsymbol{\omega}_{ie}^e\times & -\boldsymbol{G}_b^e\times & \boldsymbol{v}_{ib}^e\times\boldsymbol{C}_b^e & \boldsymbol{C}_b^e \\ \boldsymbol{0} & \boldsymbol{0} & -\boldsymbol{\omega}_{ie}^e\times & -\boldsymbol{C}_b^e & \boldsymbol{0} \\ \boldsymbol{0} & \boldsymbol{0} & \boldsymbol{0} & -\dfrac{1}{\tau_{b_g}}\boldsymbol{I} & \boldsymbol{0} \\ \boldsymbol{0} & \boldsymbol{0} & \boldsymbol{0} & \boldsymbol{0} & -\dfrac{1}{\tau_{b_a}}\boldsymbol{I} \end{bmatrix} \tag{9-28}$$

$$\boldsymbol{G}^r = \begin{bmatrix} \boldsymbol{r}_{ib}^e\times\boldsymbol{C}_b^e & \boldsymbol{0} & \boldsymbol{0} & \boldsymbol{0} \\ \boldsymbol{v}_{ib}^e\times\boldsymbol{C}_b^e & \boldsymbol{C}_b^e & \boldsymbol{0} & \boldsymbol{0} \\ -\boldsymbol{C}_b^e & \boldsymbol{0} & \boldsymbol{0} & \boldsymbol{0} \\ \boldsymbol{0} & \boldsymbol{0} & \boldsymbol{I} & \boldsymbol{0} \\ \boldsymbol{0} & \boldsymbol{0} & \boldsymbol{0} & \boldsymbol{I} \end{bmatrix} \tag{9-29}$$

当同时有绝对的位置和速度观测时，右不变卡尔曼滤波的观测矩阵见式(9-30)：

$$\boldsymbol{H}^r = \begin{bmatrix} \boldsymbol{H}_r^r \\ \boldsymbol{H}_v^r \end{bmatrix} = \begin{bmatrix} \boldsymbol{I} & \boldsymbol{0} & \boldsymbol{r}_{ib}^e\times & \boldsymbol{0} & \boldsymbol{0} \\ \boldsymbol{0} & \boldsymbol{I} & \boldsymbol{v}_{ib}^e\times & \boldsymbol{0} & \boldsymbol{0} \end{bmatrix} \tag{9-30}$$

在得到观测矩阵和观测值后，可以根据卡尔曼滤波的公式得到姿态误差、速度误差和位置误差的估计值 $\hat{\boldsymbol{\xi}}_R^e$、$\boldsymbol{J}_l\hat{\boldsymbol{\rho}}_v^e$ 和 $\boldsymbol{J}_l\hat{\boldsymbol{\rho}}_r^e$，设反馈前后导航系统的状态分

别为$\begin{bmatrix} \boldsymbol{C}_b^e & \boldsymbol{v}_{ib}^e & \boldsymbol{r}_{ib}^e \end{bmatrix}^{\mathrm{T}}$和$\begin{bmatrix} \boldsymbol{C}_b^{e+} & \boldsymbol{v}_{ib}^{e+} & \boldsymbol{r}_{ib}^{e+} \end{bmatrix}^{\mathrm{T}}$，根据误差的定义式（9-21），反馈的公式见式（9-31）：

$$\begin{cases} \boldsymbol{C}_b^{e+} = \exp(\hat{\boldsymbol{\xi}}_R^e \times)\boldsymbol{C}_b^e \\ \boldsymbol{v}_{ib}^{e+} = \exp(\hat{\boldsymbol{\xi}}_R^e \times)\left(\boldsymbol{v}_{ib}^e - \boldsymbol{J}_l \hat{\boldsymbol{\rho}}_v^e\right) \\ \boldsymbol{r}_{ib}^{e+} = \exp(\hat{\boldsymbol{\xi}}_R^e \times)\left(\boldsymbol{r}_{ib}^e - \boldsymbol{J}_l \hat{\boldsymbol{\rho}}_r^e\right) \end{cases} \tag{9-31}$$

2. *左不变卡尔曼滤波器的误差状态微分方程、观测方程及反馈*

根据左不变误差的定义$\boldsymbol{\eta}^l = \hat{\boldsymbol{\chi}}^{-1}\boldsymbol{\chi}$，见式（9-32）：

$$\begin{aligned} \boldsymbol{\eta}^l = \hat{\boldsymbol{\chi}}^{-1}\boldsymbol{\chi} &= \begin{bmatrix} \hat{\boldsymbol{C}}_e^b \boldsymbol{C}_b^e & \hat{\boldsymbol{C}}_e^b(\boldsymbol{v}_{ib}^e - \hat{\boldsymbol{v}}_{ib}^e) & \hat{\boldsymbol{C}}_e^b(\boldsymbol{r}_{ib}^e - \hat{\boldsymbol{r}}_{ib}^e) \\ 0 & 1 & 0 \\ 0 & 0 & 1 \end{bmatrix} \\ &= \begin{bmatrix} \boldsymbol{\eta}_R^b & \boldsymbol{J}_l \boldsymbol{\rho}_v^b & \boldsymbol{J}_l \boldsymbol{\rho}_r^b \\ 0 & 1 & 0 \\ 0 & 0 & 1 \end{bmatrix} \end{aligned} \tag{9-32}$$

由李群和李代数的关系，有$\boldsymbol{\eta}_R^b = \exp(-\boldsymbol{\xi}_R^b \times)$。同样，重新定义$\boldsymbol{\xi}_R^b$、$\boldsymbol{J}_l \boldsymbol{\rho}_v^b$和$\boldsymbol{J}_l \boldsymbol{\rho}_r^b$分别为系统的姿态误差、速度误差和位置误差，根据误差定义可以得到误差微分方程，见式（9-33）～式（9-35）：

$$\dot{\boldsymbol{\xi}}_R^b = -\boldsymbol{\omega}_{ib}^b \times \boldsymbol{\xi}_R^b + \left(\boldsymbol{b}_g^b + \boldsymbol{w}_g^b\right) \tag{9-33}$$

$$\frac{\mathrm{d}}{\mathrm{d}t}(\boldsymbol{J}_l \boldsymbol{\rho}_v^b) = -(\boldsymbol{\omega}_{ib}^b \times)\boldsymbol{J}_l \boldsymbol{\rho}_v^e + \boldsymbol{f}_{ib}^b \times \boldsymbol{\xi}_R^b - \left(\boldsymbol{b}_a^b + \boldsymbol{w}_a^b\right) - \boldsymbol{C}_e^b\left(\hat{\boldsymbol{G}}_b^e - \boldsymbol{G}_b^e\right) \tag{9-34}$$

$$\frac{\mathrm{d}}{\mathrm{d}t}(\boldsymbol{J}_l \boldsymbol{\rho}_r^b) = -(\boldsymbol{\omega}_{ib}^b \times)\boldsymbol{J}_l \boldsymbol{\rho}_r^b + \boldsymbol{J}_l \boldsymbol{\rho}_v^b \tag{9-35}$$

其中，$\hat{\boldsymbol{G}}_b^e - \boldsymbol{G}_b^e$表示引力误差项，其值很小，对速度微分方程的影响可以忽略不计。

同样，选取左不变卡尔曼滤波器的状态和系统噪声，见式（9-36）和式（9-37）：

$$\boldsymbol{X}^l = [\boldsymbol{J}_l \boldsymbol{\rho}_r^b \quad \boldsymbol{J}_l \boldsymbol{\rho}_v^b \quad \boldsymbol{\xi}_R^b \quad \boldsymbol{b}_g^b \quad \boldsymbol{b}_a^b]^{\mathrm{T}} \tag{9-36}$$

$$\boldsymbol{W} = [\boldsymbol{w}_g^b \quad \boldsymbol{w}_a^b \quad \boldsymbol{w}_{b_g}^b \quad \boldsymbol{w}_{b_a}^b]^{\mathrm{T}} \tag{9-37}$$

同样将误差微分方程整理成矩阵形式，见式（9-38）：

$$\dot{\boldsymbol{X}}^l = \boldsymbol{F}^l \boldsymbol{X}^l + \boldsymbol{G}^l \boldsymbol{W} \tag{9-38}$$

如将零偏建模为一阶高斯-马尔可夫过程，则其$\boldsymbol{F}^l$和$\boldsymbol{G}^l$矩阵见式（9-39）和式（9-40）：

$$\boldsymbol{F}^l = \begin{bmatrix} -\boldsymbol{\omega}_{ib}^b \times & \boldsymbol{I} & \boldsymbol{0} & \boldsymbol{0} & \boldsymbol{0} \\ \boldsymbol{0} & -\boldsymbol{\omega}_{ib}^b \times & \boldsymbol{f}_{ib}^b \times & \boldsymbol{0} & -\boldsymbol{I} \\ \boldsymbol{0} & \boldsymbol{0} & -\boldsymbol{\omega}_{ib}^b \times & \boldsymbol{I} & \boldsymbol{0} \\ \boldsymbol{0} & \boldsymbol{0} & \boldsymbol{0} & -\frac{1}{\tau_{b_g}}\boldsymbol{I} & \boldsymbol{0} \\ \boldsymbol{0} & \boldsymbol{0} & \boldsymbol{0} & \boldsymbol{0} & -\frac{1}{\tau_{b_a}}\boldsymbol{I} \end{bmatrix} \tag{9-39}$$

$$\boldsymbol{G}^l = \begin{bmatrix} \boldsymbol{0} & \boldsymbol{0} & \boldsymbol{0} & \boldsymbol{0} \\ \boldsymbol{0} & -\boldsymbol{I} & \boldsymbol{0} & \boldsymbol{0} \\ \boldsymbol{I} & \boldsymbol{0} & \boldsymbol{0} & \boldsymbol{0} \\ \boldsymbol{0} & \boldsymbol{0} & \boldsymbol{I} & \boldsymbol{0} \\ \boldsymbol{0} & \boldsymbol{0} & \boldsymbol{0} & \boldsymbol{I} \end{bmatrix} \tag{9-40}$$

当同时有绝对的位置和速度观测时，左不变卡尔曼滤波的观测矩阵见式(9-41)：

$$\boldsymbol{H}^l = \begin{bmatrix} \boldsymbol{H}_r^l \\ \boldsymbol{H}_v^l \end{bmatrix} = \begin{bmatrix} \boldsymbol{C}_b^e & \boldsymbol{0} & \boldsymbol{0} & \boldsymbol{0} & \boldsymbol{0} \\ \boldsymbol{0} & \boldsymbol{C}_b^e & \boldsymbol{0} & \boldsymbol{0} & \boldsymbol{0} \end{bmatrix} \tag{9-41}$$

在得到了观测矩阵和观测值后，可以根据卡尔曼滤波的公式得到姿态误差、速度误差和位置误差的估计值 $\hat{\boldsymbol{\xi}}_R^b$、$\boldsymbol{J}_l\hat{\boldsymbol{\rho}}_v^b$ 和 $\boldsymbol{J}_l\hat{\boldsymbol{\rho}}_r^b$，设反馈前后导航系统的状态分别为 $\begin{bmatrix} \boldsymbol{C}_b^e & \boldsymbol{v}_{ib}^e & \boldsymbol{r}_{ib}^e \end{bmatrix}^{\mathrm{T}}$ 和 $\begin{bmatrix} \boldsymbol{C}_b^{e+} & \boldsymbol{v}_{ib}^{e+} & \boldsymbol{r}_{ib}^{e+} \end{bmatrix}^{\mathrm{T}}$，根据误差的定义式（9-32），反馈的公式见式（9-42）：

$$\begin{cases} \boldsymbol{C}_b^{e+} = \boldsymbol{C}_b^e \exp(-\hat{\boldsymbol{\xi}}_R^b \times) \\ \boldsymbol{v}_{ib}^{e+} = \boldsymbol{v}_{ib}^e + \boldsymbol{C}_b^e \boldsymbol{J}_l \hat{\boldsymbol{\rho}}_v^b \\ \boldsymbol{r}_{ib}^{e+} = \boldsymbol{r}_{ib}^e + \boldsymbol{C}_b^e \boldsymbol{J}_l \hat{\boldsymbol{\rho}}_r^b \end{cases} \tag{9-42}$$

至此，在地心地固系下基于李群的不变扩展卡尔曼滤波器已经设计完成。

9.3.3　足式里程计/INS 组合导航

如 9.2 节所述，多足机器人上的足式里程计可以提供多足机器人足端与机身的相对位置信息 $\boldsymbol{r}_{bc}^b$。因此，可以引入足式里程计的量测值作为观测，辅助 INS 进行导航。

设多足机器人的某一条腿与地面接触的位置在地心地固坐标系下的表示为 $\boldsymbol{r}_{ec}^e$。本小节将引入接触点位置 $\boldsymbol{r}_{ec}^e$ 作为状态，相对位置信息 $\boldsymbol{r}_{bc}^b$ 作为量测，并给出右不变和左不变卡尔曼滤波下的误差微分方程和观测方程。在本小节中，采用$\boldsymbol{x}=\begin{bmatrix}\boldsymbol{C}_b^e & \boldsymbol{v}_{ib}^e & \boldsymbol{r}_{ib}^e & \boldsymbol{r}_{ec}^e\end{bmatrix}^{\mathrm{T}}$作为系统的导航状态。

根据右不变误差$\boldsymbol{\eta}^r=\hat{\boldsymbol{\chi}}\boldsymbol{\chi}^{-1}$的定义，可以得到与接触点位置$\boldsymbol{r}_{ec}^e$相关的误差项，见式（9-43）：

$$\boldsymbol{J}_l\boldsymbol{\rho}_c^e=\hat{\boldsymbol{r}}_{ec}^e-\hat{\boldsymbol{C}}_b^e\boldsymbol{C}_e^b\boldsymbol{r}_{ec}^e \tag{9-43}$$

将$\boldsymbol{J}_l\boldsymbol{\rho}_c^e$作为新的误差定义，可以推导出误差微分方程，见式（9-44）：

$$\frac{\mathrm{d}}{\mathrm{d}t}(\boldsymbol{J}_l\boldsymbol{\rho}_c^e)=(\boldsymbol{r}_{ec}^e\times)(\boldsymbol{\omega}_{ie}^e\times)\boldsymbol{\xi}_R^e+(\boldsymbol{r}_{ec}^e\times)\boldsymbol{C}_b^e(\boldsymbol{b}_g^b+\boldsymbol{w}_g^b)+\boldsymbol{C}_b^e\boldsymbol{C}_c^b\boldsymbol{w}_t^v \tag{9-44}$$

其中，$\boldsymbol{C}_c^b\boldsymbol{w}_t^v$为接触点的噪声。

同样地，根据左不变误差$\boldsymbol{\eta}^l=\hat{\boldsymbol{\chi}}^{-1}\boldsymbol{\chi}$的定义，可以得到与接触点位置$\boldsymbol{r}_{ec}^e$相关的误差项，见式（9-45）：

$$\boldsymbol{J}_l\boldsymbol{\rho}_c^b=\hat{\boldsymbol{C}}_e^b(\boldsymbol{r}_{ec}^e-\hat{\boldsymbol{r}}_{ec}^e) \tag{9-45}$$

将$\boldsymbol{J}_l\boldsymbol{\rho}_c^b$作为新的误差定义，可以推导出误差微分方程，见式（9-46）：

$$\frac{\mathrm{d}}{\mathrm{d}t}\left(\boldsymbol{J}_l\boldsymbol{\rho}_c^b\right)=-\left(\boldsymbol{\omega}_{ib}^b-\boldsymbol{C}_e^b\boldsymbol{\omega}_{ie}^e\right)\times\boldsymbol{J}_l\boldsymbol{\rho}_c^b-\boldsymbol{C}_c^b\boldsymbol{w}_t^v \tag{9-46}$$

其中，$\boldsymbol{C}_c^b\boldsymbol{w}_t^v$为接触点的噪声。

利用正向运动学模型，可以从多足机器人的导航状态信息得到足端接触点相对于机身的位置，见式（9-47）：

$$\boldsymbol{r}_{bc}^b=\boldsymbol{C}_e^b\boldsymbol{r}_{bc}^e=\left(\boldsymbol{C}_b^e\right)^{\mathrm{T}}\left(\boldsymbol{r}_{ec}^e-\boldsymbol{r}_{eb}^e\right) \tag{9-47}$$

将多足机器人的足式里程计得到的足端接触点相对于机身的位置记为$\boldsymbol{r}_{fk}^b$，根据系统导航状态，由式（9-47）得到的相对位置关系记为$\hat{\boldsymbol{r}}_{bc}^b$，便可以将二者的差设为卡尔曼滤波中的新息，见式（9-48）：

$$\delta\boldsymbol{z}_c=\boldsymbol{r}_{fk}^b-\hat{\boldsymbol{r}}_{bc}^b \tag{9-48}$$

可以推导出右不变和左不变卡尔曼滤波的观测方程，分别见式（9-49）和式（9-50）：

$$\delta\boldsymbol{z}_c^r=-(\boldsymbol{C}_b^e)^{\mathrm{T}}\left(\boldsymbol{J}_l\boldsymbol{\rho}_c^e-\boldsymbol{J}_l\boldsymbol{\rho}_r^e\right)+\boldsymbol{n}_{fk} \tag{9-49}$$

$$\delta\boldsymbol{z}_c^l=-(\boldsymbol{r}_{bc}^b\times)\boldsymbol{\xi}_R^b+\boldsymbol{J}_l\boldsymbol{\rho}_c^b-\boldsymbol{J}_l\boldsymbol{\rho}_r^b+\boldsymbol{n}_{fk} \tag{9-50}$$

其中，$\boldsymbol{n}_{fk}$为足式里程计的量测噪声。分别选取$\boldsymbol{X}^r=[\boldsymbol{J}_l\boldsymbol{\rho}_r^e \quad \boldsymbol{J}_l\boldsymbol{\rho}_v^e \quad \boldsymbol{\xi}_R^e \quad \boldsymbol{J}_l\boldsymbol{\rho}_c^e \quad \boldsymbol{b}_g^b \quad \boldsymbol{b}_a^b]^{\mathrm{T}}$和$\boldsymbol{X}^l=[\boldsymbol{J}_l\boldsymbol{\rho}_r^b \quad \boldsymbol{J}_l\boldsymbol{\rho}_v^b \quad \boldsymbol{\xi}_R^b \quad \boldsymbol{J}_l\boldsymbol{\rho}_c^b \quad \boldsymbol{b}_g^b \quad \boldsymbol{b}_a^b]^{\mathrm{T}}$作为右不变和左不变卡尔曼滤波器的状态向量，可以得到二者的观测矩阵，分别见式（9-51）和式（9-52）：

$$\boldsymbol{H}_c^r=\begin{bmatrix}\boldsymbol{C}_b^e & \boldsymbol{0} & \boldsymbol{0} & -\boldsymbol{C}_b^e & \boldsymbol{0} & \boldsymbol{0}\end{bmatrix} \tag{9-51}$$

$$\boldsymbol{H}_c^l=\begin{bmatrix}-\boldsymbol{I} & \boldsymbol{0} & -(\boldsymbol{r}_{bc}^b\times) & \boldsymbol{I} & \boldsymbol{0} & \boldsymbol{0}\end{bmatrix} \tag{9-52}$$

9.4　多足机器人上的最优平滑算法

在多足机器人的组合导航中，有时会遇到 GNSS 信号丢失、质量差等无法进行观测更新或观测更新精度低等问题。这时，为了获取全局的高精度估计，可以使用最优平滑算法，充分利用所测时间点前后的观测信息，以提高估计的精度。本文将介绍多足机器人上的几种最优平滑算法。

9.4.1　双向滤波算法

双向滤波算法是一种比较常见的最优平滑算法，其在正向卡尔曼滤波的基础上，充分利用了量测区间内所有量测值，利用正向滤波的结果再实施反向滤波，具有比单向滤波更高的估计精度，在数据后处理技术中具有重要的应用价值[19]。

对于一个随机系统，其状态空间模型见式（9-53）：

$$\begin{cases}\boldsymbol{X}_k=\boldsymbol{\phi}_{k/k-1}\boldsymbol{X}_{k-1}+\boldsymbol{\Gamma}_{k-1}\boldsymbol{W}_{k-1}\\ \boldsymbol{Z}_k=\boldsymbol{H}_k\boldsymbol{X}_k+\boldsymbol{V}_k\end{cases}\tag{9-53}$$

其中，$\boldsymbol{X}_k$ 为状态向量；$\boldsymbol{\phi}_{k/k-1}$ 为状态转移矩阵；$\boldsymbol{\Gamma}_{k-1}$ 为系统噪声分配矩阵；$\boldsymbol{W}_{k-1}$ 为系统噪声向量；$\boldsymbol{Z}_k$ 为量测向量；$\boldsymbol{H}_k$ 为量测矩阵；$\boldsymbol{V}_k$ 为量测噪声向量。

根据式（9-53），利用前半部分的量测对状态进行估计，算法与卡尔曼滤波相同，见式（9-54）：

$$\begin{cases}\hat{\boldsymbol{X}}_{f,k/k-1}=\boldsymbol{\phi}_{k/k-1}\hat{\boldsymbol{X}}_{f,k-1}\\ \boldsymbol{P}_{f,k/k-1}=\boldsymbol{\phi}_{k/k-1}\boldsymbol{P}_{f,k-1}\boldsymbol{\phi}_{k/k-1}^{\mathrm{T}}+\boldsymbol{\Gamma}_{k-1}\boldsymbol{Q}_{k-1}\boldsymbol{\Gamma}_{k-1}^{\mathrm{T}}\\ \boldsymbol{K}_{f,k}=\boldsymbol{P}_{f,k/k-1}\boldsymbol{H}_k^{\mathrm{T}}\left(\boldsymbol{H}_k\boldsymbol{P}_{f,k/k-1}\boldsymbol{H}_k^{\mathrm{T}}+\boldsymbol{R}_k\right)^{-1}\\ \hat{\boldsymbol{X}}_{f,k}=\hat{\boldsymbol{X}}_{f,k/k-1}+\boldsymbol{K}_{f,k}\left(\boldsymbol{Z}_k-\boldsymbol{H}_k\hat{\boldsymbol{X}}_{f,k/k-1}\right)\\ \boldsymbol{P}_{f,k}=\left(\boldsymbol{I}-\boldsymbol{K}_{f,k}\boldsymbol{H}_k\right)\boldsymbol{P}_{f,k/k-1}\end{cases}\tag{9-54}$$

其中，下标 f 表示正向滤波（Forward Filtering）；$\boldsymbol{Q}_{k-1}$ 表示系统的过程噪声方差矩阵；$\boldsymbol{R}_k$ 表示系统的量测噪声方差矩阵。

同时，根据式（9-53），可以得到反向滤波的状态空间模型，见式（9-55）：

$$\begin{cases}\boldsymbol{X}_k=\boldsymbol{\phi}_{k+1/k}^{-1}\boldsymbol{X}_{k+1}-\boldsymbol{\phi}_{k+1/k}^{-1}\boldsymbol{\Gamma}_k\boldsymbol{W}_k\\ \boldsymbol{Z}_k=\boldsymbol{H}_k\boldsymbol{X}_k+\boldsymbol{V}_k\end{cases}\tag{9-55}$$

利用后半部分的量测值对状态估计，可以得到一个独立于正向滤波的反向卡尔曼滤波器，见式（9-56）：

$$\begin{cases}\hat{\boldsymbol{X}}_{b,k/k+1}=\boldsymbol{\phi}_{k/k+1}^{-1}\hat{\boldsymbol{X}}_{b,k+1}\\ \boldsymbol{P}_{b,k/k+1}=\boldsymbol{\phi}_{k/k+1}^{-1}\boldsymbol{P}_{b,k+1}\left(\boldsymbol{\phi}_{k/k+1}^{-1}\right)^{\mathrm{T}}+\boldsymbol{\phi}_{k/k+1}^{-1}\boldsymbol{\Gamma}_k\boldsymbol{Q}_k\boldsymbol{\Gamma}_k^{\mathrm{T}}\left(\boldsymbol{\phi}_{k/k+1}^{-1}\right)^{\mathrm{T}}\\ \boldsymbol{K}_{b,k}=\boldsymbol{P}_{b,k/k+1}\boldsymbol{H}_k^{\mathrm{T}}\left(\boldsymbol{H}_k\boldsymbol{P}_{b,k/k+1}\boldsymbol{H}_k^{\mathrm{T}}+\boldsymbol{R}_k\right)^{-1}\\ \hat{\boldsymbol{X}}_{b,k}=\hat{\boldsymbol{X}}_{b,k/k+1}+\boldsymbol{K}_{b,k}\left(\boldsymbol{Z}_k-\boldsymbol{H}_k\hat{\boldsymbol{X}}_{b,k/k+1}\right)\\ \boldsymbol{P}_{b,k}=\left(\boldsymbol{I}-\boldsymbol{K}_{b,k}\boldsymbol{H}_k\right)\boldsymbol{P}_{b,k/k+1}\end{cases} \tag{9-56}$$

其中，下标 b 表示反向滤波（Backward Filtering）。

一般而言，量测序列的前半部分和后半部分之间的误差是不相关的，因而正向滤波和反向滤波的估计值也是不相关的，根据信息融合公式，可以得到状态误差向量的最优平滑值及其误差协方差矩阵，见式（9-57）和式（9-58）：

$$\boldsymbol{P}_{s,k}=\left(\boldsymbol{P}_{f,k}^{-1}+\boldsymbol{P}_{b,k/k+1}^{-1}\right)^{-1} \tag{9-57}$$

$$\hat{\boldsymbol{X}}_{s,k}=\boldsymbol{P}_{s,k}\left(\boldsymbol{P}_{b,k/k+1}^{-1}\hat{\boldsymbol{X}}_{f,k}+\boldsymbol{P}_{f,k}^{-1}\hat{\boldsymbol{X}}_{b,k/k+1}\right) \tag{9-58}$$

其中，下标 s 表示平滑（Smoothing）结果。将式（9-57）代入式（9-58），可以得到式（9-59）：

$$\hat{\boldsymbol{X}}_{s,k}=\hat{\boldsymbol{X}}_{f,k}+\boldsymbol{P}_{f,k}\left(\boldsymbol{P}_{f,k}+\boldsymbol{P}_{b,k/k+1}\right)^{-1}\left(\hat{\boldsymbol{X}}_{b,k/k+1}-\hat{\boldsymbol{X}}_{f,k}\right) \tag{9-59}$$

从式（9-57）可以看出，经过平滑处理后的误差协方差矩阵比正向滤波和反向滤波的结果都小，因此，平滑算法得到的结果理论上有着更高的精度。

双向滤波算法的原理见图 9.7。

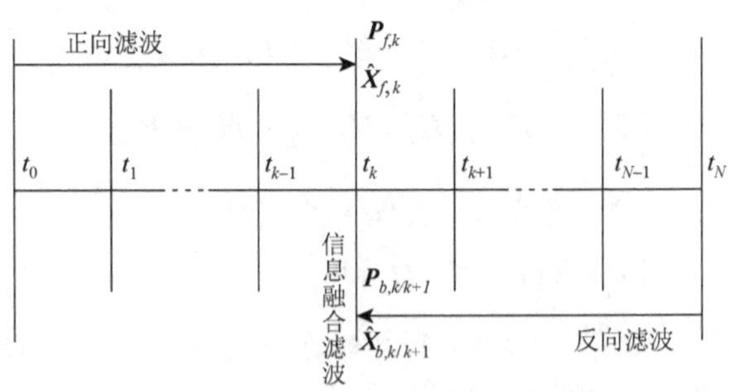

图 9.7　双向滤波算法设计原理示意图

进行反向滤波需要反向的初始状态。在实际操作的过程中，可以在导航工作结束后静止一段时间，利用末尾一段的 INS 数据进行反向滤波的初始对准，从而确定载体的初始姿态。但多足机器人平台通常由于惯性传感器精度太低，并不具备这样的条件，无法得到反向滤波的初始值。Chauchat 在反向滤波的过程中运用了信息滤波的算法，避免了反向滤波的初始对准问题[20]。

首先，记 $\boldsymbol{X}_b=\boldsymbol{J}_b^{-1}\boldsymbol{y}_b$，$\boldsymbol{P}_b=\boldsymbol{J}_b^{-1}$，将其代入式（9-56），可以得到反向滤波的一步预测公式，见式（9-60）和式（9-61）：

$$\boldsymbol{J}_{b,k/k+1}=\boldsymbol{\phi}_{k/k+1}^{\mathrm{T}}\left(\boldsymbol{I}+\boldsymbol{J}_{b,k+1}\boldsymbol{\Gamma}_k\boldsymbol{Q}_k\boldsymbol{\Gamma}_k^{\mathrm{T}}\right)^{-1}\boldsymbol{J}_{b,k+1}\boldsymbol{\phi}_{k/k+1} \tag{9-60}$$

$$\boldsymbol{y}_{b,k/k+1}=\boldsymbol{\phi}_{k/k+1}^{\mathrm{T}}\left(\boldsymbol{I}+\boldsymbol{J}_{b,k+1}\boldsymbol{\Gamma}_k\boldsymbol{Q}_k\boldsymbol{\Gamma}_k^{\mathrm{T}}\right)^{-1}\boldsymbol{y}_{b,k+1} \tag{9-61}$$

将 $\boldsymbol{X}_b=\boldsymbol{J}_b^{-1}\boldsymbol{y}_b$，$\boldsymbol{P}_b=\boldsymbol{J}_b^{-1}$ 代入式（9-59），可以得到最优平滑结果，见式（9-62）：

$$\hat{\boldsymbol{X}}_{s,k}=\hat{\boldsymbol{X}}_{f,k}+\boldsymbol{P}_{f,k}\left(\boldsymbol{P}_{f,k}+\boldsymbol{J}_{b,k/k+1}^{-1}\right)^{-1}\left(\boldsymbol{J}_{b,k/k+1}^{-1}\boldsymbol{y}_{b,k/k+1}-\hat{\boldsymbol{X}}_{f,k}\right) \tag{9-62}$$

将式（9-62）进行化简，避免出现 $\boldsymbol{J}_{b,k+1}$ 的逆矩阵，得到式（9-63）：

$$\hat{\boldsymbol{X}}_{s,k}=\left(\boldsymbol{I}+\boldsymbol{P}_{f,k}\boldsymbol{J}_{b,k/k+1}\right)^{-1}\left(\hat{\boldsymbol{X}}_{f,k}+\boldsymbol{P}_{f,k}\boldsymbol{y}_{b,k/k+1}\right) \tag{9-63}$$

同时由式（9-57）可以得到平滑后的误差协方差矩阵，见式（9-64）：

$$\boldsymbol{P}_{s,k}=\left(\boldsymbol{I}+\boldsymbol{P}_{f,k}\boldsymbol{J}_{b,k/k+1}\right)^{-1}\boldsymbol{P}_{f,k} \tag{9-64}$$

与普通的卡尔曼滤波相比，信息滤波可以将状态估计的误差协方差矩阵的初值 $\boldsymbol{P}_0$ 设为无穷大，即对应 $\boldsymbol{J}_0$ 为零矩阵，这表示对状态的初始信息一无所知。同时，从式（9-64）可以看到，信息滤波计算平滑后误差协方差矩阵 $\boldsymbol{P}_{s,k}$ 时避免了对误差协方差矩阵 $\boldsymbol{P}_{f,k}$ 和 $\boldsymbol{J}_{b,k/k+1}$ 的求逆。

9.4.2　RTS 平滑

在 9.4.1 节中，利用双向滤波算法实现平滑的思路比较简单。但是，从式（9-56）中可以看到，进行反向滤波涉及较多的求逆运算，其计算量较大，在多足机器人平台上实现有一定的困难。1965 年，Rauch 等基于极大似然估计准则，在正反向滤波的基础上推导出 RTS（Rauch-Tung-Striebel）固定区间平滑算法，对反向滤波的过程进行了简化，可以降低计算量[21]，其原理示意图见图 9.8。

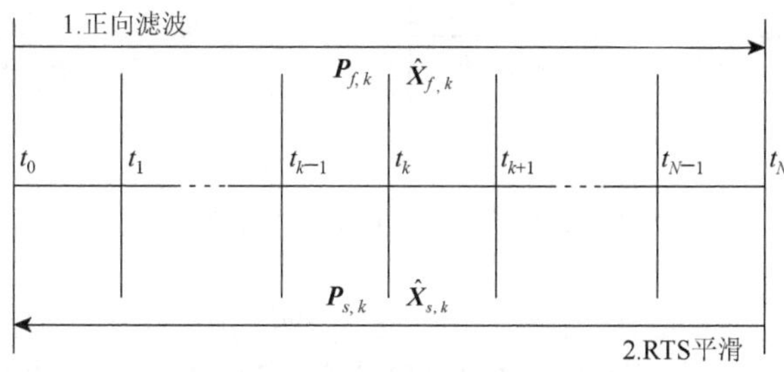

图 9.8　RTS 滤波平滑算法设计原理示意图

RTS 算法的正向滤波过程不变，同时记录下每个时刻得到的状态误差向量 $\hat{\boldsymbol{X}}_{f,k}$ 和 $\hat{\boldsymbol{X}}_{f,k/k-1}$，状态转移矩阵 $\phi_{k/k-1}$ 和误差协方差矩阵 $\boldsymbol{P}_{f,k}$ 和 $\boldsymbol{P}_{f,k-1}$。正向滤波结束后，再按由后往前的顺序进行反向滤波，见式（9-65）：

$$\begin{cases}\boldsymbol{K}_{s,k} = \boldsymbol{P}_{f,k}\phi_{k+1/k}^{\mathrm{T}}\boldsymbol{P}_{f,k+1/k}^{-1} \\ \hat{\boldsymbol{X}}_{s,k} = \hat{\boldsymbol{X}}_{f,k} + \boldsymbol{K}_{s,k}\left(\hat{\boldsymbol{X}}_{s,k+1} - \hat{\boldsymbol{X}}_{f,k+1/k}\right) \\ \boldsymbol{P}_{s,k} = \boldsymbol{P}_{f,k} + \boldsymbol{K}_{s,k}\left(\boldsymbol{P}_{s,k+1} - \boldsymbol{P}_{f,k+1/k}\right)\boldsymbol{K}_{s,k}^{\mathrm{T}}\end{cases} \tag{9-65}$$

由式（9-65）可以看出，RTS 平滑过程直接利用正向滤波存储的结果进行反向平滑，省去了求逆的过程，计算更为高效。但是，与双向滤波算法相比，RTS 平滑需要额外对 $\hat{\boldsymbol{X}}_{f,k/k-1}$ 和 $\boldsymbol{P}_{f,k-1}$ 进行存储，特别是状态维数很高的情况下，对误差协方差矩阵的存储需求是很大的。

9.4.3 分段平滑

在传统的 RTS 平滑滤波器中，需要在正向滤波完成后，从最后一个滤波结果开始，反向逐步向前平滑。同时在正向滤波的过程中还需要记录下计算过程的状态估计量等数据。而对于多足机器人而言，其多执行的是长时间的无人任务，容易因为数据量过大导致逆向平滑的过程严重滞后，影响组合导航系统修正误差的实时性，使多足机器人导航在实时性要求比较高的场所受限；同时，受制于硬件的约束，RTS 平滑算法会给多足机器人平台带来不小的运算压力和数据存储压力。

为了改善这些问题，可以引入分段的思想，分段存储需要平滑的时间段内滤波结果，然后逐段进行 RTS 反向平滑。这一方法可以解决因为滤波时段过长导致的计算压力大和实时性不足的问题[22]。同时，可以根据实际情况调整分段的长度 L，以达到最佳的滤波平滑效果。分段 RTS 平滑算法设计的原理见图 9.9。

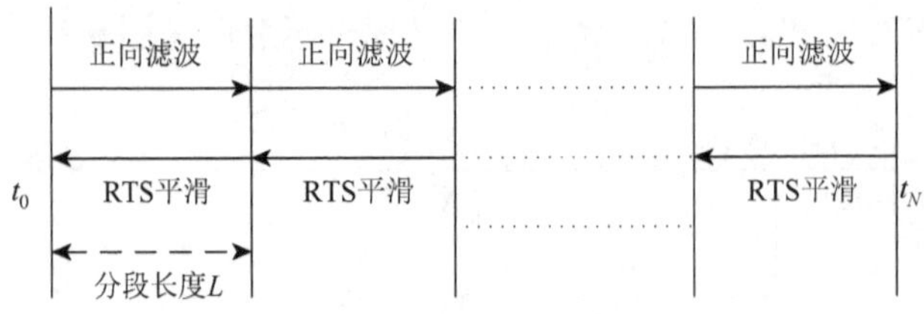

图 9.9 分段 RTS 平滑算法设计原理示意图

分段平滑中，首先进行正向滤波的部分，每次预测和更新存储 RTS 平滑所需的滤波数据。当实时正向滤波存储的信息长度达到分段长度 L 时，将此刻的误差状态和误差协方差矩阵作为反向平滑的初始状态，利用存储的信息对整个 L 区间内的滤波结果进行 RTS 平滑。平滑结束后，实时显示当前的轨迹，同时删除存储的滤波数据，以腾出空间为接下来的滤波平滑运算做准备。多足机器人上的 RTS 分段平滑流程图见图 9.10。

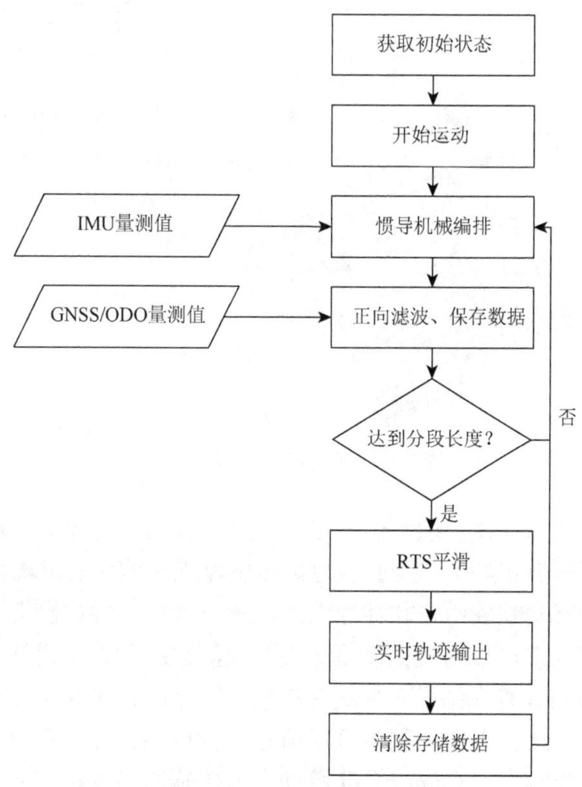

图 9.10　多足机器人上的 RTS 分段平滑流程图

9.5　多足机器人导航的发展趋势

多足机器人技术在近几十年内有了长足的进步，其在生产生活中得到广泛应用。同时，随着定位导航技术的发展，多足机器人上的导航技术也在不断革新（见图 9.11）。

利用多足机器人的特性构建的足式里程计，可以提供载体的实时位置、速度、姿态等信息。一个良好的足式里程计可以有效地辅助 GNSS/INS 在多足机器人上的定位，以提高导航的精度和鲁棒性。目前，许多学者尝试运用不同的方法提高多足机器人上足式里程计的量测精度和可靠性。首先，可以根据实际运用的多足机器人建立不同的足式里程计模型。例如，Camurri 等根据多足机器人足底与地面稳定接触时的正向运动学模型来估计机器人底座的增量运动，进而通过足底的位置来获得机身的线速度[23]；Wisth 等假设足底与地面的接触点的绝对速度为零，忽略接触点的扭矩，将多足机器人的足部理想化为点，进而估计机器人的增量运动[24]。

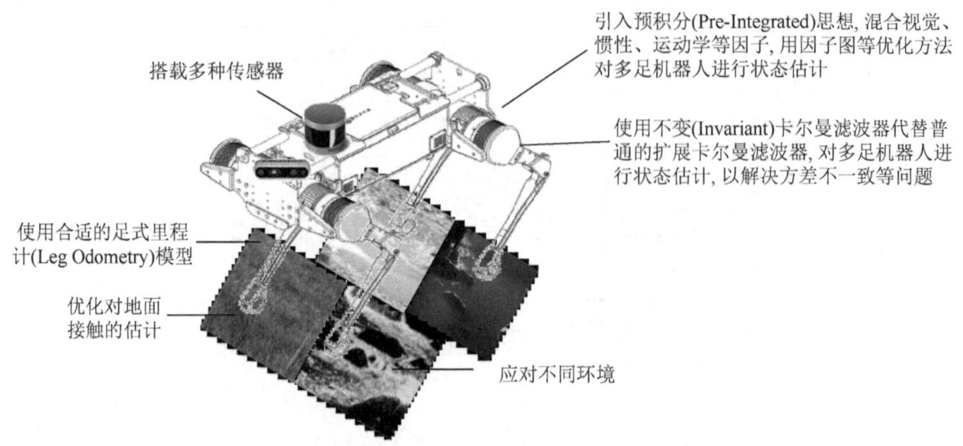
引入预积分(Pre-Integrated)思想, 混合视觉、惯性、运动学等因子, 用因子图等优化方法对多足机器人进行状态估计
搭载多种传感器
使用不变(Invariant)卡尔曼滤波器代替普通的扩展卡尔曼滤波器, 对多足机器人进行状态估计, 以解决方差不一致等问题
使用合适的足式里程计(Leg Odometry)模型
优化对地面接触的估计
应对不同环境

图 9.11　多足机器人发展趋势

同时，多数里程计模型通常假设多足机器人在站立时足底接触点的位置完全静止（仅受高斯噪声影响），通过力/力矩传感器来检测和忽略与地面没有固定接触的脚。然而，有文献表明在软性地面上，不正确的接触检测会导致足式里程计发生漂移[25]。因此，可以通过提高足底接触检测的准确性来提高足式里程计的精度。例如，Hwangbo 等介绍了一种概率接触检测策略，考虑了与机器人的动力学相关的所有测量，最大限度地利用可用信息进行接触估计，在没有力传感器的情况下进行了接触检测[26]；Camurri 等通过内力传感器和接触概率模型来估计足底与地面的撞击，以提高接触检测的准确性[27]。

除了提高足式里程计的精度外，还有一些发展趋势值得关注。多足机器人上会搭载各种传感器，如陀螺仪、加速度计和力传感器等。在给定性能指标的情况下，想办法降低传感器的成本、尺寸、功耗、重量等指标，可以降低多足机器人的应用成本[28]。

多足机器人实际应用中会遇到不同的场景，如山地、洞穴、丛林等。不同的导航技术适用于不同的环境，在不同的条件下，信号的接收、传感器的精度和模型的可用性都会发生变化，因此，多足机器人导航需要根据工作场景调整相应的导航策略，利用不同的传感器，运用各种导航技术和方法，以提高导航系统的精度和鲁棒性。例如，可以搭载体积较小、价格较便宜的数码相机，利用视觉信息辅助导航[23]；可以同时使用 IMU、激光雷达、相机、足式里程计等多种传感器进行多源融合导航[18]。

此外，可以改进多足机器人上的状态估计方法。例如，使用前面介绍的不变卡尔曼滤波器，在李群上对四足机器人的状态进行估计，以解决方差不一致等问题[29-32]；引入预积分的思想，混合视觉、惯性、运动学等因子，用因子图等优化方法对多足机器人进行状态估计[33, 34]；使用深度学习的方法，对多足机器人的接触进行估计[35]。

参 考 文 献

[1] Mosher R. Test and evaluation of a versatile walking truck[C]. Proceedings of Off-Road Mobility Research Symposium，Washington，1968：359-379.

[2] Saranli U，Buehler M，Koditschek D E. RHex：A simple and highly mobile hexapod robot[J]. The International Journal of Robotics Research，2001，20（7）：616-631.

[3] Aoi S. Simple legged robots that reveal biomechanical and neuromechanical functions in locomotion dynamics[J]. Journal of Robotics and Mechatronics，2014，26（1）：98-99.

[4] Hubicki C，Grimes J，Jones M，et al. Atrias：Design and validation of a tether-free 3d-capable spring-mass bipedal robot[J]. The International Journal of Robotics Research，2016，35（12）：1497-1521.

[5] Qu M，Wang H，Rong Y. Design of 6-DOF parallel mechanical leg of wheel-leg hybrid quadruped robot[J]. Transactions of the Chinese Society of Agricultural Engineering，2017，33（11）：29-37.

[6] Vasilopoulos V，Paraskevas I S，Papadopoulos E G. Monopod hopping on compliant terrains[J]. Robotics and Autonomous Systems，2018，102：13-26.

[7] 熊蓉. 仿生腿足式机器人的发展——浙江大学控制学院机器人实验室熊蓉教授谈国内外腿足式机器人研究情况[J].机器人技术与应用，2017，（2）：29-36.

[8] Estremera J，Cobano J A，de Santos P G. Continuous free-crab gaits for hexapod robots on a natural terrain with forbidden zones：An application to humanitarian demining[J]. Robotics and Autonomous Systems，2010，58（5）：700-711.

[9] Gart S W，Yan C，Othayoth R，et al. Dynamic traversal of large gaps by insects and legged robots reveals a template[J]. Bioinspiration & Biomimetics，2018，13（2）：026006.

[10] 高峰，尹科，孙乔，等. 探月足式飞跃机器人设计与控制[J].飞控与探测，2020，3（4）：1-7.

[11] 宋锐，郑玉坤，刘义祥，等. 煤矿井下仿生机器人技术应用与前景分析[J].煤炭学报，2020，45（6）：2155-2169.

[12] 江磊.行走的智能：四足仿生移动机器人[J].测控技术，2019，38（4）：7-10.

[13] Rocha C，Tonetto C P，Dias A.A comparison between the Denavit–Hartenberg and the screw-based methods used in kinematic modeling of robot manipulators[J]. Robotics and Computer-Integrated Manufacturing，2011，27（4）：723-728.

[14] Luo Y，Wang M，Guo C. The geometry and kinematics of the matrix Lie group $SE_K(3)$ [J]. arXiv preprint arXiv：2012.00950，2020.

[15] Zarrouati N，Aldea E，Rouchon P .SO（3）-invariant asymptotic observers for dense depth field estimation based on visual data and known camera motion[C]. 2012，American Control Conference（ACC），IEEE，2012：4116-4123.

[16] Barrau A，Bonnabel S. The invariant extended Kalman filter as a stable observer[J]. IEEE Transactions on Automatic Control，2017，62（5）：1797-1812.

[17] Barrau A. Non-linear state error based extended Kalman filters with applications to navigation[D]. Paris：Mines Paristech，2015.

[18] Wisth D，Camurri M，Fallon M. VILENS：Visual，inertial，lidar，and leg odometry for all-terrain legged robots[J]. arXiv preprint arXiv：2107.07243，2021.

[19] Simon D. Optimal State Estimation：Kalman，H Infinity，and Nonlinear Approaches[M]. New York：John Wiley & Sons，2006.

[20] Chauchat P. Smoothing algorithms for navigation，localisation and mapping based on high-grade inertial sensors[D]. Paris：Université Paris sciences et lettres，2020.

[21] Rauch H E，Tung F，Striebel C T. Maximum likelihood estimates of linear dynamic systems[J]. AIAA Journal，1965，3（8）：1445-1450.

[22] 陈金广，王星辉，马丽丽，等. 采用分段 RTS 的 CPHD 平滑算法[J].计算机工程与应用，2019，55（1）：50-55.

[23] Camurri M，Ramezani M，Nobili S，et al. Pronto：A multi-sensor state estimator for legged robots in real-world scenarios[J]. Frontiers in Robotics and AI，2020，7：68.

[24] Wisth D，Camurri M，Fallon M. Robust legged robot state estimation using factor graph optimization[J]. IEEE Robotics and Automation Letters，2019，4（4）：4507-4514.

[25] Fahmi S，Fink G，Semini C. On state estimation for legged locomotion over soft terrain[J]. IEEE Sensors Letters，2021，5（1）：1-4.

[26] Hwangbo J，Bellicoso C D，Fankhauser P，et al. Probabilistic foot contact estimation by fusing information from dynamics and differential/forward kinematics[C]. 2016 IEEE/RSJ International Conference on Intelligent Robots and Systems（IROS），Stockholm，2016：3872-3878.

[27] Camurri M，Fallon M，Bazeille S，et al. Probabilistic contact estimation and impact detection for state estimation of quadruped robots[J]. IEEE Robotics and Automation Letters，2017，2（2）：1023-1030.

[28] Grove P D. GNSS 与惯性及多传感器组合导航系统原理[M]. 练军想，等，译. 北京：国防工业出版社，2015.

[29] Hartley R，Ghaffari M，Eustice R M，et al. Contact-aided invariant extended Kalman filtering for robot state estimation[J]. The International Journal of Robotics Research，2020，39（4）：402-430.

[30] Hartley R，Jadidi M G，Grizzle J W，et al. Contact-aided invariant extended Kalman filtering for legged robot state estimation[J]. arXiv preprint arXiv：1805.10410，2018.

[31] Teng S，Mueller M W，Sreenath K. Legged robot state estimation in slippery environments using invariant extended Kalman filter with velocity update[J]. arXiv preprint arXiv：2104.04238，2021.

[32] Hartley M. Contact-aided state estimation on lie groups for legged robot mapping and control[D]. Michigan：University of Michigan，2019.

[33] Hartley R，Jadidi M G，Gan L，et al. Hybrid contact preintegration for visual-inertial-contact state estimation using factor graphs[C]. 2018 IEEE/RSJ International Conference on Intelligent Robots and Systems（IROS），Madrid，2018：3783-3790.

[34] Hartley R，Mangelson J，Gan L，et al. Legged robot state-estimation through combined forward kinematic and preintegrated contact factors[C]. 2018 IEEE International Conference on Robotics and Automation（ICRA），Brisbane，2018：4422-4429.

[35] Lin T Y，Zhang R，Yu J，et al. Deep multi-modal contact estimation for invariant observer design on quadruped robots[J]. arXiv preprint arXiv：2106.15713，2021.

附录　部分常用数据集

附表 1　常用数据集基本情况表

编号	数据集名称	数据采集场景	数据类型	本书提及章节
1	PASCAL VOC（见文献[1]）	道路场景，室内场景，自然界场景等	RGB 图像、目标检测的真值标注、少部分语义分割的真值标注	3.1 节、3.2 节
2	MS COCO（见文献[2]）	道路场景，室内场景，自然界场景等	RGB 图像、目标检测的真值标注、语义分割的真值标注、全景分割的真值标注、人体关键点真值标注	3.1 节、3.2 节
3	ImageNet（见文献[3]）	各种场景	RGB 图像、目标检测的真值标注、图像分类的真值标注、场景分类真值标注	3.1 节
4	Cityscapes（见文献[4]）	城市街道场景	双目 RGB 图像、深度图像、相机校准、车辆测距、记录时间、GPS 坐标、室外温度	3.2 节
5	ADE20K（见文献[5]）	室内场景、室外场景	RGB 图像、场景类别、语义分割真值标注	3.2 节
6	Medical Segmentation Decathlon（见文献[6]）	人体医学场景	CT 和 MRI 图像、语义分割的真值标注	3.2 节
7	NYU-Dv2（见文献[7]）	道路场景，室内场景，自然界场景等	RGB 图像、目标检测的真值标注、少部分语义分割的真值标注	3.1 节、3.2 节
8	SUN RGBD（见文献[8]）	室内场景	RGB 图像、场景类别、语义分割注释、深度信息	3.2 节
9	OTB（见文献[9]）	在光照变化、尺度变化、遮挡、变形、运动模糊、快速运动、平面内旋转、平面外旋转、离开视野、背景相似、低分辨率等场景下拍摄	包含单目标的视频抽帧图像、对应的目标框真值	3.3 节
10	VOT（见文献[10]）	包含小目标和非刚性运动物体的复杂场景	包含单目标的视频抽帧图像、对应的目标框真值	3.3 节
11	MOT（见文献[11]）	主要包含行人和车辆的多目标场景，包含不同拍摄视角、不同天气条件的场景	包含多目标的视频抽帧图像、对应的目标框真值	3.3 节
12	ModelNet（见文献[12]）	通过在线搜索引擎收集+人工校验	3D CAD 模型	3.5 节
13	S3DIS（见文献[13]）	室内大规模场景	RGB 图像、深度图像、3D 点云、语义信息等	3.5 节

续表

编号	数据集名称	数据采集场景	数据类型	本书提及章节
14	TUM RGB-D（见文献[14]）	手持相机、轮式机器人搭载相机，室内小尺度场景	单目 RGB 图像、深度图像	5.2.2 节
15	KITTI（见文献[15]）	车载多种传感器，室外街区大尺度场景	双目图像、IMU 数据、雷达、GNSS、光流、语义信息等	5.1.1 节
16	EuRoC（见文献[16]）	无人机载传感器，室内中小尺度工业场景	双目图像、IMU 数据	5.3.3 节
17	ICL-NUIM（见文献[17]）	手持相机，室内小尺度场景	单目 RGB 图像、深度图像、点云真值	6.4 节
18	Tartanair（见文献[18]）	仿真数据集，室内外各种尺度场景	双目图像、深度图像、光流、语义信息等	5.2.1 节

上述数据集包含的传感器数据类型、采集场景等都有所不同，详细介绍如下。

1. PASCAL VOC

PASCAL VOC 是一个被广泛应用于目标检测和语义分割等任务的基准数据集。它包含 4 个大类 20 个小类，分别为人（人像）、动物（鸟、猫、牛、狗、马、羊）、交通工具（飞机、自行车、船、公共汽车、汽车、摩托车、火车）和室内家具用品（瓶子、椅子、餐桌、盆栽植物、沙发、电视/显示器）。数据集中的每个图像都有像素级分割注释、边界框注释和对象类注释。该数据集在实验中通常被分为三个子集，分别为 1464 张用于训练的图像、1449 张用于验证的图像和一个私有测试集。

2. MS COCO

MS COCO 是一个用于目标检测、图像分割、关键点检测等任务的大规模（328000 张图像）基准数据集。MS COCO 针对不同的任务提供不同的注释信息，如针对目标检测、语义分割与实例分割任务，提供 80 个对象类别的边界框注释和对象类注释；针对关键点检测任务，提供超过 200000 张图片和 250000 个标有关键点的人物实例。

3. ImageNet

ImageNet 是一个用于图像分类、目标检测、视频目标检测、场景分类等任务的数据集。该数据集是为了促进计算机图像识别技术的发展而设立的一个大型图像数据集，共有 14197122 张图像，分为 21841 个类别。2016 年 ImageNet 数据集中已经超过千万张图片，并且每一张图片都被手工标定了类别，ImageNet 数据集中的图片涵盖了大部分生活中会看到的图片类别。

4. Cityscapes

Cityscapes 是一个专注于城市街景的语义理解的大规模数据库。它为 30 个类别提供语义、实例和密集的像素注释，这些类别包括了地面、人、车辆、建筑、物体、自然、天空等。该数据集有大约 5000 张精细注释的图像和 20000 张粗略注释的图像。数据集最初是以视频形式记录的，然后人工选择了包含大量动态物体、变化的街景布局，变化的背景等特征的帧作为图像。

5. ADE20K

ADE20K 语义分割数据集包含超过 20000 张以场景为中心的图像，共有 150 个语义类别，包括天空、道路、草等事物以及人、汽车、床等离散对象。训练集有 20210 张图片，验证集有 200 张。语义信息标注在灰度图上，各个点的取值范围为 0～150，其中 0 表示背景类。

6. Medical Segmentation Decathlon

Medical Segmentation Decathlon 是医学图像分割数据集的集合。它包含从多个感兴趣的解剖结构、多种模态和多个来源收集的总共 2633 张三维图像。更具体地，它包含了以下身体器官或部位的数据：大脑、心脏、肝脏、海马、前列腺、肺、胰腺、肝血管、脾脏和结肠。

7. NYU-Dv2

NYU-Dv2 数据集由 1449 张室内场景的 RGB-D 图像组成，通常将标签映射到 40 个类别。标准的训练集和测试集分别包含 795 张和 654 张图像。

8. SUN RGBD

SUN RGBD 数据由 10335 张 RGBD 图像组成，语义标签分为 37 个类别。标准的训练集和测试集分别包含 5285 张和 5050 张图像，标签内容包含 146617 个平面目标框和 58657 个具有精确方向的三维目标框，以及每张图像的三维房间布局和场景类别。该数据集是 NYU depth v2、Berkeley B3DO、and SUN3D 三个数据集的并集。

9. OTB

OTB 数据集是一个用于单目标跟踪任务的视频数据集。分为 OTB50 和 OTB100 两个数据集，其中 OTB50 包含 50 个视频序列，OTB100 中包含了 OTB50 的序列并新增了 50 个序列，整个 OTB 系列数据集共包含了 100 个视频序列，其中涉及了 102 个跟踪目标（有两个序列中包含了两个目标），且每个序列都以其跟踪目标的类别进行命名，并包含了序列属性的标注，主要分为 9 种属性，分别对应了目标跟踪领域的下述难题：光照变化（Illumination Variation，IV）、尺度变化（Scale Variation，SV）、遮挡（Occlusion，OCC）、变形（Deformation，DEF）、运动模糊（Motion Blur，MB）、快速运动（Fast Motion，FM）、平面内旋转（In-Plane Rotation，IPR）、平面外旋转（Out-of-Plane Rotation，OPR）、离开视野（Out-of-View，OV）、背景相似（Background Clutters，BC）、低分辨率（Low Resolution，LR）。

10. VOT

VOT 数据集是基于目标跟踪竞赛的数据集，是目前被广泛使用的单目标跟踪数据集。从 2013 年开始，其每年都会增加序列，甚至会重新标注、更新评价指标，且会使用隐藏数据集对在公开序列上测试的算法进行进一步的测试，以获得更为客观的算法排名。VOT 提供了包含很多小目标和非刚性运动物体的复杂跟踪场景。此外，OTB 数据集中的标注框都是垂直框，而近年的 VOT 使用了最小外接矩形作为标注框。因此，VOT 数据集比 OTB 数据集更具有挑战性，在该数据集上进行的算法评价也更客观。

11. MOT

MOT 数据集是一个用于多目标跟踪的数据集，主要用于行人跟踪。MOT 数据集中的 MOT16 和 MOT17 是较为主流的数据集，因此以 MOT16 为代表介绍 MOT 数据集。MOT16 共有 14 个视频，训练集和测试集各使用 7 个，视频的主要信息有 FPS、分辨率、视频时长、轨迹数、目标数、密度、静止或者移动拍摄、低中高角度拍摄、拍摄的天气条件件等。其标注的目标主要有移动中的行人与站立的行人、不处于直立状态的人与人造物和其他（车辆和互相包含/遮挡的目标），但其他类别仅用于训练，并未提供评估。

12. ModelNet

ModelNet 是近年来发布的大规模点云形状分类数据集，包含了来自 662 个类别的 127915 个三维形状。其常用的子集 ModelNet10 和 ModelNet40 则分别包含了来自 10 个类的 4899 个三维形状和来自 40 个类的 12311 个三维形状。ModelNet 是一个合成数据集，其中的对象没有任何遮挡和背景。

13. S3DIS

S3DIS（Stanford Large-Scale 3D Indoor Spaces Dataset）是斯坦福大学开发的大规模室内场景语义分割数据集，包含 RGB 图像、深度图像、3D 点云等数据类型。S3DIS 在超过 6000m^2 的 6 个大型室内区域，使用 Matterport 相机扫描生成重建 3D 纹理网格、RGB-D 图像等数据，并通过对网格进行采样制作点云。点云中每个点都被附加了一个语义标签（如桌子、椅子等共计 13 个对象）。

14. TUM RGB-D

TUM RGB-D 数据集中包含通过手持 RGB-D 相机、轮式载体搭载 RGB-D 相机在小尺度室内场景中采集的 RGB、深度图像序列，序列的真实位姿由运动捕捉系统获取。该数据集被许多室内场景 VSLAM 方案用于性能测试。

15. KITTI

KITTI 数据集包含车载双目相机、IMU、激光雷达、GNSS 等多种传感器在大尺度街区、公路等场景中采集的多源数据集，此外还提供了包括光流场、分割语义、3D/2D 物体检测、深度图等其他数据。KITTI 是最流行的自动驾驶场景公开数据集之一，该数据集不仅给出定位真值，还可为检测/分割等任务提供参考结果，被广泛用于室外车载的 SLAM 方案的性能测试。

16. EuRoC

EuRoC 数据集包含无人机机载双目相机和 IMU 在室内采集的数据序列，由运动捕捉系统获取序列位姿真值，常被用于视觉惯性 SLAM 方案的性能测试。

17. ICL-NUIM

ICL-NUIM 包含室内场景的手持相机 RGB-D 序列，其数据格式和 TUM RGB-D 类似，除了提供定位真值以外，还包含一个室内场景的三维重建真值，可用于室内三维重建的评估。

18. Tartanair

Tartanair 是利用 3D 建模工具构建的虚拟仿真数据集，其数据均为仿真软件生成的真值，包含双目图像、光流、深度、语义等多种数据。该数据集是为训练复杂环境下端到端 VO 而构建的，因此其场景种类十分多样，包含了办公室、工厂、酒馆等室内场景以及街区、沙漠、海岸等室外场景，场景具有光照、季节等多种变化因素，而相机的运动也较为复杂，该数据集曾被 CVPR SLAM 挑战赛用于高难度 SLAM 的测试。

参 考 文 献

[1] Everingham M, van Gool L, Williams C K I, et al. The pascal visual object classes(voc)challenge[J]. International Journal of Computer Vision，2010，88（2）：303-338.

[2] Lin T Y，Maire M，Belongie S，et al. Microsoft coco：Common objects in context[C]. European Conference on Computer Vision，Cham，2014：740-755.

[3] Russakovsky O，Deng J，Su H，et al. Imagenet large scale visual recognition challenge[J]. International Journal of Computer Vision，2015，115（3）：211-252.

[4] Cordts M，Omran M，Ramos S，et al. The cityscapes dataset for semantic urban scene understanding[C]. Proceedings of the IEEE Conference on Computer Vision and Pattern Recognition，Las Vegas，2016：3213-3223.

[5] Zhou B，Zhao H，Puig X，et al. Semantic understanding of scenes through the ade20k dataset[J]. International Journal of Computer Vision，2019，127（3）：302-321.

[6] Simpson A L，Antonelli M，Bakas S，et al. A large annotated medical image dataset for the development and evaluation of segmentation algorithms[J]. arXiv preprint arXiv：1902.09063，2019.

[7] Silberman N，Hoiem D，Kohli P，et al. Indoor segmentation and support inference from rgbd images[C]. European Conference on Computer Vision，Heidelberg，2012：746-760.

[8] Song S，Lichtenberg S P，Xiao J. Sun rgb-d：A rgb-d scene understanding benchmark suite[C]. Proceedings of the IEEE Conference on Computer Vision and Pattern Recognition，Boston，2015：567-576.

[9] Wu Y，Lim J，Yang M H. Online object tracking：A benchmark[C]. Proceedings of the IEEE Conference on Computer Vision and Pattern Recognition，Portland，2013：2411-2418.

[10] Hadfield S J，Lebeda K，Bowden R. The visual object tracking VOT2014 challenge results[C]. European Conference on Computer Vision（ECCV）Visual Object Tracking Challenge Workshop，Surrey，2014.

[11] Milan A，Leal-Taixé L，Reid I，et al. MOT16：A benchmark for multi-object tracking[J]. arXiv preprint arXiv：1603.00831，2016.

[12] Wu Z，Song S，Khosla A，et al. 3d shapenets：A deep representation for volumetric shapes[C]. Proceedings of the IEEE Conference on Computer Vision and Pattern Recognition，Boston，2015：1912-1920.

[13] Armeni I，Sener O，Zamir A R，et al. 3d semantic parsing of large-scale indoor spaces[C]. Proceedings of the IEEE Conference on Computer Vision and Pattern Recognition，Las Vegas，2016：1534-1543.

[14] Sturm J，Engelhard N，Endres F，et al. A benchmark for the evaluation of RGB-D SLAM systems[C]. Intelligent Robots and Systems（IROS），Vilamoura，2012.

[15] Geiger A，Lenz P，Urtasun R. Are we ready for autonomous driving? the kitti vision benchmark suite[C]. 2012 IEEE Conference on Computer Vision and Pattern Recognition，Providence，2012：3354-3361.

[16] Burri M，Nikolic J，Gohl P，et al. The EuRoC micro aerial vehicle datasets[J]. The International Journal of Robotics Research，2016，35（10）：1157-1163.

[17] Handa A，Whelan T，McDonald J，et al. A benchmark for RGB-D visual odometry，3D reconstruction and SLAM[C]. 2014 IEEE International Conference on Robotics and Automation（ICRA），Hong Kong，2014：1524-1531.

[18] Wang W，Zhu D，Wang X，et al. Tartanair：A dataset to push the limits of visual slam[C]. 2020 IEEE/RSJ International Conference on Intelligent Robots and Systems（IROS），Las Vegas，2020：4909-4916.